OEUVRES D'É. VERDET

PUBLIÉES PAR LES SOINS DE SES ÉLÈVES

TOME IV

CONFÉRENCES
DE PHYSIQUE

FAITES A L'ÉCOLE NORMALE

PAR

É. VERDET

PUBLIÉES PAR M. D. GERNEZ

ANCIEN ÉLÈVE DE L'ÉCOLE NORMALE

SECONDE PARTIE

PARIS

G. MASSON, ÉDITEUR

LIBRAIRE DE L'ACADÉMIE DE MÉDECINE

PLACE DE L'ÉCOLE-DE-MÉDECINE

1873

OEUVRES

DE

É. VERDET

PUBLIÉES

PAR LES SOINS DE SES ÉLÈVES

--

TOME IV

DEUXIÈME PARTIE

PARIS,

LIBRAIRIE DE G. MASSON,

PLACE DE L'ÉCOLE-DE-MÉDECINE.

CONFÉRENCES

DE PHYSIQUE

FAITES A L'ÉCOLE NORMALE

PAR

É. VERDET

PUBLIÉES PAR M. D. GERNEZ

ANCIEN ÉLÈVE DE L'ÉCOLE NORMALE

DEUXIÈME PARTIE

PARIS

IMPRIMÉ PAR AUTORISATION DE M. LE GARDE DES SCEAUX

À L'IMPRIMERIE NATIONALE

M DCCC LXXII

LEÇONS

SUR LE MAGNÉTISME TERRESTRE.

LEÇONS

SUR LE MAGNÉTISME TERRESTRE.

I.

DÉTERMINATION DES ÉLÉMENTS DU MAGNÉTISME TERRESTRE.

285. Instruments de mesure. — La détermination des éléments du magnétisme terrestre se fait au moyen soit des boussoles,
soit des magnétomètres dus à Gauss et Weber.

Les instruments dont on s'était servi pour cette détermination
jusqu'au moment où Gauss et Weber firent connaître leurs travaux
sont au nombre de quatre : ce sont les boussoles de déclinaison,
des variations, d'inclinaison et d'intensité. De tous les éléments que
l'on a déterminés à l'aide de ces appareils, deux seulement peuvent
être regardés comme connus avec une précision suffisante : ce sont
la déclinaison et les variations.

286. Boussoles de déclinaison. — La mesure de la déclinaison comporte deux opérations : 1° on mesure l'angle que fait le
plan vertical qui contient l'aiguille aimantée avec un plan vertical
défini soit par une mire fixe, soit par la position qu'occupe à un
moment donné une étoile ou le centre du soleil: 2° on mesure ensuite l'angle que fait ce plan vertical arbitraire avec le méridien
astronomique du lieu. La boussole de Gambey, construite en
vue d'effectuer avec précision ces opérations. se compose d'un
barreau aimanté prismatique, terminé par deux anneaux de cuivre

A et B (fig. 184) qui portent deux croisées de fils inclinés de 45 degrés sur l'axe du barreau. Il est soutenu (fig. 185) par un étrier de

Fig. 184.

cuivre suspendu lui-même par un faisceau de fils de soie sans torsion dont la partie supérieure s'enroule sur un treuil après avoir traversé un orifice triangulaire. Le faisceau de fils est ainsi tendu

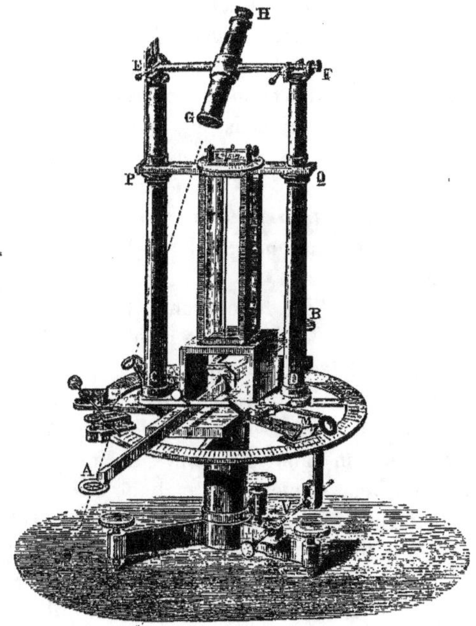

Fig. 185.

vers l'un des sommets du triangle, qui sert de point de suspension invariable. Quant au treuil, disposé pour élever ou abaisser le barreau, il repose sur une traverse horizontale de cuivre PQ fixée elle-même à deux colonnes verticales CE, DF de même métal. Le sys-

tème entier peut tourner autour d'un axe vertical en entraînant
une alidade munie de deux verniers M. M', qui se meuvent sur un
cercle horizontal gradué et que l'on observe au moyen de loupes.
A l'aide d'une vis de pression, on peut fixer l'alidade mobile en telle
région du cercle qu'on voudra et l'on produit les petits déplacements
avec une vis de rappel. Quant au cercle gradué, il est fixé à l'axe
de l'instrument supporté par un pied à vis calantes. Enfin, sur les
extrémités supérieures des colonnes verticales, reposent les tourillons d'un axe horizontal EF, auquel doit être constamment perpendiculaire l'axe optique d'une lunette GH, disposée de façon à pouvoir viser également les objets éloignés et les objets rapprochés. Pour
écarter l'influence perturbatrice des courants d'air sur la direction
du barreau, on ajuste deux boîtes non représentées sur la figure,
qui environnent le barreau, mais qui, portant des trous fermés par
des glaces, n'empêchent pas d'en apercevoir les extrémités.

287. Usage de la boussole de Gambey. — Pour se servir
de cette boussole, il faut commencer par la régler, ce qui nécessite
les opérations suivantes :

1° On rend vertical l'axe de rotation de l'appareil; on utilise pour
cela un niveau porté par l'équipage mobile; on l'amène d'abord à
être parallèle à deux des vis calantes, sur lesquelles on agit jusqu'à
ce que la bulle soit au milieu: on fait alors tourner l'appareil de
manière à amener le niveau dans une direction perpendiculaire à
la précédente, et l'on ramène la bulle au milieu en agissant sur
la troisième vis. Cela suppose que la ligne qui passe par les deux
extrémités du niveau est perpendiculaire à l'axe de rotation; on s'en
assure en faisant tourner l'appareil de 180 degrés et constatant si
la bulle occupe la même position par rapport à l'observateur; sinon,
en agissant sur la vis du niveau, on déplace la bulle de la moitié de
son excursion.

2° On rend horizontal l'axe EF. Pour cela on se sert du niveau
précédent, qui généralement s'appuie par deux crochets sur cet axe.
Si l'axe est horizontal, la bulle d'air doit conserver la même situation
par rapport à l'observateur quand on retourne bout pour bout les
deux extrémités de l'axe sur ses coussinets.

3° On rend l'axe optique de la lunette perpendiculaire à l'axe de rotation. A cet effet on vise un point quelconque, puis, le reste de l'instrument demeurant fixe, on retourne bout pour bout l'axe EF et l'on cherche si la lunette peut viser encore le même point ; sinon, l'on déplace le point de croisement des fils du réticule jusqu'à ce que cette condition soit remplie.

Après ces opérations préliminaires, on vise avec la lunette un astre ou une mire éloignée et on lit la position des deux verniers de l'alidade sur le cercle horizontal. C'est à partir du plan vertical fixé par cette lecture que l'on compte les deux angles d'où l'on déduit la déclinaison.

Des observations astronomiques déterminent l'angle que fait ce plan avec le méridien astronomique.

Quant à l'angle qu'il fait avec le méridien magnétique, on l'obtient de la manière suivante : on fait tourner l'appareil autour de son axe vertical jusqu'à ce que l'on observe, en inclinant convenablement la lunette sur son axe, le point de croiscment des fils placés à une des extrémités du barreau. On lit alors les positions des deux verniers. Puis on répète la même opération en visant l'autre extrémité. Les nombres que l'on obtient sont très-peu différents, car le plan vertical décrit par la lunette diffère peu de celui qui contient l'axe du barreau. De la moyenne de ces deux observations on déduit la position du méridien magnétique par rapport au plan défini par l'observation de l'astre ou de la mire.

Mais comme l'axe magnétique du barreau ne coïncide pas avec la ligne qui passe par les croisées des fils, on répète les deux dernières observations après avoir fait tourner le barreau de 180 degrés autour de son axe de figure, et l'on fait la moyenne de ces observations et des précédentes.

Il y a dans la méthode que nous venons d'exposer d'autres causes d'erreur. D'abord, pendant la durée des observations, la déclinaison change d'une quantité faible sans doute, mais dont il faut tenir compte, car elle est du même ordre que la précision que comporte l'appareil. On peut faire les corrections de deux manières :

1° En se fondant sur ce que la déclinaison varie peu dans un court intervalle de temps et que par suite les variations sont proportionnelles au temps, on peut employer la méthode des alternances. Ainsi la mesure de la déclinaison absolue exige quatre observations : on pourra répéter deux fois chacune de ces observations à des époques $t - \tau$, $t + \tau$, également éloignées de l'époque t, et admettre que la moyenne est précisément ce qu'on aurait observé à l'époque moyenne t. Mais cette manière d'opérer a l'inconvénient d'allonger encore la durée de la détermination.

2° On peut aussi, pendant qu'on fait l'expérience, faire observer par une autre personne une boussole des variations placée à une grande distance. On rapportera tous les résultats, par exemple, à l'époque t où l'on a commencé l'expérience; si au bout d'un temps τ on fait une observation de déclinaison, cette mesure devra être corrigée de la variation de déclinaison observée pendant le temps τ à l'aide de la boussole des variations.

Il est une autre cause d'erreur que l'on peut éviter : elle tient à l'influence qu'exerce sur la déviation de l'aiguille la torsion du fil. On remplace le barreau aimanté par un barreau de cuivre exactement de même poids; on le laisse prendre sa position d'équilibre; dans cette position le fil qui le soutient n'est pas tordu, et il faudrait pouvoir fixer cette position avec précision; c'est ce que l'instrument de Gambey ne permet pas de faire. On remplace le barreau de cuivre par le barreau aimanté, et l'on s'astreint à n'observer la déclinaison que lorsque le barreau aimanté occupe, par rapport à l'instrument, la même position que le barreau de cuivre; on est alors sûr que le fil n'est pas tordu, et par suite qu'il ne tend pas à dévier le barreau aimanté.

On pourrait simplifier l'opération en déterminant préalablement le rapport du moment de la torsion du fil au moment magnétique du barreau aimanté. Il suffirait pour cela de voir de quel angle le barreau aimanté se trouve dévié lorsque le fil est tordu de 360 degrés; on en conclurait la déviation produite par un nombre quelconque de degrés.

Cette détermination est nécessaire pour corriger les observations faites avec la boussole des variations. Il est vrai que la correction sera toujours très-petite; mais comme cet instrument peut donner des résultats très-précis, elle n'est pas inutile.

288. Boussole des variations. — La boussole des variations
consiste en un long barreau aimanté AB, (fig. 186), suspendu par
un faisceau de fils de soie sans torsion f, f', enroulés sur un treuil T.

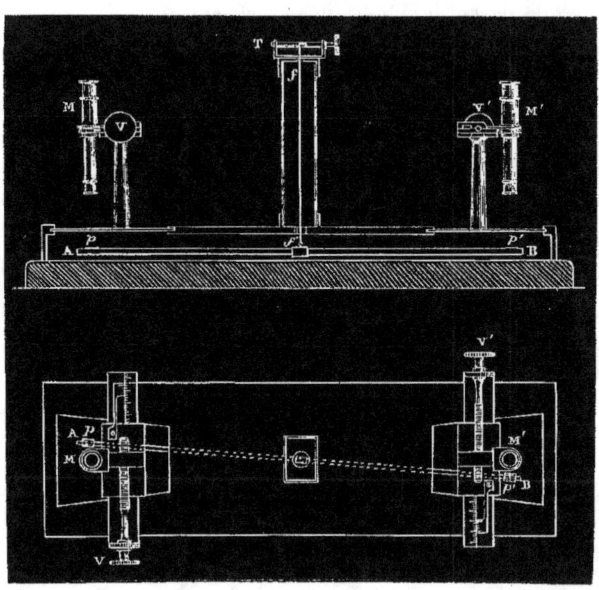

Fig. 186.

Une cage de bois vitrée à sa partie supérieure préserve le barreau de l'agitation de l'air; elle repose sur un socle de marbre dont
le poids augmente la stabilité de l'appareil. Chacune des extrémités
du barreau porte une petite plaque d'ivoire p, p', sur laquelle sont
tracées des divisions équidistantes dont la valeur angulaire est d'environ 20 minutes et dont l'ensemble correspond à un angle de
quelques degrés. Au-dessus de ces deux plaques s'élèvent verticalement deux microscopes M, M' que l'on amène, à l'aide des vis micrométriques V, V', à viser sur la plaque d'ivoire une division déterminée qui sert de point de départ. On mesure la variation de la
déclinaison par le nombre des divisions qui ont passé sous le point

de croisement des fils du réticule de chaque microscope. On peut encore l'obtenir en visant aux deux époques le repère marqué sur les plaques d'ivoire et évaluant le déplacement des microscopes sur les règles devant lesquelles ils se meuvent.

En tenant compte des causes d'erreur que nous avons signalées dans l'usage des boussoles de déclinaison et des variations, et surtout en combinant les observations faites avec ces deux instruments, on peut déterminer la déclinaison et ses variations avec beaucoup de précision. Mais les procédés de Gauss et Weber qui seront exposés plus loin sont susceptibles d'une précision au moins aussi grande; de plus ils n'ont pas l'inconvénient d'exiger un appareil compliqué et par conséquent facile à déranger.

On trouve que les avantages de ces derniers procédés sont bien plus grands lorsqu'on veut arriver à la mesure de l'inclinaison et à celle des intensités, et l'on peut dire qu'avant leur emploi on n'avait jamais déterminé d'une manière convenable ces deux éléments.

289. Boussole d'inclinaison. — En opérant avec la boussole d'inclinaison ordinaire, on ne peut guère espérer avoir que des valeurs passables de l'inclinaison. Dans cet instrument, l'aiguille

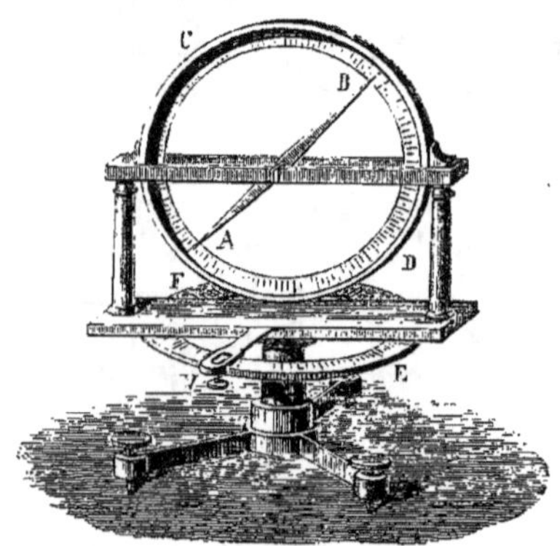

Fig. 187.

aimantée AB (fig. 187), traversée par un axe d'acier poli dont les extrémités reposent sur deux plans d'agate, peut se mouvoir dans un plan parallèle au plan du limbe CD. Ce limbe peut lui-même tourner autour d'un axe vertical, et ses déplacements angulaires sont donnés par la position de l'alidade V sur un limbe fixe EF perpendiculaire au premier et qui est soutenu par un pied à vis calantes, au moyen desquelles on l'amène à être horizontal. On peut, à l'aide de cet appareil, connaître la direction de l'aiguille aimantée dans tous les azimuts possibles.

En général, pour obtenir l'inclinaison, on détermine dans deux azimuts rectangulaires les angles i' et i'' que font les directions de l'aiguille avec l'horizontale, et l'on déduit l'inclinaison de l'équation

$$\cot^2 i = \cot^2 i' + \cot^2 i''.$$

290. Correction des observations. — Chacune de ces observations doit subir plusieurs corrections.

1° L'axe de rotation ne passe généralement pas par le centre de l'aiguille. Pour remédier au défaut de centrage de l'axe de l'aiguille, on fait une lecture à chaque extrémité.

2° De plus, l'axe de figure de l'aiguille ne coïncide jamais avec 'axe magnétique: on élimine cette cause d'erreur en retournant bout pour bout l'axe de rotation sur ses coussinets et prenant la moyenne des observations faites dans les deux cas.

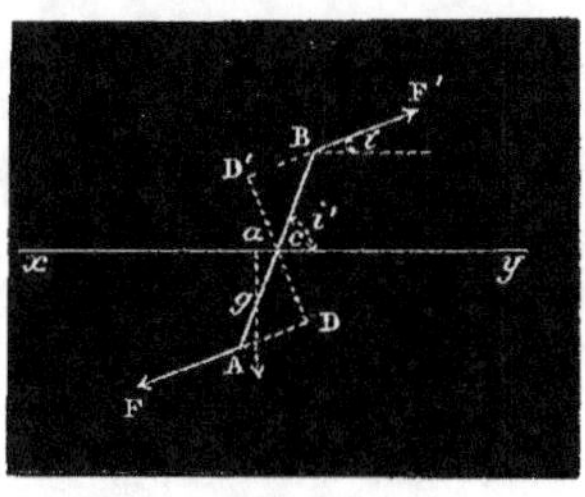
Fig. 188.

3° Enfin, si le centre de gravité de l'aiguille ne se trouve pas sur l'axe de suspension, il faut renverser l'aimantation en communiquant à l'aiguille la même dose de magnétisme, puis recommencer la même série d'observations que précédemment et prendre pour tangente de l'inclinaison la moyenne des tangentes des angles observés.

Pour légitimer cette assertion, considérons une aiguille aimantée dirigée suivant AB (fig. 188) dans le plan du méridien magnétique et sollicitée par l'action terrestre dirigée suivant AF et BF'. Soit xy l'horizontale située dans le même plan. L'angle que l'on mesure est

$Bcy = i''$. Soient g le centre de gravité de l'aiguille et $cg = \delta$. Désignons par μ la quantité de magnétisme concentrée à chaque pôle de l'aiguille, par F l'intensité de l'action terrestre, action représentée par AF, BF'; l'aiguille sera en équilibre sous l'action du couple AF, BF' et de son poids P appliqué au centre de gravité. On aura donc

$$P \times ac = F\mu DD':$$

or

$$DD' = 2cD = 2l\sin(i'' - i),$$

donc

$$P\delta \cos i'' = 2F\mu\, l\sin(i'' - i).$$

On aura de même, pour l'observation faite après l'aimantation de l'aiguille en sens contraire,

$$P\delta \cos i'' = 2F\mu' l\sin(i - i''):$$

or, si l'on appelle m' m'', les moments magnétiques de l'aiguille dans les deux cas, on aura

$$2\mu l = m', \qquad 2\mu' l = m'',$$

et les deux équations précédentes deviendront

$$P\delta \cos i'' = Fm'\sin(i'' - i).$$
$$P\delta \cos i'' = Fm''\sin(i - i'').$$

Donc, si le rapport $\dfrac{m''}{m'}$ est connu, on peut, au moyen de ces deux équations, obtenir la valeur de l'inclinaison cherchée i. En effet, on déduit des deux équations précédentes

$$\frac{\sin(i'' - i)}{\sin(i - i'')} = \frac{m''}{m'}\frac{\cos i''}{\cos i''}, \qquad \frac{\dfrac{\sin i'' \cos i - \cos i'' \sin i}{\cos i''}}{\dfrac{\sin i \cos i'' - \cos i \sin i''}{\cos i''}} = \frac{m''}{m'}$$

et

$$\frac{\tang i'' - \tang i}{\tang i - \tang i''} = \frac{m''}{m'},$$

et, par suite,

$$\tang i = \frac{m'\tang i'' + m''\tang i''}{m' + m''} = \frac{\tang i'' + \dfrac{m''}{m'}\tang i''}{1 + \dfrac{m''}{m'}}.$$

Si l'on suppose comme cas particulier que dans les deux opérations le moment magnétique de l'aiguille ait la même valeur, c'est-à-dire $\frac{m'}{m} = 1$, pour la valeur de i on aura

$$\operatorname{tang} i = \frac{\operatorname{tang} i' + \operatorname{tang} i''}{2}.$$

Ainsi, dans le cas où la quantité de magnétisme est la même avant et après le renversement des pôles, il suffit, pour avoir la tangente de l'inclinaison, de prendre la demi-somme des tangentes des angles observés.

Il résulte de là que, même dans ce cas particulier, on n'est pas en droit de prendre la demi-somme des angles observés pour mesure de l'inclinaison, à moins toutefois que i' et i'' n'aient une valeur assez petite pour que l'on puisse, sans erreur sensible, remplacer la tangente des angles par les arcs correspondants.

On voit par ce qui précède que la détermination de l'inclinaison est une opération très-longue pendant laquelle la quantité à mesurer peut varier; or le mode de suspension de l'aiguille lui laisse trop peu de sensibilité pour que l'on puisse construire une boussole des variations. On est donc en droit de dire que jusqu'à présent l'inclinaison est peu connue.

291. Intensité magnétique. — Il résulte de là que l'intensité ne l'est pas davantage; en effet, on ne peut pas la mesurer en faisant osciller une aiguille d'inclinaison, parce que cette aiguille éprouve des frottements considérables et que le centre de gravité ne se trouve pas sur l'axe de suspension. Il faut donc nécessairement faire osciller une aiguille horizontale placée dans une petite chape de cuivre suspendue à un fil de cocon sans torsion. On détermine ainsi la composante horizontale de l'intensité, et, en la multipliant par la sécante de l'inclinaison, on a l'intensité totale; ainsi la détermination de l'intensité se trouve entachée de l'erreur qui provient de l'incertitude de l'inclinaison.

On pourrait penser à corriger cette erreur en mesurant avec la boussole des intensités la composante horizontale du couple terrestre; malheureusement cet appareil ne présente pas non plus une

précision suffisante, à cause des variations que subit le magnétisme
terrestre pendant la durée de l'observation. Remarquons de plus
que l'intensité magnétique de l'aiguille entre dans toutes les formules auxquelles conduisent les procédés que nous venons d'indiquer: il faut donc, pour que l'on puisse comparer les observations
faites en différents lieux, que cette intensité n'ait pas changé. et
c'est ce qui n'a pas lieu bien certainement. On prescrit, comme on
le sait. d'employer plusieurs aiguilles qui devront donner toutes le
même résultat; mais l'état magnétique de l'aiguille est tellement
sujet à changer qu'il ne peut y avoir dans cette manière d'opérer
aucune précision.

292. Procédé d'Arago. — Arago avait proposé un procédé
fondé sur les phénomènes du magnétisme en mouvement et qui permettait de mesurer l'intensité magnétique de l'aiguille indépendamment de la force de direction de la terre. Supposons que l'aiguille
aimantée soit mobile dans un plan perpendiculaire à la direction
des composantes du couple terrestre : il est clair que la terre n'inter-
viendra en rien dans son mouvement; alors, si l'on fait tourner parallèlement à ce plan un disque de cuivre avec une vitesse donnée,
les petits contre-poids qu'il faudra ajouter à l'une des extrémités de
l'aiguille pour que le plateau la dévie de 10, 20,... degrés per-
mettront d'obtenir la mesure de l'intensité magnétique de ses pôles.

293. Procédé de Poisson. — Poisson a donné une autre
méthode qui est susceptible d'assez de précision. Son procédé con-

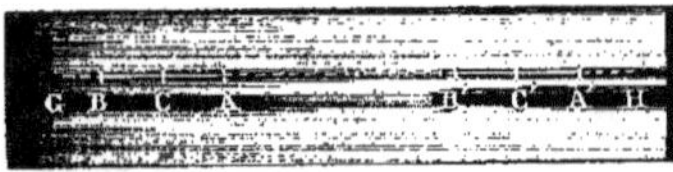

Fig. 189.

siste à faire osciller deux aiguilles aimantées d'abord séparément.
puis sous l'influence de la terre et de l'une d'entre elles.

Soient GH (fig. 189) la trace du méridien magnétique, AB une
aiguille aimantée suspendue horizontalement dans le plan du méridien magnétique: supposons que l'on écarte cette aiguille extrême-

ment peu du méridien magnétique et qu'on la fasse osciller : on pourra l'assimiler à un pendule composé; alors, en désignant par n le nombre d'oscillations qu'elle exécute en une seconde, par k le moment d'inertie de l'aiguille par rapport à l'axe de rotation, par f l'intensité de la composante horizontale du magnétisme terrestre, par m le moment magnétique de l'aiguille, par l sa demi-longueur, on aura

$$\frac{1}{n} = \pi \sqrt{\frac{k}{mf}},$$

d'où

(1)
$$mf = n^2 \pi^2 k :$$

pour la seconde aiguille, on aura de même

(2)
$$m'f = n'^2 \pi^2 k'. $$

k et k' sont des quantités que l'on peut déterminer : Gauss a donné pour cela un procédé expérimental; n et n' sont donnés par l'observation : il suffirait donc d'une troisième équation pour calculer m, m' et f.

Pour cela, plaçons l'aiguille A'B' dans la direction GH, à une distance assez grande de AB pour que l'on puisse assimiler son action à une force parallèle, et de manière qu'elle soit de même sens que la composante horizontale du magnétisme terrestre. Puis faisons osciller l'aiguille AB sous ces deux influences, et soit n'' le nombre d'oscillations exécutées en une seconde.

Nous supposerons dans ce qui va suivre que les longueurs $2l$ et $2l'$ des aiguilles AB, A'B' sont assez petites pour que l'on puisse regarder tout le magnétisme comme concentré aux deux pôles. Soit de plus $CC' = d$. D'après cela, si nous appelons μ et μ' les quantités de magnétisme concentrées aux deux pôles, nous aurons

$$m = 2l\mu, \qquad m' = 2l'\mu'.$$

Examinons maintenant les forces qui sollicitent AB, nous aurons d'abord la force mf et l'action de A'B' qu'il s'agit de calculer.

Pour cela, cherchons l'action des pôles A' et B' sur le pôle A.

D'abord l'action du pôle B' est attractive et a pour expression

$$\frac{\mu\mu'}{\overline{AB'}^2} = \frac{\mu\mu'}{(d-l-l')^2}.$$

L'action du pôle A' sur le même pôle est répulsive et a pour expression

$$\frac{\mu\mu'}{\overline{AA'}^2} = \frac{\mu\mu'}{(d-l+l')^2};$$

donc l'action résultante sera

$$\mu\mu'\left[\frac{1}{(d-l-l')^2} - \frac{1}{(d-l+l')^2}\right].$$

On peut considérer cette force comme constante pendant toute la durée des oscillations, car, ces oscillations étant très-petites, on peut dire que les distances mutuelles des deux pôles ne varient pas.

L'expression précédente peut se mettre sous la forme

$$\frac{\mu\mu'}{(d-l)^2}\left[\frac{1}{\left(1-\frac{l'}{d-l}\right)^2} - \frac{1}{\left(1+\frac{l'}{d-l}\right)^2}\right] = \frac{4\mu\mu'l'}{(d-l)^3}\frac{1}{\left[1-\frac{l'^2}{(d-l)^2}\right]^2}$$

ou bien, comme $\dfrac{l'^2}{(d-l)^2}$ est très-petit,

$$\frac{4\mu\mu'l'}{(d-l)^3}.$$

Observons en passant que cette formule fait voir que l'action réciproque de deux aimants de petite dimension est en raison inverse du cube de la distance.

Pour avoir l'action exercée par l'aimant $A'B'$ sur le pôle B, il suffit de remplacer dans l'expression précédente l par $-l$, ce qui donne, en changeant aussi les signes.

$$-\frac{4\mu\mu'l'}{(d+l)^3};$$

or $(d-l)^3$ est sensiblement égal à $d^3\left(1-\frac{3l}{d}\right)$ et $(d+l)^3$ à $d^3\left(1+\frac{3l}{d}\right)$;

donc la valeur approchée de la force qui agit sur le pôle A sera

$$\frac{4\mu\mu'}{d^3} \cdot \frac{l'}{1 - \frac{3l}{d}},$$

ou bien, en multipliant les deux termes par $1 + \frac{3l}{d}$ et négligeant $\frac{9l^2}{d^2}$,

$$12\frac{\mu\mu'll'}{d^4} + \frac{4\mu\mu'}{d^3}l'.$$

La valeur approchée de la force qui agit sur le pôle B sera

$$12\frac{\mu\mu'll'}{d^4} - \frac{4\mu\mu'}{d^3}l'.$$

Les deux forces $12\frac{\mu\mu'll'}{d^4}$, égales et parallèles, appliquées aux deux pôles A et B de l'aiguille, ont une résultante $\frac{24\mu\mu'll'}{d^4}$ qui passe au milieu de la droite qui unit les deux pôles; cette résultante a pour effet unique de déplacer extrêmement peu l'aiguille de manière à faire prendre au fil qui la soutient une direction un peu différente de la verticale; mais comme cette force est très-petite, qu'elle a d'ailleurs à vaincre le poids de l'aiguille, et que le fil de suspension a été pris très-court, la déviation sera insensible. En résumé, l'aiguille AB oscillera sous l'action du couple terrestre et d'un couple ayant pour moment $\frac{8\mu\mu'll'}{d^3}$. Ce couple est d'ailleurs situé dans le même plan que la composante efficace du couple terrestre.

Mais

$$\mu\mu' = \frac{mm'}{4ll'},$$

donc on aura dans le cas actuel

$$(3) \qquad m\left(f + \frac{2mm'}{d^3}\right) = n''^2\pi^2k.$$

Cette troisième relation, jointe à celles que nous avons déjà trouvées, (1) et (2), permettra de déterminer m, m' et f.

En opérant par le procédé de Poisson, on peut arriver à une détermination assez exacte de l'intensité magnétique de la terre, mais on ne pourra pas encore se mettre à l'abri des variations qui surviennent pendant la durée de l'expérience.

Il faut nécessairement pour cela se servir d'un instrument qui n'exige qu'une seule lecture, ou bien employer la photographie pour enregistrer les observations.

Après ces considérations qui prouvent la nécessité de nouvelles recherches, nous allons exposer celles de Gauss et Weber.

RECHERCHES DE GAUSS ET WEBER.

294. Déclinaison. — Gauss et Weber ont inventé, pour mesurer la déclinaison, un appareil appelé magnétomètre à un seul fil. Cet instrument se compose essentiellement d'un barreau aimanté d'environ $0^m.70$ de long, portant à une de ses extrémités un miroir et suspendu à un faisceau de fils sans torsion, de manière à être horizontal. À 5 mètres environ du miroir est un théodolite qui sert à faire les observations. Au pied du théodolite, et perpendiculairement à la direction de la lunette, est une règle divisée en centimètres et en mil-

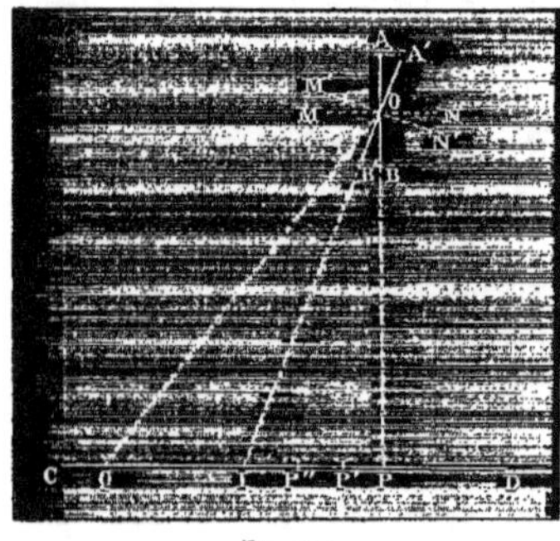

Fig. 190.

limètres. Voyons comment on peut, à l'aide de cet appareil, mesurer les déviations de l'aiguille.

Soient CD (fig. 190) la règle divisée, AB l'aiguille aimantée et MN le miroir qui lui est perpendiculaire : supposons d'abord que AB soit perpendiculaire à CD et que P soit la division zéro de la règle. L'œil placé en P verra par réflexion cette division ; mais si l'on suppose que l'aiguille prenne la position A'B', le miroir MN prendra la position M'N' et l'on apercevra alors l'image de la division Q de la règle telle que QOI = IOP. Appelons V l'angle BOB', nous aurons

$$BOB' = \tfrac{1}{2} POQ;$$

d'ailleurs,

$$\text{tang } POQ = \frac{QP}{OP} = \text{tang } 2V.$$

Comme QP et OP sont connus, on en déduira V.

Si l'aiguille AB dans sa position primitive n'était pas perpendiculaire à CD. mais allait passer par une division P', on apercevrait non plus l'image de la division P, mais celle d'une division P″ telle que P″OP′ = P′OP = V′₁. On aurait d'ailleurs encore, en désignant par V la déviation et par V_1 l'angle IOP,

$$\text{tang } POQ = \frac{QP}{OP} = \text{tang } 2V_1,$$

$$\text{tang } POP'' = \frac{PP''}{OP} = \text{tang } 2V'_1,$$

$$V = V_1 - V'_1.$$

On pourrait donc encore calculer la déviation V.

Cet instrument est susceptible d'une très-grande précision. En effet. la règle peut être divisée en millimètres, et on évalue facilement les dixièmes de millimètre. Il n'y a aucun inconvénient à donner au rayon du cercle une longueur de 5 mètres; par suite, la tangente du double de l'angle de déviation est connüe à $\frac{1}{50000}$ près, ce qui correspond à une précision de $\frac{1}{5}$ de seconde.

Pour déterminer la déclinaison absolue, il suffira de chercher l'azimut dans lequel se meut l'axe optique de la lunette, ce qui est facile si cette lunette appartient à un théodolite ou à un cercle répétiteur. Il suffira de la diriger sur un astre dont la position soit bien connue. Un avantage considérable de cette méthode d'observation, indépendamment de la sensibilité qui peut être aussi grande qu'on voudra, c'est que tout petit déplacement du barreau qui n'est pas une rotation autour d'un axe vertical est sans influence sur les observations.

295. Intensité. — On obtiendra la composante horizontale de l'intensité magnétique du globe en faisant osciller le magnétomètre sous l'influence de la terre, ou bien en observant la déviation que produit sur le barreau aimanté un autre barreau dont la position est connue.

Pour déterminer les variations d'intensité, on se sert du magnétomètre à deux fils. Il consiste en un barreau aimanté AB (fig. 191) soutenu par deux fils mm', nn', peu distants l'un de l'autre. Ces deux fils sont dirigés de telle sorte que, si l'on remplace le barreau aimanté par un barreau de cuivre, celui-ci prend une position d'équilibre perpendiculaire au plan du méridien magnétique. Il est clair que le barreau aimanté remis en place ne restera pas perpendiculaire

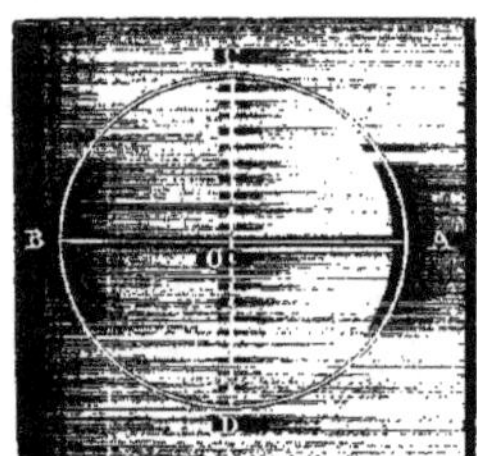

Fig. 191.   Fig. 192.

au méridien magnétique; par suite, les fils deviendront obliques et le centre de gravité du barreau s'élèvera. On voit donc que l'on fait équilibre à l'intensité magnétique du globe par la pesanteur, et l'angle dont le barreau est dévié dépend de cette intensité. Cet appareil est extrêmement sensible et peut conduire à des déterminations très-précises dès qu'on a étudié sa marche.

296. **Inclinaison.** — Reste à mesurer l'inclinaison. On y arrive par un procédé très-détourné qui repose sur les phénomènes d'induction produits par la terre sur les conducteurs mobiles. Concevons un conducteur circulaire ACBD (fig. 192), dirigé dans le plan du méridien magnétique : si on le fait tourner autour d'un diamètre AB horizontal jusqu'à ce qu'il soit venu se placer dans un plan horizontal, on obtient un courant induit dont l'intensité est proportionnelle à la composante verticale de l'intensité du magnétisme terrestre. Au contraire, si on le fait tourner autour d'un axe

vertical CD pour l'amener dans un plan vertical perpendiculaire au méridien magnétique, on obtient un courant dont l'intensité est proportionnelle à la composante horizontale de l'intensité du magnétisme terrestre. En prenant le rapport de ces deux intensités, on obtient la tangente de l'inclinaison. Il y aura des corrections à faire, parce que le diamètre AB n'est pas bien horizontal, que le diamètre CD n'est pas tout à fait vertical, et que l'on a pris pour méridien magnétique un plan qui ne coïncide pas exactement avec ce méridien. Mais on pourra toujours satisfaire très-approximativement à ces conditions. Ensuite on répétera les expériences de manière que les erreurs se produisent en sens contraire, et, en prenant la moyenne, on obtiendra des résultats très-exacts.

II.

MESURE DE LA DÉCLINAISON ABSOLUE.

297. Description des appareils. — Les appareils qui servent à cette mesure sont disposés dans une salle qui a environ 11 mètres de longueur dans la direction du méridien magnétique.

Pour installer le magnétomètre, on commence par tracer approximativement avec la boussole ordinaire la direction de la méridienne magnétique. A l'une des extrémités de cette droite, l'extrémité sud, par exemple, on établit un support très-solide en maçonnerie sur lequel on place un théodolite; on y dispose aussi la règle divisée horizontalement et dans une direction perpendiculaire à la ligne méridienne que l'on a tracée, et on l'élève à une hauteur telle que le miroir du magnétomètre soit au milieu de la distance verticale qui sépare la lunette du théodolite de l'échelle graduée, afin que les rayons lumineux partis de la règle, réfléchis sur le miroir du magnétomètre, puissent pénétrer dans la lunette. Sur la paroi de la chambre opposée au théodolite on trace une mire verticale sur laquelle on doit pouvoir toujours diriger la lunette, ce qui permettra de constater que l'appareil n'a pas été dérangé. La distance du théodolite à la mire est à peu près double de celle qui sépare le magnétomètre de cet instrument, de sorte que l'on peut au besoin voir nettement les divisions de la règle et la mire, sans déplacer sensiblement l'oculaire de la lunette.

La salle des observations doit avoir une fenêtre disposée de telle manière que l'on puisse viser avec le théodolite, à peu près dans la même direction que la mire intérieure précédente. une mire verticale placée très-loin. Les coordonnées astronomiques de cette mire extérieure doivent être connues, c'est-à-dire qu'on a déterminé l'angle que fait avec la méridienne astronomique l'horizontale qui va de l'axe de rotation du théodolite à cette mire. Derrière le théodolite et près de l'observateur se trouve une horloge astronomique le long de laquelle est placé verticalement un barreau aimanté de petites dimensions, dont la projection sur le parquet de la salle tombe sur la ligne méridienne que l'on y a tracée. La hauteur à laquelle se trouve ce petit barreau est d'ailleurs telle, que la direction prolongée de l'axe du magnétomètre passe en son milieu. Il est aisé de voir que, dans cette position, cet aimant ne peut point déranger le magnétomètre. Nous dirons plus tard quel est son usage.

Au milieu de la salle, et sur la ligne tracée sur le plancher, on place le magnétomètre. On fixe au plafond une règle de bois DD' (fig. 193

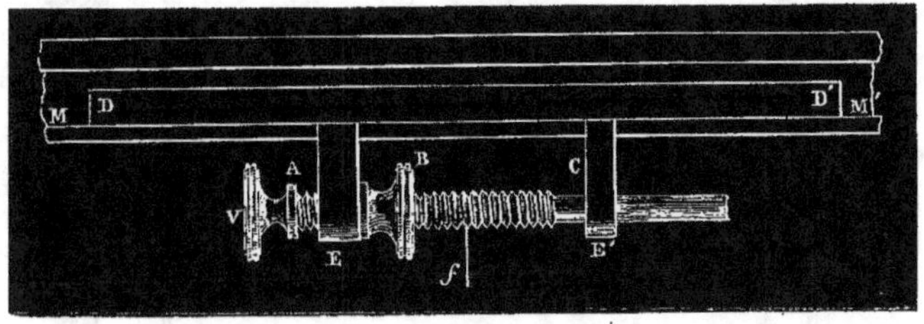

Fig. 193.

et 194) que l'on peut déplacer dans une coulisse MM' dont la direction est perpendiculaire au méridien magnétique. A cette règle sont

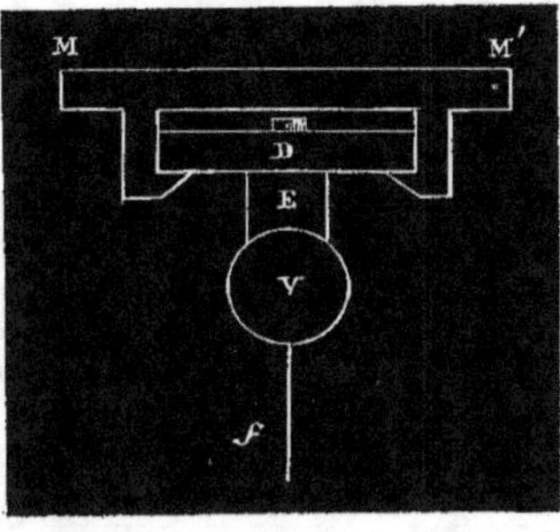

Fig. 194.

fixés deux appendices de métal E, E' qui sont traversés par une vis horizontale V. Cette vis tourne dans l'écrou E, et son extrémité, qui est cylindrique, ne fait que glisser dans la cavité cylindrique dont est percé l'appendice E'. C'est cette vis qui soutient le magnétomètre par l'intermédiaire d'un fil f enroulé dans le creux de la vis en allant de C vers B. Il résulte de cette disposition que, lorsqu'on tourne la vis pour la faire marcher dans la direction de B vers C. le fil s'enroule, et le point de contact se transporte sur la vis d'une quantité exactement égale à celle dont la vis a avancé : donc la partie verticale du fil occupe dans l'espace exactement là même position, de sorte que le magnétomètre n'a fait que se déplacer verticalement. La vis porte un écrou mobile annulaire B; lorsqu'on a donné au magnétomètre une position convenable, on

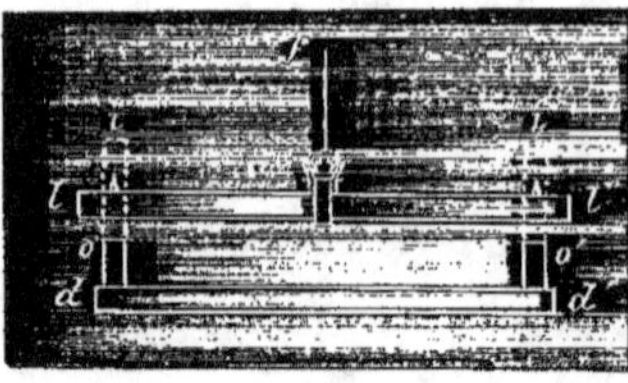

Fig. 195.

ramène cet écrou contre le support E et il empêche la vis de céder à l'effort qu'exerce le fil tendu par le barreau aimanté et qui la ferait tourner jusqu'à ce que le barreau vînt rencontrer le sol. Le fil de suspension f du magnétomètre (fig. 195) est un faisceau de 200 fils de soie sans torsion. Pour obtenir ce faisceau, on enroule 100 fois un fil de soie sur une planchette étroite, suffisamment longue, en allant successivement d'une extrémité à l'autre; on fait glisser ensuite la soie hors de la planchette, et l'on a un faisceau de fils qui peut supporter un poids considérable.

Ce fil soutient directement une tige de laiton ll', qui se place perpendiculairement à la direction du méridien magnétique. Cette tige porte vers ses extrémités deux pointes i, i'.

Ces deux pointes supportent deux anneaux oo' (fig. 195) qui font corps avec une traverse dd' et un cercle horizontal gradué CC'

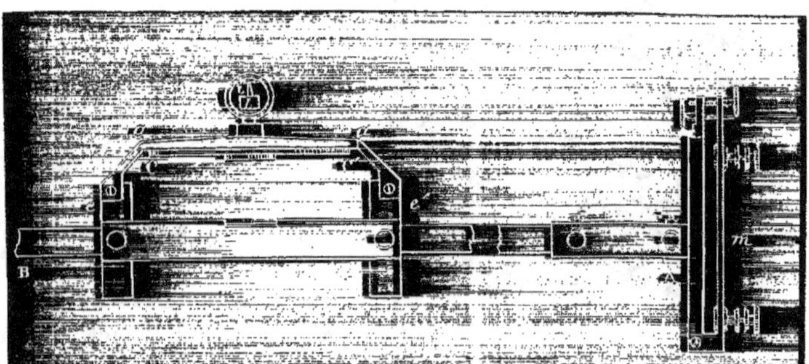

Fig. 196.

(fig. 196 et 197). Au-dessus du cercle, mais en contact avec lui, se trouve une alidade aa' (fig. 196) qui dépasse un peu le cercle.

Cette alidade peut tourner à frottement doux autour du centre du
cercle : il faut que ce frottement soit suffisant pour qu'on puisse
regarder le cercle et l'alidade comme formant un système invariable

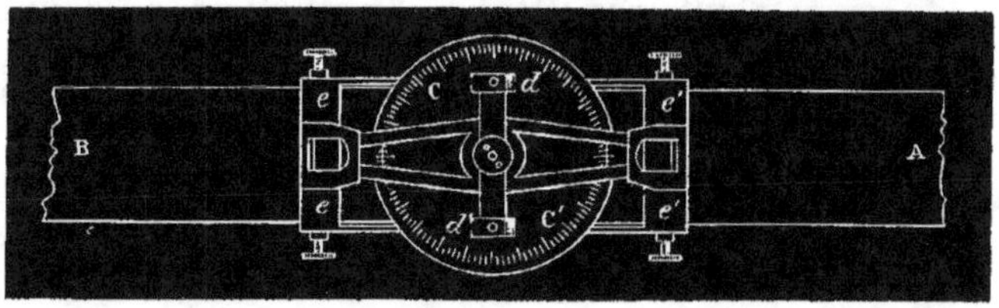

Fig. 197.

lorsqu'on ne fait pas effort pour faire tourner l'alidade. Cette alidade est évidée à son intérieur, et le bord de la tranche intérieure
porte un vernier qui se place naturellement devant les divisions du
cercle horizontal CC' (fig. 197).

L'alidade aa' porte à ses deux extrémités deux étriers ee (fig. 198)
sur lesquels se place le barreau aimanté AB. Enfin le barreau aimanté porte à son extrémité A un miroir m (fig. 196). Le miroir

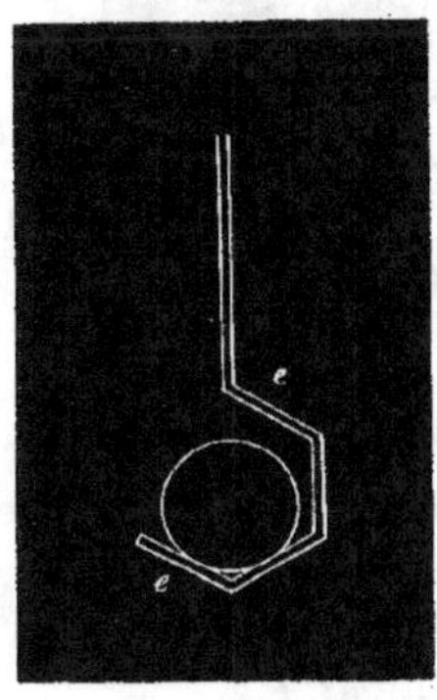

Fig. 198.

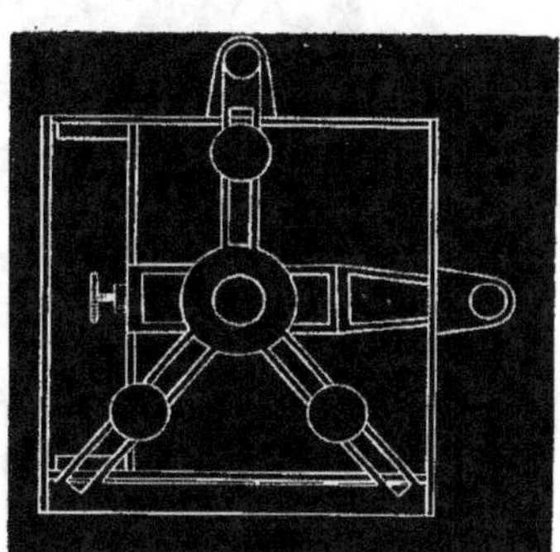

Fig. 199.

est fixé au barreau par l'intermédiaire de plusieurs vis (fig. 199) qui
permettent de le faire tourner autour d'un axe horizontal et d'un
axe vertical. Il est placé à l'extrémité sud et constitue une partie

du contre-poids qu'il faut nécessairement placer à cette extrémité pour que le barreau reste horizontal.

La figure 195 donne une vue verticale de la partie supérieure de l'appareil : cette vue est prise dans le plan perpendiculaire au méridien magnétique.

La figure 196 donne une vue verticale prise dans le plan du méridien magnétique.

La figure 197 donne une vue horizontale de l'appareil; tout ce qui se trouve dans la figure 195 a été supprimé dans celle-ci, excepté la traverse *dd'*.

La figure 198 donne une vue verticale d'un étrier, prise dans le plan perpendiculaire au méridien magnétique.

La figure 199 représente le système de vis qui permet d'orienter le miroir, et enfin la figure 200 montre une partie de la règle gra-

Fig. 200.

duée ; les chiffres dont on regarde l'image dans le miroir au moyen de la lunette du théodolite apparaissent avec leur forme ordinaire.

Dans ces diverses figures, les mêmes lettres désignent les mêmes objets.

Le barreau aimanté est placé dans une boîte percée d'un trou à sa partie supérieure, pour laisser passer le fil de suspension, et d'une autre ouverture du côté du théodolite, pour que l'on puisse voir le miroir. La boîte ne doit pas être trop grande, afin d'éviter les courants d'air qui troubleraient les observations.

L'expérience a montré la nécessité d'une précaution à laquelle on ne pensait pas être forcé d'avoir recours : la boîte se trouvant au bout de quelque temps traversée par des fils d'araignée qui ôtent à l'aimant la liberté de ses mouvements, il faut avoir soin d'enlever ces fils.

298. Mesures préliminaires. — Avant de procéder aux observations, il faut faire un certain nombre de déterminations préalables. On mesure la distance horizontale de l'échelle divisée au miroir : cette distance est comptée sur la ligne méridienne que l'on a tracée, ligne à laquelle la règle divisée est perpendiculaire. Si le miroir est formé de verre étamé, c'est à la seconde surface que se fait la réflexion ; mais, à cause de la réfraction qu'éprouvent les rayons lumineux au travers de la lame de verre, les choses se passent comme si la surface réfléchissante était plus rapprochée. Soient, en effet, SI (fig. 201) un rayon lumineux incident et IL le rayon réfracté dans le verre du miroir MM' : en désignant par n l'indice de réfraction, on a

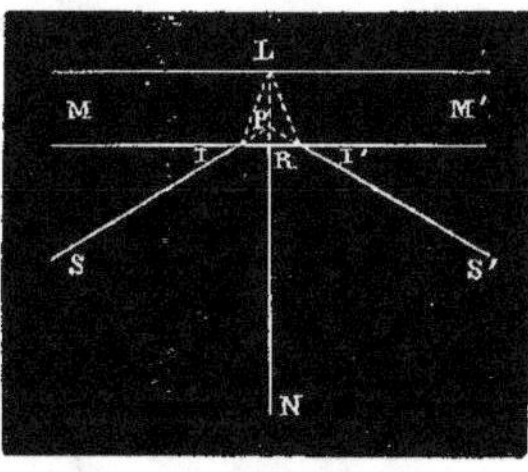

Fig. 201.

$$\sin i = n \sin r,$$

et, comme les angles sont toujours très-petits, le rapport qui existe entre les sinus existe aussi entre les tangentes ; donc

$$\tan g\, i = n \tan g\, r.$$

Prolongeons SI jusqu'à sa rencontre en P avec la normale menée au point L, nous aurons dans le triangle IPR

$$IR = RP \tan g\, i;$$

mais, dans le triangle IRL, on a aussi

$$IR = RL \tan g\, r;$$

donc on a

$$RP = RL \frac{\tan g\, r}{\tan g\, i} = \frac{e}{n},$$

en désignant par e l'épaisseur RL du miroir.

Le rayon réfléchi prolongé passe aussi par le point P ; donc il se propage comme s'il avait été réfléchi sur une surface parallèle à la surface antérieure du miroir passant par le point P et située à une distance représentée par $\frac{e}{n}$, et il en est de même des autres rayons peu obliques. Si l'on prend $n = \frac{3}{2}$ pour le verre, on a RP $= \frac{2e}{3}$. Ainsi il faudra prendre la distance de la règle divisée à la première surface du miroir et l'augmenter des deux tiers de l'épaisseur. Cette distance sera mesurée par les procédés ordinaires, à un millimètre près. Nous la désignerons par p.

On mesure aussi la distance du centre optique de l'objectif de la lunette à son axe de rotation : soit d cette distance.

Enfin on mesure la distance m du centre optique de l'objectif à la mire intérieure. Cette distance est sensiblement égale à $2p$.

299. **Manière de régler l'instrument.** — Pour régler l'instrument on commence par disposer le miroir perpendiculairement à l'axe géométrique du barreau aimanté.

Lorsque l'on considère ce barreau à un instant donné, sa position dépend de deux forces, la force de torsion du fil et l'action magnétique de la terre ; ce que l'on constate dans les observatoires, c'est la position de la normale au miroir ; or, il y a dans le barreau aimanté plusieurs lignes qu'il importe de distinguer :

1° L'axe magnétique ;

2° L'axe de figure ;

3° Une ligne que nous appellerons axe géométrique : c'est la ligne qui occupe la même position dans le barreau et dans l'espace, lorsque le barreau a été tourné de 180 degrés dans ses étriers, de manière que la face qui était tournée vers le haut soit tournée vers le bas, et *vice versa*.

La normale au miroir sera généralement une ligne différente des trois précédentes ; il importe de la faire coïncider avec l'axe géométrique. Pour cela on enlève le barreau aimanté de sa position ordinaire, et on le place sur un étrier fixe exactement semblable au premier. On regarde le miroir avec une lunette, et on se place de telle façon que l'image d'un objet vu par réflexion dans le miroir coïncide avec l'image directe : alors on est sûr que l'axe optique de cette lunette est normal au miroir. On retourne le barreau dans son étrier : alors l'axe optique de la lunette n'est plus en général normal au miroir; on fait tourner le miroir autour d'un axe horizontal ou vertical, de manière que l'angle formé par l'axe optique de la lunette avec la normale au miroir se réduise à sa moitié, puis on achève de faire coïncider ces deux lignes en déplaçant la lunette. On recommence les mêmes opérations jusqu'à ce que le miroir ne cesse pas d'être normal à l'axe optique de la lunette lorsqu'on opère le retournement du barreau aimanté; alors le plan du miroir est resté le même : or, il n'y a qu'une seule ligne du barreau aimanté qui soit restée fixe dans ce retournement, c'est l'axe géométrique, et, puisque le miroir qui lui est invariablement lié reste fixe aussi, il en résulte que l'axe géométrique est normal au miroir.

Une lunette n'est pas indispensable pour faire cette opération : on peut se placer devant le miroir en fermant un œil et regardant l'image avec l'autre œil. Il faudra que cette image ne se déplace pas par le retournement du barreau dans ses étriers.

Le miroir étant ainsi réglé, on remet le barreau aimanté dans sa position ordinaire : il prend une certaine position d'équilibre. On pointe exactement la lunette du théodolite sur la mire intérieure et l'on ne doit plus changer son azimut jusqu'à la fin des observations. Dans cet état de choses, le plan vertical passant par l'axe optique de la lunette fait un certain angle avec la normale au miroir, angle qu'il

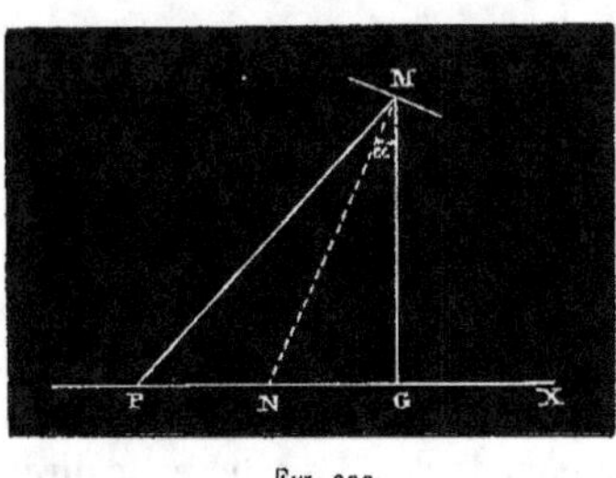

Fig. 202.

faut évaluer. Soient (fig. 202) GM la projection de l'axe optique du théodolite sur un plan horizontal, MN la projection de la normale au miroir; l'angle qu'il faut évaluer est $\alpha = $ NMG. En regardant dans la lunette, on verra coïncider avec la croisée des fils du réticule l'image d'un certain point P de la règle divisée vue par réflexion dans le miroir. Il est clair que l'angle PMN est égal à NMG. Soit G la division de la règle comptée à partir d'un point arbitraire X qui correspond au point G; soit P la division qui correspond au point P : alors la longueur PG contient un nombre de divisions égal à P — G. Comme la règle divisée a été rendue perpendiculaire à la direction de l'axe optique GM , P — G est la tangente de l'angle 2α dans le cercle de rayon $p = $ GM; donc

$$\tan 2\alpha = \frac{P-G}{p}.$$

On s'est arrangé de manière que cet angle α soit très-petit, de sorte que l'on peut prendre l'arc pour la tangente et l'on a

$$2p\alpha = P - G.$$

On voit que P — G est l'arc qui mesurerait l'angle α dans le cercle dont le rayon est $2p$. Nous conviendrons de rapporter tous nos angles à ce cercle de rayon $2p$. de sorte que nous prendrons P — G pour mesure de l'angle NMG.

Reste à dire comment on peut déterminer exactement la division de la règle contenue dans le plan vertical passant par l'axe optique de la lunette. Pour cela on se sera arrangé de manière que la règle divisée soit sur une verticale passant par la face antérieure de l'objectif de la lunette. On a pratiqué dans l'anneau qui porte l'objectif une échancrure dans laquelle peut passer un fil à plomb très-fin; la lunette étant réglée de manière à pouvoir viser la mire, on fait tourner l'anneau jusqu'à ce que le fil à plomb, vu au travers de la lunette, passe précisément par la croisée des fils du réticule; alors il est contenu dans le plan vertical passant par l'axe optique de la lunette: on n'a plus qu'à noter la division G de la règle sur laquelle vient battre le fil à plomb.

300. Erreur de collimation. — Comme la détermination de la déclinaison est une opération qui doit être refaite souvent, on ne peut pas chaque fois déterminer l'azimut de la direction de l'axe optique de la lunette, et il est commode de rapporter cette direction à une autre bien connue. On la rapporte à la direction qui va de l'axe de rotation du théodolite à une mire éloignée.

Soit AM (fig. 203) la direction de l'axe optique de la lunette; soient O le centre de rotation du théodolite et OM′ la direction qui va de ce centre à la mire éloignée M′. L'angle qu'il faut déterminer est $MDM' = \alpha$. Après avoir lu la division devant laquelle se trouve le zéro du vernier, on tourne la lunette vers la mire M' et on lit la division vers laquelle se trouve le zéro du vernier; la différence donne l'angle $MEM' = AOB = \beta$. Or, dans le triangle DEM', nous avons $\alpha = \beta - y$, et, comme β est connu, il ne reste plus qu'à déterminer y. Si la lunette du théodolite avait son axe optique passant par le centre de rotation, l'angle y serait nul et l'on aurait $\alpha = \beta$; voilà pourquoi y est appelé l'erreur de collimation.

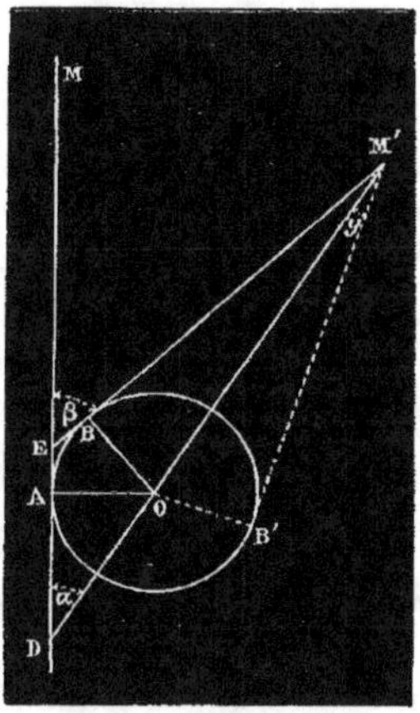

Fig. 203.

Cette erreur peut être déterminée de deux manières différentes. On peut mesurer le rayon OA du cercle O, ainsi que la distance OM', et l'on a

$$\sin y \quad \text{ou} \quad y = \frac{OB}{OM'}.$$

Pour évaluer OB à une certaine distance du théodolite, on place une règle divisée horizontale sur laquelle on a mis un miroir dont le plan soit parallèle à celui de la règle. On s'arrange de manière que l'on voie l'image des fils du réticule, réfléchis sur le miroir,

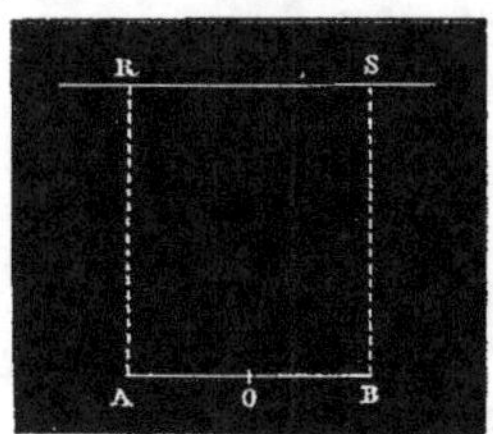

Fig. 204.

coïncider avec ces fils; si les fils du réticule ne sont pas visibles de la sorte, on leur substituera le fil à plomb dont il a été déjà parlé. Alors la règle divisée est exactement perpendiculaire à l'axe optique de la lunette; on lit la division qui correspond à cet axe optique. On fait tourner le théodolite exactement de 180 degrés, et à cet instant, pour pouvoir encore viser la règle, il faut faire tourner la lunette de 180 degrés dans un plan vertical; on lit la division qui correspond à l'axe optique, et la différence RS (fig. 204) est justement le diamètre AB du cercle O. Il est clair que cette détermination sera d'autant plus

précise que la règle RS sera plus près de AB, parce que le défaut
de parallélisme des deux rayons AR, BS sera moins sensible.

Quoique très-exacte, cette méthode serait trop longue; on opère
ainsi qu'il suit. Après avoir lu la division à laquelle correspond le
vernier lorsque la lunette a la position BM', on fait tourner le théodolite de 180 degrés environ, on retourne la lunette et on vise la
mire M'; alors l'angle BM'B'= 2y. On lira donc la division devant
laquelle se trouve le zéro du vernier, et la différence entre la division
qu'on lit et celle qu'on a lue lorsque la lunette était en BM' donne
un certain nombre de degrés dont la différence avec 180 degrés
est précisément l'angle 2y. L'angle cherché sera donc

$$\alpha = \beta - \gamma.$$

301. Angle azimutal des deux mires. — Pour déterminer l'angle azimutal de la mire intérieure et de l'autre mire extérieure dont la position par rapport au méridien est connue, on
vise la mire intérieure avec la lunette, puis on fait tourner l'alidade
de 180 degrés, on retourne la lunette sur ses tourillons et l'on vise
de nouveau. Soient A, A' les deux lectures : on fait, par rapport
à la mire extérieure, les mêmes lectures B. B'. et, si l'on appelle z
l'angle azimutal des deux mires, on a

$$z = \frac{1}{2}(A + A') - \frac{1}{2}(B + B').$$

**302. Rapport du moment magnétique de l'aiguille au
moment du couple de torsion du fil.** — Pour procéder aux
observations, on abandonne le barreau aimanté à lui-même: il prend
une position d'équilibre sous l'influence du magnétisme terrestre et
de la torsion du fil. Il faut tenir compte de cette torsion dans les
observations. Désignons par $\frac{M_0}{2}$ la division de la règle vers laquelle
se dirigerait l'axe magnétique du barreau aimanté s'il n'y avait pas
de force de torsion,, et par $\frac{M_1}{2}$ la division vers laquelle il se dirige
réellement. L'angle très-petit formé par ces deux directions, mesuré
dans le cercle de rayon $2p$, est $M_1 - M_0$. Donc, en appelant μ le mo-

ment magnétique du barreau aimanté, le couple qui le sollicite à prendre la direction M_0 est $\mu(M_1 - M_0)$, en remplaçant le sinus par l'arc. Soit $\frac{1}{2}T$ la division vers laquelle se dirigerait l'axe magnétique si la force de torsion existait seule, l'angle de torsion mesuré dans le cercle dont le rayon est $2p$ est $T - M_1$. En désignant par μ' la force de torsion du fil pour une torsion égale à 1 degré, le couple de torsion a pour moment

$$\mu'(T - M_1),$$

donc

$$\mu(M_1 - M_0) = \mu'(T - M_1)$$

ou bien

$$n(M_1 - M_0) = T - M_1,$$

en désignant par n le rapport du moment magnétique de l'aiguille au moment de torsion du fil. On en déduit

$$(1 + n)M_1 = nM_0 + T.$$

Cela posé, imaginons que l'on saisisse le cercle gradué CC' avec la main et que l'on fasse tourner l'alidade aa' d'un angle k, de manière à augmenter la torsion du fil. Cet angle k, rapporté au cercle de rayon $2p$, a pour expression $2pk$.

Soit maintenant M_2 la division vers laquelle est dirigé l'axe magnétique de l'aiguille, on a

$$(1 + n)M_2 = nM_0 + T + 2pk,$$

d'où, en retranchant l'équation précédente,

$$(1 + n)(M_2 - M_1) = 2pk$$

et

$$n = \frac{2pk}{M_2 - M_1} - 1.$$

Les directions M_2 et M_1 ne sont pas observables, mais on peut connaître l'angle qu'elles forment, comme nous allons l'indiquer.

Soient OM_0 (fig. 205) la position primitive de l'axe magnétique du barreau, OS_0 la position correspondante de la normale au miroir :

on peut, par l'observation, connaître la division $\frac{1}{2} S_0$ vers laquelle

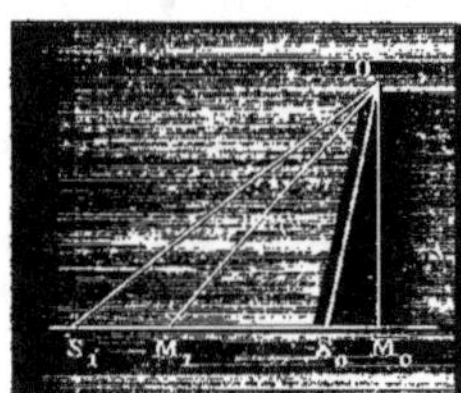

Fig. 205.

est dirigée la normale au miroir. Soient de même M_1 et S_1 les positions de l'axe magnétique et de la normale au miroir dans la seconde observation : on pourra également déterminer la division $\frac{1}{2} S_1$. Mais l'angle $M_0 O S_0$ est resté le même ; on a ainsi

$$M_0 O S_0 = M_1 O S_1 .$$

et par suite

$$M_2 - M_1 = S_1 - S_0 ;$$

donc

$$n = \frac{2 p k}{S_1 - S_0} - 1 .$$

Cette équation permettra de déterminer le rapport n, et, en résumé, les opérations à effectuer seront les suivantes :

1° On observera la division S_0, dont l'image réfléchie par le miroir sera en coïncidence avec le fil de la lunette.

2° On fera tourner l'alidade aa' de l'angle k, de manière à augmenter la torsion du fil.

3° On notera la nouvelle division S_1 qui est cachée par le fil vertical de la lunette.

Ces diverses observations se font très-exactement : comme la distance de la règle au miroir est assez grande, 5 mètres environ, un angle d'une seconde est facilement appréciable dans la déviation du barreau aimanté [1].

---

[1] Nous avons désigné par $\frac{M_0}{2}$, $\frac{S_0}{2}$ les divisions vers lesquelles sont dirigés l'axe magnétique et la normale au miroir, parce que nous sommes convenus de rapporter tous les angles au cercle de rayon $2 p$ et que, dans ce cercle, les angles en question se trouvent mesurés par M_0, S_0. D'ailleurs le nombre de divisions S_0 est le nombre lu sur la règle, car, pour avoir l'angle de la normale avec l'axe optique de la lunette, on prend la division dont l'image vient se former au point de croisement des fils du réticule, et cette division est très-sensiblement double de celle vers laquelle est dirigée la normale au miroir.

303. **Détermination du plan d'équilibre des torsions.**

— Les observations précédentes étant faites, on enlève le barreau aimanté du magnétomètre, et on le remplace par un barreau de laiton, exactement semblable, muni d'un miroir convenablement réglé et portant en son milieu un barreau aimanté de faibles dimensions. On fait avec le second barreau les mêmes observations qu'avec le premier, ce qui conduit à une nouvelle équation de la forme

$$n' = \frac{2pk'}{S_1' - S_0'} - 1.$$

À l'aide de ces deux observations on pourra avoir la valeur de T, c'est-à-dire l'azimut pour lequel le fil se trouve sans force de torsion. En effet, nous avons les deux relations

$$(1 + n)\,M_1 = n M_0 + T,$$
$$(1 + n')\,M_1' = n' M_0 + T.$$

d'où, en éliminant M_0.

$$(n - n')\,T = n\,(1 + n')\,M_1' - n'\,(1 + n)\,M_1.$$

Les rapports n et n' sont connus, et il ne reste plus, pour avoir T, qu'à connaître M_1, M_1'. On voit qu'il est avantageux que n soit très-différent de n'; de là le choix du barreau auxiliaire. Il ne faut pas non plus que n' soit trop petit ou nul, afin d'éviter l'influence des courants d'air, et pour qu'il soit possible de ramener le barreau en équilibre par la méthode ordinaire.

304. **Correction relative à l'angle du miroir avec l'axe magnétique de l'aiguille.** — Reportons-nous à la figure 205 et

désignons par σ l'angle $S_1 O M_1$ mesuré dans le cercle de rayon $2p$; nous aurons $M_1 = S_1 - \sigma$. On connaît S_1 : tout revient donc à calculer σ. En remplaçant M_1 par cette valeur, l'équation d'équilibre sera

$$n M_0 = (1 + n)\,(S_1 - \sigma) - T.$$

Retournons maintenant l'aiguille dans l'étrier de la manière indiquée précédemment et faisons une nouvelle observation : la nor-

male au miroir sera, je suppose, dirigée vers la division S_2, et alors
la division M_2, vers laquelle se dirige l'axe magnétique de l'aiguille,

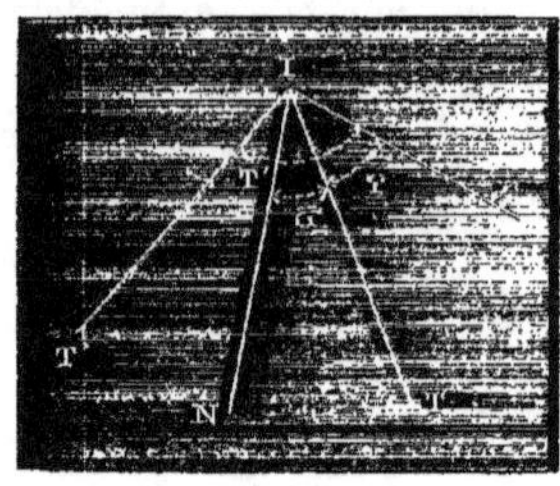
Fig. 206.

sera $S_2 + \sigma$. Il est clair, en effet, que
l'axe magnétique n'a pas changé de
direction dans l'espace, mais, par
suite du retournement, la normale au
miroir qui coïncide avec l'axe géométrique de l'aiguille a passé de
l'autre côté de l'axe magnétique, en
faisant toujours avec lui l'angle σ.
Quant à la division T', vers laquelle
se dirigerait l'axe magnétique si la
terre n'intervenait pas et que la torsion du fil agît seule, elle sera
$T + 2\sigma$.

En effet, soient IT (fig. 206) sa direction avant le retournement,
et IN la position de la normale au miroir, qui est aussi celle de l'axe
géométrique de l'aiguille: l'angle TIN sera σ. Soit maintenant IT'
la seconde position de l'axe magnétique, toujours en supposant que
la torsion agisse seule; la ligne IN n'ayant pas changé dans le retournement, on aura encore

$$\text{NIT}' = \sigma;$$

donc

$$T' = T + 2\sigma.$$

Il résulte de là que l'équation d'équilibre après le retournement
sera

$$n M_0 = (1 + n)(S_2 + \sigma) - (T + 2\sigma).$$

En combinant cette équation avec la précédente, il viendra

$$(1 + n)(S_2 - S_1 + 2\sigma) - 2\sigma = 0,$$

d'où

$$\sigma = -\frac{1 + n}{2n}\left(S_2 - S_1\right).$$

Les calculs que nous venons de faire sont relatifs au cas où l'axe
magnétique est placé par rapport à l'axe géométrique comme l'in-

dique la figure 205, c'est-à-dire de telle sorte qu'un observateur ayant l'œil en O et regardant dans la direction OS_1 aurait l'axe magnétique à sa gauche. Si l'axe magnétique était placé à sa droite, on aurait

$$M_1 = S_1 + \sigma, \qquad M_2 = S_2 - \sigma, \qquad T' = T - 2\sigma,$$

et, en recommençant les calculs, on s'assurerait aisément que la formule précédemment écrite subsiste encore.

Faisons maintenant la même opération avec le barreau de laiton muni du petit barreau aimanté, nous trouverons

$$\sigma' = -\frac{1+n'}{2n'}\left(S_2' - S_1'\right).$$

σ et σ' étant connus, M_1 et M_1' le seront aussi, et par suite il en sera de même de T.

Dès lors il est facile d'avoir l'angle que fait l'axe magnétique de l'aiguille avec l'axe optique de la lunette. En effet, cet angle est $V = \dfrac{G - M_o}{2p}$, car l'axe optique passe par la division G et l'axe de rotation du magnétomètre, tandis que l'axe magnétique passe par la division M_o, ou plutôt il passerait par cette division si la torsion n'existait pas. Remarquons que l'angle V est ici mesuré dans le cercle de rayon 1. Quant à M_o, sa valeur sera donnée par l'équation

$$nM_o = (1+n)(S_1 - \sigma) - T,$$

dans laquelle σ et T sont connus. On aura donc

$$V = \frac{nG + T - (1+n)(S_1 - \sigma)}{2pn}.$$

Si à l'angle V on ajoute l'angle que fait l'axe optique du théodolite avec la méridienne astronomique dont l'azimut est connu par rapport à la mire placée à l'extérieur de l'observatoire, on aura la valeur de la déclinaison absolue.

Dans les opérations que nous venons de décrire, il y a six lectures à faire, celles des divisions S_o, S_1, S_2, S_o', S_1', S_2', outre celle de l'angle k. Ces observations auront une durée assez grande pour que, pendant ce temps, la déclinaison ait varié d'une manière appréciable : il est donc nécessaire de faire éprouver quelques corrections aux résultats de l'observation. On peut pour cela employer deux moyens : opérer par la méthode des alternatives, ce qui augmente encore le nombre des lectures, ou bien se servir d'un autre barreau aimanté destiné à donner les variations qui affectent la déclinaison. On corrige alors. d'après les indications de ce second appareil. les valeurs des angles S_o, S_1, S_2, S'_o, S'_1, S'_2, en les rapportant à l'époque moyenne des observations.

305. Calcul définitif des observations. — Il y a encore une autre correction à faire. L'angle V, auquel nous sommes parvenus précédemment, mesure l'angle que fait avec l'axe optique de la lunette l'axe magnétique de l'aimant, lorsque la lunette vise sur la mire intérieure. On connaît de plus l'angle dont le sommet est sur

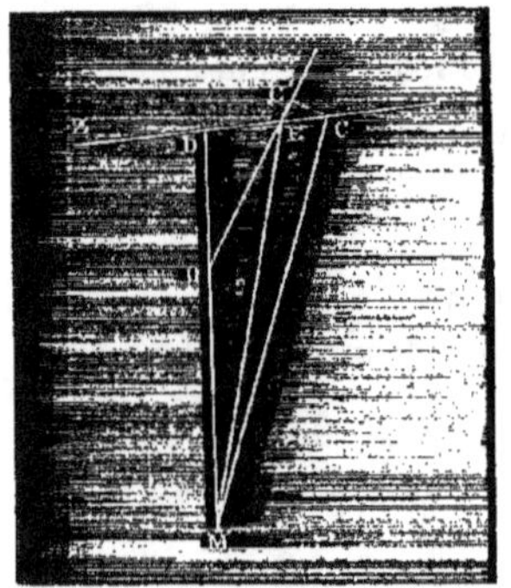

Fig 207.

l'axe vertical de rotation du théodolite et dont les côtés aboutissent aux deux mires intérieure et extérieure, angle que nous avons désigné déjà par z; l'angle que l'on a besoin de connaître pour l'ajouter à V ou l'en retrancher est l'angle que fait l'axe optique de la lunette visant la mire intérieure avec la ligne qui va de la mire extérieure à un point de l'axe vertical de rotation du théodolite. tous ces angles étant supposés projetés sur un plan horizontal. Or cet angle peut se déduire des données précédentes, comme nous allons l'indiquer.

L'angle azimutal des deux mires que nous avons appelé z a son sommet au centre de rotation C, défini plus haut, et ses extrémités sur la mire M (fig. 207) et sur le signal méridien Z. L'angle qu'il faut connaître est l'angle MDZ de l'axe optique de la lunette avec la ligne CDZ dont l'azimut est connu. Dans le triangle CDM on a

$$MDZ = u = MCD + DMC = z + DMC.$$

Pour faire la correction, il faut connaître deux autres éléments. Il faut déterminer les divisions G et G′ qui correspondent au fil à plomb suspendu devant l'objectif avant et après le retournement de la lunette. Soit $g = \dfrac{G' - G}{2}$; cette longueur sera précisément la distance CC′ du centre C à une perpendiculaire à l'axe horizontal de rotation menée par le centre O de l'objectif. Soit E le point où cette perpendiculaire coupe la ligne CZ. on aura

$$DMC = DME + EMC.$$

Or. dans le triangle EMC, on a

$$\frac{\sin EMC}{\sin MCE} = \frac{CE}{EM} = \frac{\sin EMC}{\sin z}$$

ou sensiblement

$$EMC = \frac{CE}{EM} \sin z.$$

Mais. dans le triangle CC′E,

$$CE = \frac{CC'}{\sin CEC'} = \frac{CC'}{\sin z}$$

à très-peu près: donc

$$EMC = \frac{CC'}{EM} = \frac{g}{EM}.$$

D'autre part. dans le triangle OME, on a

$$\frac{\sin DME}{\sin EOM} = \frac{OE}{EM}.$$

ou. à cause de la petitesse de l'angle.

$$DME = \frac{OE}{EM} y,$$

y étant l'erreur de collimation. Donc, en remplaçant les angles par leur valeur.

$$u = z + \frac{g + OE y}{EM}.$$

Si l'on mesure la distance d du centre de l'objectif à l'axe de rotation, on aura, en négligeant des quantités très-petites.

$$OE = d - EC' = d - g \cot z,$$

et si l'on appelle m la longueur OM, distance du centre optique de l'objectif à la mire intérieure, on aura à peu près

$$EM = m + d - g \cot z,$$

d'où l'on déduit, en substituant ces valeurs de OE et EM dans l'expression de u,

$$u = z + \frac{g + \gamma (d - g \cot z)}{m + d - g \cot z}.$$

En y ajoutant l'angle $V = \frac{G - M_0}{2p}$ que fait l'axe magnétique du barreau avec l'axe optique de la lunette, on aura la valeur de la déclinaison absolue.

D'ailleurs nous avons vu (304) que

$$V = \frac{nG + T - (1 + n)(S_1 - \sigma)}{2pn},$$

on a donc en définitive pour la déclinaison absolue cherchée

$$x = \frac{nG + T - (1 + n)(S_1 - \sigma)}{2pn} + z + \frac{g + \gamma (d - g \cot z)}{m + d - g \cot z}.$$

Cette valeur est de la forme

$$x = a - bS_1.$$

Lorsqu'on aura déterminé les constantes a et b, cette formule donnera x au moyen d'une seule lecture. Il conviendra de vérifier les constantes a et b à des intervalles de temps qui ne soient pas trop éloignés.

Il nous reste à faire une remarque : c'est que le barreau aimanté oscille constamment pendant les observations. On ne peut donc pas observer la direction de la normale au miroir. On prend pour S_1 la moyenne entre les trois divisions S', S'', S''' vers lesquelles se trouve dirigée la normale-au miroir lorsque le barreau aimanté a trois positions extrêmes successives.

$$S_1 = \frac{S' + 2S'' + S'''}{4}.$$

Pour que cela soit légitime, l'amplitude totale $\frac{S' + S'''}{2} - S''$ doit être très-petite. Pour rendre les oscillations très-petites, on se sert du barreau aimanté placé près de la pendule sidérale : l'observateur le met dans une position perpendiculaire au méridien magnétique, ses pôles étant tournés de façon que leur influence contrarie l'oscillation que le barreau du magnétomètre exécute en ce moment. Puis, lorsque ce barreau rétrograde, on retourne brusquement le barreau aimanté, de manière à contrarier encore l'oscillation. En continuant ainsi, on parvient très-vite à rendre les oscillations suffisamment petites. Tel est le procédé assez pénible qu'employait Gauss ; on arrête maintenant avec la plus grande facilité les oscillations en disposant dans le voisinage du barreau des masses plus ou moins considérables de cuivre rouge, dans lesquelles se développent des courants induits qui réagissent sur l'aimant mobile et tendent à le ramener au repos.

III.

MESURE DE L'INTENSITÉ DU MAGNÉTISME TERRESTRE.

306. Identité fondamentale de la méthode de Gauss et de la méthode de Poisson. — La méthode employée par Gauss et Weber pour déterminer l'intensité du magnétisme terrestre est fondée sur le même principe que celle de Poisson, mais elle a reçu de grands perfectionnements.

La méthode de Poisson consiste, comme nous l'avons dit, à faire osciller isolément deux aiguilles sous la seule influence de la terre, puis à faire osciller l'une d'elles sous l'influence combinée de la terre et de la seconde aiguille et à comparer les nombres d'oscillations effectuées pendant le même temps. Mais les nombres d'oscillations accomplies par la première aiguille dans l'un et l'autre cas pendant un temps donné ne diffèrent pas beaucoup; en effet, pour pouvoir assimiler la première aiguille à un pendule oscillant sous l'action d'une force constante en intensité et en direction, il faut placer l'aiguille auxiliaire à une grande distance et de plus choisir une aiguille dont les deux pôles soient assez rapprochés. Il résulte de là que l'action de cette aiguille auxiliaire est assez faible par rapport à celle que la terre exerce et n'apporte que peu de variation dans le mouvement de l'aiguille oscillante. Il faut donc s'appuyer sur la mesure de très-petites variations pour mesurer une quantité très-grande. et il est clair que la méthode n'est point susceptible de précision.

Dans la méthode de Gauss, l'aiguille auxiliaire est mieux placée; on ne mesure plus la différence entre les nombres des oscillations que fait une aiguille d'abord sous l'influence unique de la terre, puis sous les actions réunies de la terre et d'une autre aiguille aimantée, mais le déplacement que subit l'aiguille mobile en équilibre sous l'action d'une aiguille auxiliaire. lorsque cette aiguille est placée dans une position convenable, et, comme l'angle de déviation peut être mesuré avec une extrême précision. les résultats sont très-exacts. Nous allons établir d'abord les formules qui serviront à déterminer l'intensité de la composante horizontale du magnétisme terrestre; nous dirons ensuite comment on détermine les constantes qu'elles renferment.

Supposons que l'on fasse osciller une aiguille aimantée sous l'influence de la terre. Soient t la durée d'une oscillation, M le moment magnétique de l'aiguille, c'est-à-dire le moment du couple représentant l'action que la terre exercerait sur l'aiguille si son intensité était l'unité et si l'aiguille était perpendiculaire à la direction du méridien magnétique; T l'action qu'exerce sur l'unité de magnétisme la composante horizontale du couple terrestre, et k le moment d'inertie de l'aiguille par rapport à l'axe de suspension : nous aurons pour déterminer M la relation

$$(1) \qquad t = \pi \sqrt{\frac{k}{TM}}.$$

Cette formule n'est autre chose que celle du pendule composé; en effet, celle-ci est

$$t = \pi \sqrt{\frac{k}{lg}},$$

l étant la distance du point d'application de la force qui produit les oscillations à l'axe de suspension. Or, si l'on appelle μ la quantité de magnétisme libre, $T\mu$ sera l'attraction de la terre sur l'un des pôles, et il y aura une répulsion égale sur l'autre. Ces deux forces s'ajoutent pour produire le même effet, de sorte que g doit être remplacé par $2T\mu$. On a donc au dénominateur $2l\mu T$: or, $2l\mu$ est

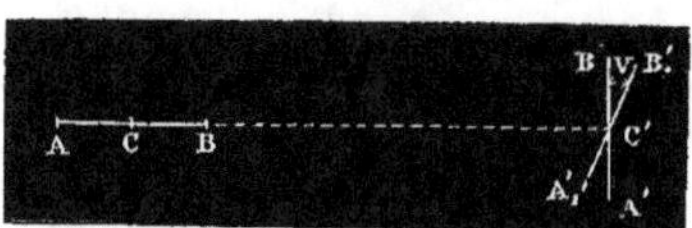

Fig. 208.

le moment magnétique de l'aiguille employée, car le point qu'on doit considérer ici comme le point d'application de l'attraction terrestre est le pôle, et par suite l désigne la distance du pôle à l'axe de suspension et $2l$ la distance des deux pôles.

Pour déterminer M et T il faut une autre équation. On l'obtient en cherchant l'angle dont l'aiguille AB (fig. 208), qui a servi dans l'expérience précédente, dévie une aiguille A'B' primitivement dirigée dans le plan du méridien magnétique : l'aiguille AB est supposée perpendiculaire à ce plan, et son prolongement va passer par le milieu C' de l'aiguille mobile.

Soit A'₁B'₁ la position nouvelle que prend l'aiguille mobile : désignons par V l'angle A'C'A'₁, par r la distance BC' qui est sensiblement égale à BA', par Δr la longueur AB et par μ et μ' les quantités de fluide libre en A et en A' : la répulsion entre A et A' est $\dfrac{\mu\mu'}{(r+\Delta r)^2}$; l'attraction entre B et A' est $\dfrac{\mu\mu'}{r^2}$. Comme BC' est très-grand par rapport à AB et A'B', on peut, dans une première approximation. regarder ces deux forces comme ayant même direction, et leur résultante est sensiblement égale à

$$\frac{\mu\mu'}{r^2} - \frac{\mu\mu'}{(r+\Delta r)^2} = \frac{2\mu\mu'\Delta r}{r^3}.$$

Le produit $2\mu\Delta r$ du magnétisme libre dans les deux pôles par la longueur de l'aiguille, qui est à très-peu près la distance de ces pôles. est le moment magnétique M de l'aiguille AB; la résultante des actions sur le pôle A' a donc pour expression

$$\frac{\mu'\mathrm{M}}{r^3}.$$

Le pôle B' sera sollicité par une force qui aura sensiblement la même valeur que la précédente. lui sera parallèle et de sens contraire. Ces deux forces produiront un couple dont le moment est

$$\frac{\mathrm{M}\mu'l'\cos \mathrm{V}}{r^3},$$

l' étant la longueur A'B'. Ce couple est tenu en équilibre par le couple terrestre $\mathrm{T}\mu'l'\sin \mathrm{V}$: en écrivant que ces deux couples sont égaux, on a l'équation

$$\mathrm{T}\mu'l'\sin \mathrm{V} = \frac{\mathrm{M}\mu'l'\cos \mathrm{V}}{r^3},$$

d'où l'on tire

(2) $$\tang \mathrm{V} = \frac{1}{r^3}\,\frac{\mathrm{M}}{\mathrm{T}}.$$

On voit que, dans cette expression, le produit $\mu'l'$ disparaît, de sorte qu'on n'a pas à s'inquiéter du moment magnétique de l'aiguille mobile, ce qui n'est pas un des moindres avantages de cette méthode.

Cette équation (2), dans laquelle V et r sont connus, déterminera le rapport $\frac{M}{T}$; comme le produit MT est déterminé par l'équation (1), il sera bien facile de déterminer T.

Tel est le principe de la méthode employée par Gauss pour la détermination de l'intensité magnétique de la terre.

Cette méthode donne non-seulement le moyen de trouver le rapport de l'intensité magnétique de la terre en différents lieux, indépendamment de toutes les variations qui peuvent survenir dans l'état magnétique des aiguilles employées, mais elle permet encore d'évaluer l'intensité absolue au moyen des unités de force ordinaires. Il suffit de faire un choix convenable d'unités. L'unité de force sera le kilogrammètre, et nous appellerons unité de magnétisme libre une quantité de magnétisme telle, qu'en agissant à l'unité de distance sur une quantité de magnétisme égale à elle-même elle ait une action égale à l'unité de force.

Avant d'aller plus loin, il est nécessaire de rappeler quelques hypothèses généralement admises sur la constitution des aimants. Concevons un barreau aimanté dans lequel toutes les molécules de magnétisme libre sont sollicitées par des forces égales et parallèles dirigées dans un sens pour les molécules de fluide austral et en sens contraire pour les molécules de fluide boréal. La quantité de fluide austral qui se trouve libre dans le barreau aimanté est exactement égale à celle de fluide boréal, car l'expérience montre que, dans l'hypothèse de l'existence de ces fluides, leur séparation ne se fait que dans les éléments magnétiques, et, avant la séparation, ces deux quantités de fluides se neutralisaient exactement. Il suit de là que, si l'on regarde comme positif un élément dm de fluide austral par exemple, et comme négatif l'élément correspondant de fluide boréal qui agit en sens contraire, on pourra dire que la masse totale de fluide libre du barreau aimanté est nulle. Il peut paraître étrange de dire qu'une quantité de fluide analogue à une masse est regardée comme négative, mais ce n'est là qu'un langage de convention. Si μ et μ' sont deux quantités de fluide qui agissent l'une sur l'autre à la distance r, leur action mutuelle peut être représentée par $\frac{f\mu\mu'}{r^2}$, f étant le coefficient spécifique de l'attraction ou de la répulsion. Lorsqu'il s'agit d'une attraction, nous regarderons ce coefficient comme négatif, et alors nous le prendrons positivement lorsqu'il s'agira d'une répulsion. Mais ici il y a attraction lorsque les deux quantités de fluide μ et μ' sont de nature contraire, et répulsion lorsqu'elles sont de même nature. Nous pouvons donc nous dispenser d'écrire ce coefficient f, à la condition de regarder les quantités de fluides de nature contraire comme affectées de signes contraires.

307. L'action de la terre sur l'aiguille aimantée se réduit à un couple qui dépend à la fois de l'intensité magnétique terrestre, du moment magnétique et de la direction de l'axe magnétique de l'aiguille. — Concevons un barreau aimanté placé dans une position quelconque : l'expérience prouvant que la décomposition du fluide magnétique ne se fait que dans chaque particule infiniment petite. et les quantités de fluide austral et boréal étant évidemment égales dans chaque particule. il est facile d'en conclure que l'action de la terre sur un barreau aimanté se réduit à un couple.

L'intensité de ce couple dépend de l'état magnétique de l'aiguille, du lieu où elle se trouve. et de sa position en ce lieu par rapport au méridien magnétique. Nous allons chercher une expression de ce couple dans laquelle entreront le moment magnétique de l'aimant et la direction de son axe magnétique, ce qui nous permettra de définir d'une manière précise ces éléments qui jusqu'ici n'ont eu pour nous qu'un sens assez vague.

Considérons un élément dm de fluide magnétique libre. appelons P l'action de la terre sur l'unité de magnétisme : son action sur l'élément dm sera Pdm et fera avec trois axes de coordonnées rectangulaires Ox, Oy, Oz des angles que nous désignerons par α, β, γ. Si nous appelons x, y, z les coordonnées du point dm, les composantes de la force Pdm parallèles aux axes seront

$$P\cos\alpha\,dm, \qquad P\cos\beta\,dm, \qquad P\cos\gamma\,dm.$$

Comme toutes les forces élémentaires sont deux à deux égales et opposées, l'action totale se réduira à un couple. A cause de cela nous allons chercher seulement les sommes des couples élémentaires dont les axes sont parallèles aux trois axes de coordonnées. Les trois composantes précédentes nous donnent, suivant Ox, Oy, Oz, les trois couples

$$P_z \cos \beta \, dm - P_y \cos \gamma \, dm,$$
$$P_x \cos \gamma \, dm - P_z \cos \alpha \, dm.$$
$$P_y \cos \alpha \, dm - P_x \cos \beta \, dm.$$

Si nous intégrons chacune de ces expressions dans toute l'étendue du barreau, en observant que α, β, γ sont constants à cause des faibles dimensions du barreau, nous obtiendrons pour les composantes du couple terrestre relativement à l'aimant considéré les expressions suivantes :

$$P \cos \beta \int z \, dm - P \cos \gamma \int y \, dm,$$
$$P \cos \gamma \int x \, dm - P \cos \alpha \int z \, dm.$$
$$P \cos \alpha \int y \, dm - P \cos \beta \int x \, dm;$$

et en posant

$$X = \int x \, dm, \qquad Y = \int y \, dm, \qquad Z = \int z \, dm,$$

nous aurons pour valeur des trois couples

$$PZ \cos \beta - PY \cos \gamma.$$
$$PX \cos \gamma - PZ \cos \alpha.$$
$$PY \cos \alpha - PX \cos \beta.$$

Appelons a, b, c les trois angles que fait avec les axes de coordonnées la direction telle que les cosinus de ces angles soient proportionnels à X, Y, Z, de sorte que

$$\frac{X}{\cos a} = \frac{Y}{\cos b} = \frac{Z}{\cos c} = M;$$

les expressions précédentes deviendront

$$PM \, (\cos c \cos \beta - \cos b \cos \gamma),$$
$$PM \, (\cos a \cos \gamma - \cos c \cos \alpha).$$
$$PM \, (\cos b \cos \alpha - \cos a \cos \beta),$$

et par conséquent l'intensité G du couple résultant sera donnée par l'équation

$$G = PM \sqrt{(\cos c \cos \beta - \cos b \cos \gamma)^2 + (\cos a \cos \gamma - \cos c \cos \alpha)^2 + (\cos b \cos \alpha - \cos a \cos \beta)^2}.$$

Si nous développons la quantité sous le radical, en observant que

$$\cos^2 \alpha + \cos^2 \beta + \cos^2 \gamma = 1,$$

nous pourrons la mettre sous la forme

$$\cos^2 c (1 - \cos^2 \gamma) + \cos^2 b (1 - \cos^2 \beta) + \cos^2 a (1 - \cos^2 \alpha)$$
$$- 2 \cos \beta \cos \gamma \cos b \cos c - 2 \cos \alpha \cos \gamma \cos a \cos c$$
$$- 2 \cos \alpha \cos \beta \cos a \cos b;$$

et, puisque

$$\cos^2 a + \cos^2 b + \cos^2 c = 1,$$

la quantité sous le radical devient

$$1 - (\cos \alpha \cos a + \cos \beta \cos b + \cos \gamma \cos c)^2.$$

Désignons par ω l'angle de la direction a, b, c avec la direction α, β, γ suivant laquelle agit le magnétisme terrestre: on a

$$\cos \omega = \cos \alpha \cos a + \cos \beta \cos b + \cos \gamma \cos c;$$

donc

$$(3) \qquad G = PM \sin \omega.$$

308. Axe magnétique, moment magnétique d'un barreau aimanté. — On trouve donc pour G une expression qui est le produit d'une quantité M par le sinus d'un angle ω. M ne dépend que de l'aimant que l'on considère : c'est ce que nous appellerons le *moment magnétique* de cet aimant; ω est l'angle d'une certaine direction avec la direction α, β, γ. Cette direction faisant avec les trois axes de coordonnées des angles a, b, c, ce sera celle de l'*axe magnétique* du barreau.

On voit par là que l'axe magnétique est déterminé seulement de direction, mais non de position, en sorte qu'il y a en réalité une infinité d'axes magnétiques.

Cette direction et le moment magnétique M jouissent d'une propriété remarquable. Imaginons un plan dont la normale fasse avec les axes de coordonnées des angles λ, μ, ν et dont la distance à l'origine soit égale à r, et cherchons la somme des moments par rapport à ce plan des quantités de magnétisme libre dans les divers éléments de l'aimant; x, y, z désignant les coordonnées d'un de ces éléments dm, sa distance au plan sera

$$x\cos\lambda + y\cos\mu + z\cos\nu - r;$$

le moment de la force $P\,dm$ est donc

$$P\left(x\cos\lambda + y\cos\mu + z\cos\nu - r\right)dm,$$

et par suite on aura pour la somme des moments, par rapport au plan considéré, des quantités de magnétisme libre dans le barreau,

$$\int P\left(x\cos\lambda + y\cos\mu + z\cos\nu - r\right)dm$$
$$= P\cos\lambda\int x\,dm + P\cos\mu\int y\,dm + P\cos\nu\int z\,dm - Pr\int dm$$
$$= P\left(X\cos\lambda + Y\cos\mu + Z\cos\nu\right);$$

car $Pr\int dm = 0$, puisqu'il y a dans le barreau autant de magnétisme austral libre que de magnétisme boréal.

Dans l'expression précédente, remplaçant X, Y, Z par leurs valeurs en a, b, c, on aura

$$PM\left(\cos\lambda\cos a + \cos\mu\cos b + \cos\nu\cos c\right) = PM\cos\varphi,$$

φ désignant l'angle que fait la normale au plan avec la direction a. b, c.

On voit par ce qui précède que le moment des quantités de magnétisme libre dans l'aimant par rapport à un plan ne dépend nullement de la position absolue du plan, mais uniquement de sa direction. On voit de plus que ce moment est maximum et égal à PM quand $\varphi = 0$. c'est-à-dire quand le plan est perpendiculaire à l'axe magnétique. Ainsi on peut dire que le moment magnétique de l'aimant est la valeur maximum de toutes les valeurs que prend la somme des moments des divers éléments supposés sollicités par des

forces parallèles et égales à l'unité, cette somme étant prise par
rapport à un plan, lorsqu'on fait varier l'orientation de ce plan; et
l'axe magnétique est toute droite perpendiculaire à ce plan pour lequel la somme des moments des forces élémentaires P dm est maximum et égale à PM.

Il résulte encore de ce que nous venons de dire que la direction
de l'axe magnétique définie par les angles a, b, c est indépendante
des axes de coordonnées choisis, car il est clair que la direction du
plan du maximum des moments n'en dépend pas; elle a, par rapport
à l'aiguille, une position bien déterminée. La quantité M ne dépend
pas davantage des axes que l'on a choisis, mais seulement de l'aiguille employée.

**309. L'action de la composante verticale équivaut à un
déplacement du centre de gravité.** — Nous avons trouvé que
l'expression du couple résultant de l'action de la terre sur l'aiguille
aimantée est PM sin ω. Si l'aiguille est librement suspendue par son
centre de gravité, de telle sorte qu'elle soit entièrement soustraite
à l'action de la pesanteur, elle ne pourra rester en équilibre que si
le couple est nul, ce qui exige que l'on ait $\omega = o$, c'est-à-dire que
l'axe magnétique de l'aiguille ait précisément la direction suivant
laquelle agit le magnétisme terrestre. Le plan déterminé par la
verticale et par la direction que prend l'axe magnétique de l'aiguille
en équilibre est précisément ce qu'on appelle le méridien magnétique.

Mais si l'axe magnétique de l'aiguille n'est pas parallèle à la direction de la force P, le couple résultant n'est pas nul, et alors son
moment linéaire a une certaine direction. Pour voir plus simplement quelle est cette direction, nous prendrons pour axe des x la
direction de la force P, et nous ferons passer le plan des xy par la
direction de l'axe magnétique. Nous aurons dans cette hypothèse

$$\cos \alpha = 1, \qquad \cos \beta = 0, \qquad \cos \gamma = 0, \qquad \cos c = 0.$$

Alors il ne reste plus qu'un couple composant, PM $\cos b$, dont le
moment linéaire est dirigé suivant l'axe des z. Comme $\frac{\pi}{2} - b = a = \omega$,

ce couple, qui est le couple résultant, a pour expression PM sin ω,

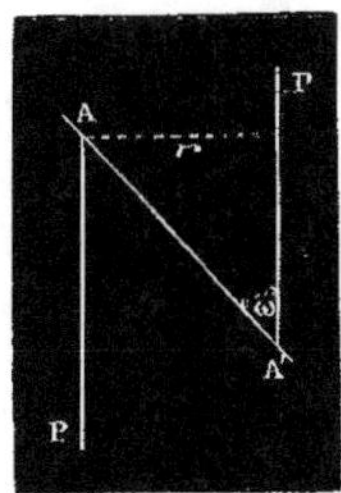

Fig. 209.

ce que nous savions déjà; mais maintenant ce couple est entièrement déterminé, puisque nous connaissons son moment et que nous savons que son plan passe par l'axe magnétique de l'aiguille et par la direction de la force P.

Il est clair que ce couple résultant peut être remplacé par l'ensemble de deux forces P, – P égales et parallèles à la direction suivant laquelle agit la terre, de sens contraire, appliquées en deux points quelconques A, A' (fig. 209) de l'axe magnétique, distantes de r et ayant une intensité égale à $\frac{PM}{r}$. Il y aura toujours une de ces forces qui fera un angle aigu avec la verticale supposée dirigée de bas en haut. Nous pouvons prendre pour point d'application de celle-là le centre de gravité de l'aiguille. Alors cette force $\frac{PM}{r}$ pourra être décomposée en deux, l'une dirigée de bas en haut suivant la verticale, et l'autre horizontale. Si l'on désigne par i l'angle de la verticale avec la direction suivant laquelle agit la terre, la première de ces composantes aura pour expression $\frac{PM}{r}$ cos i et la composante horizontale $\frac{PM}{r}$ sin i. On peut aussi concevoir que l'autre force soit décomposée de la même manière. Alors le couple dont le plan avait une direction quel-

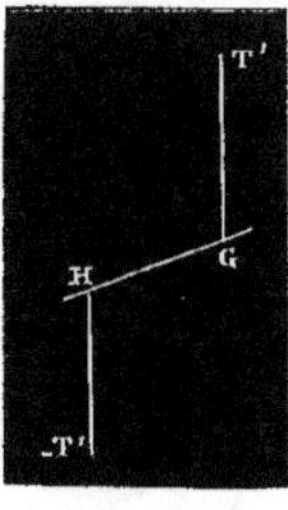

Fig. 210.

conque se trouve décomposé en deux autres dont l'un a son plan vertical et l'autre son plan horizontal. Considérons celui dont le plan est vertical : celle des deux forces T', – T' qui est dirigée de bas en haut étant appliquée au centre de gravité G, nous pourrons disposer de la distance r à laquelle se trouve l'autre pour que son intensité $\frac{PM}{r}$ cos i soit précisément égale au poids p de l'aiguille; il suffit de poser $r = \frac{PM}{p}$. Alors l'effet de cette force est détruit par ce poids, et il ne reste plus que l'autre force du même couple appliquée en H (fig. 210) et tirant de haut en bas. Si l'on fait passer le fil de suspension par ce point de manière à le rendre fixe, on détruira l'effet de cette force; le couple vertical sera donc complétement détruit. On voit que cette disposition de l'axe de suspension revient en quelque sorte à un déplacement du centre de gravité G. d'une longueur $\dfrac{PM}{p}$, sur l'axe magnétique qui y passe.

Il n'y a plus alors à tenir compte que du couple horizontal. En posant $P \sin i = T$, le moment du couple horizontal est $TM \sin \omega$, ω étant maintenant l'angle du plan vertical passant par l'aiguille avec le plan du méridien magnétique. La force T est ce qu'on appelle la composante horizontale de l'intensité du magnétisme terrestre : c'est ce que nous nous proposons de mesurer.

310. Expression de la valeur absolue du couple terrestre. — Supposons remplies les conditions que nous venons d'indiquer; alors l'aiguille, abandonnée à elle-même et n'étant plus sollicitée que par le couple horizontal dont le moment est $TM \sin \omega$, tournera jusqu'à ce qu'on ait $TM \sin \omega = o$ ou $\omega = o$, c'est-à-dire jusqu'à ce que la direction de l'axe magnétique coïncide avec celle de la force horizontale T. En réalité ces deux directions ne coïncideront pas complétement. mais feront entre elles un très-petit angle à cause de la torsion du fil qui dévie toujours un peu l'aiguille. On peut s'arranger de manière que cet angle soit très-petit, en faisant tourner dans un sens convenable l'alidade aa', et nous le supposerons assez petit pour qu'on puisse le négliger, de sorte que nous compterons l'angle de torsion à partir de la direction du méridien magnétique. Supposons maintenant que l'on écarte l'aiguille d'un angle u en dehors de sa position d'équilibre : elle sera soumise à l'action du couple terrestre $TM \sin u$ et du couple de torsion Au, A désignant le moment du couple de torsion pour l'unité d'angle. Ces deux couples. qui sont de même sens. se combinent en un seul égal à leur somme $(TM + A)u$, en supposant l'amplitude des oscillations assez petite pour qu'on puisse remplacer le sinus par l'arc. Posons $\dfrac{TM}{A} = n$, l'expression du couple résultant sera

$$TM \left(\frac{n+1}{n} \right) u.$$

Abandonnons maintenant l'aiguille à elle-même : elle se mettra à osciller sous l'action de la terre et du couple de torsion, et nous pouvons regarder le couple résultant de ces deux actions comme constamment égal à $TM\left(\dfrac{n+1}{n}\right)u$. Si l'on applique au mouvement d'oscillation de l'aiguille la formule qui donne le mouvement de rotation d'un corps solide autour d'un axe, on aura à considérer l'équation

$$\frac{d^2 u}{dt^2} = \frac{TM\,\dfrac{n+1}{n}\,u}{sk},$$

qui est justement la formule du pendule composé. On aura donc pour la durée des petites oscillations

$$t = \pi \sqrt{\frac{k}{TM\,\dfrac{n+1}{n}}},$$

d'où

$$TM = \frac{n}{n+1}\,\frac{\pi^2 k}{t^2}.$$

k est le moment d'inertie de l'aiguille autour de son axe de rotation; quant à n, c'est le rapport du moment du couple terrestre qui agit sur l'aiguille horizontale faisant un angle de 90 degrés avec le méridien magnétique, au moment du couple de torsion du fil pour l'unité d'angle; on le déterminera comme il a été déjà dit.

La formule précédente est bien homogène. En effet, le couple TM est le produit d'une force par une longueur ou le produit d'une masse par le carré d'une longueur, puisque la force est égale au produit de la masse par l'accélération; d'un autre côté, k, qui est un moment d'inertie, est aussi le produit d'une masse par le carré d'une longueur: quant à $\dfrac{n}{n+1}\,\dfrac{\pi^2}{t^2}$, c'est un nombre. Il résulte de là que nous obtenons la valeur absolue du couple terrestre, et non pas seulement une quantité proportionnelle à ce couple.

311. Détermination des données de l'expérience. — Nous allons maintenant donner quelques détails sur les détermina-

tions expérimentales. Dans la formule qui donne la valeur du couple
terrestre entrent trois données de l'expérience : n, k et t. La valeur
du rapport n se détermine comme dans la recherche de la déclinaison. à l'aide d'un barreau aimanté muni d'un miroir. Nous allons
voir comment on détermine k et t.

312. **Détermination du moment d'inertie k.** — On ne
peut pas déterminer le moment d'inertie k du système oscillant par
des procédés géométriques; car les dimensions de l'aiguille et de l'é-
trier entrent dans la valeur de k, et le moment d'inertie de ce système complexe ne peut s'obtenir que par l'expérience.

Voici une méthode ingénieuse dont on peut se servir.

On commence par faire osciller l'aiguille du magnétomètre comme
nous l'avons dit précédemment, et alors on est conduit à une relation de la forme

$$t^2 = Fk.$$

t étant la durée d'une oscillation.

Perpendiculairement au barreau aimanté AB (fig. 211), on dispose sur le magnétomètre une grande règle en bois PQ. de manière

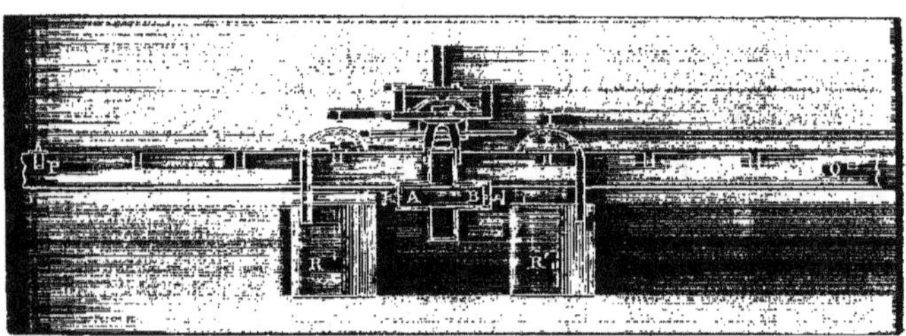

Fig. 211.

qu'elle se maintienne horizontale. Sur cette règle sont disposées,
à des distances égales entre elles, de petites cavités dans lesquelles
on place des pointes métalliques. Sur ces pointes on peut faire re-
poser des anneaux soutenant des poids égaux R. R'.

Dans les expériences de Gauss, ces poids étaient d'un demi-kilogramme. C'étaient deux sphères très-lourdes d'un métal non magnétique, de platine, par exemple. On fait de nouveau osciller le système, et, si l'on désigne par C le moment d'inertie de la règle par rapport au fil de suspension et par ρ_1 la distance des poids à l'axe de rotation, on aura une expression de la forme

$$t_1^2 = \mathrm{F}\,(k + \mathrm{C} + 2\mathrm{P}\rho_1^2).$$

En plaçant les poids à une nouvelle distance ρ_2 et recommençant l'expérience, on aura une autre équation

$$t_2^2 = \mathrm{F}\,(k + \mathrm{C} + 2\mathrm{P}\rho_2^2).$$

Par ces trois expériences on a trois équations entre lesquelles, éliminant C et F, on trouvera une relation qui permettra de déterminer k.

Comme la détermination de k est très-importante, on ne se borne pas à trois observations, mais on fait un très-grand nombre de groupes de trois observations. On obtient ainsi une série de groupes de trois équations permettant de calculer autant de valeurs de k. Ces valeurs ne sont pas toutes absolument les mêmes, parce que F varie dans l'intervalle des expériences en raison inverse de TM.

A l'aide du magnétomètre à deux fils, dont nous parlerons dans la suite, on détermine la variation de TM, en sorte que l'on peut rapporter les valeurs de F à une seule et même époque, c'est-à-dire que l'on peut trouver les rapports de F′, F″, . . ., avec F par exemple ; on substituera ces valeurs dans les équations obtenues, et, en employant la méthode des moindres carrés, on obtiendra la valeur de k la plus probable.

313. **Procédé de Goldschmidt pour rendre horizontal l'axe magnétique du barreau.** — Pour déterminer la valeur de t, il faut d'abord rendre l'axe magnétique de l'aiguille horizontal : on peut employer, pour effectuer cette opération, le procédé suivant, indiqué par Goldschmidt, astronome de Gœttingue [1].

---

[1] *Resultate des magn. Ver.*, 1840, p. 158.

Soit ABDC (fig. 212) une section du barreau perpendiculairement à son axe de figure; nous supposerons que AB soit la face supérieure, CD la face inférieure, AC la face
occidentale et BD la face orientale.

Fig. 212.

Le barreau aimanté que l'on emploie a une
disposition telle qu'il soit facile de le placer
dans l'étrier de manière que son axe de figure soit horizontal. Le miroir ayant été amené
à être perpendiculaire à cet axe de figure, on note la division horizontale de la règle qui vient en coïncidence avec le fil de la lunette.
On retourne alors le barreau dans son étrier, de façon que la face
occidentale AC devienne la face supérieure : il est clair que, si l'axe
magnétique faisait avec le plan horizontal passant par l'axe de figure
un angle α, il fera avec le plan vertical et de droite à gauche le même
angle α. On lit la division de la règle qui vient de coïncider avec le
fil vertical de la lunette, et l'on marque la quantité dont le barreau a
été enfoncé dans l'étrier. On retourne ensuite le barreau de 180 degrés de manière que la face orientale BD devienne la face supérieure,
et l'on enfonce ce barreau de la même quantité dans l'étrier; il est
clair que, lorsque le barreau a pris une position d'équilibre, l'axe
magnétique a repris la même position que précédemment; mais
comme le miroir n'est pas perpendiculaire à l'axe magnétique, on
ne trouvera pas la même division de la règle en coïncidence avec
le fil vertical. On dérangera un peu le miroir, et, par une série de
tâtonnements, on finira par le régler, de telle sorte qu'en plaçant
le barreau dans l'étrier la face occidentale en haut, puis la face occidentale en bas, et l'y enfonçant toujours de la même quantité, on
aperçoive dans les deux cas la même division de la règle. Alors la
normale au miroir reste fixe dans l'espace par le retournement :
comme l'axe magnétique du barreau est la seule ligne de ce corps
qui garde une position fixe, il faut bien en conclure que la normale au miroir coïncide avec l'axe magnétique. Cela posé, on remet
le barreau dans sa position habituelle et l'on ne touche plus au miroir. En général on ne pourra plus voir l'image de la règle par réflexion sur le miroir; mais si l'on fait glisser le barreau dans l'étrier
dans un sens convenable, la normale au miroir deviendra horizontale,

et alors on verra une ligne horizontale tracée sur la règle coïncider
avec la croisée des fils du réticule. Comme la lunette est autant au-
dessus du miroir que celui-ci est au-dessus de la règle, on est sûr
alors que la normale au miroir et par suite l'axe magnétique sont
sensiblement horizontaux. Si cette exactitude ne suffit pas, on pourra
retourner le barreau dans son étrier, de manière que la face supérieure devienne inférieure, et réciproquement, et que ce soit exactement la même partie du barreau qui se trouve dans l'étrier. En général, la ligne horizontale de la règle divisée ne viendra plus se placer sur la croisée des fils du réticule; on lui fera parcourir la moitié de la distance en faisant glisser le barreau dans l'étrier dans un
sens convenable, et l'on verra si, en retournant encore le barreau,
la ligne horizontale reste à la même distance de la croisée des fils.
On arrivera par tâtonnements à remplir cette condition.

314. Mesure exacte de la durée d'une oscillation. — La
durée d'une oscillation complète est l'intervalle de temps qui sépare
deux retours successifs du barreau au même point avec une vitesse
dirigée dans le même sens. On constate que cette oscillation complète est effectuée quand on voit revenir la même division de la règle
sur le fil vertical de la lunette, la vitesse de cette ligne étant d'ailleurs
dirigée dans le même sens. On trouve plus commode de ne compter
que les oscillations complètes, mais il faut bien se souvenir que,
dans la formule du pendule, t représente la durée d'une oscillation
simple, c'est-à-dire de la moitié d'une oscillation complète. Le choix
de la division dont on veut observer le passage est arbitraire; mais
si l'on veut suivre un certain nombre d'oscillations, il importe qu'elle
soit placée assez près de celle qui correspond à la position d'équilibre de l'aiguille, afin qu'elle reste visible pendant toute la durée
des oscillations.

Soient a, b, c trois élongations consécutives de l'aimant à partir de la division G que nous avons appris à déterminer; s'il n'y
avait pas de variations dans l'amplitude des oscillations, la division
correspondant à la position d'équilibre serait $\frac{1}{2}(a+b)$ et $\frac{1}{2}(b+c)$;
ces deux valeurs devraient être égales. Elles ne le sont pas généra-

lement; mais si l'on prend leur moyenne $\frac{1}{4}(a+c+2b)$, on aura
la division qui correspond très-approximativement à cette position
d'équilibre. On choisira, pour en observer le passage, une division
très-voisine de celle que l'on détermine de cette manière. Il faut en
effet que cette division reste, pendant toute la durée de l'expérience,
comprise dans l'amplitude de l'oscillation. Il y a à ce choix un autre
avantage qui est très-grand. En effet, à l'instant où l'on aperçoit le
passage de cette division devant le fil de la lunette, l'image de la
règle a une vitesse maximum; en sorte qu'il est plus facile d'apprécier d'une manière nette le moment du passage de la division. Si
l'instant du passage coïncide avec le battement du chronomètre,
l'observation est faite; mais s'il n'en est pas ainsi, et c'est ce qui arrive le plus souvent, on observe les divisions p et q qui passent devant le fil au moment où l'on entend deux battements consécutifs du
chronomètre comprenant entre eux l'instant du passage de la division d'équilibre que j'appellerai m; alors il est clair qu'il faudra
ajouter, au nombre de secondes qui marque l'époque du passage de
la division p, une fraction de seconde égale à $\dfrac{p-m}{p-q}$, pour avoir l'é-
poque du passage de la division m. Cela revient à supposer que,
dans l'intervalle qui sépare le passage des divisions p, q, m, le mouvement du miroir est uniforme.

On observe de cette manière la durée de plusieurs oscillations
complètes; mais, pour connaître cette durée avec une précision qui
soit en rapport avec l'exactitude de la méthode, il faut faire un très-
grand nombre d'observations. D'un autre côté, il est impossible de
continuer pendant longtemps une pareille observation sans une
grande fatigue, et par suite sans chance d'erreur.

Voici le procédé qui a été employé : on observe la durée de quatre
oscillations complètes, et, en en prenant la moyenne, on a la durée
approchée d'une oscillation; on abandonne ensuite l'expérience à
elle-même et l'on y revient au bout d'un certain temps. On observe
l'époque d'un nouveau passage et la durée de quatre oscillations
complètes. En divisant par la première valeur, trouvée pour la
durée d'une oscillation complète, le temps qui s'est écoulé depuis
qu'on a abandonné l'expérience jusqu'au moment où on l'a reprise,

on obtiendra le nombre des oscillations complètes qui ont été accomplies dans cet intervalle. Le nombre que l'on trouvera ainsi sera en général fractionnaire, mais on choisira le nombre entier le plus voisin. A l'aide des quatre oscillations dont on a observé la durée quand on a repris l'expérience, on connaîtra la valeur approchée de la durée d'une oscillation à cette époque. et l'on se servira de cette valeur comme on s'est servi de la première pour calculer le nombre d'oscillations accomplies pendant la seconde interruption de l'expérience. En continuant de la même manière, on parviendra à connaître la durée d'un très-grand nombre d'oscillations, cinq ou six cents par exemple, et il suffira de diviser cette durée par le nombre total d'oscillations pour avoir une valeur très-approchée de la durée d'une oscillation.

Voici quelques nombres qui ont été obtenus d'après la méthode précédente :

		TEMPS SIDÉRAL.
1er passage.		$21^h\ 55^m\ 26^s,4$
2e ——————		56 8 ,4
3e ——————		56 51 ,2
4e ——————		57 33 ,2
5e ——————		58 15 ,5
6e ——————		58 57 ,4

La durée moyenne est de $42^s,20$.

On a repris l'observation à $23^h\ 36^m\ 40^s,3$: l'intervalle écoulé depuis le commencement de l'opération est donc $1^h\ 40^m\ 33^s,9$. Si l'on divise ce nombre par $42^s,20$, durée moyenne d'une observation, on obtient pour quotient 142,983, ce qui veut dire que, pendant $1^h\ 40^m\ 33^s,9$, l'aiguille a fait 143 oscillations complètes. En divisant l'intervalle $1^h\ 40^m\ 33^s,9$ par 143, on obtient la nouvelle valeur plus approchée de la durée de l'observation $42^s,195$. L'expérience que nous rapportons a duré jusqu'à $2^h\ 58^m$, c'est-à-dire environ 5 heures. On a observé 422 oscillations, et l'on a trouvé pour la durée moyenne d'une oscillation le nombre $42^s,18344$. On peut certainement répondre des millièmes de seconde.

315. Réduction à la durée des oscillations infiniment petites. — Remarquons maintenant que la formule du pendule dont nous avons fait usage ne s'applique qu'aux oscillations dont l'amplitude est infiniment petite, et, dans les expériences qui nous occupent, toutes les oscillations sont petites, il est vrai, mais pas assez pour que l'on puisse négliger les quantités du second ordre. On sait qu'en tenant compte de ces quantités la formule du pendule est

$$t = \pi \sqrt{\frac{l}{g}} \left(1 + \frac{1}{4} \sin^2 \frac{1}{2} \omega \right).$$

Mais si nous appelons α l'amplitude d'une oscillation mesurée sur le cercle dont le rayon est 1, c'est-à-dire l'angle compris entre deux positions extrêmes consécutives de l'aiguille, et t' sa durée, si elle était infiniment petite, nous aurons

$$\omega = \frac{\alpha}{2}, \qquad t' = \pi \sqrt{\frac{l}{g}};$$

donc

$$t = t' \left(1 + \frac{\alpha^2}{64} \right),$$

d'où l'on tire avec la même approximation

$$t' = t \left(1 - \frac{\alpha^2}{64} \right).$$

Il faut donc, pour réduire la durée de chaque oscillation à ce qu'elle serait si elle était infiniment petite, calculer pour chacune d'elles la fraction $\frac{t\alpha^2}{64}$, et, en faisant la somme de ces n corrections particulières, on aura la correction qu'il faudra faire subir à la durée totale. On conçoit combien ces corrections seraient longues et laborieuses, mais on peut les simplifier en tenant compte de la loi de variation de l'amplitude α : en effet, le calcul montre et l'expérience confirme que l'amplitude des oscillations suffisamment petites et suffisamment lentes d'un pendule oscillant dans un milieu faiblement résistant, comme l'air, décroissent en progression géométrique. On vérifie aisément que la même loi s'applique aux oscillations d'un barreau aimanté. Désignons par θ la raison de la progression, par α_n l'amplitude de la $n^{ième}$ oscillation, on a

$$\alpha_n = \alpha\theta^{n-1};$$

les termes de correction seront, pour la première, pour la seconde et pour la $n^{ième}$ oscillation,

$$-\frac{t\alpha^2}{64}, \qquad -\frac{t\alpha^2}{64}\theta^2, \ldots, \qquad -\frac{t\alpha^2}{64}\theta^{2n-2}.$$

Par conséquent, la durée totale des oscillations qu'il faut corriger de la somme de ces corrections devra être diminuée de $t\frac{\alpha^2}{64}\frac{1-\theta^{2n}}{1-\theta^2}$, et, en divisant le nombre ainsi obtenu par le nombre des oscillations, on aura la durée des oscillations supposées infiniment petites. On peut donner une autre forme au terme de correction $t\frac{\alpha^2}{64}\frac{1-\theta^{2n}}{1-\theta^2}$ et transformer cette formule de manière à n'y laisser que des quantités que l'expérience donne immédiatement. On note la division a et la division b que l'on aperçoit lors de l'écart maximum de la première et de la dernière oscillation.

Examinons en particulier la première oscillation. La normale au miroir passant par la division δ (fig. 213), on commence l'obser-

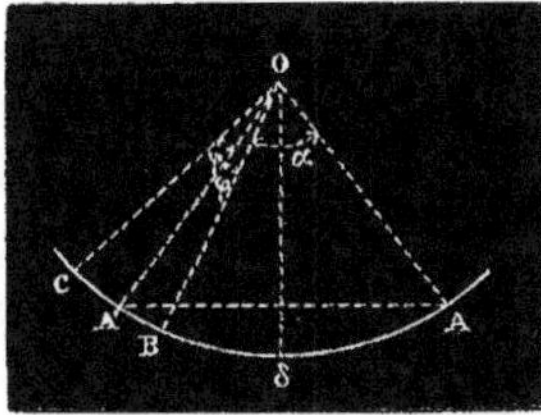
Fig. 213.

vation; cette normale va de δ en A et de A en δ, puis de δ en B et enfin de B en δ; elle a alors accompli une oscillation complète : désignons par α l'angle AOB, et soit a l'excès de la division A observée sur δ, en sorte que $\frac{a}{2p}$ mesure l'angle AOδ, puisque p est la distance de la règle au miroir. L'oscillation qui a précédé l'oscillation antérieure répond au mouvement de la normale allant de δ en C, de C en δ, de δ en A et enfin de A en δ. En désignant la moitié de AOC par α', on aura

$$\alpha' = \frac{\alpha}{\theta}.$$

Prenons le symétrique A' de A par rapport à Oδ, nous aurons

$$A'OA = \alpha + \varphi, \qquad A'OA = \alpha' - \psi.$$

φ désignant l'angle A'OB, ψ l'angle COA'. On en déduit

$$A'OA = \frac{\alpha + \alpha'}{2} - \frac{\psi - \varphi}{2};$$

or

$$\varphi = A'\delta - B\delta.$$
$$\psi = C\delta - A'\delta.$$

D'un autre côté, les écarts à partir de δO décroissent comme les termes d'une progression géométrique ayant pour raison θ aussi bien que les amplitudes des oscillations; on aura donc

$$A\delta = \theta.C\delta.$$
$$B\delta = \theta.A\delta.$$

puis

$$\psi - \varphi = C d + B\delta - 2A'\delta = A\delta \left(\frac{1}{\theta} + \theta - 2 \right) = \frac{(1 - \theta)^2}{\theta} A\delta.$$

Comme les oscillations vont en diminuant très-lentement, θ est très-voisin de l'unité: il en résulte que l'on a sensiblement

$$\psi - \varphi = 0,$$

et par suite

$$AOA' = \frac{\alpha + \alpha'}{2} = \frac{1}{2} \left(\frac{\alpha}{\theta} + \alpha \right);$$

or

$$AOA' = 2AO\delta = \frac{a}{p},$$

donc

$$\frac{a}{p} = \frac{1}{2} \left(\frac{\alpha}{\theta} + \alpha \right).$$

On aura de même

$$\frac{b}{p} = \frac{1}{2} \left(\alpha \theta^{n-1} + \alpha \theta^{n} \right).$$

On tire de ces deux équations

$$\alpha = \frac{2a}{p} \cdot \frac{\theta}{1 + \theta},$$

$$\alpha \theta^{n} = \frac{2b}{p} \cdot \frac{\theta}{1 + \theta}.$$

Le terme de correction prend alors la forme

$$-4\left[\frac{t}{64(1-\theta^2)}\cdot\frac{a^2}{p^2}\cdot\frac{\theta^2}{(1+\theta)^2}-\frac{t}{64(1-\theta^2)}\cdot\frac{b^2}{p^2}\cdot\frac{\theta^2}{(1+\theta)^2}\right]$$

ou bien

$$-4\frac{t}{64(1-\theta^2)}\cdot\frac{a^2-b^2}{p^2}\cdot\frac{\theta^2}{(1+\theta)^2}=-\frac{1}{16}\frac{t}{1-\theta^2}\cdot\frac{\theta^2}{(1+\theta)^2}\cdot\frac{a^2-b^2}{p^2}.$$

Dans cette expression il n'entre plus que des quantités que peut fournir l'expérience. On peut encore donner à cette expression une autre forme.

Si θ est très-peu différent de l'unité, on peut poser $\frac{1}{\theta}=1+\lambda$, et, en introduisant cette valeur dans l'expression précédente.

$$\frac{\theta^2}{(1+\theta)^2(1-\theta^2)}=\frac{\frac{1}{(1+\lambda)^2}}{\left(1+\frac{1}{1+\lambda}\right)^2\left(1-\frac{1}{(1+\lambda)^2}\right)}=\frac{(1+\lambda)^2}{(2+\lambda)^2(2\lambda+\lambda^2)}$$

$$=\frac{(1+\lambda)^2}{\lambda(2+\lambda)^2(2+\lambda)}=\frac{(1+\lambda)^2}{\lambda(2+\lambda)^3},$$

quantité sensiblement égale à $\frac{1}{8\lambda}$; on a donc enfin pour valeur de la correction

$$-\frac{t(a^2-b^2)}{128p^2\lambda},$$

λ étant d'ailleurs le logarithme népérien de $\frac{1}{\theta}$. Ayant ainsi la somme de toutes les corrections, on déterminera aisément la durée moyenne d'une oscillation, et alors on aura tout ce qui est nécessaire pour calculer le produit TM.

316. Détermination du rapport $\frac{M}{T}$. — Équation des vitesses virtuelles d'une aiguille auxiliaire soumise à l'action de la terre, de l'aiguille principale fixe et de la torsion. — Nous venons d'exposer les calculs et les observations qu'il faut faire pour trouver la valeur du produit MT. nous allons maintenant entrer dans les développements nécessaires pour montrer comment on arrive à déterminer le rapport $\frac{M}{T}$ à l'aide de la déviation que l'aiguille auxiliaire imprime à l'aiguille mobile.

Considérons l'état d'équilibre de l'aiguille mobile dont le fil de suspension passe par le point que l'on peut considérer comme le centre de gravité de l'aiguille déplacé par l'action de la terre, et cherchons quelle sera la position d'équilibre de cette aiguille sous l'influence de la torsion du fil de suspension, du magnétisme terrestre et de l'aiguille auxiliaire qui a déjà servi dans l'expérience précédente.

L'action de la terre et la torsion du fil se réduisent à des couples : il n'en est pas de même de celle du barreau aimanté. L'attraction de ce barreau peut toujours se réduire à une force passant par le centre de gravité déplacé et à un couple. Comme cette force est très-faible et que l'aiguille a un poids beaucoup plus considérable, le centre de gravité ne sera déplacé que d'une quantité très-faible que l'on peut négliger. Cela revient à regarder l'aiguille comme étant seulement susceptible de tourner autour du fil de suspension qui serait un axe fixe : pour qu'elle soit en équilibre, il faut et il suffit que la somme des moments des forces par rapport à cet axe soit nulle, ou bien encore que la somme des moments virtuels, pour une rotation infiniment petite autour de cet axe, soit nulle d'elle-même.

Fig. 214.

Nous prendrons pour axes de coordonnées trois droites rectangulaires; l'axe des x (fig. 214) sera horizontal, situé sur le méridien magnétique et dirigé vers le nord: l'axe des y sera horizontal et dirigé vers

l'ouest; enfin le fil vertical qui suspend l'aiguille mobile sera l'axe
des z dirigé de bas en haut. Nous choisirons pour origine des coordonnées un point H situé sur la verticale du fil de suspension et
dans l'intérieur du barreau mobile. Désignons par x, y, z les
coordonnées d'un point m du barreau mobile et par e la quantité
de magnétisme libre en ce point; l'action de la composante horizontale de la terre sur la molécule m sera une force Te et agira parallèlement à l'axe des x; donc son moment virtuel, pour un déplacement infiniment petit, sera $Te\,dx$; par conséquent le moment virtuel
des forces dues à l'action de la terre sur toutes les molécules du
barreau sera $\sum Te\,dx$.

Désignons par u l'angle que fait le plan vertical passant par
l'axe magnétique de l'aiguille avec le plan du méridien magnétique
des xz; par N, l'angle que fait aussi avec le plan du méridien magnétique l'azimut qui contient le zéro de torsion; alors $N - u$ est
l'angle de torsion, et, si θ est la force de torsion pour l'unité d'angle,
le couple de torsion qui sollicite le barreau sera $\theta(N - u)$; si l'on
imprime à l'aiguille une rotation du, de manière à diminuer u, le
moment virtuel de la force de torsion sera $-\theta(N - u)\,du$.

Voyons maintenant les forces introduites par l'action du barreau
fixe sur le barreau mobile. Appelons X, Y, Z les coordonnées d'un
point de ce barreau fixe. E la quantité de magnétisme libre en ce
point. et r la distance au point m $(x,\ y,\ z)$ du barreau mobile.
L'action exercée par cette molécule sur le mobile M sera $\dfrac{Ee}{r^{n}}$. A l'é-
poque où Gauss et Weber exécutaient le travail que nous analysons,
la loi de la variation en raison inverse du carré de la distance
n'était démontrée que par les expériences de Coulomb, dont l'exactitude n'est nullement en rapport avec celle que comporte la méthode
d'observation que nous décrivons; c'est pourquoi Gauss et Weber
ont introduit l'exposant indéterminé n dont ils ont en même temps
cherché la valeur.

Lorsque l'on déplace infiniment peu le barreau mobile, r s'accroît
de dr, le point d'application de la force $\dfrac{Ee}{r^{n}}$ se déplace de dr dans
la direction de cette force; donc son moment virtuel est $\dfrac{Ee\,dr}{r^{n}}$, et,

par conséquent, $\sum \sum \dfrac{Ee}{r^n} dr$ sera l'expression du moment virtuel du couple résultant de l'action du barreau fixe sur le barreau mobile. Nous pouvons maintenant écrire l'équation d'équilibre. qui sera

$$(4) \qquad \sum \text{T}e\, dx + \sum \sum \text{E}e \frac{dr}{r^n} - \theta(\text{N} - u)du = 0.$$

Le premier membre de cette équation est la différentielle. par rapport à u, d'une certaine fonction Ω qui a pour valeur

$$(5) \qquad \Omega = \sum \text{T}ex - \frac{1}{n-1} \sum \sum \frac{\text{E}e}{r^{n-1}} + \frac{1}{2} \theta(\text{N} - u)^2.$$

Écrire l'équation (4) revient à chercher les conditions de maximum et de minimum de la fonction Ω.

317. Pour trouver ces conditions, il faut commencer par exprimer toutes les variables qui y entrent en fonction de u et de quantités constantes.

Les points de l'aiguille mobile seront rapportés à trois axes rectangulaires fixes dans cette aiguille.

Désignons par a, b, c les coordonnées d'un point (x, y, z) du barreau mobile, en prenant pour axe des a l'axe magnétique, pour axe des c l'axe des z, c'est-à-dire la verticale passant par le point H du fil de suspension. et pour axe des b une perpendiculaire aux deux premiers.

Puisque l'angle que fait l'axe des a avec l'axe des x est u, il est facile de voir que l'on aura les relations

$$(6) \qquad \begin{cases} x = a \cos u - b \sin u, \\ y = a \sin u + b \cos u, \\ z = c. \end{cases}$$

Dans l'expérience, le barreau ordinairement fixe reçoit diverses positions; un point h de son axe magnétique se déplace de manière à décrire une droite hh' qui va passer en un point h' ayant pour coordonnées fixes $x = \alpha$, $y = \beta$. En faisant l'expérience, on s'efforce de faire coïncider le point h' avec H, de sorte que l'on peut regarder α

et β comme des quantités très-petites. Rapportons les points du barreau fixe à trois axes rectangulaires hA, hB, hC ayant pour origine le point h. L'axe des A est l'axe magnétique du barreau, l'axe des C est la verticale parallèle à Hz, l'axe des B est perpendiculaire aux deux autres. Désignons par U l'angle de l'axe des A avec l'axe des z, et nous aurons

$$(7) \quad \begin{cases} X = p + A \cos U - B \sin U . \\ Y = q + A \sin U + B \cos U , \\ Z = C, \end{cases}$$

et il est facile d'exprimer ces quantités p et q coordonnées du point h. En désignant par ψ l'angle de la droite hh' avec Hx et par R la distance hh', on a

$$p = \alpha + R \cos \psi,$$
$$q = \beta + R \sin \psi,$$

et

$$r = \sqrt{(X-x)^2 + (Y-y)^2 + (Z-z)^2}.$$

Si l'on substitue dans $\sum Tex$ la valeur de x tirée des équations (6), on a

$$\sum Tex = T \cos u \sum ae - T \sin u \sum be.$$

$\sum ae$ est la somme des moments des éléments de fluide libre de l'aiguille mobile par rapport à un plan perpendiculaire à son axe magnétique: c'est ce que nous avons appelé le moment magnétique m de l'aiguille. Quant à $\sum be$, il est nul, puisque c'est la somme des moments des mêmes éléments par rapport à un plan passant par l'axe magnétique. Donc $\sum Tex = mT \cos u.$

318. Il faut maintenant chercher l'expression de $r^{(n-1)}$. On a

$$r^2 = (X-x)^2 + (Y-y)^2 + (Z-z)^2,$$

et, en remplaçant les quantités X, Y, Z, x, y, z et ordonnant par rapport à R,

$$r^2 = R^2 + 2R\left[\alpha\cos\psi + \beta\sin\psi + A\cos(\psi - U) + B\sin(\psi - U)\right.$$
$$\left. - a\cos(\psi - u) - b\sin(\psi - u)\right]$$
$$+ (\alpha + A\cos U - B\sin U - a\cos u + b\sin u)^2$$
$$+ (\beta + A\sin U + B\cos U - a\sin u - b\cos u)^2$$
$$+ (C - c)^2.$$

Posons

$$k = \alpha\cos\psi + \beta\sin\psi + A\cos(\psi - U) + B\sin(\psi - U)$$
$$- a\cos(\psi - u) - b\sin(\psi - u),$$
$$m = \alpha + A\cos U - B\sin U - a\cos u + b\sin u,$$
$$n = \beta + A\sin U + B\cos U - a\sin u - b\cos u,$$
$$p = C - c.$$

Dans l'expression de r^2, les deux termes en R sont les deux premiers termes d'un carré. de sorte que l'on a

$$r^2 = (R + k)^2 + m^2 + n^2 + p^2 - k^2.$$

Or, d'après la manière dont les polynômes k, m, n sont formés, on voit facilement que

$$k = \cos\psi(\alpha + A\cos U - B\sin U - a\cos u + b\sin u)$$
$$+ \sin\psi(\beta + A\sin U + B\cos U - a\sin u - b\cos u)$$
$$= m\cos\psi + n\sin\psi.$$

Donc
$$m^2 + n^2 - k^2 = (m\sin\psi - n\cos\psi)^2,$$

et par suite
$$r^2 = (R + k)^2 + l.$$

en posant
$$l = (m\sin\psi - n\cos\psi)^2 + p^2,$$

et désignant ainsi par l une quantité toujours positive. Dans toutes les expériences. R doit être très-grand par rapport aux dimensions des aiguilles aimantées, et par conséquent par rapport à A, B. a, b. Donc R est très-grand par rapport à l. Il suit de là que, si l'on a une fonction quelconque de la distance r, on pourra la développer en une série ordonnée suivant les puissances négatives croissantes de R, et cette série sera très-convergente. En développant $r^{-(n-1)}$, il vient

$$\frac{1}{r^{n-1}} = \left(R^2 + 2Rk + k^2 + l \right)^{-\frac{(n-1)}{2}}$$

$$= R^{-(n-1)} - \frac{n-1}{2} R^{-(n+1)} \left(2Rk + k^2 + l \right)$$

$$+ \frac{n-1}{2} \cdot \frac{n+1}{4} R^{-(n+3)} \left(2Rk + k^2 + l \right)^2$$

$$- \frac{n-1}{2} \cdot \frac{n+1}{4} \cdot \frac{n+3}{6} R^{-(n+5)} \left(2Rk + k^2 + l \right)^3 + \cdots,$$

et, en ordonnant suivant les puissances négatives de R,

$$\frac{1}{r^{n-1}} = R^{-(n-1)} - (n-1)kR^{-n} + \left(\frac{n^2-n}{2} k^2 - \frac{n-1}{2} l \right) R^{-(n+1)}$$

$$- \left(\frac{n^3-n}{6} k^3 - \frac{n^2-1}{2} kl \right) R^{-(n+2)} + \cdots.$$

La quantité l est toujours positive, mais k peut changer de signe. Or les coefficients des diverses puissances de R ne renferment que des puissances paires ou impaires de k, suivant que le terme dont il s'agit est de rang impair ou pair; par conséquent les termes de rang pair changent de signe avec k, et ceux de rang impair ne changent pas. Il serait facile de démontrer la généralité de cette loi en cherchant la relation qui existe entre trois coefficients consécutifs.

319. Cette série étant obtenue, il n'y a plus qu'à mettre pour $\frac{1}{r^{n-1}}$ sa valeur dans $\sum \sum \frac{Ee}{r^{n-1}}$. Le premier terme est

$$R^{-(n-1)} \sum \sum Ee.$$

Si l'on fait d'abord la sommation relative à e, on a $\sum e$ qui est nul; donc le premier terme est nul.

Le second terme est nul aussi, car il est $-(n-1) R^{-n} \sum \sum Eek$;

on le reconnaîtra aisément si l'on démontre que généralement

$$\sum\sum EeA^i = 0. \qquad \sum\sum Eea^i = 0;$$

car. dans le premier terme $\sum e = 0$, et dans le second $\sum E = 0$, il n'y a que les termes de la forme

$$\sum\sum EeA^i a^j$$

qui ne soient pas nuls, et on a aussi

$$\sum\sum EeA^i b^j = 0, \qquad \sum\sum EeB^i a^j = 0, \qquad \sum\sum EeB^i b^j = 0,$$

à cause de

$$\sum EB = 0, \qquad \sum eb = 0.$$

De plus, si les deux barreaux aimantés sont symétriques par rapport aux points pris pour origines, les termes de rang pair disparaissent tous. Par cette symétrie on entend que, si en un point de l'une des aiguilles il y a une quantité e de fluide libre, au point symétrique par rapport à l'origine on trouve aussi une quantité e de fluide libre de même nature. En effet, ces termes ne renferment à leurs coefficients que des puissances impaires de k, et, si nous négligeons dans ces termes les quantités α et β, un terme quelconque du coefficient est de la forme

$$\sum EeA^i a^{i'},$$

$i + i'$ étant impair. Si l'on change A en $-$ A, et a en $-a$, E. e ne changent pas par hypothèse; donc l'élément ne fait que changer de signe. Ainsi les éléments de cette somme sont deux à deux égaux et de signes contraires; par suite, la somme est nulle.

La série sera donc de la forme

$$GR^{-(n+1)} + G'R^{-(n+3)} + G''R^{-(n+5)} + \cdots$$

L'expérience montre que, si les dimensions des aiguilles sont très-petites relativement à la distance R, cette série est tellement convergente que l'on n'a besoin de prendre que les deux premiers termes.

320. Calculons le coefficient du premier

$$G = \sum \sum E e \left(\frac{n^2 - n}{2} k^2 - \frac{n-1}{2} l \right).$$

On voit aisément que tous les termes provenant de k^2 sont nuls, à l'exception de

$$- 2 \cos(\psi - U) \cos(\psi - u) \sum A a E e = - 2 m M \cos(\psi - U) \cos(\psi - u),$$

m étant le moment magnétique de l'aiguille mobile et M celui du barreau fixe. Le terme en l donne

$$- 2 \sin(\psi - U) \sin(\psi - u) \sum A a E e = - 2 m M \sin(\psi - U) \sin(\psi - u).$$

Donc

$$G = - (n - 1) m M [n \cos(\psi - U) \cos(\psi - u) - \sin(\psi - U) \sin(\psi - u)].$$

Nous avons donc pour valeur de la fonction

$$\Omega = m T \cos u + (n - 1) m M \Big[n \cos(\psi - U) \cos(\psi - u)$$
$$- \sin(\psi - U) \sin(\psi - u) \Big] R^{-(n+1)}$$
$$+ G_1 R^{-(n+3)} + \cdots + \frac{1}{2} \theta (N - u)^2.$$

Pour trouver le maximum ou le minimum de cette fonction, et par conséquent pour obtenir l'équation de l'équilibre du barreau aimanté soumis à l'influence de la terre, de la torsion et du barreau auxiliaire, il faut égaler à zéro la dérivée de cette fonction prise par rapport à la seule variable u. On obtient ainsi l'équation

$$- m T \sin u - \theta (N - u) + (n - 1) m M \Big[n \cos(\psi - U) \sin(\psi - u)$$
$$+ \sin(\psi - U) \cos(\psi - u) \Big] R^{-(n+1)}$$
$$+ f_1 R^{-(n+3)} + \cdots = 0.$$

Tous les termes de cette série décroissent rapidement, à cause du facteur R et des coefficients f_1, f_2 qui vont eux-mêmes en diminuant. Cette équation contient des quantités qu'il n'est pas possible

de déterminer, mais on tourne la difficulté de la manière suivante.
Supposons qu'on enlève l'aiguille fixe, l'aiguille mobile prendra alors
une nouvelle position d'équilibre. Désignons par u_0 l'angle que fait
avec le méridien magnétique l'axe de l'aiguille : c'est la valeur de u
particulière à ce cas. L'équation d'équilibre est

$$mT \sin u_0 + \theta (N - u_0) = 0.$$

Retranchons cette équation de la précédente après avoir changé
tous les signes dans les termes de cette équation, nous trouvons

$$mT (\sin u - \sin u_0) + \theta (u_0 - u) = (n - 1) mM (\cdots) + \cdots$$

L'angle $u - u_0$ peut être mesuré exactement, quoiqu'on ne con-
naisse pas rigoureusement la direction de l'axe magnétique de l'aiguille mobile. Cet angle est évidemment égal à l'angle compris entre
les deux positions correspondantes de la normale au miroir, parce
que cette normale est invariablement liée à l'axe magnétique et
située dans un même plan horizontal. Or ce dernier angle peut
être mesuré très-exactement. Ainsi $u - u_0$ peut être regardé comme
connu avec beaucoup d'exactitude.

Dans l'expérience, les angles de déviation que l'on observe sont
tous très-petits, parce qu'on est obligé de rendre R très-grand, con-
formément aux hypothèses qui ont été faites dans le calcul. Alors,
l'angle $u - u_0$ étant très-petit, on peut remplacer $\sin u - \sin u_0$ par
$\tang (u - u_0)$ et $u - u_0$ par $\tang (u - u_0)$. Le second membre de l'é-
quation renferme aussi l'angle u; si on le remplace par u_0, on ne
commet qu'une erreur très-petite qui est du reste multipliée par
$R^{-(n+1)}$, quantité elle-même très-petite. Il est bien entendu que
l'expérience devra décider si les approximations auxquelles nous
nous sommes arrêtés sont suffisantes.

Toutes ces réductions étant faites, l'équation devient

$$\tang (u - u_0) = \frac{(n - 1) mM \left[n \cos (\psi - U) \sin (\psi - u_0) + \sin (\psi - U) \cos (\psi - u_0) \right] R^{-(n+1)} + \cdots}{mT - \theta},$$

ou bien

$$\tang (u - u_0) = FR^{-(n+1)} + F'R^{-(n+3)} + \cdots$$

L'expérience a confirmé cette formule ; elle montre que les deux premiers termes de la série sont toujours suffisants, et même que le second est souvent sans influence. Elle a, en outre, montré que n est égal à 2, de sorte que la tangente de l'angle de déviation est donnée par la formule très-simple

$$\operatorname{tang}\,(u - u_\circ) = FR^{-3} + F'R^{-5}.$$

Pour déterminer les deux coefficients F et F', on fera une série d'observations que l'on combinera d'après les méthodes connues. Ces coefficients étant mesurés en valeur absolue, on aura

$$F = \frac{(n-1)\,mM\left[\,n\cos(\psi - U)\sin(\psi - u_\circ) + \sin(\psi - U)\cos(\psi - u_\circ)\right]}{mT - \theta}$$

ou bien, en posant $\dfrac{\theta}{mT} = \rho$,

$$\frac{M}{T} = \frac{F\,(1 - \rho)}{(n-1)\left[\,n\cos(\psi - U)\sin(\psi - u_\circ) + \sin(\psi - U)\cos(\psi - u_\circ)\right]}.$$

On remplacera dans le second membre n par 2 et ρ par la valeur qu'on aura déterminée expérimentalement, comme nous l'avons dit à propos de la déclinaison, pour le rapport du moment de torsion de l'aiguille mobile au moment magnétique.

Toutes les quantités qui entrent dans le second membre ayant été déterminées par l'expérience, on connaîtra la valeur absolue du rapport $\dfrac{M}{T}$, et par suite on pourra trouver T.

321. **Corrections diverses.** — 1° *Les barreaux ne sont pas symétriquement aimantés.* — La méthode précédente suppose plusieurs conditions qui ne sont jamais rigoureusement remplies. De là la nécessité de certaines corrections.

On a supposé les barreaux aimantés symétriquement, d'abord lorsqu'on a dit que les puissances paires de R disparaissaient de la série, et ensuite lorsqu'on a regardé les angles u, $u_\circ$ comme accessibles à l'observation. Or, on ne connaît pas exactement la direction de l'axe magnétique, et l'on est obligé de prendre pour cette direction celle des axes de figure. Les barreaux aimantés dont on se sert étant très-longs, ces conditions sont à peu près satisfaites; mais elles ne le sont pas rigoureusement, et voici comment on en tient compte. Les coefficients des puissances paires ne seront pas rigoureusement nuls et l'on aura, je suppose,

$$\operatorname{tang}(u - u_0) = FR^{-3} + F_1 R^{-4} + F_2 R^{-5} + \cdots$$

Nous avons fait remarquer que F et F_2 ne contiennent que les puissances paires de k, tandis que F_1, F_3 n'en contiennent que les puissances impaires. Il en résulte que F et F_2 ne changent pas lorsque k ne fait que changer de signe, tandis que F_1 change de signe dans les mêmes circonstances. Or il est aisé de voir que k change de signe si l'on augmente l'angle ψ de 180 degrés. Si donc on fait une seconde expérience dans cette position. on a

$$\operatorname{tang}(u' - u_0) = F'R^{-3} - F'_1 R^{-4} + F'_2 R^{-5} - \cdots$$

Si l'on ajoute les deux dernières équations membre à membre, on aura dans le premier membre

$$\operatorname{tang}(u - u_0) + \operatorname{tang}(u' - u_0) = 2 \operatorname{tang} \frac{1}{2}\left(u - u_0 + u' - u_0 \right)$$
$$= 2 \operatorname{tang}\left(\frac{u + u'}{2} - u_0 \right);$$

en effet on a

$$\operatorname{tang}\frac{1}{2}\left(u - u_0 + u' - u_0 \right) = \frac{\sin(u - u_0) + \sin(u' - u_0)}{\cos(u - u_0) + \cos(u' - u_0)}$$
$$= \frac{\dfrac{1}{\cos(u' - u_0)} \operatorname{tang}(u - u_0) + \dfrac{1}{\cos(u - u_0)} \operatorname{tang}(u' - u_0)}{\dfrac{1}{\cos(u' - u_0)} + \dfrac{1}{\cos(u - u_0)}},$$

et cette expression se réduit à

$$\frac{1}{2}\operatorname{tang}(u - u_0) + \frac{1}{2}\operatorname{tang}(u' - u_0),$$

puisque $\cos(u - u_0)$ et $\cos(u' - u_0)$ sont sensiblement égaux à l'unité, et l'on a par conséquent

$$\operatorname{tang}\left(\frac{u + u'}{2} - u_0 \right) = \frac{F + F'}{2} R^{-3} + \frac{F_2 + F'_2}{2} R^{-5} + \cdots$$

Les coefficients F_1 et F'_1 disparaissent, car ils sont très-petits et sensiblement égaux; leur différence $F_1 - F'_1$ est donc négligeable.

Voyons maintenant l'opération qu'il faut effectuer pour augmenter ψ de 180 degrés. Soient CD (fig. 215) la trace du méridien magnétique sur un plan horizontal, HH' la droite que décrit le centre du barreau auxiliaire quand on le déplace, AB la position de ce barreau dans la première observation; l'angle ψ sera l'angle HhD. Transportons maintenant le barreau AB parallèlement à lui-même en A'B', de manière que hH' $= h$H; R n'aura pas changé, mais l'angle ψ deviendra l'angle

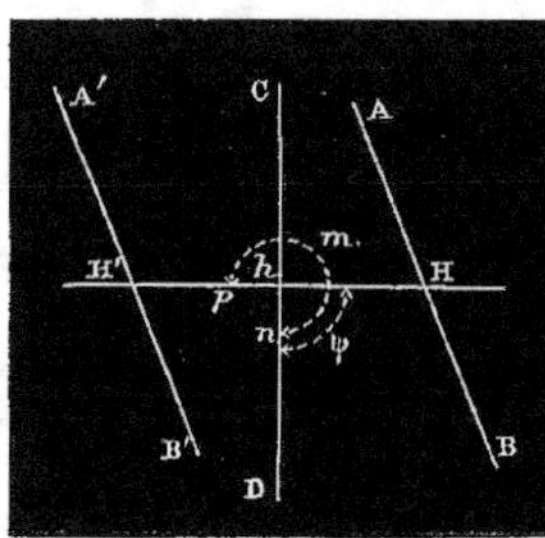

Fig. 215.

$$nmp = \psi + 180°.$$

Il faudra donc faire une première observation en plaçant le barreau auxiliaire à droite du barreau mobile, et une seconde en le plaçant à gauche et à la même distance; on mesurera les différences $u - u_0$, $u' - u_0$, dont on mettra les valeurs dans la formule précédente.

322. 2° *L'axe magnétique du barreau ne coïncide pas avec l'axe de figure.* — Il faut maintenant corriger l'erreur que l'on commet en prenant pour U l'angle de AB avec CD, AB étant l'axe de figure du barreau auxiliaire. Si l'angle que l'on mesure est trop grand, par exemple, on retourne l'aiguille de manière que le dessus devienne le dessous, et réciproquement; dans cette nouvelle position, l'angle U sera trop petit de la même quantité. On fait les mêmes observations après avoir transporté le barreau en A'B'; on obtient de cette manière quatre angles

$$u_1 - u_0, \qquad u_2 - u_0, \qquad -(u'_1 - u_0), \qquad -(u'_2 - u_0).$$

Comme dans chaque observation le coefficient de R^{-5} reste le même, on aura, pour déterminer ce coefficient que nous désignerons

par C, l'équation suivante corrigée des erreurs amenées par une aimantation irrégulière,

$$\tan \frac{1}{4}\left[(u_1-u_0)+(u_2-u_0)-(u_1'-u_0)-(u_2'-u_0)\right]=\frac{F+F'}{2}R^{-3}+CR^{-5}.$$

Il y a bien encore la valeur de u_0 qu'il faudrait corriger, mais u_0 doit
disparaître des formules, car u_1-u_0, $u_1'-u_0$ et u_2-u_0, $u_2'-u_0$
sont de signes contraires, comme le montrent les deux positions
inverses occupées par le barreau auxiliaire; c'est pourquoi, en prenant la moyenne, nous avons mis le signe — aux deux derniers
termes de l'expression de l'angle dans la formule précédente. En
réduisant cette formule, il vient

$$\tan \frac{1}{4}\left(u_1+u_2-u_1'-u_2'\right)=\frac{F+F'}{2}R^{-3}+CR^{-5},$$

équation qui ne contient plus u_0.

En résumé, dans chaque observation il y a quatre déviations à
mesurer, et, comme il faut deux observations pour déterminer F et C,
il en résulte que l'on a à mesurer huit déviations.

323. Position à donner au barreau auxiliaire. — La position à donner au barreau auxiliaire n'est pas indifférente. On doit
s'arranger de manière que les erreurs commises sur les angles ψ et U
influent le moins possible sur F, et pour cela faire en sorte que F
soit un maximum ou un minimum. On sait, en effet, que lorsqu'une
fonction est maximum ou minimum elle varie très-peu pour des valeurs croissantes de la variable : les petites erreurs que l'on commet
changeront donc très-peu la valeur de F. La partie variable de F
est

$$\cos(\psi-U)\sin(\psi-u_0)+\sin(\psi-U)\cos(\psi-u_0);$$

les deux variables sont ψ et U. Pour avoir le maximum ou le minimum de cette expression, égalons à zéro leur dérivée par rapport à
U et par rapport à ψ : il viendra

$$\sin(\psi-U)\sin(\psi-u_0)=\cos(\psi-U)\cos(\psi-u_0),$$
$$\cos(\psi-U+\psi-u_0)=0:$$

la dernière donne

$$\psi - u_0 = \frac{\pi}{2} - (\psi - U),$$

et, en portant cette valeur de $\psi - u_0$ dans la première,

$$\sin(\psi - U)\cos(\psi - U) = 0,$$

d'où l'on tire

$$\psi - U = 0$$

ou

$$\psi - U = \frac{\pi}{2}.$$

Soit d'abord $\psi - U = 0$; alors $\psi - u_0 = \frac{\pi}{2}$, et, comme u_0 est très-petit, $\psi = \frac{\pi}{2}$ et par suite $U = \frac{\pi}{2}$.

Soit maintenant $\psi - U = \frac{\pi}{2}$; alors $\psi = 0$ et $U = -\frac{\pi}{2}$, toujours en négligeant u_0.

La condition $U = 0$ indique que l'axe magnétique du barreau fixe doit être perpendiculaire au méridien magnétique. Si avec cela on prend $\psi = 0$, le barrreau fixe doit être en $A''B''$ (fig. 216), dans une position telle que son centre soit sur le prolongement de AB. Si l'on prend $\psi = \frac{\pi}{2}$, le barreau fixe est en $A'B'$, dans une position telle que sa direction aille passer par le centre C de l'aiguille AB. On trouve que la position $A'B'$ rend F maximum et que $A''B''$ rend F mini-

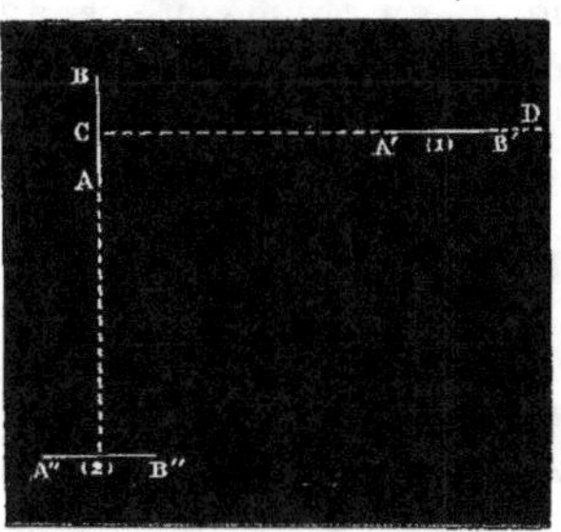

Fig. 216.

mum, et le rapport des deux valeurs de F est n. En effet, quand le barreau auxiliaire est dans la position (1), on a

$$F_1 = n\frac{mM}{mT - \theta},$$

et, quand il est dans la position (2), on a

$$F_2 = \frac{mM}{mT - \theta}.$$

On tire de là

$$\frac{F_1}{F_2} = n.$$

L'expérience donne pour ce rapport la valeur 2. De là une confirmation évidente de la loi des attractions en raison inverse du carré des distances.

Il n'est pas indifférent d'adopter la position (1) ou la position (2). La position (1) sera préférable. En effet, dans ce cas, une petite erreur dans la position du barreau mobile A'B' a peu d'influence sur la position du barreau AB, car, que l'on place le barreau A'B' un peu au-dessous ou un peu au-dessus de CD, l'action des deux pôles sur AB est altérée à peu près de la même manière. Il n'en est pas de même dans la position (2) : si l'on ne place pas le barreau perpendiculairement à BA, on rapprochera de AB l'un des pôles de A″B″ et l'on éloignera l'autre, de telle sorte que l'action pourra être sensiblement altérée.

324. Résumé des opérations. — En résumé on opère de la manière suivante. L'aiguille AB étant suspendue par un faisceau de fils de soie et munie d'un miroir dont la normale coïncide avec l'axe de figure, on laisse cette aiguille se mettre en équilibre sous l'influence de la terre seule, on lit l'angle u_0 que fait la normale au miroir avec le méridien magnétique, puis on place le barreau fixe en A'B' et on lit un nouvel angle u'; on retourne ce barreau, on lit u'', on transporte le barreau A'B' de l'autre côté de AB dans une position symétrique et à égale distance du point C, et on lit les angles u''' et u^{iv} : alors on prend $\dfrac{u'+u''+u'''+u^{iv}}{4} - u_0$ pour l'angle de déviation, puis on répète plusieurs fois ces observations en faisant varier la distance. Toutes ces opérations durent un certain temps. Il est donc nécessaire de tenir compte des variations d'intensité survenues pendant la durée des expériences. Ce qu'il faut mesurer, ce sont les variations rapides et non pas les variations lentes: on ne peut donc pas employer le procédé qui consiste à faire osciller le barreau du second magnétomètre et à suivre les variations de la durée des oscillations. En effet, pour évaluer la durée d'une oscillation, il faut mesurer la durée totale d'un grand nombre d'oscillations; si l'on se contentait d'une observation très-courte, on n'aurait aucune précision; il faut donc se servir d'un instrument propre à mesurer les variations rapides : c'est ce qui a conduit Gauss à imaginer le magnétomètre à deux fils.

VARIATIONS DE L'INTENSITÉ.

325. Principe du magnétomètre bifilaire. — Le magnétomètre à deux fils se compose essentiellement d'un long barreau aimanté horizontal AB (fig. 217) suspendu par deux fils mm' et nn' également tendus. Si le barreau n'était pas aimanté, ce système

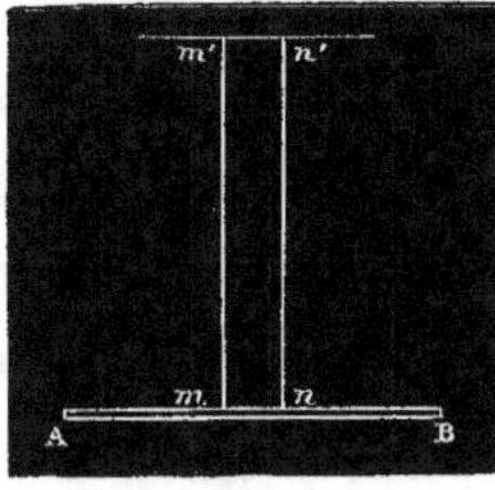

Fig. 217. Fig. 218.

serait en équilibre lorsque les deux fils se trouveraient dans un même plan et que leurs directions iraient concourir en un point situé sur la verticale passant par le centre de gravité du barreau. Si maintenant on fait tourner le barreau autour de la verticale, les deux fils ne se trouveront plus dans le même plan; comme leur direction devient oblique, et que leur longueur est invariable, il faut que le centre de gravité se soit élevé; il en résulte un couple horizontal qui tend à ramener le barreau dans sa position primitive. Si le barreau est aimanté, on conçoit que ce couple puisse faire équilibre au couple magnétique, et alors les variations de la position d'équilibre indiqueront les variations de ce dernier.

326. Formule $M = \dfrac{P f g}{H} \sin \omega.$ — **Couple statique.** — Projetons sur le plan horizontal toutes les parties de l'instrument. Soit AB (fig. 218) la projection de la position d'équilibre du barreau

supposé non magnétique : A et B sont les deux points d'attache des
deux fils: ces fils sont fixés au plafond en des points qui se projettent sur AB en C et D. Si l'on fait agir sur le barreau un couple
horizontal, ce barreau tournera autour de son centre de gravité O,
pendant que celui-ci glissera le long de la verticale. Supposons
$OA = OB = f$, $OC = OD = g$. Pour qu'il y ait équilibre, il faudra que
les conditions d'équilibre d'un corps solide libre de glisser et de
tourner autour d'un axe soient satisfaites, c'est-à-dire que la somme
des projections des forces sur la verticale soit nulle et que la somme
de leurs moments par rapport à la verticale passant par le point O
soit nulle aussi.

Soit A′B′ la nouvelle position du barreau : les fils de suspension
qui se projetaient en CA, DB se projettent maintenant de C en A′
et de D en B′; soit i l'angle que font les fils dans cette position avec
la verticale : désignons par ω l'angle AOA′, par δ la distance OI, par
P le poids du barreau appliqué en O. par t la tension égale des
deux fils, et enfin par M le moment du couple horizontal qui a fait
tourner le barreau.

Si l'on projette les forces sur la verticale, on obtient l'équation

$$P + 2t \cos i = 0.$$

et, si l'on prend les moments des forces par rapport à la verticale
passant par le point O, on a pour seconde équation d'équilibre

$$M + 2\delta t \sin i = 0,$$

d'où l'on tire, en éliminant la tension inconnue t.

$$M = P\delta \tan g\, i.$$

La distance du barreau aux points d'attache ne reste pas invariable.
mais elle varie d'une quantité très-faible: on peut donc la regarder
comme constante et égale à la longueur H du fil: de sorte que dans
le triangle dont le sommet a pour projection le point C. dont
l'angle au sommet est l'angle i et dont la base est A′C, on a sensiblement

$$\tan g\, i = \frac{A'C}{H}.$$

Il en résulte que

$$M = \frac{P}{H}\,\delta\,.\,A'C;$$

or, $\delta\,.\,A'C$ est le double de l'aire du triangle $OA'C$, qui a aussi pour expression $OC.OA' \sin\omega$ ou bien $fg \sin\omega$; donc

$$M = P\,\frac{fg}{H}\sin\omega.$$

Telle est l'expression du moment du couple qui tend à ramener le barreau dans sa position primitive. Gauss a donné à ce couple $\frac{Pfg}{H}$ le nom de *couple statique* ou de *force directrice statique*. On voit que le moment de ce couple est proportionnel au sinus de l'angle de déviation, au poids du barreau, à la distance des points d'attache des fils, soit sur le barreau, soit au plafond, et en raison inverse de la distance du barreau aux points d'attache.

Lorsque le barreau mobile AB (fig. 219) est dévié de sa position d'équilibre en A'B', on peut dire qu'il tend à y revenir en vertu de

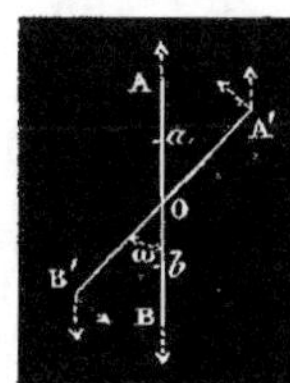

Fig. 219.

l'action du couple $\frac{Pfg}{H}$, ou mieux on peut imaginer le barreau comme sollicité par deux forces égales et contraires à $\frac{Pfg}{H}$, parallèles à la ligne qui joint les deux points d'attache dans la position primitive, et appliquées en deux points a et b situés à une distance l'un de l'autre égale à l'unité. Il est facile, en effet, de vérifier que, si le barreau est dévié de ω, le couple qui tend à le ramener dans sa position d'équilibre est $\frac{Pfg}{H}\sin\omega$.

327. Positions diverses que l'on peut assigner au magnétomètre bifilaire. — Supposons que le barreau mobile soit un barreau aimanté avec toutes les pièces qui servent à le suspendre. Nous donnerons plus tard la description de ces pièces; mais pour le moment il nous suffira de dire qu'elles permettent de placer le barreau dans tel azimut que l'on veut par rapport au plan vertical passant par les points d'attache.

Au couple directeur vient se joindre le couple magnétique terrestre, et la position d'équilibre dépend de leur combinaison.

On peut alors considérer trois cas : les deux positions du corps dans lesquelles il serait en équilibre sous l'action de chacune de ces forces séparément peuvent coïncider, être opposées ou bien former un angle.

Dans le premier cas, le barreau doit se placer, sous l'action de la force directrice statique, dans le plan du méridien magnétique, de telle sorte que son pôle austral soit dirigé vers le nord; dans le second cas, il doit aussi se placer dans le méridien magnétique, mais le pôle austral étant tourné vers le sud; dans le troisième, il forme un angle avec le méridien magnétique. Gauss appelle ces trois positions : naturelle, inverse et transversale.

1° Dans la position naturelle, si l'on vient à écarter le barreau d'un angle ω, il se développe deux couples qui tendent à le ramener dans cette position: ces deux couples sont $\dfrac{Pfg}{\Pi} \sin \omega$ et $mT \sin \omega$. Tout se passe donc comme si la composante horizontale mT avait été augmentée de $\dfrac{Pfg}{\Pi}$, car le couple qui tend à ramener le barreau est $\left(\dfrac{Pfg}{\Pi} + mT \right) \sin \omega$.

2° Dans la position inverse, l'équilibre persiste encore suivant la même direction: mais il est stable ou instable suivant que le couple statique est plus grand ou plus petit que le couple magnétique. En effet, si l'on vient à écarter le barreau d'un angle ω, deux couples naissent encore. Le couple dû à la force directrice statique $\dfrac{Pfg}{\Pi} \sin \omega$ tend à ramener le barreau dans sa position primitive, et le couple dû au magnétisme terrestre $mT \sin \omega$ tend au contraire à l'en écarter. Tout se passe donc comme si la composante mT avait été diminuée de $\dfrac{Pfg}{\Pi}$, car le couple qui tend à écarter le barreau de sa position primitive est $\left(mT - \dfrac{Pfg}{\Pi} \right) \sin \omega$. Le barreau déplacé s'éloignera toujours davantage de sa position primitive si mT est plus grand que $\dfrac{Pfg}{\Pi}$, et il finira, après un certain nombre d'oscillations, par revenir au repos dans la position opposée pour laquelle le pôle austral est dirigé vers le nord. Mais alors les fils de suspension se croiseront. Si mT est moindre que $\dfrac{Pfg}{H}$, le barreau reviendra dans sa position primitive. On conçoit que l'on peut disposer l'appareil de manière que mT soit égal à $\dfrac{Pfg}{H}$; alors le barreau sera en équilibre dans toutes les positions. En modifiant convenablement les distances f ou g, on peut toujours satisfaire à cette condition, et alors on aura un barreau aimanté astatique.

On pourrait, d'après le même principe, réaliser un solénoïde astatique de grandes dimensions; il suffirait de remplacer le barreau aimanté par un autre fil conducteur disposé en solénoïde, dans lequel on ferait passer un courant. En faisant en sorte que l'on ait $\dfrac{Pfg}{H} = T$, on aurait un solénoïde astatique.

Le grand barreau aimanté astatique pourrait aussi servir de galvanomètre.

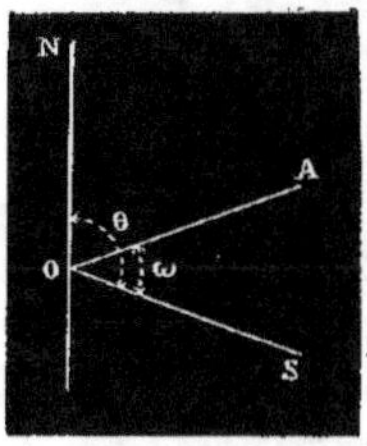

Les deux positions précédentes ne peuvent convenir pour mesurer les variations de l'intensité horizontale.

3° Soient ON (fig. 220) la direction du méridien magnétique, OS la direction que prendrait le barreau sous l'action du couple statique seul; soit enfin OA la position d'équilibre qu'il prend. La condition de cet équilibre peut être représentée par l'équation

Fig. 220.

$$mT \sin (\theta - \omega) = \frac{Pfg}{H} \sin \omega.$$

Il est clair que l'angle ω, qui détermine la position d'équilibre, peut varier pour deux causes, ou bien parce que T varie, ou bien parce que θ varie. Or T est la seule quantité que nous désirions mesurer par les variations de ω; il importe donc que les variations de θ produisent le plus petit effet possible sur celles de ω, et l'on trouve qu'il faut que l'on ait pour cela

$$\theta - \omega = 90°.$$

D'un autre côté, il importe aussi que les variations de T produisent sur ω les plus grandes variations possible, et l'on trouve que cela exige $\theta = 90°$.

On peut satisfaire à peu près à ces deux conditions à la fois en faisant $\theta = 90$ et en prenant $\frac{P f g}{H}$ beaucoup plus grand que mT, ce qui fait que ω reste toujours très-petit. Alors on a

$$\tan \omega = \frac{mH}{P f g} \, T.$$

d'où l'on voit que la tangente de l'angle de déviation est égale à une constante multipliée par la composante horizontale du couple terrestre; et comme l'angle ω est toujours très-petit, les variations de ω sont à très-peu près proportionnelles à celles de T, de sorte

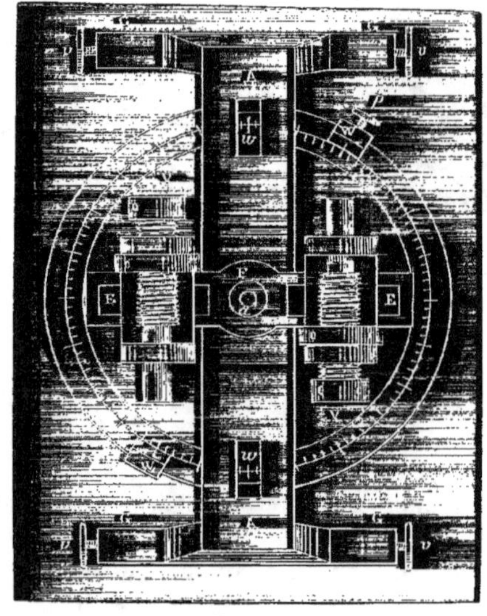

Fig. 221.

que l'on pourra connaître les variations de T au moyen de celles de ω; il suffira d'avoir déterminé par expérience la constante $\frac{m}{f g} \cdot \frac{H}{P}$. Pour comprendre comment on détermine cette constante, il faut connaître toutes les pièces dont se compose l'appareil.

36.

328. Description du magnétomètre bifilaire. — Le

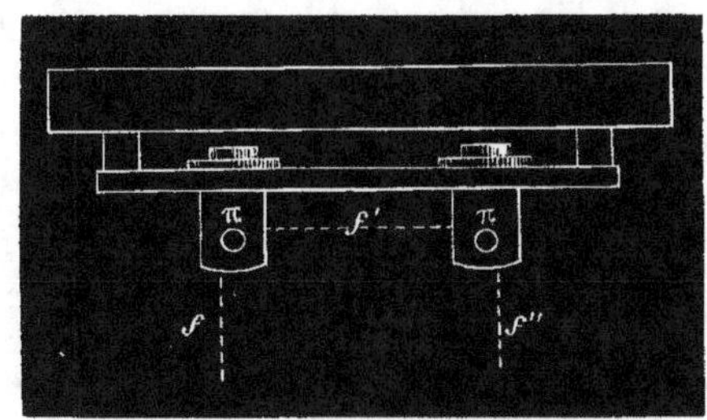

Fig. 222.

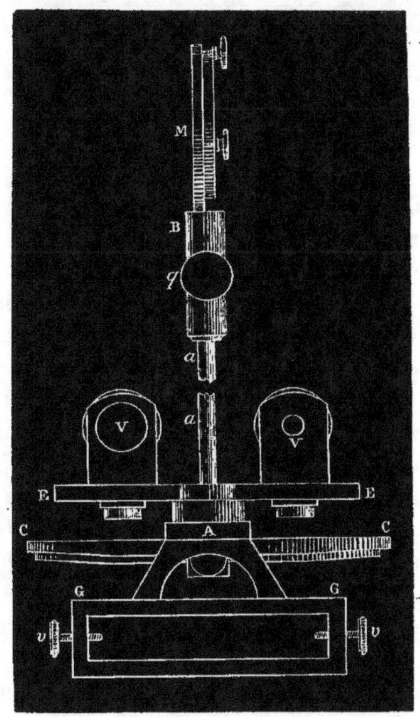

Fig. 223.

magnétomètre bifilaire est représenté dans les figures 221, 222.

223 et 224. Les figures 222, 223 et 224 représentent deux coupes rectangulaires de l'instrument, et la figure 221 sa projection hori-

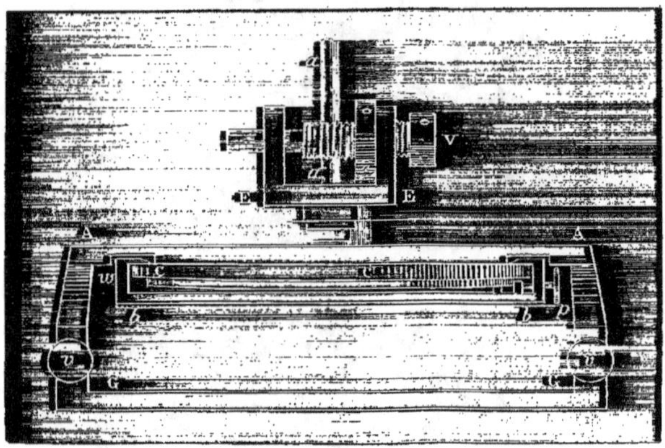

Fig. 224.

zontale. La figure 225 est une coupe verticale d'une partie de l'appareil. Les mêmes lettres représentent les mêmes objets dans ces diverses figures.

L'appareil peut se diviser en trois parties : 1° les fils, qui servent à le soutenir: 2° l'étrier, qui supporte le barreau aimanté; 3° le miroir.

1° Le fil de suspension $ff'f''$ est unique, en acier, de 6 à 7 mètres de long et d'un diamètre suffisant pour porter un poids de 15 à 30 kilogrammes; il est attaché au magnétomètre par ses deux extrémités et s'enroule en son milieu sur deux poulies métalliques fixées au plafond. Ces deux poulies π, π glissent dans une rainure, de sorte qu'on peut les éloigner plus ou moins. On peut encore donner à la ligne qui va d'une poulie à l'autre telle direction que l'on veut. Il résulte de cette disposition que les fils seront toujours également tendus.

2° Par leur partie inférieure, les fils s'enroulent sur des vis présentant la même particularité que celle qui soutient le magnétomètre à un seul fil, c'est-à-dire que le point de contact du fil et de la vis garde toujours la même position dans l'espace.

Ces deux vis horizontales V font corps avec un cercle divisé horizontal CC. La liaison se fait au moyen de la pièce horizontale EE et de la pièce centrale FF, comme on le voit fig. 225.

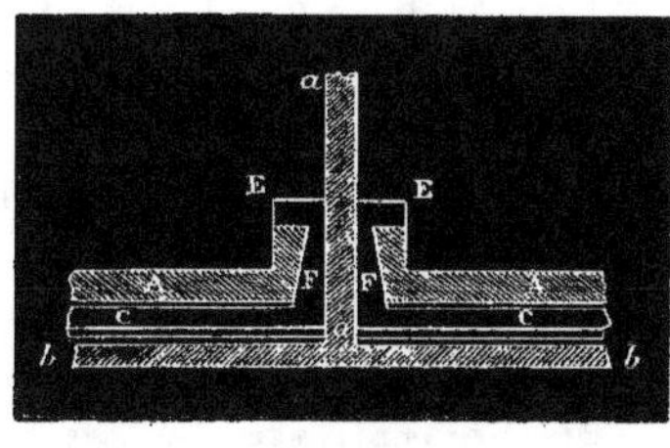

Fig. 225.

Cette disposition permet à l'alidade AA de faire un tour entier autour du cercle audessus duquel elle est placée. L'angle de rotation s'apprécie avec beaucoup d'exactitude sur le cercle CC au moyen de deux verniers w, w tracés dans une petite échancrure de l'alidade.

Cette alidade dépasse le cercle CC et fait corps avec l'étrier GG, dans lequel se place le barreau aimanté que l'on serre avec les quatre vis v.

Le barreau doit être gros et lourd pour plusieurs raisons. Il faut d'abord qu'il puisse bien tendre les deux fils d'acier qui soutiennent tout le magnétomètre. Il faut ensuite qu'il produise entre l'alidade AA et le cercle CC un frottement qui ne puisse être vaincu par l'effort que font le couple statique pour ramener le cercle dans une direction et le couple magnétique pour ramener le barreau dans une autre direction. Or il faut, comme nous l'avons dit, que le couple statique soit beaucoup plus grand que le couple magnétique. Enfin, en donnant à l'appareil un grand moment d'inertie, on obtient ce résultat qu'il n'est plus aussi impressionnable aux causes perturbatrices, telles que l'agitation de l'air ou bien une variation brusque dans la direction de la déclinaison. Dans l'observatoire de Gœttingue le barreau aimanté pèse $12^{kil},5$.

3° La partie centrale est traversée par un axe cylindrique aa pouvant tourner à frottement. A sa partie supérieure, cet axe soutient un cylindre creux B qui porte un miroir vertical M. Le cylindre creux et avec lui le miroir M peuvent tourner librement autour de l'axe aa, et, lorsqu'on veut empêcher cette rotation, on serre la vis q. Par sa partie inférieure, l'axe aa fait corps avec une alidade bb qui, se recourbant, envoie ses deux extrémités glisser sur le cercle CC près de la graduation. Deux verniers W, W, tracés sur ces extrémités.

permettent d'évaluer l'angle dont on a fait tourner le miroir par rapport au cercle. Lorsqu'on veut empêcher le mouvement de l'axe *aa*, on n'a qu'à serrer la vis *p*. Ce qui soutient l'axe *aa*, c'est son frottement avec la pièce F et les extrémités de l'alidade *bb*. On voit que, par cette disposition ingénieuse, on a fait servir le même cercle gradué à la mesure de deux angles de rotation indépendants l'un de l'autre.

329. Application du magnétomètre bifilaire à la mesure des variations de l'intensité horizontale. — Manière de régler l'instrument. — Maintenant que nous connaissons les diverses pièces du magnétomètre à deux fils et les mouvements qu'elles peuvent prendre, nous sommes en état d'exposer les opérations nécessaires pour déterminer les variations d'intensité.

On commence par régler l'instrument, et, à cet effet, on place dans l'étrier un barreau de cuivre de même poids et de même forme que le barreau aimanté dont on doit faire usage, de sorte que la force directrice statique qu'il produit est la même que celle que produit le barreau aimanté. L'appareil prend une position d'équilibre, et dans cette position les deux fils de suspension doivent évidemment être situés dans un même plan. Cela étant, on fait tourner le miroir M jusqu'à ce qu'on aperçoive en coïncidence avec le fil vertical de la lunette la division G de la règle devant laquelle passe un fil à plomb suspendu devant l'objectif de la lunette. La lunette, comme dans le magnétomètre à un seul fil, a été réglée sur une mire intérieure qui permet de reconnaître si elle se dérange; le fil à plomb doit passer devant le centre optique de la lunette; enfin la règle divisée est perpendiculaire au plan qui contient le fil à plomb et le centre optique de la lunette. Lorsque l'image de la division G est en coïncidence avec le fil du réticule, on est sûr que la normale au miroir coïncide avec la projection de l'axe optique de la lunette sur le plan horizontal passant par cette normale.

Remplaçons maintenant le barreau de cuivre par le barreau aimanté, en prenant soin de le disposer de manière que son pôle austral soit dirigé du côté du nord; si l'on abandonne l'appareil à lui-même, il se produira une déviation, sauf le cas très-particulier où.

le système étant dirigé de manière que le couple dû à la force directrice statique soit nul, l'axe magnétique du barreau se trouverait dans le méridien magnétique. Par suite de cette déviation, l'image de la division G ne sera plus en coïncidence avec le fil vertical de la lunette; mais si l'on fait tourner l'alidade AA, qui soutient l'étrier, de manière à rapprocher le barreau du méridien magnétique, le pôle austral étant toujours dirigé vers le nord, on finira, après quelques essais, par ramener la division G en coïncidence avec le fil vertical de la lunette. La normale au miroir coïncidera de nouveau avec la projection horizontale de l'axe optique de la lunette, et, comme on n'a pas changé la position du miroir par rapport aux points d'attache des deux fils d'acier, ces deux points d'attache auront repris leur position primitive, c'est-à-dire que l'appareil sera dirigé de telle sorte que le couple dû à la force directrice statique sera nul.

Cela étant, écartons le barreau du méridien magnétique. Il se mettra à osciller sous l'action de deux couples qui s'ajoutent, le couple terrestre F_o et le couple statique M_o. Soit N le nombre d'oscillations exécutées par le magnétomètre pendant l'unité de temps: alors $F_o + M_o$ est proportionnel à N^2, et l'on peut poser

$$F_o + M_o = kN^2,$$

k étant une constante qui ne dépend que du système oscillant. Posons $\frac{F_o}{M_o} = R_o$, l'équation précédente devient

$$M_o(1 + R_o) = kN^2.$$

On retourne le barreau aimanté bout pour bout, de sorte que le pôle austral se trouve dirigé vers le sud. Comme le couple statique a été pris plus grand que le couple magnétique, il y a encore équilibre stable. L'appareil ne se sera pas dérangé si l'axe magnétique du barreau coïncide avec son axe géométrique. Si la division G ne coïncidait plus avec la croisée des fils du réticule, on l'y ramènerait en faisant tourner l'alidade AA. Si, dans cette nouvelle position, on fait osciller de nouveau le magnétomètre et que l'on compte le nombre n d'oscillations exécutées dans l'unité de temps, on a

$$M_0 \left(1 - R_0 \right) = kn^2.$$

Donc

$$\frac{1 + R_0}{1 - R_0} = \frac{N^2}{n^2},$$

d'où l'on déduit

$$R_0 = \frac{N^2 - n^2}{N^2 + n^2}.$$

Ce rapport R_0 est par hypothèse plus petit que l'unité; on doit s'arranger de manière qu'il en diffère très-peu, de $\frac{1}{10}$ ou $\frac{1}{9}$ environ. S'il en était autrement, on modifierait la force directrice statique en faisant varier la distance des deux points d'attache au plafond.

On peut poser

$$R_0 = \sin z$$

et calculer l'angle z, plus petit que 90 degrés, qui satisfait à cette équation. Cet angle étant connu et le barreau aimanté étant toujours dans la seconde position, c'est-à-dire dans le méridien magnétique avec son pôle austral dirigé vers le sud, faisons tourner l'alidade AA, qui supporte l'étrier, d'un angle de $90° - z$ et abandonnons l'appareil à lui-même. Il prendra une certaine position d'équilibre dans laquelle la ligne des points d'attache des deux fils fera avec sa direction primitive un angle x. Soit NS (fig. 226) le méridien magnétique qui contenait d'abord l'axe magnétique du barreau. On a fait tourner le barreau d'un angle $NOB = 90° - z$. Comme la terre tend à amener le barreau dans le méridien magnétique, le pôle boréal B en S, le barreau aimanté fera tourner l'appareil dans le même sens d'un angle x dès que l'appareil sera abandonné à lui-même. L'angle NOB' est donc égal à $x + 90° - z$, et la condition d'équilibre sera

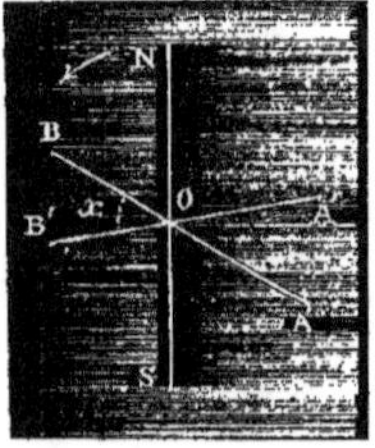

Fig. 226.

$$M_0 \sin x = F_0 \sin \left(x + 90° - z \right)$$

ou bien

$$\sin x = \sin z \sin \left(x + 90° - z \right) = \sin z \cos \left(x - z \right)$$
$$= \sin z \left(\cos z \cos x + \sin x \sin z \right).$$

On tire de là, en multipliant $\sin x$ par $1 = \cos^2 z + \sin^2 z$,

$$\sin x \cos^2 z = \sin z \cos z \cos x \quad \text{ou} \quad \tan g\, x = \tan g\, z \quad \text{et} \quad x = z.$$

Donc l'angle NOB' est droit, et la nouvelle position d'équilibre est perpendiculaire au plan du méridien magnétique.

Cette opération est susceptible d'une vérification. L'appareil tout entier ayant tourné d'un angle z, la normale au miroir a aussi tourné du même angle. Donc, si l'on fait tourner d'un angle z et en sens contraire de la rotation précédente l'alidade bb, qui entraîne avec elle le miroir, on devra voir la division G venir coïncider avec la croisée des fils du réticule de la lunette. Si cette vérification ne se faisait pas, il faudrait recommencer les opérations précédentes.

Les conditions que nous venons d'indiquer étant remplies, l'appareil se trouve dans son état initial. Les opérations qu'on a exécutées ont une certaine durée, et il faut rapporter tous les résultats à une même époque. Il est nécessaire de déterminer pour cette époque la déclinaison magnétique à l'aide du magnétomètre à un seul fil, ou seulement de remarquer la division devant laquelle se trouve l'aiguille d'une boussole qui donne les variations de déclinaison, afin qu'on puisse connaître cette variation au bout d'une époque quelconque.

330. Marche des observations. — Moyen d'en déduire les variations d'intensité. — L'appareil étant abandonné à lui-même finira par se déranger pour deux raisons : d'abord parce que l'intensité magnétique du globe change, ensuite parce que la déclinaison change. La déviation de l'appareil se mesurera facilement à l'aide de la lunette, du miroir et de la règle divisée. Il s'agit de voir comment on peut en déduire les variations de la composante horizontale de l'intensité du magnétisme terrestre.

Remarquons, en passant, que le magnétomètre à deux fils pourrait servir à la mesure de l'intensité absolue, mais il faudrait faire pour cela des opérations assez compliquées. D'ailleurs les résultats auxquels on arrive sont moins exacts que ceux que fournit le magnétomètre à un seul fil ; aussi nous ne dirons rien de ces opérations, et nous allons tout de suite nous occuper de la mesure des variations d'intensité.

Supposons qu'à un certain instant on observe à l'aide de la lunette une déviation p : cela veut dire que tout l'appareil a tourné d'un angle p à partir de la direction initiale OL (fig. 227); par conséquent l'axe magnétique a aussi tourné du même angle, et l'on a $BCB' = p$. Cet angle peut être situé d'un côté ou de l'autre de AB. Regardons-le comme positif lorsqu'il sera compris dans l'angle BCS et comme négatif lorsqu'il sera dirigé dans l'angle BCN. Supposons qu'en outre le plan du méridien magnétique ait tourné à partir de

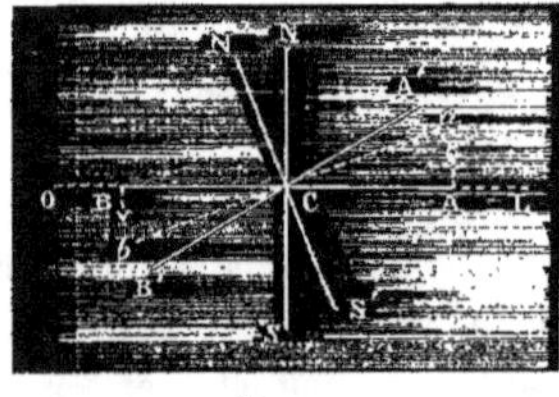

Fig. 227.

sa position initiale NS d'un angle $NCN' = q$ positif dans le sens de la flèche. Cet angle est donné par la boussole des variations ou le magnétomètre à un seul fil. Menons ab perpendiculaire à CS', nous aurons $BCb = q$; donc $bCB' = p - q$ et l'angle $B'CN'$ est évidemment égal à $90° + p - q$. Dans la position ACB, la ligne qui joint les deux points d'attache faisait avec sa position de repos un angle z; cet angle est donc maintenant $z + p$. En supposant que le rapport du moment magnétique au moment statique soit devenu $R = rR_0$, l'équation d'équilibre est

$$\sin(z + p) = rR_0 \sin(90° + p - q),$$

et, comme $R_0 = \sin z$, on a

$$r = \frac{\sin(z + p)}{\sin z \cos(p - q)}.$$

Ainsi ce rapport r est entièrement connu.

Nous avons posé

$$r = \frac{R}{R_0}$$

et

$$R_0 = \frac{F_0}{M_0}, \qquad R = \frac{F}{M},$$

donc

$$r = \frac{F}{F_0} \cdot \frac{M_0}{M}.$$

Soient T l'intensité de la composante horizontale du magnétisme terrestre, m le moment magnétique du barreau; alors mT est le moment maximum F du couple qui sollicite le barreau aimanté à se diriger dans le plan du méridien magnétique. Nous avons vu que le moment maximum M du couple statique a pour expression $\dfrac{\mathrm{P}fg}{\mathrm{H}}$; donc

$$r = \frac{\mathrm{T}}{\mathrm{T}_0} \cdot \frac{m}{m_0} \cdot \frac{\mathrm{H}}{\mathrm{H}_0} \cdot \frac{f_0}{f} \cdot \frac{g_0}{g};$$

d'où

$$\mathrm{T} = \frac{\mathrm{T}_0 m_0}{m} \cdot \frac{\mathrm{H}_0}{\mathrm{H}} \cdot \frac{f}{f_0} \cdot \frac{g}{g_0} \cdot r.$$

Le moment magnétique m_0 se rapporte au barreau pris à la température t_0 qu'il avait à l'instant initial. Désignons par μ ce que serait ce moment magnétique si la température eût été zéro, et appelons τ ce que devrait être la composante horizontale du magnétisme terrestre pour que l'on eût

$$\tau\mu = \mathrm{T}_0 m_0,$$

il vient

$$\mathrm{T} = \frac{\mu}{m} \cdot \frac{\mathrm{H}_0}{\mathrm{H}} \cdot \frac{f}{f_0} \cdot \frac{g}{g_0} \, r\tau;$$

d'ailleurs on a, d'après la loi de Kupffer, $\dfrac{\mu}{m} = 1 + \gamma t$, t étant la température du barreau dans la seconde expérience et γ le coefficient que l'on trouve dans les tables. On a aussi

$$\frac{f}{f_0} = 1 + \beta(t - t_0), \qquad \frac{g}{g_0} = 1 + \beta(t' - t'_0),$$

en désignant par t', t'_0 les températures au plafond, et

$$\frac{\mathrm{H}_0}{\mathrm{H}} = \frac{1}{1 + \alpha \dfrac{t + t' - (t_0 + t'_0)}{2}},$$

β étant le coefficient de la dilatation du laiton et α celui de l'acier. On prend pour température du fil de suspension la moyenne des températures de ses deux extrémités. Si l'on pose

$$t - t_0 = \theta, \qquad t' - t'_0 = \theta',$$

il vient

$$T = (1 + \gamma t)(1 + \beta\theta)(1 + \beta\theta') \frac{1}{1 + \alpha\dfrac{\theta + \theta'}{2}} r\tau,$$

et, en négligeant les quantités du second ordre,

$$T = \left[1 + \gamma t + \left(\beta - \frac{\alpha}{2} \right)(\theta + \theta') \right] r\tau.$$

Cette formule servira à déterminer T lorsqu'on aura déterminé la constante τ, ou, si on ne la détermine pas, elle fera connaître le rapport des intensités horizontales du globe à deux époques différentes.

Cette quantité τ n'est pas absolument constante, car nous avons posé

$$\tau\mu = T_0 m_0.$$

Le second membre est une quantité donnée une fois pour toutes; pour que τ fût constant, il faudrait donc que μ le fût aussi. Or, μ est le moment magnétique du barreau aimanté réduit à zéro, et, lorsque nous avons écrit l'équation $\dfrac{\mu}{m} = 1 + \gamma t$, nous avons supposé que le moment magnétique du barreau ramené à la température zéro se rapporte à l'époque de la dernière expérience. Or on sait que le moment magnétique d'un barreau aimanté, réduit à zéro à des époques différentes, n'est pas absolument constant; il varie très-lentement et très-peu lorsque le barreau a été placé dans des conditions convenables, mais il varie. Il suit de là qu'il faudra déterminer la constante τ à des intervalles de temps qui ne soient pas trop éloignés, par exemple de huit jours en huit jours. Quand on aura un certain nombre de valeurs de τ, on pourra avoir recours à des formules d'interpolation pour les jours intermédiaires.

IV.

MESURE DE L'INCLINAISON.

331. Inconvénient de la méthode ordinaire. — Nous avons déjà dit que les procédés anciennement employés pour déterminer l'inclinaison n'étaient susceptibles d'aucune exactitude. On sait que dans ces procédés, pour corriger l'erreur provenant du défaut de centrage de la boussole, on aimante l'aiguille en sens contraire; mais. pour que ce procédé fût exact, il faudrait rendre à l'aiguille la même intensité magnétique, et c'est ce qu'il est impossible de faire. En général, toute méthode qui nécessitera un renversement dans les conditions physiques de l'appareil sera vicieuse.

332. Méthode de Gauss. — Gauss a donné pour la détermination de l'inclinaison une méthode qui ne nécessite pas ce renversement dans les conditions physiques de l'appareil. On détermine le rapport de l'intensité absolue des deux composantes horizontale et verticale du magnétisme terrestre; de la connaissance de ce rapport il est facile de déduire l'inclinaison.

Cette méthode est fondée sur le principe suivant : Imaginons dans l'espace une force magnétique quelconque et un conducteur métallique fermé dont le plan soit d'abord parallèle à la direction de la force : supposons que, par une rotation autour d'un axe convenablement choisi. on amène ce plan à être perpendiculaire à la direction de la force : pendant la rotation il se développera dans le conducteur un courant induit dont l'intensité est proportionnelle à l'aire du conducteur et à l'intensité de la force magnétique. Si l'on continue à faire tourner le conducteur autour du même axe jusqu'à ce que son plan soit redevenu parallèle à la force, on développe un courant de même sens égal au premier. Cela posé, imaginons un conducteur circulaire que l'on puisse faire tourner successivement autour d'un axe vertical situé dans le méridien magnétique et autour d'un axe horizontal situé dans le même plan. Supposons maintenant que. le conducteur étant situé dans le plan perpendiculaire au méridien magnétique, on le fasse tourner de 180 degrés autour du diamètre vertical : le courant développé sera proportionnel à l'aire du conducteur et à la composante horizontale H de l'intensité du magnétisme terrestre; faisons maintenant tourner le conducteur, d'abord horizontal, d'un angle de 180 degrés autour de son axe horizontal, nous obtiendrons un nouveau courant proportionnel à l'aire du conducteur et à la composante verticale V du couple terrestre. Si l'on parvient à mesurer les intensités I et I' de ces deux courants, on aura

$$\frac{I'}{I} = \frac{V}{H} = \tang i,$$

i étant l'inclinaison cherchée.

Le conducteur que l'on emploie est une bobine plane d'un grand diamètre, que l'on fait tourner successivement autour d'un axe vertical et autour d'un axe horizontal. On mesure les intensités des courants développés, à l'aide d'un galvanomètre particulier dans lequel les déviations de l'aiguille sont appréciées au moyen d'un appareil à miroir. On observe les impulsions de l'aiguille du galvanomètre : or nous savons que ces impulsions sont proportionnelles aux quantités d'électricité développée, et ces quantités d'électricité proportionnelles elles-mêmes à l'intensité du courant. Ce sont ces quantités d'électricité qui sont proportionnelles aux composantes H et V.

Il est impossible de placer les axes de rotation l'un parfaitement horizontal et l'autre parfaitement vertical; on corrige les erreurs qui résultent du défaut de coïncidence, en répétant l'expérience après avoir renversé la disposition de l'appareil et prenant la moyenne des résultats obtenus.

La méthode de Gauss, qui est très-précise, a été longtemps peu usitée, parce qu'elle nécessitait l'emploi d'un appareil inducteur et d'une espèce de galvanomètre encore peu connue.

333. Appareil simplifié donnant les rapports des inclinaisons en différents lieux. — L'appareil de Gauss ne peut évidemment pas servir pour les observations que l'on fait en voyage. M. Weber a construit un appareil très-simple qui peut être employé avec succès pour de pareilles observations.

Cet appareil, dont les figures 228, 229 donnent une vue verticale et horizontale, ne permet de déterminer que les rapports des

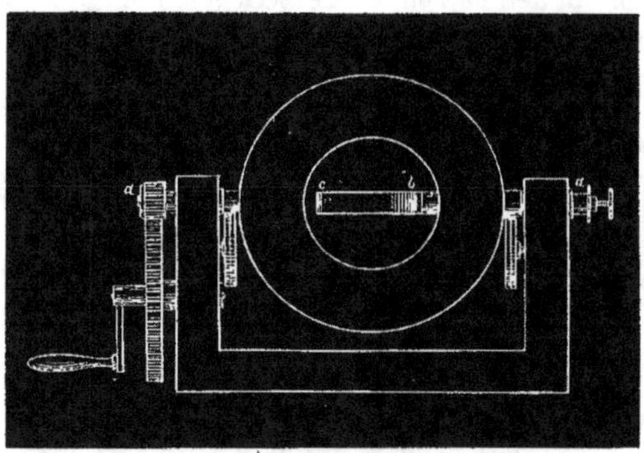

Fig. 228.

inclinaisons absolues pour les différents lieux de la terre. Il se com-

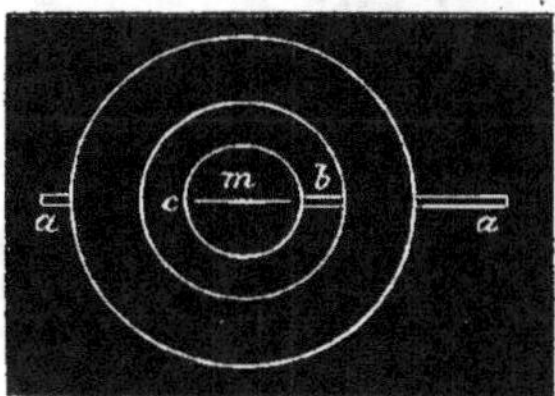

Fig. 229.

pose d'un gros barreau de cuivre d'un centimètre d'épaisseur, contourné en anneau et mobile autour d'un axe horizontal aa (fig. 228 et 229); d'un côté l'axe a fait corps avec l'anneau et sert à lui imprimer un mouvement de rotation, de l'autre l'axe bc reste fixe et traverse l'anneau à frottement doux. La branche bc de l'axe supporte au centre de l'anneau une boîte cb dans l'intérieur de laquelle est suspendue une petite aiguille aimantée.

On commence par amener l'axe de rotation dans le plan du méridien magnétique : pour cela on le fait tourner jusqu'à ce que l'aiguille aimantée vienne au zéro; l'appareil a été construit de telle sorte que l'axe se trouve alors dans le plan du méridien magnétique. On amène ensuite le plan de l'anneau à être horizontal, et il est clair que ce plan est alors perpendiculaire au méridien magnétique. L'anneau étant ainsi disposé, on le fait tourner de 180 degrés; un courant induit prend naissance, l'aiguille est déviée et la tangente de l'angle de déviation est proportionnelle au rapport $\frac{V}{H}$ ou à la tangente de l'inclinaison au lieu où l'on fait l'expérience. Pour le montrer, analysons ce qui se passe. Chaque fois que l'anneau tourne de 180 degrés, le courant change de sens; mais il tend toujours à faire dévier l'aiguille dans le même sens, comme nous allons le démontrer. La seule composante de la force terrestre dont il faille tenir compte est la composante verticale, car la composante horizontale, étant parallèle à l'axe de rotation de l'anneau, ne peut en aucune façon le faire tourner, et par suite, d'après la loi de Lenz, est incapable d'y développer aucun courant.

Choisissons pour plan de la figure le plan horizontal : la compo-

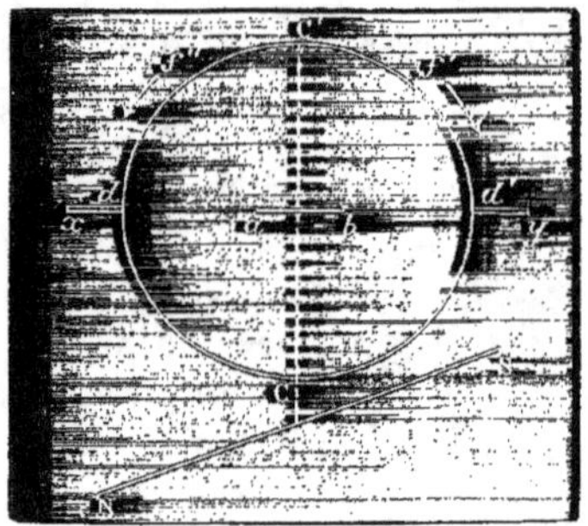

Fig. 230.

sante verticale de la force terrestre sera une droite NS (fig. 230) perpendiculaire à ce plan.

Supposons que le conducteur tourne à partir de cette position, de manière que le point C vienne en avant de la figure, et soit f' le sens du courant induit développé; tant que le point C s'éloignera de NS, le sens du courant ne changera pas; par conséquent le sens du courant persistera tant que le point C ne sera pas venu en C'. A cet instant le courant circule dans le sens de la flèche f'; mais, dès que le point C aura dépassé C', le courant changera de sens, puisque ce point se rapprochera de NS et circulera dans le sens de la flèche f''. Si l'on imagine un observateur placé dans le courant d'après la règle connue, on verra que sa gauche est encore dirigée vers C', et par suite que le pôle austral a doit être dévié encore dans le même sens.

Cela posé, nous savons que l'action d'un élément de courant sur un pôle est perpendiculaire au plan mené par l'élément de courant et par le pôle : comme l'aiguille est petite, nous pouvons supposer ce plan confondu avec le plan de l'anneau et regarder par conséquent l'action du courant sur le pôle comme perpendiculaire constamment au plan de l'anneau.

Appelons φ l'angle que fait le plan de l'anneau avec la verticale à l'époque t : pendant un instant dt il décrira un angle $d\varphi$, et, si l'on appelle r le rayon de l'anneau, λ sa résistance, le courant induit qui en résulte sera représenté par

$$\pi r^2 \frac{V \cos \varphi}{\lambda} d\varphi = T_1.$$

L'action exercée par chaque élément de courant sur l'aiguille sera donc $\dfrac{MT_1}{r^2}$, en appelant M le moment magnétique de l'aiguille, et, par suite, celle qu'exerce le courant tout entier sera

$$2\pi r \cdot \frac{MT_1}{r^2} = \frac{2\pi^2 r MV}{\lambda} \cos \varphi \, d\varphi.$$

La composante horizontale de cette force qui est perpendiculaire au plan de l'anneau concourt seule à faire dévier l'aiguille, et son expression est

$$\frac{2\pi^2 r MV}{\lambda} \cos^2 \varphi \, d\varphi.$$

Pour avoir l'action exercée pendant une révolution entière, il faut intégrer de $-\dfrac{\pi}{2}$ à $+\dfrac{\pi}{2}$, ce qui donne $\dfrac{\pi^3 r}{\lambda} MV$.

Si, au lieu d'un seul tour, l'anneau en fait n, l'action sera $n \dfrac{\pi^3 r}{\lambda} MV$. Telle est en définitive l'expression de la force qui sollicite l'aiguille et la dévie ; elle est horizontale et perpendiculaire au plan du méridien magnétique. Si l'aiguille a été déviée de l'angle α, il est clair que l'on devra avoir

$$n \frac{\pi^3 r}{\lambda} MV \cos \alpha = H \sin \alpha.$$

d'où

$$\tan g\,\alpha = \frac{n\pi^3 r \mathrm{M}}{\lambda}\,\frac{\mathrm{V}}{\mathrm{H}} = \mathrm{A}\,\frac{\mathrm{V}}{\mathrm{H}} = \mathrm{A}\,\tan g\,i.$$

La tangente de la déviation est donc proportionnelle à la tangente de l'inclinaison; elle est du reste aussi proportionnelle au nombre de rotations effectuées en une seconde. Le rapport des déviations observées à l'aide de l'appareil en différents lieux fera donc connaître le rapport des inclinaisons. Du reste, si l'on a déterminé la constante A par des expériences préliminaires, l'appareil fera connaître $\tan g\,i$ au moyen de $\tan g\,\alpha$.

V.

THÉORIE DU MAGNÉTISME TERRESTRE.

334. Ancienne théorie du magnétisme terrestre fondée sur l'hypothèse d'un aimant dont l'axe est un diamètre de la terre. — On doit à Euler le premier essai d'une théorie mathématique du magnétisme terrestre. Cette théorie est fondée sur l'hypothèse d'un aimant terrestre. On suppose que cet aimant est dirigé suivant un diamètre de la terre qui fait avec l'axe de la terre un très-petit angle, et que ses deux pôles sont à égale distance du centre. On peut déduire de cette hypothèse plusieurs conséquences sans le secours de l'analyse : 1° Sur tous les points d'un grand cercle perpendiculaire à l'axe magnétique de l'aimant terrestre, l'inclinaison est nulle; ce grand cercle est donc l'équateur magnétique. 2° En chaque point de la terre, l'aiguille aimantée est toujours dirigée dans le plan du grand cercle qui passe par ce point et par l'axe de l'aimant; les méridiens magnétiques sont donc des grands cercles. Quant aux lignes d'égale inclinaison, ce sont des petits cercles dont le plan est perpendiculaire à l'axe de l'aimant.

Si l'on veut aller plus loin, il faut nécessairement faire des hypothèses sur la position des pôles de l'aimant et admettre la loi de l'attraction en raison inverse du carré de la distance. Euler, qui ne connaissait pas cette loi, y a suppléé par des hypothèses purement gratuites que nous ne rappellerons pas. Quant à la position des pôles de l'aimant, on la suppose assez voisine de la surface de la terre, afin d'expliquer comment il se fait que, dans le voisinage du pôle nord et du pôle sud, l'aiguille aimantée prenne une position verticale. On sait en effet que, si l'on promène une aiguille aimantée près d'un aimant, l'aiguille prend une position verticale lorsqu'elle passe au-dessus du pôle de l'aimant.

335. Calculs de Biot. — Détermination de l'angle de la résultante magnétique avec l'axe magnétique du globe. — Cette hypothèse n'a pu se soutenir dès qu'on a eu les éléments

nécessaires pour tracer les méridiens et l'équateur magnétiques; en
effet, ni les méridiens ni l'équateur ne se trouvent être des grands
cercles. Cependant il était utile de voir jusqu'à quel point elle
représentait les observations et de chercher si l'on n'en pourrait
pas déduire des formules empiriques suffisamment exactes. Ce travail a été accompli par Biot, qui en a publié les résultats en 1804.
Le même travail avait été déjà exécuté par l'astronome allemand
Tobie Mayer: mais il ne fut publié qu'en 1810, après la mort de
cet astronome. Biot utilisa les déterminations que de Humboldt
avait faites dans l'Amérique du Sud, où il avait mesuré l'inclinaison et l'intensité du magnétisme terrestre pour un grand nombre
de stations: il y joignit les observations qu'il avait effectuées lui-
même dans diverses contrées de l'Europe, en France, en Allemagne,
en Italie, en Espagne, discuta toutes ces observations, les compara
à la théorie d'Euler, et cette étude eut pour résultat de changer
complétement les idées que l'on s'était faites sur la position des pôles
de l'aimant terrestre. C'est ce que nous allons essayer de faire
concevoir.

Par l'aimant terrestre et par le lieu de l'observation, faisons passer un grand cercle que nous prendrons pour plan de la figure.
Soient O (fig. 231) le centre de la terre, xx' l'axe de l'aimant ter-

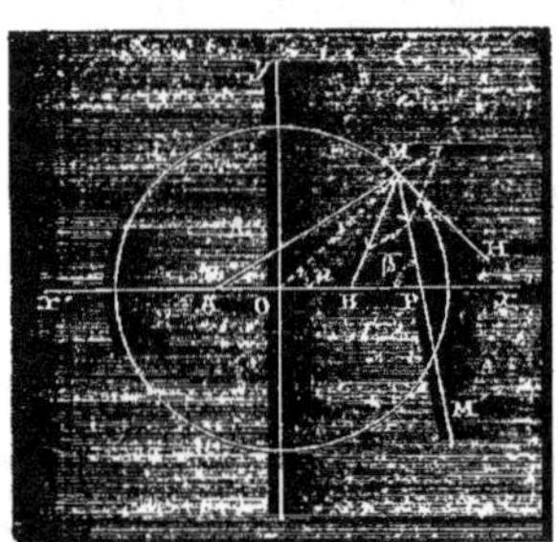

restre, A le pôle austral et B le
pôle boréal de cet aimant : nous
supposerons ces deux pôles situés
à égale distance du centre O et
nous poserons $OA = OB = a$.
Soit M un point de la surface de
la terre : cherchons l'action exercée
par l'aimant terrestre sur une
molécule de fluide austral placée
en ce point, dont nous désignerons
les coordonnées par x, y. Pre-

Fig. 231.

nons pour unité la masse magnétique de la molécule de fluide austral placée en M, et appelons μ les masses magnétiques des deux
pôles A et B.

L'action du pôle A sur la molécule M sera une force répulsive ayant pour expression

$$\frac{\mu}{\overline{\text{AM}}^2}.$$

L'action du pôle B sur M sera attractive et aura pour expression

$$\frac{\mu}{\overline{\text{BM}}^2}.$$

Soit MP la direction de la résultante de ces deux forces. Pour calculer cette résultante et sa direction, nous allons chercher ses composantes X et Y parallèles aux axes Ox et Oy.

Suivant Ox, la force répulsive émanée de A donne

$$\frac{\mu}{\overline{\text{AM}}^2}\cos \text{MA}x,$$

et la force attractive émanée de B

$$-\frac{\mu}{\overline{\text{BM}}^2}\cos \text{MB}x.$$

Donc

$$\text{X} = \frac{\mu}{\overline{\text{AM}}^2}\cos \text{MA}x - \frac{\mu}{\overline{\text{BM}}^2}\cos \text{MB}x = \frac{\mu(x+a)}{\overline{\text{AM}}^3} - \frac{\mu(x-a)}{\overline{\text{BM}}^3}.$$

On aura de même

$$\text{Y} = \frac{\mu}{\overline{\text{AM}}^2}\sin \text{MA}x - \frac{\mu}{\overline{\text{BM}}^2}\sin \text{MB}x = \frac{\mu y}{\overline{\text{AM}}^3} - \frac{\mu y}{\overline{\text{BM}}^3}.$$

Joignons les points O et M, désignons l'angle MOx par u et le rayon de la terre par r, nous aurons

$$x = r\cos u, \qquad y = r\sin u,$$
$$\overline{\text{AM}}^2 = \alpha^2 = a^2 + r^2 + 2ar\cos u, \qquad \overline{\text{BM}}^2 = \alpha'^2 = a^2 + r^2 - 2ar\cos u,$$

ou bien, en posant $a = hr$, h étant une quantité à déterminer.

$$\alpha^2 = r^2(1 + 2h\cos u + h^2), \qquad \alpha'^2 = r^2(1 - 2h\cos u + h^2).$$

On en déduit

$$\text{X} = \frac{\mu}{r^3}\left(\frac{\cos u + h}{\alpha^3} - \frac{\cos u - h}{\alpha'^3}\right),$$
$$\text{Y} = \frac{\mu}{r^2}\left(\frac{\sin u}{\alpha^3} - \frac{\sin u}{\alpha'^3}\right).$$

Désignons par β l'angle que fait avec Ox la résultante MP, nous aurons

$$(1) \qquad \tan \beta = \frac{\mathbf{\backslash}}{\mathbf{\backslash}} = \frac{\sin u}{\cos u + h \dfrac{\alpha'^3 + \alpha^3}{\alpha'^3 - \alpha^3}}.$$

Cette formule ne peut pas servir immédiatement pour établir une comparaison entre les résultats de la théorie et ceux de l'observation. car elle contient l'indéterminée h. Biot a commencé par déterminer la position de l'équateur magnétique. Comme il ne s'agit que d'une vérification approchée, on ne devra pas prendre pour équateur magnétique la ligne réelle qui est à double courbure, mais le grand cercle qui s'approche le plus de cette ligne. Il suffit donc de connaître deux points de l'équateur magnétique, mais, pour plus d'exactitude. on devra prendre deux points assez éloignés. Biot a choisi deux observations faites. l'une par Lapeyrouse sur la côte du Brésil. par $10°57'$ de latitude australe et $25°25'$ de longitude occidentale, l'autre par de Humboldt au Pérou. par $7°1'$ de latitude australe et $80°41'$ de longitude occidentale. A l'aide de ces deux observations, Biot a pu déterminer la position d'un grand cercle qui ne s'éloignait pas trop de l'équateur magnétique vrai.

336. Nous pouvons maintenant expliquer comment de la formule (1) on peut déduire l'inclinaison pour le point M. Désignons par λ' la latitude magnétique du point M, nous aurons $\lambda' = \frac{\pi}{2} - u$; pour obtenir l'inclinaison. menons la tangente MH au point M, l'inclinaison i sera égale à l'angle HMP; quant à l'angle β, il est égal à l'angle obtus xPM', et si l'on pose MP$x = \beta'$, on aura $\beta' = \beta - 180°$. Cela posé, on trouve facilement

$$\beta' = u + \text{OMP} = u + \frac{\pi}{2} - i = \pi - (\lambda' + i).$$
$$\beta = 2\pi - (\lambda' + i).$$

Portant cette valeur dans la formule (1), il viendra

$$(2) \qquad \tan(\lambda' + i) = - \frac{\cos \lambda'}{\sin \lambda' + h \dfrac{\alpha'^3 + \alpha^3}{\alpha'^3 - \alpha^3}},$$

et cette formule donnera l'inclinaison i quand on connaîtra la latitude magnétique λ'.

Voyons maintenant comment on peut calculer cette latitude.

Soient AE (fig. 232) l'équateur terrestre, NE' l'équateur magnétique que l'on suppose être aussi un grand cercle, et M le lieu donné sur le globe ayant pour longitude $AE = l$ et pour latitude géogra-

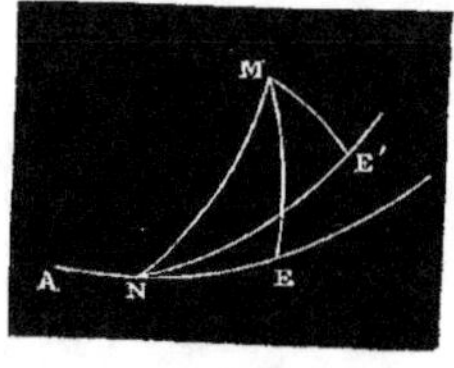

Fig. 232.

phique $ME = \lambda$. Menons de ce point l'arc de grand cercle ME', perpendiculaire à l'équateur magnétique NE' : cet arc représentera la latitude magnétique λ' du point M. Or, comme on connaît la longitude AN ou ω du nœud de l'équateur magnétique, on aura $NE = l - \omega$. Ainsi, dans le triangle sphérique MNE rectangle en E, on connaîtra les deux côtés ME, NE; on pourra donc calculer l'hypoténuse MN ou H et l'angle N par les formules

$$\cos H = \cos \lambda \cos (l - \omega),$$

$$\tang N = \frac{\tang \lambda}{\sin (l - \omega)}.$$

L'angle N étant connu, on en retranchera l'inclinaison $I = ENE'$ des deux équateurs, et l'on connaîtra l'angle MNE'. Alors, dans le triangle MNE', l'arc ME' ou λ', latitude magnétique du point M, s'obtiendra par la formule

$$\sin \lambda' = \sin H \sin (N - I).$$

337. Détermination de la constante h. — Pour déterminer la valeur de la constante h, Biot a choisi une observation faite par de Humboldt à la station de Carichana par 6°34′ de latitude boréale et 70°18′ de longitude occidentale, ce qui donne 14°52′ pour latitude magnétique du lieu. L'observation a donné 30°24′ pour l'inclinaison en ce lieu. En partant de là, si l'on voulait résoudre la formule par rapport à h, on trouverait une valeur négative, ce qui ne peut avoir aucun sens. Il a donc fallu, pour se faire une idée de la valeur de h, opérer d'une autre manière. Après avoir remplacé dans la formule (2) λ' par sa valeur, on a donné à h différentes valeurs et l'on a calculé les valeurs correspondantes de i, que l'on a comparées à celles qu'avait données l'observation. Voici le tableau des résultats obtenus :

VALEURS DE h.	INCLINAISONS calculées.	INCLINAISON observée.	DIFFÉRENCES avec les inclinaisons observées.
1	$6°\,57'$	$30°\,24'$	$23°\,27'$
0.6	$16°\,55'$		$13°\,29'$
0,5	$19°\,52'$		$10°\,32'$
0,2	$26°\,27'$		$3°\,57'$
0,1	$27°\,35'$		$2°\,49'$
0,01	$27°\,56'$		$2°\,28'$
0.001	$27°\,57'$		$2°\,27'$
Infiniment petit.	$27°\,59'$		$2°\,25'$

338. Conséquences du calcul de h. — Du tableau précédent il ne résulte pas qu'en prenant h très-petit on représente d'une manière suffisamment exacte l'observation; cependant on doit en conclure que si l'on veut assimiler le magnétisme terrestre à un aimant il faut supposer les pôles de cet aimant très-voisins du centre de la terre, et toute hypothèse physique qui conduirait à un résultat contraire devra être rejetée.

En partant de ce résultat, on peut mettre la formule (1) sous une forme assez simple. On ne peut pas faire immédiatement $h = 0$ dans la valeur de $\tang\beta$, car elle devient indéterminée; mais on suppose d'abord h très-petit, de telle sorte que h^2 soit négligeable. Alors, en développant, il vient

$$\alpha^3 = 1 + 3h\cos u, \qquad \alpha'^3 = 1 - 3h\cos u;$$

en substituant on trouve

$$\tang\beta = \frac{\sin u}{\cos u - \dfrac{1}{3\cos u}} = \frac{\sin u \, \cos u}{\cos^2 u - \dfrac{1}{3}} = \frac{\sin 2u}{\cos 2u + \dfrac{1}{3}}.$$

Cette formule devient, en introduisant l'inclinaison i et la latitude magnétique,

$$(3) \qquad \operatorname{tang}(\lambda' + i) = \frac{\sin 2\lambda'}{\cos 2\lambda' - \frac{1}{3}} .$$

M. Krafft, astronome russe, a donné à la formule de Biot une expression beaucoup plus simple.

La formule (3) peut être mise sous la forme

$$\operatorname{tang}(\lambda' + i) = \frac{2\sin\lambda'\cos\lambda'}{2\cos^2\lambda' - \frac{4}{3}} = \frac{3\operatorname{tang}\lambda'}{3 - \frac{2}{\cos^2\lambda'}} ,$$

et, en développant,

$$\frac{\operatorname{tang}\lambda' + \operatorname{tang}i}{1 - \operatorname{tang}\lambda'\operatorname{tang}i} = \frac{3\operatorname{tang}\lambda'}{3 - \frac{2}{\cos^2\lambda'}} ;$$

d'où

$$3\operatorname{tang}\lambda' - \frac{2\operatorname{tang}\lambda'}{\cos^2\lambda'} + 3\operatorname{tang}i - \frac{2\operatorname{tang}i}{\cos^2\lambda'} = 3\operatorname{tang}\lambda' - 3\operatorname{tang}^2\lambda'\operatorname{tang}i.$$

$$3\operatorname{tang}i\left(1 + \operatorname{tang}^2\lambda'\right) - \frac{2\operatorname{tang}\lambda'}{\cos^2\lambda'} - \frac{2\operatorname{tang}i}{\cos^2\lambda'} = 0,$$

ou bien, en observant que $1 + \operatorname{tang}^2\lambda' = \frac{1}{\cos^2\lambda'}$,

$$\frac{\operatorname{tang}i}{\cos^2\lambda'} - \frac{2\operatorname{tang}\lambda'}{\cos^2\lambda'} = 0,$$

et par conséquent

$$\operatorname{tang}i = 2\operatorname{tang}\lambda'.$$

On en déduit le théorème suivant : la tangente de l'inclinaison est double de la tangente de la latitude magnétique.

Cette formule représente assez exactement les observations dans le voisinage de l'équateur magnétique; on en fait un fréquent usage pour obtenir les divers points de cet équateur. On détermine l'inclinaison en un point voisin de l'équateur magnétique et l'on calcule à l'aide de la formule précédente la valeur correspondante de λ': on déduit de là la position d'un point de cet équateur, car en chaque point on connaît la direction du méridien magnétique sur lequel on doit porter λ'.

339. Calcul de l'intensité en supposant h très-petit. — La théorie du magnétisme que nous venons de développer permet de calculer aussi l'intensité F de la force magnétique en un point de la terre. On a en effet

$$F = \sqrt{X^2 + Y^2} = \frac{\mu}{r^2}\left\{ \sin^2 u \left[\frac{1}{(1 + 2h\cos u)^{\frac{3}{2}}} - \frac{1}{(1 - 2h\cos u)^{\frac{3}{2}}} \right]^2 + \left[\frac{\cos u + h}{(1 + 2h\cos u)^{\frac{3}{2}}} - \frac{\cos u - h}{(1 - 2h\cos u)^{\frac{3}{2}}} \right]^2 \right\}^{\frac{1}{2}};$$

en négligeant h^2, développant et admettant toujours la même approximation, il viendra

$$F = \frac{\mu}{r^2}\left\{ 36\,h^2 \sin^2 u \cos^2 u + \left[(\cos u + h)(1 - 3h\cos u) - (\cos u - h)(1 + 3h\cos u) \right]^2 \right\}^{\frac{1}{2}},$$

$$= \frac{\mu}{r^2}\left[36\,h^2 \sin^2 u \cos^2 u + 4h^2(1 - 3\cos u)^2 \right]^{\frac{1}{2}},$$

$$= \frac{\mu}{r^2}\left[36\,h^2 \cos^2 u + 4h^2 - 24\,h^2 \cos^2 u \right]^{\frac{1}{2}} = \frac{2h\mu}{r^2}\left(1 + 3\cos^2 u \right)^{\frac{1}{2}},$$

$$= \frac{2h\mu}{r^2}\left(1 + 3\sin^2 \lambda' \right)^{\frac{1}{2}}.$$

Cette formule conduit à ce résultat, que l'intensité magnétique au pôle est double de l'intensité magnétique à l'équateur.

L'observation ne confirme pas cette conclusion, et en général la formule qui donne la valeur de F ne se vérifie que d'une manière assez grossière. Cette formule n'est donc pas exacte, mais elle peut servir de type à une formule empirique. Ainsi on pourra poser

$$F = \mu(a + b\sin^2 \lambda')^{\frac{1}{2}},$$

a et b étant deux constantes que l'on déterminera au moyen de deux observations. Cependant cette formule ne peut représenter la valeur de F en tous les points du globe; elle n'est guère exacte que dans le voisinage de l'équateur.

Les calculs de Tobie Mayer sont peu différents de ceux de Biot: au lieu de supposer l'aimant terrestre passant par le centre de la terre, il le suppose un peu excentrique, ce qui lui permet d'obtenir des formules plus compliquées à la vérité, mais qui se rapprochent davantage de l'observation.

La conclusion qu'il faut tirer de tout ce qui précède, c'est que, dans l'hypothèse du magnétisme terrestre, il faut admettre l'existence d'un petit aimant dont les pôles sont très-rapprochés. Cette hypothèse revient d'ailleurs à celle d'Ampère sur l'existence des courants terrestres. Il ne résulte pas de là que le magnétisme ou les courants terrestres soient ainsi resserrés dans un petit espace, mais seulement que les choses se passent comme s'il en était ainsi; rien n'empêche d'ailleurs que les fluides magnétiques ou bien les courants fermés ne soient distribués dans tout l'intérieur de la terre.

340. Hypothèse d'Hansteen. — Hansteen, physicien de Christiania, a cherché à perfectionner la théorie du magnétisme terrestre : il a établi des formules empiriques assez exactes en supposant à l'intérieur de la terre deux aimants excentriques dont l'un serait beaucoup plus puissant que l'autre. Quand on admet cette hypothèse, on est conduit à parler des quatre pôles magnétiques de la terre, qui sont ceux de ces deux aimants; ainsi entendue, cette locution est exacte : mais elle ne le serait plus si, par pôles de la terre, on entendait, comme on le fait ordinairement, les points où l'aiguille aimantée prend une direction verticale : Au lieu de deux aimants, on pourrait en supposer un plus grand nombre et en ajouter un chaque fois qu'il serait besoin d'expliquer un phénomène dont l'hypothèse faite jusque-là ne pourrait rendre compte. Il est certain qu'on arriverait ainsi à des formules empiriques utiles pour l'observation, mais rien dans cette manière d'opérer ne ressemble à une théorie du magnétisme.

341. Idée générale de la théorie de Gauss et de son objet. — Tel était à peu près l'état de la question quand Gauss l'a reprise. Il a cherché à donner une théorie du magnétisme indépendante de toute hypothèse sur la distribution du fluide magnétique dans l'intérieur de la terre. Il a supposé seulement qu'il y a dans l'intérieur de la terre des aimants analogues à ceux que nous possédons, ce qui revient à admettre dans l'intérieur de la terre des centres d'action attirant et repoussant en sens inverse du carré de la distance, sans rien préjuger sur l'origine de ces centres, qui pourraient être attribués aussi bien à l'électricité qu'au magnétisme.

L'action magnétique de la terre sur une molécule quelconque placée à sa surface sera, en grandeur et en direction, la résultante des actions de tous ces centres sur cette molécule.

342. Définition de l'unité de fluide magnétique. — Désignons par $d\mu$ la masse magnétique d'un de ces centres ayant pour coordonnées a, b, c; soient x, y, z les coordonnées d'une molécule magnétique quelconque dont nous prendrons la masse magnétique pour unité, et soit ρ la distance de cette molécule au centre magnétique a, b, c : nous aurons

$$\rho = \sqrt{(x-a)^2+(y-b)^2+(z-c)^2},$$

et les composantes de l'action du centre magnétique sur la molécule considérée seront

$$d\mathrm{X} = \frac{x-a}{\rho^3}\,d\mu,$$

$$d\mathrm{Y} = \frac{y-b}{\rho^3}\,d\mu,$$

$$d\mathrm{Z} = \frac{z-c}{\rho^3}\,d\mu.$$

343. Définition du potentiel. — Nous avons déjà vu que ces trois expressions sont les trois dérivées partielles d'une même fonction

$$\mathrm{V} = -\int \frac{d\mu}{\rho},$$

à laquelle Gauss a donné le nom de *potentiel*. Mais MM. Green et Clausius ont réservé le nom de potentiel à l'expression

$$-\iint \frac{d\mu\,d\mu'}{\rho},$$

$d\mu$, $d\mu'$ étant les masses de deux molécules appartenant à deux corps différents qui agissent l'un sur l'autre, et ils ont donné à l'expression $-\int \frac{d\mu}{\rho}$ le nom de *fonction potentielle*. Cette modification paraît convenable, et nous l'adopterons.

Supposons que l'on cherche la composante de l'action terrestre suivant la direction de la tangente à une courbe placée à la surface de la terre: comme la direction des trois axes est arbitraire, on pourra placer l'axe des x suivant la tangente à la courbe, et alors cette composante sera représentée par $\frac{dV}{dx}$ ou par $\frac{dV}{ds}$, ds désignant l'accroissement de l'arc de la courbe.

Si l'expression $\frac{dV}{ds}$ est positive, cela voudra dire que la composante de l'action terrestre est dirigée suivant le sens où l'on compte les arcs: si au contraire cette expression est négative, c'est que la composante est dirigée dans un sens opposé.

344. Formule $V_1 - V_0 = \int_{s_0}^{s_1} \varphi \cos\theta\, ds$ et conséquences. — Cela posé, appelons φ l'intensité de l'action magnétique de la terre sur la molécule (x, y, z) et θ l'angle de sa direction avec la direction ds, nous aurons

$$\frac{dV}{ds} = \varphi \cos\theta.$$

$$dV = \varphi \cos\theta\, ds:$$

prenons maintenant sur la courbe que nous avons imaginée deux points P_0 et P_1 correspondant aux arcs s_0 et s_1, désignons par V_0 et V_1 les valeurs de la fonction V en ces deux points et intégrons depuis le point P_0 jusqu'au point P_1, il vient

$$V_1 - V_0 = \int_{\varepsilon_0}^{s_1} \varphi \cos\theta\, ds.$$

On déduit de cette formule plusieurs conséquences importantes :

1° La valeur de l'intégrale $\int_{s_0}^{s_1} \varphi \cos\theta\, ds$ étant égale à la différence des valeurs de la fonction V aux deux extrémités de l'arc $P_0 P_1$, laquelle ne dépend que des coordonnées de ces extrémités, est complétement indépendante de la nature de la courbe qui unit les deux points.

2° Cette intégrale est nulle quand, la courbe étant fermée, on revient au point de départ.

3° Quand sur une courbe fermée l'angle θ n'est pas constamment droit, ses valeurs sont en partie plus grandes, en partie plus petites que $\frac{\pi}{2}$.

345. Surfaces de niveau $V = V_0$ et leurs propriétés. — Soit V_0 une valeur particulière de la fonction V : l'équation $V = V_0$, renfermant trois variables coordonnées d'un point quelconque, représente une surface qu'on appelle surface de niveau : à chaque valeur de la constante V_0 correspond une surface différente. Il est aisé de montrer que la résultante de l'action magnétique terrestre sur un point de cette surface lui est normale. En effet, prenons pour axe des z la normale à la surface, les axes Ox et Oy étant situés dans le plan tangent. Puisque V est constant sur toute la surface, il l'est dans une petite étendue du plan tangent tout autour du point de contact. Donc $\frac{dV}{dx} = 0$, $\frac{dV}{dy} = 0$ pour le point considéré. Les composantes de l'action terrestre sur l'origine, dirigées suivant Ox et Oy, étant nulles, l'action résultante est dirigée suivant Oz, et par conséquent elle est normale à la surface. Considérons une seconde surface de niveau infiniment voisine de la première $V = V_0 + dV_0$, et soient dz la distance normale des deux surfaces, et φ l'intensité de l'action magnétique sur un point quelconque de la couche $V - V_0$: on aura, d'après ce qui précède,

$$\varphi = \frac{dV}{dz}.$$

Or dV_0 est une quantité constante; donc l'intensité φ de l'action magnétique en un point quelconque d'une surface de niveau est en raison inverse de la distance normale de cette surface à la suivante infiniment voisine. Il en résulte que, si l'on conçoit une série de surfaces de niveau infiniment rapprochées, on partagera l'espace en une suite de couches dans toute l'étendue desquelles la force magnétique sera toujours en raison inverse de l'épaisseur.

Les propriétés dont nous venons de parler ne sont pas susceptibles de vérification expérimentale; mais on peut établir, pour des points situés à la surface de la terre, des propriétés analogues que l'expérience peut vérifier.

346. Formule $V_1 - V_0 = \int_{s_0}^{s_1} \omega \cos \tau \, ds.$ **— Conséquences. —** Admettons qu'en un point quelconque P (fig. 233) de la surface de

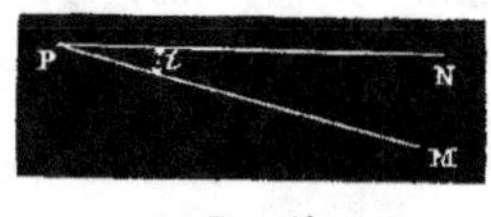

Fig. 233.

la terre φ soit l'intensité et PM la direction de la force magnétique terrestre, π l'intensité et PN la direction de la projection φ sur le plan horizontal. Le plan NPM sera le plan du méridien magnétique et l'angle NPM $= i$ sera l'inclinaison du lieu.

Par le point P traçons une courbe quelconque sur la surface de la terre et appelons τ et θ les angles que fait la tangente à cette courbe menée par P avec les lignes PN, PM. On aura comme précédemment

$$dV = \varphi \cos \theta \, ds;$$

or

$$\varphi = \frac{\pi}{\cos i} \quad \text{et} \quad \cos \theta = \cos i \cos \tau;$$

donc

$$dV = \pi \cos \tau \, ds,$$

d'où

$$V_1 - V_0 = \int_{s_0}^{s_1} \pi \cos \tau \, ds.$$

On conclut de cette relation :

1° Que la valeur de l'intégrale $\int_{s_0}^{s_1} \pi \cos \tau \, ds$ est entièrement indépendante de la nature de la courbe qui unit les deux points s_0 et s_1;

2° Que cette intégrale est nulle quand on l'étend à tous les points d'une courbe fermée;

3° Que, si l'angle τ n'est pas constamment droit sur toute l'étendue de la courbe, il est tantôt aigu et tantôt obtus.

347. Vérification des conséquences précédentes. — Les deux premières conséquences ont été vérifiées par Gauss.

Considérons à la surface de la terre supposée sphérique une série
de points dont la longitude et la latitude sont connues et où l'on a
mesuré l'intensité horizontale du magnétisme terrestre. Joignons ces
points entre eux par des arcs de grands cercles, nous aurons formé
un polygone sphérique $P_0 P_1 P_2 \ldots$ pour lequel les théorèmes précédents doivent se vérifier. Désignons par δ_0, δ_1, δ_2, ... les déclinaisons aux points P_0, P_1, P_2, ..., et soient enfin $(0,1)$, $(1,0)$, $(1,2)$,
$(2,1)$, ... les azimuts des côtés $P_0 P_1$, $P_1 P_2$, ... aux points P_0 ou P_1,
P_1 ou P_2, ... comptés ordinairement à partir du sud vers l'ouest.

L'angle τ, qui varie d'une manière continue sur chacun des
côtés du polygone, change brusquement à chaque angle et présente
alors deux valeurs différentes. Ainsi, au point P_1, considéré tour à
tour comme l'extrémité du côté $P_0 P_1$ et le commencement du côté
$P_1 P_2$, l'angle τ a les deux valeurs $(1,0) + \delta_1$, $\pi + (1,2) + \delta_0$. En
désignant par τ_0, τ_1 les valeurs de l'angle τ au point P_0 considéré
comme point de départ, et au point P_1 considéré comme point d'arrivée du côté $P_0 P_1$, on pourra prendre comme valeur approchée
de l'intégrale $\int \pi \cos \tau \, ds$ relative au côté $P_0 P_1$ la quantité

$$\frac{1}{2} \left(\pi_0 \cos \tau_0 + \pi_1 \cos \tau_1 \right) P_0 P_1,$$

ou bien, en remplaçant τ_0 et τ_1 par leurs valeurs,

$$\frac{1}{2} \left\{ \pi_1 \cos \left[(1,0) + \delta_1 \right] - \pi_0 \cos \left[(0,1) + \delta_0 \right] \right\} P_0 P_1.$$

On trouvera de même, pour la valeur approchée de la même
intégrale correspondant au côté suivant du polygone $P_1 P_2$,

$$\frac{1}{2} \left\{ \pi_2 \cos \left[(2,1) + \delta_2 \right] - \pi_1 \cos \left[(1,2) + \delta_1 \right] \right\} P_1 P_2,$$

et ainsi de suite. L'erreur commise sera d'autant plus petite que la
distance des points P_0, P_1 sera moindre. En faisant la somme algébrique de tous les produits analogues relatifs aux divers côtés, on
doit obtenir zéro.

Appliquée à un triangle tracé sur la surface de la terre, l'équation $\int_{s_0}^{s_1} \pi \cos \tau \, ds = 0$ donnera

$$\pi_0 \left\{ P_0P_1 \cos[(0,1)+\delta_0] - P_0P_2 \cos[(0,2)+\delta_0] \right\}$$
$$+ \pi_1 \left\{ P_0P_2 \cos[(1,2)+\delta_1] - P_0P_1 \cos[(1,0)+\delta_1] \right\}$$
$$+ \pi_2 \left\{ P_0P_2 \cos[(2,0)+\delta_2] - P_1P_2 \cos[(2,1)+\delta_2] \right\} = 0.$$

Pour donner une application de cette formule, Gauss a pris les observations suivantes :

Gœttingue..... $\delta_0 = 18°38'\ldots i_0 = 67°56'\ldots \varphi_0 = 1{,}357$
Milan.......... $\delta_1 = 18°33'\ldots i_1 = 63°49'\ldots \varphi_1 = 1{,}294$
Paris.......... $\delta_2 = 22° 4'\ldots i_2 = 67°24'\ldots \varphi_2 = 1{,}348$

d'où l'on tire

$$\pi_0 = 0{,}50980, \qquad \pi_1 = 0{,}57094, \qquad \pi_2 = 0{,}51804.$$

En partant des positions géographiques suivantes :

	LATITUDE.	LONGITUDE DE GREENWICH.
Gœttingue.................	51°32'	9°58'
Milan....................	45°28'	9° 9'
Paris	48°52'	2°21'

et supposant la terre sphérique, on trouve :

$$\begin{aligned}
(0,1) &= 5°11'31'' \\
(1,0) &= 184°35'35''
\end{aligned} \right\} P_0P_1 = 6° 5'28''$$

$$\begin{aligned}
(1,2) &= 128°47'31'' \\
(2,1) &= 303°48'1''
\end{aligned} \right\} P_1P_2 = 5°44'6''$$

$$\begin{aligned}
(2,0) &= 238°20'20'' \\
(0,2) &= 64°40'12''
\end{aligned} \right\} P_0P_2 = 5°32'4''$$

En substituant toutes ces valeurs dans l'équation trouvée et exprimant les distances en secondes, on trouve

$$17556\,\pi_0 + 2774\,\pi_1 - 20377\,\pi_2 = 0,$$
$$\pi_2 = 0{,}86158\,\pi_0 + 0{,}13613\,\pi_1.$$

En partant des intensités horizontales de Gœttingue et de Milan,
on obtient pour celle de Paris $\pi_2 = 0,51696$, valeur qui diffère
de $0,001$ de l'intensité observée directement, $0,51804$.

348. Parallèles magnétiques $V = V_0$; **leurs propriétés.** —
Les surfaces de niveau coupent la surface de la terre, et par leur
ntersection avec cette surface y tracent une série de courbes fermées. En un point quelconque de l'une de ces courbes, menons un
plan qui lui soit normal. Ce plan passera par le centre de la terre
supposée sphérique : il est donc vertical. De plus il contient la direction de l'intensité de l'action magnétique terrestre sur le point
considéré, puisque cette direction est une normale à la surface de
niveau sur laquelle se trouve la courbe considérée. Il résulte de là
que la méridienne magnétique est en ce point normale à la courbe
considérée. Ces courbes fermées, intersections des surfaces de niveau
avec la surface de la terre, qui sont les trajectoires orthogonales des
méridiens magnétiques, sont appelées *parallèles magnétiques*. Les *méridiens magnétiques* sont des courbes tracées à la surface de la terre,
telles, que la projection sur le plan horizontal de l'action magnétique
du globe en un quelconque de leurs points leur soit constamment
tangente. Prenons deux surfaces de niveau $V = V_0$ et $V = V_0 + dV_0$
qui déterminent deux parallèles magnétiques : si dz est la distance
normale de ces deux courbes, $\dfrac{dV_0}{dz}$ est l'intensité horizontale du magnétisme terrestre. On voit que, dans toute la zone comprise entre
ces deux courbes, l'intensité horizontale varie en raison inverse de
la largeur de la zone.

**349. Considérations sur la possibilité de l'existence
de deux pôles magnétiques de même nom à la surface
de la terre.** — Gauss a aussi examiné la question des pôles magnétiques de la terre. On a souvent émis l'opinion qu'il existait deux
pôles magnétiques terrestres dans chaque hémisphère; mais on a
donné à ce nom des sens différents. Ce que nous entendrons par
pôles magnétiques, ce sont les points où l'aiguille aimantée, librement suspendue par son centre de gravité, prend une position

38.

verticale. Pour expliquer les phénomènes que l'on observe en Sibérie et dans l'Amérique russe, Hansteen a été conduit à admettre l'existence de quatre pôles de ce genre. Il supposait que l'action terrestre pouvait se ramener à celle qu'exerceraient deux aimants excentriques dont l'un serait plus fort que l'autre. Hansteen ajoute que ces quatre pôles ont un mouvement régulier autour des pôles terrestres, les deux pôles du nord allant de l'ouest à l'est dans une direction oblique, et les deux pôles sud, de l'est à l'ouest, aussi obliquement. Il assigne à ces révolutions les durées suivantes : le pôle nord le plus fort, 1890 ans; le pôle sud le plus fort, 4605 ans; le pôle nord le plus faible, 860 ans; le pôle sud le plus faible, 1303 ans.

Gauss a fait voir qu'il ne peut exister à la surface de la terre que deux pôles magnétiques; en admettre un plus grand nombre, ce serait se mettre en désaccord avec tout ce que l'on observe, comme nous allons le faire voir.

Au pôle magnétique terrestre l'action magnétique est, par définition, normale à la terre; d'ailleurs elle est aussi normale à la surface de niveau qui passe en ce point. Donc un pôle magnétique terrestre n'est autre chose qu'un des points de contact de la surface de la terre avec une surface de niveau. Cela posé, soient AB (fig. 234) la surface de la terre et CD une surface de niveau qui la touche

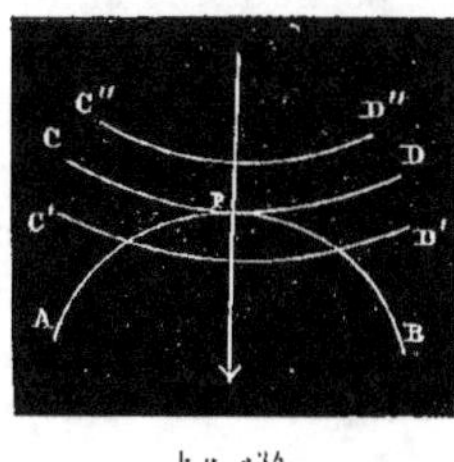

Fig. 234.

au point P, que nous supposerons être un pôle boréal. Puisque le point P est un pôle nord, le fluide austral est attiré vers le centre de la terre; par conséquent, si l'on considère deux surfaces de niveau C'D', C"D" infiniment voisines de CD, dV sera négatif quand on passera de la surface CD à la surface C"D", et positif quand on passera de CD à C'D'. Car soit dz la distance normale des deux surfaces CD et C"D", distance comptée de P vers C"D", l'action terrestre sera $\dfrac{dV}{dz}$, et, comme elle agit dans le sens de la flèche, il faudra que dV soit négatif. On verrait de même que dV est positif lorsqu'on passe de CD à C'D'. Il résulte de là que dV

est nul au point P de la surface CD. Le point P est donc un maximum ou un minimum de V; et comme la fonction V va en croissant lorsqu'on marche de CD en C'D', il en résulte qu'en P elle est minimum. On verrait de même que, au pôle sud, la fonction V est maximum.

350. Supposons maintenant qu'il existe à la surface de la terre plus d'un pôle de même nom, deux pôles nord par exemple, et soient P_1, P_2 (fig. 235) ces pôles et V_1, V_2 les valeurs correspondantes de la fonction potentielle. V_1 étant plus grande que V_2 ou tout au moins égale à cette quantité, mais pas plus petite qu'elle. Prenons une valeur W_1 de la fonction V qui soit un peu plus grande que V_1, et, par conséquent, supérieure aussi à V_2. La surface de niveau correspondante donnera lieu à un parallèle divisant la terre en deux portions, celle des points où V est plus grand que W_1 et celle des points où il est plus petit, et cette dernière comprend les deux points P_1 et P_2. Ce parallèle doit former autour du point P_1 une courbe fermée ne comprenant pas le point P_2, car, la fonction potentielle étant minimum au point P_1, de quelque côté que l'on s'avance à partir de ce point, cette fonction doit d'abord aller en croissant, et le lieu des points où V est un peu plus grand qu'en P_1 forme une courbe fermée qui ne peut contenir d'autre point minimum que P_1. Le point P_2 doit donc faire partie d'une autre zone, où la fonction V soit plus petite que W_1; ainsi le parallèle $V = W_1$ se

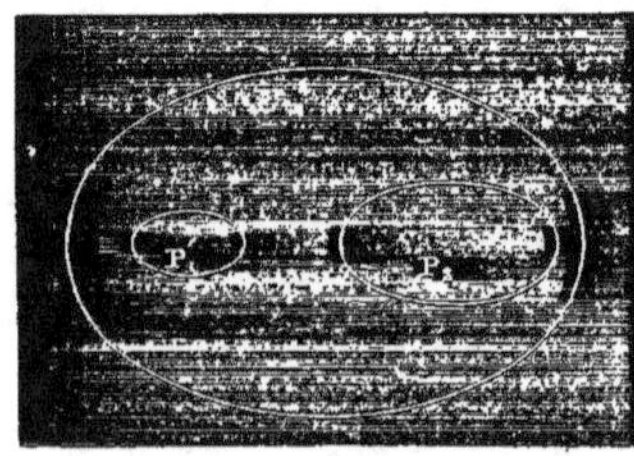

Fig. 235.

compose au moins de deux branches fermées renfermant chacune les points P_1 et P_2. Il est toujours possible de tracer un parallèle $V = W_2$ qui embrasse à la fois les deux points P_1 et P_2; car, si l'on donne à W_2 la plus grande valeur de V, ce parallèle laisse toute la surface de la terre d'un même côté. Si maintenant on fait varier V d'une manière continue depuis W_1 jusqu'à W_2, on obtiendra d'abord une série de parallèles à deux branches fermées, dont chaque branche enveloppe les points P_1

et P_2, puis une série de parallèles à une seule branche embrassant à la fois les deux points P_1 et P_2. Le passage de l'une de ces séries à l'autre se fera nécessairement par un parallèle en forme de 8, ou

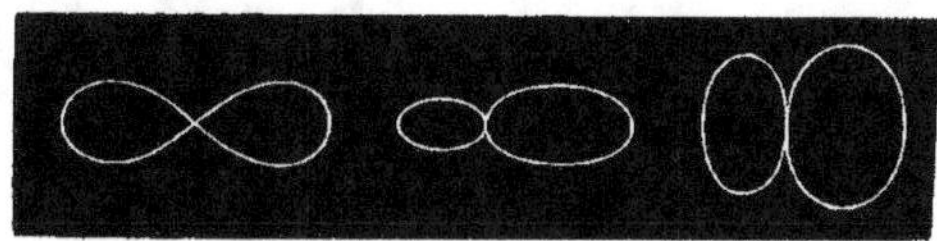

Fig. 236.

par un parallèle composé de deux parties fermées tangentes en un seul point, ou bien tout le long d'un arc, comme l'indiquent les figures 236.

Dans chacun de ces trois cas on est conduit à des conséquences qui paraissent en contradiction avec les faits. Dans le premier cas, le parallèle aurait un point multiple, et, comme la direction de l'aiguille de la boussole de déclinaison est normale au parallèle en ce point, cette aiguille devrait prendre deux directions, ce qui est impossible : il faut donc que l'intensité soit nulle en ce point. Dans le cas où il y a deux branches tangentes, la composante horizontale ne devrait à la vérité avoir qu'une seule direction au point singulier, mais elle devrait avoir deux sens opposés, suivant qu'on s'en approche par des points situés dans l'intérieur de l'une ou de l'autre courbe, ce qui est impossible. Il en résulte que la composante horizontale doit encore être nulle. Le point singulier est donc, dans les deux cas qui précèdent, un vrai pôle magnétique, mais un pôle tantôt nord, tantôt sud : nord par rapport aux points situés à l'intérieur de la courbe, analogue à la lemniscate, et sud pour les points extérieurs. Dans le troisième cas on aurait une série de pôles analogues. Comme les résultats de l'observation sont contraires à ces conséquences, nous admettrons qu'il n'y a qu'un pôle magnétique.

351. **Inexactitude d'une méthode fréquemment employée pour déterminer les pôles magnétiques.** — Nous ferons remarquer, en passant, une erreur que l'on a commise quelquefois en voulant déterminer la position du pôle. Après avoir choisi deux points où l'inclinaison est très-voisine de 90 degrés, on cons-

truit les méridiens correspondants et l'on regarde leur intersection comme donnant la position du pôle. Cela suppose évidemment que les parallèles infiniment voisins du pôle sont des cercles. Or ces parallèles sont des courbes résultant de l'intersection de la sphère terrestre avec les surfaces de niveau. Lorsque ces deux surfaces sont très-près de se toucher, leur intersection a pour limite une ellipse et non un cercle.

352. Relations entre les trois éléments magnétiques d'un lieu. — Examinons maintenant les vérifications et les applications que Gauss a faites de sa théorie. Il faut pour cela établir des relations entre les trois éléments magnétiques d'un lieu, inclinaison, déclinaison, intensité. Prenons trois axes rectangulaires : l'axe des x sera horizontal, contenu dans le méridien astronomique du lieu et dirigé vers le nord; l'axe des y sera horizontal aussi, mais dirigé vers l'ouest. Soient M un point quelconque de la terre supposée sphérique, pour lequel on veut connaître les trois composantes X, Y, Z de l'action magnétique du globe, et V la fonction potentielle. On a

$$X = \frac{dV}{dx}, \qquad Y = \frac{dV}{dy}, \qquad Z = \frac{dV}{dz}.$$

Soient u la colatitude du lieu et λ la longitude comptée en allant de l'ouest vers l'est. Si R est le rayon de la terre, on a

$$dx = -R\,du, \qquad dy = -R \sin u\,d\lambda,$$

et, par suite,

$$X = -\frac{1}{R}\frac{dV}{du}, \qquad Y = -\frac{1}{R \sin u}\frac{dV}{d\lambda}.$$

Considérons l'intégrale définie $T = \int_0^u X\,du$; il est aisé de voir que l'on a

$$\frac{dV}{du} + R\frac{dT}{du} = 0;$$

donc, en intégrant,

$$V + RT = V_1.$$

V_1 étant une quantité indépendante de u; je dis qu'elle est aussi indépendante de la longitude λ. En effet, V_1 étant indépendant de u, on peut faire $u = 0$, et cette quantité ne change pas; mais le pôle appartient à tous les méridiens; donc V_1 est indépendant de λ et l'on a

$$T = \frac{V_1 - V}{R};$$

d'où

$$\frac{dT}{d\lambda} = -\frac{1}{R}\frac{dV}{d\lambda},$$

et, par suite,

$$Y = \frac{1}{\sin u}\frac{dT}{d\lambda} = \frac{1}{\sin u}\int_0^u \frac{dX}{d\lambda}\,du.$$

Il résulte de là que, si l'on connaît pour tous les lieux de la terre la composante nord de la force magnétique, on peut en conclure immédiatement la composante ouest de la même force pour les mêmes points du globe.

La réciproque n'est pas vraie : il ne suffirait pas de connaître la composante ouest, pour tous les points du globe, pour pouvoir en déduire la composante nord. En effet, posons

$$U = \int \sin u\,Y d\lambda,$$

on aura

$$\frac{dV}{d\lambda} + R\frac{dU}{d\lambda} = 0;$$

donc

$$\frac{V + RU}{R} = f(u), \qquad \frac{1}{R}\frac{dV}{du} + \frac{dU}{du} = \varphi(u)$$

ou bien

$$X = \frac{dU}{du} - \varphi(u).$$

Cette équation fait voir que, si l'on connaît la composante ouest de la force magnétique pour tous les points du globe et la composante nord pour tous les points d'un méridien, ou même d'une ligne quelconque allant du pôle nord au pôle sud, on pourra déterminer immédiatement cette dernière composante pour tous les points du globe.

Ces théorèmes peuvent donner lieu à des vérifications importantes.

353. Nous allons maintenant faire intervenir la composante verticale. Nous avons posé

$$V = -\int \frac{d\mu}{\rho}.$$

Si r, u, λ sont les coordonnées du point attiré, point que l'on suppose extérieur à la terre ou à sa surface, et r_0, u_0, λ_0 celles d'un centre quelconque d'attraction intérieur à la terre, on a

$$\rho^2 = r^2 - 2rr_0 \cos\theta + r_0^2$$

et

$$\cos\theta = \cos u \cos u_0 + \sin u \sin u_0 \cos(\lambda - \lambda_0);$$

d'où il résulte

$$\frac{d\mu}{\rho} = \frac{d\mu}{r}\left\{ 1 - 2\frac{r_0}{r}\left[\cos u \cos u_0 + \sin u \sin u_0 \cos(\lambda - \lambda_0)\right] + \left(\frac{r_0}{r}\right)^2\right\}^{-\frac{1}{2}}.$$

Comme on suppose tous les centres d'action intérieurs à la terre, on aura, pour chacun d'eux, r_0 plus petit que la quantité constante r. Il suit de là que l'on peut développer la puissance $-\frac{1}{2}$ en une série ordonnée suivant les puissances entières croissantes de $\frac{r_0}{r}$; ainsi on a

$$\frac{d\mu}{\rho} = \frac{d\mu}{r}\left[1 + T_1 \frac{r_0}{r} + T_2 \left(\frac{r_0}{r}\right)^2 + T_3 \left(\frac{r_0}{r}\right)^3 + \cdots \right],$$

T_1, T_2, T_3 étant des fonctions entières et rationnelles de $\cos u \cos u_0$ et $\sin u \sin u_0 \cos(\lambda - \lambda_0)$. Si maintenant on intègre dans les limites du corps, on aura V développé en série :

$$V = \frac{R^2 P_0}{r} + \frac{R^3 P_1}{r^2} + \frac{R^4 P_2}{r^3} + \cdots,$$

R désignant le rayon de la terre, et, pour déterminer les coefficients P_0, P_1, ... on a

$$R^2 P_0 = \int d\mu, \qquad R^3 P_1 = \int T_1 r_0 \, d\mu, \qquad R^4 P_2 = \int T_2 r_0^2 \, d\mu, \ldots,$$

et, comme $\int d\mu = 0$, la fonction V se réduit à

$$V = \frac{R^3 P_1}{r^2} + \frac{R^4 P_2}{r^3} + \frac{R^5 P_3}{r^4} + \cdots$$

et les coefficients P_1, P_2, P_3,... satisfont à l'équation aux différences partielles

$$n(n+1)\,P_n + \frac{d^2 P_n}{du^2} + \cot u \frac{dP_n}{du} + \frac{1}{\sin^2 u}\frac{d^2 P_n}{d\lambda^2} = 0.$$

Pour avoir les trois composantes X, Y, Z, il suffit de prendre, comme nous l'avons vu,

$$X = -\frac{1}{R}\frac{dV}{du}, \qquad Y = -\frac{1}{R\sin u}\frac{dV}{d\lambda}, \qquad Z = -\frac{dV}{dr};$$

on a donc

$$X = -\frac{R^3}{r^3}\left(\frac{dP_1}{du} + \frac{R}{r}\frac{dP_2}{du} + \frac{R^2}{r^2}\frac{dP_3}{du} + \cdots\right),$$

$$Y = -\frac{R^3}{r^3 \sin u}\left(\frac{dP_1}{d\lambda} + \frac{R}{r}\frac{dP_2}{d\lambda} + \frac{R^2}{r^2}\frac{dP_3}{d\lambda} + \cdots\right),$$

$$Z = -\frac{R^3}{r^3}\left(2P_1 + 3\frac{R}{r}P_2 + 4\frac{R^2}{r^2}P_3 + \cdots\right).$$

On déduit de ce qui précède les conséquences suivantes :

Si l'on connaît les valeurs de la fonction V pour tous les points de la surface de la terre, on pourra s'en servir pour obtenir les valeurs de la même fonction pour tout l'espace infini. On en déduira aussi les composantes X, Y, Z, non-seulement pour tous les points de la surface de la terre, mais encore pour tous les points de l'espace. En effet, si l'on pose $r = R$, il vient

$$\frac{V}{R} = P_1 + P_2 + P_3 + \cdots,$$

les fonctions P_1, P_2, P_3,... n'ayant pas changé, car elles sont indédantes de r. Or, la fonction V étant donnée pour la surface de la terre, on pourra développer $\frac{V}{R}$ en une série de la forme

$$\frac{V}{R} = A_1 + A_2 + A_3 + \cdots,$$

le terme général A_n étant une fonction entière et rationnelle de

$\cos u \cos u_0$ et de $\sin u \sin u_0 \cos (\lambda - \lambda_0)$ et satisfaisant à l'équation aux différences partielles

$$n (n + 1) A_n + \frac{d^2 A_n}{du^2} + \cot u \frac{d A_n}{du} + \frac{1}{\sin^2 u} \frac{d^2 A_n}{d\lambda^2} = 0,$$

et l'on sait que ce développement ne peut se faire que d'une seule manière. Il en résulte

$$P_1 = A_1, \qquad P_2 = A_2, \qquad P_3 = A_3, \dots :$$

donc tout ce développement de V est connu pour tous les points de l'espace.

Pour trouver la valeur de V à la surface de la terre, il suffirait de connaître X pour tous ses points; car X étant connu, en le développant en série et en identifiant, on aurait les valeurs de $\frac{dP_1}{du}$, $\frac{dP_2}{du}$, ..., d'où l'on tirerait les valeurs de P_1, P_2.... en intégrant de zéro à u. Il suffirait de même de connaître Y pour tous les points du globe et X pour tous les points d'une ligne courbe quelconque allant du pôle sud au pôle nord. Enfin il suffirait aussi de connaître Z pour tous les points du globe; car, en le développant en série, on aurait

$$Z = B_1 + B_2 + B_3 + \cdots$$

et, en identifiant,

$$P_1 = \frac{1}{2} B_1, \qquad P_2 = \frac{1}{3} B_2, \qquad P_3 = \frac{1}{4} B_3, \dots .$$

On pourrait, en déterminant V par l'un ou l'autre de ces trois procédés, soumettre la théorie à de nombreuses vérifications et obtenir des formules très-précieuses. Malheureusement les données que l'on possède ne sont pas suffisantes pour permettre ces vérifications; c'est pour cela que Gauss s'est borné à une vérification plus simple, mais moins rigoureuse.

Les formules précédentes étant des séries convergentes, on peut se borner aux premiers termes: Gauss s'est arrêté au quatrième. Les formules ainsi simplifiées renferment 24 coefficients numériques. Pour les déterminer, il suffisait de connaître X et Y pour 12 stations différentes; ayant déterminé ces 24 coefficients, on a des valeurs approchées de X, Y, Z, V pour tous les points de la surface

de la terre, et même pour tous les points extérieurs. Pour avoir
une idée de la longueur de ces calculs, il suffira de dire que, bien
qu'il n'y ait que 24 coefficients numériques, il y a 71 termes.

354. Comparaison avec l'expérience. — Gauss a ensuite
comparé les résultats fournis par le calcul avec ceux qui avaient été
trouvés par l'expérience en 91 stations différentes. Dans un grand
nombre de cas, la différence entre le calcul et l'expérience est comparable aux erreurs d'observation : elle est même quelquefois inférieure à la différence qui existe entre les observations faites dans un
même lieu par deux observateurs exercés. Gauss a appliqué ses formules à la détermination du pôle nord magnétique, et il a trouvé
pour l'année 1830 la position suivante : 73°35′ de latitude nord, et
264°21′ de longitude à l'est du méridien de Greenwich. Le capitaine Ross avait trouvé par l'observation que ce pôle était situé à
1 degré au-dessous : on peut regarder cette approximation comme
très-satisfaisante. Le pôle sud a été trouvé pour la même époque à
72°35′ de latitude sud et 152°30′ de longitude à l'est du méridien de Greenwich : ce point est situé sur la terre Victoria.

Au pôle nord l'intensité serait 1,701; au pôle sud, 2,253.

355. Valeur du moment magnétique de la terre. — Les
mesures d'intensité absolue effectuées par Gauss lui ont permis de
calculer le moment magnétique de la terre. Il a trouvé qu'il est le
même que celui qu'on obtiendrait en prenant 8,500 trillions de
barreaux d'acier aimantés pesant chacun 500 kilogrammes et ayant
50 centimètres de longueur. Il a calculé que si le magnétisme libre
était distribué uniformément dans le sein de la terre, chaque mètre
cube devrait en contenir une quantité équivalente à huit de ces barreaux. Comme nous savons que la croûte terrestre est bien loin
d'avoir une aussi grande puissance magnétique, on doit en conclure
que le magnétisme terrestre se trouve concentré vers le centre de la
terre. Gauss a encore trouvé que la direction de l'axe du moment
magnétique fait avec la droite qui joint les deux pôles un angle
de 2°5′.

356. Distribution fictive du magnétisme libre à la surface de la terre équivalente au magnétisme intérieur. — Enfin Gauss a cherché quelle serait la distribution des fluides à la surface de la terre dont l'effet pourrait équivaloir à l'action magnétique du globe. On sait que Poisson a démontré, en effet, que l'action d'un corps magnétique peut être remplacée par celle d'une surface chargée de fluide magnétique. Gauss a trouvé que l'hémisphère sud devrait être chargé d'une couche de fluide austral, et l'hémisphère nord d'une couche de fluide boréal. La ligne de séparation des deux fluides ne diffère pas beaucoup d'un grand cercle qui couperait l'équateur sur les côtes de Guinée, à 15 degrés de longitude ouest de Greenwich. La densité de ces couches devrait être variable d'un point à l'autre, et serait maximum en deux points de l'hémisphère nord : l'un situé sur les côtes de la Sibérie, à 71 degrés de latitude boréale et 116 degrés de longitude orientale; l'autre situé au sud de la baie d'Hudson, à 55 degrés de latitude australe et 263 degrés de longitude orientale: elle serait maximum en un seul point de l'hémisphère sud peu différent du pôle unique, à 70 degrés de latitude et 154 degrés de longitude.

357. Vérifications ultérieures. — Peu de temps après Gauss, MM. Weber et Goldschmidt ont pu recommencer ces calculs en employant 103 observations, ce qui leur a permis de tracer les

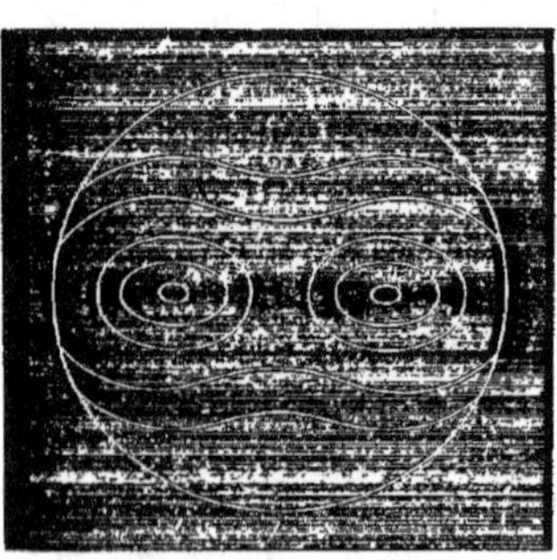

Fig. 237.

parallèles magnétiques et les lignes isodynamiques. On admettait que l'équateur magnétique, c'est-à-dire la ligne sans inclinaison, est aussi la ligne d'intensité minimum; mais les calculs de MM. Weber et Goldschmidt ont montré qu'il n'y a pas de ligne d'intensité minimum. Les lignes isodynamiques ne diffèrent pas beaucoup des parallèles magnétiques à une certaine distance de l'équateur; cependant, près de l'équateur, elles se partagent en deux groupes de lignes fermées (fig. 237) s'enveloppant les unes les autres de telle sorte qu'il n'y a que deux points d'intensité minimum. L'un de ces points est situé près de l'île Sainte-Hélène, par 18°9′ de latitude australe et 350°12′ de longitude orientale : l'intensité y est représentée par 2,8281; l'autre est situé entre la Nouvelle-Guinée et les îles de la Sonde, par 5°7′ de latitude boréale et 178°28′ de longitude orientale de Greenwich : l'intensité y est représentée par 3,2481.

L'intensité magnétique du globe est maximum en trois points. L'un de ces points diffère peu du pôle magnétique sud; il est situé par 70°9′ de latitude australe et 160°26′ de longitude orientale de Greenwich : l'intensité y est représentée par 7,8982. Les deux autres sont situés dans l'hémisphère nord et diffèrent peu des deux points où la distribution fictive indiquerait une inclinaison verticale : l'un est situé par 54°32′ de latitude boréale et 261°27′ de longitude orientale de Greenwich : l'intensité y a pour valeur 6,1614; l'autre est situé par 71°20′ de latitude et 119°57′ de longitude orientale : l'intensité y est représentée par 5,9113. Il résulte de l'inspection des cartes qui ont été construites que la distribution du magnétisme terrestre est beaucoup plus régulière dans l'hémisphère sud que dans l'hémisphère nord. Gauss a cherché si une partie du fluide magnétique ne peut pas être extérieure à la terre, et il a reconnu que, s'il y en a en dehors de la terre, la quantité en est très-faible; s'il en était autrement, la composante verticale de l'intensité magnétique suivrait des lois très-différentes.

358. **Variations des éléments du magnétisme terrestre. — Variations régulières, diurnes et annuelles.** — Les nombreuses séries d'observations magnétiques régulières qui ont été exécutées, soit par les soins de l'Association magnétique dirigée par Gauss et Weber, soit dans les observatoires établis par le gouvernement britannique dans ses diverses colonies, ont permis au P. Secchi [1] de tenter la détermination des lois qui régissent les variations diurnes et annuelles des divers éléments magnétiques. Les variations diurnes de la déclinaison étaient jusqu'ici seules connues

[1] *Il nuovo Cimento*, t. I, p. 60. Le mémoire du P. Secchi a été analysé par Verdet dans les *Annales de chimie et de physique*, (3), t. XLIV, p. 246 (1855).

avec quelque certitude. Dans les nouveaux observatoires on observe.
en outre, les variations d'intensité de la composante horizontale et
de la composante verticale du magnétisme terrestre : il est facile d'en
conclure les variations de l'inclinaison.

En discutant les nombreuses observations magnétiques. et principalement les travaux des observatoires anglais publiés par M. le
colonel Sabine, le P. Secchi a reconnu les lois suivantes :

1° *Les variations de l'aiguille aimantée suivent le temps local.* On avait
remarqué depuis longtemps que les variations de l'aiguille aimantée
suivent la marche du soleil et n'ont, par conséquent, de rapport
qu'avec le temps solaire vrai du lieu de l'observation. On a reconnu
depuis qu'il en est de même dans toute l'étendue du globe terrestre,
au moins pour les variations qu'on pourrait appeler les *variations
ordinaires* de l'aiguille. Il y a seulement quelque différence dans
les divers observatoires entre les heures vraies des maxima et des
minima. Les perturbations *extraordinaires*, les *orages magnétiques*
d'Arago ont semblé devoir être simultanés et sans aucun rapport
avec le temps local, tant qu'on n'a connu que les observations de
cinq ou six villes européennes fort peu éloignées les unes des autres.
En discutant l'ensemble des nouvelles observations, le P. Secchi
croit avoir reconnu que ces perturbations extraordinaires sont aussi
en rapport avec le temps local, et, par exemple, qu'elles sont surtout
fréquentes vers 9 heures du soir et vers 7 heures du matin.

2° *Le pôle magnétique de l'aiguille qui est le moins éloigné du soleil
fait une double excursion diurne, de la manière suivante : son plus grand
écart occidental a lieu quatre à cinq heures avant le passage du soleil au
méridien astronomique; il marche ensuite vers l'orient avec une vitesse croissante qui atteint son maximum à l'instant où le soleil traverse le méridien
magnétique; une ou deux heures après a lieu la plus grande excursion
orientale. Le pôle revient ensuite vers l'occident jusqu'au coucher du soleil.
Pendant la nuit, le soleil passant au méridien inférieur, la même oscillation
se répète, mais dans une moindre amplitude. Les heures limites varient avec
les saisons, avancent généralement en été et retardent en hiver. Les amplitudes des excursions sont à peu près dans le rapport des arcs parcourus
par le soleil le jour et la nuit.*

Pour éclaircir l'énoncé de cette loi, sur la ligne OE (fig. 238), dirigée de l'est à l'ouest, indiquons les heures de la journée, zéro étant l'heure du midi vrai, et, au-dessus et au-dessous de cette ligne, représentons les positions de l'aiguille aimantée à diverses heures en un lieu de l'hémisphère austral et en un lieu de l'hémisphère boréal. Dans les lieux voisins de l'équateur, où le soleil passe deux fois

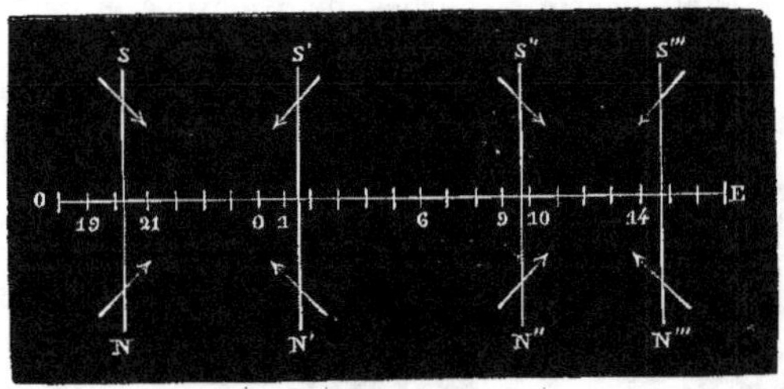

Fig. 238.

par an au zénith, les variations de l'aiguille changent de sens suivant que le soleil se trouve dans l'hémisphère boréal ou dans l'hémisphère austral. Il est digne de remarque que ce changement de sens n'ait pas lieu à l'instant où le soleil passe au zénith du lieu d'observation, mais à l'instant où il traverse l'équateur.

Parmi les conséquences que l'on peut tirer de cette loi, nous si-

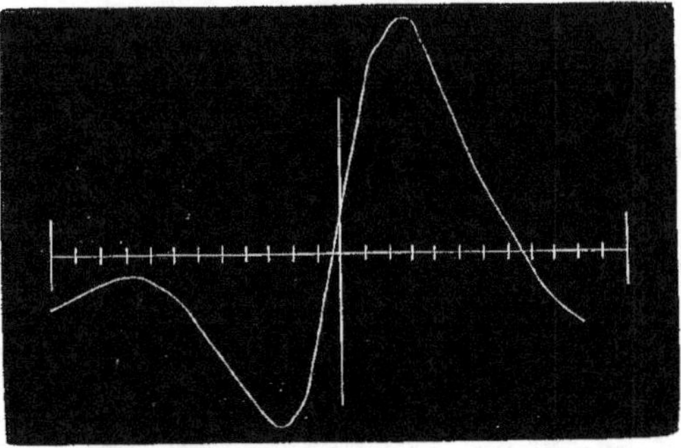

Fig. 239.

gnalerons la suivante : Si l'on construit à la manière ordinaire la courbe des variations diurnes moyennes de la déclinaison en un lieu donné, en prenant pour abscisses les heures et pour ordonnées les écarts de l'aiguille par rapport au méridien magnétique, la forme de ces courbes démontre avec évidence que les variations dont il s'agit suivent une période semi-diurne, à l'inverse de la plupart des variations météorologiques. dont la période est diurne. On reconnaît toujours, en effet, dans ces courbes, deux maxima et deux minima: seulement, comme l'amplitude des oscillations dans les deux pé-

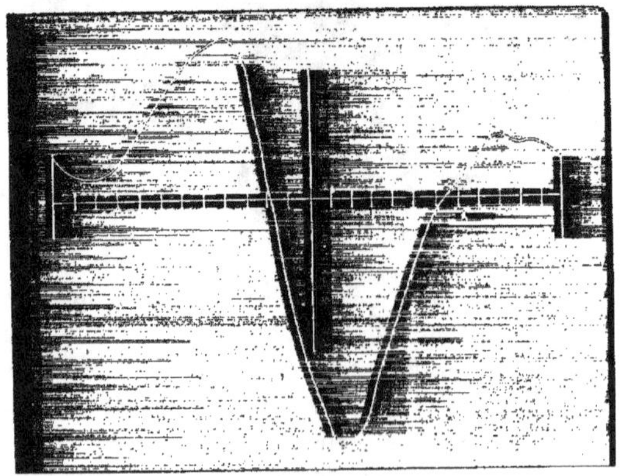

Fig. 240.

riodes n'est pas la même, on a généralement rapporté les phénomènes à une période de vingt-quatre heures, et l'on a cru qu'il n'y avait chaque jour qu'un seul maximum et un seul minimum.

Nous reproduisons ici deux de ces courbes, celle de Hobart-Town (fig. 239), et celle de Toronto (fig. 240), qui montrent en même temps l'opposition des variations diurnes dans les deux hémisphères.

3° *La variation diurne de la déclinaison de l'aiguille aimantée est la somme de deux variations distinctes, dont l'une dépend seulement de l'angle horaire, et l'autre de la déclinaison du soleil. Ces deux oscillations produisent, en se superposant, tous les phénomènes des variations diurnes et des variations annuelles.*

L'observation journalière ne peut donner que la combinaison des effets de l'angle horaire et de la déclinaison du soleil. Pour séparer les effets de ces deux causes, il suffit de construire les courbes qui

se rapportent à des déclinaisons opposées du soleil. Dans les régions
équatoriales ces courbes présentent leurs inflexions en sens opposés,

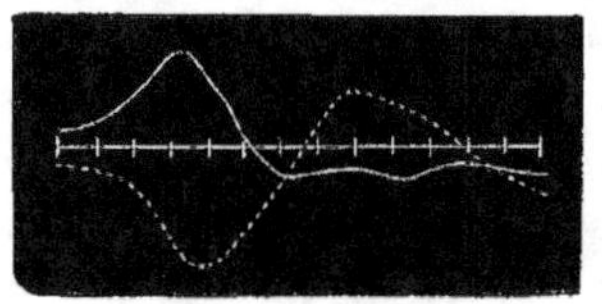

Fig. 241.

de manière que l'influence de la déclinaison du soleil est tout à fait manifeste. On en peut juger par la figure 241, où la ligne pleine représente la courbe de la variation diurne
moyenne de la déclinaison pendant
l'été, à Sainte-Hélène, et la ligne
ponctuée représente la courbe de l'hiver. Dans les régions tempérées, l'effet est moins facile à discerner.

4° Les variations de l'intensité magnétique horizontale sont soumises à la loi suivante : L'intensité magnétique horizontale est su-
jette à une variation qu'on peut regarder comme la somme de deux
variations élémentaires dont l'une est à période diurne, l'autre à
période semi-diurne. L'amplitude de la variation à période semi-
diurne dépend de la latitude géographique et est nulle à l'équateur.
Les phases successives de la variation totale dépendent d'ailleurs de
la distance angulaire du soleil au méridien magnétique.

La composante verticale de l'intensité magnétique est également
soumise, dans ses variations, à une loi très-simple que l'on peut
énoncer comme il suit : Les variations de la composante verticale
ont les mêmes périodes que les variations de la composante horizontale : mais les maxima de l'une correspondent aux minima de l'autre,
et réciproquement. Ces dernières variations présentent quelques irrégularités qui ne se rencontrent pas dans les variations de la composante horizontale ; cette circonstance paraît résulter de l'imperfection
du procédé par lequel on mesure la composante verticale.

En combinant les deux lois précédentes, on trouve l'énoncé suivant : *Les variations diurnes de l'inclinaison suivent une loi analogue à
celle des variations diurnes de la déclinaison ; mais elles sont en avance de
trois heures sur ces dernières.*

5° Les lois des variations de l'intensité totale sont moins faciles
à reconnaître, faute d'observations suffisantes, surtout au voisinage
de l'équateur. On peut cependant distinguer dans ces variations deux
maxima et deux minima diurnes. En hiver, l'intensité totale est plus

grande qu'en été. D'ailleurs les circonstances locales paraissent exercer une très-grande influence.

En résumé, on peut dire que toutes les variations diurnes magnétiques dépendent du soleil. Dans les latitudes moyennes elles ont toutes une période de douze heures: mais, comme l'interposition du globe terrestre entre le soleil et l'aiguille aimantée diminue l'amplitude de l'oscillation nocturne. la marche des phénomènes semble indiquer l'existence simultanée de deux périodes, l'une de vingt-quatre, l'autre de douze heures. La latitude géographique influe naturellement sur les phénomènes, et à l'équateur quelques variations ne montrent plus qu'une période simple de douze heures, la période de vingt-quatre heures ayant disparu.

359. Hypothèses sur la cause des variations diurnes du magnétisme terrestre. — Le P. Secchi croit trouver l'origine de ces variations dans l'hypothèse qui fait du soleil un aimant d'une grande puissance, agissant par influence sur le globe terrestre. Il est visible que, dans cette hypothèse, les phénomènes doivent dépendre principalement de la distance du soleil au méridien du lieu de l'observation, et, comme le soleil traverse deux fois par jour ce méridien, il est évident que la période principale des variations magnétiques ne doit pas être de vingt-quatre, mais de douze heures. D'ailleurs l'influence du soleil doit être plus grande lors de son passage au méridien supérieur que lors de son passage au méridien inférieur: la période secondaire de vingt-quatre heures trouverait ainsi son explication.

Faraday attribuait les variations diurnes aux changements de température de l'atmosphère. Ayant démontré que l'oxygène de l'air est magnétique, il fut naturellement conduit à admettre que l'atmosphère terrestre agit sur l'aiguille aimantée; mais cette action doit nécessairement varier avec la température, car l'oxygène, comme tous les corps magnétiques, perd une partie de son intensité magnétique à mesure que sa température s'élève. Le matin, l'atmosphère est plus chaude et moins magnétique à l'est; par conséquent l'aiguille doit se porter vers l'ouest, et la déviation est maximum lorsque la différence de température des régions est et ouest de l'atmosphère

est la plus grande possible, c'est-à-dire vers neuf heures du matin.
Le soir, c'est l'inverse qui a lieu; aussi l'aiguille se porte vers l'est.
Il paraît difficile d'expliquer dans cette hypothèse l'existence d'une
période de douze heures.

Du reste, ces deux hypothèses sont possibles, et il peut très-bien
se faire que les deux causes qu'elles assignent agissent simultanément.

360. Perturbations magnétiques accidentelles. — Outre
les variations régulières dont nous venons de parler, on observe, à
des époques dont le retour n'a rien de régulier, des agitations ou
perturbations extraordinaires de l'aiguille aimantée que l'on a appelées *perturbations accidentelles* ou *orages magnétiques*. Arago avait reconnu que ces phénomènes concordaient avec l'apparition d'aurores
boréales et s'observaient simultanément en divers points éloignés
du continent européen. Les travaux importants de l'Association magnétique allemande démontrèrent que ces orages magnétiques reve-
naient accidentellement et sans régularité; qu'ils avaient lieu en
même temps dans toute l'étendue du territoire des observations; que
la correspondance se soutenait de la manière la plus complète et la
plus surprenante, non-seulement dans les grandes oscillations, mais
dans presque toutes les plus petites, en sorte qu'il ne restait rien,
quant à l'existence et à la direction de la perturbation, qu'on pût lé-
gitimement attribuer à des causes locales. Il n'en était pas de même
pour la grandeur des perturbations, que l'on trouva généralement
plus faibles aux stations méridionales qu'aux stations septentrionales,
de sorte qu'en Europe l'énergie de la force perturbatrice devait être
regardée comme d'autant moindre qu'on avançait davantage vers le
sud. Mais la discussion des observations conduisait en même temps à
admettre l'existence d'autres actions probablement indépendantes les
unes des autres. Les observations faites dans les colonies anglaises et
discutées par M. le colonel Sabine ont donné plus de précision aux
connaissances antérieures[1]. Ainsi le caractère simultané des per-

---

[1] *Proceedings of the Royal Society of London* de 1840 à 1860, et X, 624 (1860);
Philos. Mag., (4), XXIV, 97 (1862), et *Ann. de chim. et de phys.*, (3), LXIV, 491
(1862).

turbations a été encore manifeste lorsqu'on a comparé les observations faites simultanément à Prague et à Breslau, en Europe; à Toronto et à Philadelphie, dans l'Amérique du Nord. L'occurrence de ces orages magnétiques a toujours semblé fortuite, mais ils se sont caractérisés par des affections communes *au globe entier* et simultanément manifestés dans les stations les plus distantes.

Un autre résultat annoncé par M. le colonel Sabine, c'est que les perturbations, quelque irrégulières qu'elles paraissent quand on les considère individuellement, seraient néanmoins, *dans leurs effets moyens, des phénomènes strictement périodiques,* qui suivent pour chaque élément, avec chaque lieu, si on prend la moyenne d'un grand nombre de jours. une loi dépendante de l'heure solaire vraie, et qui constituent ainsi une variation moyenne diurne totalement distincte de la variation diurne régulière. Cette relation des perturbations avec une loi dépendante de l'heure solaire conduisit à les attribuer à l'action du soleil. M. le colonel Sabine a été plus loin : il a trouvé une variation périodique de la grandeur et de la fréquence des orages magnétiques correspondant exactement pour la durée de la période, et coïncidant pour les époques des maxima et des minima avec la période décennale de la fréquence et du nombre des taches du soleil que M. Schwabe a déduite de ses observations systématiques commencées en 1826 et continuées pendant les années suivantes. Cette correspondance entre les orages magnétiques et les changements physiques de l'atmosphère du soleil éliminerait toute hypothèse qui assignerait à la cause des perturbations magnétiques une origine locale. soit à la surface, soit dans l'atmosphère de notre globe, soit dans le magnétisme terrestre lui-même, et obligerait à les rapporter à l'influence solaire sans faire connaître cependant le *mode* suivant lequel s'exerce cette influence.

BIBLIOGRAPHIE.

1543.   HARTMANN, Découverte de l'inclinaison. Voir Dove, *Repert.,* II, 129.

1596.   NORMANN, *The new attractive ; containing a short discourse of the magnet or loadstone and among other his virtues, of a new discovered secret and subtil property, concerning the declination of the needle touched therewith under the plaine of the horizon,* London, 1596.

1600.   GILBERT, *De magnete magneticisque corporibus et de magno magnete Tellure, Physiologia nova*, London, 1600.

1629.   CABOEUS, *Philosophia magnetica in qua magnetis natura penitus explicatur, nova etiam pyxis construitur quæ poli elevationem ubique demonstrat*, Ferraria, 1629.

1666.   RICHER, Observations sur l'inclinaison de l'aiguille aimantée, *Mem. de l'Acad. des sciences*, 1666, I, 116.

1666.   FONTANAY, Observations faites au Cap de Bonne-Espérance sur les variations de l'aiguille aimantée, *Mém. de l'Acad. des sciences*, 1666, II, 18.

1666.   RICHER, De la variation de l'aiguille aimantée et de son inclinaison observées à Cayenne, *Mém. de l'Acad. des sciences*, 1666, VII, 1ʳᵉ part., 90.

1666.   PICARD et DE LA HIRE, Observations sur la variation de l'aimant à Brest, *Mém. de l'Acad. des sciences*, 1666, VII, 1ʳᵉ part., 131.

1666.   PICARD et DE LA HIRE, Observations sur la déclinaison de l'aiguille aimantée à Bayonne, *Mém. de l'Acad. des sciences*, 1666, VII, 1ʳᵉ part., 140.

1666.   DE LA HIRE, Observations sur la variation de l'aiguille aimantée à Antibes, *Mém. de l'Acad. des sciences*, 1666, VII, 170.

1666.   CASSINI, Observations sur la déclinaison de l'aimant, *Mém. de l'Acad. des sciences*, 1666, VII, 2ᵉ part., 2ᵉ div., 40.

1666.   CASSINI, Observations sur la déclinaison de l'aimant faites à Londres, en 1698, *Mém. de l'Acad. des sciences*, 1666, VII, 2ᵉ part., 2ᵉ div., 97.

1666.   GOUYE, Observations sur la déclinaison de l'aimant, *Mém. de l'Acad. des sciences*, 1666, VII, 2ᵉ part., 3ᵉ div., 24.

1666.   RICHAUD, Observations faites à Siam sur la variation de l'aimant. *Mém. de l'Acad. des sciences*, 1666, VII, 2ᵉ part., 3ᵉ div., 207.

1666.   FONTANAY, Observations sur la variation de l'aimant à Singhan-su, *Mém. de l'Acad. des sciences*, 1666, VII, 2ᵉ part., 3ᵉ div., 243.

1666.   FONTANAY, Observations sur la variation de l'aimant à Canton, *Mém. de l'Acad. des sciences*, 1666, VII, 2ᵉ part., 3ᵉ div., 251.

1666.   CASSINI, Observations sur la variation de l'aimant à Gorée, *Mém. de l'Acad. des sciences*, 1666, VIII, 171.

1666.   CASSINI, Observations sur la variation de l'aimant à la Guadeloupe, *Mém. de l'Acad. des sciences*, 1666, VIII, 176.

1666.   DE LA HIRE, Observations sur les phénomènes de l'aimant, *Mém. de l'Acad. des sciences*, II, 10, et X, 112.

1667.   PETIT, A letter about the loadstone where chiefly the suggestion of Gilbert touching the circumvolution of a globus magnet, called terella, and the variation of the variation is examined, *Phil. Trans.* f. 1667. 527.

1668.   Lieutaud, *Vinc. Leotodi Delphininatis Magnetologia*, Lyon, 1668.

1668.   Sturmy, Of the magnetical variation and the tides near Bristol, *Phil. Trans.* f. 1668, 726.

1668.   Bond. The variations of the magnetic needle predicted for many years following, *Phil. Trans.* f. 1668, 789.

1670.   Auzout, Magnetical variations at Rome. *Phil. Trans.* f. 1670, 1184.

1670.   Hevelius, Extrait of a letter, written by M. Hevelius, from Dantzick, july 5, 1670; containing chiefly a late observation of the variation of the magnetic needle, with an account of some other curiosities in those parts, *Phil. Trans.* f. 1670, 2059.

1673.   Bond, The undertakings of M. Henry Bond senior, a famous teacher of the art of navigation, in London, concerning the variation of the magnetical compass and the inclination of the inclinatory needle : as the result and conclusion of 38 years magnetical study, *Phil. Trans.* f. 1673, 6065.

1681.   Sturm (J. C.). On the variation of the needle, etc., *Philos. Collect.*, n° 2, 8.

1682.   Halley, Observations sur la variation de l'aiguille aimantée, *Col. Acad.*, VI, 206.

1682.   Hevelius, Variations de l'aiguille aimantée, *Col. Acad.*, VI, 443.

1683.   Halley. Theory of the variation of the magnetical compass, *Phil. Trans.* f. 1683, 208.

1683.   Leydeker, Observations sur la déclinaison de l'aimant, *Col. Acad.*, VI, 285.

1684.   Richardi, Observations sur la déclinaison de l'aiguille aimantée. *Col. Acad.*, VI, 292.

1685.   Bayley, On the tendency of the needle to a piece of iron, held perpendicular in several climates, by a master of a ship, crossing the equinoctial line, anno 1684, and communicated by M. Arthur Bayley, *Phil. Trans.* f. 1685, 1213.

1685.   Eimart, On the magnetical variation at Nuremberg in the year 1685, *Phil. Trans.* f. 1685, 1253.

1686.   Lana, Suspension par un fil de soie. *Acta erud.*, 1686, p. 560.

1686.   Lana. Déclinaison de l'aiguille aimantée, *Col. Acad.*, VI, 446.

1687.   De la Hire, On a new kind of magnetical compass, with several curious magnetical experiments, *Phil. Trans.* f. 1687, 344.

1692.   De la Hire, Nouvelles expériences sur l'aimant, *Mém. de l'Acad. des sciences*, 1692, 141.

1692.   Dr Halley, Account of the cause of the change of the variation of the magnetical needle, with an hypothesis of the structure of the internal parts of the earth, *Phil. Trans.* f. 1692, 563.

1697.   Molyneux, Of an error committed by common surveyors, in comparing of surveys taken at long intervals of time. arising from the variation of the magnetic needle, *Phil. Trans.* f. 1697, 625.

1700.   WALLIS, Of the invention and improvement of the mariner's compass, *Phil. Trans.* f. 1700, 1035.

1701.   HALLEY, Observations sur la déclinaison de l'aimant, *Mém. de l'Acad. des sciences*, 1701, 9.

1701.   HALLEY, *A general chart, showing at one view the variation of the compass, etc.*, London, 1701. (Première carte de déclinaison.)

1702.   WALLIS, Abstract of a letter from D'Wallis to captain Edmund Halley, concerning the captain's map of magnetic variations, and other things relating to the magnet, *Phil. Trans.* f. 1702, 1126.

1702.   DE HAUTEFEUILLE, *Balance magnétique, avec des réflexions sur une balance inventée par M. Perreault, etc.*, Paris, 1702.

1705.   CASSINI, Observations sur la déclinaison de l'aimant, faites dans un voyage de France aux Indes orientales et dans le retour des Indes en France, en 1703 et 1704, *Mém. de l'Acad. des sciences*, 1705, 80.

1705.   CASSINI, Réflexions sur les observations de la variation de l'aimant faites dans le voyage du légat du pape en Chine, l'an 1703, *Mém. de l'Acad. des sciences*, 1705, 8.

1706.   DE LISLE, Observation sur la déclinaison de l'aimant, *Mém. de l'Acad. des sciences*, 1706, 3, et 1712, 16.

1707.   MAXWELL, The variation of the compass, or magnetic needle, in the Atlantic and Ethiopic Oceans, anno Dom. 1706, *Phil. Trans.* f. 1707, 2433.

1708.   CASSINI, Réflexions sur la variation de l'aimant observée par M. Houssaye, capitaine commandant le vaisseau *l'Aurore*, etc., *Mém. de l'Acad. des sciences*, 1708, 173.

1708.   CASSINI, Réflexions sur les observations de la variation de l'aimant faites sur le vaisseau *le Maurepas*, dans le voyage de la mer du Sud, par M. de la Varenne, *Mém. de l'Acad. des sciences*, 1708, 292.

1710.   DE LISLE, Observations sur la variation de l'aiguille par rapport à la carte de M. Halley, *Mém. de l'Acad. des sciences*, 1710, 353.

1711.   FEUILLÉE, Observations sur la variation et l'inclinaison de l'aiguille aimantée à Coquimbo, *Mém. de l'Acad. des sciences*, 1711, 142.

1714.   D' HALLEY, Some remarks on the variation of the magnetical compass, published in the Memoirs of the royal Academy of sciences, with regard to the general chart of those variations made by E. Halley, etc., *Phil. Trans.* f. 1714, 165.

1716.   DE LA HIRE, De la construction des boussoles dont on se sert pour observer la déclinaison de l'aiguille aimantée, *Mém. de l'Acad. des sciences*, 1716, 6.

1720. Eberhard, *Versuch einer magnetischen Theorie*, Leipzig, 1720.

1720. Sanderson, Observations on the variation of the needle, made in the Baltic, anno 1720, *Phil. Trans.* f. 1720, 820.

1721. Whiston, *The longitude and latitude found by the inclinatory or dipping needle, wherein the laws of magnetism are also discovered*, London, 1721.

1721. D' Halley, The variation of the magnetical compass. observed by capt. Rogers on the Pacific Ocean, with some remarks on the same, *Phil. Trans.* f. 1721. 173.

1722. Cornwall, Observations of the variation of the magnetic needle, on board *the Royal African* packet in 1721, *Phil. Trans.* f. 1722, 55.

1722. G. Graham, Observations made of the variation of the horizontal needle at London in the latter part of the year 1722, *Phil. Trans.* f. 1722, 96.

1725. G. Graham, Observations on the dipping needle. made at London in 1723, *Phil. Trans.* f. 1725, 332.

1725. Biester, *De acu magnetica*, London, 1725.

1725. Muschenbroek, De viribus magneticis, *Phil. Trans.* f. 1725, 370.

1726. Middleton, *A new and extract Table, collected from several observations, taken in four voyages to Hudson's bay in North America, from London, showing the variation of the magnetical needle or sea compass in the way to the said bay, according to the several latitudes and longitudes from the year 1721 to 1725.*

1727. Radouay. *Remarques sur la navigation*, 1727.

1728. E. Halley, Astronomical observations and magnetical variations made at Vera Cruz by J. Harris, *Phil. Trans.* f. 1728, 388.

1731. D'Ons en Bray. Machine pour connaître sur mer l'angle de la ligne du vent et de la quille du vaisseau, comme aussi l'angle du méridien de la boussole avec la quille, et l'angle du méridien de la boussole avec la ligne du vent, *Mém. de l'Acad. des sciences*, 1721, 236.

1731. Bouguer, De la méthode d'observer en mer la déclinaison de la boussole, *Pièces de prix de l'Acad. des sciences*, II, mém. 6.

1731. Middleton, The sequel of a Table of magnetic variations, collected from several observations taken from the year 1721 to 1729, in nine voyages to Hudson's bay in North America, *Phil. Trans.* f. 1731, 71.

1732. Buache. Construction d'une nouvelle boussole dont l'aiguille donne par une seule et même opération l'inclinaison et la déclinaison de l'aimant, *Mém. de l'Acad. des sciences*, 1732, 377.

1732. E. Halley, Observations of latitude and variation taken on board *the Hartford* in her passage from Java head to Saint Helena. anno 1731-1732, *Phil. Trans.* f. 1732, 331.

616   BIBLIOGRAPHIE.

1732.   J. Harris, Some magnetical observations made in may, june and july 1732, in the Atlantic and Western Ocean, etc., *Phil. Trans.* f. 1732, 75.

1733.   La Condamine, Nouvelle manière d'observer en mer la déclinaison de l'aiguille aimantée, *Mém. de l'Acad. des sciences*, 1733, 446, et 1734, 597.

1733.   Middleton, Observations of the variations of the needle and weather made in a voyage to Hudson's bay, in the year 1731, *Phil. Trans.* f. 1733, 127 et 1736, 270.

1734.   Quereneuf, Instrument pour trouver en mer la déclinaison de l'aiguille aimantée, *Mém. de l'Acad. des sciences*, 1734, 105.

1734.   Godin, Méthode d'observer la variation de l'aiguille aimantée en mer, *Mém. de l'Acad. des sciences*, 1734, 590 et 597.

1736.   Pitot, Résolution d'un problème astronomique utile à la navigation: Trouver l'heure du jour, la hauteur du pôle et l'azimut pour la variation de l'aiguille, en observant deux fois la hauteur du soleil ou d'un autre astre avec le temps écoulé entre les deux observations, *Mém. de l'Acad. des sciences*, 1736, 255.

1738.   Middleton, The use of a new azimut compass for finding the variation of the compass or magnetic needle at sea, *Phil. Trans.* f. 1738, 395.

1739.   Hoxton, The variations of magnetic needle, as observed in three voyages from London to Maryland, *Phil. Trans.* f. 1739, 171.

1740.   G. Krafft, De viribus attractionis magneticæ experimenta, *Comm. Acad. Petrop.*, XII, 276.

1740.   Celsius, Bemerkungen über der Magnetnadel stündliche Veränderungen in ihrer Abweichung, *Schwed. Abh.*, 1741, 45, et *Col. Acad.*, XI, 191.

1741.   Hiorter, Déclinaison de l'aiguille aimantée pendant une aurore boréale, *Col. Acad.*, XI, 190.

1742.   Middleton, The effects of cold : with observations of the longitude, latitude and declination of the magnetic needle, at Prince of Wale's fort, on Churchill river in Hudson's bay North America, *Phil. Trans.* f. 1742, 157.

1743.   Daniel Bernoulli, Mémoire sur la manière de construire les boussoles d'inclinaison pour faire avec le plus de précision qu'il est possible les observations de l'aiguille aimantée tant sur mer que sur terre, *Pièces de prix de l'Acad. de Paris*, V, mém. 8, 1.

1743.   Friberg, *Dissertatio de pyxide nautica*, 1743.

1743.   L. Euler, De observatione inclinationis magneticæ dissertatio, *Pièces de prix de l'Acad. de Paris*, V, mém. 9, 63.

1744.   L. Euler, Théorie nouvelle de l'aimant, *Pièces de prix de l'Acad. de Paris*, V, 1.

1746.   Daniel I et Jean II Bernoulli, Nouveaux principes de mécanique
        physique tendant à expliquer la nature et les propriétés de l'ai-
        mant, *Pièces de prix de l'Acad. de Paris*, V, 115.

1746.   Dutour, Discours sur l'aimant, *Pièces de prix de l'Acad. de Paris*,
        V, 49.

1746.   Collina, De acus nauticæ inventore, *Comm. Bonon.*, II, 372.

1747.   Hiorter, Von der Magnetnadel verschiedenen Bewegungen, *Schwed.
        Abh.*, 1747, 27.

1748.   Trombelli, De acus nauticæ inventore, *Comm. Bonon.*, II, 3° part..
        333.

1748.   Hellant, Déclinaison de l'aiguille aimantée dans les parties septen-
        trionales de la Suède, *Col. Acad.*, XI, 193.

1748.   G. Graham, Observations made during the last three years, of the
        quantity of the variation of the magnetic horizontal needle to the
        westward, *Phil. Trans.* f. 1748, 279.

1750.   Knight, Description af a mariners compass, *Phil. Trans.* f. 1750.
        505.

1750.   Du Hamel, Différents moyens pour perfectionner la boussole, *Mém.
        de l'Acad. des sciences*, 1750, 154.

1750.   Marcorelle, Observations sur la déclinaison de l'aiguille aimantée,
        faites à Toulouse le 27 septembre 1750, *Mém. des Sav. étr.*, II, 612.

1750.   Smeaton, Account of some improvements of the mariners compass,
        in order to render the card and needle. proposed by Dr Godwin
        Knight, *Phil. Trans.* f. 1750, 513.

1751.   Wargentin, On the variation of the magnetic needle, *Phil. Trans.*
        f. 1751, 126.

1751.   La Caille, Observations sur l'aimant, faites au Cap de Bonne-Espé-
        rance, *Mém. de l'Acad. des sciences*, 1751, 454.

1753.   Bouguer, *Nouveau traité de navigation*, etc., Paris, 1753.

1754.   La Caille, Observations sur l'inclinaison de l'aiguille aimantée, *Mém.
        de l'Acad. des sciences*, 1754, 111.

1754.   Mountain et Dodson, An attempt to point out, in a concise man-
        ner. the advantage which will accrue from a periodic review
        of the variation of the magnetic needle throughout the known
        world, etc., *Phil. Trans.* f. 1754, 875.

1755.   J. A. Euler, Théorie de l'inclinaison de l'aiguille magnétique, con-
        firmée par des expériences, *Mém. de Berlin*, 1755, 117.

1755.   Zegollström, *Theoria declinationis magneticæ*, Upsala, 1755.

1756.   Marcorelle, Déclinaison de l'aiguille aimantée, observée à Toulouse
        depuis le commencement de 1747 jusqu'à la fin de 1756, *Mém.
        des Sav. étrang.*, IV. 117.

1757.   L. Euler, Recherches sur la déclinaison de l'aiguille aimantée. *Mem.
        de l'Acad. de Berlin*, 1757, 175.

1757.   Mountain et Dodson, On the variation of the magnetic needle : with
           a set of tables exhibiting the result of upwards of fifty thousand
           observations, in six periodic reviews from the year 1700 to the
           year 1756 both inclusive, and adapted to every five degrees
           of latitude and longitude in the more frequented Oceans; *Phil.
           Trans.* f. 1757, 329.

1758.   Mountain et Dodson, *An account of the methods used to describe lines
           on Dr Halley's chart of the terraqueous globe, showing the varia-
           tion of the magnetic needle about the year 1756 in all the known
           seas,* London, 1758.

1758-59.   Zeiher, Acus novæ declinatoriæ descriptio, *Nov. Comment. Acad.
           Petr.,* VII, 309.

1759.   Canton, An attempt to account for the regular diurnal variation of
           the horizontal magnetic needle; and also for its irregular varia-
           tion at the time of an aurora borealis, *Phil. Trans.* f. 1759,
           398.

1759.   Zeiher, Acus nauticæ novæ descriptio, *Nov. Comment. Acad. Petr.,*
           VIII, 284.

1760.   Mayer (J. Th.), Theoria magnetica erwähnt in *Götting. gel. Anz.,*
           1760.

1761.   La Lande, Observations sur les nouvelles méthodes d'aimanter et
           sur la déclinaison de l'aimant, *Mém. de l'Acad. des sciences,* 1761,
           211.

1763.   Kotelnikow, De commoda acus declinatoriæ suspensione, *Nova
           Comm. Acad. Petr.,* VIII, 304.

1763.   Wilcke, Beschreibung eines neuen Abweichungs-Compasses womit
           die Abweichung der Magnetnadel von Norden ohne Mittagslinie
           zu finden ist, *Schwed. Abh.,* 1763, 154.

1765.   Bellin, *Carte des variations de la boussole et des vents généraux que
           l'on trouve dans les mers les plus fréquentées,* Paris, 1765.

1766.   Euler (L.), Corrections nécessaires pour la théorie de la déclinaison
           magnétique proposée dans le volume XIII (1757) des Mémoires
           de l'Académie de Berlin, *Mém. de l'Acad. de Berlin,* 1766, 213.

1766.   Lambert, Sur la courbure du courant magnétique, *Mém. de l'Acad.
           de Berlin,* 1766, 22.

1766.   Mountayne (W.), Observations on the variation of the magnetic needle,
           as made on board *the Montagu,* man of war, in the years 1760,
           1761 et 1762, by M. D. Ross, *Phil. Trans.* f. 1766, 216.

1766.   Ross (D.), On the variation of the magnetic needle; with a sett of ob-
           servations made od board His Majesty's ship *Montagu* during
           the years 1760, 1761 et 1762, *Phil. Trans.* f. 1766, 218.

1766.   Æpinus, Examen theoriæ magneticæ a Tob. Mayero propositæ, *Nov.
           Comment. Petrop.,* XII, 325.

1768. Wilcke, Versuch einer magnetischer Neigungs-Karte, *Schwed. Abh.*, 1768, 209.

1769. Mallet, De acus magneticæ declinatione Ponoi in Lapponia, anno 1769, *Nov. Comment. Petrop.*, XIV, 2ᵉ part., 33 (1770).

1770. Le Monnier, Observations sur la déclinaison de l'aiguille aimantée. *Mém. de l'Acad. des sciences*, 1770, 459, et 1771, 93.

1770. Hansteen, *Verbesserung der Bestimmung des magnetischen Äquators auf seiner Neigungs-Karte für 1770.*

1770. Mallet, On the transit of Venus, the lengths of pendulums, also the inclination and declination of the magnetic needle, *Phil. Trans.* f. 1770, 363.

1770. James Cook, Variation of the compass, as observed on board the *Endeavour* bark in a voyage round the world. *Phil. Trans.* f. 1771, 422.

1772. Le Monnier, Recherches sur les variations horizontales de l'aimant. *Mém. de l'Acad. des sciences*, 1772, 1ʳᵉ part., 157.

1772. Le Monnier, Remarques sur la carte suédoise de l'inclinaison de l'aimant, publiée à Stockholm, *Mém. de l'Acad. des sciences*, 1772, 2ᵉ part., 461.

1772. Nairne, Experiments on two dipping needles, which were made agreeable to a plan of M. Mitchell and executed for the board of longitude, *Phil. Trans.* f. 1772, 476.

1772. Wilcke, Von der Neigung der Magnetnadel nebst Beschreibung zweier Neigungscompasse, *Schwed. Abh.*, 1772, 285.

1774. Le Monnier, Mémoire sur la variation de l'aimant au jardin du Temple et à l'Observatoire royal, *Mém. de l'Acad. des sciences*, 1774, 237.

1775. Lorimer, Description of a new dipping needle. *Phil. Trans.* f. 1775, 79.

1775. Hutchins, Experiments on the dipping needle, *Phil. Trans.* f. 1775, 129.

1775. Wilcke, Anmärkungen ved Ekeberg's ingifna observationer öfver magnetiska Inclinationen, *Vetensk. Acad. Handl.*, 1775.

1776. R. Douglas, The variation of the compass, containing 1719 observations to in and from the East Indies, Guinea, West Indies, and Mediterranean, with the latitudes and longitudes at the time of observation, *Phil. Trans.* f. 1776, 18.

1776. Dann, *Magnetic atlas*, London, 1776.

1777. Le Gentil, Observations sur l'inclinaison de l'aiguille aimantée faites dans les mers de l'Inde et dans l'océan Atlantique. *Mém. de l'Acad. des sciences*, 1777, 401.

1777. Wilcke, Von den jährlichen und täglichen Bewegungen der Magnetnadel. *Schwed. Abh.*, 1777, 259.

1778. Le Monnier, Construction de la boussole dont on a commencé à se servir en août 1777, *Mém. de l'Acad. des sciences,* 1778, 66.

1778. Kraft, Annotationes circa constructionem et usum acus inclinatoriæ, *Acta Acad. Petrop.,* 1778, II, 170.

1778. Le Monnier, *Lois du magnétisme pour indiquer les courbes magnétiques comparées aux observations dans les différentes parties du globe,* Paris, 1778.

1779. Ingen-Housz, On some new methods of suspending magnetical needles, *Phil. Trans.* f. 1779, 537.

1779. Degaulle, *Description et usage d'un nouveau compas azimutal,* le Havre, 1779.

1779. Brander, *Beschreibung eines magnetischen Declinatorii und Inclinatorii,* Augsbourg, 1779.

1779. Lous, Beskrifning over et nyt opfunden Soë-inklinations compass, tillige med nogle anmärkninger over dette Slagsinstrumenter, *Skrift. der Köbenh. Selsk.,* XII, 93.

1779. Le Monnier, Réflexions sur les observations de la déclinaison ou variation de l'aimant dans l'océan Atlantique, *Mém. de l'Acad. des sciences,* 1779, 378.

1780. Coulomb, Recherches sur la meilleure manière de fabriquer les aiguilles aimantées, de les suspendre, de s'assurer qu'elles sont dans le véritable méridien magnétique, enfin de rendre raison de leurs variations diurnes régulières, *Mém. des Sav. étr.,* IX, 165.

1780. Van Swinden, Recherches sur les aiguilles aimantées et sur leurs variations singulières, *Mém. des Sav. étr.,* VIII, 1.

1781. Rumonski, Methodus exactior declinationem acus magneticæ observandi, *Acta Acad. Petrop.,* 1781, 191.

1782. Cook, *Astronomical observations made on the voyage to the northern Pacific Ocean,* London, 1782.

1784. Van Swinden, Dissertation sur les mouvements irréguliers de l'aiguille aimantée, *Recueil de mém. sur l'analogie de l'électr. et du magnét.,* III, 1784.

1785. Sam. Williams, On the latitude of the university at Cambridge, with observations on the variations and dip of the magnetic needle, *Mem. Amer. Acad.,* I, 1785.

1785. Coulomb, Description d'une boussole dont l'aiguille est suspendue par un fil de soie, *Mém. de l'Acad. des sciences,* 1785, 560.

1786. Silberschlag, Systema inclinationis et declinationis utriusque acus magneticæ, *Mém. de Berlin,* 1786, 87.

1786. Romans, On an improved sea compass, *Trans. Amer. Philos. Soc.,* II, 396.

1786. Le Valois. Observations sur l'inclinaison de l'aiguille aimantée. *Mém. de l'Acad. des sciences*, 1786, 43.

1787. Haüy, *Exposition raisonnée de la théorie de l'électricité et du magnétisme d'après les principes d'Æpinus*, Paris, 1787.

1788. Prevost (Pierre), *Sur l'origine des forces magnétiques*, Genève, 1788.

1788. Mac Cullagh, *Report on Mac Cullagh sea compass*, London, 1778.

1790. Burja, Rapport sur un ouvrage et une carte de Churchmann concernant la déclinaison de l'aiguille aimantée. *Mém. de Berlin*, 1790, 11.

1791. J. D. Cassini, *De la déclinaison et de la variation de l'aiguille aimantée*, Paris, 1791.

1791. J. D. Cassini, *De l'influence de l'équinoxe du printemps et du solstice d'été sur la déclinaison et les variations de l'aiguille aimantée*, 1791.

1792. Coulomb, Nouveau moyen proposé pour mesurer la déclinaison de l'aiguille aimantée, *Bullet. de la Soc. Philom.*, II, 3ᵉ part., 53.

1792. Von Hahn, Bemerkungen über die Neigungsnadel, *Schr. d. Gesellsch. natur. Fr. in Berlin*, X, 355.

1792. Bugge, Beskrivelsi over et nyt inklinations-compass, *Skrift der Köbenh. Selsk. nya saml.*, IV, 472.

1793. Sam. Williams et Stephen Sewall, Magnetic observations made at the university of Cambridge, Mass., 1785, *Trans. Americ. Phil. Soc.*, III, 1793.

1794. Churchmann, *The magnetic Atlas or variation charts of the whole terraqueous globe, comprising a system of the variation and dip of the needle*, London, 1794.

1794. Prony, Description et usage d'un instrument qui sert à mesurer avec beaucoup de précision la variation diurne et la déclinaison de l'aiguille aimantée, *Journ. de phys.*, XLIV, 474, et *Gilb. Ann.*, XXVI, 275 (1807).

1795. Lorimer, *A concise essay on magnetism, with an account of the declination and inclination of the magnetic needle*, London, 1795.

1796. H. B. de Saussure, *Voyage dans les Alpes*, Genève, 1779-1796.

1796. Borda, Sur la force qu'exerce le globe sur l'aiguille aimantée, *Journ. des mines*, IV. 20 et 52.

1796. Macdonald, Observations of the diurnal variation of the magnetic needle at Sumatra and Saint Helena, *Phil. Trans.* f. 1796, 340, et 1798, 397.

1798. Vancouver, Abweichungen und Neigungen der Magnetnadel beobachtet vom Kapitän G. Vancouver auf seiner Entdeckungsreise in den nördlichen Theil des stillen Meers und rund um die Erde in den Jahren 1790 bis 1795, *Gilb. Ann.*, XXX, 72 (1808), et London. 1798 (A voyage of discovery to the north Pacific Ocean and round the world).

1798.   Cassini. Description d'une nouvelle boussole propre à déterminer
        avec la plus grande précision la direction et la déclinaison ab-
        solue de l'aiguille aimantée, *Mém. de l'Inst.*, V, 195.

1799.   Humboldt, Lettre à De Lamétherie, *Journ. de phys.*, XLIX, 433, et
        Gilb. Ann., IV, 443.

1799.   Arnim. Ideen zu einer Theorie des Magnets, *Gilb. Ann.*, III, 48, et
        VIII, 84.

1800.   Nouet, Declination der Magnetnadel zu Alexandrien, *Gilb. Ann.*, VI,
        170.

1800.   Nouet, Inclination und Schwingungzeit der Magnetnadel zu Alexan-
        drien. *Gilb. Ann.*, VI, 173.

1800.   Gilbert. Grösse der magnetischen Kraft zu Alexandrien, *Gilb. Ann.*,
        VI, 182.

1800.   Labillardière, Relation du voyage à la recherche de La Peyrouse
        pendant les années 1791-1794, Paris; an viii (1800), et *Gilb.
        Ann.*, XXX, 161.

1800.   Coulomb. Détermination théorique et expérimentale des forces qui
        ramènent différentes aiguilles aimantées à saturation à leur mé-
        ridien magnétique, *Mém. de l'Inst.*, III, 176.

1800.   Humboldt, Nouvelles observations physiques faites dans l'Amérique
        espagnole, *Ann. de chim.*, (1), XXXV, 102, et *Gilb. Ann.*, VII, 329.

1803.   Hællstroem, Dissertatio de variationibus declinationis magneticæ
        diurnis et animadversiones circa hypotheses ad explicandas varia-
        tiones diurnas excogitatas, Abo, 1803, et *Gilb. Ann.*, XIX, 282.

1803.   Degaulle, *Instruction sur la manière de régler les boussoles*, le Havre,
        1803.

1803.   Coulomb. Nouvelle méthode de déterminer l'inclinaison de l'aiguille
        aimantée, *Mém. de l'Inst.*, IV, 165, et *Bulletin de la Société Phi-
        lomathique*, an iii.

1803.   Loewenoern, Nogle Tanker over Magneten, til at kunne forklare saavel
        Magnetnaalens Variation som Inclination, etc., *Danske Selsk.
        Skrift. Raekke*, III, Dl. II, 285.

1805.   Humboldt et Biot, Sur les variations du magnétisme terrestre,
        Journ. de phys., LIX, 429, et *Gilb. Ann.*, XX, 257.

1805.   Steinhaüser, Ueber die magnetische Abweichung, *Voigt's Magaz.*
        X. 1805.

1805.   Steinhaüser, Ueber die Veränderlichkeit der Stellung der Magnet-
        axe der Erde, *Voigt's Magaz.*, X, 1805.

1805.   Flinders. Concerning the differences in the magnetic needle, on
        board *the Investigator* arising from an alteration in the direction
        of the ship's head, *Phil. Trans.* f. 1805, 186.

1806.   Steinhaüser, *De magnetismo telluris : sect. I, magnetis virtutes in ge-
        nere proponens.* Wittemberg, 1806.

1806. GILPIN. Observations on the variation and on the dip of the magnetic needle made at the apartments of the Royal Society between the years 1786 and 1805, *Phil. Trans.* f. 1806. 385, et *Gilb. Ann.*, XXX. 431.

1806. STEINHEUSER, Fernere Bestimmung der magnetischen Abweichungsperioden, *Voigt's Magaz.*, XI, 1806.

1806. TROUGHTON, Magnetisches Telescop. *Nicholson's Journ.*, 1806. 179. et *Gilb. Ann.*, XXIV. 114.

1806. ROBERTSON. Observations on the permanency of the variation of the compass at Jamaica, *Phil. Trans.* f. 1806, 348.

1806. STEINHÆUSER, Ueber die Variation der magnetischen Neigung, *Voigt's Magaz.*, XII. 1806.

1806. L. KRAFT. Essai sur une loi hypothétique des inclinaisons de l'aiguille aimantée en différents endroits de la terre, *Mém. de l'Acad. de Saint-Pétersbourg*, I, 248.

1807. GILBERT, Beobachtungen über die magnetische Abweichung in und um Paris, *Gilb. Ann.*, XXVII. 455.

1807. A. DE HUMBOLDT et GAY-LUSSAC, Mémoire sur l'intensité et l'inclinaison magnétique en Suisse et en Italie, *Mém. de la Soc. d'Arcueil*, I. 1. et *Ann. de chim. et phys.*, (1). LXIII, 331.

1808. MOLLWEIDE, Theorie der Abweichung und Neigung der Magnetnadel, *Gilb. Ann.*, XXIX, 1, 251, et XXX, 26.

1808. SCHUBERT. Abweichung und Neigung der Magnetnadel, beobachtet im Jahr 1805 an verschiedenen Orten Siberiens. *Gilb. Ann.*, XXIX, 217.

1808. GILBERT. Uebersicht der Beobachtungen der Herren von Cassini zu Paris, und Wilcke zu Stockholm, über die täglichen und die jährlichen Veränderungen in der Abweichung der Magnetnadel, *Gilb. Ann.*, XXIX. 403.

1809. QUINET, *Théorie de l'aimant appliquée aux déclinaisons et inclinaisons de l'aiguille de boussole et démontrée par la trigonométrie sphérique*, Paris. 1809.

1809. GILBERT, Abweichungen und Neigungen der Magnetnadel, beobachtet auf der Reise La Peyrouse's um die Erde in den Jahren 1785 bis 1788, und einige physikalische Bemerkungen, ausgezogen aus dessen Reisejournalen, *Gilb. Ann.*, XXXII, 77.

1810. STEINHÆUSER, *De magnetismo telluris : sect. II, De inclinatione acus magneticæ*, Wittenberg, 1810.

1810. GILBERT. Abweichungen und Neigungen der Magnetnadel, beobachtet auf Cook's dritter Entdeckungsreise in den Jahren 1776 bis 1780, und Auswahl physikalischer Bemerkungen, ausgezogen aus dem Reiseberichte. *Gilb. Ann.*, XXXV, 206.

1811. BIDONE. Description d'une nouvelle boussole et expériences faites avec cet instrument. *Mem. di Torino,* XVIII (1811). et *Gilb. Ann.,* LXIV, 374.

1812. Schübler, Sur la déclinaison magnétique absolue, etc.. *Journ. de phys.,* LXXV, 173.

1813. Hansteen, Ueber die vier magnetischen Pole der Erde, Perioden ihrer Bewegung, Magnetismus der Himmelskörper und Nordlichter, *Schweigg. Journ.,* VII, 79.

1813. Beaufoy, Description of his compass for ascertaining the daily variation, *Ann. of Phil.,* II (1813).

1813. Beaufoy, Astronomical, magnetic and meteorological observations. *Ann. of Phil.,* de 1813 à 1826.

1814. Tobias Mayer, De usu accuratiori acus inclinatoriæ magneticæ. *Comm. Soc. Gott.,* III, 3, et *Gilb. Ann.,* XLVIII, 229.

1816. Beaufoy, On the variation of the needle, *Ann. of Phil.,* VII, 1816.

1816. Biot, *Traité général de physique expérimentale et mathématique,* Paris. 1816.

1816. Jones, Beschreibung einer Reflexions-Boussole, *Gilb. Ann.,* LIV, 197.

1817. Steinhæuser, Nähere Bestimmung der Bahn des Magnets im Innern der Erde, *Gilb. Ann.,* LVII, 393.

1818-20. De Freycinet, *Voyage autour du monde, entrepris par l'ordre du Roi, exécuté sur les corvettes de Sa Majesté* l'Uranie et Physicienne *pendant les années 1818-1820.*

1818. Clarke, *A treatise on the magnetism of the needle, the reason of its being north and south, its dipping and variation,* London, 1818.

1819. Schmidt, Einige Bemerkungen über die von Hrn. Hofrath Mayer in Göttingen vorgeschlagene Methode, den magnetischen Neigungscompass zu gebrauchen, *Gilb. Ann.,* LXIII, 1.

1819. Arago, Sur les variations diurnes de l'aiguille aimantée. *Ann. de chim. et de phys.,* (2), X, 119.

1819. Scoresby, On the anomaly in the variation of the magnetic needle as observed on ship board, *Phil. Trans.* f. 1819, 96.

1819. Sabine, Observations on the dip and variation of the magnetic needle and on the intensity of the magnetic force, made during the late voyage in search of a North-West passage, *Phil. Trans.* f. 1819. 132.

1819. Hansteen, *Untersuchungen über den Magnetismus der Erde,* Christiania. 1819.

1820. Schübler, Beobachtungen über die täglichen periodischen Veränderungen der Abweichung der Magnetnadel, *Schweigg. Journ.,* XXVIII, 350.

1820. Scoresby, *Account of the arctic regions,* London, 1820; *Expériences sur l'intensité du magnétisme terrestre,* t. II, p. 537-554.

1820.   Steinheuser. Ueber den Magnetismus der Erde. *Gilb. Ann.*, LXV, 267 et 409.

1820.   Barlow, *An essay on magnetic attractions*, London, 1820.

1820.   Beaufoy. On the retrograde variation of the magnetic needle. *Ann. of Phil.*, XV (1820).

1821.   Hansteen. Auffindung einer täglichen und einer monatlichen Variation in der Stärke des Erdmagnetismus. *Gilb. Ann.*, LXVIII, 265.

1821.   Arago. Sur les variations annuelles de l'aiguille aimantée et sur son mouvement actuellement rétrograde. *Ann. de chim. et de phys.*, (2), XVI, 54.

1821.   Arago. Sur les variations diurnes de l'aiguille aimantée dans les deux hémisphères, *Ann. de chim. et de phys.*, (2), XVI, 402.

1821.   Hansteen. Nouvelles observations relatives au magnétisme. *Ann. de chim. et de phys.*, (2), XVII, 326.

1821.   Scoresby, Description of a magnetimeter, being a new instrument for measuring magnetic attractions and finding the dip of the needle. *Edinb. Phil. Trans.*, IX, part. 1, 243, et *Edinb. Phil. Journ.*, IV, 360.

1821.   Beaufoy. General view of the monthly diurnal variation of the needle, with tables of the state of the atmosphere at the time of the magnetic observations, *Edinb. Phil. Journ.*, IV, 188.

1821.   Brewster. Remarks on professor Hansteen's inquiries concerning the magnetism of the earth, *Edinb. Phil. Journ.*, IV, 114.

1821.   Parry et Fisher, Account of the magnetical, meteorological and hydrographical observations made during the expedition to Lancaster sound. *Edinb. Phil. Journ.*, V, 208.

1821.   Kater. On the best kind of steel and form for a compass needle. *Phil. Trans.* f. 1821, 130.

1821-22.   Poisson, Mémoires sur la théorie du magnétisme, *Mém. de l'Acad. des sciences*, V, et *Ann. de chim. et de phys.*, (2), XXV, 213.

1822.   Morlet. Mémoire sur la détermination de l'équateur magnétique et sur les changements qui sont survenus dans le cours de cette courbe depuis 1776, *Mém. des Sav. étr.*, III.

1822.   Sabine. An account of experiments to determine the amount of the dip of the magnetic needle in London in august 1821, with remarks on the instruments which are usually employed in such determinations. *Phil. Trans.* f. 1822. 1.

1822.   Gilbert. Einige Nachträge zu den historischen Notizen in dem vorstehenden Aufsatze, die Theorie des Erdmagnetismus betreffend, *Gilb. Ann.*, LXX, 25.

1823.   Horner. Eine kleine Verbesserung der Schmalkalder Boussole. *Gilb. Ann.*, LXXV, 206.

40.

1823. Biot. Sur les diverses amplitudes d'excursion que les variations diurnes peuvent acquérir quand on les observe dans un système de corps aimantés réagissant les uns sur les autres, *Ann. de chim. et de phys.*, (2), XXIV, 140.

1823. Barlow. Observations and experiments on the daily variation of the horizontal and dipping needle under a reduced directive power, *Phil. Trans.* f. 1823, 326.

1823. Christie, On the diurnal deviation of the horizontal needle, when under the influence of magnets, *Phil. Trans.* f. 1823, 342.

1823. Hansteen, Zur Geschichte und zur Vertheidigung seiner Untersuchungen über den Magnetismus der Erde, und kritische Bemerkungen über die hierher gehörigen Arbeiten der Herren Biot und Morlet, *Gilb. Ann.*, LXXV, 145.

1824. Hansteen, Magnetiske Jagtagelser anstille de paa forskjellige Rejser i det nordlige Europa, *Mag. for Naturvidenskab.*, das er mit G. F. Lundh und H. H. Maschmann herausgab, IV (1824) et V (1825), et *Pogg. Ann.*, III, 225 et 353 (1825), et VI, 309 (1826).

1824. Biot. Methode die Variationen der Magnetnadel zu vergrössern, *Pogg. Ann.*, I, 344.

1824. Scoresby. Magnetical experiments, *Edinb. Phil. Journ.*, XI, 355.

1824. Poisson. Mémoire sur la théorie du magnétisme, *Ann. de chim. et de phys.*, (2), XXV, 115.

1825. Christie, On the effects of temperature on the intensity of magnetic forces, and on the diurnal variation of the terrestrial magnetic intensity, *Phil. Trans.* f. 1825, 1.

1825. Hansteen, Versuch einer magnetischen Neigungskarte, gezeichnet nach den Beobachtungen auf den letzten englischen Nordpol-Expeditionen unter den Capitainen Ross und Parry, *Pogg. Ann.*, IV, 277, et *Gilb. Ann.*, LXXI, 273 et 291.

1825. Naumann. Zusatz zu den vom Hrn. Prof. Naumann in Norwegen angestellten magnetischen Beobachtungen, *Pogg. Ann.*, IV, 287.

1825. Poisson. Deuxième mémoire sur la théorie du magnétisme, *Ann. de chim. et de phys.*, (2), XXVIII, 5.

1825. Kupffer, Recherches relatives à l'influence de la température sur les forces magnétiques, *Ann. de chim. et de phys.*, (2), XXX, 113.

1825. Poisson. Solution d'un problème relatif au magnétisme terrestre. *Ann. de chim. et de phys.*, (2), XXX, 257.

1825. Arago, Solution d'un problème relatif au magnétisme terrestre. *Ann. de chim. et de phys.*, (2), XXX, 263.

1825. Arago, Forme et déplacement de l'équateur magnétique. *Ann. de chim. et de phys.*, (2), XXX, 348.

1825. Weddell. *A voyage towards the South Pole performed in the years 1822-1824*, London. 1825.

1826-30. Parker King. *Observations dans les parties méridionales des côtes orientales et occidentales de l'Amérique du Sud, au Brésil, à Montevideo, au détroit de Magellan, à Chiloé et à Valparaiso* (2ᵉ édit.. 1850).

1826. Sabine. Versuche zur Bestimmung der Intensitäten des Magnetismus der Erde, nebst Beobachtungen über die täglichen Oscillationen der horizontalen Magnetnadel zu Hammerfort und Spitzbergen. *Pogg. Ann.*, VI, 88.

1826. Hansteen. Berichtigungen und Zusätze zu den in diesen Annalen Bd. III, S. 3 et 4, enthaltenen Beobachtungen über die Intensität des Erdmagnetismus, *Pogg. Ann.*, VI. 309.

1826. Poggendorff. Ein Vorschlag zum Messen der magnetischen Abweichung, *Pogg. Ann.*, VII, 121.

1826. Foster, Observations on the diurnal variation of the magnetic needle at the Whalesfish islands, Davis's strait. *Phil. Trans.* f. 1826, 71.

1826. Hansteen. Isodynamiske Linier for den hele magnetiske Kraft, *Mag. for Naturvidenskab.*, das er mit G. F. Lundh und H. H. Maschmann herausgab. VII (1826), et *Pogg. Ann.*, IX, 49 et 229 (1827), et XXVIII, 473 et 578 (1833).

1826. Hansteen. Om magnetiske Intensitets Aftagelse paa forskjellige Puncter af Europa, *Mag. for Naturvidenskab.*, das er mit G. F. Lundh und H. H. Maschmann herausgab, VII (1826).

1826. Prevost (Pierre), Influence magnétique du soleil, *Bibl. univ. de Genève*, XXXII, 19.

1826. Quinet. *Mémoire sur l'exposé des variations magnétiques et atmosphériques du globe terrestre, avec un prospectus des tables de la déclinaison et de l'inclinaison de l'aiguille aimantée*, Paris. 1826.

1826. Parry et Foster. Magnetical observations at Port Bowen, etc.. A. D. 1824-1825, comprehending observations on the diurnal variation and diurnal intensity of the horizontal needle. also on the dip of the magnetic needle at Woolwich, and at different stations, within the arctic cercle. *Phil. Trans.* f. 1826, 73.

1826. Foster. Abstract of the daily variation of the magnetic needle. *Phil. Trans.* f. 1826, 118.

1826. Parry et Foster. Observations for determining the dip of magnetic needle, *Phil. Trans.* f. 1826, 126.

1826. Foster, Observations on the diurnal changes in the position of the horizontal needle, under a reduced directive power, at Port Bowen. 1825, *Phil. Trans.* f. 1826, 129.

1826. Foster, A comparison of the diurnal changes of the intensity in the dipping and horizontal needles, at Port Bowen, *Phil. Trans.* f. 1826, 177.

1826-27. Barlow. Account of the observations and experiments made on the diurnal variation and intensity of the magnetic needle, by captain Parry, lieutenant Foster and lieutenant Ross, in captain Parry's third voyage, *Edinb. new Phil. Journ.*, II, 347.

1827.   POGGENDORFF. Neues Instrument zum Messen der magnetischen Abweichung, *Pogg. Ann.*, VII, 121.

1827.   FOSTER, Addenda to the table of magnetic intensities at Port Bowen. *Phil. Trans.* f. 1827, 122.

1827.   DUPERREY, Résumé des observations de l'inclinaison et de la déclinaison de l'aiguille aimantée faites dans la campagne de la corvette de S. M. *la Coquille*, pendant les années 1822, 1823, 1824 et 1825, *Ann. de chim. et de phys.*, XXXIV, 298.

1827.   VON RIESE, Bestimmung der Declination der Magnetnadel vermittelst eines Spiegels, *Pogg. Ann.*, IX, 67.

1827.   HANSTEEN, Ueber die Beobachtungen der magnetischen Intensität bei Berücksichtigung der Temperatur so wie über den Einfluss der Nordlichter auf die Magnetnadel, *Pogg. Ann.*, IX, 161 (1827), et XVII, 404 et 432 (1829).

1827.   CHRISTIE, On the theory of the diurnal variation of the magnetic needle, *Phil. Trans.* f. 1827, p. 308.

1827.   HANSTEEN, Notiz wegen neuer magnetischen Beobachtungen, *Pogg. Ann.*, IX, 482.

1827.   KUPFFER, Untersuchungen über die Variationen in der mittleren Dauer der horizontalen Schwingung der Magnetnadel zu Kasan, und über verschiedene andere Punkte des Erdmagnetismus. *Pogg. Ann.*, X, 545, et *Ann. de chim. et de phys.*, (2), XXXV, 225.

1827.   BARLOW, Ueber die magnetischen Beobachtungen auf Parry's dritter Reise in Port Bowen, *Schweigg. Journ.*, L, 446, et JAMESON, *Edinb. new Phil. Journ.*, 1827, 347.

1828.   HANSTEEN, Tafel über die Inclination und ganze Intensität der erdmagnetischen Kraft nach den neuesten Beobachtungen, *Pogg. Ann.*, XIV, 376.

1828.   SABINE, Experiments to ascertain the ratio of the magnetic forces acting on a needle suspended horizontally in Paris and in London, *Phil. Trans.* f. 1828, 1.

1828.   FOSTER, A comparison of the changes of magnetic intensity throughout the day in the dipping and horizontal needles at Treurenburgh bay in Spitzbergen. *Phil Trans.* f. 1828, 303.

1828.   HANSTEEN, Om Jordens magnetiske Intensitets-System, *Mag. for Naturvidenskab.*, das er mit G. F. Lundh und H. H. Maschmann herausgab, XI (1828).

1828.   POISSON, Solution d'un problème relatif au magnétisme terrestre, *Connaissance des temps* 1828, 322.

1829.   DE HUMBOLDT, Ueber die Mittel die Ergründung einiger Phänomene des tellurischen Magnetismus zu erleichtern. *Pogg. Ann.*, XV, 319.

1829. Sabine. On the dip of the magnetic needle in London, in august 1828, *Phil. Trans.* f. 1829, 47.

1829. De Humboldt, Beobachtungen der Intensität magnetischer Kräfte und der magnetischen Neigung, angestellt in den Jahren 1798 bis 1802. von 48°50′ N. Br. bis 12° S. Br. und 3°2′ O. L. bis 106°22′ W. L. in Frankreich, Spanien, den Canarischen Inseln, dem Atlantischen Ocean, America und der Südsee, *Pogg. Ann.*, XV, 336.

1829. Erman, Vorläufiger Bericht über die Resultate der vom D. G. A. Erman auf seiner gegenwärtigen Reise durch Russland in Bezug auf den Erdmagnetismus angestellten Beobachtungen, *Pogg. Ann.*, XVI, 139.

1829. Erman, Nachtrag zu den von Hrn. Dr. Erman auf seiner Reise durch Russland in Betreff der Richtung und Stärke der erdmagnetischen Kraft angestellten Messungen, *Pogg. Ann.*, XVII, 328.

1829. Moser et Riess, Ueber den Einfluss der Wärme auf den Magnetismus, *Pogg. Ann.*, XVII, 403.

1829. Kupffer, Addition au mémoire concernant les variations diurnes de la durée moyenne des oscillations horizontales de l'aiguille aimantée, *Ann. de chim. et de phys.*, (2), XL, 437.

1829. Hansteen, Einige von verschiedenen Beobachtern im nördlichen Europa angestellte magnetische Beobachtungen über Neigung und Intensität, *Schumach. Astr. Nachr.*, VII, 17.

1829. Duperrey, *Voyage autour du monde*, Paris, 1829.

1829. Kupffer, *Rapport fait à l'Académie des sciences sur un voyage dans les environs du mont Elbrouz*, Saint-Pétersbourg, 1829, p. 68 et 115.

1830. Reich, Beobachtungen über die tägliche Veränderung der Intensität des horizontalen Theils der magnetischen Kraft, *Pogg. Ann.*, XVIII, 57.

1830. Moser et Riess, Ueber die Messung der Intensität des tellurischen Magnetismus, *Pogg. Ann.*, XVIII, 226.

1830. Moser et Riess, Ueber die tägliche Veränderung der magnetischen Kraft und weitere Ausführung der Poisson'schen Methode die Intensität des Erdmagnetismus zu messen, *Pogg. Ann.*, XIX, 161.

1830. Dove, Correspondirende Beobachtungen über die regelmässigen stündlichen Veränderungen und über die Perturbationen der magnetischen Abweichung im mittleren und östlichen Europa; gesammelt und verglichen von H. W. Dove. mit einem Vorwort von Alexander von Humboldt, *Pogg. Ann.*, XIX, 357.

1830. Moser. Ueber eine Methode die Variationen in der Richtung der tellurisch-magnetischen Kraft zu messen, und über einige Anwendungen derselben, *Pogg. Ann.*, XX, 431.

1830.   Dove, Ueber gleichzeitige Störungen der täglichen Veränderung der magnetischen Kraft und Abweichung, *Pogg. Ann.*, XX, 545.

1830.   Duperrey, Notice sur la configuration de l'équateur magnétique, conclue des observations faites dans la campagne de la corvette *la Coquille, Ann. de chim. et de phys.*, (2), XLV, 271, et *Pogg. Ann.*, XXI, 151.

1830.   Quetelet, Intensité magnétique en divers lieux, *Mém. de l'Acad. de Bruxelles*, VI (1830).

1830.   G. A. Erman, Bericht über seine magnetischen Beobachtungen im russischen Asien, *Berghaus's Annal. d. Erd- und Völkerkunde*, II (1830).

1830.   De Humboldt, De l'inclinaison de l'aiguille aimantée dans le nord de l'Asie et des observations correspondantes des variations horaires faites en diverses parties de la terre, *Ann. de chim. et de phys.*, (2), XLIV, 231.

1831.   Erman, Sur la direction et l'intensité de la force magnétique à Saint-Pétersbourg, *Mém. de Saint-Pétersbourg, Sav. étrangers*, I, 97.

1831.   Barlow, On the probable electric origin of the phenomena of terrestrial magnetism, *Phil. Trans.* f. 1831, 99.

1831.   G. A. Erman, Ueber die Gestalt der isogonischen, isoklinischen und isodynamischen Linien im Jahre 1829, und die Anwendbarkeit dieser eingebildeten Curven auf die Theorie des Erdmagnetismus, *Pogg. Ann.*, XXI, 119.

1831.   Schmidt, Ueber Mayers Methode den magnetischen Neigungscompass zu gebrauchen, *Gilb. Ann.*, LXIII, 1.

1831.   Were Fox, On the variable intensity of terrestrial magnetism, and the influence of aurora borealis upon it, *Phil. Trans.* f. 1831, 199.

1831.   Quetelet, Recherches sur l'intensité magnétique en Suisse et en Italie, *Mém. de l'Acad. de Bruxelles*, VI, et *Pogg. Ann.*, XXI, 153.

1831.   Hansteen, Fragmentarische Bemerkungen über die Veränderungen des Erdmagnetismus, besonders seiner täglichen regelmässigen Veränderungen, *Pogg. Ann.*, XXI, 361.

1831.   Kupffer, Ueber die magnetische Neigung in Saint-Petersburg und ihre täglichen und jährlichen Veränderungen, *Pogg. Ann.*, XXIII, 449.

1831.   G. A. et P. Erman, Bestimmung der magnetischen Declination, Inclination und Intensität für Berlin, *Pogg. Ann.*, XXIII, 485.

1831.   Riess, *De telluris magnetismi mutationibus et diurnis et menstruis*, Berlin, 1831.

1831.   P. Erman, Vermischte Bemerkungen, ausgezogen aus der Abhand lung : Ueber die magnetischen Verhältnisse der Gegend von Berlin, *Pogg. Ann.*, XXIII, 487.

1831.   Keilhau.· *Reise i Ost- og Vest-Finmarken samt til Buren-Eiland og Spitsbergen i 1827 og 28*, Christiania, 1831, et *Astron. Nachr.*, n° 146.

1832.   Riess, Zur Bestimmung der magnetischen Inclination eines Orts. *Pogg. Ann.*, XXIV, 193.

1832.   Kupffer, Ueber die magnetische Neigung von Saint-Petersburg, und ihre täglichen und jährlichen Veränderungen, *Pogg. Ann.*, XXV, 193.

1832.   Kupffer, Ueber die magnetische Neigung und Abweichung in Peking, *Pogg. Ann.*, XXV, 220.

1832.   Moser, Ueber die Bestimmung der absoluten magnetischen Kraft, *Pogg. Ann.*, XXV, 228.

1832.   Kupffer, Untersuchungen über die magnetische Abweichung von Saint-Petersburg, und ihre monatlichen und jährlichen Veränderungen, *Pogg. Ann.*, XXV, 455.

1832.   Belcher, An account of the magnetical experiments made on the western coast of Africa, 1830-31, *Phil. Trans.* f. 1832, 493.

1832-33.   Scoresby, Observations on the deviation of the compass, *Edinb. new Phil. Journ.*, XIV, 30.

1833.   Fisher, Magnetical experiments made principally in the south part of Europe and in Asia Minor, during the years 1827 to 1832, *Phil. Trans.* f. 1833, 237.

1833.   Hunter Christie, On improvements in the instruments and methodes employed in determining the direction and intensity of the terrestrial magnetic force, *Phil. Trans.* f. 1833, 343.

1833.   Metcalf, *A new theory of terrestrial magnetism*, New-York, 1833.

1833.   Rudberg, Ueber die relative Intensität des Erdmagnetismus in Paris, Brüssel, Göttingen, Berlin und Stockholm in dem Jahre 1832. *Pogg. Ann.*, XXVII, 5.

1833.   Moser, Ueber eine Methode die Lage und Kraft des veränderlichen magnetischen Pols kennen zu lernen, *Pogg. Ann.*, XXVIII, 49 et 273.

1833.   Gauss, Intensitas vis magneticæ terrestris ad mensuram absolutam advocata, Göttingæ, 1833. *Pogg. Ann.*, XXVIII, 241 et 591; *Ann. de chim. et de phys.*, (2), LVII, 5 (1834); *Bibl. univ. de Genève*, XIX, 151 (1839).

1833.   Hansteen, Ueber das magnetische Intensitätssystem der Erde, *Pogg. Ann.*, XXVIII, 473 et 578.

1833.   Barlow, On the present situation of the magnetic lines of equal variation and their changes on the terrestrial surface. *Phil. Trans.* f. 1833, 667.

1834.   Parrot, *Reise nach dem Ararat*, Berlin, 1834 (partie magnétique. t. II, p. 52).

1834.   Ross, On the position of the north magnetic pole, *Phil. Trans.* f. 1834, 47.

1834.   Klapproth, *Lettre à M. de Humboldt sur l'invention de la boussole*, Paris, 1834.

1834.   Dove, Ueber die täglichen Veränderungen der magnetischen Abweichung in Freiberg, *Pogg. Ann.*, XXXI, 97.

1834.   Kupffer, F. v. Wrangel's Beobachtungen der stündlichen Variationen der Abweichung zu Sitka; aus einem Schreiben an Hrn A. v. Humboldt, *Pogg. Ann.*, XXXI, 193.

1834.   Moser, Ueber die Erscheinungen des Magnetismus der Erde, *Königsberger Naturwissensch. Vorträge*, 1834, 217.

1834.   Reich, Ueber die magnetische Neigung zu Freiberg, *Pogg. Ann.*, XXXI. 199.

1834.   Gauss. Vorläufiger Bericht über verschiedene in Göttingen angestellte magnetische Beobachtungen, *Pogg. Ann.*, XXXII, 562.

1834.   Gauss, Beobachtungen der magnetischen Variation in Göttingen und Leipzig, am 1 und 2 October 1834, *Pogg. Ann.*, XXXIII, 426.

1834-40.   A. C. Becquerel, *Traité de l'électricité et du magnétisme*, Paris (1834-1840).

1835.   Morlet. Nouvelles considérations sur la théorie du magnétisme terrestre. *Comptes rendus*, I, 97.

1835.   Gay. Variations diurnes de l'aiguille aimantée au Chili, *Comptes rendus*, I, 147, et V, 704.

1835.   Kupffer, Beobachtungen über die magnetische Abweichung in Peking und ihre täglichen Veränderungen, angestellt von Kowanko und mitgetheilt von A. T. Kupffer, *Pogg. Ann.*, XXXIV, 53.

1835.   Kupffer, Magnetische Beobachtungen aus Nertschinsk, *Pogg. Ann.*, XXXIV. 58.

1835.   Davies, Geometrical investigations concerning the phenomena of terrestrial magnetism, *Phil. Trans.* f. 1835, 221, et 1836, 75.

1835.   Moser, Ueber den Magnetismus der Erde, *Pogg. Ann.*, XXXIV, 63 et 271.

1835.   Gauss, Bericht von neuerlich in Göttingen angestellten magnetischen Beobachtungen, *Pogg. Ann.*, XXXIV, 546.

1835.   Kupffer, Beobachtungen über die täglichen Variationen der Abweichung in Archangelsk, angestellt vom Flotten-Kapitain Reinike und mitgetheilt von A. T. Kupffer, *Pogg. Ann.*, XXXV, 58.

1835.   Gauss, Beobachtungen der magnetischen Variation am 1 April 1835, von fünf Örtern, *Pogg. Ann.*, XXXV, 480.

1835.   J. Barlow, *A new theory accounting for the dip of the magnetic needle being an analysis of terrestrial magnetism*, New-York. 1835.

1836. Darondeau, Chevalier et Missiessy, Observations magnétiques faites à Toulon, *Comptes rendus*, II, 136.

1836. Gay, Marche de l'aiguille aimantée sur la côte occidentale de l'Amérique du Sud, *Comptes rendus*, II, 330.

1836. Barlow, Nouvelle théorie de l'inclinaison de l'aiguille aimantée. *Comptes rendus*, II, 335.

1836. Erman, Sur les lignes d'égale déclinaison magnétique, *Comptes rendus*, II, 469.

1836. Rudberg, Bestimmung der magnetischen Declination und Inclination zu Stockholm und Upsala, *Pogg. Ann.*, XXXVII, 191.

1836. Simonof, Inclinations und Declinations Beobachtungen zu Kasan, *Pogg. Ann.*, XXXVII, 195.

1836. A. de Humboldt, Ueber einige elektro-magnetische Erscheinungen und den verminderten Luftdruck in der Tropengegend des Atlantischen Oceans, *Pogg. Ann.*, XXXVII, 241.

1836. Fuss, Ueber die Lage und das Fortrücken der Abweichungscurven im nördlichen Asien, *Pogg. Ann.*, XXXVII, 481.

1836. A. Erman et F. Herter, Ueber periodische Aenderungen der magnetischen Declination am 20 März 1836, und säculäre Abnahme derselben in Berlin und Königsberg, *Pogg. Ann.*, XXXVII, 522.

1836. Johnson, Report of magnetic experiments tried on board an iron steam vessel, *Phil. Trans.* f. 1836, 267.

1836. Christie, Discussion of the magnetical observations made by captain Back during its late arctic expedition, *Phil. Trans.* f. 1836, 377.

1836. Gauss, Erdmagnetismus und Erdmagnetometer, *Schumach. Astronom. Jahrb.* f. 1836, 1.

1836. Demonville, Causes de la variation diurne de l'aiguille aimantée. *Comptes rendus*, III, 67.

1836. Lottin, Observations magnétiques faites en Islande, *Comptes rendus*, III, 49 et 233.

1836. Morlet, Recherches sur les lois du magnétisme terrestre, *Comptes rendus*, III, 64, 91 et 619.

1836. Kreil, Herter et A. Erman, Séries d'observations magnétiques faites à Milan par M. Kreil, et à Berlin par MM. Herter et A. Erman, *Comptes rendus*, III, 425.

1836. Reich, Observations horaires de la déclinaison faites à Freyberg, *Comptes rendus*, III, 465.

1836. D'Abbadie et Lefebvre, Observations d'inclinaison de l'aiguille aimantée faites à l'île Saint-Michel, *Comptes rendus*, III, 584.

1836. Rudberg, Ueber die Veränderung der magnetischen Inclination und Declination, über Einfluss des Nordlichts auf diese Erscheinungen und über Temperatur des Bodens, *Pogg. Ann.*, XXXIX, 107.

1836.   A. ERMAN, Declinations-Beobachtungen in Irkutzk, und Einfluss eines Erdbebens auf dieselben, *Pogg. Ann.*, XXXIX, 115.

1836.   KUPFFER, Untersuchungen über die Variationen der magnetischen Intensität in Saint-Petersburg, *Pogg. Ann.*, XXXIX, 225 et 417.

1836-41.   GAUSS et WEBER, *Resultate aus den Beobachtungen des magnetischen Vereins in den Jahren 1836-1841*, Leipzig.

1836.   FORBES. Account of some experiments made in different parts of Europa on terrestrial magnetic intensity, particularly with reference to the effect of height, *Trans. Edinb. Soc.*, XIV, 1 (1841).

1836.   WEBER, Beschreibung eines kleinen Apparates zur Messung des Erdmagnetismus nach absolutem Maasse für Reisende, *Resultate aus d. Beob. des magn. Ver.*, 1836, 65.

1836.   LÜTKE. Voyage autour du monde sur la corvette *le Seniavine*, dans les années 1826-29 : observations magnétiques calculées par Lenz. *Bull. scient. de l'Acad. de Saint-Pétersbourg*, I (1836).

1836.   DE HUMBOLDT, *Lettre à S. A. R. le duc de Sussex, président de la Société Royale de Londres, sur les moyens propres à perfectionner la connaissance du magnétisme terrestre par l'établissement de stations magnétiques et d'observations correspondantes*, avril 1836.

1837.   SIMONOFF, Sur le magnétisme terrestre, *Journ. de Crelle*, XVI (1837).

1837.   SABINE, On the variations of the magnetic intensity of the earth, *Seventh Meeting of the British Association at Liverpool*, 1.

1837.   BREWSTER. A Treatise on magnetism, p. 185.

1837.   KUPFFER, *Annuaire magnétique et météorologique du corps des ingénieurs des mines de Russie, ou Recueil d'observations magnétiques et météorologiques faites dans l'étendue de l'empire de Russie et publiées par ordre de l'empereur Nicolas Ier*, etc., 1837 à 1846.

1837.   DARONDEAU, Observations de l'aiguille aimantée faites en divers points des côtes de l'Amérique du Sud pendant le voyage de *la Bonite*, *Comptes rendus*, IV, 181, et V, 845.

1837.   KUPFFER. Sur le décroissement observé dans l'intensité du magnétisme terrestre à mesure qu'on s'élève sur les montagnes, *Comptes rendus*, IV, 955.

1837.   LLOYD, An attempt to facilitate the observations of terrestrial magnetism, *Trans. Irish Acad.*, XVII, 1837.

1837.   KREIL, Beobachtungen über die magnetische Abweichung, Neigung und horizontale Intensität zu Mailand im Jahre 1836, nebst Angabe eines neuen Inclinatoriums, *Pogg. Ann.*, XLI, 521.

1837.   KUPFFER, *Recueil d'observations magnétiques faites à Saint-Pétersbourg et sur d'autres points de l'empire de Russie*, Saint-Pétersbourg, 1837.

1837.   KREIL. Gleichzeitige Beobachtungen der magnetischen Abweichung, Neigung und Intensität zu Mailand im Jahre 1837. *Pogg. Ann.*, XLI, 528.

1837. D'Abbadie et Lefebvre, Registre des observations relatives au magnétisme, à la météorologie et à la géographie, faites au Brésil, *Comptes rendus*, V, 208.

1837. Duperrey, Remarques sur la direction et l'intensité du magnétisme terrestre, *Comptes rendus*, V, 874.

1837. Weber, Das Inductions-Inclinatorium, *Result. aus d. Beob. d. magn. Ver.*, 1837, 81, et *Pogg. Ann.*, XLIII, 493.

1837. Davies, On the history of the invention of the mariners compass, *Thomson british Annual*, 1837, 246.

1837. Dal Negro, Dinamo-magnetometro, *Mem. Soc. Ital.*, XXI, 11.

1837. Gauss, Anleitung zur Bestimmung der Schwingungsdauer einer Magnetnadel, *Result. aus. d. Beob. d. magnet. Vereins*, 1837, 58.

1837. Gauss, Ueber ein neues zunächst zur unmittelbaren Beobachtung der Veränderungen in der Intensität des horizontalen Theiles des Erdmagnetismus bestimmtes Instrument, *Result. aus. d. Beob. d. magnet. Vereins*, 1837, 1.

1837 Sartorius et Waltershausen, Beobachtungen der absoluten Intensität des Erdmagnetismus zu Waltershausen im Juni 1834, *Result. aus. d. Beob. d. magnet. Vereins*, 1837, 97.

1837. Gauss et Weber, Ueber die Reduction der Magnetometer-Beobachtungen auf absolute Declinationen, *Result. aus. d. Beob. d. magnet. Vereins*, 1837, 104.

1838. Sartorius et Waltershausen, Das Oscillations-Inclinatorium, *Result. aus d. Beob. d. magnet. Ver.*, 1838, 58.

1838. Lamont, Magnetismus, *Dove's Rep. der Phys.*, II, 129.

1838. Lottin, Observations sur le magnétisme terrestre, faites dans le cours de l'expédition scientifique envoyée dans le nord de l'Europe, *Comptes rendus*, VII, 837.

1838. Boguslawski, Observations de variations horaires magnétiques faites de cinq en cinq minutes, à Breslau, de 1835 à 1838, *Comptes rendus*, VII, 898.

1838. Were Fox, Observations de l'inclinaison et de l'intensité magnétique faites en différents lieux de l'Europe, *Comptes rendus*, VII, 980.

1838. Peltier, Sur le déplacement de l'axe magnétique d'une aiguille aimantée par une déviation longtemps prolongée, *L'Inst.*, VI, 155.

1838. Fisher, Magnetical observations made in the West Indies, on the north coast of Brazil an North America, in the years 1834, 1835, 1836, 1837, by captain Everard Home, *Phil. Trans. f.* 1838, 343.

1838. Kreil, Resultate der in der letzten Hälfte des Jahres 1837 zu Mailand angestellten magnetischen Beobachtungen, *Pogg. Ann.*, XLIII, 292.

636 BIBLIOGRAPHIE.

1838. Fuss. Geographische, magnetische und hypsometrische Bestimmungen auf einer Reise nach Siberien und China, 1830-1832, *Mém. de l'Acad. de Saint-Pétersbourg*, (6), III (1838).

1838-42. Wilkes, *Narrative of the United States exploring expedition*, I, xxi.

1839. Quetelet. Magnétisme terrestre à Bruxelles, *Mém. de l'Acad. de Bruxelles*, XII, 839.

1839. Sabine et Lloyd, *Report on the magnetic isoclinal and isodynamic lines in the British Island*, London, 1839.

1839. Kreil, Resultate der Mailänder dreijährigen magnetischen Beobachtungen und Einfluss des Mondes auf die magnetischen Erscheinungen, *Pogg. Ann.*, XLVI, 443.

1839. Goldschmidt, Auszug aus sechsjährigen täglichen Beobachtungen der magnetischen Declination zu Göttingen, *Result. aus d. Beob. d. magn. Ver.*, 1839, 102, 1840, 119, et 1841, 107.

1839. Billingshausen, Abweichungen der Magnetnadel, beobachtet in den Jahren 1819-1821, *Result. aus d. Beob. d. magn. Ver.*, 1839, 117.

1839. Kreil, *Magnetische und meteorologische Beobachtungen zu Prag, von 1839 bis 1848*.

1839. Kreil, Die magnetischen Apparate und ihre Ausstellung auf der K. K. Sternwarte zu Prag, *Result. aus d. Beob. d. magn. Ver.*, 1839, 91.

1839. Gauss, Allgemeine Lehrsätze in Beziehung auf die im verkehrten Verhältnisse des Quadrats der Entfernungen wirkenden Anziehungs- und Abstossungskräfte, *Result. aus d. Beob. d. magnet. Vereins*, 1839.

1839. Gauss, Ueber ein Mittel die Beobachtung von Ablenkungen zu erleichtern, *Result. aus d. Beob. d. magnet. Vereins*, 1839.

1839. Haellstroem, Calcul des observations magnétiques publiées dans l'ouvrage « Recueil d'observations magnétiques faites à Saint-Pétersbourg et sur d'autres points de l'empire de Russie par A. T. Kupffer, » *Bull. scient. de l'Acad. de Saint-Pétersbourg*, V, 48.

1839. Spassky, Note sur l'intensité absolue des forces magnétiques terrestres horizontales à Saint-Pétersbourg, *Bull. scient. de l'Acad. de Saint-Pétersbourg*, V, 195.

1840. Sabine, Contributions to terrestrial magnetism, *Phil. Trans. f.* 1840, 129, 1841, 11, et 1842, 9.

1840. D'Abbadie, Sur l'inclinaison de l'aiguille aimantée à Paris, à Rome et à Alexandrie, *Comptes rendus*, X, 38.

1840. Goldschmidt. Vergleichung magnetischer Beobachtungen mit den Elementen der Theorie, *Result. aus d. Beob. d. magn. Ver.*, 1840, 158, et 1841, 109.

1840. Von Waltershausen et Listing, Resultate aus in Italien angestellten Intensitätsmessungen, *Result. aus d. Beob. d. magn. Ver.*, 1840, 157.

1840. Haasteen. Periodisk Forandring af Jordens magnetiske Intensitet som er afhaengig af Maanebanens Beliggenhed, *Nyt Mag. f. Naturvid.*, II, 1840, et *Bull. scient. de l'Acad. de Saint-Pétersbourg*, VI, 273.

1840. Quetelet, Second mémoire sur le magnétisme terrestre en Italie, *Mém. de l'Acad. de Bruxelles*, XIII.

1840. Nervander, Untersuchungen über die tägliche Veränderung der magnetischen Declination, *Bull. scient. de l'Acad. de Saint-Pétersbourg*, VI, 225.

1840. *Declination magnetometer, Report of the Committee of physics including meteorology*, London, 1840, 30.

1840. Forbes, Account of experiments on terrestrial magnetism made in different parts of Europa, *Edinb. Trans.*, XIV. 1 (1840), et XV, 27 (1844).

1840. Gauss, Vorschriften zur Berechnung der magnet. Wirkung welche ein Magnetstab in der Ferne ausübt, *Result. aus d. Beob. d. magnet. Vereins*, 1840.

1840. Gauss et Weber, *Atlas des Erdmagnetismus nach den Elementen der Theorie entworfen*, Leipzig, 1840.

1840-42. Gilliss, *Magnetical and meteorological observations made at Washington*, 1847 (Orages magnétiques, p. 2-319).

1840-45. Bache, *Observations made at the magnetical and meteorological observatory at Girad's College*, Philadelphia, 1847.

1841-46. Sabine, *Observations made at the magnetical and meteorological observatory at the Cape of Good Hope*, 1841-1846, I.

1841-52. Sabine, *Observations made at the magnetical and meteorological observatory at Hobarton in Van Diemen island and on the antarctic expedition*, I. II et III, 1841-52.

1841. Gauss, Ueber die Anwendung des Magnetometers zur Bestimmung der absoluten Declination, *Result. aus d. Beob. d. magn. Ver.*, 1841, 1.

1841. Gauss, Beobachtungen der magnetischen Inclination zu Göttingen, *Result. aus d. Beob. d. magn. Ver.*, 1841, 10.

1841. Simonof, Ueber eine neue Methode zur Bestimmung der absoluten Declination, *Result. aus d. Beob. d. magn. Ver.*, 1841, 62.

1841. Lamont, *Ueber das magnetische Observatorium in München*, München, 1841.

1841. Reinhold, Considérations sur la variation annuelle de la déclinaison magnétique, *Comptes rendus*, XIII, 555.

1841. Bravais, Sur les perturbations du magnétisme terrestre, *Comptes rendus*, XIII, 827.

1841. Duperrey, Notice sur la position géographique des pôles magnétiques, et notamment du pôle austral, *Comptes rendus*, XIII, 1104.

1841. Weber, *De fili bombycini vi elastica*, Göttingen, 1841.

638 BIBLIOGRAPHIE.

1841. Quetelet, Résumé des observations sur la météorologie, le magnétisme, etc., faites pendant l'année 1841 à l'Observatoire royal
de Bruxelles, *Mém. de l'Acad. de Bruxelles*, XIV (1841).

1842. Hansteen, *De mutationibus quas patitur momentum virgæ magneticæ*,
Christiania, 1842.

1842. De Freycinet, *Voyage autour du monde entrepris par ordre du roi :
Magnétisme terrestre*, Paris, 1842.

1842. Hansteen, Magnetiske Jagtagelser paa en Rejse gjennem Danmark
og det nordlige Tydskland, *Nyt Mag. f. Naturvid.*, III (1842).

1842. Lamont, *Bestimmung der Horizontal-Intensität des Erdmagnetismus nach
absolutem Maasse*, München, 1842.

1842. Hansteen, Magnetiske Termin-Jagtagelser paa magnetiske Observatorium i Christiania, *Nyt Mag. f. Naturvid.*, III (1842).

1842. Gauss, Beobachtungen der Inclination zu Göttingen, im Sommer
1842, *Result. aus d. Beob. d. magn. Vereins*, 1842.

1842. Lloyd, *Account of the magnetical Observatory of Dublin, etc.*, Dublin,
1842.

1842. Hansteen, Minimum of Magnetnaalens Misviisning i Christiania,
Nyt Mag. f. Naturvid., III (1842).

1842. Lamont, *Ueber das magnetische Observatorium der K. Sternwarte bei
München*, München, 1842.

1842-44. Lamont, *Annalen für Meteorologie und Erdmagnetismus*, München,
1842-1844.

1842. Quetelet, Observations magnétiques faites à l'Observatoire royal de
Bruxelles, aux époques déterminées par la Société Royale de
Londres et l'Association magnétique de Göttingue, *Mém. de
l'Acad. de Bruxelles*, XV, (1842).

1843. Delamarche, Observations du magnétisme terrestre faites en Chine, à
bord de l'*Érigone, Comptes rendus*, XVI, 401 ; XIX, 555 (1844).

1843. Rocher d'Héricourt, Observations magnétiques faites sur les bords
de la mer Rouge et dans l'intérieur de l'Abyssinie, *Comptes rendus*,
XVI, 1097, et Rapport sur ces observations, par M. Duperrey,
Comptes rendus, XXII, 800 (1846).

1843. Laugier et Mauvais, Discussion des observations magnétiques faites
en 1842 au pied et au sommet du Canigou, *Comptes rendus*,
XVI, 1172.

1843. Bessel, Ueber den Magnetismus der Erde, *Schumach. Astr. Jahrb.*,
1843. 117.

1843. Quetelet. *Sur l'emploi de la boussole dans les mines*, Bruxelles, 1843.

1843. Quetelet. Galeotti, Gastone, Résumé des observations sur la mé-
téorologie, le magnétisme, etc., faites à l'Observatoire royal de
Bruxelles et aux environs, en 1842, *Mém. de l'Acad. de Bruxelles*,
XVI (1843).

1843.   Aimé. Observations de magnétisme terrestre faites à Alger pendant
         dix-neuf mois consécutifs, *Comptes rendus*, XVII, 1031.

1843.   Kreil. Bemerkungen zu einem Aufsatz in den Göttinger gelehrten
         Anzeigen, *Pogg. Ann.*, LVIII, 475.

1843.   Goldschmidt, Erwiederung auf die Bemerkungen des Hrn. Kreil.
         Pogg. Ann., LIX, 451.

1843.   Quetelet, Observations magnétiques faites à Bruxelles pendant le
         dernier semestre de 1842, *Mém. de l'Acad. de Bruxelles*, XVI
         (1843).

1843.   Kupffer. Note relative à l'influence de la température sur la force
         magnétique des barreaux. *Bull. de la classe phys.-math. de l'Acad.
         de Saint-Pétersbourg*, I, n° 11 (1843).

1843.   Sabine. Contributions to terrestrial magnetism, n° IV, *Phil. Trans.*
         f. 1843, 113 et 145, et 1844, p. 87.

1843.   De Humboldt. *Asie centrale, Recherches de géologie et de climatologie
         comparée*, Paris, 1843, III, 448-478.

1843.   Broun, Observations in magnetism and meteorology made at Ma-
         kerstoun in Scotland, *Trans. of the royal Soc. of Edinb.*, XVIII,
         part. II, 1.

1844.   De Freycinet. *Voyage autour du monde exécuté sur les corvettes* l'Uranie
         et Physicienne, *pendant les années 1818-1820*, Paris, 1824-1844.
         (Magnétisme terrestre et météorologie, 2 vol. in-4°.)

1844.   Bravais et Lottin. Sur les variations diurnes de la déclinaison ma-
         gnétique dans les hautes latitudes boréales, *Comptes rendus*,
         XVIII, 729.

1844.   Schweich. Sur le magnétisme terrestre, *Comptes rendus*, XVIII,
         1194.

1844.   Aimé. Mémoire sur le magnétisme terrestre, *Ann. de chim. et de phys.*,
         (3), X, 221.

1844.   Riddel. *Magnetical instructions*, London, 1844.

1844.   Lamont, Ueber die tägliche Variation der magnetischen Elemente in
         München, *Pogg. Ann.*, LXI, 95.

1844.   Duperrey, Observations de l'intensité du magnétisme terrestre faites
         par M. de Freycinet et ses collaborateurs durant la campagne de
         la corvette *l'Uranie, Comptes rendus*, XIX, 445.

1844.   Coupvent des Bois. Observations de magnétisme terrestre pendant
         la campagne de *l'Astrolabe* et de *la Zélée, Comptes rendus*, XIX,
         555 et 601.

1844.   Ed. Biot, Sur la direction de l'aiguille aimantée en Chine, *Comptes
         rendus*, XIX, 822.

1844.   Lelaisant, Sur la loi des variations de la déclinaison de l'aiguille ai-
         mantée, *Comptes rendus*, XIX, 1163.

1844.   Quetelet. Résumé des observations sur la météorologie, le magné-

640

BIBLIOGRAPHIE.

        tisme et la température de la terre, faites à l'Observatoire royal de Bruxelles, en 1843, *Mém. de l'Acad. de Bruxelles*, XVII (1844).

1845.   Bérard, Observations de variations diurnes de l'aiguille aimantée faites à Akaroa, *Comptes rendus*, XX, 306.

1845.   Hansteen, Interpolations formler for Magnetnaalens Misviisning og Hälding for forskjellige steder i Europa. *Nyt Mag. f. Naturvid.*, IV. 1845.

1845.   Quetelet, Résumé des observations sur la météorologie et sur la température et le magnétisme de la terre, faites à l'Observatoire royal de Bruxelles, en 1844, *Mém. de l'Acad. de Bruxelles*. XVIII (1845), XIX (1846), XX (1847), XXI (1848) et XXIII (1849).

1845.   Simonoff, *Recherches sur l'action magnétique de la terre*, Kasan. 1845.

1845.   Bedfort Orlebar, Observations made ad the magnetical and meteorological observatory at Bombay.

1846.   Broun, General results of the observations in magnetism and meteorology made at Makerstoun in Scotland, *Trans. of the royal Soc. of Edinb.*, XIX, part. II, 1.

1846.   Graham, Observations d'intensité faites sur la frontière méridionale du Canada, *Phil. Trans.* f. 1846, part. III, 242.

1846.   Du Parc, Compas contrôleur de route, nouvelle boussole marine. *Comptes rendus*, XXIII, 1082, et XXIV, 36.

1846.   Lamont, Bericht über den Magnetismus der Erde, *Dove's Repert. der Phys.*, VII, 239.

1846.   Aimé, Mémoire sur le magnétisme terrestre. *Ann. de chim. et de phys.*, (3), XVII, 199.

1846.   Bravais, Observations de l'intensité du magnétisme terrestre en France, en Suisse et en Savoie, *Ann. de chim. et de phys.*, (3). XVIII, 206.

1846.   Sabine, Contributions to terrestrial magnetism, *Proceed. of Roy. Soc.*, V, 622 et 835.

1846.   Erman, Bestimmung der magnetischen Inclination und Intensität für Berlin, im Jahre 1846, *Pogg. Ann.*, LXVIII, 519.

1846.   Langberg, Magnetische Intensitäts-Bestimmungen, *Pogg. Annalen*. LXIX, 264.

1846.   Kreil et Fritzsch, Magnetische und geographische Ortsbestimmungen im östreichisch. Kaiserstaat, von 1846 bis 1851. *Denkschrift der Wien Akad.*, III, 1852.

1846.   Haughton, On the relative dynamic value of the degrees of the compass and on the cause of the needle resting in the magnetic meridian. *Proceed. of the Roy. Soc.*, V, 626.

1846. Brooke. Description of a method of registering magnetic variations. *Proceed. of the Roy. Soc.*, V. 630.

1847. Lottin et Bravais. Sur la variation diurne de l'intensité magnétique horizontale à Bossekop (Laponie). pendant l'hiver de 1838 à 1839, *Comptes rendus*, XXIV, 1101.

1847. Wartmann. Mémoire sur deux balances à réflexion. *Mém. de la Soc. de phys. et d'hist. nat. de Genève*, 1847.

1847. Lamont, Beiträge zu magnetischen Ortsbestimmungen. *Pogg. Ann.*, LXX. 150.

1847. Meyerstein, Ueber die Construction zweier Inclinatorien und einige damit angestellte Beobachtungen, *Pogg. Ann.*, LXXI. 119.

1847. Sabine, On the diurnal variation of the magnetic declination of Saint Helena. *Phil. Trans.* f. 1847, 51.

1847. Brooke. On the automatic registration of magnetometers and others meteorological instruments by photography. *Phil. Trans.* f. 1847. 59 et 69.

1847. Ronalds. On photographic self registering meteorological and magnetical instruments, *Phil. Trans.* f. 1847. 111.

1848. Lloyd. On the determination of the intensity of the earth's magnetic force in absolute measure. *Trans. Irish Acad.*, XXI. 1848.

1848. Lamont, Ueber die tägliche Bewegung der magnetischen Declination am Aequator. und die magnetischen Variationen überhaupt. *Pogg. Ann.*, LXXV, 470.

1848. H. vom Kolke, De nova magnetismi intensitatem mediendi methodo. Bonnæ. 1848. et *Pogg. Ann.*, LXXXI, 321.

1848. Langberg, Jagttagelser over den magnetiske Intensitet paa forskjellige Steder af Europa, *Nyt Magaz. for Naturvid.*, V. 1848.

1848. Keely, Determination of the magnetic inclination and force in the british provinces of Nova Scotia and New Brunswich. in the summer of 1847, *Phil. Trans.* f. 1848, 2033.

1849. Lloyd. Results of observations made at the magnetical observatory of Dublin in the years 1840-1843. *Trans. Irish Acad.*, XXII, 1849.

1849. De la Rive, Sur les variations diurnes de l'aiguille aimantée et les aurores boréales, *Ann. de chim. et de phys.*, (3), XXV. 310.

1849. Kreil. Ueber den Einfluss der Alpen auf die Aeusserung der magnetischen Erdkraft, *Sitzungsber. d. Wien. Acad.*, II. 1849.

1849. Liais. Théorie des variations diurnes de l'aiguille aimantée. *Comptes rendus*, XXIX, 742.

1849. Lloyd, On the mean results of observations made at the magnetical observatory of Dublin in the years 1840-1843. *Trans. Irish Acad.*, XXII. 1849.

1849. Lamont. Ueber die Ursache der täglichen regelmässigen Variationen des Erdmagnetismus. *Pogg. Ann.*, LXXVI. 67.

1849. Lamont, *Handbuch des Erdmagnetismus,* Berlin, 1849.

1849. Sabine, Remarks on M. De la Rive's theory for the physician explanation of the causes which produce the diurnal variation of the
magnetic declination, *Proceed. of Roy. Soc.,* V, 821.

1849. Kæmtz, Resultate aus den magnetischen Beobachtungen in Finnland,
Bulletin phys.-math. de l'Acad. de Saint-Pétersbourg, VII, 246.

1849. Emory, *Magnetical observations made at the isthmus of Darien and at
the city of Panama,* Cambridge (U. S.), 1850.

1849. Sabine, Contributions to terrestrial magnetism, *Phil. Trans.* f. 1849.
173.

1850. Sabine, Ueber die Veränderung des Magnetismus der Erde in der
jährlichen Periode, *Pogg. Ann.,* LXXIX, 478.

1850. Kreil. Ueber magnetische Variations-Instrumente, *Sitzungsber. d.
Wien. Acad.,* IV, 1850.

1850. Brooke, On the automatic registration of magnetometers, and meteorological instruments, by photography, *Phil. Trans.* f. 1850.
83. et 1852, 19.

1850. Sabine, On the means adopted in the british colonial magnetic observatories for determining the absolute values, secular change, and
annual variation of the magnetic force, *Phil. Trans.* f. 1850.
201.

1851. Sabine, On periodical laws discoverable in the mean effects of the
larger magnetic disturbances, *Proceed. of the Roy. Soc.,* VI, 30
et 174.

1851. Thomson, A mathematical theory of magnetism, *Phil. Trans.* f. 1851.
243 et 269.

1851. Faraday, Magnetic conducting power; atmospheric magnetism; ex
perimental researches, series XXVII, *Phil. Trans.* f. 1851, 85, et
series XXVIII, *Phil. Trans.* f. 1852, 25.

1851. Elliot, Magnetic survey of the east Archipelago, *Phil. Trans.* f.
1851. 287.

1851. Lamont, *Astronomie und Erdmagnetismus,* Stuttgard, 1851.

1851. Welsh, On the Kew magnetographs, *Report of the British Association*
f. 1851.

1851. Harris, Sur les moyens de calculer, pour une époque quelconque,
la déclinaison et l'inclinaison de l'aiguille aimantée dans un lieu
donné, *Comptes rendus,* XXXII, 592.

1851. Sainte-Preuve, Influence de l'inertie des aiguilles sur la variation
diurne de la déclinaison et de l'inclinaison. *Comptes rendus,*
XXXII. 599.

1851. Lamont, Ueber den allmäligen Kraftverlust der Magnete, mit besonderer Rücksicht auf die Bestimmung der Variationen der erdmagnetischen Intensität. *Pogg. Ann.,* LXXXII. 440.

1851.   Lion, Observations sur la variation d'intensité de l'aiguille magnétique horizontale, sous l'influence de l'éclipse de soleil du
        28 juillet 1851, *Comptes rendus*, XXXIII, 129, 161 et 202.

1851.   Gaïetta, Considérations sur la cause du magnétisme terrestre.
        Comptes rendus, XXXIII, 464.

1851.   Kreitz, Corrections of the constantes in the general theory of terrestrial magnetism, *Proceed. of the Roy. Soc.*, VI, 45 et 300.

1851.   Lamont, Ueber die zehnjährige Periode, welche sich in der Grösse
        der täglichen Bewegung der Magnetnadel darstellt, *Pogg. Ann.*,
        LXXXIV, 572.

1851.   Lamont, Ueber die an der Münchner Sternwarte angewendeten neuen
        Instrumente und Apparate, *Denkschr. d. Bay. Akad.*, XXV, 1851.

1851.   Welsh, On a sliding rule for converting the observed readings of
        the horizontal and vertical force magnetometers into variations
        of magnetic dip and total force, *Report of the British Association*
        f. 1851.

1851.   Langberg, Magnetiske Jagttagelser paa en Reise i Christiansands
        Stift i Sommerem, 1846, *Nyt Magaz. for Naturvidenskab.*, VI.
        1851.

1851.   Sabine, On the annual variation of the magnetic declination at different periods of the day, *Phil. Trans.* f. 1851, 635.

1852.   Scoresby, *Magnetical investigations*, London, 1839-1852, 3 vol.

1852.   Quetelet, Variations de la déclinaison et de l'inclinaison magnétique
        à Bruxelles depuis un quart de siècle, *Bulletin de l'Acad. de
        Bruxelles*, XIX, 1re part., 534.

1852.   Reslhuber, Ueber die vom Dr Lamont beobachtete zehnjährige
        Periode in der Grösse der täglichen Bewegung der Declinationsnadel, *Pogg. Ann.*, LXXXV, 412.

1852.   Lamont, Nachtrag zur Untersuchung über die zehnjährige Periode.
        welche sich in der Grösse der täglichen Bewegung der Magnetnadel darstellt, *Pogg. Ann.*, LXXXVI, 88.

1852.   Kreil, Berichte über die Central-Anstalt für Meteorologie und Erdmagnetismus, *Sitzungsber. d. Wien. Acad.*, VIII et IX (1852).

1852.   Lion, Sur les changements d'intensité magnétique coïncidant avec la
        durée d'une éclipse. *Comptes rendus*, XXXIV, 207.

1852.   Wolf, Liaison entre les taches du soleil et les variations en déclinaison de l'aiguille aimantée, *Comptes rendus*, XXXV, 364.

1852.   De Haldat. *Exposition de la doctrine du magnétisme ou Traité philosophique, historique et critique du magnétisme*, Nancy, 1852.

1852.   Sabine. On periodical laws discoverable in the mean effects of the
        larger magnetic disturbances, *Phil. Trans.* f. 1852, 103, et
        1856, 357.

1852.   Faraday, On lines of magnetic force. their definite character and their distribution within a magnet and through space; Experimental researches, series XXIX, *Phil. Trans.* f. 1852, 25.

1852. FARADAY. On the employment of the induced magneto-electric current as a test and measure of magnetic force; Experimental researches. series XXIX, *Phil. Trans.* f. 1852, 137.

1853. KREIL. Ueber den Einfluss des Monds auf die horizontale Componente der magnetischen Erdkraft, *Denkschrift d. Wien. Acad.*, V, 1853.

1853. ARAGO. Sur l'intensité du magnétisme terrestre pendant les éclipses de soleil, *Comptes rendus*, XXXVI, 459.

1853. LION. Observations de l'intensité magnétique pendant la durée de l'éclipse du 5 juin 1853, *Comptes rendus*, XXXV, 1, 1054, et XXXVII, 51.

1852. DE CUPPIS. Observations d'intensité magnétique faites à Florence et à Urbin, etc., *Comptes rendus*, XXXVII, 51.

1853. W. WEBER, Ueber die Anwendung der magnetischen Induction zur Messung der Inclination mit dem Magnetometer, *Göttinger Akad. Nachr.*, 1853, 17, et *Pogg. Ann.*, XC, 209.

1853. YOUNGHUSBAND, On periodical laws in the larger magnetic disturbances. *Phil. Trans.* f. 1853, 165.

1853. SABINE, On the influence of the moon on the magnetic declination at Toronto, Saint Helena and Hobarton, *Phil. Trans.* f. 1853. 579.

1854. ARAGO. Magnétisme terrestre, *OEuvres complètes*, IV. 459.

1854. P. SECCHI. Sur les variations périodiques du magnétisme terrestre. *Bibl. univ. de Genève*, XXVII, 191, et XXVIII, 13, et *Comptes rendus*, XXXIX, 687.

1854. GUILHAMOTE, Considérations sur quelques-uns des phénomènes du magnétisme terrestre, *Comptes rendus*, XXXVIII, 513.

1854. D'ABBADIE. Observations de l'aiguille aimantée faites à Audaux, *Comptes rendus*, XXXIX, 646.

1854. P. SECCHI. Sur les variations de l'aiguille aimantée. *Comptes rendus*, XXXIX, 1022.

1854. SABINE. On some conclusions derived from the observations of the magnetic declination at the observatory of Saint Helena, *Proceed. of the Roy. Soc.*, VII, 67.

1854. MÜLLER. Recherches sur le magnétisme terrestre, *Comptes rendus*. XXXIX, 1085.

1854. PLANA, Mémoire sur la théorie du magnétisme, *Astron. Nachr.*, XXXIX, 1854.

1854. LAMONT, *Magnetische Karte von Deutschland und Bayern*, München. 1854.

1854. FARADAY. On magnetic hypotheses, *Proceed. of the Roy. Inst.*, 1, 457

1854.   Van Rees, Over de Theorie der magnetische Krachtlinien van Faraday, *Verhandl. der k. Nederl. Acad. d. Wetensch.*, I (1854).

1854-56. Lamont. *Magnetische Ortsbestimmungen, ausgeführt an verschiedenen Puncten Bayerns*, München, 1854-1856.

1855.   Stegmann (F. L.), Ueber die Bestimmung der Drehungswinkel an Messinstrumenten, die mit einem beweglichen Spiegel versehen sind, welcher das Bild einer feststehenden Scale in einem Fernrohr erscheinen lässt. *Grünert's Arch.*, XV, 376.

1855.   De Villeneuve, Sur les courants atmosphériques et les courants magnétiques du globe. *Comptes rendus*, XL, 489.

1855.   D'Abbadie, Sur le magnétisme terrestre. *Comptes rendus*, XL, 1106.

1855.   Hirst, On the existence of a magnetic medium, *Proceed. of the Roy. Soc.*, 1855. 448.

1855.   P. Secchi, Sur le magnétisme terrestre et ses variations. *Ann. de chim. et de phys.*, (3), XLIV, 246.

1855.   Plana, Scoperta fattasi in Irlanda sull' influenza della luna sull' ago magnetico, *Mem. di Torino*, XV, xcix.

1855.   Hansteen. Ueber die Veränderungen der magnetischen Inclination in der nördlichen temperirten Zone, *Astr. Nachr.*, XL, 1855.

1855.   Hansteen. Ueber die Duplicität des magnetischen Systems der Erde, *Astr. Nachr.*, XL. 1855.

1855.   Lamont. Ueber die im Königreich Bayern während des Herbstes 1854 ausgeführten magnetischen Messungen, *Pogg. Ann.*, XCV. 476.

1856.   Quetelet (Ern.), Magnétisme de la terre dans le nord de l'Allemagne et dans la Hollande, *Bulletin de l'Acad. de Bruxelles*, XXIII, 2° part., 495.

1856.   Le Verrier, Communication relative à un travail de MM. Goujon et Liais pour la détermination des éléments magnétiques à l'Observatoire impérial de Paris, *Comptes rendus*, XLII, 74.

1856.   Laugier. Observations de la déclinaison magnétique faites à Paris, et remarques de M. Le Verrier. *Comptes rendus*, XLII, 173, 250, 257, 273, 305, 310, 361 et 365.

1856.   D'Abbadie, Observations de l'aiguille aimantée. *Comptes rendus*, XLII, 612.

1856.   Le Verrier. Résultats obtenus au moyen d'instruments magnétiques enregistreurs établis à l'Observatoire de Paris par M. Liais, *Comptes rendus*, XLII, 749.

1856.   Lamont. Ueber die Anwendung des galvanischen Stromes bei Bestimmung der absoluten magnetischen Inclination, *Pogg. Ann.*, XCVII, 638.

1856.   Mahmoud Effendi. État actuel des éléments du magnétisme terrestre à Paris et dans ses environs. *Comptes rendus*, XLII. 905, et XLIII, 723.

1856.   Beron, Mémoire sur le magnétisme terrestre, *Comptes rendus*, XLIII, 488 et 761.

1856.   Sabine, On the lunar diurnal magnetic variation at Toronto, *Phil. Trans.* f. 1856, 499.

1857.   Dufour, De la correction de température dans les observations du magnétisme terrestre, *Bibl. univ. de Genève*, XXXIV, 5.

1857.   Encke, Ueber die magnetische Declination in Berlin, *Monatsberichte d. Acad. zu Berlin*, 1857, 1.

1857.   Wolf, Correspondance entre les variations du magnétisme terrestre et les taches solaires, *Comptes rendus*, XLIV, 485.

1857.   Sabine, On the evidence of the existence of the decennial inequality in the solar diurnal magnetic variations, and its non-existence in the lunar diurnal variation of the declination at Hobarton, *Phil. Trans.* f. 1857, 1.

1857.   Sabine, On hourly observations of the magnetic declination made by captain Rochfort Maguire, etc., in 1852, 1853 and 1854 at Point Barrow, on the shores of the Polar Sea, *Phil. Trans.* f. 1857, 497.

1858.   Petit, Sur l'inclinaison et la déclinaison magnétique de l'observatoire de Toulouse, *Comptes rendus*, XLVI, 395.

1858.   Lamont, Sur la carte magnétique de l'Europe qui s'exécute en Bavière; détermination des constantes magnétiques dans le midi de la France et en Espagne, *Comptes rendus*, XLVI, 648.

1858.   Schaub, Observations magnétiques faites en 1857 dans le sud de la Méditerranée, *Comptes rendus*, XLVI, 845.

1858.   Sabine, Remarks upon magnetic observations transmitted from York fort in Hudson's bay, in august 1857, by lieutenant Blakiston of the royal artillery, *Proceed. of the Roy. Soc.*, IX, 81.

1858.   Encke, Tägliches Maximum der magnetischen Declination zu Berlin. *Pogg. Ann.*, CIII, 56.

1858.   Sabine, On magnetic and meteorological observatories, *Proceed. of Royal Soc.*, IX, 457.

1858.   Lamont, *Untersuchungen über die Richtung und Stärke des Erdmagnetismus an verschiedenen Puncten des südwestlichen Europa's, etc.*, München, 1858.

1858.   Welsh, On some results of the magnetic survey of Scotland in 1857 and 1858, *Report of the British Association* f. 1858.

1859.   P. Secchi, Observations de magnétisme terrestre faites à l'observatoire du Collége romain, *Comptes rendus*, XLVIII, 977.

1859.   P. Secchi, Perturbations magnétiques observées à Rome le 2 septembre 1859, *Comptes rendus*, XLIX, 458.

1859.   P. Desains et Charault, Perturbations magnétiques observées le 29 août et le 2 septembre 1859, *Comptes rendus*, XLIX, 473.

1859.   Roch, Ueber magnetische Momente, *Zeitschr. f. Math.*, 1859, 374.

1860. Lamont. Ueber die Messung der Inclinations-Variationen mittelst der Induction weicher Eisenstäbe, *Pogg. Ann.*, CIX, 79.

1860. Sabine. On the solar diurnal variation of the magnetic declination at Pekin. *Phil. Mag.*, (4), XX, 469.

1860. Sabine. On the laws of the phenomena of the larger disturbances of the magnetic declination in the Kew observatory; with notices of the progress of our knowledge regarding the magnetic storms, *Proceedings of the Royal Society*, X, 624 (15 novembre 1860), *Phil. Mag.*, (4), XXII, 310 (1861), et *Ann. de chim. et de phys.*, (3), LXIV, 491 (1862).

1860. Broun. On the lunar diurnal variation of magnetic declination at the magnetic equator, *Proceed. of the Roy. Soc.*, X, 475.

1861. P. Secchi. Sur la connexion entre les variations des phénomènes météorologiques et celles du magnétisme terrestre, *Comptes rendus*, LII. 906, LIII, 897 (1861), LIV, 345, 749 (1862), et LVI, 755 (1863).

1861. Broun. On the law of disturbance and the range of the diurnal variation of magnetic declination near the magnetic equator, with reference to the moon's hour angle, *Proceed. of the Roy. Soc.*, XI, 298.

1861. Broun. Sur la prétendue connexion entre les phénomènes météorologiques et les variations du magnétisme, *Comptes rendus*, LIII. 628 (1861), LIV, 1123 (1862), LVI, 540. et LVII, 342 (1863).

1861. Sabine. On the lunar diurnal variation of the magnetic declination obtained from the Kew photograms in the years 1858, 1859 et 1860, *Phil. Mag.*, XXII, 479.

1861. H. A. et R. Schlagintweit, Astronomische Ortsbestimmungen und magnetische Beobachtungen in Indien und Hochasien. *Pogg. Ann.*, CXII, 384.

1861. Hansteen, Polarisch-magnetische Perturbationen und Sonnenflecken, *Pogg. Ann.*, CXII, 397.

1861. Smythe. Determination of the magnetic declinations dip and force at the Fiji Islands, in 1860 and 1861, *Proceed. of the Roy. Soc.*, XI, 481.

1861. Lamont, Bemerkungen über die Bestimmung des Werthes der Scalentheile in magnetischen Observatorien, *Pogg. Ann.*, CXII, 606.

1861. Smith. On the effect produced on the deviations of the compass by the length and arrangement of the compas-needles, and on a new mode of correcting the quadrantal deviation, *Phil. Trans. f.* 1861. 161.

1861. Sabine. On the secular change in the magnetic dip in London. between the years 1821 and 1860. *Phil. Mag.*, (4), XXIII. 223 (1862).

BIBLIOGRAPHIE.

1861. Lamont. Ueber das Verhältniss der magnetischen Horizontal-Intensität und Inclination in Schottland, *Pogg. Ann.*, CXIV, 287.

1861. Balfour Stewart, On the great magnetic disturbance of august 28 to september 7 1859, as recorded by photography at the Kew observatory, *Phil. Mag.*, (4), XXIV, 315 (1862).

1861. Lamont. Der Erdstrom und der Zusammenhang desselben mit dem Magnetismus der Erde, *Pogg. Ann.*, CXIV, 639.

1862. Sabine. On the cosmical features of terrestrial magnetism, *Phil. Mag.*, (4), XXIV, 97.

1862. Petit. Sur l'inclinaison magnétique à l'observatoire de Toulouse et sur la variation annuelle de la déclinaison magnétique au même lieu. *Comptes rendus*, LIV, 349 et 352.

1862. Sabine. Notices of some conclusions derived from the Photographic Records of the Kew declinometer in the years 1858, 1859, 1860 and 1861. *Phil. Mag.*, (4), XXIV, 543.

1862. Lamont. Zusammenhang zwischen Erdbeben und magnetischen Störungen. *Pogg. Ann.*, CXV, 176.

1862. Schroeder von der Kolk, Ueber die magnetischen Störungen im Sept. 1859. *Pogg. Ann.*, CXVI, 346.

1862. Lamont. Ueber die zehnjährige Periode in der täglichen Bewegung der Magnetnadel und die Beziehung des Erdmagnetismus zu den Sonnenflecken, *Pogg. Ann.*, CXVI, 607.

1862. R. Wolf. Ueber die elfjährige Periode in den Sonnenflecken und erdmagnetischen Variationen, *Pogg. Ann.*, CXVII, 502.

1862. Walker, On magnetic calms and earth currents, *Phil. Trans.* f. 1862, 203.

1862. Balfour Stewart, On the forces concerned in producing the larger magnetic disturbances, *Proceed. of the Roy. Soc.*, XII, 194.

1863. Sabine. Results of the magnetic observations at the Kew observatory from 1858 to 1862 inclusive, *Proceed. of the Roy. Soc.*, XII, 623 et 625.

1863. Knight. Cause des variations de l'aiguille aimantée, *Comptes rendus*, LVII, 917 et 946.

1863. Handl. Die magnetische Declination in Lemberg. *Pogg. Ann.*, CXIX, 176.

1863. Mauritius. Notiz über eine einfache Vorrichtung zur Bestimmung der magnetischen Declination, *Pogg. Ann.*, CXX, 617.

1863. P. Desains et Charault, Recherches magnétiques, *Ann. de l'Observatoire de Paris*, VII, 237.

1863. Wolf. On the magnetic variations observed at Greenwich, *Proceed. of the Roy. Soc.*, XIII, 87.

1863. Airy. On the diurnal inequalities of terrestrial magnetism, as deduced from observations made at the royal observatory Greenwich from 1841 to 1857. *Phil. Mag.*, (4), XXVII, 234 (1864). et *Phil. Trans.* f. 1863, 309.

1863. BALFOUR STEWART. On the magnetic disturbance which took place on the 14th of december 1862. *Phil. Mag.*, (4), XXVII, 471 (1864).

1863. CHAMBERS. On the nature of the sun's magnetic action upon the earth, *Phil. Trans.* f. 1863, 503.

1863. SABINE. Results of hourly observations of the magnetic declination made by sir Francis L. M'Clintock, etc., at Port Kennedy, in the Arctic Sea, in the winter of 1858-1859; and a comparison of these results with those obtained by captain R. Maguire, etc., in 1852, 1853 et 1854, at Port Barrow. *Phil. Trans.* f. 1863, 689.

1864. ERMAN, On the magnetic elements and their secular variations. *Proceed. of the Roy. Soc.*, XIII. 218.

1864. SECCHI, Sur les courants de la terre et leur relation avec les phénomènes électriques et magnétiques, *Comptes rendus*, LVIII. 1181.

1864. DA SILVEIRA, A table of the mean declination of the magnet in each decade from january 1858 to december 1863, derived from the observations made at the magnetic observatory at Lisbon, *Proceed. of the Roy. Soc.*, XIII. 347.

1864. BACHE. Carte des lignes magnétiques en Pensylvanie, *Comptes rendus*, LIX. 653.

1864. HAIG. Account of magnetic observations made in the year 1858-1861 inclusive, in British Columbia, Washington territory, and Vancouver island, *Phil. Trans.* f. 1864, 161.

1864. SABINE. A comparison of the most notable disturbances of the magnetic declination in 1858 and 1859 at Kew and at Nertschinsk, etc. *Phil. Trans.* f. 1864, 227.

1864. CAPELLO et BALFOUR STEWART. Results of a comparison of certain traces produced simultaneously by the self-recording magnetographs at Kew and at Lisbon. *Proceed. of the Roy. Soc.*, XIII, 111.

1865. WENKEBACH, *Sur Petrus Adsigerius et les plus anciennes observations de la déclinaison de l'aiguille aimantée*, traduit du hollandais par Hoolberg. Rome, 1865.

1865. SIDGREAVES, Monthly magnetical observations taken at the college observatory Stonyhurst in 1864. *Proc. of the Roy. Soc.*, XIV, 65.

1865. VOLPICELLI, Recherches géométriques et physiques sur le magnétomètre bifilaire. *Comptes rendus*, LXI. 418.

1865. J. CLERK MAXWELL et FLEEMING JENKIN. On the elementary relation between electrical measurements, *Phil. Mag.*, (4), XXIX, 436.

1865. PLING EARLE CHASE. On numerical relations of gravity and magnetism. *Phil. Mag.*, (4), XXX, 52, 185 et 329.

1866. NORTON. On molecular physics, terrestrian magnetism. *Phil. Mag.*, (4), XXXI, 265.

1866. D'Abbadie, Sur l'inclinaison de l'aiguille aimantée. *Comptes rendus*, LXIII, 213.

1866. Renou, Sur la variation séculaire de l'aiguille aimantée. *Comptes rendus*, LXIII, 262.

1866. Coupvent des Bois, Mémoires sur les observations de déclinaison et d'inclinaison de l'aiguille aimantée, faites sur les corvettes *l'Astrolabe* et *la Zélée, Comptes rendus*, LXIII, 381 et 948.

1866. Goulier, Sur la variation séculaire et diurne de l'aiguille aimantée, *Comptes rendus*, LXIII, 408.

1866. Sabine. Results of the magnetic observations at the Kew observatory, *Phil. Trans.* f. 1866, 441.

1866. Sabine, Contributions to terrestrial magnetism, *Phil. Trans.* f. 1866, 453.

1867. Coupvent des Bois, Sur les intensités magnétiques de 42 points du globe, observées pendant la campagne des corvettes *l'Astrolabe* et *la Zélée, Comptes rendus*, LXIV, 347.

1867. Raulin, Études sur le magnétisme terrestre, *Actes de la Société Linnéenne de Bordeaux*, XXVI, 1867.

1867. Volpicelli, Corrélations entre les boussoles électro-magnétiques et les deux procédés de Gauss et de Lamont pour calculer la force horizontale du magnétisme terrestre, *Comptes rendus*, LXV, 296.

1867. Broun, De la variation diurne lunaire de l'aiguille aimantée près de l'équateur magnétique, *Comptes rendus*, LXV, 1146.

1867. Neumayer, On the lunar-diurnal variation of the magnetic declination, with special regard to the moon's declination, *Phil. Trans.* f. 1867, 503.

1868. Sabine. Contributions to terrestrial magnetism, *Phil. Trans.* f. 1868, 371.

1868. Airy, Comparison of magnetic disturbances recorded by the self-registering magnetometers at the royal observatory Greenwich, with magnetic disturbances deduced from the corresponding terrestrial galvanic currents recorded by the self-registering galvanometers of the royal observatory, *Phil. Trans.* f. 1868, 465.

1869. Chambers, On the solar variations of magnetic declination at Bombay, *Phil. Trans.* f. 1869, 363.

1869. Airy, On the diurnal and annual inequalities of terrestrial magnetism as deduced from observations made at the royal observatory Greenwich from 1858 to 1863; being a continuation of a continuation on the diurnal inequalities from 1841 to 1857, printed in the Philosophical Transactions 1863, with a note on the luno-diurnal and other lunar inequalities as deduced from observations extending from 1848 to 1863, *Phil. Trans.* f. 1869, 413.

LEÇONS SUR L'OPTIQUE.

LEÇONS SUR L'OPTIQUE.

I.

VITESSE DE PROPAGATION DE LA LUMIÈRE.

361. Divers procédés de détermination. — La vitesse de propagation de la lumière a été déterminée par des procédés variés que l'on peut rattacher à deux classes distinctes :

1° La méthode directe, dans laquelle on a utilisé l'observation des astres ou l'observation de phénomènes produits à la surface de la terre ;

2° La méthode indirecte, dans laquelle on s'est servi du phénomène de l'aberration.

1° DÉTERMINATION DE LA VITESSE DE LA LUMIÈRE PAR LES OBSERVATIONS ASTRONOMIQUES ET TERRESTRES.

362. Premier système d'expériences proposé par Galilée. — C'est Galilée qui a pour la première fois posé le problème de savoir si la lumière met un certain temps à passer d'un point à un autre ou si elle se propage instantanément. Avant lui, la propagation instantanée de la lumière était considérée comme un fait évident. Dans ses dialogues sur les sciences modernes, il indiqua, pour résoudre la question, un procédé grossier qui permet seulement de constater que, si la lumière ne se propage pas instantanément, elle a une vitesse beaucoup plus grande que les vitesses que nous sommes accoutumés à considérer.

Deux observateurs se placent à une certaine distance l'un de l'autre ; ils sont munis tous deux d'une lumière et d'un écran, et ils conviennent que chacun démâsquera sa lumière à l'instant où il verra que la lumière de l'autre est découverte.

Avant de procéder aux expériences, les observateurs se placent dans une chambre où la durée de la propagation de la lumière doit être évidemment insensible, et ils s'exercent à découvrir leurs lumières au même instant. Quand ils sont arrivés à ce résultat, ils s'installent de nuit à une grande distance l'un de l'autre, après s'être munis de lunettes qui permettraient de faire les observations jusqu'à une distance de 15 à 18 kilomètres. Si la lumière met un temps appréciable à parcourir la distance qui les sépare, il y aura un intervalle de temps sensible entre le moment où un observateur découvre sa lumière et celui où il aperçoit l'autre lumière découverte.

Galilée fit l'expérience pour une distance de 200 mètres; plus tard les académiciens *del Cimento* la répétèrent pour une distance plus grande, 2 kilomètres environ : dans les deux cas les résultats furent négatifs.

363. Idées de Descartes conduisant à une propagation instantanée. — Descartes fut conduit par ses idées théoriques à considérer la vitesse de propagation de la lumière comme infinie. En effet, il regardait la lumière comme résultant non pas d'une ondulation, mais d'une pression transmise du corps lumineux jusqu'à l'œil, et, comme il supposait le plein absolu, il en concluait que la propagation de cette pression devait être instantanée. Descartes n'est donc pas, comme on l'a dit quelquefois, le créateur de la théorie des ondulations; tout l'honneur de cette découverte revient à Huyghens et à Hooke.

364. Découverte de Rœmer. — Irrégularité des éclipses des satellites de Jupiter. — Ce fut dans la seconde moitié du xvii⁰ siècle (de 1672 à 1676)[1] que l'astronome danois Rœmer mesura pour la première fois la vitesse de la lumière.

Cet astronome avait été amené en France par Picard, à la suite d'un voyage que ce savant avait entrepris pour déterminer la po-

---

[1] *Mémoires de l'ancienne Académie*, X, 575.

sition exacte de l'observatoire de Tycho-Brahé. Il fut attaché à l'Observatoire de Paris où, sous la direction de Cassini, il s'occupa de l'observation des satellites de Jupiter.

On sait que ces satellites pénètrent à chaque révolution dans le cône d'ombre de Jupiter, et il semble que ces éclipses fréquentes doivent permettre de déterminer avec exactitude les mouvements de ces astres; mais en observant les immersions et les émersions de ces satellites dans le cône d'ombre, particulièrement celles du premier, Rœmer reconnut que le phénomène était irrégulier. L'intervalle de temps qui sépare deux immersions ou deux émersions n'est pas constant, et il est difficile de se reconnaître au milieu des inégalités qu'on observe.

La première idée qui se présente pour expliquer ces inégalités consiste à supposer que le mouvement du satellite est irrégulier, ou que les observations présentent quelques erreurs accidentelles; mais dans ce cas les différences devraient disparaître lorsqu'on prend les moyennes d'un grand nombre d'observations, et c'est ce qui n'a pas lieu. Rœmer fut ainsi conduit à se demander si le phénomène n'était pas dû à la propagation de la lumière.

Supposons, en effet, que, le soleil étant en S (fig. 242), nous considérions Jupiter au moment où il est en quadrature avec la terre; Jupiter étant en J_1, et la terre en T_1, le déplacement relatif des deux planètes sera alors le plus considérable. Supposons qu'on observe dans le voisinage de cette position deux immersions ou deux

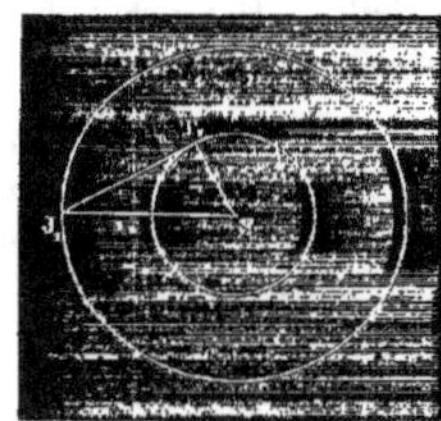

émersions consécutives d'un satellite de Jupiter, l'intervalle qui séparera ces deux phénomènes sera la durée θ de la révolution du satellite; cette durée peut être appréciée avec une très-grande exactitude en prenant le temps qui s'écoule entre une émersion et une autre émersion séparée de la première par plusieurs milliers d'émersions, car alors l'erreur que l'on commet est sensiblement la même que s'il s'agissait d'une seule observation, puisque les variations de la période comprise entre deux émersions ou deux immersions consécutives sont très-petites

Fig. 242.

et alternativement de signes différents; de plus, se trouvant divisée par un nombre très-grand, elle devient négligeable.

Soit t l'instant réel de la première immersion, l'immersion suivante aura lieu au temps $t+\theta$, mais on apercevra le premier phénomène à l'époque $t+\dfrac{D}{V}$, D étant la distance de Jupiter à la terre et V la vitesse de la lumière; quant à la deuxième immersion, elle sera vue de la terre à l'époque $t+\theta+\dfrac{D+\delta}{V}$, δ étant la variation de distance des deux planètes, considérée comme positive ou négative suivant que les deux astres s'éloignent ou se rapprochent.

Quand la distance augmente, on observera donc un intervalle plus long que la durée θ de la révolution; quand elle diminue, on trouvera un intervalle plus court. Comme c'est à l'époque des quadratures que δ a sa plus grande valeur, c'est alors que le phénomène sera le plus sensible, et l'on devra ainsi mettre en évidence la durée de la propagation de la lumière. Cependant, à l'époque où Rœmer faisait ses recherches, les procédés d'observation n'étaient pas encore assez perfectionnés pour que l'on pût déduire avec quelque exactitude la vitesse V, connaissant la différence entre la durée θ d'une révolution du satellite et l'intervalle de deux immersions successives, c'est-à-dire connaissant $\dfrac{\delta}{V}$ et de plus les quantités D et δ qui sont données par la connaissance des mouvements de Jupiter.

Mais si l'on prend toutes les observations d'éclipses qui se rapportent à l'intervalle compris entre la conjonction de Jupiter et l'opposition suivante, et toutes celles qui se rapportent à l'intervalle compris entre cette opposition et une nouvelle conjonction, la somme des effets de la durée de la propagation de la lumière devient très-sensible et l'on peut en calculer la vitesse.

En effet, supposons d'abord la terre et Jupiter en conjonction en J_2 et T_2 (fig. 243): au bout d'un certain temps Jupiter se trouve en J_3 en opposition avec la terre qui se trouve en T_3. Pendant cette période la terre s'est écartée de Jupiter d'une quantité égale au diamètre de l'orbite terrestre. Donc les intervalles entre deux immersions consécutives du satellite de Jupiter devront dans cette période surpasser la durée de la révolution du satellite, et la somme des

excès devra être précisément égale au temps employé par la lumière
pour parcourir le diamètre de l'orbite terrestre. Si l'on désigne ce

temps par k et le nombre des éclipses par
$n+1$, l'intervalle entre la première et le
dernière immersion sera égal à $n\theta + k$; en
désignant cet intervalle par T, on aura

$$T = n\theta + k.$$

Depuis l'opposition jusqu'à la conjonction suivante, la terre se rapprochera de
Jupiter d'une quantité égale au diamètre de

l'orbite terrestre. Dans cette période, les intervalles observés entre
deux immersions consécutives seront donc moindres que la durée θ
de la révolution, et la somme des différences sera encore égale à k.
On aura

$$T' = n\theta - k,$$

d'où l'on conclut

$$\frac{T+T'}{2n} = \theta, \qquad \frac{T-T'}{2} = k.$$

Cette quantité k, temps que met la lumière à traverser le diamètre
de l'orbite terrestre, a une valeur très-appréciable. Rœmer l'a trouvée
égale à 22 minutes, ce qui correspond à une vitesse de 48,000 lieues.
Ce nombre est doublement incertain à cause de l'imperfection des
connaissances que l'on avait relativement au diamètre de l'orbite
terrestre.

365. **Doutes de Cassini.** — Cassini fit aux observations de
Rœmer une objection qui semble d'abord péremptoire : si les irrégularités observées pour le premier satellite tiennent à une cause
générale, comme la propagation de la lumière, ces irrégularités
doivent aussi s'observer pour les autres satellites. Mais, à l'époque
des travaux de Rœmer, les moyens d'observation n'étaient pas encore
assez perfectionnés pour permettre de reconnaître ces irrégularités
qui ont été parfaitement constatées plus tard.

Dans une seconde série d'observations, Rœmer trouva 14 minutes pour la valeur de k : la différence considérable qui existe entre ce nombre et le premier indique toute l'imperfection des moyens d'observation dont il disposait.

366. Imperfections de la méthode de Rœmer. — Remarques et calculs de Delambre. — La méthode de Rœmer a été pendant longtemps abandonnée pour deux raisons :

1° A cause du défaut de précision que présente l'observation des éclipses ;

2° Par les inégalités des mouvements des satellites.

D'après Delambre, le défaut de précision peut aller jusqu'à 30 secondes dans les observations du premier satellite; il atteint 1 minute pour les observations du deuxième, 3 minutes pour celles du troisième, et 4 minutes pour celles du quatrième; quelques éclipses de ce dernier, où il ne reste dans le cône d'ombre que pendant un petit nombre de minutes (18 à 10), peuvent même échapper à certains observateurs.

Pour ce qui est des mouvements des satellites de Jupiter, ils ne sont pas aussi simples que nous l'avons supposé précédemment : leurs éclipses ne sont pas absolument périodiques et, tant que ces perturbations n'étaient pas bien connues, on ne pouvait déduire des observations une valeur exacte de la vitesse de la lumière.

Cependant Delambre utilisa les observations faites sur un millier d'éclipses, au voisinage des conjonctions et oppositions de Jupiter, et embrassant une période de 140 années, principalement les observations que Bradley avait faites pendant le xviiie siècle, il conclut de ses calculs que la lumière emploie 8 minutes 13 secondes à traverser l'orbite terrestre, ce qui donne pour la vitesse de la lumière 71,000 lieues de 25 au degré, à 2,000 lieues près.

MÉTHODE DE M. FIZEAU.

367. Expériences de M. Fizeau en 1849[1]. — Les méthodes que nous allons décrire sont destinées à rendre sensible le temps employé par la lumière pour parcourir des distances peu considérables à la surface de la terre.

[1] *Comptes rendus*, XXIX, 90, 1849.

Les premières expériences de M. Fizeau remontent à 1849 : en voici le principe. Devant une source lumineuse, on place une roue dont le pourtour est muni d'un grand nombre de dents; les rayons lumineux passent à travers les intervalles qui existent entre les dents et vont se réfléchir sur un miroir placé à une grande distance, normal à leur direction, et qui les renvoie par conséquent dans leur direction primitive.

Si la roue est immobile, les rayons repasseront par les intervalles creux : mais si la roue tourne, elle se sera déplacée pendant le temps que met la lumière à aller de la roue au miroir et à revenir du miroir à la roue, et une partie des rayons lumineux réfléchis sera interceptée par les dents opaques de la roue. Si en particulier on suppose la largeur des intervalles creux égale à celle des dents et la vitesse de rotation de la roue telle que, pendant le temps nécessaire à la lumière pour parcourir le double trajet de la roue au miroir, les intervalles viennent exactement prendre la place des dents et réciproquement, les rayons réfléchis seront complétement interceptés; si la vitesse de la roue vient à augmenter ou bien à diminuer un peu, une partie des rayons réfléchis passera de nouveau.

Nous allons faire voir que l'expérience est réalisable avec les vitesses que l'on peut donner à une roue dentée et les distances auxquelles on peut opérer. En effet, soient d le nombre des dents de la roue, n celui des tours qu'elle fait en une seconde, l la distance de la roue au miroir, v la vitesse de la lumière : pendant le temps que met la lumière à aller de la roue au miroir et à en revenir, c'est-à-dire pendant le temps $\frac{2l}{v}$, la roue devra tourner d'un arc égal à $\frac{2\pi}{2d}$; comme, dans l'unité de temps, la roue tourne d'un angle égal à $2n\pi$, pendant un temps égal à $\frac{2l}{v}$ elle tournera d'un angle égal à $2n\pi\frac{2l}{v}$; on devra donc avoir

$$2n\pi\,\frac{2l}{v} = \frac{2\pi}{2d}, \qquad \text{d'où} \qquad v = 2l.2nd.$$

Si l'on suppose $v = 306,000$ kilomètres, $l = 5$ kilomètres et $d = 1,000$, on aura

$$306,000 = 20,000\,n, \qquad \text{d'où} \qquad n = \frac{306}{20};$$

n serait donc égal environ à 1,5. Pour que l'expérience réussisse entre deux stations distantes de 5 kilomètres, il faut donc, si la roue a 1,000 dents, qu'elle ait une vitesse de rotation de 15 tours par seconde, ce qui peut se réaliser facilement.

368. Difficultés de cette méthode. — Les difficultés que présente cette méthode consistent dans l'ajustement exact de deux appareils séparés par un intervalle de 5 kilomètres et qui doivent être disposés de telle sorte que le miroir renvoie exactement les rayons dans leur direction primitive. De plus, il faut que la roue soit travaillée avec une grande perfection, de manière que la substitution d'un intervalle transparent à un intervalle obscur se fasse complétement et simultanément pour toutes les dents. On atténue de la manière suivante la cause d'erreur résultant de ce que cette condition n'est jamais remplie. Supposons que la roue prenne une vitesse double de celle pour laquelle elle intercepte les rayons réfléchis ; il est clair que, pendant que la lumière accomplira son double trajet, un intervalle creux viendra prendre exactement la place de l'intervalle creux précédent, et les rayons réfléchis passeront en totalité. Si la vitesse de la roue devient triple de la première, un intervalle opaque viendra prendre la place d'un intervalle creux, et les rayons réfléchis seront de nouveau interceptés complétement. On verrait de même que, si la vitesse de la roue est égale à 5, 7,... fois celle que nous avons supposée en premier lieu, les rayons réfléchis seront complétement interceptés. En donnant successivement à la roue ces diverses vitesses, on pourra en déduire un certain nombre de valeurs de la vitesse de la lumière et obtenir une valeur moyenne affranchie, du moins en grande partie, des erreurs provenant des irrégularités de la roue.

369. Ajustement des appareils. — Voyons maintenant comment on parvient à ajuster les appareils. Il est clair d'abord qu'on ne pourra pas prendre pour source lumineuse une lumière ordinaire ; car les rayons émanés de la source s'affaiblissent avec la distance à cause de leur divergence et, après leur réflexion sur le miroir, ils n'auraient plus d'intensité appréciable. Il faut s'arranger de

telle sorte que les rayons lumineux conservent une intensité constante. A cet effet, on place derrière la roue dentée une source lumineuse quelconque, une lampe par exemple, et devant cette roue
on dispose une lentille achromatique convergente de telle sorte que
les intervalles des dents soient au foyer de la lentille. Les rayons,
au sortir de la lentille, seront parallèles et se propageront sans s'affaiblir ; et, si on les fait réfléchir sur un miroir normal à leur direction, ils reprendront leurs directions primitives, se réfracteront en
traversant la lentille et viendront converger à leur point de départ.

Mais il est facile de voir que, avec ce dispositif, on ne pourrait
jamais obtenir dans l'ajustement du miroir une précision suffisante,
car il suffira que la normale au miroir fasse un angle d'une minute,
et même moins encore, pour que les rayons réfléchis cessent de
tomber sur la lentille.

On emploie alors l'artifice suivant : à la deuxième station, on
reçoit les rayons sur une lentille convergente dont on rend l'axe
exactement parallèle à celui de la lentille par un procédé que nous
indiquerons plus loin : les rayons viennent converger au foyer principal de cette lentille, où se trouve un miroir que l'on rend aussi
normal que possible à l'axe de la lentille, sans qu'il soit nécessaire
de remplir cette condition avec autant d'exactitude que dans la première disposition. Les rayons réfléchis sortent parallèlement à l'axe
de la deuxième lentille, et, quoique chaque rayon suive individuellement une route différente, les deux cylindres des rayons réfléchis
et incidents coïncident sensiblement ; les rayons réfléchis tombent
sur la première lentille parallèlement à son axe et vont converger à
son foyer principal, c'est-à-dire au point de départ.

Telle est la disposition à laquelle s'est arrêté M. Fizeau. Elle
exige, comme on le voit, l'emploi de deux lentilles convergentes
dont les axes soient rigoureusement parallèles. Pour arriver à satisfaire à cette condition, on se sert non de deux lentilles isolées, mais
des objectifs de deux lunettes astronomiques. Dans chacune de ces
lunettes, on place le point de croisement des fils du réticule au foyer
principal de l'objectif, puis on dirige chaque lunette de telle sorte
que le point de croisement des fils de son réticule coïncide avec le
point de croisement des fils de l'autre lunette ; on est alors sûr que

les axes des deux lunettes sont rigoureusement parallèles. On remplace le réticule d'une des lunettes par la roue dentée, celui de l'autre par le miroir. On voit que, pour que cette substitution soit possible, il faut faire usage, non pas de lunettes ordinaires dont les verres sont supportés par des tuyaux, mais simplement d'un système d'objectifs et d'oculaires rendus solidaires.

Enfin, il reste une dernière condition à remplir : il faut faire arriver de la lumière sur la roue dentée, de manière qu'il soit facile de constater la disparition des rayons réfléchis. La source lumineuse est une lampe S (fig. 244) placée derrière une lentille convergente L : le faisceau convergent est reçu sur une lame réfléchissante AB à faces parallèles, et réfléchi de manière que les rayons viennent converger en un point C' de la circonférence de la roue dentée; une autre partie des rayons traverse la lame dans la direction BC. Les rayons réfléchis sur le miroir de la deuxième station reviennent traverser la lentille L', tombent sur la lame AB, s'y réfléchissent en partie

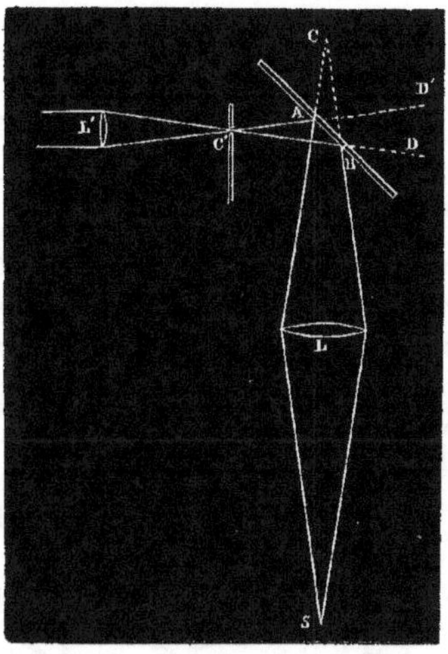

Fig. 244.

et la traversent en partie dans les directions comprises entre BD et AD'. Donc, si l'on n'aperçoit pas de lumière entre les directions BD, AD', on conclura à la disparition des rayons réfléchis; c'est dans cette direction qu'on place un oculaire.

M. Fizeau établit ses deux stations l'une à Montmartre, l'autre à Suresnes, à une distance de 8,633 mètres de la première. Les observations devaient nécessairement être faites de nuit; elles ne furent pas très-multipliées, et les résultats auxquels elles conduisirent ne présentèrent pas une netteté parfaite.

En effet, on n'arrive jamais, sans doute à cause des imperfections

de l'appareil, à observer une disparition complète des rayons réfléchis; on constate seulement un très-grand affaiblissement et, comme
on ne connaît pas exactement la vitesse de rotation de la roue dentée
au moment où l'on observe la réapparition de la source lumineuse,
on ne peut guère espérer de déterminer par cette méthode la vitesse de la lumière avec plus de précision que par les observations
astronomiques.

M. Fizeau a donné comme résultat de ses expériences le nombre
71.000 lieues de 25 au degré comme représentant l'espace parcouru par la lumière en une seconde; mais, comme les détails des
observations n'ont pas été publiés, il n'est pas possible de juger du
degré d'exactitude de ce nombre.

MÉTHODE DE FOUCAULT.

**370. Première idée d'application de la méthode du mi-
roir tournant à la lumière par M. Wheatstone en 1837. —**
La méthode employée par Foucault est supérieure à la précédente;
elle repose sur l'emploi des miroirs tournants dont M. Wheatstone
s'est servi pour mesurer la vitesse de l'électricité. M. Wheatstone
avait reconnu que ce procédé se prêtait généralement à la mesure
des intervalles de temps très-petits et avait proposé de l'employer
pour évaluer la vitesse de la lumière. Il devait suffire de produire
une étincelle électrique. de la faire réfléchir par un miroir tournant
placé à une grande distance, et de déduire du déplacement de l'i-
mage le temps employé par la lumière pour aller jusqu'au miroir.

M. Wheatstone avait surtout pour but de chercher si la vitesse
de la lumière est plus grande dans les milieux plus réfringents,
comme l'indique la théorie de l'émission, ou plus petite, comme le
veut la théorie des ondulations, et de décider ainsi par expérience
d'une manière définitive entre ces deux théories.

Si l'on fait parcourir des chemins égaux dans l'air et dans l'eau à
des rayons partis d'une même source, avant de les faire réfléchir
sur le miroir tournant, les vitesses de propagation étant inégales dans
ces deux milieux, on aura deux images qui ne coïncideront pas. On
reconnaîtra facilement, à sa teinte et à son peu d'intensité, l'image
fournie par les rayons qui ont traversé l'eau, et, d'après la position

de cette image par rapport à l'autre, on verra si la lumière se propage plus vite dans l'air que dans l'eau ou inversement. M. Wheatstone croyait nécessaire de faire parcourir aux rayons lumineux de très-grandes distances dans l'air et dans l'eau; c'est ce qui l'empêcha de réaliser son expérience. Il se proposait d'employer un tube de plus de 1,500 mètres rempli d'eau, qu'on devait enfouir sous le sol pour le préserver des variations de température; ce tube devait se recourber à angle droit à ses deux extrémités, et des miroirs inclinés à 45 degrés devaient permettre aux rayons de suivre le tube dans toute sa longueur. Dans ces conditions, l'expérience est irréalisable : M. Wheatstone ne publia pas ce projet : il n'en parla que dans des lettres adressées à Arago et à d'autres savants.

371. Système d'expériences proposé par Arago en 1839. — Arago reprit la question et chercha à se procurer des miroirs tournant plus vite que ceux de M. Wheatstone, ce qui devait permettre de réduire beaucoup la distance à parcourir par le rayon lumineux pour que l'expérience fût possible. Au lieu de miroirs faisant seulement 200 à 300 tours par seconde, Arago fit construire par Bréguet un mécanisme d'horlogerie qui mettait en mouvement un miroir faisant 3,000 tours par seconde. A l'aide de ce miroir on devait pouvoir rendre sensible le temps nécessaire à la lumière pour parcourir 4 ou 5 mètres et opérer par conséquent dans l'intérieur d'un laboratoire.

Mais l'expérience telle que la concevait Arago ne peut être exécutée, à cause de l'omission étrange d'une précaution essentielle : en effet, elle nécessite l'emploi d'une lumière instantanée, comme l'est celle d'une étincelle électrique; or, au moment où la décharge a lieu, le miroir tournant se trouve dans une position qu'on ne peut assigner *a priori*, et, pour que l'observation soit possible, il faut que l'observateur soit placé dans la direction du rayon réfléchi, ce qui n'aura lieu que par hasard. Arago, pour augmenter les chances de visibilité du phénomène, proposait d'échelonner plusieurs observateurs dans le laboratoire; mais il faudrait encore dans ce cas faire un très-grand nombre d'expériences avant de tirer parti d'une seule. M. Wheatstone, pour lever cette difficulté, a imaginé une dis-

position qui décharge la batterie lorsque le miroir se trouve dans
une position déterminée, de sorte qu'on peut assigner d'avance la
direction du rayon réfléchi.

372. Multiplication des miroirs tournants. — Arago a
pensé à substituer au miroir faisant 3,000 tours par seconde et sujet
à s'user très-rapidement trois miroirs. faisant chacun 1,000 tours
par seconde. qui réfléchissent successivement le rayon lumineux et
qui produisent par conséquent le même effet. Mais on rencontre ici
les mêmes difficultés que précédemment, et l'on ne peut employer
de disposition mécanique simple pour lier la production de l'étincelle aux positions des miroirs.

**373. Introduction de miroirs fixes dans l'appareil, in-
diquée par Bessel.** — Bessel avait proposé à Arago une modification qui consiste à placer en face d'un miroir mobile un miroir fixe
pour renvoyer les rayons sur le miroir mobile; cette disposition a le
double avantage d'augmenter le trajet parcouru par les rayons lumineux et de présenter la même sensibilité que si l'on employait un
deuxième miroir mobile tournant avec la même vitesse que le premier.

**374. Perfectionnement considérable introduit dans la
méthode par Foucault, en 1850.** — Arago n'utilisa jamais les
miroirs qu'il avait fait construire. Foucault réalisa le premier l'expérience en lui donnant une disposition qui permet à l'observateur
de se placer constamment dans la direction du rayon réfléchi. Soit
un miroir mobile AB (fig. 245), sur lequel tombe un faisceau de
rayons parallèles; ces rayons sont réfléchis et viennent tomber sur
un miroir CD normal à leur direction, placé à une certaine distance, qui les renvoie dans leur direction primitive. Pendant que la
lumière fait ce double trajet, le miroir AB tournera d'un certain
angle et viendra en A'B', de sorte que les rayons qui reviennent
tomber sur ce miroir seront réfléchis dans une direction qui fait
avec la première un angle double de AOA', c'est-à-dire de l'angle
dont tourne le miroir pendant le temps nécessaire à la lumière pour
parcourir deux fois la distance des deux miroirs.

Soient d cette distance, v la vitesse de la lumière, n le nombre de tours que fait le miroir en une seconde, on aura

$$\frac{2d}{v} = \frac{\alpha}{2n \cdot 360},$$

α étant l'angle des deux positions du miroir, et par suite 2α la déviation de l'image, déviation que l'on peut reconnaître lors même

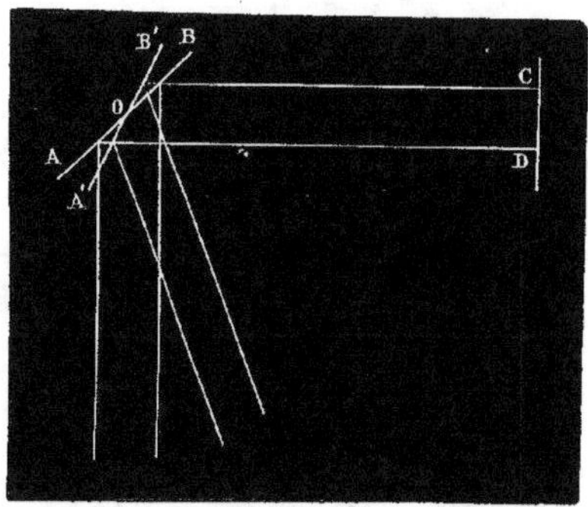

Fig. 245.

qu'elle n'est égale qu'à un petit nombre de minutes. Si l'on connaît la valeur de α, on peut tirer de cette équation la valeur de v,

$$v = \frac{2d \cdot 2n \cdot 360}{\alpha}.$$

On peut aussi remarquer, et c'est là le grand avantage que présente l'appareil de M. Foucault, que, si la direction des rayons incidents est fixe, la direction des rayons réfléchis sera également fixe pour une vitesse de rotation constante du miroir, quelle que soit la position qu'il occupe.

De plus, il est inutile de faire usage d'une lumière instantanée; en effet, les rayons n'arrivent à l'œil dans la direction que nous avons indiquée pour les rayons réfléchis que lorsque, après avoir été réfléchis sur le miroir fixe, ils iront rencontrer le miroir mobile dans une position déterminée, ce qui n'arrivera que pendant un instant très-court à chaque révolution du miroir. L'œil verra donc, s'il est placé dans la direction indiquée, les rayons réfléchis pendant un instant très-court à chaque révolution; à cause de la persistance des impressions lumineuses, il apercevra une image continue et dont le déplacement par rapport aux rayons incidents est constant. Soit α l'angle des rayons réfléchis avec les rayons incidents, exprimé en degrés, minutes et secondes; on a, comme précédemment,

$$v = \frac{2d \cdot 2n \cdot 360}{\alpha}.$$

Cherchons la vitesse qu'il faut donner au miroir pour que α soit, par exemple, égal à 10 minutes, en supposant d égal à 5 mètres; on aura

$$306\,000\,000 = \frac{10 \cdot 2n \cdot 21\,600}{10},$$

d'où

$$n = \frac{306\,000\,000}{43\,200} = 7083.$$

Le miroir doit donc faire 7,083 tours par seconde pour produire une déviation de 10 minutes. Pour une déviation de 1 minute il suffit de 708 tours par seconde; cette déviation de 1 minute est parfaitement appréciable. Si la distance était de 5 kilomètres, on aurait, avec une vitesse de 708 tours par seconde, une déviation de 1,000 minutes ou 16°40′.

375. Description de l'appareil. — Il nous reste maintenant à décrire avec détails l'appareil employé par Foucault pour réaliser ses expériences. Les rayons du soleil sont introduits dans une chambre noire par une ouverture, suivant une direction rendue constante à l'aide d'un héliostat; ils sont reçus sur un premier diaphragme AB (fig. 246) percé d'une ouverture rectangulaire au milieu de laquelle est tendu horizontalement un fil D : c'est ce fil qui sert de point de mire.

Au sortir de ce diaphragme les rayons rencontrent une lame de verre L à faces parallèles, inclinée sur leur direction : une partie du faisceau est réfléchie par cette lame et ne sert pas à l'expérience; l'autre traverse la lame et vient rencontrer une lentille convergente

E qui a pour effet de diminuer la divergence trop considérable des
rayons. Au delà se trouve une autre lentille convergente O à long
foyer, achromatique et aussi bien travaillée que possible. Au foyer
conjugué du diaphragme on aura une image A'B', mais on ne
permet pas à cette image de se former et, à quelque distance de la
lentille, on place un miroir m qui est précisément le miroir tour-

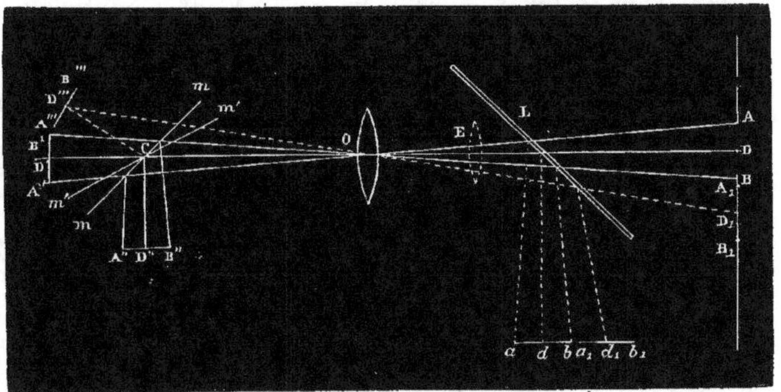

Fig. 246.

nant. Nous supposerons d'abord ce miroir immobile dans une certaine position : les rayons lumineux, au lieu d'aller converger aux
différents points de A'B', iront former alors une image A"B" qui sera
située, par rapport à l'image A'B' et au miroir m, comme l'est une
image formée par un miroir plan par rapport à l'objet qui la produit.

Au point où vient se former l'image A"B", on place un miroir
destiné à faire rebrousser chemin aux rayons lumineux; c'est un
miroir concave dont le centre coïncide avec le milieu du miroir réfléchissant m. Par suite de cette disposition, tous les rayons qui,
réfléchis par le miroir en m, vont tomber sur le miroir concave,
iront converger après la réflexion aux différents points du miroir m,
mais dans un ordre inverse. L'emploi d'un miroir concave est préférable à celui d'un miroir plan : en effet, les rayons réfléchis par un
pareil miroir conserveraient après la réflexion la divergence qu'ils
ont en tombant sur le miroir m, de sorte qu'une partie seulement

de ces rayons tomberait de nouveau sur ce miroir; tandis que le
miroir concave ramène sur le miroir m tous les rayons qui s'y étaient
réfléchis une première fois. Les rayons qui sont ainsi renvoyés sur
le miroir m s'y réfléchissent et prennent absolument les mêmes directions que s'ils émanaient des différents points de A'B'; donc,
après avoir traversé les lentilles O, E et la lame L, ces rayons iront
converger aux différents points de AB. Ceux de ces rayons qui se
réfléchiront sur la lame L iront former une image ab disposée par
rapport à AB et à la lame L comme l'est une image par rapport à
l'objet qui la produit. On aura donc en définitive en ab une image
du diaphragme de même grandeur que lui.

On commence par observer cette image à l'aide d'une loupe ou
d'un oculaire, lorsque le miroir m est immobile ou animé d'une
faible vitesse. Lorsque le miroir tourne, on apercevra une image en
ab, au moment où les rayons réfléchis par ce miroir iront tomber
sur le miroir concave, c'est-à-dire une fois par chaque révolution du
miroir si ce miroir n'est étamé que sur une face, une fois à chaque
demi-révolution si le miroir est étamé sur les deux faces, comme
c'était le cas dans les expériences de Foucault. Si le miroir tourne
lentement, on apercevra en ab une succession d'alternatives de lumière et d'obscurité; mais si la vitesse dépasse 4 à 5 tours par seconde, on aura, par suite de la persistance des impressions lumineuses, une image continue en ab. Si la vitesse est peu considérable,
cette image ne sera pas déplacée d'une manière appréciable; mais,
si la vitesse de rotation continue à croître, l'image se déplacera
sensiblement, et de la mesure du déplacement on pourra déduire le temps nécessaire à la lumière pour aller du miroir mobile
m au miroir concave, et revenir de ce dernier miroir au premier.
En effet, pendant que les rayons vont du miroir m en A"B" et en
reviennent, le miroir m a tourné d'un certain angle et est venu en m';
les rayons, après s'être réfléchis sur le miroir m', auront les mêmes
directions que s'ils provenaient, non plus des différents points de
A'B', mais des différents points de A'''B''', symétrique de A"B" par
rapport au miroir m'.

Ces rayons, après avoir traversé la lentille, iront donc converger,
non plus aux différents points de AB, mais aux différents points de

A_1B_1; les rayons partis du point D en particulier iront converger au point D_1, milieu de A_1B_1; les rayons réfléchis par la lame L iront converger aux divers points de a_1b_1, symétrique de A_1B_1 par rapport à la lame L, et l'image du point D sera en d_1, milieu de a_1b_1. On aura évidemment, à cause de la symétrie,

$$dd_1 = DD_1.$$

376. Relation entre le déplacement de l'image et l'angle de rotation du miroir. — Cherchons maintenant une relation entre le déplacement x de l'image du point D, c'est-à-dire de l'image de la mire, déplacement qu'on mesure directement, et l'angle α dont tourne le miroir pendant le temps nécessaire pour que la lumière parcoure le double trajet du centre C du miroir m en D'' et de D'' en C.

Posons $CO = \delta$, $CD'' = \delta'$, $OD = d$. Le déplacement angulaire du miroir étant très-petit, DD_1 et $D'D'''$ peuvent être considérés comme des arcs de cercle décrits du point O comme centre; on a donc

$$\frac{DD_1}{D'D'''} = \frac{d}{\delta + \delta'}.$$

$DD_1 = dd_1 = x$, CD' est symétrique de la direction du rayon réfléchi quand le miroir est en m, CD''' est symétrique de la direction du même rayon quand le miroir est en m', c'est-à-dire quand il a tourné d'un angle α; donc

$$D'''CD' = 2\alpha, \quad D'D''' = 2\alpha \times CD' = 2\alpha \times CD'' = 2\alpha\delta';$$

par suite,

$$\frac{x}{2\alpha\delta'} = \frac{d}{\delta + \delta'},$$

d'où l'on tire

$$x = \frac{2\alpha d\delta'}{\delta + \delta'}, \qquad \text{et} \qquad \alpha = \frac{x(\delta + \delta')}{2d\delta'}.$$

α est l'angle dont tourne le miroir pendant le temps nécessaire à la lumière pour parcourir deux fois la distance CD', c'est-à-dire pour parcourir une distance égale à $2\delta'$.

Connaissant la vitesse de rotation du miroir, on peut trouver le temps qu'il met à tourner d'un angle α, angle donné par l'équation précédente, au moyen de x, δ, δ' et d que l'on mesure directement: on connaîtra par suite le temps nécessaire à la lumière pour parcourir la distance $2\delta'$ et l'on pourra en déduire la vitesse de la lumière.

377. Disposition du miroir tournant. — La principale difficulté d'exécution que présente cette méthode consiste dans la construction du miroir tournant. On ne peut employer une glace étamée, car dans un pareil miroir la surface réfléchissante est formée par du mercure presque liquide contenu entre le verre et une feuille d'étain; lorsqu'on ferait tourner rapidement le miroir, le mercure se porterait vers les bords par l'effet de la réaction centrifuge et le miroir perdrait bientôt tout son pouvoir réfléchissant. Pour éviter cet inconvénient, Foucault a fait usage de miroirs argentés à l'aide d'une solution de sels d'argent et de corps organiques réducteurs.

378. Mesure de la vitesse de rotation du miroir. — Le miroir tournant était monté à l'extrémité d'un axe vertical qui portait à sa partie inférieure le disque supérieur d'une sirène. On faisait arriver dans le tambour de cet instrument un jet de vapeur produit par une petite chaudière; on obtenait ainsi facilement un mouvement rapide et régulier, et en réglant, au moyen d'un robinet, l'arrivée de la vapeur, on pouvait à volonté augmenter ou diminuer la vitesse de rotation.

M. Wheatstone a employé pour la première fois cette disposition dans ses recherches sur la vitesse de l'électricité; seulement, comme il n'avait pas besoin d'une vitesse de rotation aussi considérable que celle qui est nécessaire dans les expériences dont nous parlons, il mettait la sirène en mouvement à l'aide d'une soufflerie.

Il s'agit maintenant de connaître la vitesse de rotation de l'axe de la sirène et par suite celle du miroir. Le jet de vapeur, étant périodiquement interrompu, produit un son; on peut en prendre l'unisson sur le monocorde, déterminer le nombre de vibrations auquel il correspond, et, comme on connaît le nombre de trous que porte le plateau, en déduire le nombre de tours qu'il fait par seconde. Mais ce procédé manque d'exactitude, car le plateau de la sirène tourne très-vite; le son produit est extrêmement aigu : l'oreille peut à peine le percevoir, et il lui est difficile d'apprécier à cette hauteur même une différence d'un ton.

Foucault a utilisé un autre son qui se produit dans la sirène, que l'on désigne sous le nom de son d'axe et dont nous allons faire connaître la nature. Si un corps solide a reçu un mouvement de rotation autour d'un de ses axes principaux d'inertie, pourvu qu'on lui restitue à l'aide d'une force extérieure perpendiculaire à l'axe la quantité de mouvement qu'il perd à chaque instant par suite des frottements et des résistances étrangères, il tournera indéfiniment et d'un mouvement uniforme autour de son axe. Mais, lorsque l'axe de rotation n'est pas un axe principal d'inertie, le corps ne peut tourner sans avoir en même temps un mouvement d'oscillation, mouvement qui devient très-sensible lorsque la vitesse de rotation est considérable; il y a une oscillation complète à chaque révolution. En vertu de ce mouvement, l'axe vient heurter deux fois à chaque révolution les tourillons dans lesquels il repose; si la vitesse est suffisamment grande, il en résulte un son continu qui correspond à un nombre de vibrations, pendant l'unité de temps, égal au nombre de tours de l'axe pendant le même temps. C'est de ce son, désigné sous le nom de son d'axe, que Foucault s'est servi pour déterminer la vitesse de rotation du miroir. On conçoit qu'il importe que l'axe de rotation ne diffère pas trop d'un des axes principaux d'inertie, sans quoi les oscillations seraient trop fortes et détruiraient bientôt l'appareil.

Pour amener l'axe de rotation à différer peu d'un des axes principaux d'inertie, on se sert d'un plateau triangulaire muni de trois vis qu'on peut enfoncer plus ou moins et qu'on fixe à l'appareil; pour achever de le régler on donne quelques coups de lime sur les bords du plateau. Si l'opération est bien conduite, la rotation doit se faire avec une vitesse constante, et par suite l'image réfléchie *ab* doit être dans une position fixe et ne pas donner d'oscillations.

C'est ainsi que Foucault a pu rendre sensible le temps nécessaire à la lumière pour parcourir un espace de 5 à 6 mètres.

379. Rapport des vitesses de la lumière dans l'air et dans l'eau. — Il a aussi fait servir son appareil à la comparaison des vitesses de la lumière dans l'air et dans l'eau. A cet effet, à côté du miroir concave $A''B''$, il en dispose un autre à la même distance du miroir plan m; sur le trajet des rayons lumineux qui vont de m à ce nouveau miroir, il interpose un tube de verre rempli d'eau et fermé par des lames de verre à faces parallèles. La réfraction à travers l'eau empêcherait les rayons de venir converger sur ce miroir si l'on n'avait soin de corriger cet effet à l'aide d'une lentille. Les deux faisceaux de rayons qui reviennent sur le miroir m ont parcouru des chemins inégaux : l'un est resté constamment dans l'air et l'autre a traversé une colonne d'eau: ces deux faisceaux ne reviendront donc pas sur le miroir au même instant, par suite ils ne trouveront pas le miroir dans la même position, et les deux images a_1b_1 et a_2b_2 qu'ils produisent ne coïncideront pas; si la vitesse de rotation est assez grande, les deux images se sépareront. D'ailleurs on reconnaît toujours l'image formée par les rayons qui ont traversé l'eau : à sa couleur verte, si l'on se sert d'eau ordinaire; à sa couleur bleue, si l'on emploie l'eau distillée, et à sa moindre intensité. Si la vitesse de la lumière est plus faible dans l'eau que dans l'air, les rayons qui ont traversé la colonne d'eau sont en retard sur les autres; donc l'image qu'ils forment sera plus déviée par rapport à la position qu'elle occupait lorsque le miroir était immobile que l'image formée par les rayons qui n'ont traversé que l'air. Si au contraire la vitesse est plus grande dans l'eau que dans l'air, l'image due aux rayons qui ont traversé l'eau doit être moins déviée que l'autre. Or, l'expérience montre que c'est l'image formée par les rayons qui ont traversé la colonne d'eau qui est la plus déviée; il en résulte donc que la vitesse de propagation de la lumière est plus grande dans l'air que dans l'eau.

On peut aussi, pour faire l'expérience, se servir d'un tube à moitié plein d'eau; on a alors une image verte à la partie inférieure, blanche à la partie supérieure. Les deux parties de l'image coïncident quand le miroir est en repos; mais cette coïncidence cesse d'avoir lieu quand le miroir est animé d'une vitesse suffisante, et l'on constate que la partie verte est plus déviée que la partie blanche.

Foucault n'a pas pris de mesures exactes; il s'est contenté de mesurer approximativement les déplacements des deux images à l'aide d'une échelle divisée placée au foyer de la loupe qui sert à observer ces déplacements. Il a trouvé ainsi que la vitesse de la lumière dans l'eau est sensiblement les $\frac{3}{4}$ de la vitesse dans l'air, ce qui est conforme à la théorie des ondulations, puisque l'indice de réfraction de l'eau, indice qui, dans cette théorie, représente le rapport des deux vitesses, est égal à $\frac{4}{3}$.

380. La méthode de Foucault peut se prêter à des mesures exactes. — Nous venons de voir que Foucault a facilement constaté, à l'aide de son appareil, la durée de la propagation de la lumière; il est aisé de voir qu'on pourrait arriver par cette méthode à une exactitude de beaucoup supérieure à celle que l'on peut attendre de la méthode fondée sur les observations astronomiques.

Si l'on se propose de faire servir l'appareil de Foucault, non plus à la démonstration, mais à la mesure de la vitesse de la lumière, il faut augmenter beaucoup la distance du miroir concave au miroir mobile et la prendre, par exemple, égale à 1 kilomètre. L'ajustement du miroir devient alors très-difficile. De plus, si l'on employait sans rien y changer la disposition que nous avons décrite, l'image formée au foyer conjugué du diaphragme aurait une très-grande étendue et par suite ne conserverait qu'une intensité inappréciable. On remédie à cet inconvénient, mais d'une manière très-imparfaite, en rendant les rayons parallèles, comme dans l'appareil de M. Fizeau; à cet effet, on place le diaphragme au foyer principal de la lentille O; les rayons sortant parallèles de cette lentille sont reçus à la deuxième station sur une deuxième lentille convergente, dont l'axe est rendu parallèle à l'axe de la première, comme nous l'avons indiqué, et dont le foyer principal est au centre du miroir m. On peut, sans erreur sensible, ne pas tenir compte des épaisseurs de verre que traversent les rayons lumineux; on a encore, dans ce cas,

$$\alpha = \frac{x\,(\delta + \delta')}{2 d \delta'}.$$

Comme δ est très-petit par rapport à δ', la formule se réduit sensiblement à

$$x = 2d\alpha.$$

Cherchons entre quelles limites sera comprise l'approximation ; supposons $d = 2$ mètres ; la vitesse de la lumière est d'environ 306.000 kilomètres par seconde ; elle parcourt donc 2 kilomètres en $\frac{1}{153000}$ de seconde. Si le miroir effectue 1,000 tours par seconde, pendant le temps que la lumière met à parcourir 2 kilomètres il tournera d'un angle égal à $\frac{360°}{153} = 2°\,20'$ environ. On a donc

$$x = 4^m \text{ tang } 2°\,20'$$

ou environ $\frac{4}{25}$ de mètre, c'est-à-dire 16 centimètres.

On peut mesurer le déplacement x à $\frac{1}{10}$ de millimètre près ; on connaît donc x à $\frac{1}{1600}$ de sa valeur ; si l'on a la même approximation dans la valeur de α, c'est-à-dire dans la détermination de la vitesse de rotation du miroir, on obtiendra la vitesse de la lumière avec une approximation de $\frac{1}{1000}$ ou $\frac{1}{1500}$ de sa valeur absolue, approximation de beaucoup supérieure à celle que pourraient donner les phénomènes astronomiques.

Pour mesurer x à moins de $\frac{1}{10}$ de millimètre, on pourrait tendre sur l'ouverture du diaphragme, non pas un fil unique, mais une série de fils parallèles et distants de 1 millimètre. On verra ces fils dans l'image ab ; de plus, on aura au foyer de la loupe une lame divisée de telle manière que 50 divisions occupent 49 millimètres. Cette division formera, avec la série des traits équidistants, un véritable vernier qui donnera le $\frac{1}{50}$ de millimètre. On peut aussi faire mouvoir la règle divisée à l'aide d'une vis micrométrique.

Voyons maintenant comment on pourra arriver à une certaine précision dans la mesure de la vitesse de rotation du miroir. Supposons que, à l'endroit où se forme l'image ab, on ait placé une roue dentée, de telle sorte qu'une des extrémités de l'image se projette sur la circonférence de la roue ; à chaque demi-révolution du miroir, une portion de la circonférence de la roue sera éclairée pendant un temps très-court. Supposons que la roue dentée soit ani-

mée d'une vitesse de rotation telle que, pendant que le miroir fait
une demi-révolution, une dent vienne exactement se substituer à
la précédente; alors, toutes les fois que le miroir sera éclairé, les
dents paraîtront occuper la même position, et la roue semblera immobile. Il en sera encore de même si la vitesse de la roue dentée
est un multiple exact de celle que nous venons de définir; car alors,
si à un certain moment on voit une dent en un certain point, on
verra toujours une dent au même point lorsque la roue sera éclairée, ce qui la fera paraître immobile. Mais si la vitesse de la roue a
une valeur différente de celles dont nous venons de parler, il n'en
sera plus de même: aux instants où la roue sera éclairée, on la verra
dans des positions différentes, et elle semblera en mouvement. On
donnera à la roue dentée un mouvement régulier et continu de rotation à l'aide d'un mécanisme d'horlogerie, puis au miroir une
vitesse de rotation telle que la roue dentée paraisse immobile : on
est sûr alors que, pendant le temps employé par le miroir pour
faire une demi-révolution, la roue dentée marche d'un nombre exact
de dents. On arrive ainsi à une vitesse telle que, le miroir faisant
une demi-révolution, la roue dentée marche d'une seule dent. La
vitesse de rotation de la roue dentée n'a pas besoin d'être considérable; ainsi, lorsque le miroir fait 1,000 tours par seconde, si la
roue dentée a 1,000 dents, il suffit qu'elle fasse 2 tours par seconde;
si elle a 500, 250 dents, elle devra faire 4, 8, ... tours par seconde.
La vitesse de rotation de la roue dentée est connue avec beaucoup
de précision; il en sera de même de la vitesse de rotation du miroir,
qui est un multiple de la première.

2° DÉTERMINATION DE LA VITESSE DE LA LUMIÈRE
PAR L'ABERRATION.

**381. Phénomène de l'aberration, découvert par Brad-
ley.** — Le phénomène de l'aberration, que l'on a utilisé pour déterminer la vitesse de propagation de la lumière, fut découvert par
Bradley dans une série d'observations entreprises de 1725 à 1728
en vue de déterminer la parallaxe annuelle des étoiles et par suite
leur distance à la terre en fonction du rayon de l'orbite terrestre.

On ne peut espérer de déterminer cette parallaxe que pour les étoiles dont l'observation offre quelque précision, c'est-à-dire pour les étoiles qui passent près du zénith du lieu où l'on observe; car c'est seulement dans le voisinage du zénith que les observations ne présentent pas l'erreur due à la réfraction astronomique, erreur dont il n'est pas facile de tenir compte exactement.

382. Recherches de Molyneux et Bradley à l'aide du secteur zénithal de Molyneux. — Ces remarques, dues à l'astronome anglais Molyneux, le conduisirent à construire un instrument spécial nommé *secteur zénithal,* qui se composait d'une lunette très-puissante mobile dans le plan méridien, mais seulement sur un arc d'un très-petit nombre de degrés à partir du zénith. Munis de cet instrument, Molyneux et Bradley commencèrent en 1725 une série d'observations sur l'étoile γ du Dragon qui passe très-près du zénith d'Oxford, où ils observaient, et par un hasard heureux se trouve près du pôle de l'écliptique. Ils mesurèrent chaque jour la déclinaison de cette étoile en observant sa distance zénithale au moment de son passage au méridien. La réfraction ne peut entacher ces mesures que d'une erreur constante qui provient de la détermination de la distance zénithale du pôle; cette erreur disparaît en prenant les différences. Ils reconnurent ainsi que l'étoile se dirigeait pendant huit jours vers le sud du zénith: la variation observée était trop grande pour qu'on pût l'attribuer à la parallaxe, et de plus, en vertu de la parallaxe, l'étoile aurait dû marcher vers le nord. Molyneux étant mort pendant le cours de ces observations, Bradley les poursuivit seul et reconnut que l'étoile, après s'être déplacée vers le sud d'un angle de 19 à 20 secondes, s'arrêtait, puis revenait à sa première position, puis la dépassait, marchait de 19 à 20 secondes vers le nord, puis revenait vers le sud. et ainsi de suite, la période de ce mouvement étant d'une année.

Le hasard avait voulu que, au moment où Bradley commença ses observations, l'étoile fût dans sa position moyenne, c'est-à-dire dans la position où la vitesse est maxima, de sorte qu'au bout d'un petit nombre de jours le déplacement devint sensible,

**383. Variation en déclinaison proportionnelle au sinus
de la latitude astronomique; époques des maxima et des
minima de déclinaison.** — Bradley ne se fit d'abord aucune
idée de la cause du phénomène. Il observa une autre étoile située
dans une région tout opposée à la première et qui passait au méridien environ douze heures après celle-ci. Il constata un mouvement
en déclinaison s'accomplissant dans une période d'une année, comme
celui de γ du Dragon, mais d'une amplitude un peu moindre.

Il étudia ensuite les déplacements en déclinaison de toutes les
étoiles qui passaient près du zénith, à l'aide d'un nouveau secteur
zénithal qu'il fit construire et qui permettait les observations à 6° 3o′
de part et d'autre du zénith. Tous ces astres présentent un mouvement en déclinaison dont la période est d'une année, mais l'amplitude de cette oscillation varie quand on passe d'une étoile à une
autre, et de plus, à un même instant, elles sont dans des phases différentes de leur mouvement. Bradley reconnut qu'une étoile est
dans sa position extrême lorsque le mouvement de la terre est perpendiculaire à la droite menée de la terre à l'étoile; dans sa position moyenne, lorsque le mouvement de la terre est dirigé suivant
la projection de la droite qui joint la terre et l'étoile sur le plan de
l'écliptique. Il fut ainsi nécessairement conduit à chercher une relation entre la grandeur du déplacement d'une étoile et ses coordonnées. En employant les coordonnées équatoriales, on ne trouve pas
de relation; mais si l'on introduit les coordonnées écliptiques, on
reconnaît que le déplacement d'une étoile en déclinaison est sensiblement proportionnel au sinus de la latitude.

384. Explication et lois de l'aberration. — Le phénomène découvert par Bradley et désigné par lui sous le nom d'*aberration* est évidemment en relation avec le mouvement de la terre sur
son orbite. Bradley eut l'idée d'en chercher la cause dans la composition de la vitesse de la lumière avec la vitesse de translation de
la terre dont est animé l'observateur [1].

Soient E (fig. 247) la véritable position d'une étoile à un instant donné et O celle de l'observateur; pour déterminer la position

[1] *Philosophical Transactions* f. 1728, t. XXXV, p. 637.

de l'étoile, on se sert de deux points O et M entraînés par le mouvement de la terre; lorsque l'observateur aperçoit l'étoile sur la même ligne droite que ces deux points, il la considère comme située dans la direction OM. Mais supposons que l'étoile située en réalité dans cette direction envoie un rayon EM qui arrive en M lorsque l'observateur est en O, il est évident que ce rayon n'arrivera pas à l'observateur: car, pendant que la lumière va de M en O, en vertu du mouvement de la terre le point O va en O'. Joignons O'M

Fig. 247.

Fig. 248.

(fig. 248) et considérons une étoile en E' située sur le prolongement de cette droite; pour un observateur placé en O, la direction véritable de cette étoile est OE' parallèle à O'E'; cependant il la verra dans la direction OE. En effet, à un certain moment, un rayon lumineux parti de E' arrive en M; pendant que la lumière va de M en O', l'observateur va de O en O' et reçoit par conséquent ce rayon en O'; donc pour lui ce rayon passera par les points M et O, et il verra dans la direction MO, non pas l'étoile E qui y est réellement, mais une étoile E' située sur une direction OE' faisant avec la première un certain angle. Pour avoir la direction apparente de l'étoile E, il faut prendre OO″ = OO′ et joindre O″M. Pendant que la lumière de E va de M en O, l'observateur va de O″ en O et la lumière lui semble passer par les points M et O″ et par l'étoile. Le mouvement de la terre a donc pour effet de produire un déplacement apparent de l'étoile dans le sens E″EE′. Il est facile de trouver la grandeur du déplacement angulaire; en effet, soit α l'angle de la direction réelle de l'étoile avec sa direction apparente.

c'est-à-dire ce qu'on nomme l'aberration, on a

$$\frac{\sin \alpha}{OO'} = \frac{\sin MO'O}{MO}.$$

Or les longueurs MO et OO' sont les longueurs parcourues dans le même temps par la lumière et par la terre ; elles sont donc dans le rapport v et V des vitesses de la lumière et de la terre. Si l'on désigne par i l'angle MO'O, c'est-à-dire l'angle de la direction apparente de l'étoile avec la direction du mouvement de la terre, on a pour la valeur de l'aberration

$$\sin \alpha = \frac{v}{V} \sin i.$$

On voit de plus que l'aberration a toujours lieu dans le plan passant par la terre, l'étoile et la direction du mouvement de la terre.

385. De là résultent les conséquences suivantes :

1° Si l'on prend une étoile située dans le plan de l'écliptique, l'aberration se fera toujours dans ce plan ; l'étoile paraîtra décrire dans ce plan une petite ligne droite et osciller autour d'une position moyenne. Il y aura deux instants où l'aberration sera nulle : quand on aura $i = 0$, c'est-à-dire quand le mouvement de la terre sera dirigé vers l'étoile, ou dans la direction opposée. L'aberration sera maxima quand on aura $i = 90°$, c'est-à-dire quand le mouvement de la terre sera perpendiculaire au rayon qui joint la terre et l'étoile : on a alors pour l'aberration $\sin \alpha = \frac{v}{V}$.

2° Supposons l'étoile au pôle de l'écliptique, la direction du mouvement de la terre et celle du rayon vecteur font toujours un angle de 90 degrés ; on a donc constamment $\sin \alpha = \frac{v}{V}$ et l'étoile paraîtra décrire autour de sa position moyenne un cercle dont le rayon est égal à la demi-amplitude de l'excursion totale d'une étoile située dans le plan de l'écliptique. A un instant donné, l'étoile se trouve sur le point de ce cercle qui est dans un plan passant par la position moyenne de l'étoile, la terre et la direction du mouvement de la terre à cet instant.

3° Considérons une étoile ayant une position quelconque, nous allons voir que la courbe qu'elle décrit diffère peu d'une ellipse. En effet, supposons l'orbite terrestre circulaire et prenons la terre dans

Fig. 249.

une position A (fig. 249) où son mouvement est perpendiculaire au rayon lumineux AE. Ce rayon se projettera sur l'écliptique suivant OA. L'aberration a sa valeur maxima, car on a $i = 90°$, et par suite $\sin\alpha = \dfrac{v}{V}$; elle se fait dans le plan AIE. Supposons maintenant la terre en T : la direction de son mouvement est TI; l'angle ETI est égal à i; l'aberration se fait dans le plan ITE, et

$$\sin\alpha = \frac{v}{V}\sin i.$$

Prolongeons les deux tangentes en A et en T jusqu'à leur rencontre en I: les deux plans IAE, ITE se coupent suivant une droite IE parallèle à AE. Par le point T menons une parallèle TP à OA; TP est la projection de TE sur le plan de l'écliptique; donc l'angle ETP est égal à la latitude λ de l'étoile E.

Considérons l'angle trièdre ayant pour sommet T et pour arêtes TE, TP et TI: on a

$$\cos ETI = \cos ETP \cos PTI + \sin ETP \sin PTI \cos ETPI.$$

L'angle dièdre ETPI est droit, car TP est la projection de TE sur le plan de l'écliptique, et par suite le plan ETP est perpendiculaire à ce plan; on a donc

$$\cos ETI = \cos ETP \cos PTI$$

ou

$$\cos i = \cos\lambda \cos PTI;$$

or

$$PTI = PTO - 90° \quad \text{et} \quad PTO = 180° - AOT.$$

Posons $AOT = \omega$, il vient

$$\cos i = \cos\lambda \sin\omega.$$

Cherchons maintenant la position relative des plans dans lesquels se produit l'aberration en T et en A : soit φ l'angle de ces deux plans. Considérons le trièdre ayant pour sommet le point I et pour arêtes IE, IA et IT; en remarquant que l'angle EIA est droit, on a

$$\cos \mathrm{AIT} = -\cos \omega = -\sin i \cos \varphi.$$

Nous avons donc les trois équations

$$\sin \alpha = \frac{v}{V} \sin i, \qquad \cos i = \cos \lambda \sin \omega, \qquad \cos \omega = \sin i \cos \varphi.$$

Pour trouver une relation entre α et φ, il faut éliminer i et ω; on a alors

$$1 - \sin^2 i = \cos^2 \lambda \left(1 - \cos^2 \omega \right) = \cos^2 \lambda \left(1 - \sin^2 i \cos^2 \varphi \right),$$

d'où

$$\sin^2 i = \frac{\sin^2 \lambda}{1 - \cos^2 \lambda \cos^2 \varphi},$$

et par suite

$$\sin \alpha = \frac{v}{V} \cdot \frac{\sin \lambda}{\sqrt{1 - \cos^2 \lambda \cos^2 \varphi}}.$$

Sur la sphère céleste, par la position vraie de l'étoile, faisons passer un arc de grand cercle dont le plan soit celui dans lequel a lieu l'aberration lorsque la terre est en A, c'est-à-dire quand on a $\varphi = 0$. Sur cet arc de grand cercle, à partir de la position de l'étoile, portons une longueur dont le sinus soit proportionnel à la valeur de $\sin \alpha$ quand on y fait $\varphi = 0$, c'est-à-dire à la valeur de $\frac{v}{V}$; comme l'angle α est très-petit, on peut, sans erreur sensible, regarder la longueur elle-même comme égale à $\frac{v}{V}$.

Menons un autre arc de grand cercle passant par la position vraie de l'étoile et faisant avec la première un angle φ_1; portons sur cet arc, à partir de la position vraie de l'étoile, une longueur proportionnelle à la valeur de $\sin \alpha$ quand $\varphi = \varphi_1$, nous aurons ainsi la position apparente de l'étoile quand l'angle φ aura la valeur φ_1. On déterminera de cette façon une série de points représentant les positions

apparentes de l'étoile et formant une courbe dont l'équation polaire
est

$$\rho = \frac{v}{V} \cdot \frac{\sin\lambda}{\sqrt{1 - \cos^2\lambda\cos^2\varphi}} \cdot$$

Cette relation est celle qui existe entre le rayon vecteur d'une
ellipse et l'angle que fait ce rayon avec le grand axe.

L'étoile paraît donc décrire autour de sa position moyenne une
ellipse: le grand axe de cette ellipse est parallèle au plan de l'écliptique et égal à $\frac{v}{V}$, et par suite il a la même valeur pour toutes les
étoiles. Le petit axe a pour valeur $\frac{v}{V}\sin\lambda$, valeur que prend ρ quand
on y fait $\varphi = 90°$; le petit axe de l'ellipse est donc proportionnel
au sinus de la latitude.

L'aberration fera donc varier d'une manière plus sensible la latitude et aussi la déclinaison pour les étoiles situées près du pôle de
l'écliptique. C'est le cas dans lequel se trouve l'étoile γ du Dragon
que Bradley observa en premier lieu.

**386. Déterminations diverses de la constante de l'a-
berration.** — Bradley trouva $20'',2$ pour la valeur maxima de
l'aberration, c'est-à-dire pour l'arc dont le sinus est égal au rapport
$\frac{v}{V}$; ce rapport étant égal à $\frac{1}{10200}$, on en conclut que la lumière traverse l'orbite terrestre en $8'12''$.

Voici les différentes valeurs trouvées pour le maximum de l'aberration en commençant par la valeur déduite de la vitesse de la lumière, vitesse calculée elle-même par les observations des satellites
de Jupiter :

OBSERVATIONS ANCIENNES.

Systèmes d'observations des éclipses des satellites de Jupiter, cal-
culés par Delambre . . . . $20'',255$
Observations de Bradley, calculées par M. Busch . . . . $20'',212$

OBSERVATIONS MODERNES.

Observations de M. Lindenau sur la polaire . . . . $20'',449$
Observations de MM. Struve et Reuss, exécutées à Dorpat de
1822 à 1838, sur les variations de la polaire en ascension
droite, calculées par M. Peters . . . . $20'',425$

Mêmes observations sur les variations de la polaire en déclinaison,
calculées par M. Lundahl............................. 20″,551
Observations de M. Peters sur la polaire à l'observatoire de Poul-
kova....... .... 20″,503

On pourra donc prendre pour valeur de l'aberration la moyenne des nombres précédents, 20″,5; l'erreur sera moindre que $\frac{1}{10}$ de seconde.

387. **Degré d'exactitude de la valeur de la vitesse de la lumière déduite de l'aberration.** — On obtient ainsi le rapport de la vitesse de la lumière à celle de la terre. Cette dernière se calcule à l'aide des dimensions de l'orbite terrestre; or ces dimensions sont au nombre des éléments les moins bien connus de la sphère céleste. Encke a calculé, d'après toutes les observations des passages de Vénus en 1761 et 1769, la parallaxe du soleil, qu'il a trouvée égale à 8″,57116, nombre dont la précision n'est probablement pas égale à celle du nombre qui représente l'aberration. En admettant qu'il ait le même degré de précision, on trouve pour la vitesse de propagation de la lumière 306,408 kilomètres par seconde, à $\frac{1}{60}$ près : c'est environ 76,000 lieues modernes ou 70,000 lieues de 25 au degré.

Mais la parallaxe solaire est imparfaitement connue; sa valeur, déduite des observations faites sur les oppositions de Mars, serait de 9″,125. On ne peut donc espérer de déterminer par des observations astronomiques la vitesse de la lumière avec plus de précision, tant que l'on ne connaîtra pas avec une approximation plus grande la distance de la terre au soleil, c'est-à-dire jusqu'en 1884, époque du prochain passage de Vénus sur le soleil.

388. **Difficulté relative à l'aberration dans le système des ondes.** — Nous allons maintenant passer en revue les conséquences que l'on doit tirer du phénomène de l'aberration relativement à la liaison qui existe entre le mouvement de l'éther et celui de la matière pondérable.

Dans le raisonnement que nous avons fait pour expliquer ce phénomène, nous avons implicitement supposé que la lumière se propage dans l'atmosphère comme si la terre était immobile. Cela se conçoit dans le système de l'émission; mais pour se rendre compte du phénomène dans la théorie des ondulations, il faut admettre que l'éther n'est pas entraîné par la terre : or, d'un autre côté, l'existence de milieux inégalement réfringents montre bien que la matière pondérable exerce une action sur l'éther; il faudrait donc admettre que, les milieux pondérables exerçant une action sur l'éther, l'éther contenu dans l'atmosphère n'est pas sensiblement entraîné par la terre. Mais alors comment expliquer ce fait que le phénomène de l'aberration n'est jamais modifié par l'épaisseur plus ou moins grande des milieux réfringents qui se trouvent dans la lunette ? Car en admettant même que la colonne d'air contenue dans le tube de la lunette n'entraîne pas l'éther avec elle, ce qui paraît assez singulier, du moins les milieux réfringents, comme le verre, devraient agir sur l'éther et l'entraîner; donc l'épaisseur et la nature de ces milieux devraient influer sur l'aberration; cependant l'expérience montre qu'il n'en est rien.

Boscowich proposait, pour rendre le phènomène sensible, d'employer une lunette dont le tube serait rempli d'eau; nous verrons plus loin quels résultats donnerait cette expérience.

389. Expérience négative d'Arago, démontrant que la vitesse de la terre est sans influence sur l'indice de réfraction de la lumière venue des étoiles. — Arago a essayé de lever toutes les difficultés que nous venons de faire connaître par l'observation d'étoiles situées dans des régions différentes du plan de l'écliptique. En effet, considérons un prisme réfringent et faisons tomber sur ce prisme des rayons émanés d'une étoile située dans la région vers laquelle marche la terre : tout se passera comme si la vitesse du prisme, c'est-à-dire la vitesse de la terre, s'ajoutait à celle de la lumière. Si l'on observe au contraire une étoile située à 180 degrés de la première, tout se passera comme si les rayons arrivaient sur le prisme avec une vitesse égale à la différence des vitesses de la lumière et de la terre : or l'indice de réfraction est le rapport entre la vitesse de la lumière dans le prisme et dans le

milieu extérieur; donc les indices devront être différents dans les
deux cas; les déviations minima ne seront donc pas les mêmes,
la différence sera de 10 à 15 secondes et pourra par conséquent
être facilement appréciée. Cependant les expériences d'Arago n'ont
donné que des résultats négatifs.

Dans la théorie de l'émission, ce phénomène est à peu près inex-
plicable. Arago, pour en rendre compte, fit une hypothèse qui
consiste à admettre que les corps lumineux émettent des molécules
lumineuses animées de vitesses très-différentes, mais que, parmi ces
molécules, celles qui sont animées d'une vitesse déterminée, ne pouvant varier de $\frac{1}{10000}$ de sa valeur, sont les seules qui agissent sur
l'œil. — Cette hypothèse est peu probable, et du reste elle serait
complétement renversée par les expériences photographiques qui
conduisent à admettre que les molécules lumineuses doivent avoir
une vitesse rigoureusement déterminée pour agir sur l'œil et pour
produire des phénomènes chimiques.

Il n'est pas non plus facile de se rendre compte des particularités
que présente le phénomène de l'aberration dans la théorie des ondulations; on est bien obligé, en effet, d'admettre que l'éther contenu
dans les liquides et les solides éprouve une action de la part de ces
corps et se trouve entraîné dans leur mouvement; on ne voit pas
pourquoi il n'en serait pas de même de l'éther contenu dans l'air
atmosphérique; cependant le phénomène de l'aberration, par la
manière dont il se produit, indique que l'influence de l'éther ainsi
entraîné est négligeable.

**390. Hypothèse de Fresnel sur la quantité d'éther que
la terre entraîne dans son mouvement.** — Pour concilier
ces conclusions en apparence si opposées, Fresnel a fait la remarque
suivante : l'éther est condensé autour des molécules des corps réfringents, et, quand ces corps se déplacent, ce n'est pas le volume tout
entier de l'éther qu'ils contiennent qui participe à leur mouvement,
mais bien l'excès de ce volume sur celui que contiendrait un même
volume vide.

Pour l'air, dont l'indice de réfraction par rapport au vide ne diffère pas beaucoup de l'unité, cet excès d'éther qui participe au

mouvement n'est pas la $\frac{1}{1000}$ ni même la $\frac{1}{2000}$ partie de la quantité
totale d'éther qui y est contenue; on conçoit donc que le mouvement de cet éther n'influe pas d'une manière sensible sur l'aberration.

391. Comment on doit en conséquence modifier la vitesse de l'éther. — Formule de Fresnel démontrée par M. Eisenlohr. — Nous sommes ainsi amenés à nous demander quelle sera l'influence des corps pondérables sur les phénomènes optiques. Considérons un système de corps en mouvement; une partie de l'éther qui s'y trouve contenu participe au mouvement. Fresnel a été conduit à admettre que la vitesse de l'éther contenu dans ces corps est à la vitesse de ces corps comme l'excès de la densité de l'éther dans ces corps sur la densité dans le vide est à la première densité. Il a donné de ce principe une démonstration peu satisfaisante, mais on peut le démontrer au moyen des remarques suivantes, analogues à celles que l'on doit à M. Eisenlohr. Prenons pour unité la densité de l'éther dans le vide; soit $1 + \Delta$ la densité de l'éther dans le corps considéré, que nous supposons être un prisme solide: soit v la vitesse de ce corps à l'extérieur duquel est le vide. Pendant un temps infiniment petit dt, le déplacement du corps est vdt. Considérons la base du prisme située du côté de la région vers laquelle se fait le mouvement; soit S la surface de cette base : dans la portion de l'espace comprise entre la position de la base au commencement et à la fin du temps dt, il y avait une quantité d'éther égale à $Svdt$; à la fin de ce temps il y aura dans cet espace une quantité d'éther égale à $Svdt(1 + \Delta)$: il s'est donc introduit dans cet espace une quantité d'éther égale à $Svdt\Delta$. Si nous admettons le principe énoncé plus haut, on voit que pendant le temps dt l'éther s'écoulera de la base du prisme avec une vitesse égale à $\frac{v\Delta}{1+\Delta}$; la quantité d'éther qui s'écoulera dans le temps dt sera $S(1 + \Delta)\frac{v\Delta}{1+\Delta}dt$, car cette quantité est évidemment proportionnelle à la densité de l'éther dans le corps solide : cette expression se réduit à $Sv\Delta dt$, que nous avons trouvée plus haut. Il en sera de même pour l'autre base du prisme. Ce que nous venons de dire pour un temps infiniment petit peut s'étendre à un temps fini, d'où il résulte que tout se passe en réalité comme si l'éther était animé d'une vitesse qui serait à celle du corps pondérable dans le rapport de Δ à $1 + \Delta$.

392. Explication de l'aberration dans un milieu différent du vide ou de l'air. — En nous fondant sur ce principe, nous allons faire voir qu'on doit toujours trouver la même valeur pour l'aberration, soit qu'on l'observe dans le vide, soit qu'on l'observe à l'aide d'une lunette contenant de l'eau ou d'autres milieux réfringents.

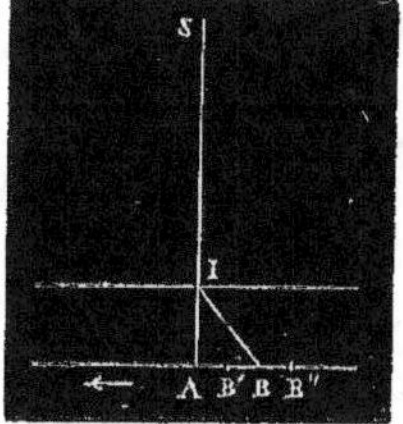

Fig. 250.

Soit SI (fig. 250) un rayon venant d'un astre S et tombant normalement sur une couche d'un milieu homogène; si le milieu est immobile, le rayon arrivera au point A. Supposons le milieu animé d'une vitesse de translation θ perpendiculaire à la direction du rayon SI; soit v la vitesse de la lumière : la vitesse de l'éther renfermé dans le milieu sera $\dfrac{\theta\Delta}{1+\Delta}$. Les vitesses de la lumière dans les deux milieux sont en raison inverse des racines carrées des densités de l'éther dans ces deux milieux; on a donc

$$\frac{v'}{v} = n = \sqrt{1 + \Delta}, \qquad n^2 - 1 = \Delta, \qquad \frac{n^2 - 1}{n^2} = \frac{\Delta}{1 + \Delta},$$

ce qui donne, pour la vitesse de l'éther,

$$\theta \frac{n^2 - 1}{n^2}.$$

Si l'éther seul était en mouvement, le rayon n'irait pas au point A, mais en un point B' tel, que ce point viendrait de B' en A en vertu de la vitesse de l'éther, pendant que la lumière va de I en A; si le milieu seulement était en mouvement, le rayon arriverait en un point B" tel, que ce point viendrait de B" en A en vertu de la vitesse θ du milieu pendant que le rayon vient de I en A. Les deux mouvements existant simultanément, il en résulte que le rayon arrive en un point B tel, que ce point va de B en A en vertu d'une vitesse égale à la différence des vitesses du milieu et de l'éther, c'est-à-dire à

$$\theta - \frac{\theta(n^2 - 1)}{n^2} = \frac{\theta}{n^2},$$

pendant que la lumière parcourt IA, et l'on voit l'astre dans la direction BI. Si l'on pose $AB = x$, $IA = l$, et si l'on remarque que la vitesse de la lumière dans l'intérieur du milieu transparent est $\frac{v}{n}$, on a

$$\frac{x}{\frac{\theta}{n^2}} = \frac{l}{\frac{v}{n}} \qquad \text{ou} \qquad \frac{x}{l} = \frac{\theta}{v} \cdot \frac{1}{n}.$$

Or $\frac{x}{l}$ représente la tangente de l'aberration, ou, si l'on veut, l'aberration elle-même, $\frac{\theta}{v}$ est la valeur de l'aberration dans le vide; il existe donc entre $\frac{x}{l}$ et $\frac{\theta}{v}$ la même relation qu'entre un angle d'incidence dans un milieu dont l'indice de réfraction est n et l'angle d'émergence correspondant; il en résulte que, si l'on observe le rayon au sortir du milieu transparent, on trouvera pour valeur de l'aberration $\frac{\theta}{v}$. Donc l'interposition des milieux réfringents n'influe en rien sur la valeur de l'aberration.

393. Influence générale du mouvement de la terre sur les phénomènes d'optique. — Nous avons maintenant à chercher quelle est l'influence du mouvement de la terre sur les phénomènes optiques en général, à voir, par exemple, si les lois de la réflexion et de la réfraction qui ont été trouvées, en supposant immobiles les surfaces réfléchissantes ou réfringentes, ne sont pas modifiées par suite de l'existence de ce mouvement. En effet, si l'éther était entraîné dans le mouvement commun avec la même vitesse que les corps pondérables qui y participent, il est clair que tout se passerait comme si le système entier était en repos; mais il n'en est rien. L'éther du vide ne participe en aucune façon à ce mouvement, l'éther de l'air n'y participe que très-peu. Enfin, l'éther des corps pondérables est entraîné avec une vitesse qui varie avec la nature du corps, mais qui est toujours plus petite que celle des corps pondérables. Il y a lieu de rechercher quelle est l'influence de cette inégalité de vitesse. Nous supposerons, dans ce qui va suivre, que le milieu extérieur est le vide, et que par conséquent l'éther qui y est contenu n'est entraîné en aucune façon par le mouvement de la terre. Si ce milieu était l'air, les résultats ne seraient changés, d'après ce que nous avons dit plus haut, que d'une quantité très-petite.

394. Réflexion. — *1° Cas où la surface réfléchissante est parallèle à la direction du mouvement de la terre.* — Nous commencerons par le phénomène de la réflexion et nous considérerons d'abord le cas où la surface réfléchissante AC est placée de telle façon qu'elle glisse parallèlement à la direction du mouvement de la terre. On prend à chaque instant pour direction de ce mouvement la résultante du mouvement de translation et du mouvement de rotation de la terre. Considérons un faisceau de rayons parallèles tombant sur la surface AC. Soient SA (fig. 251) un de ces rayons, AB la trace d'un

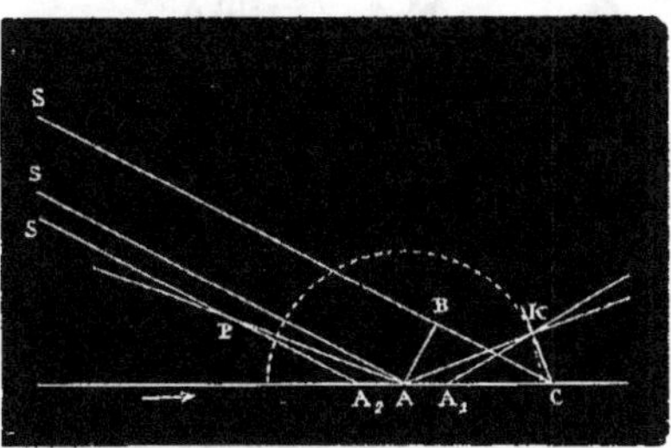

Fig. 251.

plan normal à la direction du rayon passant par le point A, SB un rayon tel, que pour venir du plan normal jusqu'à la surface réfléchissante il mette un temps égal à l'unité. Si l'on prend pour unité de longueur la vitesse de propagation de la lumière dans le vide, on aura BC = 1. Pour avoir la direction du rayon réfléchi en A, il faut, d'après une construction connue, décrire du point A comme

centre, avec un rayon égal à l'unité, une circonférence à laquelle
on mène une tangente par le point C, et joindre le point de contact
au point A. Cette construction se fera de la même manière, que la
surface réfléchissante soit immobile ou non, car l'éther extérieur
n'est pas entraîné. On a ainsi la direction absolue AK du rayon réfléchi: AK = 1 puisque K est le point de contact de la tangente.
Mais remarquons que le point physique, qui était en A lorsque le
rayon incident arrivait en ce point, n'y est plus lorsque le rayon
réfléchi arrive en K. En vertu du mouvement de translation de la
terre, pendant que la lumière va de A en K, c'est-à-dire pendant
l'unité de temps, le point A vient en A_1, et, si l'on représente par θ
la vitesse du mouvement de la terre, on aura $AA_1 = \theta$. L'observateur
placé en A, et qui, pour déterminer la direction du rayon réfléchi,
se sert de deux mires placées l'une en K, l'autre en A, verra donc
ce rayon dans la direction A_1K; c'est ce que nous appellerons direction apparente du rayon réfléchi.

Soient i l'angle d'incidence, x l'angle apparent de réflexion, c'est-
à-dire l'angle de A_1K avec la normale à la surface, dans le triangle
KAA_1; on a

$$\frac{AA_1}{AK} = \frac{\theta}{1} = \frac{\sin AKA_1}{\sin AA_1K}.$$

Or on a

$$AKA_1 = KA_1C - KAA_1 = \frac{\pi}{2} - x - \left(\frac{\pi}{2} - i\right) = i - x,$$

$$AA_1K = \frac{\pi}{2} - x;$$

d'où

$$\theta = \frac{\sin(i-x)}{\cos x}.$$

Donc l'angle apparent de réflexion n'est pas égal à l'angle absolu
d'incidence: mais ce dernier angle n'est pas égal à l'angle apparent
d'incidence. En effet, prenons à gauche du point A une longueur
$AA_2 = \theta$. Considérons le rayon SA_2 et prenons sur ce rayon, à partir
du point A_2, une longueur $A_2P = 1$. Pendant que la lumière va de
P en A_2, le point A_2 va de A_2 en A. Le rayon incident en A aura

donc la direction apparente AP. Soit y l'angle apparent d'incidence : par un calcul tout à fait semblable au précédent, on aura

$$\theta = \frac{\sin (i-y)}{\cos y};$$

d'autre part on a

$$\theta = \frac{\sin (i-x)}{\cos x};$$

on en tire $y = x$.

Dans ce cas, l'égalité subsiste donc rigoureusement entre les angles apparents de réflexion et d'incidence.

395. 2° *Cas où la surface réfléchissante est entraînée par la terre dans une direction parallèle à celle des rayons incidents.* — Supposons en second lieu que chaque point de la surface réfléchissante soit animé d'une vitesse parallèle à la direction des rayons incidents et

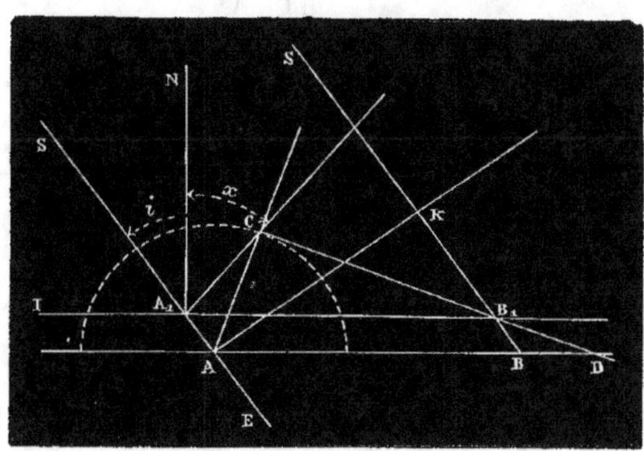

Fig. 252.

égale à θ. Soit AB (fig. 252) la surface réfléchissante : au bout de l'unité de temps elle sera venue en $A_1 B_1$, de manière qu'on ait $AA_1 = BB_1 = \theta$.

Considérons un rayon SB tel, que pour aller du plan normal à la direction des rayons incidents jusqu'à la surface réfléchissante, dans sa position nouvelle au bout de l'unité de temps, la lumière mette un temps égal à l'unité, c'est-à-dire tel qu'on ait $B_1 K = 1$,

Pour avoir la direction absolue du rayon réfléchi, on trace du point A comme centre, avec un rayon égal à l'unité, une circonférence à laquelle on mène une tangente par le point B_1, et l'on joint le point de contact C au point A. En effet, les rayons SA et SB_1 sont tels, qu'ils rencontrent la surface réfléchissante à des époques séparées par un intervalle de temps égal à l'unité. On a ainsi la direction absolue AC du rayon réfléchi. La direction apparente de ce rayon sera A_1C; quant à la direction apparente du rayon incident, elle coïncide évidemment avec la direction absolue du même rayon, puisque le point A se déplace parallèlement à cette dernière direction.

Soient donc i l'angle d'incidence, r l'angle absolu de réflexion, x l'angle apparent de réflexion. Dans le triangle AA_1C, on a

$$\frac{\theta}{1} = \frac{\sin ACA_1}{\sin CA_1A};$$

or

$$ACA_1 = CAE - CA_1A = \pi - (i + r) - [\pi - (i + x)] = x - r.$$

et

$$CA_1A = \pi - (i + x);$$

d'où

$$\sin CA_1A = \sin (i + x),$$

et par suite

$$\theta = \frac{\sin (x - r)}{\sin (i + x)}.$$

Prolongeons CB_1 jusqu'à sa rencontre avec AB en D. Dans le triangle rectangle ACD on a

$$AC = 1, \qquad AD \sin CDA = AD \sin r, \qquad AD = AB + BD.$$

Dans le triangle AKB on a

$$\frac{AB}{KB} = \frac{\sin AKB}{\sin KAB},$$

d'où

$$AB = \frac{1 + \theta}{\sin i}.$$

Dans le triangle BB_1D on a

$$\frac{BD}{BB_1} = \frac{\sin BB_1D}{\sin BDB_1},$$

d'où

$$\frac{BD}{\theta} = \frac{\sin BB_1D}{\sin BDB_1}.$$

Or

$$BB_1D = B_1BA - B_1DB = \frac{\pi}{2} - i - r$$

et

$$BDB_1 = r;$$

donc

$$BD = \theta\, \frac{\cos(i+r)}{\sin r}$$

et

$$AD = AB + BD = \frac{1+\theta}{\sin i} + \theta\, \frac{\cos(i+r)}{\sin r}.$$

L'équation

$$1 = AD \sin r$$

devient

$$1 = \frac{(1+\theta)\sin r}{\sin i} + \theta \cos(i+r).$$

D'autre part, on a

$$\theta = \frac{\sin(x-r)}{\sin(i+x)}.$$

Mettons ces équations sous la forme

$$\sin(x-r) = \theta \sin(i+x),$$
$$(1+\theta)\sin r + \theta \cos(i+r)\sin i = \sin i;$$

éliminons r entre ces deux équations, et pour cela développons

$$\sin(x-r) \qquad \text{et} \qquad \cos(i+r),$$

il vient

$$-\cos x \sin r + \sin x \cos r = \theta \sin(i+x),$$
$$(1 + \theta \cos^2 i)\sin r + \theta \cos i \sin i \cos r = \sin i.$$

Éliminons $\cos r$ en multipliant la première équation par $\theta \cos i \sin i$, la deuxième par $\sin x$, et retranchons; nous aurons ainsi

$$[(1 + \theta \cos^2 i) \sin x + \theta \cos x \sin i \cos i] \sin r = \sin i \sin x.$$

En éliminant de même $\sin r$, il viendra

$$[(1 + \theta \cos^2 i) \sin x + \theta \cos x \sin i \cos i] \cos r = \sin i \cos x + \theta \sin (i+x).$$

Élevant au carré ces deux équations et ajoutant, on a

$$[(1 + \theta \cos^2 i) \sin x + \theta \cos i \sin i \cos x]^2 = \sin^2 i + 2\theta \sin i \cos x \sin (i + x).$$

Nous pouvons négliger dans le calcul les termes en θ^2; en effet, la vitesse de la lumière étant prise pour unité, l'aberration est une quantité très-petite; θ^2 sera par conséquent de l'ordre des $\frac{1}{10000}$ de l'aberration, c'est-à-dire tout à fait inappréciable. Il viendra ainsi successivement

$$\sin^2 x + 2\theta \cos i \sin x \sin (i+x) = \sin^2 i + 2\theta \sin i \cos x \sin (i+x),$$
$$\sin^2 x - 2\theta \sin (i+x) \sin (i-x) = \sin^2 i,$$
$$\sin^2 x - 2\theta (\sin^2 x - \sin^2 i) = \sin^2 i,$$
$$(\sin^2 x - \sin^2 i)(1 - 2\theta) = 0,$$
$$i = x.$$

Donc, dans ce cas encore, l'angle apparent d'incidence est égal à l'angle apparent de réflexion; mais ce résultat n'est plus rigoureux, comme dans le cas précédent : il est seulement approché à moins d'une quantité de l'ordre du carré de l'aberration, c'est-à-dire à $\frac{1}{500}$ de seconde près, quantité bien au-dessous des erreurs d'observation.

396. 3° *Réflexion sur un miroir quelconque.* — Si maintenant nous supposons à la surface réfléchissante un mouvement quelconque, nous pourrons décomposer ce mouvement en deux autres s'effectuant, l'un parallèlement au mouvement de la terre, l'autre parallèlement à la direction du rayon incident. Chacun de ces mouvements élémentaires n'ayant, comme nous l'avons vu, aucune influence sensible sur la réflexion, il en sera de même du mouvement résultant.

397. Réfraction. — Nous allons maintenant considérer le cas
de la réfraction. Nous supposerons successivement la surface réfringente animée d'un mouvement parallèle ou perpendiculaire à la
direction des rayons lumineux incidents. Nous démontrerons que
dans chacun de ces deux cas la loi de Descartes se vérifie avec un
degré d'approximation égal à celui que nous avons trouvé pour les
lois de la réflexion: nous pourrons ensuite envisager le cas général.

398. 1° *Cas où le mouvement de la terre est parallèle à la direction
des rayons incidents.* — Supposons que la surface réfringente MN se
meuve parallèlement à la direction des rayons lumineux incidents,
avec une vitesse θ, et de plus que le milieu extérieur soit le vide ;
prenons pour unité la vitesse de propagation de la lumière dans le
vide et représentons par u la vitesse de propagation dans le milieu
réfringent. Considérons les rayons incidents dans le milieu réfringent et examinons les phénomènes à l'émergence. Soit AC (fig. 253)
la position de la surface réfringente; au bout de l'unité de temps
cette surface sera venue en A′C′, de sorte que AA′ = CC′ = θ. Par le
point A menons un plan normal à la direction des rayons incidents,
et soit SB le rayon qui met un temps égal à l'unité pour aller de ce

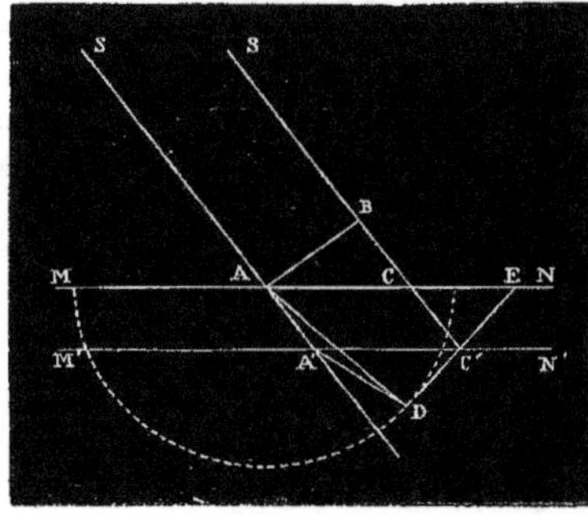

Fig. 253.

plan à la surface réfrin-
gente dans sa nouvelle position au bout de l'unité de
temps. On voit que les deux
rayons SA et SB rencon-
trent la surface réfringente
à des époques séparées par
un intervalle de temps égal
à l'unité. Pour avoir la direction du rayon réfracté
correspondant à SA, il faut
donc, du point A comme
centre, avec un rayon égal

à u, puisque le milieu extérieur est le vide, décrire une circonférence, mener par le point C′ une tangente à cette circonférence, et
joindre le point de contact D au point A ; on a ainsi la direction

absolue AD du rayon réfracté; la direction apparente sera A'D:
l'angle apparent d'incidence est ici égal à l'angle absolu d'incidence, puisque le mouvement s'effectue parallèlement à la direction des rayons incidents. Soit r cet angle; désignons par I l'angle
absolu de réfraction et par x l'angle apparent : nous aurons dans le
triangle DAA'

$$\theta = \frac{\sin A'DA}{\sin DA'A};$$

or

$$A'DA = x - I, \qquad DA'A = x - r,$$

donc

$$\theta = \frac{\sin (x-I)}{\sin (x-r)}.$$

Pour éliminer I, cherchons une deuxième relation; à cet effet,
prolongeons DC' jusqu'à sa rencontre avec AC en E. On a, dans le
triangle rectangle ADE,

$$AD = 1 = AE \sin I, \qquad AE = AC + CE;$$

dans le triangle CC'E, on a

$$\frac{CE}{CC'} = \frac{CE}{\theta} = \frac{\sin CC'E}{\sin CEC'};$$

or

$$CEC' = I, \qquad \frac{\pi}{2} - r + CC'E + I = \pi,$$

d'où

$$CC'E = \frac{\pi}{2} + r - I;$$

donc

$$CE = \frac{\theta \cos (I-r)}{\sin I}, \qquad AC = \frac{BC}{\sin r}.$$

La longueur BC, plus la longueur CC' qui est égale à θ, sont
parcourues par la lumière pendant l'unité de temps. Pour exprimer
BC en fonction de la vitesse de la lumière, il faut faire intervenir
le principe de Fresnel. La vitesse de propagation de la lumière dans
le milieu où se trouvent les points B et C est u; mais l'éther est

entraîné avec une certaine vitesse qui vient s'ajouter à la vitesse u. Or, la densité de l'éther dans le vide étant 1, sa densité dans le milieu réfringent sera $\frac{1}{u^2}$, et la vitesse avec laquelle l'éther sera entraîné aura pour valeur $\dfrac{\theta\left(\frac{1}{u^2}-1\right)}{\frac{1}{u^2}}=\theta\left(1-u^2\right)$; la lumière marche donc avec une vitesse égale à $u+\theta\left(1-u^2\right)$, et, comme elle met un temps égal à l'unité pour aller de B en C', on a

$$BC+\theta=u+\theta\left(1-u^2\right),$$

d'où

$$BC=u\left(1-\theta u\right);$$

par suite,

$$AC=\frac{u\left(1-\theta u\right)}{\sin r};$$

donc

$$AE=AC+CE=\frac{u\left(1-\theta u\right)}{\sin r}+\theta\,\frac{\cos\left(I-r\right)}{\sin I},$$

ou

$$1=AE\sin I=\frac{u\left(1-\theta u\right)}{\sin r}\sin I+\theta\cos\left(I-r\right).$$

On a donc les deux équations

$$\sin\left(x-I\right)=\theta\sin\left(x-r\right),$$
$$u\left(1-\theta u\right)\sin I+\theta\cos\left(I-r\right)\sin r=\sin r.$$

Pour éliminer I, développons les premiers membres des deux équations, nous aurons

$$-\cos x\sin I+\sin x\cos I=\theta\sin\left(x-r\right),$$
$$\left[u\left(1-\theta u\right)+\theta\sin^2 r\right]\sin I+\theta\sin r\cos r\cos I=\sin r.$$

Éliminons successivement $\cos I$, puis $\sin I$, nous trouverons les deux équations

$$\left[u\left(1-\theta u\right)\sin x+\theta\sin^2 r\sin x+\theta\sin r\cos r\cos x\right]\sin I=\sin r\sin x,$$
$$\left[u\left(1-\theta u\right)\sin x+\theta\sin^2 r\sin x+\theta\sin r\cos r\cos x\right]\cos I=\sin r\cos x$$
$$+\theta u\sin\left(x-r\right).$$

Élevons au carré ces deux équations, ajoutons-les membre à membre, et remarquons que le multiplicateur de $\sin I$ et $\cos I$ peut s'écrire

$$u\,(1 - \theta u)\sin x + \theta \sin r \cos (x - r),$$

nous aurons

$$[u\,(1 - \theta u)\sin x + \theta \sin r \cos (x - r)]^2 = \sin^2 r + 2\theta u \sin r \cos x \sin (x - r).$$

Si maintenant nous négligeons les termes en θ^2, dont la valeur est extrêmement petite, comme nous l'avons vu plus haut, il viendra successivement

$$u^2\,(1 - 2\theta u)\sin^2 x + 2\theta u \sin r \sin x \cos (x - r)$$
$$= \sin^2 r + 2\theta u \sin r \cos x \sin (x - r),$$

ou

$$u^2\,(1 - 2\theta u)\sin^2 x = \sin^2 r - 2\,\theta u \sin^2 r,$$

et enfin

$$u^2 \sin^2 x = \sin^2 r.$$

Donc, la loi de Descartes se vérifie avec une approximation extrêmement grande entre l'angle apparent de réfraction et l'angle apparent d'incidence. qui est ici égal à l'angle absolu.

399.   2° *Cas où le mouvement de la terre est perpendiculaire à la direction des rayons.* — Con-

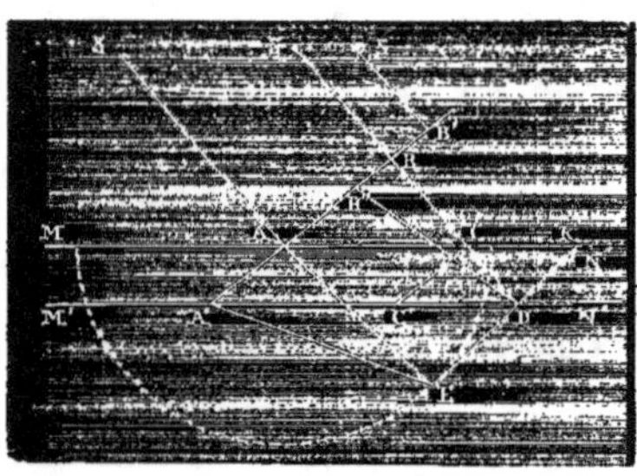

Fig. 254.

sidérons le cas où la surface réfringente MN'est animée d'un mouvement perpendiculaire à la direction des rayons incidents, mouvement dont la vitesse est θ. Nous supposerons encore que les rayons incidents traversent un milieu réfringent où la vitesse de propagation est u, et nous considérerons le phénomène à l'émergence; nous conserverons les mêmes notations que précédemment. Soit AC (fig. 254) la position de la surface réfringente à un certain instant : au bout de l'unité de temps, cette surface est venue en A'C', de sorte qu'on a $AA' = CC' = \theta$. Soit SB un rayon tel, que, pour aller du plan normal à la direction des rayons incidents jusqu'à la surface réfringente dans la position qu'elle occupe au bout de l'unité de temps, il mette un temps égal à l'unité; les deux rayons SA, SB rencontrent la surface réfringente, l'un en A, l'autre en D, à des époques séparées par un intervalle de temps égal à l'unité. Donc, pour avoir la position du rayon réfracté, il faut, du point A comme centre, avec un rayon égal à u, décrire une circonférence, mener par le point D une tangente à cette circonférence et joindre le point de contact E au point A. On aura ainsi la direction absolue AE du rayon réfracté; A'E sera sa direction apparente.

Dans le triangle AA'E on a

$$\theta = \frac{\sin \text{AEA}'}{\sin \text{AA'E}};$$

or

$$\text{AEA}' = \frac{\pi}{2} - I + r - \left(\frac{\pi}{2} - x + r\right) = x - I;$$

donc

$$\theta = \frac{\sin (x - I)}{\cos (x - r)}.$$

Prolongeons ED jusqu'à sa rencontre avec AC en K, nous aurons, dans le triangle AEK,

$$u = AK \sin I \quad \text{et} \quad AK = AC + CK;$$

or

$$\frac{CK}{CD} = \frac{\sin CDK}{\sin CKD}, \quad CD = CC' \tan g\, r = \theta \frac{\sin r}{\cos r}, \quad CKD = I,$$

$$CDK + \frac{\pi}{2} - r + I = \pi,$$

d'où

$$CDK = \frac{\pi}{2} - (I - r);$$

donc

$$CK = \theta \frac{\sin r}{\cos r} \cdot \frac{\cos (I - r)}{\sin I};$$

ensuite

$$AC = \frac{BC}{\sin r}, \quad BC = BD - CD.$$

Pour trouver BD, remarquons qu'en vertu du déplacement du corps l'éther est entraîné, avec une vitesse égale à $\dfrac{\theta}{u^2}$, dans une direction perpendiculaire à celle des rayons incidents. Cette vitesse n'influe en rien sur la vitesse de propagation de la lumière dans la direction de ces rayons, et, par suite, comme la longueur BD est parcourue par la lumière dans le milieu réfringent pendant l'unité de temps, on a BD $= u$. D'ailleurs, CD $= \theta \dfrac{\sin r}{\cos r}$; donc

$$AC = \frac{u - \theta \dfrac{\sin r}{\cos r}}{\sin r} = \frac{u \cos r - \theta \sin r}{\sin r \cos r}.$$

En mettant pour AC et CK leurs valeurs dans l'équation

$$1 = AK \sin I.$$

il vient

$$1 = \frac{u \cos r - \theta \sin r}{\sin r \cos r} \sin I + \theta \frac{\sin r}{\cos r} \cos (I - r).$$

On a donc les deux équations

$$\sin (x - I) = \theta \cos (x - r),$$

$$(u \cos r - \theta \sin r) \sin I + \theta \sin^2 r \cos (I - r) = \sin r \cos r.$$

En développant, il vient

$$- \cos x \sin I + \sin x \cos I = \theta \cos (x - r),$$

$$(u \cos r - \theta \sin r \cos^2 r) \sin I + \theta \sin^2 r \cos r \cos I = \sin r \cos r.$$

Divisons cette dernière équation par $\cos r$, nous aurons

$$(u - \theta \sin r \cos r) \sin I + \theta \sin^2 r \cos I = \sin r.$$

Éliminons successivement $\cos I$ et $\sin I$, nous aurons

$$[u \sin x - \theta \sin r \cos r \sin x + \theta \cos x \sin^2 r] \sin I = \sin r \sin x.$$

ou, en simplifiant,

$$[u \sin x - \theta \sin r \sin (x - r)] \sin I = \sin r \sin x,$$

et de même

$$[u \sin x - \theta \sin r \sin (x - r)] \cos I = \sin r \cos x + u\theta \cos (x - r).$$

Élevant au carré et ajoutant, il vient

$$[u \sin x - \theta \sin r \sin (x - r)]^2 = \sin^2 r + 2u\theta \sin r \cos x \cos (x - r).$$

Développons le premier membre et supprimons les termes en θ^2, comme nous l'avons fait plus haut, nous aurons successivement

$$u^2 \sin^2 x - 2u\theta \sin r \sin x \sin (x - r) = \sin^2 r + 2u\theta \sin r \cos x \cos (x - r),$$

$$u^2 \sin^2 x = \sin^2 r + 2u\theta \sin r \cos r,$$

$$\sin^2 x = \frac{\sin^2 r}{u^2} + 2\theta \frac{\sin r}{u} \cos r = \frac{\sin^2 r}{u^2} \left(1 + \frac{2\theta u \cos r}{\sin r} \right);$$

d'où l'on tire, en extrayant la racine carrée au même degré d'approximation,

$$(1) \qquad \sin x = \frac{\sin r}{u} \left(1 + \frac{\theta u \cos r}{\sin r} \right) = \frac{\sin r}{u} + \theta \cos r.$$

r est l'angle absolu d'incidence, mais cet angle n'est pas égal à l'angle apparent d'incidence. En effet, pendant que la lumière va de B en D, c'est-à-dire pendant l'unité de temps, l'éther se déplace dans la direction BA d'une quantité égale à $\theta (1 - u^2)$; si donc on prend $BB' = \theta (1 - u^2)$, ce sera le rayon SB' qui viendra passer par le point D ; de plus, quand la lumière sera arrivée en D, le point B', en vertu du mouvement du corps, sera venu en un point B″ tel qu'on ait $B'B'' = \theta$; B″D sera donc la direction apparente du rayon incident.

Soit y l'angle apparent d'incidence, on a

$$BB'' = B'B'' - BB' = \theta - \theta (1 - u^2) = \theta u^2,$$
$$BB'' = BD \tang BDB'' = u \tang (y - r) = \theta u^2;$$

d'où

$$\tang (y - r) = \theta u.$$

L'angle $y - r$ étant très-petit, on peut écrire

$$y - r = \theta u,$$

d'où

$$y = r + \theta u$$

et

$$\sin y = \sin (r + \theta u) = \sin r + \theta u \cos r,$$

en prenant $\sin \theta u = \theta u$ et $\cos \theta u = 1$, ce qui est permis puisqu'on néglige les quantités de l'ordre de θ^2. Or l'équation (1) donne

$$u \sin x = \sin r + \theta u \cos r;$$

on a donc

$$u \sin x = \sin y.$$

Donc, dans ce cas encore, la loi de Descartes est vraie très-approximativement entre les angles apparents d'incidence et de réfraction.

400. Démonstration expérimentale directe du principe de Fresnel par M. Fizeau. — L'hypothèse de Fresnel explique, comme nous l'avons vu, un grand nombre de phénomènes; cependant elle parut d'abord étrange à la plupart des physiciens, qui continuèrent à supposer l'éther complétement entraîné dans le mouvement des milieux pondérables, de sorte que le phénomène de l'aberration fut longtemps regardé comme ne pouvant s'expliquer complétement dans la théorie des ondulations.

C'est à M. Fizeau que l'on doit d'avoir démontré, par une expérience décisive, l'exactitude du principe posé par Fresnel. Cette expérience consiste à observer le déplacement des franges d'interférence produites par deux faisceaux lumineux dont un traverse un milieu pondérable animé d'un mouvement dans la direction du rayon. Le déplacement peut se calculer soit en supposant la vitesse de l'éther égale à celle du milieu pondérable, soit en lui donnant la valeur qu'assigne le principe de Fresnel. En comparant le résultat du calcul avec le déplacement observé, on pourra prononcer entre les deux hypothèses. Pour rendre le phénomène plus sensible, on est conduit naturellement à prendre deux corps identiques animés

de mouvements de sens contraires et traversés chacun par un des
faisceaux lumineux ; comme il faut de plus employer des corps transparents d'une grande épaisseur pour avoir un déplacement appréciable, il était naturel d'avoir recours à des colonnes liquides : c'est
ce qu'a fait M. Fizeau.

**401. Appareil d'Arago pour étudier l'influence des
couches d'air d'inégale densité.** — L'appareil dont s'est servi
M. Fizeau est une modification de celui qu'a employé Arago pour
étudier les franges d'interférence de deux
faisceaux lumineux qui traversaient deux
colonnes de gaz d'une grande longueur.
On ne peut évidemment employer dans ce
cas ni les miroirs de Fresnel ni le biprisme.
Arago s'était arrêté au dispositif suivant. La
source de lumière est une fente étroite S
(fig. 255) perpendiculaire au plan de la
figure ; à quelque distance est placée une
lentille achromatique L dont la fente occupe le foyer principal. Les rayons sortent
de la lentille parallèlement à son axe et vont
tomber sur un écran MN percé de deux ouvertures larges séparées par un intervalle
opaque de quelques centimètres. On a ainsi
deux faisceaux un peu éloignés, ce qui est
nécessaire pour qu'on puisse disposer sur
leur passage les deux tubes AB, A'B', rem-
plis de gaz, qu'ils doivent traverser ; ces

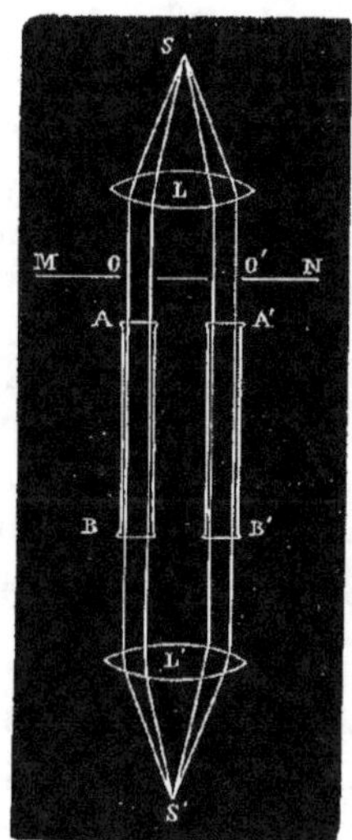

Fig. 255.

deux tubes sont fermés par des plaques de verre tout à fait identiques. A cet effet on coupe en deux une plaque de verre parfaitement
homogène et qui a en tous ses points la même épaisseur, comme
on s'en est assuré au sphéromètre, et l'on se sert des deux moitiés
pour fermer les extrémités correspondantes des deux tubes. Derrière
les deux tubes se trouve une deuxième lentille achromatique L'
dont l'axe est exactement parallèle à celui de la première ; les rayons
des deux faisceaux sont rendus convergents vers le foyer en S' ; le

passage des rayons à travers cette lentille ne leur donne, comme
on sait, aucune différence de marche, et l'on pourra observer les
franges dans le plan focal de la lentille. Les franges sont très-resser-
rées à cause de la distance des deux faisceaux qui interfèrent, distance considérable par suite de la largeur de l'intervalle opaque:
mais elles sont très-brillantes, et l'on peut les grossir beaucoup à
l'aide d'une loupe et même d'un microscope, sans qu'elles cessent
d'être nettes.

402. **Appareil de M. Fizeau.** — M. Fizeau a introduit dans
cet appareil un perfectionnement important, qui consiste à augmenter la largeur des franges, malgré la grande distance des deux ou-

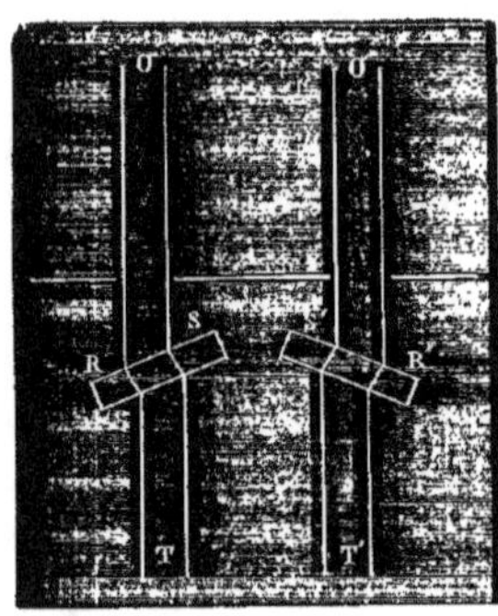

Fig. 256.

vertures O et O', sans diminuer leur
intensité, et à rendre ainsi le phénomène plus sensible. A cet effet, entre
les deux tubes et la lentille L, on dispose sur le trajet des faisceaux lumineux deux lames de verre à faces
parallèles RS, R'S' (fig. 256), obtenues en coupant en deux une lame
bien homogène et ayant partout la
même épaisseur : ces lames sont également inclinées sur les deux faisceaux, qui les traversent sans prendre
aucune différence de marche, mais qui
sortent suivant ST, S'T', parallèlement à leur direction primitive, en
se rapprochant l'un de l'autre; il en résulte que les franges d'interférence que produisent les deux faisceaux lumineux auront la même
largeur que si l'intervalle OO' était plus petit. En employant des
lames de verre suffisamment épaisses et fortement inclinées sur les
directions des rayons, on peut rapprocher beaucoup les deux faisceaux et par suite augmenter notablement la largeur des franges
sans pour cela diminuer leur intensité.

Pour réaliser l'expérience imaginée par M. Fizeau, il suffirait de
remplir les tubes AB, A'B' d'eau courante circulant en sens contraires dans les deux tubes; le déplacement observé des franges d'in-

terférence permettra de calculer le rapport de la vitesse de l'éther à celle de l'eau. En effet, soient v la vitesse de propagation de la lumière dans le vide, u cette vitesse dans l'eau, θ la vitesse de l'eau, l la longueur de chacun des tubes AB, A'B', θx la vitesse de l'éther. Dans le tube où l'eau marche dans le sens de la propagation des rayons lumineux, la vitesse de propagation de la lumière est $u + \theta x$; le temps que met la lumière à parcourir ce tube est $\dfrac{l}{u + \theta x}$. Dans l'autre tube, l'eau marche en sens contraire des rayons lumineux: la vitesse de propagation de la lumière est $u - \theta x$; le temps employé par la lumière pour parcourir ce tube sera $\dfrac{l}{u - \theta x}$. En sortant des tubes, les deux faisceaux ont donc une différence de marche égale à l'épaisseur du vide que la lumière traverserait dans le temps

$$\frac{l}{u - \theta x} - \frac{l}{u + \theta x}.$$

Si l'on représente cette différence de marche par y, on aura donc

$$\frac{y}{v} = \frac{l}{u - \theta x} - \frac{l}{u + \theta x}.$$

Or cette différence de marche y peut se déduire du déplacement observé des franges d'interférence : on connaît v, u, θ, l; on peut donc de l'équation précédente déduire la valeur de x et voir si cette quantité est égale à l'unité, comme le veut l'hypothèse qui suppose l'éther complétement entraîné par la matière pondérable, ou bien à $\dfrac{v^2 - u^2}{v^2}$ comme le veut la théorie de Fresnel.

M. Fizeau a encore introduit quelques perfectionnements dans l'appareil que nous venons de décrire; il a renoncé à employer deux tubes séparés, car, malgré toutes les précautions, l'eau pouvait y être à des températures différentes et avoir par conséquent des densités et des indices de réfraction différents, ce qui devait produire entre les deux faisceaux une différence de marche et rendre par suite l'expérience tout à fait inexacte. Il s'est servi d'un tube unique qu'une cloison incomplète sépare en deux moitiés dans lesquelles l'eau circule en sens contraires; elle arrive en A et sort en A'. Enfin, pour être bien sûr que les différences qui peuvent exister entre les deux colonnes liquides ne donnent pas aux deux faisceaux une différence de marche indépendante du mouvement de l'eau, M. Fizeau a disposé l'appareil de manière que chacun des faisceaux traverse les deux tubes en sens contraires.

On prend pour source lumineuse un point S (fig. 257) placé sur le côté; les rayons qui en émanent tombent sur une lame de verre

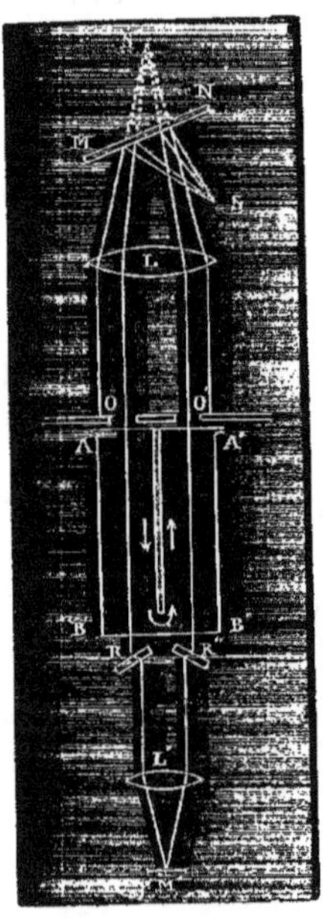

réfléchissante MN et rencontrent ensuite la lentille achromatique L, disposée de telle sorte que son foyer principal coïncide avec l'image S' du point S donnée par la surface MN. Les rayons, après s'être réfractés à travers la lentille, en sortent parallèlement à son axe, traversent les deux ouvertures O et O' de l'écran, puis les deux tubes AB et A'B'. et vont tomber sur la lentille achromatique L' dont l'axe est parallèle à celui de la lentille L et qui les fait converger à son foyer principal. En ce point se trouve un petit miroir plan M' perpendiculaire à l'axe de la lentille; les rayons réfléchis vont tomber de nouveau sur la lentille L', mais les rayons qui ont traversé la partie inférieure de la lentille vont après la réflexion traverser la partie supérieure; donc les rayons qui ont traversé AB dans le sens du mouvement de l'eau vont traverser le tube A'B' aussi dans le sens de ce mouvement, et les rayons qui ont traversé A'B' en sens contraire du mouvement de l'eau traverseront encore le tube AB en sens contraire de ce mouvement. Au sortir du tube, les rayons vont tomber sur la lentille L. qui les fait converger en son foyer principal S'; c'est en ce dernier point qu'on observe le système des franges d'interférence. On se sert dans cet appareil de deux lames de verre obliques R et R', destinées, comme nous l'avons vu, à rapprocher les faisceaux et à élargir les franges.

Fig. 257.

403. Résultat des expériences de M. Fizeau. — En donnant à l'eau une vitesse de 2 mètres par seconde, M. Fizeau a obtenu des résultats sensibles; mais il a fallu porter la vitesse jusqu'à 7 mètres par seconde pour avoir des effets mesurables. M. Fizeau a obtenu un déplacement égal à 0,46 d'une largeur de frange; la théorie de Fresnel donne 0,40; l'hypothèse qui supposerait l'éther animé de la même vitesse que l'eau donne 0,92. Comme on n'a guère à choisir qu'entre ces deux hypothèses, on peut regarder le principe de Fresnel comme vérifié par l'expérience.

En opérant avec de l'air animé d'une vitesse de 25 mètres par seconde, M. Fizeau n'a pas trouvé d'effet sensible.

3° VITESSE DE PROPAGATION DES RAYONS DE DIVERSES COULEURS.

404. Ancienne idée de Newton, reprise plus tard par Melvil et Courtivron, et enfin par Arago. — Depuis longtemps les physiciens se sont demandé si, dans le vide, les rayons de différentes couleurs se propagent avec la même vitesse, ou, en d'autres termes, s'il y a ou non dispersion dans le vide. Newton, dans une lettre à Flamsteed, l'engage déjà à observer attentivement l'immersion ou l'émersion des satellites de Jupiter et à voir si ces phénomènes ne sont pas accompagnés de coloration. En effet, si la vitesse de propagation n'était pas la même dans le vide pour les rayons de différentes couleurs, les rayons rouges se propageant plus vite que les rayons violets, à l'immersion les rayons rouges cesseraient de nous arriver avant les rayons violets et le satellite devrait se colorer en bleu ou en violet: de même, à l'émersion, les rayons rouges devraient nous arriver en premier lieu, et le satellite aurait une teinte rouge. Flamsteed n'observa rien de semblable et les idées de Newton furent oubliées jusqu'au milieu du xviii° siècle, où deux membres de la Société Royale de Londres, Melvil et Courtivron, appelèrent l'attention des astronomes sur cette question. Les résultats de l'observation furent négatifs.

Arago eut l'idée de substituer à l'observation de l'immersion ou de l'émersion des satellites de Jupiter, observation qui ne peut être très-exacte à cause du peu d'éclat de ces satellites et de la courte

durée du phénomène, l'observation des éclipses de soleil produites à
la surface de Jupiter par les satellites. D'après ce que nous avons dit
plus haut, les points que vient d'atteindre le cône d'ombre devraient
disparaître colorés en violet; ceux qu'il vient de quitter seraient
rouges. Dans cette méthode, au lieu de déterminer les changements
d'un astre d'un éclat très-faible, on compare la teinte d'un petit
disque à la teinte du reste de la planète, teinte qui est invariable.
Les conditions sont donc beaucoup plus favorables; cependant Arago
n'obtint aucun résultat.

**405. Méthode d'Arago fondée sur l'observation des
étoiles changeantes.** — Il eut alors l'idée de recourir à des
étoiles changeantes. Il y a certaines de ces étoiles dont l'intensité se
réduit presque à zéro; parmi les étoiles visibles à Paris, il faut citer
Algol qui, en quelques heures, passe de la 3ᵉ à la 6ᵉ grandeur.
Supposons qu'une étoile s'éteigne complétement, ou nous soit cachée
par un écran opaque, ou tourne vers nous une partie non lumineuse; si les rayons différemment colorés se propagent dans le vide
avec des vitesses inégales, comme la lumière met plusieurs années
pour venir jusqu'à la terre, même des étoiles les plus rapprochées, si
petite que soit la différence de vitesse de ces divers rayons, il pourra
en résulter une différence d'un quart d'heure ou même d'une demi-
heure entre les temps qu'ils emploient pour venir de l'étoile à la
terre. Donc, si l'étoile s'éteint par une cause quelconque, les rayons
rouges cesseront d'arriver un quart d'heure ou une demi-heure avant
les rayons violets, et, pendant ce temps, l'étoile paraîtra colorée des
teintes les plus réfrangibles du spectre. De même, lorsque l'étoile
reparaîtra, les rayons rouges nous arriveront un quart d'heure ou
une demi-heure avant les rayons violets, et, pendant ce temps, l'é-
toile paraîtra colorée des teintes les moins réfrangibles du spectre.

Si les changements d'intensité des étoiles ne sont pas accompagnés de changements de teintes ou si ces changements de teintes ne
se font pas d'après les lois que nous venons d'indiquer, il faudra en
conclure qu'il n'existe aucune différence sensible entre les vitesses
de propagation des rayons de différentes couleurs dans le vide : les
changements irréguliers de couleur qu'on pourrait observer devraient

être attribués à des phénomènes physiques s'opérant à la surface de
l'étoile. Les observations faites sur Algol ont démontré de la manière la plus nette que les changements de teintes qui résulteraient
d'une inégalité de vitesse entre les rayons de différentes couleurs ne
se produisent pas.

Remarquons que, pour qu'on puisse tirer de là une conclusion
légitime, il est nécessaire de répéter l'observation à des époques où
la terre a des vitesses différentes; sans quoi il pourrait arriver que,
par une coïncidence fortuite, les rayons violets envoyés par l'étoile
avant sa disparition arrivent en même temps que les rayons rouges
envoyés avant la réapparition suivante, ce qui, malgré l'inégalité
de vitesse des deux espèces de rayons, fait disparaître la coloration: mais cette coïncidence ne pourrait exister que pour une position particulière de la terre, et la coloration reparaîtrait pour toute
autre position.

Il est donc nettement démontré que les temps nécessaires aux
rayons rouges et aux rayons violets pour venir d'une étoile dont la
lumière met plusieurs années à arriver jusqu'à nous ne diffèrent pas
de cinq minutes. Donc les vitesses de propagation des rayons de
différentes couleurs dans le vide ne diffèrent pas de $\frac{1}{100000}$ de leur
valeur, c'est-à-dire que, si cette différence existe, elle est bien au-
dessous des quantités que nous pouvons mesurer.

**406. Coloration produite par le mouvement des mi-
lieux pondérables.** — Il nous reste à parler des changements
de couleur que peut produire le mouvement des milieux pondérables.
C'est là un point que Fresnel avait négligé d'examiner. Considérons
un prisme entraîné par le mouvement de la terre et recevant les
rayons venant d'une étoile; supposons ce prisme animé d'une vitesse
dirigée vers l'étoile et égale à θ; soient v la vitesse de propagation de
la lumière dans le vide, T la durée d'une vibration de l'éther dans
le vide : à un certain instant les molécules d'éther qui se trouvent à
la surface du prisme sont dans une certaine période de leur mouvement; les points de l'éther qui sont à une distance $\lambda = v\mathrm{T}$ de cette
surface sont dans la même période de leur mouvement. Si le prisme
était immobile, il faudrait un temps T pour que ce mouvement

arrivât à la surface du prisme, et la durée de la vibration sur cette surface serait T; mais le prisme vient au-devant du rayon lumineux avec une vitesse θ; donc le mouvement parti des points situés à une distance λ de la portion initiale du prisme rencontrera ce prisme après avoir parcouru une longueur y donnée par l'équation

$$\frac{y}{\theta} = \frac{\lambda - y}{v},$$

d'où

$$y = \frac{\theta\lambda}{v + \theta}.$$

À ce moment la surface du prisme sera dans la même phase de vibration qu'à l'instant initial.

La durée d'une vibration à la surface du prisme est donc le temps nécessaire à la lumière pour parcourir la distance y, temps égal à $\frac{\lambda}{v+\theta}$; si le prisme était immobile, la durée d'une vibration serait $\frac{\lambda}{v}$: ce temps est donc réduit dans le rapport de v à $v+\theta$. On verrait de même que, si le prisme s'éloignait de l'étoile avec une vitesse θ, la durée d'une vibration serait augmentée dans le rapport de $v - \theta$ à v. De ces changements dans la durée des vibrations résulte un changement de coloration; mais les effets dont il s'agit sont très-petits. En effet, la longueur d'ondulation se trouve altérée d'environ $\frac{1}{10000}$ de sa valeur, changement qui pourrait être appréciable par l'observation du déplacement des raies du spectre donné par l'étoile. Mais l'expérience présente de grandes difficultés et n'a pas encore été réalisée.

407. Idée de M. Doppler sur l'explication des couleurs complémentaires de certaines étoiles doubles. — C'est M. Christian Doppler qui a le premier appelé l'attention des physiciens sur les changements de coloration que peut produire le mouvement des corps pondérables. Il a appliqué ces idées à l'explication du phénomène si singulier de la couleur complémentaire, que présentent assez fréquemment les étoiles d'un même système double.

On sait que ces étoiles ont des masses comparables, et qu'elles tournent, non pas l'une autour de l'autre, mais autour de leur centre de gravité commun; on peut donc les supposer animées au même instant de vitesses sensiblement égales et de sens contraires.

Pour la lumière venant de l'étoile qui se rapproche de la terre, la durée de vibration est diminuée, et, par suite, si elle était d'abord blanche, elle se colorera en bleu ou en violet. Pour la lumière venant de l'étoile qui s'éloigne de la terre, la durée de vibration est augmentée d'une quantité égale à celle dont elle est diminuée pour l'autre; cette lumière se colorera donc d'une teinte complémentaire de la première.

Mais dans cette théorie, pour que les colorations fussent sensibles, il faudrait que la vitesse des étoiles dont il s'agit fût comparable à la vitesse de propagation de la lumière, ce qui est difficile à admettre.

Il est facile de voir que ce phénomène de coloration n'a pas lieu pour les sources lumineuses qu'on observe à la surface de la terre. Dans ce cas la source est entraînée par le mouvement de la terre aussi bien que l'observateur, et il y a compensation. En effet, considérons un mouvement vibratoire partant de la source: au bout du temps T d'une vibration, ce mouvement a parcouru une longueur λ, mais la source a marché de θT en sens contraire; donc la distance de deux points qui sont dans la même phase de leur mouvement vibratoire, ou la longueur d'ondulation, sera $\lambda + \theta$T. Mais l'observateur marchant vers la source avec une vitesse θ, on verrait comme plus haut que le temps d'une ondulation serait réduit dans le rapport de v à $v + \theta$, et que, par suite, la longueur de l'ondulation serait réduite dans le rapport de vT à vT $+ \theta$T ou de λ à $\lambda + \theta$T. Donc tout se passe pour l'observateur comme si la longueur d'ondulation était λ.

408. Vérification directe des idées de M. Doppler dans le cas du son, par MM. Scott Russell et Buys-Ballot. — M. Doppler a fait remarquer que des phénomènes du même genre doivent se manifester dans le cas du son, lorsqu'on se rapproche d'un corps sonore : la durée d'une vibration doit diminuer et le son monter à l'aigu; si, au contraire, on s'éloigne du corps sonore, la durée d'une vibration augmentera et le son deviendra plus grave.

Ces conséquences de la théorie ont été vérifiées expérimentalement par deux observateurs, MM. Scott Russell et Buys-Ballot. Ce dernier opéra sur le chemin de fer d'Utrecht à Amsterdam; il fit placer à des distances d'un kilomètre des personnes munies d'instruments à vent ou à cordes, parfaitement accordés de manière à donner la même note; il se plaça sur une locomotive lancée à toute vitesse et reconnut que l'acuité du son augmentait à mesure qu'il se rapprochait de l'un de ces instruments et diminuait quand il s'en éloignait : la différence était d'environ un demi-ton.

409. Expérience de M. Fizeau. — M. Fizeau a opéré d'une façon plus simple : il employait deux roues concentriques (fig. 258); la roue extérieure portait un certain nombre de dents aux extrémités d'un même diamètre, la roue intérieure ne portait qu'une dent. Supposons que cette dernière roue reçoive un mouvement rapide de

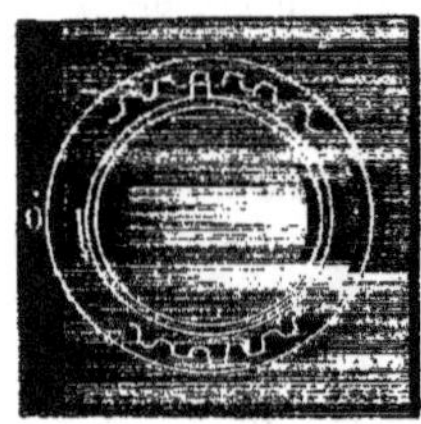
Fig. 258.

rotation dans le sens de la flèche, la roue extérieure restant fixe et l'observateur étant placé en O; lorsque la dent de la roue intérieure rencontre les dents supérieures de la roue extérieure, on a un corps sonore qui se rapproche de l'observateur; lorsqu'elle rencontre les dents inférieures, on a un corps sonore qui s'éloigne de l'observateur. On doit donc, d'après ce que nous avons dit, avoir une succession de deux sons. l'un plus aigu, l'autre plus grave : c'est effectivement ce que l'on observe.

BIBLIOGRAPHIE.

1632. GALILÉE. Dialogo sopra i due massimi sistemi del mondo, etc. [*Le opere di Galileo Galilei*, prima edizione completa, Firenza, 1855, t. XIII, p. 45.] (Vitesse de propagation de la lumière.)

1666. ROEMER, Démonstration touchant le mouvement de la lumière, *Anc. Mém. de l'Acad. des sciences de Paris*, I et X, 575.

1698. DU HAMEL, *Regiæ scientiarum Academiæ Historia*, Paris, 1698, p. 156. (Découverte de la vitesse de propagation de la lumière.)

1728. Bradley, A new apparent motion discovered in the fixed stars, its cause assigned ; the velocity and equable motion of light induced, *Phil. Trans.* f. 1728, 637.

1735 Horrebow, *Basis Astronomiæ sive triduum ramerianum*, Hafniæ, 1735, p. 122.

1742. Boscovich, *De annuis fixarum aberrationibus*, Romæ, 1742.

1782. Wilson, An experiment proposed for determining by the aberration of the fixed stars whether the rays of light in pervading different media change their velocity according the law which results from sir Isaac Newton's ideas concerning the cause of refraction; and for ascertaining their velocity in every medium whose refractive density is known, *Phil. Trans.* f. 1782, 58.

1818. Fresnel, Sur l'influence du mouvement terrestre dans quelques phénomènes d'optique, *Ann. de chim. et de phys.*, (2), IX, 56.

1821. Delambre, *Histoire de l'astronomie moderne*, Paris, 1821, II, 616.

1831. Hansen, *Begyndelsesgrundene af laeren om aberratsionem*, Copenhague, 1831.

1832. Rigaud, *Miscellaneous works and correspondance of the Rev. J. Bradley*, Oxford, 1832.

1839. Babinet, Sur l'aberration de la lumière, *Comptes rendus*, IX, 774.

1842. Meister, Mémoire sur la vitesse de la lumière, *Comptes rendus*, XV, 119.

1842. Arago, *Annuaire pour 1842*, p. 287.

1845. Doppler, Ueber eine bei jeder Rotation des Fortpflanzungsmittels sich einstellende eigenthüml. Ablenk. d. Licht und Schallstrahlen, *Abh. königl. Böhm. Gesellsch.*, III.

1845. Doppler. Ueber d. bisherig. Erklärungsversuche d. Aberration, *Abh. königl. Böhm. Gesellsch.*, III.

1845. Buys-Ballot, Akustische Versuche auf der Niederländischen Eisenbahn nebst gelegentlichen Bemerkungen zur Theorie des Hrn. Prof. Doppler, *Pogg. Ann.*, LXVI, 321.

1846. Doppler, Bemerkungen zu meiner Theorie des farbigen Lichts der Doppelsterne mit vorzüglicher Rücksicht auf die von Hrn. Buys-Ballot zu Utrecht dagegen erhobenen Bedenken, *Pogg. Ann.*, LXVIII, 1.

1847. Struve, *Études d'astronomie stellaire*, Saint-Pétersbourg, 1847, 103 et 107.

1847. Van der Willigen, *De aberratione lucis*, Leyde, 1847.

1848. Doppler, Ueber den Einfluss der Bewegung des Fortpflanzungsmittels auf die Erscheinung der Æthere, Luft und Wasserwellen, *Abh. königl. Böhm. Gesellsch.*, V.

1849. Fizeau, Note sur une expérience relative à la vitesse de propagation de la lumière, *Comptes rendus*, XXIX, 90.

1850.   Foucault, Méthode générale pour mesurer la vitesse de la lumière dans l'air et dans les milieux transparents : vitesses relatives de la lumière dans l'air et dans l'eau, *Comptes rendus*, XXX, 551.

1850.   Fizeau et Bréguet, Note sur l'expérience relative à la vitesse comparative de la lumière dans l'air et dans l'eau, *Comptes rendus*, XXX, 562 et 771.

1850.   Doppler, Einige weitere Mittheilungen und Bemerkungen meine Theorie des farbigen Lichts der Doppelsterne betreffend, *Pogg. Ann.*, LXXXI, 270, et *Sitzungsber. d. Wien Acad.*, 1850.

1851.   Fizeau, Remarques sur les expériences faites en 1848 et 1849 aux États-Unis par M. S. Walker et M. O. M. Mitchell pour déterminer la vitesse de propagation de l'électricité, *Comptes rendus*, XXXII, 47.

1851.   Fizeau, Sur les hypothèses relatives à l'éther lumineux et sur une expérience qui permet de montrer que le mouvement des corps change la vitesse avec laquelle la lumière se propage dans leur intérieur, *Comptes rendus*, XXXIII, 349.

1851.   Doppler, Ueber den Einfluss der Bewegung auf die Intensität der Töne, mit vorzüglicher Berücksichtigung der von A. Seebeck dagegen erhobenen Bedenken, *Pogg. Ann.*, LXXXIV, 262.

1852.   Doppler, Weitere Mittheilungen meine Theorie des farbigen Lichts der Doppelsterne betreffend, *Pogg. Ann.*, LXXXV, 371.

1853.   Arago, Mémoire sur la vitesse de la lumière, *Ann. de chim. et de phys.*, (3), XXXVII, 180.

1861.   Hoek, *De l'influence des mouvements de la terre sur les phénomènes fondamentaux de l'optique dont se sert l'astronomie*, La Haye, 1861.

1862.   Foucault, Détermination expérimentale de la vitesse de la lumière : parallaxe du soleil, *Comptes rendus*, LV, 501 et 792.

II.

MÉTÉOROLOGIE OPTIQUE.

410. Division du sujet. — La météorologie optique comprend non-seulement l'explication des apparences lumineuses rares qui se présentent dans l'atmosphère, mais aussi l'étude des modifications permanentes que les rayons de lumière y éprouvent soit dans leur nature, soit dans leur couleur, soit aussi dans leur direction : nous la diviserons en trois parties.

Dans la première partie, nous étudierons la propagation des rayons lumineux dans les couches de l'atmosphère quand il n'y a au milieu d'elles aucun corps accidentel en suspension dans une proportion plus grande que l'ordinaire, et les propriétés de la lumière atmosphérique.

Nous parlerons, dans la seconde partie, des phénomènes produits par la réfraction, la réflexion et la diffraction de la lumière à la rencontre de gouttelettes d'eau en suspension dans l'atmosphère.

La troisième partie comprendra l'étude des phénomènes, d'apparences et de causes très-variées, dus au passage de la lumière à travers des particules de glace.

I. PROPAGATION ET PROPRIÉTÉS DES RAYONS LUMINEUX QUI SE PROPAGENT DANS L'ATMOSPHÈRE.

1° RÉFRACTIONS ASTRONOMIQUES.

411. Réfraction des rayons lumineux par l'atmosphère. — Nous parlerons d'abord de la réfraction des rayons lumineux à travers les couches d'air qui constituent l'atmosphère terrestre. La question comprend deux parties, suivant que l'on considère la lumière comme venant d'un astre, c'est-à-dire d'un point situé hors de l'atmosphère, ou bien comme émanant d'un point de l'atmosphère elle-même.

La première question est la plus simple : en effet, les rayons se réfractent dans ce cas graduellement, assez faiblement et d'une manière régulière. Dans le second cas, au contraire, les rayons traversent les couches voisines de la terre, dans lesquelles la densité de l'air varie fort irrégulièrement. On ne peut résoudre complétement ces deux problèmes, même le premier, parce qu'on manque de données sur la constitution de l'atmosphère.

412. Réfraction astronomique. — Connaissant les indications du thermomètre et du baromètre, on cherche une relation théorique entre la direction des rayons qui arrivent à l'œil et la direction qu'avaient ces rayons avant la réfraction. Cette relation contient des constantes qu'il faut déterminer empiriquement.

Pour trouver cette relation, on suppose que la constitution de l'atmosphère est symétrique autour de la verticale. Ce cas se rencontre souvent, c'est à peu près l'état moyen de l'atmosphère. Il arrive cependant quelquefois que cet état est loin d'être réalisé; mais alors les observations astronomiques n'offrent plus rien de certain. Admettons donc que tout soit symétrique autour de la verticale, ou, ce qui revient au même, par rapport au centre de la terre, c'est-à-dire que l'atmosphère soit composée de couches sphériques concentriques. Cette hypothèse n'est pas absolument exacte, car les différentes parties de chaque couche sont très-inégalement échauffées par le soleil; mais si l'on imagine une calotte atmosphérique limitée par l'horizon sensible, on y pourra considérer l'hypothèse précédente comme suffisamment exacte. D'ailleurs la réfraction est nulle au zénith et va toujours en croissant à mesure qu'on s'en écarte, et cela pour deux raisons : d'abord, le rayon lumineux rencontre des couches de plus en plus denses en se dirigeant vers la surface de la terre; il se rapproche donc constamment de la normale; de plus, le rayon traverse une épaisseur de chaque couche d'autant plus grande qu'il se présente plus obliquement; la somme totale des réfractions augmente donc de plus en plus.

Soient M (fig. 259) un point de la surface de la terre, MN la verticale, $S'MN = z$ la distance zénithale apparente d'un astre dont les rayons arrivent suivant la direction SM; la distance zénithale vraie est sensiblement l'angle $SKN = Z$. Rigoureusement, c'est l'angle SMN; mais si l'astre est assez éloigné, MS peut être considéré comme parallèle à KS. La différence $Z - z$ entre la distance zénithale vraie et la distance zénithale apparente mesure l'effet de la réfraction. On pourra poser $Z - z = \Delta z = f(z)$, la fonction $f(z)$ dépendant de plusieurs paramètres qui varient eux-mêmes avec l'état de l'atmosphère qu'il faut déterminer et qui dépendent aussi de certaines constantes. Pour évaluer ces constantes, on mesure la hauteur méridienne d'un astre circompolaire en observant ses culminations inférieure et supérieure, et l'on prend la demi-somme des deux ob-

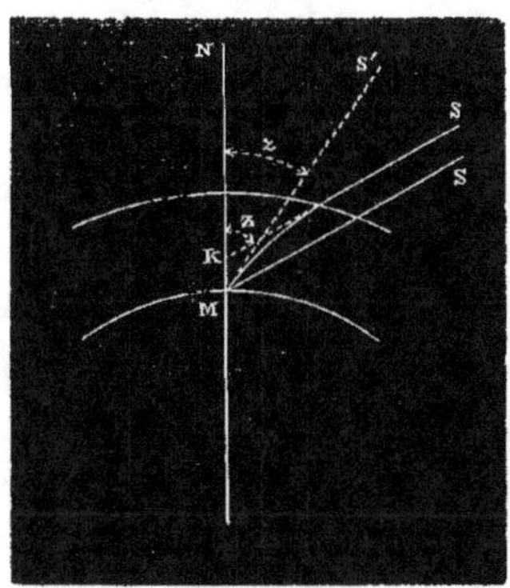

Fig. 259.

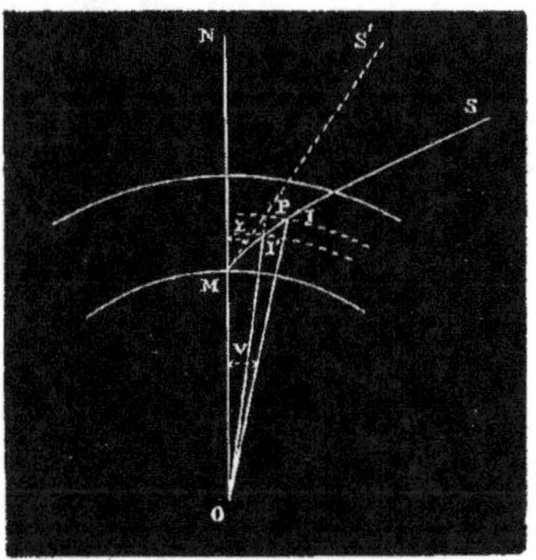

Fig. 260.

servations. S'il n'y avait pas de réfraction, on aurait ainsi la hauteur du pôle, et l'on devrait trouver la même valeur en opérant de la même manière avec toutes les étoiles circompolaires. Or l'expérience prouve que toutes les valeurs trouvées sont différentes les unes des autres : c'est un effet des réfractions diverses. Les distances zénithales vraies sont donc, pour une étoile, à ses deux culminations, $z + \Delta z$, $z' + \Delta' z$; la demi-somme est $\frac{1}{2}(z + z') + \frac{1}{2}(\Delta z + \Delta' z)$, qui représente la distance zénithale du pôle. Mais on peut trouver cette distance en remarquant que, plus les étoiles se rapprochent du pôle, plus les différences de culmination, et par suite celles de réfraction, diminuent; pour l'étoile polaire, par exemple, elles sont presque nulles: on peut donc avoir ainsi la vraie distance zénithale du pôle. On observe alors la demi-somme des réfractions pour des points également éloignés du pôle et on les compare avec les hauteurs théoriques, ce qui permet de déterminer les constantes entrant dans la formule. Nous allons voir qu'il n'y en a en réalité qu'une seule, qui porte le nom particulier de *constante de la réfraction*.

413. Équation de la trajectoire du rayon lumineux. — Cherchons d'abord l'équation de la trajectoire du rayon lumineux qui traverse l'atmosphère. Soit I (fig. 260) un point quelconque de cette courbe : supposons la terre exactement sphérique et joignons son centre O au point I; posons $OI = R$, $NOI = V$. Considérons un point I' très-voisin du point I et décrivons du point O comme centre, avec IO pour rayon, une circonférence qui coupe OI' en P. Nous aurons $IP = -RdV$, et, d'autre part, dans le triangle IPI', $IP = I'P \tang I'$. Or $I'P = -dR$; donc $IP = -dR \tang I'$. Mais l'angle en I' est formé par la direction du rayon lumineux avec la normale à la surface limite d'une couche de densité uniforme; cet angle peut être considéré comme égal à l'angle en I ou i; donc $IP = -dR \tang i = -RdV$, d'où

$$\tang i = R \frac{dV}{dR} \cdot$$

On ne peut admettre l'égalité des angles en I et en I' qu'autant que ces deux points sont infiniment voisins; mais supposons que l'atmosphère soit composée de couches d'inégales densités et d'épaisseurs finies, alors la ligne II' sera une ligne droite dont la dimension ne sera plus infiniment petite, et il faudra tenir compte des quantités que nous avons négligées.

Soient μ_n et μ_{n+1} les inverses de la vitesse de la lumière dans la $n^{ième}$ et la $(n+1)^{ième}$ couche, il est facile d'établir la relation à laquelle l'angle i doit satisfaire. On a $\sin i_n \mu_n = \sin r_n \mu_{n+1}$, relation dans laquelle $r_n = I'IO$; d'autre part, le triangle II'O donne

$$\frac{\sin r_n}{R_{n+1}} = \frac{\sin i_{n+1}}{R_n} \cdot$$

On déduit de là la valeur de $\sin r_n$: on aura, en la substituant dans l'équation précédente,

$$\sin i_n \mu_n = \frac{\sin i_{n+1} \mu_{n+1} R_{n+1}}{R_n}$$

ou

$$R_n \mu_n \sin i_n = R_{n+1} \mu_{n+1} \sin i_{n+1}.$$

Si cette relation est vraie en passant de la $n^{ième}$ à la $(n+1)^{ième}$ couche, elle a lieu entre deux couches quelconques; donc le produit de la distance de la surface d'une couche au centre de la terre par l'inverse de la vitesse de la lumière dans cette couche et par le sinus de l'angle d'incidence est constant; on a donc $R\mu \sin i = \alpha$, μ étant l'indice de réfraction de la couche par rapport au vide. La détermination de α ne présente aucune difficulté; en effet, au point M, $i = z$: R est le rayon a de la terre; μ est une donnée immédiate de l'observation : nous la désignerons par μ_0: elle dépend de la pression et de la température, et elle est connue par les expériences de Biot et d'Arago. On a donc $a\mu_0 \sin z = \alpha$; d'ailleurs, de $R\mu \sin i = \alpha$ on tire $\operatorname{tang} i = \dfrac{\alpha}{\sqrt{R^2 \mu^2 - \alpha^2}}$, et, en remplaçant α par sa valeur, on a

$$\operatorname{tang} i = \frac{a\mu_0 \sin z}{R \sqrt{\mu^2 - \dfrac{a^2}{R^2} \mu_0^2 \sin^2 z}};$$

donc l'équation de la trajectoire est

$$R \frac{dV}{dR} = \frac{a\mu_0 \sin z}{R \sqrt{\mu^2 - \dfrac{a^2}{R^2} \mu_0^2 \sin^2 z}}.$$

Si l'on savait comment μ dépend de R, en exprimant μ en fonction de R, on pourrait intégrer : mais cette intégration offre peu d'intérêt, puisque la quantité qu'il s'agit de déterminer est la différence $Z - z$.

414. Recherche de la valeur de la réfraction. — Pour la trouver, prolongeons la tangente au point I (fig. 261) jusqu'au point Q, où elle rencontre la normale en M; l'angle $IQN = \zeta$ est celui qu'il s'agit de déterminer: or, dans le triangle IQO, on a $\zeta = V + i$.

d'où l'on déduit $d\zeta = dV + di$. Il s'agit de trouver une expression de $d\zeta$, car la somme des différentielles $d\zeta$ est précisément égale à $Z - z$ dont nous cherchons la valeur. A cet effet, revenons à l'équation $R\mu \sin i = \alpha$. Différentions cette équation et divisons tout par $R\mu \sin i$, nous aurons

Fig. 261.

$$\frac{dR}{R} + \frac{d\mu}{\mu} + \frac{di}{\tang i} = 0 :$$

d'autre part, nous avons

$$R \frac{dV}{dR} = \tang i :$$

donc

$$\frac{dV}{\tang i} + \frac{d\mu}{\mu} + \frac{di}{\tang i} = 0,$$

d'où l'on tire

$$dV + di = - \frac{d\mu}{\mu} \tang i.$$

et, en remplaçant $dV + di$ par cette valeur.

$$d\zeta = - \tang i \frac{d\mu}{\mu}$$

ou encore

$$d\zeta = \frac{- a\mu_0 \sin z \, d\mu}{R\mu \sqrt{\mu^2 - \dfrac{a^2}{R^2} \mu_0^2 \sin^2 z}} .$$

Si l'on connaissait μ en fonction de R, $d\mu$ serait connu en fonction de dR et l'on pourrait calculer l'intégrale $\int d\zeta$, qui est la correction cherchée $Z - z$.

C'est ici que la solution du problème commence à devenir hypothétique. Le rapport $\dfrac{a}{R}$ est assez peu différent de l'unité; on peut le désigner par $1 - s$, s étant petit et positif. Il vient alors

$$d\zeta = \frac{-(1-s)\mu_0 \sin z\, d\mu}{\mu \sqrt{\mu^2 - (1-s)^2 \mu_0^2 \sin^2 z}}.$$

Nous pouvons écrire le dénominateur de la manière suivante :

$$\mu\mu_0 \sqrt{\frac{\mu^2}{\mu_0^2} - \sin^2 z + (2s - s^2)\sin^2 z},$$

et, en ne considérant que la partie qui est sous le radical, on peut lui ajouter $\cos^2 z + \sin^2 z - 1$; elle deviendra alors

$$\cos^2 z + \frac{\mu^2}{\mu_0^2} - 1 + (2s - s^2)\sin^2 z,$$

et l'on aura

$$d\zeta = - \frac{(1-s)\sin z\, d\mu}{\mu \sqrt{\cos^2 z - \left(1 - \frac{\mu^2}{\mu_0^2}\right) + (2s - s^2)\sin^2 z}}.$$

Pour établir une relation entre μ et R, il est commode de passer par l'intermédiaire de la densité; or, on sait par l'hypothèse de Newton et les expériences de Biot et Arago qu'on a $\mu^2 - 1 = c\rho$, ρ étant la densité; donc

$$\mu^2 = 1 + c\rho, \qquad \mu_0^2 = 1 + c\rho_0;$$

par suite,

$$\mu\, d\mu = \frac{c}{2}\, d\rho, \qquad \frac{d\mu}{\mu} = \frac{c\, d\rho}{2(1 + c\rho)}.$$

Comme on le voit, on n'introduit encore jusqu'ici rien d'hypothétique, et l'on aura

$$d\zeta = \frac{-(1-s)\sin z \dfrac{c\, d\rho}{1 + c\rho}}{2\sqrt{\cos^2 z - \left(1 - \dfrac{1 + c\rho}{1 + c\rho_0}\right) + (2s - s^2)\sin^2 z}}$$

$$= \frac{-(1-s)\sin z \cdot \dfrac{c\, d\rho}{1 + c\rho_0}}{2\dfrac{1 + c\rho}{1 + c\rho_0}\sqrt{\cos^2 z - \left(1 - \dfrac{1 + c\rho}{1 + c\rho_0}\right) + (2s - s^2)\sin^2 z}}.$$

Posons, pour abréger,

$$\frac{c\rho_0}{1 + c\rho_0} = 2\alpha_1,$$

il vient alors

$$d\zeta = \frac{-\alpha_1 (1 - s) \sin z \, \dfrac{d\rho}{\rho_0}}{\left[1 - 2\alpha_1 \left(1 - \dfrac{\rho}{\rho_0}\right)\right] \sqrt{\cos^2 z - 2\alpha_1 \left(1 - \dfrac{\rho}{\rho_0}\right) + (2s - s^2) \sin^2 z}}.$$

415. Restriction du problème au cas de hauteurs au-dessus de l'horizon supérieures à 10 degrés. — Ici commence l'hypothèse que l'on introduit pour établir une relation entre ρ et s. Nous nous bornerons à considérer des hauteurs au-dessus de l'horizon supérieures à 10 degrés; on peut, dans ce cas, opérer d'une manière très-simple; la question serait plus complexe pour des hauteurs plus petites.

La relation théorique qui lie la densité de l'air à la hauteur n'est pas connue, mais, quelle que soit celle que l'on en déduirait entre s et ρ, on pourrait toujours la développer en série; $1 - s$ peut donc se développer suivant les puissances de la densité en série convergente. Si la série était assez convergente pour qu'on pût se borner au premier terme, $1 - s$ pourrait se représenter par un polynôme algébrique. Ces considérations conduisent à poser hypothétiquement l'équation

$$1 - s = \left[1 - 2\alpha_1 \left(1 - \frac{\rho}{\rho_0}\right)\right]^m,$$

ce qui revient à poser

$$1 - s = (1 + k\rho)^m.$$

Cette hypothèse ne représente pas rigoureusement la constitution de l'atmosphère, mais on peut en faire usage si elle reproduit approximativement les nombres que l'on déduit de l'observation des phénomènes. On aura donc

$$d\zeta = \frac{-\alpha_1 \sin z \left[1 - 2\alpha_1 \left(1 - \dfrac{\rho}{\rho_0}\right)\right]^m \dfrac{d\rho}{\rho_0}}{\left[1 - 2\alpha_1 \left(1 - \dfrac{\rho}{\rho_0}\right)\right] \sqrt{\cos^2 z - 2\alpha_1 \left(1 - \dfrac{\rho}{\rho_0}\right) + (2s - s^2) \sin^2 z}}.$$

Examinons à part la quantité sous le radical, nous avons

$$2s - s^2 = s(2 - s)$$

$$= \left\{ 1 - \left[1 - 2\alpha_1 \left(1 - \frac{\rho}{\rho_0} \right) \right]^{m} \right\} \left\{ \left[1 - 2\alpha_1 \left(1 - \frac{\rho}{\rho_0} \right) \right]^{m} + 1 \right\}$$

$$= 1 - \left[1 - 2\alpha_1 \left(1 - \frac{\rho}{\rho_0} \right) \right]^{2m}.$$

On aura donc sous le radical

$$\cos^2 z - 2\alpha_1 \left(1 - \frac{\rho}{\rho_0} \right) + \sin^2 z - \left[1 - 2\alpha_1 \left(1 - \frac{\rho}{\rho_0} \right) \right]^{2m} \sin^2 z$$

$$= \left[1 - 2\alpha_1 \left(1 - \frac{\rho}{\rho_0} \right) \right] \left\{ 1 - \left[1 - 2\alpha_1 \left(1 - \frac{\rho}{\rho_0} \right) \right]^{2m-1} \sin^2 z \right\},$$

et, en supprimant les facteurs communs au numérateur et au dénominateur,

$$d\zeta = \frac{-\alpha_1 \sin z \left[1 - 2\alpha_1 \left(1 - \frac{\rho}{\rho_0} \right) \right]^{\frac{2m-3}{2}} \frac{d\rho}{\rho_0}}{\sqrt{1 - \left[1 - 2\alpha_1 \left(1 - \frac{\rho}{\rho_0} \right) \right]^{2m-1} \sin^2 z}}.$$

On peut maintenant intégrer facilement cette équation; en effet,
si l'on pose

$$w = \left[1 - 2\alpha_1 \left(1 - \frac{\rho}{\rho_0} \right) \right]^{\frac{2m-1}{2}} \sin z,$$

l'équation précédente devient

$$d\zeta = \frac{K\,dw}{\sqrt{1 - w^2}}.$$

Pour déterminer la constante K, on a

$$dw = \sin z \left[1 - 2\alpha_1 \left(1 - \frac{\rho}{\rho_0} \right) \right]^{\frac{2m-3}{2}} \frac{2m-1}{2} \cdot \frac{2\alpha_1}{\rho_0}\, d\rho,$$

d'où il résulte que

$$d\zeta = - \frac{dw}{(2m-1)\sqrt{1 - w^2}}.$$

L'intégrale de cette expression est

$$\zeta = -\frac{1}{2m-1}\,\text{arc sin}\,x + c.$$

La valeur de la constante c s'obtient par l'intégration entre les limites $\rho = 0$ et $\rho = \rho_0$.

On a, pour $\rho = 0$,

$$x = \left(1 - 2\alpha_1\right)^{\frac{2m-1}{2}}\sin z,$$

et, pour $\rho = \rho_0$,

$$x = \sin z.$$

Comme la différentielle $d\zeta$ est toujours négative, nous prendrons en sens inverse la différence des deux valeurs de l'intégrale pour avoir une expression positive, et nous aurons finalement

$$\int d\zeta = Z - z = \Delta z = -\frac{1}{2m-1}\left\{ z - \text{arc sin}\left[\left(1 - 2\alpha_1\right)^{\frac{2m-1}{2}}\sin z\right]\right\}.$$

416. Formule de Simpson. — On peut donner une autre forme à cette expression, car on a successivement

$$\text{arc sin}\left[\left(1 - 2\alpha_1\right)^{\frac{2m-1}{2}}\sin z\right] = z - (2m-1)\,\Delta z \quad \left(1 - 2\alpha_1\right)^{\frac{2m-1}{2}}\sin z$$
$$= \sin\left[z - (2m-1)\,\Delta z\right].$$

En ne tenant pas compte de l'origine, on pourra écrire

$$M \sin z = \sin\left(z - N\Delta z\right).$$

Cette formule, donnée par Simpson, peut servir d'une manière suffisamment exacte jusqu'à 80 degrés, c'est-à-dire tant qu'on est au delà de 10 degrés au-dessus de l'horizon. Introduisons la réfraction horizontale h; pour cela faisons $z = 90$ degrés. Nous aurons

$$M = \cos Nh,$$

donc

$$\cos Nh \sin z = \sin\left(z - N\Delta z\right).$$

Comme on ne peut obtenir directement la réfraction horizontale h, cette dernière formule renferme en réalité deux constantes à déterminer.

417. Formule de Bradley. — Bradley a aussi donné une formule qui peut se déduire de celle que nous venons d'indiquer,

$$\mathrm{M} \sin z = \sin (z - \mathrm{N}\Delta z).$$

Ajoutons et retranchons $\sin z$ de part et d'autre, nous aurons

$$(1 + \mathrm{M}) \sin z = 2 \sin \left(z - \frac{\mathrm{N}}{2}\Delta z\right) \cos \frac{\mathrm{N}}{2}\Delta z,$$

$$(1 - \mathrm{M}) \sin z = 2 \cos \left(z - \frac{\mathrm{N}}{2}\Delta z\right) \sin \frac{\mathrm{N}}{2}\Delta z,$$

et, en divisant ces deux équations membre à membre,

$$\operatorname{tang} \frac{\mathrm{N}}{2}\Delta z = \frac{1 - \mathrm{M}}{1 + \mathrm{M}} \operatorname{tang} \left(z - \frac{\mathrm{N}}{2}\Delta z\right).$$

En introduisant des constantes qui n'ont aucun rapport avec M et N, on peut donner à cette formule la forme suivante :

$$\operatorname{tang} \alpha\Delta z = \beta \operatorname{tang} (z - \alpha\Delta z).$$

Telle est la formule de Bradley; si $\alpha\Delta z$ est très-petit, on peut poser $\alpha\Delta z = \beta \operatorname{tang} (z - \alpha\Delta z)$ et obtenir la valeur de Δz par approximations successives. On néglige d'abord $\alpha\Delta z$ par rapport à z dans le second membre : on a ainsi une première valeur de Δz,

$$\Delta z = \frac{\beta}{\alpha} \operatorname{tang} z;$$

on substitue cette valeur approchée dans le second membre, pour en avoir une plus exacte. Cette formule ne peut servir que jusqu'à l'incidence de 60 degrés environ; mais, comme les distances zénithales comprises dans ces limites sont celles que l'on observe le plus fréquemment, on fait souvent usage de cette formule.

418. Formule de Laplace. — Passons maintenant aux formules de Laplace et Bessel. Nous avons trouvé (414) l'équation

$$d\zeta = \frac{-\alpha_1(1-s)\sin z \dfrac{d\rho}{\rho_0}}{\left[1-2\alpha_1\left(1-\dfrac{\rho}{\rho_0}\right)\right]\sqrt{\cos^2 z - 2\alpha_1\left(1-\dfrac{\rho}{\rho_0}\right)+(2s-s^2)\sin^2 z}},$$

dans laquelle nous avons posé

$$2\alpha_1 = \frac{c\rho_0}{1+c\rho_0} \qquad \text{et} \qquad 1-s = \frac{a}{R}.$$

Nous allons exprimer toutes ces quantités au moyen d'une des variables : or les variables sont de deux sortes. Si l'on avait la relation entre ρ et la distance R au centre de la terre, on pourrait résoudre le problème en intégrant soit d'une manière finie, soit par un développement en série. On ne connaît pas cette relation; mais supposons que la température soit invariable, la relation entre ρ et s est alors facile à établir.

Considérons une colonne d'air cylindrique et verticale, ayant pour base l'unité de surface. L'air de cette colonne sera en équilibre dans les mêmes conditions qu'une masse fluide, lorsqu'une tranche quelconque sera en équilibre sous l'action des forces qui sollicitent ses deux faces. Or une tranche supporte de bas en haut la pression atmosphérique $-p$, de haut en bas la pression $p+dp\cdot(dp$ étant négatif). Soient ρ la densité de la tranche, g_0 l'intensité de la pesanteur à la surface de la terre, R la distance de la base inférieure de la tranche considérée au centre de la terre, on a une troisième force agissant de haut en bas sur la base inférieure : c'est le poids de la couche d'air d'épaisseur dR, lequel est égal à $g_0\dfrac{a^2}{R^2}\rho d$R. Dans le cas de l'équilibre, on aura donc

$$-p+p+dp+g_0\frac{a^2}{R^2}\rho d\text{R} = 0.$$

d'où

$$dp = -g_0\frac{a^2}{R^2}\rho d\text{R}.$$

Or on a, d'après la loi de Mariotte,

$$\frac{p}{\rho} = \frac{p_0}{\rho_0},$$

d'où l'on déduit

$$dp = \frac{p_0}{\rho_0}\,d\rho.$$

En substituant, on trouve

$$p_0\,\frac{d\rho}{\rho_0} = -g_0\,\frac{a^2}{R^2}\,\rho\,dR = ag_0\,\rho\,d\,\frac{a}{R}$$

ou

$$\frac{d\rho}{\rho} = ag_0\,\frac{\rho_0}{p_0}\,d\,\frac{a}{R};$$

par conséquent, en intégrant,

$$L\rho = g_0\,\frac{\rho_0}{p_0}\,\frac{a^2}{R} + LC, \qquad \rho = Ce^{\frac{g_0\rho_0}{p_0}\,\frac{a^2}{R}}.$$

Si l'on fait $R = a$, on obtient

$$\rho_0 = Ce^{\frac{ag_0\rho_0}{p_0}},$$

d'où

$$C = \rho_0 e^{\frac{-ag_0\rho_0}{p_0}},$$

et enfin

$$\rho = \rho_0 e^{\frac{ag_0\rho_0}{p_0}\left(\frac{a}{R}-1\right)}.$$

Posons $p_0 = g_0\rho_0 l$, l étant par conséquent la hauteur d'une colonne atmosphérique exerçant la pression p_0; la formule se simplifie alors et l'on a

$$\rho = \rho_0 e^{-\frac{as}{l}}.$$

Cette formule est inexacte, car la température n'est pas la même à toute hauteur. Laplace et surtout Biot ont cherché des relations entre la température et la hauteur; ils ont utilisé pour cela les observations faites par Gay-Lussac dans son ascension aérostatique et par de Humboldt dans ses voyages sur de hautes montagnes; mais il n'y a pas grand avantage à employer les formules paraboliques qu'on déduit de ces observations, et on est toujours conduit, en définitive, à des modifications de constantes.

419. **Formule de Bessel.** — Il est plus simple d'opérer comme l'a fait Bessel, et de déterminer les constantes qui compensent les erreurs provenant de la théorie. Posons en conséquence

$$\rho = \rho_0 e^{-\beta s},$$

d'où

$$\frac{d\rho}{\rho_0} = -\beta e^{-\beta s}\, ds, \qquad \text{et} \qquad \frac{\rho}{\rho_0} = e^{-\beta s}.$$

En faisant ces substitutions dans la formule, il vient

$$d\zeta = -\frac{\alpha_1 (1-s)\beta e^{-\beta s} \sin z\, ds}{(1-\varepsilon)\sqrt{\cos^2 z - 2\alpha_1\left(1 - e^{-\beta s}\right) + (2s - s^2)\sin^2 z}}.$$

Le facteur $\varepsilon = 2\alpha_1\left(1 - \frac{\rho}{\rho_0}\right)$ est toujours assez petit, car $1 - \frac{\rho}{\rho_0}$ est toujours moindre que l'unité : il varie de 1 à $1 - 2\alpha_1$; or, on peut toujours remplacer dans une intégration un facteur qui varie peu par la moyenne de ses valeurs extrêmes. L'expression différentielle cessera d'être exacte, mais cela ne fait rien pour l'intégration.

Comme on ne peut intégrer $d\zeta$ sous forme finie, nous allons développer en série ; nous ordonnerons le radical suivant les puissances de s, qui est une quantité très-petite puisque $\frac{a}{R}$ diffère peu de l'unité et que l'on a $\frac{a}{R} = 1 - s$; et, si nous remarquons que $s^2 \sin^2 z$ peut être considéré comme très-petit par rapport aux autres termes, nous aurons

$$d\zeta = -\frac{\alpha_1 \beta e^{-\beta s} \sin z\, ds}{(1-\varepsilon)\left[\cos^2 z - 2\alpha_1\left(1 - e^{-\beta s}\right) + 2s\sin^2 z\right]^{\frac{1}{2}}}$$

$$-\frac{\alpha_1 \beta e^{-\beta s} \sin z\, s\, ds}{(1-\varepsilon)\left[\ldots\ldots\right]^{\frac{1}{2}}} + \frac{\alpha_1 \beta e^{\beta s} \sin^2 z\, s^3\, ds}{(1-\varepsilon)\left[\ldots\ldots\right]^{\frac{3}{2}}}.$$

Réduisons les deux derniers termes au même dénominateur et nous aurons dans le développement pour second terme

$$- \frac{\alpha_1 \beta e^{-\beta s} \sin z \, s \, ds \left[\cos^2 z - 2\alpha_1 \left(1 - e^{-\beta s} \right) + s \sin^2 z \right]}{(1-\varepsilon) \left[\cos^2 z - 2\alpha_1 \left(1 - e^{-\beta s} \right) + 2s \sin^2 z \right]^{\frac{3}{2}}}.$$

Ce second terme contient la première et la deuxième puissance de s au numérateur: on peut le négliger; en effet, pour $z = 90$. ce qui lui donne la plus grande valeur possible, il devient

$$- \frac{\alpha_1 \beta e^{-\beta s} \, s \, ds \left[s - 2\alpha_1 \left(1 - e^{-\beta s} \right) \right]}{(1-\varepsilon) \left[2s - 2\alpha_1 \left(1 - e^{-\beta s} \right) \right]^{\frac{3}{2}}}.$$

s étant très-petit, $\left(1 - e^{-\beta s} \right)$ développé en série se réduira sensiblement à son premier terme $-\beta s$, et du reste il est dans tous les cas plus petit que βs. L'expression devient donc

$$- \frac{\alpha_1 \beta e^{-\beta s} \, s \, ds \left(s - 2\alpha_1 \beta s \right)}{1-\varepsilon) \left(2s - 2\alpha_1 \beta s \right)^{\frac{3}{2}}} = - \frac{\alpha_1 \beta \sqrt{s} \, e^{-\beta s} \, ds \left(1 - 2\alpha_1 \beta \right)}{(1-\varepsilon) \sqrt{8} \left(1 - \alpha_1 \beta \right)^{\frac{3}{2}}}.$$

Si l'on intègre entre zéro et l'infini, on aura un terme beaucoup plus grand que celui que l'on cherche. La constante α_1 est connue; la constante β est également connue, c'est-à-dire qu'en supposant les réfractions représentées par le premier terme de la formule on détermine la constante β; on trouve alors $\frac{5''}{10}$ pour l'intégration entre o et ∞. Ce terme étant tout à fait négligeable, nous nous bornerons au premier terme de la valeur de $d\zeta$ qu'il faut intégrer entre $s = 0$ et la valeur de s qui correspond aux dernières limites de l'atmosphère. Mais il est beaucoup plus commode d'intégrer depuis $s = 0$ jusqu'à $s = \infty$, seulement il faudra retrancher de l'intégrale ainsi obtenue la valeur de l'intégrale prise entre la valeur de s qui correspond à la limite supérieure de l'atmosphère et l'infini. Cette correction pourra s'effectuer par la détermination de la constante β, sur laquelle portent toutes les erreurs.

Pour simplifier le dénominateur, posons $s' = s - \dfrac{\alpha_1 \left(1 - e^{-\beta s}\right)}{\sin^2 z}$: la quantité sous le radical devient alors $\cos^2 z + 2s' \sin^2 z$; le numérateur peut s'écrire $-\alpha_1 \sin z\, de^{-\beta s}$, et on peut développer $e^{-\beta s}$ suivant les puissances de s, et par suite suivant celles de s'. En substituant dans la valeur de ζ, on arrive à la formule suivante :

$$d\zeta = \frac{\alpha_1 \beta \sin z\, ds'}{(1 - \varepsilon)\left(\cos^2 z + 2s' \sin^2 z\right)}$$
$$\times \left[e^{-\beta s'} + \frac{\alpha_1 \beta}{\sin z}\left(2e^{-2\beta s'} - e^{-\beta s'} \right) \right.$$
$$\left. + \frac{\alpha_1^2 \beta^2}{1 . 2 . \sin^2 z}\left(3^2 e^{-3\beta s'} - 2 . 2^2 e^{-2\beta s'} + e^{-\beta s'} \right) + \cdots \right].$$

Il faut maintenant intégrer chacune de ces expressions entre les limites de s', 0 et ∞; il est facile de voir que toutes ces intégrales se ramènent à $\int e^{-t^2}\, dt$. En effet, les intégrales sont de la forme suivante :

$$\int_0^{\infty} \beta \cdot \frac{ds' \sin z\, e^{-u\beta s}}{\left(\cos^2 z + 2s' \sin^2 z \right)^{\frac{1}{2}}},$$

que l'on peut représenter généralement par $\sqrt{2}\beta \dfrac{\psi(u)}{\sqrt{u}}$, $\psi(u)$ étant une fonction inconnue. On pourra exprimer la valeur totale de la réfraction au moyen de $\psi(u)$, car on a

$$\psi(u) = e^{-\frac{\beta u}{2} \cot^2 z} \int_{\sqrt{\frac{\beta u}{2}} \cot z}^{\infty} e^{-t^2}\, dt;$$

c'est ainsi que l'on a construit des tables pour la réfraction.

On met pour β la valeur convenable; en considérant les étoiles circompolaires, on obtient la valeur de β qui correspond à un état atmosphérique donné. Bessel a posé $\beta = \dfrac{(h-l)}{hl}\, a$. l et β dépendant de l'état des couches atmosphériques dans les parties inférieures de l'atmosphère. Ceci est encore tout à fait empirique; mais par certaines hypothèses sur β on parvient à représenter assez bien l'ensemble des observations.

2° RÉFRACTIONS ATMOSPHÉRIQUES.

420. Phénomène du mirage. — Théorie de Monge. — Lorsque le point d'où émanent les rayons lumineux est situé dans l'atmosphère elle-même et que les couches qui composent cette atmosphère présentent une loi de distribution différente de la loi ordinaire, on observe un phénomène connu sous le nom de *mirage* et dont nous allons donner l'explication.

Nous supposerons l'atmosphère composée de couches dont la densité croît ou décroît à mesure qu'on s'élève, mais reste la même pour une étendue considérable d'un même plan horizontal: cette hypothèse suffit pour les couches peu éloignées du sol. Cette disposition par couches horizontales d'une densité uniforme donne lieu à une particularité remarquable quand se présente en un certain point une variation de température dans toute l'étendue du plan horizontal qui passe par ce point. C'est cette particularité que nous allons étudier.

Prenons pour axe des x l'horizontale menée dans le plan de la courbe suivie par la lumière et passant par le point le plus bas de cette courbe, et pour axe des z une ligne verticale; désignons par i l'angle de la tangente en un point quelconque avec l'axe des x : nous aurons $\tan g\, i = \dfrac{dx}{dz}$. Substituons à i sa valeur en fonction de l'indice de réfraction. Pour cela, désignons par μ, μ', μ'',... les indices de réfraction des diverses couches consécutives par rapport au vide, et par i, i', i''.... les angles des éléments de la trajectoire compris dans ces couches avec les normales aux points où ces éléments rencontrent les surfaces de séparation des couches: on a

$$\sin i = \frac{\mu'}{\mu}\sin i'',$$

d'où l'on déduit

$$\mu \sin i = \mu' \sin i' = \mu'' \sin i'' = \ldots,$$

relation qui exprime que, pour toutes les couches d'épaisseur finie, $\mu \sin i$ est constant. Il est évident que la même relation subsiste lors même que la densité du milieu ou l'indice de réfraction varierait d'une manière continue : on a donc d'une manière générale $\mu \sin i = C$ et, si μ_0 et i_0 sont les valeurs de μ et de i à l'origine, l'équation précédente devient

$$\mu \sin i = \mu_0 \sin i_0;$$

or, si les couches successives ont des densités qui varient infiniment peu lorsqu'on passe de l'une d'elles à la couche voisine, les éléments consécutifs de la trajectoire sont très-petits. l'angle i que fait un des éléments avec la normale à la couche devient l'angle de la tangente à la trajectoire avec cette normale qui est l'axe des z, et l'on a $\tan g\, i = \dfrac{dx}{dz}$; en combinant cette équation avec la première. on aura l'équation de la trajectoire.

On tire de la première

$$\sin i = \frac{\mu_0 \sin i_0}{\mu}, \qquad \cos i = \frac{\sqrt{\mu^4 - \mu_0^2 \sin^2 i_0}}{\mu};$$

d'où

$$\tan g\, i = \frac{\mu_0 \sin i_0}{\sqrt{\mu^2 - \mu_0^2 \sin^2 i_0}} = \frac{dx}{dz},$$

et par suite

$$\mu_0^2 \sin^2 i_0 \left(1 + \frac{dz^2}{dx^2} \right) = \mu^2.$$

Telle est l'équation différentielle de la trajectoire : il ne reste plus qu'à intégrer; mais l'intégration est inutile pour le but que nous nous proposons.

Dans le cas des réfractions astronomiques, μ est une fonction de z qui décroît à mesure que z augmente; dans des circonstances particulières il pourra se faire que, pour certaines valeurs de z, μ décroisse en même temps que z; le phénomène du mirage aura lieu si la trajectoire du rayon de lumière a une tangente horizontale; dans ce cas, le rayon, après s'être rapproché de l'horizon suivant SI (fig. 262) par exemple, pourra se relever suivant IO et montrer à

l'observateur, dans une direction OS′, l'image S′ d'un objet S placé
à une certaine hauteur au-dessus de cette surface.

Concevons que la densité de l'air aille en croissant à mesure qu'on
se rapproche du sol et jusqu'à une très-petite distance de l'horizon :

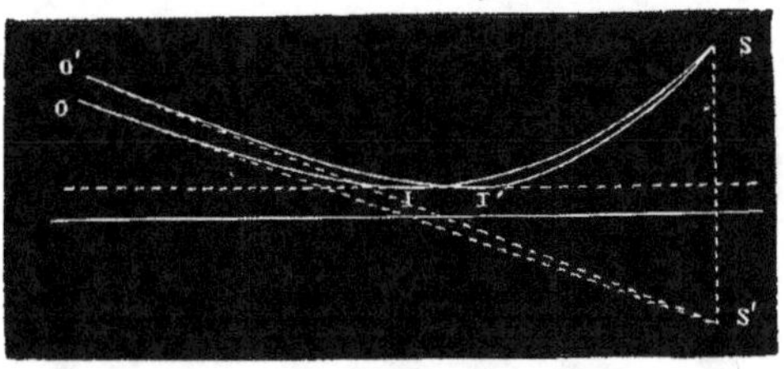

Fig. 262.

la trajectoire d'un rayon lumineux arrivant de S (fig. 263) jusqu'à
cette distance sera une courbe concave vers l'horizon, et si, à partir

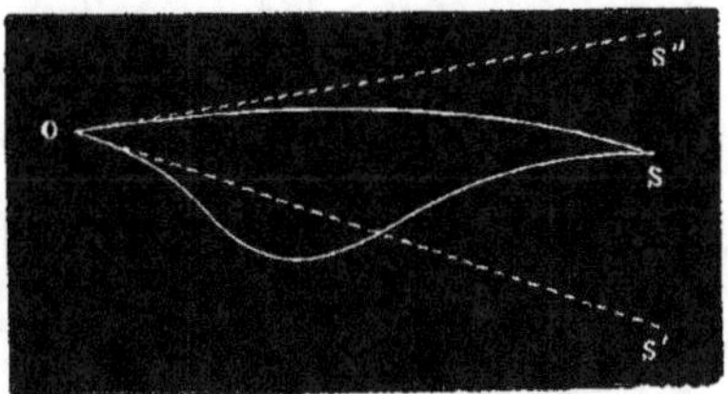

Fig. 263.

de la hauteur dont il s'agit jusqu'au sol, la densité de l'air va en décroissant, il arrivera, pour un grand nombre de rayons, que la
courbe restera toujours concave ; mais pour d'autres plus inclinés il
pourra se faire que le sens de la courbure change ; il y aura alors
un point d'inflexion et, dans ce cas, si le rayon n'est pas arrêté à la
surface de la terre et si la couche limite est suffisamment élevée, la
trajectoire se relèvera vers l'œil O d'un observateur et lui donnera
une image S′ de l'objet ; mais une seconde image S″ sera visible :
c'est celle que produisent les rayons envoyés directement par l'objet
à l'observateur et qui lui sont parvenus sans avoir traversé les couches
d'air inférieures. Ainsi l'observateur croira voir les objets tels que S

et leur image S' renversée et telle que la produirait un miroir; si
parmi ces objets se trouve l'atmosphère bleue, il apercevra vers le
bas l'image bleue du ciel, ce qui complétera l'illusion et fera croire
à la présence d'une nappe réfléchissante.

421. Conditions du phénomène. — Pour que ces phénomènes se manifestent, il faut que la trajectoire lumineuse ait une
tangente horizontale, c'est-à-dire que l'on ait $\frac{dz}{dx} = o$: l'équation
différentielle de la courbe devient alors

$$\mu^2 - \mu_0^2 \sin^2 i_0 ;$$

or, comme $\sin i_0$ est toujours plus petit que l'unité, μ est toujours
plus petit que μ_0; il faut donc que la densité de l'air où se trouve
la portion de la courbe à tangente horizontale soit inférieure à la
densité de l'air à une certaine hauteur. L'air doit donc être plus
échauffé au contact du sol; cette condition se trouve remplie toutes
les fois qu'une plaine a reçu la chaleur des rayons solaires et que
les couches d'air en contact avec le sol ont pris une disposition différente de l'état d'équilibre ordinaire.

Ce phénomène se présente assez rarement dans les climats du
nord, car le sol n'est pas fréquemment dépourvu de végétation sur
une grande étendue. Cependant on l'observe sur les grandes routes
qui présentent un développement assez considérable dans le sens
rectiligne, dans les Landes et les plaines sableuses de la Provence,
enfin en Égypte, où on l'étudia pour la première fois.

422. Mirage latéral et mirage supérieur. — Puisqu'une
simple distribution inverse de couches d'inégale densité suivant la
verticale donne lieu au mirage, on doit l'observer dans des circonstances diverses : ainsi, il y a quelques années, on pouvait voir des
effets de mirage latéral sur un mur du jardin du Louvre détruit actuellement. Des phénomènes de ce genre ont été fréquemment observés sur les côtes de Normandie et de Picardie, car souvent la mer
est plus chaude que la terre, et, si l'on regarde un objet, on en voit
l'image latérale. Sur les côtes sablonneuses de Dunkerque, Biot et

M. Mathieu ont eu plusieurs fois l'occasion de l'observer lors de
leurs opérations pour la mesure de la méridienne.

Il arrive même quelquefois une chose assez curieuse : à mesure
que l'on abaisse le point lumineux vers la couche ayant le minimum
de densité, l'objet finit par ne plus être aperçu. Il résulte aussi de
là qu'une personne peut être vue seulement en partie, car il pourra
se faire que, parmi les rayons qui partent de certains points de
l'objet, les uns, qui se redressent, passent au-dessus de l'œil, les
autres, qui s'infléchissent vers l'horizon, passent en dessous.

Dans les mers polaires, il arrive souvent que l'on observe une
image supérieure et renversée des objets; le mirage est alors supérieur. L'air étant extrêmement froid à la surface du sol, le décroissement de densité dans le sens vertical y est beaucoup plus rapide
que dans nos climats; on conçoit donc que le mirage supérieur s'y
produise fréquemment. Du reste, on peut dire que le mirage supérieur existe toujours, car, d'après ce que nous venons de voir, le mirage
se manifeste quand les rayons lumineux traversent sous de grandes
incidences des couches de densités décroissantes: or, dans l'air supposé calme et dans les états ordinaires du sol, la densité des couches
diminue à mesure que l'on s'élève: il doit donc se produire un mirage supérieur; mais, dans les climats tempérés, la loi de décroissement est lente, les rayons partis d'un objet sont réfléchis de manière
à ne pouvoir aller de nouveau rencontrer la surface de la terre qu'à
une très-grande distance. On peut, grâce à ce phénomène, voir
quelquefois des objets situés au delà de l'horizon, mais c'est extrêmement rare. Dans les cas ordinaires, cette sorte de mirage échappe
à l'observation pour les objets voisins, parce que les rayons vont rencontrer la surface de la terre trop loin, et pour les objets éloignés
parce que la lumière est trop affaiblie par son long parcours.

423. Objections faites à la théorie de Monge. — La théorie
que nous venons d'exposer n'est que le développement de l'explication suivante donnée par Monge : lorsque le sol est très-échauffé,
l'atmosphère se dispose en couches dont la densité va en décroissant: outre les rayons qui arrivent directement à l'œil, il en arrive
d'autres qui sont déviés et réfléchis totalement.

On a fait à cette explication diverses objections; ainsi on a dit qu'il n'y avait pas réflexion, car, pour qu'il y ait réflexion, il faut que le rayon incident fasse un angle avec la surface; or il finira par être tangent à une couche d'air, il ne pourra donc pas se réfléchir.

En réalité ce n'est pas là une objection; il est vrai que le rayon une fois horizontal ne peut plus se réfléchir; mais, si l'on démontre par les lois générales qu'il doit se relever, c'est comme si l'on démontrait qu'il se réfléchit : c'est donc une difficulté de mots qu'il faut faire disparaître complétement par la théorie.

Nous avons trouvé plus haut l'équation de la trajectoire du rayon lumineux, mais on a objecté à ce calcul que la formule

$$\mu \sin i = \mu_0 \sin i_0,$$

qui sert de point de départ, n'a de sens qu'autant qu'il y a réfraction, et que par conséquent elle ne convient que jusqu'au point où le rayon est devenu horizontal. Au delà c'est un résultat analytique dont la signification physique n'est pas du tout démontrée. C'est là que se trouve la difficulté : on y a répondu de deux manières. Dans la théorie de l'émission, on a dit que le rayon lumineux produisant le phénomène rencontrait dans les couches atmosphériques une puissance réfringente successivement décroissante, se trouvait attiré sans cesse par les couches supérieures et plié vers elles, et, si l'inclinaison est convenable, cette attraction pouvait aller jusqu'à le courber et l'obliger à revenir vers le haut de manière à traverser de nouveau les mêmes couches en sens contraire et à remonter vers le point où arrive le rayon direct.

424. Théorie de Bravais. — La théorie des ondulations a conduit Bravais au même résultat. Considérons une série de couches parallèles entre elles, de densité variant d'une manière continue. Ce que nous avons appelé trajectoire du rayon lumineux est une courbe normale aux surfaces des ondes, c'est-à-dire aux lieux des points animés à chaque instant d'un mouvement concordant. Le problème à résoudre est donc celui-ci : étant donnée à un instant quelconque la forme de la surface de l'onde, chercher comment elle est altérée.

Comme tout est symétrique autour de la verticale, toutes les surfaces de l'onde sont de révolution autour de cette·droite; il suffit donc de savoir ce qui se passe dans un plan méridien.

Considérons donc, dans le plan méridien, un rayon de lumière SI (fig. 264) qui rencontre en I la couche II', menons la normale IP à ce rayon: soient SI' un autre rayon incident émanant de la même source et I'P sa normale. Le rayon SI se réfracte généralement et les deux rayons sont tels qu'ils arrivent en même temps, l'un en I. et l'autre en I''; la droite I'I'' sera donc, d'après la pro-

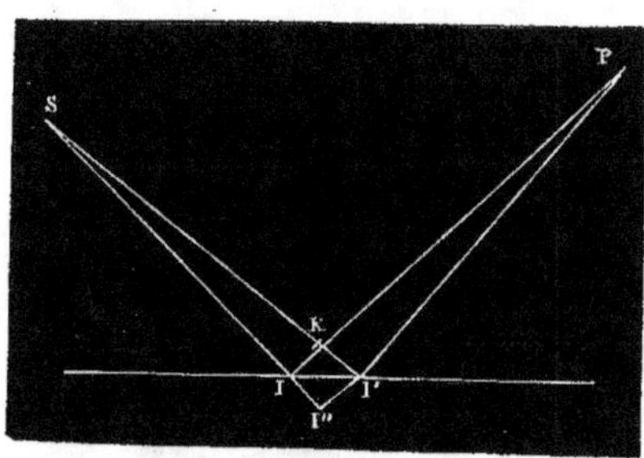

Fig. 264.

priété de la trajectoire, la nouvelle normale au rayon réfracté, et II'' un élément infiniment petit de la trajectoire du rayon; le temps employé à le parcourir est μds, en désignant par μ l'inverse de la vitesse de la lumière dans la couche d'air et par ds l'élément II''. Le rayon SK, qui arrive en K en même temps que SI arrive en I. parcourt l'arc KI' $= ds'$ de sa trajectoire avec une vitesse dont l'inverse est μ'; il emploie donc le temps $\mu'ds'$ qui est égal à μds.

Il s'agit de déterminer μ' et ds'; or on a d'abord $\mu' = \mu + d\mu$; puis les deux arcs ds et ds' appartiennent à deux trajectoires infiniment voisines qu'on peut regarder comme ayant même normale et même centre de courbure P, de sorte que, ρ étant le rayon de courbure de II'' et ρ' celui de KI', on a

$$\frac{ds}{ds'} = \frac{\rho}{\rho'}.$$

Or on a $\rho' = \rho - I'I''$. et, dans le triangle II'I'', I'I'' $= ds$ tang I''II': mais l'angle I''II' est formé par le rayon incident avec la surface d'incidence, donc il est égal au complément de i dont la tangente est $\frac{dx}{dz}$; donc on a $I'I'' = ds\frac{dz}{dx}$, et la proportion précédente devient

$$\frac{ds}{ds'} = \frac{\rho}{\rho - \frac{dz}{dx}ds};$$

d'où

$$ds' = ds\left(1 - \frac{1}{\rho}\frac{dz}{dx}ds\right).$$

En substituant à μ' et à ds' leurs valeurs, on trouve

$$\mu' ds' = \mu\, ds + \frac{d\mu}{dz}dz\,ds - \frac{\mu}{\rho}\frac{dz}{dx}ds^2.$$

Le terme du développement qui viendrait ensuite serait du troisième ordre; nous ne l'écrirons pas.

L'équation $\mu' ds' = \mu ds$ devient donc, en supprimant les termes communs,

$$\frac{d\mu}{dz}dz\,ds = \frac{\mu}{\rho}\frac{dz}{dx}ds^2;$$

c'est une équation différentielle du second ordre que nous pouvons encore transformer. En effet, on en tire

$$\frac{1}{\mu}\frac{d\mu}{dz} = \frac{1}{\rho}\frac{ds}{dx};$$

or on a

$$\frac{ds}{dx} = \left(1 + \frac{dz^2}{dx^2}\right)^{\frac{1}{2}}, \qquad \frac{1}{\rho} = \frac{\frac{d^2z}{dx^2}}{\left(1 + \frac{dz^2}{dx^2}\right)^{\frac{3}{2}}},$$

et en substituant ces valeurs il vient

$$\frac{1}{\mu}\frac{d\mu}{dz} = \frac{\frac{d^2z}{dx^2}}{1 + \frac{dz^2}{dx^2}} \qquad \text{ou} \qquad \frac{d\mu}{\mu} = \frac{\frac{dz}{dx}\,d\cdot\frac{dz}{dx}}{1 + \frac{dz^2}{dx^2}}.$$

Le numérateur de la fraction du second membre est la moitié de la différentielle du dénominateur: on a donc, en intégrant,

$$\mathrm{L}.\mu = \frac{1}{2}\mathrm{L}.\left(1 + \frac{dz^2}{dx^2}\right) + \frac{1}{2}\mathrm{L}.C,$$

d'où l'on tire

$$\frac{\mu^2}{C^2} = 1 + \frac{dz^2}{dx^2}.$$

Telle est l'intégrale première de l'équation du second ordre, et par suite l'équation différentielle du premier ordre de la trajectoire. La valeur de la constante C n'est autre chose que $\mu \sin i$: ainsi la théorie générale nous conduit à la même équation que le raisonnement que nous avons fait précédemment ; nous en conclurons que le raisonnement était exact.

3° RÉFRACTION À LA SURFACE DES PLANÈTES.

425. Équations différentielles de la trajectoire d'un rayon lumineux. — Nous n'avons considéré dans ce qui précède que l'influence de l'atmosphère terrestre sur la marche des rayons lumineux. M. Kummer [1] a obtenu des résultats très-intéressants en étudiant ce qui se passerait à la surface d'autres planètes.

Considérons un milieu où l'indice de réfraction n est une fonction continue des coordonnées x, y, z; soit $f(x, y, z) = n$ cette fonction : pour avoir les équations différentielles de la trajectoire d'un rayon lumineux, il faut exprimer que le rayon lumineux se rend d'un point à un autre dans le temps le plus court, c'est-à-dire que l'intégrale $\int n\, ds$ est minima.

Or on a

$$ds = \sqrt{\left(\frac{dx}{dt}\right)^2 + \left(\frac{dy}{dt}\right)^2 + \left(\frac{dz}{dt}\right)^2}\, dt = \sqrt{x'^2 + y'^2 + z'^2}\, dt.$$

L'intégrale à rendre minima est donc

$$\int n \sqrt{x'^2 + y'^2 + z'^2}\, dt.$$

Appliquons les principes du calcul des variations, nous aurons les équations

$$\frac{dn}{dx} \sqrt{x'^2 + y'^2 + z'^2} - \frac{d}{dt}\left(\frac{nx'}{\sqrt{x'^2 + y'^2 + z'^2}}\right) = 0$$

[1] *Monatsberichte der Akademie zu Berlin*, 1860, p. 405. Verdet a donné une analyse du mémoire de M. Kummer dans les *Ann. de chim. et de phys.*, (3), LI, 496 [1861].

ou

$$\frac{du}{dx} - \frac{d}{\sqrt{x'^2+y'^2+z'^2}\,dt}\left(\frac{nx'}{\sqrt{x'^2+y'^2+z'^2}}\right) = 0,$$

et de même

$$\frac{du}{dy} - \frac{d}{\sqrt{x'^2+y'^2+z'^2}\,dt}\left(\frac{ny'}{\sqrt{x'^2+y'^2+z'^2}}\right) = 0.$$

$$\frac{du}{dz} - \frac{d}{\sqrt{x'^2+y'^2+z'^2}\,dt}\left(\frac{nz'}{\sqrt{x'^2+y'^2+z'^2}}\right) = 0.$$

En remplaçant dans ces trois équations $\sqrt{x'^2+y'^2+z'^2}\,dt$ par sa valeur ds, on a pour équations différentielles de la trajectoire d'un rayon lumineux, dans un milieu quelconque dont n est l'indice de réfraction.

$$\frac{du}{dx} = \frac{d.n\frac{dx}{ds}}{ds},$$

$$\frac{du}{dy} = \frac{d.n\frac{dy}{ds}}{ds},$$

$$\frac{du}{dz} = \frac{d.n\frac{dz}{ds}}{ds},$$

et on prouve aisément que ces trois équations se réduisent réellement à deux, l'une quelconque d'entre elles étant une conséquence des deux autres.

426. Application à une atmosphère formée de couches concentriques avec la planète. — Supposons ces équations appliquées à une atmosphère planétaire disposée par couches d'égale densité concentriques avec la planète: l'indice n sera simplement fonction de la distance r du point considéré au centre de la planète, et la trajectoire sera plane. Si l'on prend le plan de cette trajectoire pour plan des x, y, la troisième équation différentielle sera satisfaite d'elle-même, et on déduira aisément des deux premières

$$yd.n\frac{dx}{ds} - xd.n\frac{dy}{ds} = 0,$$

en ayant égard à la circonstance que, n étant simplement fonction de $\sqrt{x^2+y^2}$, l'expression $y\frac{dn}{dx} - x\frac{dn}{dy}$ est nulle. Développant, on obtient

$$n\left(yd.\frac{dx}{ds} - xd.\frac{dy}{ds}\right) + dn\left(y\frac{dx}{ds} - x\frac{dy}{ds}\right) = 0,$$

c'est-à-dire

$$nd.\left(y\frac{dx}{ds} - x\frac{dy}{ds}\right) + \left(y\frac{dx}{ds} - x\frac{dy}{ds}\right) dn = 0,$$

ou, en posant $x\frac{dy}{ds} - y\frac{dx}{ds} = p$,

$$ndp + pdn = 0,$$

dont l'intégrale est

$$np = C.$$

Si l'on passe des coordonnées rectangulaires aux coordonnées polaires, en faisant

$$x = r\cos\varphi, \qquad y = r\sin\varphi, \qquad r = \sqrt{x^2+y^2},$$

cette équation devient

$$\frac{nr^2 d\varphi}{\sqrt{dr^2+r^2 d\varphi^2}} = C;$$

d'où

$$d\varphi = \frac{Cdr}{r\sqrt{r^2 n^2 - C^2}}.$$

Soit R le rayon de la planète; posons $r = R + v$, $R\varphi = u$. On pourra considérer u et v comme les coordonnées d'un point quelconque de la trajectoire dans un système particulier, où les abscisses u seront des arcs de grand cercle comptés à la surface de la planète, et les ordonnées v des hauteurs verticales comptées à partir de la même surface. L'équation différentielle précédente deviendra

$$du = \frac{RCdv}{(R+v)\sqrt{(R+v)^2 n^2 - C^2}},$$

et si l'on place l'origine des coordonnées au point où le rayon rencontre la surface de la planète, si de plus on désigne par n_0 et par i

les valeurs en ce point de l'indice de réfraction et de l'angle de la trajectoire avec la direction du rayon de la planète, on aura, en remarquant que i a pour sinus la valeur particulière de l'expression

$$\frac{du}{\sqrt{du^2 + dv^2}}$$

pour $u = 0$, $v = 0$,

$$\sin i = \frac{C}{Rn_0}$$

ou

$$C = Rn_0 \sin i$$

et

$$u = \int_0^v \frac{R^2 n_0 \sin i\, dv}{(R+v)\sqrt{(R+v)^2 n^2 - R^2 n_0^2 \sin^2 i}}.$$

427. Discussion de l'équation de la trajectoire. — On admettra, pour discuter cette expression, que l'indice de réfraction, toujours plus grand que l'unité, est une fonction continue de la seule hauteur v, qui tend vers une limite finie lorsque v devient infini, et dont les deux premières dérivées ne deviennent infinies pour aucune valeur positive de v.

On supposera d'abord que pour toute valeur de v l'expression

$$\sqrt{(R+v)^2 n^2 - R^2 n_0^2 \sin^2 i}$$

garde une valeur positive différente de zéro. S'il en est ainsi, on démontre aisément que l'intégrale qui donne la valeur de u, prise entre les limites o et ∞, conserve une valeur finie : en désignant cette valeur par c, l'équation

$$u = c$$

représente une asymptote dont la trajectoire lumineuse s'approche indéfiniment à mesure qu'elle s'écarte de la planète. Réciproquement, un point situé à une très-grande distance de la planète, sur la verticale dont l'équation est $u = c$, envoie à l'origine des coordonnées un rayon qui y parvient sous l'inclinaison i. L'excès de l'angle $\frac{c}{R}$ formé par les verticales de l'origine des coordonnées et du point

$u - c$ sur l'angle i est ce qu'on appelle la *réfraction astronomique*, dans le cas restreint que l'on considère ordinairement.

Supposons, au contraire, que V s'annule pour une ou plusieurs valeurs positives de v, et soient b la plus petite de ces valeurs, a la valeur de u correspondante, on aura

$$u = \int_0^{\cdot b} \frac{R^2 n_a \sin i \, dv}{(R+v)\sqrt{V}}.$$

On a d'ailleurs, en vertu du théorème de Taylor, en désignant par $V(r)$ la valeur de V qui répond à une valeur particulière I de la variable plus petite que b,

$$V(r) = V(b) - (b - v)V'(b) + \frac{(b - v)^2}{1 \cdot 2} V''(\varepsilon),$$

I étant compris entre zéro et b.

Donc, si $V'(b)$ n'est pas nul en même temps que $V(b)$, c'est-à-dire si, lorsque v passe par la valeur b, V s'annule en changeant de signe, on pourra poser

$$V = (b - v)W,$$

W étant une fonction de v qui demeure finie et différente de zéro pour $v = b$. On en conclura, en appliquant les règles relatives aux intégrales définies singulières, que la valeur ci-dessus de u est finie. Au contraire, si $V'(b)$ s'annule en même temps que $V(b)$, on devra poser

$$V = (b - v)^2 W,$$

W étant une fonction de v qui ne devient pas infinie pour $v = b$, et on en conclura que la valeur de a est infinie.

Dans le premier cas, a étant fini, la trajectoire du rayon s'élève de l'origine jusqu'au point dont les coordonnées sont a et b; comme ensuite v ne peut dépasser la valeur b sans que $\sqrt{V}$ devienne imaginaire, on doit, lorsque cette valeur est atteinte, considérer v comme décroissant et attribuer le signe $-$ à dv. On détermine ainsi une seconde partie de la trajectoire, exactement symétrique de la première, qui par conséquent va rencontrer la surface de la planète au point dont l'abscisse est $2a$. Il est évident que cette marche des rayons lumineux constitue précisément le *mirage supérieur* dont il a été question précédemment (422).

Dans le second cas, a devenant infini lorsque r tend vers la valeur finie b, la trajectoire lumineuse tourne indéfiniment autour de la planète en s'approchant du cercle asymptote dont le rayon est $R + b$.

Il est important de considérer l'influence de l'incidence i. Supposons que l'expression $(R + v)^2 n^2$ prenne sa plus petite valeur pour $r = \beta$, et déterminons la valeur particulière I de i qui réduit V à zéro pour $v = \beta$. Cet angle étant aigu, nous aurons

$$\sin I = \frac{(R+\beta)n}{Rn_0} \cdot \beta.$$

Il est clair que V ne pourra être nul que si i est compris entre les limites I et $\frac{\pi}{2}$. Par conséquent, tous les rayons qui à l'origine feront avec la normale un angle moindre que I s'écarteront à l'infini de la planète en se rapprochant d'asymptotes rectilignes. Ils offriront donc tous les phénomènes de la réfraction astronomique plus ou moins développés. Mais tous ceux dont l'incidence originaire sera plus grande que I s'élèveront seulement à une hauteur b moindre que β et retourneront à la surface de la planète, à moins qu'ils ne tournent indéfiniment autour de cette surface, en se rapprochant d'un cercle asymptote. En particulier, les rayons pour lesquels $i = $ I ont un cercle asymptote dont le rayon est $R + \beta$, car la valeur de V atteint son minimum pour $r = \beta$, et, comme elle est nulle si on joint à cette hypothèse celle que $i = $ I, il en résulte que l'on a simultanément $V = 0$, $V' = 0$.

428. Restrictions à introduire dans l'application aux planètes du système solaire. — Conséquences. — Pour appliquer ces considérations aux diverses planètes du système solaire, on devra les supposer parfaitement sphériques et négliger la variation de la température de l'atmosphère qui dépend des coordonnées géographiques. On pourra même, dans une première approximation, négliger la variation qui dépend de la hauteur, et représenter en conséquence le rapport de la densité d'une couche atmosphérique

de hauteur v à la densité de la couche superficielle par l'expression connue

$$e^{-\frac{Rv}{\lambda(R+v)}},$$

où λ désigne la hauteur d'une colonne ayant partout la même densité que la couche superficielle, qui exercerait une pression égale à celle de l'atmosphère totale. Il suit de là qu'en appelant k la puissance réfractive de la couche superficielle on aura

$$n^2 = 1 + ke^{-\frac{Rv}{\lambda(R+v)}} = 1 + ke^{-\omega}.$$

en faisant, pour abréger,

$$\omega = \frac{Rv}{\lambda(R+v)}.$$

On conclut de là

$$u = \int_0^v \frac{R^2\sqrt{1+k}\sin i\,dv}{(R+v)\sqrt{V}},$$

$$V = (R+v)^2\left(1+ke^{-\omega}\right) - R^2\left(1+k\right)\sin^2 i,$$

$$V' = (R+v)\left(1+ke^{-\omega}\right) - \frac{R^2 k}{\lambda}e^{-\omega},$$

$$V'' = 2 + ke^{-\omega}\left[1 + \left(1 - \frac{R^2}{\lambda(R+v)}\right)^2\right].$$

V'' étant toujours positif, on voit que V' est croissant et ne peut s'annuler que pour une valeur unique de v. Si V' est négatif pour $v = 0$, cette valeur β est positive, et réciproquement. Mais si V' est positif pour $v = 0$, il est aussi positif pour toute valeur positive de v. La fonction V est donc constamment croissante et ne se réduit jamais à zéro. puisque sa valeur initiale est positive. Ainsi on n'observera que les phénomènes de la réfraction astronomique, et, à parler rigoureusement. aucun point de la surface ne sera visible d'un autre point de la surface, sur tous les corps célestes pour lesquels on aura

$$V'' > 0,$$

c'est-à-dire

$$R = \frac{2\lambda(1 + k)}{k}.$$

Tel est le cas de la terre, pour laquelle

$$R = 6366198^{m}, \qquad \lambda = 7974^{m}, \qquad k = 0.000589,$$

et par suite

$$\frac{2\lambda(1 + k)}{k} = 27092000^{m}.$$

Si au contraire on a

$$R > \frac{2\lambda(1 + k)}{k},$$

V sera nul pour une valeur positive β de v qui se calculera numériquement sans difficulté. Soit I l'angle aigu qui réduit V à zéro, pour $v = \beta$, on aura

$$\sin I = \frac{(R + \beta)\sqrt{1 + ke^{\frac{R\beta}{\lambda(R + \beta)}}}}{R\sqrt{1 + k}},$$

et pour toute valeur de i comprise entre I et $\frac{\pi}{2}$ l'équation aura deux racines réelles et positives, puisque en supposant, dans V, $v = \beta$ et i compris entre I et $\frac{\pi}{2}$, V est négatif. La plus petite b de ces racines sera le maximum de hauteur où pourra s'élever un rayon dont l'incidence initiale est plus grande que I. En appelant comme plus haut $2a$ la distance de l'origine au point où ce rayon vient couper une seconde fois la surface du corps céleste, on voit facilement que b décroît continûment de β à zéro, et $2a$ de l'infini à zéro, si i croît de I à $\frac{\pi}{2}$. Donc, en désignant par $i_1, i_2, i_3 \ldots$ la série des incidences pour lesquelles $2a$ a les valeurs $R\pi$, $2R\pi$, $3R\pi \ldots$, ces valeurs forment une série décroissante dont le premier terme est plus ou moins voisin de $\frac{\pi}{2}$ et le dernier terme est I. Il suit de là que d'un point quelconque de la surface du corps céleste on verra cette surface tout entière, et même qu'on en verra une infinité d'images, constituant par leur ensemble une calotte concave, limitée par un cercle élevé de $\frac{\pi}{2} - 1$ au-dessus de l'horizon vrai, qui sera l'horizon apparent. La première image sera comprise à l'intérieur du cercle élevé de $\frac{\pi}{2} - i_1$, la seconde formera un anneau compris entre les cercles élevés de $\frac{\pi}{2} - i_1$ et de $\frac{\pi}{2} - i_2$, et ainsi de suite. Il n'est pas besoin de faire remarquer de quelles étranges déformations ces images seront affectées: en particulier le point situé aux antipodes aura pour images successives la série des cercles limites qui viennent d'être définis.

Si l'on suppose i compris entre zéro et 1, l'angle $\frac{c}{R}$ est toujours positif et croissant avec i. D'ailleurs, comme, à la limite 1, on a simultanément $V = o$, $V' = o$, on voit, en remontant à l'expression de $\frac{c}{R}$, que cet angle croît jusqu'à l'infini. Si l'on appelle i', i'', i''', . . . les valeurs particulières de i qui rendent $\frac{c}{R}$ successivement égal à π. 2π, 3π . . . . . ces angles formeront une série croissante ayant pour limite 1, et il est facile de voir que d'un point quelconque de la surface de la planète on verra la sphère céleste tout entière, qu'on en verra même une infinité d'images, limitées successivement par des cercles élevés au-dessus de l'horizon de $\frac{\pi}{2} - i'$, $\frac{\pi}{2} - i''$, $\frac{\pi}{2} - i'''$, ... , $\frac{\pi}{2} - 1$. Les mêmes déformations extraordinaires auront lieu dans l'image de la surface de la planète : en particulier, les images successives du nadir seront les cercles limites qui viennent d'être définis.

Enfin, il est à remarquer qu'un observateur placé en dehors de la surface de la planète doit voir d'abord une image principale circulaire de la surface *totale* de la planète, et tout autour une infinité d'images annulaires. Il voit même dans l'atmosphère de cette planète une infinité d'images de la sphère céleste. Ces deux conséquences sont faciles à apercevoir en examinant avec un peu d'attention les propriétés des trajectoires lumineuses qui viennent d'être exposées. C'est en particulier ainsi que la planète sera vue par un astronome placé sur la terre.

429. Cas de la planète Jupiter. — Supposons que l'atmosphère de Jupiter soit de même nature que l'atmosphère terrestre. Désignons par h la hauteur d'une colonne d'air, de densité égale à la densité de l'air sur la surface de la terre, qui exercerait la même pression que l'atmosphère de Jupiter: appelons λ_1 la valeur de λ relativement à la terre, g_1 et g l'intensité de la pesanteur à la surface de la terre et à la surface de Jupiter, δ le rapport de la densité de l'air à la surface de Jupiter à sa densité à la surface de la terre: il est clair qu'on aura

$$\delta = \frac{gh}{g_1 \lambda_1}.$$

Par suite, si k et k_1 sont les puissances réfractives de l'air à la surface de Jupiter et à la surface de la terre, on aura

$$k = k_1 \frac{gh}{g_1 \lambda_1};$$

d'ailleurs, λ se rapportant à Jupiter comme λ_1 à la terre,

$$\lambda = \frac{h}{\delta} = \lambda_1 \frac{g_1}{g};$$

donc les réfractions extraordinaires précédemment décrites auront lieu à la surface de Jupiter, si l'on a

$$R > \frac{2\lambda (1 + k)}{k}.$$

c'est-à-dire

$$R k_1 \frac{gh}{g_1 \lambda_1} > \frac{2 g_1}{g} \lambda_1 \left(1 + k_1 \frac{gh}{g_1 \lambda_1} \right).$$

En adoptant 10.86 pour le rapport des rayons de la terre et de Jupiter, 338 pour le rapport de leurs masses, on trouve

$$\frac{g}{g_1} = 2.866$$

et la condition ci-dessus se réduit à

$$h > 389^{\text{m}}.$$

Il suffirait donc que l'atmosphère de Jupiter eût la vingtième partie de la puissance de l'atmosphère terrestre.

Si l'on admet que les masses des deux atmosphères sont dans le même rapport que les masses des planètes respectives, h sera déterminé par l'équation

$$\frac{R^2 h}{R_1^2 \lambda_1} = 338,$$

R et R_1 étant les rayons de Jupiter et de la terre. On trouve dans cette hypothèse

$$h = 0,00484. \qquad \lambda = 2782^{m}$$

et

$$\beta = 11394^{m}, \qquad l = 86°12',$$

ce qui donne 3°48' pour l'élévation de l'horizon apparent au-dessus de l'horizon vrai.

Il est évident que les conclusions des calculs précédents ne s'appliquent en toute rigueur qu'au cas d'une atmosphère absolument transparente. Dans la réalité, on ne verrait un peu distinctement à la surface de Jupiter qu'une partie de la première image de la planète et de la première image du ciel. Tout au plus le soleil demeurerait-il constamment visible. Quant aux images ultérieures, elles seraient sans doute tellement affaiblies, que leur ensemble donnerait simplement naissance à une bande bleue s'étendant des deux côtés de l'horizon apparent à une distance plus ou moins grande.

4° COLORATION ET VISIBILITÉ DE L'ATMOSPHÈRE.

430. Couleur bleue du ciel. — L'atmosphère dans son état normal donne lieu à des phénomènes que nous allons étudier : nous voulons parler de sa coloration et de sa visibilité.

Il semble, à première vue, que l'atmosphère soit bleue: mais, en examinant les faits avec attention, on reconnaît que la couleur bleue du ciel se produit dans des circonstances très-variées. Il est à remarquer, d'abord, que cette couleur bleue nous vient de tous les points de l'atmosphère et non pas seulement de ceux qui reçoivent directement les rayons solaires : la lumière revient donc colorée en bleu vers notre œil, quel que soit le chemin qu'elle ait suivi. Ce phénomène diffère totalement de ceux que présente un verre coloré : il y a à expliquer la visibilité de toutes les parties d'une manière intense dans toutes les directions, et la disparition de la couleur bleue par l'interposition des nuages.

On peut faire l'hypothèse d'une teinte bleue inhérente aux molécules d'air : l'atmosphère serait bleue de même que l'eau est bleue lorsqu'elle est pure, verte lorsqu'elle est impure. Mais on doit regarder l'atmosphère comme à peu près incolore. Si elle était bleue, les objets éloignés devraient présenter cette teinte, ce que l'on n'observe généralement pas; cependant un fait paraît confirmer cette prévision, c'est que les montagnes éloignées paraissent bleues : on attribue généralement ce phénomène à la masse d'air interposée. Cette explication est renversée par la remarque suivante, due à Saussure : les Alpes, couvertes de neige, paraissent blanches lorsqu'elles sont vues de très-loin: au contraire, les montagnes qui semblent bleues sont des montagnes de couleur très-foncée. Il faut donc, pour expliquer la coloration des montagnes bleues, dire que l'on voit une teinte bleue dans cette direction, comme on la voit dans une direction quelconque, et que la lumière que l'on reçoit est envoyée par l'atmosphère.

Si l'air atmosphérique avait une couleur propre, cette couleur serait plutôt rouge ou rouge orangé, comme il résulte de l'observation des teintes crépusculaires qui se produisent lorsque la lumière nous arrive après avoir traversé des couches d'air de plus en plus épaisses : les objets éclairés dans ces circonstances sont dans les conditions les plus propres à manifester la couleur de l'atmosphère.

Il y a donc là des phénomènes très-particuliers à expliquer, et l'on ne peut songer à une couleur propre des molécules d'air.

431. Théories de Léonard de Vinci et de Mariotte. — Les théories qui ont été proposées sont très-nombreuses; la plus ancienne est due à Léonard de Vinci. Il supposait que l'œil reçoit d'un point de l'atmosphère la lumière diffusée par ce point et en même temps le noir des espaces célestes. On croyait à cette époque que le noir, au lieu d'être l'absence de lumière, était une qualité particulière de la lumière, et l'on pouvait supposer que le bleu résultait de la combinaison de la couleur noire avec celle de la lumière diffusée.

Mariotte a donné plus tard une théorie que Bouguer a développée
et qui a eu un certain succès. Il suppose que la lumière arrivant du
soleil se réfléchit sur les particules d'air elles-mêmes, qui auraient
la propriété de ne réfléchir que de la lumière bleue; or on n'a pas
d'exemple d'un milieu dont les particules réfléchissent la lumière, et,
s'il s'agit des molécules d'air, on ne conçoit pas que les molécules
d'un milieu qui reste toujours le même puissent réfléchir la lumière.

Du reste, on ne peut pas attribuer le phénomène à une inégalité
de densité, car dans ce cas, que la variation supposée soit lente ou
brusque, la réflexion totale ne se produira que dans certaines directions et à la surface de certaines couches; par exemple, à la surface
de couches sensiblement planes, parallèles à l'horizon, il y aurait
une direction déterminée suivant laquelle on recevrait de la lumière,
tandis que dans les autres directions on n'en recevrait pas : or, tous
les points de l'atmosphère agissent de la même manière.

432. Théorie de Fabri et de Newton. — Mais s'il faut rejeter l'hypothèse d'une réflexion sur les particules d'air ou sur des
couches de densités différentes, il est impossible de se refuser à admettre qu'il y a en suspension dans l'air des particules étrangères
qui produisent le phénomène. Cette idée, proposée pour la première
fois par Fabri, physicien français du xviie siècle, fut adoptée et complétée par Newton.

Si l'on admet que le phénomène est dû à des matières tenues en
suspension dans l'atmosphère, on ne peut penser qu'aux particules
d'eau, car la poussière ne monte jamais assez haut pour donner lieu
aux apparences observées, et, d'un autre côté, l'eau à l'état de glace
ne produit que des phénomènes locaux.

Newton croyait à la présence dans l'air de gouttelettes d'eau extrèmement petites, qui réfléchiraient la lumière des lames minces,
particulièrement le bleu du premier ordre. Du reste, les épaisseurs
des particules d'eau n'étant pas toujours les mêmes, les couleurs de
la lumière pourraient varier. Cette théorie présente des inexacti-
tudes. D'abord la couleur rouge des nuages ne peut être expliquée
par la dimension des gouttelettes d'eau qui s'y trouvent, car les

nuages prennent toujours la couleur de la lumière qu'ils reçoivent et nous l'envoient sans la modifier. De plus, l'idée de globules sphériques suspendus dans l'air présente des difficultés; elle ne permet pas de rendre compte des teintes observées au lever et au coucher du soleil. L'explication de Newton n'est donc pas admissible.

433. Observations de Forbes. — Forbes a montré en 1845 que l'eau répandue dans l'atmosphère possède toutes les propriétés nécessaires pour colorer la lumière. Depuis, il a indiqué comment le hasard l'avait conduit à ses découvertes sur ce sujet. Il se trouvait, par une belle journée, placé sur une locomotive ayant le soleil opposé au tuyau d'échappement, et regardait cet astre à travers le jet de vapeur : il l'aperçut coloré en jaune orangé à un endroit où la vapeur n'avait pas encore pris la forme de nuage blanc. Des signaux lumineux observés le soir sur la route parurent avoir la même teinte. Il fallait en conclure que la vapeur à l'état gazeux et sec passe, avant de prendre l'apparence de nuage, par un état intermédiaire sous lequel elle transmet une couleur rouge orangée. Si la vapeur se trouve dans l'air à cet état particulier, elle doit transmettre et réfléchir la lumière: elle transmettra le rouge orangé et réfléchira la teinte complémentaire, c'est-à-dire le bleu. La lumière transmise aura une teinte orangée, jaune ou rouge, suivant l'épaisseur plus ou moins grande des particules d'eau, et tous les phénomènes que présente la lumière à l'horizon se trouveront expliqués par la combinaison des teintes fournies par réflexion et par transmission.

434. Théorie de M. Clausius. — M. Clausius a prouvé que l'état particulier sous lequel se trouve la vapeur d'eau dans l'air est le commencement de l'état vésiculaire. Si l'eau forme une vésicule aussi mince que possible, elle réfléchira vers l'œil la première teinte lumineuse des anneaux de Newton, et, comme le premier anneau obscur est sensiblement bleu, il est tout à fait évident que les premières vésicules qui se forment, étant extrêmement minces, doivent réfléchir les rayons bleus et transmettre la teinte complémentaire.

Il faut ajouter que l'atmosphère nous transmet la lumière sans

en altérer la propagation rectiligne : or il n'en serait pas ainsi dans
le cas où elle traverserait des globules pleins et sphériques comme
le supposait Newton. En effet, un faisceau cylindrique serait alors
transformé en un faisceau conique ayant pour sommet le foyer de
la lentille formée par le petit globule, et le phénomène se présente-
rait sous un tout autre aspect; les contours qui limitent les objets
observés à la surface de la terre où les astres ne seraient plus nettement déterminés. Il résulte de là que, puisqu'on admet l'existence
et l'action de corpuscules étrangers, il faut les choisir de manière
que la marche de la lumière ne soit pas contrariée. Une lame homogène à faces parallèles peut seule satisfaire à cette condition : la lame
peut être courbe, de forme quelconque et en particulier sphérique.
Des molécules de cette forme doivent exister dans l'atmosphère, car
la forme vésiculaire est celle sous laquelle s'y condense la vapeur.

Ainsi les vésicules d'eau disséminées dans l'atmosphère réfléchissent la lumière qui se colore en bleu par interférence: elles nous
transmettent des rayons colorés en jaune orangé aussi par interférence. Ces idées sont d'accord avec l'ensemble des observations. Les
couleurs réfléchies doivent être plus marquées que les couleurs transmises, et c'est en effet ce qui a lieu : la teinte rouge n'est sensible
que sur la lumière solaire qui a traversé les couches de l'atmosphère
les plus basses: ces couches contiennent vers le soir une plus grande
quantité de vapeur d'eau que dans la journée, à cause du refroidis-
sement de l'air au coucher du soleil.

Quand l'air est humide, la teinte bleue finit par passer au blanc :
cela se comprend facilement. Lorsque l'atmosphère sera très-sèche,
elle ne contiendra qu'un très-petit nombre de vésicules; de plus,
ces vésicules auront une épaisseur très-faible et par conséquent réfléchiront le bleu du premier anneau de Newton, et quelquefois
même ne réfléchiront aucune lumière; on observera alors le bleu
caractéristique des climats méridionaux. Si la vapeur d'eau est
plus abondante, les vésicules augmentent d'épaisseur, mais leurs
épaisseurs sont très-différentes les unes des autres; on doit donc recevoir par réflexion des rayons lumineux de toutes couleurs, dont
les effets combinés donnent des rayons blancs. A mesure que les dimensions des vésicules augmenteront, la proportion de lumière

blanche augmentera; enfin un nuage ne diffusera plus vers notre
œil que de la lumière blanche.

435. Réfutation des objections faites à cette théorie. —
Cette théorie a soulevé diverses objections. On a dit qu'il est impossible d'admettre l'existence de vésicules dans l'atmosphère sèche.
Cela est incontestable, mais il y a incessamment dans l'atmosphère
des courants qui mélangent des couches de températures différentes:
de là de petites précipitations de vapeur d'eau à chaque instant.

On a aussi avancé que des sphères pleines liquides rempliraient
aussi bien le but que des vésicules creuses. Mais il faut remarquer
que la lumière réfléchie par une goutte d'eau sphérique se compose
de la lumière que réfléchit la première surface, plus la lumière réfléchie par la seconde surface. La lumière reçue par la première
surface est renvoyée dans toutes les directions; mais sur la seconde
les rayons n'arrivent qu'après s'être réfractés, de sorte qu'un faisceau
cylindrique devient un cône quand il arrive à la seconde surface,
et il n'y aura qu'un très-petit nombre de directions suivant lesquelles la lumière se composera de deux rayons réfléchis par les
deux surfaces et capables d'interférer. L'objection n'a donc aucune valeur et l'on ne peut se refuser à accepter l'explication de M. Clausius.

5° POLARISATION ATMOSPHÉRIQUE.

**436. Découverte d'Arago. — Direction du plan de pola-
risation. —** La réflexion de la lumière sur les vésicules d'eau donne
lieu à un autre phénomène, la polarisation atmosphérique, dont la
découverte est due à Arago. En regardant le ciel à travers une lame
de quartz et un analyseur, il observa une coloration; il essaya alors
de regarder de la même manière la lumière d'une lampe ou des
nuages : il ne trouva rien de pareil; mais la même apparence se re-
produisait s'il plaçait dans ce cas devant la première lame une
tourmaline ou une lame de spath pour polariser la lumière; la polarisation atmosphérique était ainsi trouvée en même temps que la
polarisation chromatique.

La lumière du ciel est donc polarisée, et, si l'on reçoit sur un
polariscope à bandes de Savart, placé dans une lunette, la lumière

qui émane de divers points du ciel, on reconnaît que le plan de polarisation contient le soleil, l'observateur et la direction du rayon que reçoit l'œil : c'est le caractère le plus marqué de la polarisation par réflexion.

La loi que nous venons d'indiquer est due à Arago; elle se vérifie très-exactement si l'on considère des points qui ne soient ni rapprochés ni très-éloignés du soleil; mais la lumière que l'on reçoit sur l'analyseur est loin d'être complétement polarisée.

437. Horloge polaire de M. Wheatstone. — La relation qui existe entre le plan de polarisation de la lumière bleue du ciel et la position du soleil a permis à M. Wheatstone de construire un instrument curieux auquel il a donné le nom d'*horloge polaire* et qui peut indiquer l'heure à cinq minutes près. Il se compose d'un tube incliné suivant la direction de l'axe du monde et qui reçoit les rayons parallèles à cet axe : ces rayons sont polarisés dans le plan qui passe par le soleil et par l'axe du monde; or ce plan n'est autre chose qu'un plan horaire; si donc l'appareil permet de déterminer à chaque instant ce plan, on aura par cela même la position du plan horaire et par suite l'heure solaire. A cet effet, à l'une des extrémités du tube est placée une lame mince cristallisée; l'épaisseur de cette lame a été choisie de manière à développer des couleurs très-sensibles; on la forme par la juxtaposition de parties d'épaisseurs diverses figurant une fleur ou un papillon et qui prennent dans la lumière polarisée des colorations différentes. On regarde à travers l'analyseur et l'on tourne la plaque jusqu'à ce que la coloration disparaisse : la section principale de la lame mince est alors parallèle au plan de polarisation de la lumière incidente. Comme la plaque mise en mouvement déplace une aiguille qui parcourt un cadran, on peut conclure l'heure de cette simple observation si l'on a disposé le cadran perpendiculairement à l'axe du monde, ce que l'on fait une fois pour toutes.

438. Position des points neutres. — Si le soleil est très-élevé au-dessus de l'horizon, les choses se passent comme nous venons de l'indiquer; mais, s'il est voisin de l'horizon, le phénomène change. Au-dessous de 3o degrés d'élévation du soleil, la polarisation atteint son maximum en un point qui est à 9o degrés du soleil. Cette polarisation diminue à partir de là jusqu'à un point où elle est nulle et que l'on appelle point neutre. Le point neutre s'élève de 12 à 25 degrés au-dessus de l'horizon du côté opposé au soleil: au-dessous de ce point, le plan de polarisation est perpendiculaire au plan de réflexion.

Ce point neutre n'est pas le seul : il en est un autre qui a été découvert par M. Babinet au voisinage du soleil, quand il est voisin de l'horizon. Ce point se trouve au-dessus du soleil. Au-dessus de ce point le plan de polarisation est vertical, au-dessous il est horizontal.

M. Brewster en a indiqué un troisième un peu au-dessous du soleil: au-dessous le plan de polarisation est horizontal, au-dessus il est vertical.

Dans la figure 265, les points N, N', N″ représentent les points neutres, M est le point maximum. Les lettres V et H représentent les portions d'arc où le plan de polarisation est vertical ou horizontal. Dans tout autre plan vertical que celui qui passe par le soleil, il n'y a pas de point neutre.

Fig. 265.

439. Explication de la polarisation atmosphérique. —

Ces phénomènes tiennent aux réflexions multiples de la lumière sur les vésicules de vapeur d'eau. Du côté opposé au soleil, nous recevons de la lumière qui a été réfléchie : cette lumière est presque exclusivement polarisée dans le plan vertical. C'est surtout dans les régions inférieures de l'atmosphère que ces réflexions sont multiples: la lumière y est généralement polarisée dans le plan horizontal : on aura donc, dans la région opposée au soleil, de la lumière polarisée dans le plan vertical et de la lumière polarisée dans le plan horizontal: il peut ainsi exister un point où la compensation des deux faisceaux polarisés soit complète: au-dessus et au-dessous de ce point neutre, l'une ou l'autre polarisation domine.

Au voisinage du soleil, la lumière réfléchie une seule fois est très-peu polarisée, parce que l'angle sous lequel tombe la lumière n'est pas favorable à la polarisation. Donc, dans la direction du soleil, la lumière n'est pas polarisée. A une certaine distance, la lumière réfléchie une seule fois est beaucoup moins polarisée que celle qui est réfléchie plusieurs fois; on comprend donc que la polarisation horizontale domine sur la verticale; au delà des deux points neutres, la polarisation devient verticale.

Cette explication a été donnée pour la première fois par M. Babinet; elle permet de concevoir comment il se fait que la lumière des nuées ne soit pas polarisée. Un nuage est un système de vésicules très-nombreuses ayant toutes les dimensions et toutes les épaisseurs possibles; en un point donné la lumière est réfléchie dans toutes les directions, et de la combinaison de tous ces rayons réfléchis résulte la disparition de toute espèce de polarisation. Un nuage est donc analogue à un corps diffringent; il renvoie de la lumière dans toutes les directions sans la polariser. Quand un nuage est interposé entre notre œil et le soleil, la lumière qui y pénètre est diffusée uniformément dans toutes les directions. On voit donc qu'il ne peut y avoir dans aucun cas de polarisation appréciable dans les nuages.

II. PHÉNOMÈNES PRODUITS PAR L'ACTION DE LA LUMIÈRE SUR DE NOMBREUSES VÉSICULES DE VAPEUR D'EAU ET SUR DES GOUTTELETTES D'EAU EN SUSPENSION DANS L'ATMOSPHÈRE.

1° COURONNES.

440. Description du phénomène. — Lorsque les vésicules de vapeur d'eau, plus abondamment répandues dans l'atmosphère qu'à l'état normal, ne sont pas cependant en assez grand nombre pour produire un nuage et forment sur le ciel comme une gaze transparente, on voit se produire autour des astres le phénomène des *couronnes*. Ce sont des cercles colorés que l'on observe souvent autour de la lune et du soleil et qui paraissent immédiatement en contact avec le disque de ces astres, présentant leurs couleurs dans l'ordre caractéristique des phénomènes de diffraction, le rouge en dehors et le violet en dedans. Pour les observer avec le soleil, il faut regarder cet

astre avec un verre noir ou par réflexion dans l'eau, afin d'atténuer
le trop grand éclat de la lumière solaire qui empêche d'apercevoir
toute lumière voisine dont l'intensité est beaucoup moindre[1].

2° ARC-EN-CIEL.

441. Description du phénomène. — Les gouttelettes d'eau
provenant de la condensation des nuages produisent, lorsqu'elles réfléchissent les rayons solaires, un phénomène très-brillant que l'on
appelle *arc-en-ciel*. On l'observe à l'opposé du soleil, lorsque les
rayons solaires rencontrent de ce côté un nuage se résolvant en
pluie : il se présente sous la forme d'un arc de cercle dont le centre
est sur la ligne passant par le soleil et par l'œil de l'observateur, et
qui est formé de bandes concentriques offrant toutes les couleurs
du spectre, le rouge à l'extérieur et le violet à l'intérieur. Très-
souvent. en dehors de ce premier arc, on en distingue un second,
beaucoup plus pâle, qui présente la même série de couleurs que le
premier, mais dans un ordre inverse. Dans la région comprise
entre les deux arcs, le ciel paraît plus obscur que partout ailleurs.

La théorie de l'arc-en-ciel, entrevue depuis longtemps, a mis un
grand nombre de siècles à se compléter. Les premières idées exactes
sur l'explication de ce phénomène paraissent dues à Théodorich.
moine dominicain, qui en donna, au xiv° siècle, le vrai principe reproduit plus tard par Antonio de Dominis. archevêque de Spalatro
en Dalmatie. La théorie développée par Descartes et reprise par
Newton, qui ne fit qu'expliquer la coloration, a été complétée dans
ces derniers temps par M. Airy : elle se trouve maintenant établie de
la manière la plus satisfaisante.

La description que nous avons donnée du météore indique déjà
qu'il est dû à une combinaison de réflexions et de réfractions de la
lumière solaire. Il y a réflexion, car on voit l'arc sur les nuages à
l'opposé du soleil; il y a de plus réfraction, le phénomène de dispersion qu'on observe en est la preuve: et comme l'arc-en-ciel n'apparaît qu'au moment où les nuages se résolvent en pluie, on peut

---

[1] On n'a pas reproduit ici l'explication complète du phénomène des couronnes parce
qu'elle a été donnée par Verdet dans un mémoire inséré aux *Annales de chimie et de
physique* (3). XXXIV, p. 29, et réimprimé dans le tome Ier de ses œuvres, p. 97.

en conclure qu'il y a réflexion de la lumière sur les gouttelettes
d'eau et réfraction dans leur intérieur.

442. Principe de la théorie de Descartes. — Considérons
une goutte d'eau, à laquelle nous pouvons supposer la forme sphérique, puisque c'est la forme d'une masse liquide abandonnée à
elle-même: supposons qu'elle soit rencontrée par un faisceau lumineux composé de rayons parallèles et cherchons ce qui se passe dans
un plan de symétrie : une infinité de rayons parallèles situés tous
dans ce plan arrivent à la circonférence de grand cercle qui limite
la goutte d'eau: ils sont partiellement diffusés à la surface extérieure
de la goutte et rendent visibles le nuage et la chute de la pluie;
parmi ceux de ces rayons qui pénètrent à l'intérieur de la goutte,
il en est qui, après s'être réfractés à la première surface, se réfléchissent à la seconde, sont renvoyés vers la première et sortent de
la goutte, soit immédiatement, soit après avoir subi un certain
nombre de réflexions intérieures.

Étudions en particulier ceux de ces rayons qui émergent après
une seule réflexion à l'intérieur : il est visible qu'ils n'éprouvent
pas tous le même changement de direction ; or, s'il en est un dont
la déviation soit un maximum ou un minimum, un rayon très-voisin
de celui-là, en dessus ou en dessous, émergera en faisant avec lui
un angle qui sera un infiniment petit du second ordre, tandis qu'à
une certaine distance de ce rayon deux rayons incidents infiniment
voisins sortiront de la goutte en faisant un angle qui sera un infiniment petit du premier ordre. Il résulte de là que les rayons émergents ne seront pas renvoyés indifféremment dans toutes les directions et par suite ne seront pas distribués uniformément dans toutes
les portions de l'espace : il y aura accumulation de rayons dans le
voisinage de la direction d'émergence du rayon qui correspondra au
maximum ou au minimum de la déviation, et il en résultera un
plus grand éclairement si l'on admet que les intensités des rayons
s'ajoutent toujours arithmétiquement.

Au lieu d'une goutte d'eau, si l'on considère un système de gouttes
frappées par les rayons du soleil, celles qui sont dans une position
telle que les rayons qui émergent dans la direction d'éclairement

maximum tombent dans l'œil de l'observateur paraîtront plus brillantes que les autres et se dessineront avec plus d'éclat sur le nuage qui se résout en pluie; et, comme le phénomène est le même dans tous les plans qui se coupent suivant la droite menée par le soleil et l'œil de l'observateur, l'ensemble des gouttes les plus éclairées formera un arc de cercle dont le centre sera sur cette droite et dont l'étendue variera avec la hauteur du soleil au-dessus de l'horizon.

Telle est en résumé la théorie proposée par Descartes et que nous allons développer.

443. Rayons efficaces. — Soit un rayon lumineux SI (fig. 266) émanant d'un point de la surface du soleil et tombant sur une goutte d'eau de forme sphérique. Par ce rayon et le centre O de la goutte menons un plan qui détermine pour section un grand cercle. Le

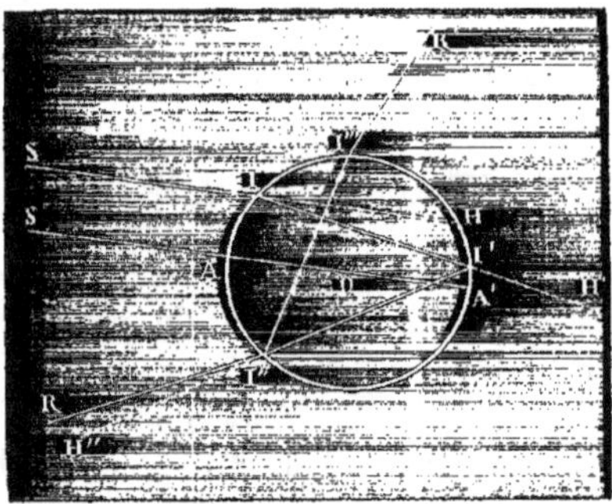

Fig. 266.

rayon incident SI se réfracte en se rapprochant du centre, et arrive suivant II' à la deuxième surface: au point I' une partie du rayon émerge et une autre se réfléchit suivant I'I''. arrive en I'' où se produit une autre réflexion partielle, et ainsi de suite jusqu'au point I''', par exemple, où nous considérons le rayon émergent I'''R'. Ce rayon a donc été réfléchi un nombre quelconque de fois et réfracté deux fois. Pour déterminer sa direction, cherchons l'angle dont tourne le rayon à chaque rencontre avec la surface. Ces rotations connues, si l'on en fait la somme arithmétique on aura l'angle

dont il faut faire tourner le rayon incident pour avoir la direction
d'émergence. Cet angle, que nous appellerons *rotation totale,* pourra
être de plusieurs circonférences. Il est un autre angle très-important
aussi à considérer, c'est celui que fait la direction du rayon émergent
tel que I'''R' dans le sens suivant lequel il se propage avec le rayon
incident IS compté du point d'incidence vers le soleil : on l'appelle
la *déviation.*

Pour trouver la valeur de ces angles, désignons par i l'angle d'incidence, par r l'angle de réfraction; $i-r$ est la rotation du rayon
réfracté II' par rapport au rayon incident SI prolongé; l'angle dont
tourne ensuite le rayon est

$$H'I'I'' = \pi - II'I'';$$

or $II'I'' = 2r$, donc la rotation est égale à $\pi - 2r$. Toute rotation ul-
térieure aura la même valeur; donc la rotation totale pour un
nombre de réflexions représenté par k est

$$k\,(\pi - 2r).$$

A l'émergence, l'angle de réfraction étant r, l'angle de la normale
avec le rayon émergent sera i, la rotation sera encore $i-r$, et l'on
aura, en désignant par ρ la rotation totale,

$$\rho = 2\,(i-r) + k\,(\pi - 2r).$$

La direction du rayon émergent se trouvera donc définie sans ambiguïté quand on connaîtra l'angle d'incidence et le nombre de réflexions.

Pour deux rayons du faisceau incident placés symétriquement
par rapport à la droite qui va du soleil au centre de la goutte, les
angles d'incidence ont la même valeur; il en est de même des rotations : les rayons à l'émergence sont donc symétriques; de plus, si
l'on considère des rayons d'un même côté de l'axe de symétrie,
l'angle i a des valeurs qui croissent depuis zéro, et l'angle ρ prend
des valeurs correspondantes; il en résulte que le faisceau de rayons
parallèles qui tombe sur la goutte d'eau se transforme, après un
nombre quelconque de réflexions, en un faisceau divergent. Si l'on

reçoit ce faisceau sur un écran, l'éclairement, au lieu d'être indépendant de la distance comme cela serait si l'on supprimait la goutte, va en décroissant très-vite à mesure que l'on éloigne l'écran de la goutte. De plus, si l'écran reste à une distance constante et que l'on en considère différents points, l'éclairement n'y sera pas uniforme; il sera d'autant plus grand que l'écart angulaire de deux rayons émergents provenant de deux rayons incidents voisins sera plus petit; et si cet écart est assez faible pour qu'il y ait presque parallélisme, l'éclairement qui en résulte sera incomparablement plus grand que dans le voisinage.

Il est clair *a priori* qu'il doit y avoir quelque chose de pareil pour que l'arc-en-ciel se produise; en effet, si en aucune région l'intensité de la lumière réfléchie n'était plus grande que dans les régions voisines, le nuage qui se résout en pluie offrirait un éclairement à peu près uniforme dans toute son étendue.

On arrive à la même conclusion par l'étude de la fonction ρ. Soit I la valeur de l'incidence qui correspond à un maximum ou à un minimum de cette fonction. si elle en est susceptible; pour les valeurs de i voisines de I. l'angle des rayons émergents provenant de deux rayons incidents très-rapprochés sera extrèmement petit par rapport à celui que formeraient à l'émergence deux rayons également rapprochés l'un de l'autre, mais dont la rotation ne serait pas voisine du maximum ou du minimum : en d'autres termes, une variation infiniment petite de i produit en général une variation de même ordre pour ρ, mais dans le cas du maximum ou du minimum la variation de ρ est un infiniment petit de second ordre; les rayons émergents. étant presque parallèles, produiront un éclairement plus grand et dessineront sur le nuage une ligne brillante dont il s'agit de chercher la position et la forme. On appelle *rayons efficaces* ces rayons qui correspondent au maximum ou au minimum de la rotation.

Le point important consistait à établir qu'après un nombre déterminé de réflexions il y a une direction unique pour ces rayons efficaces. C'est Descartes qui en a démontré l'existence et expliqué les propriétés. Pour ce qui est de la coloration du phénomène, il la reproduisit en exposant une boule de verre à un faisceau de rayons solaires: Newton fit connaître quelle en était la nature et compléta ainsi la théorie de Descartes.

444. Direction des rayons efficaces. — Les rayons efficaces ont pour angles d'incidence les valeurs de i qui rendent la rotation maximum ou minimum, c'est-à-dire celles qui annulent la dérivée de ρ prise par rapport à i; on a donc

$$1 - (k + 1)\frac{dr}{di} = 0,$$

et comme, de l'équation

$$\sin i = n \sin r,$$

on tire

$$\cos i = n \cos r \frac{dr}{di},$$

il en résulte

$$1 - (k + 1)\frac{\cos i}{n \cos r} = 0.$$

Telle est l'équation qui donnera les valeurs de l'incidence des rayons efficaces. Pour faire disparaître r de cette équation, on peut l'écrire

$$n^2 \cos^2 r = (k + 1)^2 \cos^2 i.$$

D'ailleurs on a

$$n^2 \sin^2 r = \sin^2 i,$$

et en ajoutant ces deux équations membre à membre il vient

$$n^2 = (k^2 + 2k + 1) \cos^2 i + 1 - \cos^2 i,$$

ou bien

$$n^2 - 1 = (k^2 + 2k) \cos^2 i,$$

et enfin

$$(1) \qquad \cos i = \sqrt{\frac{n^2 - 1}{k^2 + 2k}}.$$

i étant plus petit que 90 degrés, sa valeur est déterminée sans ambiguïté par cette équation, et il en est de même des valeurs de r et de ρ.

On voit d'abord, par la valeur de cos i, que, si n est plus petit que l'unité, il n'y a jamais de rayons efficaces. Ainsi, un nuage de bulles d'air, observé du fond d'une masse d'eau, ne donnerait pas d'arc-en-ciel. De plus, cos i devant être plus petit que l'unité, on doit avoir

$$n^2 - 1 < k^2 + 2k$$

ou

$$n < k + 1.$$

Si l'indice n est compris entre 1 et 2, il y aura des rayons efficaces, quelle que soit la valeur de k, qui est toujours au moins égale à l'unité. L'indice de réfraction de l'eau étant d'environ $\frac{4}{3}$, on en conclut que, lorsque les rayons solaires tombent sur des gouttes d'eau, il y a des rayons efficaces pour tous les nombres possibles de réflexions intérieures.

Si n est compris entre 2 et 3, k doit être au moins égal à 2 ; ainsi, dans un nuage de petites sphères de diamant, ou, ce qui est facilement réalisable, dans un jet de sulfure de carbone tenant du phosphore en dissolution, le premier arc manque : celui qu'on voit correspond à deux réflexions, aussi est-il très-pâle.

En général, l'indice étant compris entre deux nombres entiers consécutifs, le nombre de réflexions k doit être au moins égal au plus petit de ces nombres.

445. Explication des couleurs. — L'arc-en-ciel n'est pas seulement une ligne brillante : c'est de plus une ligne colorée. Pour se rendre compte de cette coloration, il suffit de remarquer qu'à chaque valeur de l'indice de réfraction n correspond une valeur de ρ déterminée ; il y aura donc autant de rayons efficaces différents qu'il y a de rayons différents dans le spectre solaire ; aussi le phénomène sera-t-il formé de bandes diversement colorées. On peut déterminer l'ordre dans lequel se présenteront les couleurs. En effet, dans l'expression générale de la rotation,

$$\rho = 2(i - r) + k(\pi - 2r),$$

si l'on convient de représenter par ρ la rotation minima pour un nombre k de réflexions, ρ ne dépendra plus que de la variable n, et, par conséquent, on verra comment varie la rotation des rayons efficaces lorsqu'on passe du rouge au violet en cherchant le signe de $\frac{d\rho}{dn}$: à cet effet, prenons la dérivée de ρ par rapport à n, nous aurons

$$\frac{d\rho}{dn} = 2\,\frac{di}{dn} - 2\,(k+1)\,\frac{dr}{dn}.$$

Pour remplacer $\frac{di}{dn}$ et $\frac{dr}{dn}$ par leurs valeurs, revenons à l'équation (1); il viendra, en prenant la dérivée des deux membres,

$$\sin i\,\frac{di}{dn} = -\sqrt{\frac{n^2(k^2+2k)}{n^2-1}};$$

et comme

$$\sin i = \sqrt{\frac{(k+1)^2-n^2}{k^2+2k}},$$

on a

$$\frac{di}{dn} = -\frac{n(k^2+2k)}{\sqrt{(n^2-1)[(k+1)^2-n^2]}}.$$

D'un autre côté, on tire de l'équation $\sin i = n \sin r$

$$\sin r = \frac{\sin i}{n} = \frac{1}{n}\sqrt{\frac{(k+1)^2-n^2}{k^2+2k}},$$

$$\cos r = \frac{k+1}{n}\sqrt{\frac{n^2-1}{k^2+2k}}$$

et

$$\cos r\,\frac{dr}{dn} = \frac{1}{n^2}\left(n\cos i\,\frac{di}{dn} - \sin i\right),$$

d'où l'on déduit

$$\frac{dr}{dn} = -\frac{1}{n(k+1)}\left[\frac{n^2(k^2+2k)}{\sqrt{(n^2-1)[(k+1)^2-n^2]}} + \sqrt{\frac{(k+1)^2-n^2}{n^2-1}}\right],$$

et enfin, en portant les valeurs de $\frac{di}{dn}$ et $\frac{dr}{dn}$ dans l'expression de $\frac{d\rho}{dn}$,

$$\frac{d\rho}{dn} = \frac{2\sqrt{(k+1)^2-n^2}}{n\sqrt{n^2-1}}.$$

Cette expression est toujours positive, et par suite la rotation des rayons efficaces augmente d'une manière continue lorsqu'on passe des rayons rouges aux violets.

446. Des arcs visibles. — Cherchons maintenant quelles sont les conditions de visibilité du phénomène. Supposons qu'on mène par l'œil de l'observateur O (fig. 267) une parallèle SOS' aux rayons tels que SG qui tombent sur la goutte, et faisons tourner la ligne

Fig. 267.

SG d'un angle égal à la rotation des rayons efficaces, qui peut être de plusieurs circonférences. Si la direction des rayons émergents est telle qu'ils passent derrière le nuage, soit en s'élevant vers le ciel, soit en s'abaissant vers le sol, qu'ils ne rencontrent qu'à une grande distance, le phénomène n'est pas visible pour l'observateur; mais si la direction des rayons efficaces se dirige vers la terre suivant GO, par exemple, l'observateur qui tourne le dos au soleil a devant lui une infinité de gouttes qui lui renvoient une lumière très-intense. D'ailleurs le plan de la figure est un plan quelconque passant par la parallèle OS' aux rayons lumineux; si on le fait tourner autour de OS', la direction des rayons efficaces qui arrivent à l'œil décrira un cône dont l'intersection avec la surface du nuage dessinera la ligne des gouttes d'eau brillantes, et, comme le phénomène est projeté sur la sphère céleste, cette ligne d'intersection sera un arc de cercle en général plus petit qu'une demi-circonférence, le soleil se trouvant au-dessus de l'horizon presque toutes les fois que l'on observe l'arc-en-ciel; si le soleil est à l'horizon, on aperçoit une

demi-circonférence; enfin, s'il est au-dessous de l'horizon et qu'on
observe le phénomène en ballon ou du haut d'un pic élevé, on verra
plus d'une demi-circonférence: ces dernières circonstances se présentent assez rarement.

Nous avons supposé jusqu'ici que le système des gouttes d'eau qui
produisent l'arc-en-ciel était immobile; en réalité, les gouttes d'eau
sont en mouvement, et le phénomène serait instantané si, en se
succédant assez rapidement à la même place, elles ne produisaient
sur la rétine une impression persistante.

Du reste, on a souvent occasion d'observer les effets produits par
un système de gouttelettes d'eau immobiles, le matin, lorsque la
rosée forme des gouttes égales à la même hauteur sur l'herbe d'une
prairie. Dans ce cas, l'arc étant déterminé par l'intersection de la
surface conique dont nous avons parlé avec la nappe de gouttelettes
qui est à peu près plane et à peu de distance de l'observateur, l'intersection peut être une des trois sections coniques; l'iris lumineux
que l'on observe est le plus souvent un arc d'ellipse.

447. Premier arc. — Considérons en particulier le cas où le
milieu réfringent est l'eau, et cherchons l'effet produit sur les
rayons lumineux par une seule réflexion. Pour cela, dans la formule générale de la rotation,

$$\rho = 2(i - r) + k(\pi - 2r),$$

nous ferons $k = 1$ et nous substituerons à i et à r leurs valeurs dé-
duites de l'équation

$$\cos i = \sqrt{\frac{n^2 - 1}{k^2 + 2k}},$$

qui donne la direction des rayons efficaces. Ces directions changent
avec l'indice de réfraction des rayons que l'on considère, et, si l'on
prend les valeurs $\frac{4}{3}$ ou $\frac{108}{81}$ et $\frac{109}{81}$ pour indices de réfraction de l'eau
relativement aux rayons rouges et violets, on en conclura pour les
rotations correspondantes

$$\rho_n = 137°58'20''.$$
$$\rho_v = 139°43'20''.$$

Un rayon de lumière blanche tombant sur la goutte G dans la direction SG s'épanouira donc, après une réflexion dans l'intérieur de la goutte, en un faisceau divergent compris entre les rayons GR et GV, et tous les rayons colorés efficaces réfléchis une fois dans la goutte se trouveront compris entre les deux surfaces coniques que l'on obtiendrait en faisant tourner les droites GR et GV autour de GS' comme axe. Par conséquent un observateur dont l'œil est placé en O recevra dans la direction GO de la goutte G une lumière rouge plus intense que celle qu'il reçoit des autres gouttes situées dans le même plan, et, comme les choses se passent de la même manière dans tous les plans menés par la ligne SO, l'œil recevra des rayons efficaces rouges de toutes les gouttes qui seront à l'intersection de la surface du nuage avec la surface du cône engendré en faisant tourner la droite OG autour de l'axe OS'. Quelle que soit la forme du nuage, les rayons rouges ainsi reçus par l'œil se projetteront suivant un arc de cercle qui sera l'intersection de la sphère céleste avec la surface du cône dont nous venons de parler et dont la demi-ouverture angulaire, appelée la déviation, est égale au supplément de ρ_n, c'est-à-dire à

$$42°1'40''.$$

On verra de même les autres couleurs du spectre disséminées sur des arcs de cercles concentriques produits par l'intersection de la sphère céleste avec des surfaces coniques dont l'axe commun est la ligne OS' et dont la demi-ouverture angulaire est comprise entre la déviation ROS' des rayons rouges et la déviation VOS' des rayons violets, laquelle, étant égale au supplément de ρ_v, a pour valeur

$$40°16'40''.$$

Ces arcs seront donc distribués à l'intérieur de l'arc rouge suivant l'ordre des réfrangibilités croissantes. Il semble, d'après cela, que l'on doive observer une série d'arcs de couleurs diverses et très-pures et présentant les raies de Frauenhofer. En réalité, les teintes se fondent les unes dans les autres, et l'on ne voit même pas d'une façon bien distincte l'orangé et l'indigo. On explique cette confusion des couleurs en remarquant que chaque point du soleil donne lieu

à un arc particulier, et, comme cet astre a un diamètre apparent de
33 minutes, les arcs se superposent partiellement et on n'y voit pas
de raies pour la même raison qu'on n'en distingue pas lorsqu'un
faisceau lumineux. qui pénètre dans une chambre obscure par une
fente étroite, tombe sur un prisme et ne traverse pas une lentille.
Du reste. si l'on considère les rayons d'une réfrangibilité déterminée partis de toute la surface du soleil et tombant sur une même
goutte, on voit qu'ils forment un cône dont l'ouverture angulaire
est égale au diamètre angulaire du soleil, et, comme tous ces
rayons éprouvent la même rotation, ils forment à l'émergence un
cône de même ouverture; on a donc le véritable arc en imaginant
que chaque espèce de rayons donne lieu à une bande égale au diamètre apparent du soleil, et il y a autant de bandes que de couleurs
différentes: de là le manque de pureté du phénomène résultant.

Parmi les rayons parallèles qui tombent sur la goutte d'eau et
émergent après une seule réflexion, ceux qui éprouvent une rotation
minimum ne contribuent pas tous à former la partie visible de l'arc-
en-ciel; menons, en effet, par le centre O (fig. 268) de la goutte

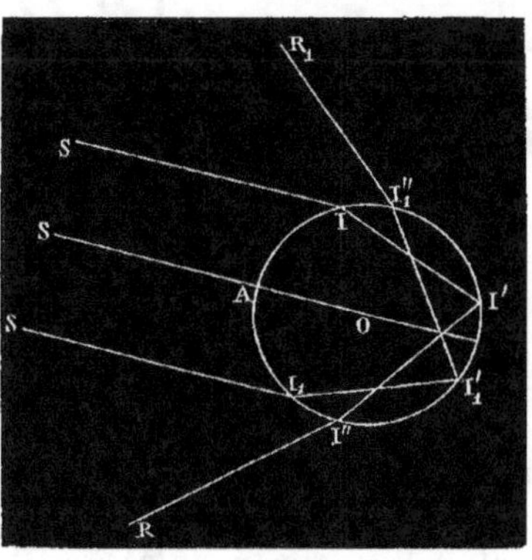

Fig. 268.

une parallèle SO aux rayons
incidents : cette droite partage, dans le plan de la figure. la goutte en deux parties symétriques; deux rayons
SI et SI$_1$, pris à égale distance de SA et de part et
d'autre de cette ligne, subissent la même rotation: mais
tandis que les rayons tels que
SI émergent en se dirigeant
vers la terre suivant I″R pour
produire, s'ils ont la position
qui convient aux rayons effi-
caces, le premier arc-en-ciel, les autres se relèvent à l'émersion suivant I″R$_1$ et ne peuvent être reçus par un observateur placé à la
surface de la terre, mais ils donnent un arc que l'on a quelquefois observé, soit dans les ascensions aérostatiques, soit au sommet

de hautes montagnes, en s'élevant au-dessus des nuages. Dans ce cas, on peut apercevoir un cercle complet lorsque le soleil est suffisamment voisin de l'horizon.

448. Deuxième arc. — Les rayons qui émergent après deux réflexions donnent naissance à un arc-en-ciel extérieur au premier que l'on appelle deuxième arc. Faisons en effet $k = 2$ dans l'expression de la rotation, nous aurons pour valeurs des rotations des rayons efficaces rouges et violets

$$\rho_{\scriptscriptstyle R} = 230°58'50'',$$
$$\rho_{\scriptscriptstyle V} = 234°\ 9'20''.$$

Ces rotations étant supérieures à 180 degrés, il est aisé de voir que les rayons efficaces rouges ou violets qui tombent sur la goutte à sa partie supérieure, c'est-à-dire au-dessus du rayon qui passe par son

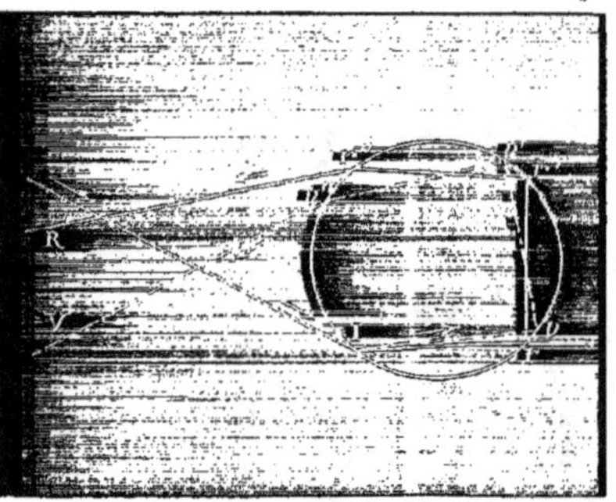

Fig. 269.

centre, se relèveront après deux réflexions de manière à émerger vers le haut; au contraire, les rayons qui rencontrent la goutte à sa partie inférieure en I (fig. 269) sont, à l'émergence, dirigés vers le bas et peuvent être reçus par l'observateur.

Soient donc GR (fig. 270) et GV les directions des rayons efficaces rouges et violets obtenus en faisant tourner le rayon incident, dans le sens de la flèche, des angles $\rho_{\scriptscriptstyle R}$ et $\rho_{\scriptscriptstyle V}$: l'observateur placé en O recevra plus de lumière rouge de la goutte G que de toutes les autres situées dans le plan de la figure, et les gouttes qui lui envoient des rayons efficaces rouges seront situées sur un cône qui a pour axe OS′

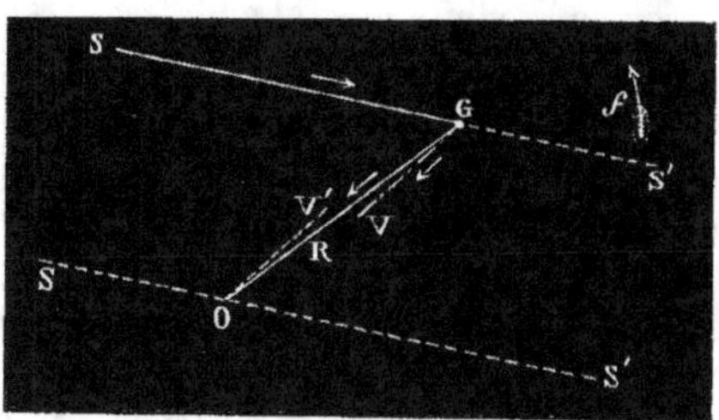

Fig. 270.

et dont le demi-angle au sommet est égal à $\rho_{\text{R}} - 180°$, c'est-à-dire à

$$50°58'50''.$$

De même, les gouttes qui enverront en O des rayons violets efficaces seront distribuées sur un cône ayant même axe que le précédent et dont le demi-angle au sommet a pour valeur $\rho_{\text{v}} - 180°$, c'est-à-dire

$$54°9'20''.$$

Cet angle est plus grand que celui qui correspond aux rayons rouges; par conséquent le second arc-en-ciel présentera ses couleurs dans l'ordre inverse du premier : le violet sera à l'extérieur et le rouge à l'intérieur. Les autres couleurs seront étalées sur la zone comprise sur la sphère céleste entre les deux cônes dont les demi-ouvertures angulaires sont $50°58'50''$ et $54°9'20''$.

La différence de ces deux angles étant $3°10'30''$, si on la compare à la différence correspondant au premier arc qui est $1°45'$, on voit que les couleurs seront bien plus étalées dans le second arc que dans le premier : elles seront donc moins intenses pour cette raison, et aussi parce que la lumière se trouve répandue sur un arc appartenant à un cercle d'un plus grand diamètre. Il est une autre circonstance qui contribue particulièrement à affaiblir l'éclat des rayons qui produisent le second arc, c'est la double réflexion qu'ils éprouvent à l'intérieur de la goutte; aussi arrive-t-il souvent que cet arc est à peine visible.

449. Arcs d'ordres supérieurs. — Les deux arcs dont nous venons de parler sont les seuls qu'on aperçoive, bien que, d'après la théorie. il puisse s'en produire une infinité. Il est vrai que le nombre de ces arcs sera limité à cause des réflexions successives qui affaiblissent l'intensité des rayons lumineux; cependant la différence du premier arc au second n'est pas tellement grande qu'on ne puisse penser que le troisième arc sera visible. Nous allons voir que le troisième et le quatrième ne pourraient être observés que dans des circonstances tout à fait exceptionnelles, mais que le cinquième peut être aperçu par un observateur placé entre le nuage et le soleil.

Considérons d'abord le cas de trois réflexions : faisons $k = 3$ dans la formule qui donne la rotation des rayons efficaces; si nous ne considérons que les rayons rouges, nous trouverons

$$i = 76°50' \quad \text{et} \quad \rho = 318°24' = 360° - 41°36'.$$

La direction des rayons efficaces passe donc derrière le nuage et. pour recevoir ces rayons, il faudrait se trouver sur une montagne au moment où le soleil à l'horizon serait masqué par un pic étroit et où un nuage se résoudrait en pluie entre le soleil et l'observateur, concours de circonstances qui se réalise rarement.

Si l'on suppose quatre réflexions, on trouve

$$i = 79°5' \quad \text{et} \quad \rho = 404°13' = 360° + 44°13'.$$

La déviation diffère peu de la précédente; les rayons efficaces qui rencontrent la goutte à sa partie inférieure sont dirigés vers le haut: c'est l'inverse pour ceux qui la rencontrent à sa partie supérieure. Cet arc ne peut être observé avec la lumière solaire.

Pour le cinquième arc. $i = 81°26'$, $\rho = 486° = 360° + 126°$: la déviation est de 54 degrés. Cet arc est visible à l'extérieur du second, et on l'a quelquefois observé malgré sa faible intensité, surtout dans les cascades où les gouttes sont assez rapprochées de l'œil.

Les arcs supérieurs au cinquième n'ont jamais été observés que dans les laboratoires et grâce à des dispositions expérimentales particulières. M. Babinet en a vu davantage en se servant d'un jet d'eau éclairé par une source lumineuse très-brillante. Le minéralogiste anglais Miller a observé les douze premiers arcs en substituant au jet d'eau une tige de verre cylindrique dont la section transversale peut être assimilée à celle d'une goutte d'eau.

Enfin M. Billet a observé les dix-neuf premiers arcs en éclairant, à l'aide d'un faisceau de rayons solaires renvoyé par un héliostat, une colonne cylindrique d'eau qui tombait verticalement au centre d'un cercle de 3 mètres de diamètre : une lunette portée par une alidade permettait d'observer les divers arcs qui se sont trouvés dans les directions indiquées par la théorie.

450. Éclairement des diverses régions du nuage. — Pendant la durée du météore, l'éclairement des diverses régions du nuage n'est pas uniforme; l'espace compris entre les deux premiers arcs est relativement obscur, la partie supérieure au second arc est plus éclairée, enfin la partie inférieure au premier est encore plus brillante. Pour rendre compte de ces particularités, cherchons dans quelles circonstances la déviation est un maximum ou un minimum : il suffit pour cela de déterminer le signe de $\dfrac{d^2\rho}{di^2}$. On a successivement

$$\frac{d\rho}{di} = 2 - 2\,(k+1)\,\frac{dr}{di},$$

$$\frac{d^2\rho}{di^2} = - 2\,(k+1)\,\frac{d^2r}{di^2}.$$

Le signe de $\dfrac{d^2\rho}{di^2}$ est donc contraire à celui que prend $\dfrac{d^2r}{di^2}$ quand on donne à i la valeur de l'incidence des rayons efficaces. Or, de l'équation $\sin i = n \sin r$ on déduit

$$\frac{dr}{di} = \frac{\cos i}{n \cos r},$$

$$\frac{d^2r}{di^2} = \frac{-n\cos r \sin i + n \sin r \cos i \,\dfrac{dr}{di}}{n^2 \cos^2 r}.$$

Le signe de $\dfrac{d^2\rho}{di^2}$ est donc celui de

$$\cos r \sin i - \cos i \sin r \,\frac{dr}{di}.$$

En remplaçant $\dfrac{dr}{di}$ par sa valeur, on a

$$\cos r \sin i - \frac{\cos^2 i \sin r}{n \cos r} = \frac{n \cos^2 r \sin i - \cos^2 i \sin r}{n \cos r}.$$

L'angle r étant plus petit que 90 degrés, le numérateur est toujours positif et l'expression prend le signe du numérateur, lequel a pour valeur

$$n \sin i - \frac{\sin^3 i}{n} - \frac{\sin i}{n} + \frac{\sin^3 i}{n} = n \sin i - \frac{\sin i}{n},$$

si l'on suppose $n = \frac{4}{3}$; $n \sin i$ est plus grand que $\frac{\sin i}{n}$, le numérateur est toujours positif, et il en est de même de $\frac{d^2\rho}{di^2}$; la rotation des rayons efficaces est donc toujours un minimum, quelle que soit la valeur de k.

Il résulte de là que, si la déviation s'obtient en retranchant une quantité fixe de la rotation, la déviation est aussi minimum; si c'est la rotation qu'on retranche d'une quantité fixe, la déviation est un maximum.

Le premier arc offre un exemple du second cas. Au-dessus de cet arc, les rayons réfléchis une seule fois et qui sont les plus brillants ne peuvent arriver à l'œil de l'observateur, parce que l'angle des rayons incidents et des rayons émergents qui produisent le premier arc a la plus grande valeur possible. Au contraire, les rayons qui partent de la région intérieure à l'arc arrivent à l'observateur aussi bien que les rayons diffusés et produisent l'éclairement de cette région.

Pour le second arc, on se trouve dans le cas d'une déviation minimum: par suite, l'espace qui le sépare du premier arc n'envoie aucun rayon réfléchi deux fois: l'espace qui le surmonte en envoie et paraît plus éclairé, mais il est moins brillant que la région inférieure au premier arc. Entre les deux arcs le nuage n'est éclairé que par les rayons qui ont subi plus de deux réflexions: de là son obscurité relative.

451. Arcs surnuméraires. — Théorie d'Young. — On voit que la théorie de Descartes, que nous venons d'exposer, rend compte des faits d'une manière satisfaisante. On peut y ajouter une particularité signalée par Arago, c'est que la lumière est polarisée dans le plan de réflexion : en regardant le sommet de l'arc avec un prisme de Nicol dont la section principale est verticale, on constate en effet que l'éclat de cette partie de l'arc est minimum; il devient maximum quand on tourne de 90 degrés la section principale du prisme analyseur.

Mais en observant le phénomène avec attention on remarque à l'intérieur du premier arc et à l'extérieur du second des bandes colorées figurant ce que l'on appelle des *arcs surnuméraires* que la théorie précédente est impuissante à expliquer. Ces arcs présentent la succession de couleurs suivante : le rouge en dehors, le jaune, le vert et le violet, puis des alternatives de vert et de violet en nombre variable; leur largeur va en diminuant depuis le sommet de l'arc jusqu'à l'horizon : ils ne sont pas constants dans leur apparition et ils se montrent surtout dans les pluies fines : les conditions de leur existence sont du reste un peu contradictoires, car dans les pluies fines et rares la quantité de lumière réfléchie est faible et on est exposé à ne pas distinguer ces arcs surnuméraires.

C'est Young qui a attiré l'attention des physiciens sur ces particularités, sans toutefois en donner l'explication complète. La théorie de Descartes suppose que les intensités des rayons lumineux s'ajoutent toujours arithmétiquement, ce qui est faux pour les rayons qui émanent d'une source unique. La superposition se fait d'après le principe des interférences : au voisinage de la direction des rayons efficaces, on a de chaque côté des rayons qui ont même rotation et émergent parallèlement ou à peu près; l'intensité à leur point d'intersection dépend donc de la différence de marche qu'ils ont prise en suivant dans la goutte des chemins différents.

Considérons, par exemple, les rayons efficaces rouges tels que SI (fig. 271), qui produisent le premier arc-en-ciel et dont la rotation est d'environ 138 degrés; les rayons de même couleur qui rencontreront la goutte au-dessous du point d'incidence I de ces rayons efficaces auront une rotation qui augmentera depuis 138 degrés jusqu'à 180 degrés, rotation du rayon SA dont l'incidence est normale à la goutte; et de même ceux dont le point d'incidence est compris entre le point I et le point de contact K du rayon tangent auront une rotation qui croîtra de 138 degrés jusqu'à $2\pi - 4r$, r étant l'angle de réfraction limite. Cet angle limite est, dans le cas du passage de l'air dans l'eau, égal à 48°35'; par suite la rotation du rayon tangent en K

sera $360° — 194°20' = 165°40'$. Il résulte de là qu'il y aura une
infinité de systèmes de deux rayons tels que SB et SC, situés de part

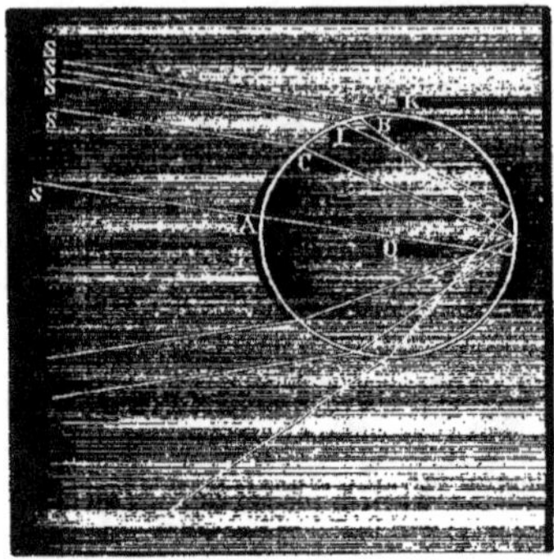

Fig. 271.

et d'autre de SI, qui émergeront
de la goutte parallèlement, puisqu'ils auront éprouvé des rotations égales, et qui devront s'être
réfléchis au même point à l'intérieur de la goutte. Comme ces
rayons parcourent des chemins
inégaux dans les mêmes milieux,
ils prendront des différences de
marche et leurs intensités s'ajou-
teront ou se retrancheront suivant que ces différences seront
égales à un nombre pair ou im-
pair de demi-longueurs d'onde. Ils donneront donc lieu à des
maxima et à des minima de lumière alternatifs pour les rayons ho-
mogènes, et à des bandes colorées si les rayons incidents sont les
rayons solaires.

Dans le cas du premier arc, la déviation des rayons efficaces est
un maximum; il en résulte que celle des systèmes de rayons qui
interfèrent sera plus petite et donnera lieu à des bandes colorées
toutes intérieures à l'arc et qui se succéderont jusqu'à la distance
où les couleurs provenant de l'interférence des rayons cesseront
d'être distinctes.

Si le diamètre des gouttes d'eau est très-grand, les différences de
marche des rayons croissent très-vite et les maxima et minima de
lumière trop rapprochés deviennent indiscernables : on n'observe
alors qu'une bande colorée. Au contraire on les aperçoit nettement,
si les gouttes d'eau sont petites, et leur ensemble constitue une série
d'arcs distincts. On comprend par ces explications pourquoi leur
aspect, leur nombre, leur largeur sont variables et pourquoi la
partie supérieure seule du nuage, où les gouttes sont petites, convient à leur formation.

Les mêmes considérations permettent de rendre compte des arcs
surnuméraires qu'on observe quelquefois à l'extérieur du second

arc : ils proviennent de l'interférencé de rayons situés de part et
d'autre des rayons efficaces et qui émergent parallèlement après avoir
éprouvé deux réflexions à l'intérieur de la goutte; leur intensité est
plus faible que celle des rayons du premier arc, aussi ne sont-ils
que rarement visibles.

Du reste, on peut manifester facilement l'existence de ces arcs
surnuméraires en éclairant un jet d'eau avec une source lumineuse
intense : c'est ainsi que M. Babinet a pu compter jusqu'à seize
franges à l'intérieur du premier arc et huit à l'extérieur du second.

**452. Théorie de M. Airy. — Surface de l'onde à l'émer-
gence de la goutte.** — La théorie d'Young indique les lacunes
qui existent dans l'explication complète de l'arc-en-ciel plutôt qu'elle
ne les comble. M. Airy a fait remarquer que la diffraction, bien plus
que les interférences, doit être regardée comme la cause du phénomène. En effet, une onde plane qui tombe sur une goutte d'eau y
éprouve des modifications telles, que derrière cette goutte. au lieu
d'une onde plane, on a une onde courbe : M. Airy a cherché, par les
procédés employés dans l'étude des phénomènes de diffraction,
quelle est la lumière envoyée par cette onde, et les conclusions de sa
théorie ont été confirmées par les observations de M. Miller.

Considérons une onde plane qui pénètre dans une goutte d'eau
et cherchons ce qu'elle devient à la sortie. Il est aisé de voir, d'a-
bord, que la surface de cette onde est de révolution autour du rayon
incident qui passe par le centre de la goutte, car tout est symétrique
par rapport à cette droite. Il suffit donc de considérer ce qui se passe
dans un plan méridien que nous prendrons pour plan de la figure.
Les rayons solaires incidents subissent une réflexion et deux réfractions, et leurs intersections successives à l'émergence forment une
caustique à deux branches. Soit SI (fig. 272) la position des rayons
efficaces de Descartes; les rayons qui rencontrent la goutte au-dessus
du point I forment une branche E'FG de la courbe qui est asymptote à la direction I″R des rayons efficaces émergents (car les rayons
infiniment voisins de SI tendent à être parallèles à I″R au sortir de
la goutte), et qui de plus est tangente en F à la direction d'émergence
du rayon incident très-voisin de celui qui est tangent à la circonfé-

rence. Quant aux rayons qui rencontrent la goutte au-dessous du point I, ils ont, comme les premiers. une rotation moindre que celle des rayons efficaces, et forment la seconde branche ADE de la courbe

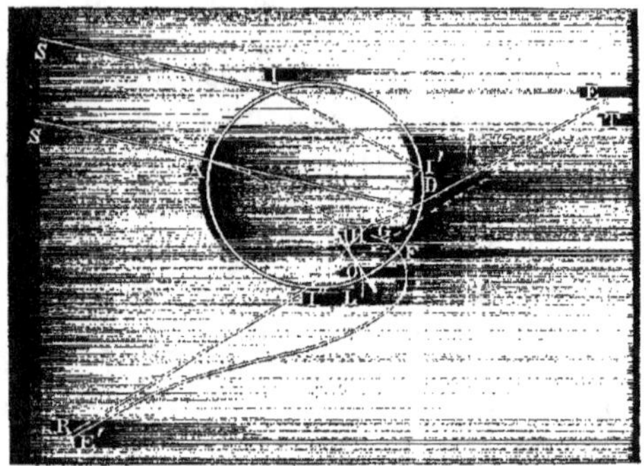

Fig. 273.

asymptote à la direction d'émergence I″R prolongée en sens contraire, et tangente en A au rayon incident SA normal à la circonférence, lequel est la direction d'émergence du rayon extrême.

On démontre, dans l'étude de la propagation des ondes lumineuses, que, si l'on prend une développante de cette caustique. les rayons partis en même temps d'une section droite du faisceau incident arrivent ensemble à la développante. Si donc on fait tourner cette développante autour du rayon incident qui passe par le centre de la goutte, on engendrera une surface qui sera celle de l'onde derrière la goutte. Cette développante, en vertu du théorème de Gergonne. coupe orthogonalement les rayons émergents compris dans le plan de la figure; elle est donc normale à la direction d'émergence I″R du rayon efficace au point O, où elle rencontre cette droite ou son prolongement I″T; son rayon de courbure devient infini en ce point, d'où il suit qu'elle présente en O un point d'inflexion. et de part et d'autre de ce point la forme HOL.

Pour trouver l'équation de cette développante, prenons pour axe des y la direction d'émergence OY (fig. 273) des rayons efficaces. et pour axe des x une perpendiculaire à OY passant par le point O et dirigée vers le côté d'où vient le rayon incident.

On peut représenter la développante par l'équation

$$y = Ax + Bx^2 + Cx^3 + Dx^4 + \ldots\ldots$$

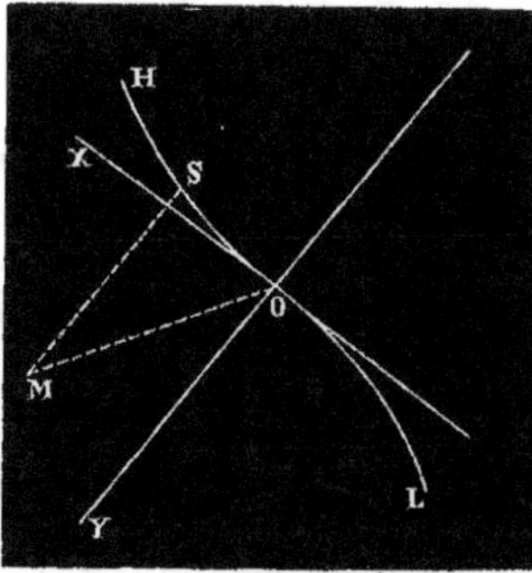

Fig. 273.

Nous pouvons ne prendre que trois termes, car x est toujours très-petit dans la portion de courbe que nous considérons.

Comme l'origine des coordonnées est un point d'inflexion, on a, pour $x = 0$,

$$\frac{dy}{dx} = 0 \quad \text{et} \quad \frac{d^2y}{dx^2} = 0,$$

ce qui donne $A = 0$, $B = 0$, et l'équation de la courbe est

$$y = Cx^3 ;$$

on lui donne habituellement la forme

$$y = -\frac{x^3}{3a^2}.$$

Telle est l'équation de la section méridienne HOL de la surface de l'onde.

453. La recherche de l'action de l'onde émergente se ramène à celle de l'action d'une section méridienne. — On démontre, en appliquant la méthode suivie pour l'explication des phénomènes de diffraction, que l'action de cette onde sur un point éloigné M, voisin du rayon efficace, est proportionnelle à l'action du méridien dans le plan duquel se trouve ce point. Pour cela on joint ce point M à un point quelconque S de la courbe méridienne : si l'on considère le parallèle engendré par le point S, on voit que le point le moins éloigné de M est le point S lui-même, et si l'on prend sur ce parallèle, à partir de S, des points tels que la différence de leurs distances à M soit égale à une demi-longueur d'onde pour deux points consécutifs, on aura décomposé le paral-

lèle en une série d'arcs tels que la différence des rayons vecteurs
émanés de M est constante. La grandeur de ces arcs dits *élémentaires*
décroît à mesure qu'on s'éloigne de S, et que leur obliquité croît;
donc la vitesse absolue des vibrations que chaque arc envoie en M
diminue quand la distance à S augmente; ces vitesses ont des signes
alternativement positifs et négatifs, à cause de la différence moyenne
de $\frac{\lambda}{2}$ qu'ont les rayons vecteurs consécutifs. Si $m, m', m'', \ldots$ sont les
vitesses absolues qui correspondent à chaque arc, la série à termes
décroissants

$$1 - m + m' - m'' + \ldots$$

représente la vitesse totale des vibrations en M. La limite de cette
série est comprise entre $1 - m$ et 1; elle est donc une fraction de la
vitesse envoyée par le premier arc ou un multiple de la vitesse envoyée par le point S lui-même.

On trouvera de même que l'action exercée par un autre parallèle
est un multiple de la vitesse qu'envoie celui de ses points qui est
dans le méridien de M. Le facteur par lequel il faut multiplier la vitesse varie sans doute, puisque les différents points de la courbe méridienne ne sont pas dans les mêmes conditions; mais, dans une
étendue géométriquement peu considérable, on peut le regarder
comme constant; il en résulte que la vitesse envoyée par toute la surface de l'onde est proportionnelle à celle qu'envoie la courbe méridienne. Et si l'on envisage les points peu éloignés de la direction
des rayons efficaces, on peut encore, pour tous ces points voisins,
regarder comme constant le facteur qui multiplie l'action de la
courbe méridienne sur l'un d'eux.

**454. Action de la section méridienne de la surface de
l'onde sur un point situé dans son plan.** — Ces considérations permettent de ramener un problème de figures à trois dimensions à la géométrie plane : il suffira en effet de chercher l'action de
la courbe méridienne sur un point situé dans son plan et dont on
fera varier la position; on aura ainsi la distribution des intensités
lumineuses à différentes distances des rayons efficaces.

Soit M un point quelconque dont p et q sont les coordonnées :

nous supposerons toujours M très-éloigné de la goutte et très-voisin des rayons efficaces, c'est-à-dire q très-grand par rapport à p. La vitesse de vibration envoyée en M par un élément ds situé en S, dont les coordonnées sont x et y, est proportionnelle à sa longueur ds et au sinus d'un multiple du temps. Si la vitesse de vibration en un point de la surface de l'onde est représentée par $\sin 2\pi \frac{t}{T}$, cette expression convient à toute la surface de l'onde d'après sa définition même : et si l'on considère une onde sphérique issue de S à cette époque t, elle ébranlera le point M qui est à la distance δ, à l'époque $t + \frac{\delta}{V}$; on aura donc la vitesse envoyée par le point S en M à l'époque t en remplaçant, dans $\sin 2\pi \frac{t}{T}$, t par $t - \frac{\delta}{V}$, ce qui donne

$$\sin 2\pi \left(\frac{t}{T} - \frac{\delta}{\lambda} \right).$$

Il faut encore introduire une fonction k de la distance δ et de l'inclinaison de MS sur l'onde, ce qui donne pour l'action de l'élément considéré en S

$$k\,ds\,\sin 2\pi \left(\frac{t}{T} - \frac{\delta}{\lambda} \right).$$

De plus, la petitesse de l'abscisse par rapport à l'ordonnée et la faible étendue de la courbe rendent l'inclinaison de ds extrêmement petite, de sorte que $ds = dx$; le contact est en effet du second ordre. Cette faible inclinaison est cause que l'angle de SM avec la courbe est sensiblement constant, et, comme la distance SM est extrêmement grande et que ses variations sont relativement très-petites, le facteur k, qui dépend de ces deux quantités, peut être considéré comme constant : la vitesse envoyée par l'élément ds au point M sera donc proportionnelle à

$$dx \sin 2\pi \left(\frac{t}{T} - \frac{\delta}{\lambda} \right).$$

La vitesse reçue par le point M sera la somme des vitesses envoyées par chacun des éléments de la courbe, c'est-à-dire l'intégrale de l'expression précédente étendue à toute la courbe.

Il faut remarquer que l'équation $y = -\dfrac{x^3}{3a^2}$, que nous avons adoptée pour la courbe, ne représente rigoureusement la section méridienne de l'onde que dans une très-petite étendue; il semble donc qu'elle soit insuffisante si l'on intègre en prenant des limites infinies; mais comme les éléments éloignés n'introduisent pas de changements sensibles dans les valeurs des intensités, il est peu important que l'équation $y = -\dfrac{x^3}{3a^2}$ représente plus ou moins complétement l'onde linéaire à une distance un peu grande de l'axe des y.

Prenons donc pour expression de la vitesse

$$V = \int dx \, \sin 2\pi \left(\frac{t}{T} - \frac{\delta}{\lambda} \right);$$

en développant, on a

$$\sin 2\pi \frac{t}{T} \int dx \cos 2\pi \frac{\delta}{\lambda} - \cos 2\pi \frac{t}{T} \int dx \sin 2\pi \frac{\delta}{\lambda}.$$

Or on sait que, si la vitesse d'un mouvement vibratoire est représentée par

$$A \sin 2\pi \frac{t}{T} - B \cos 2\pi \frac{t}{T}$$

et qu'on pose

$$\frac{B}{A} = \operatorname{tang} \theta,$$

cette vitesse peut s'écrire

$$V = \sqrt{A^2 + B^2} \left(\frac{A}{\sqrt{A^2 + B^2}} \sin 2\pi \frac{t}{T} - \frac{B}{\sqrt{A^2 + B^2}} \cos 2\pi \frac{t}{T} \right)$$

$$= \sqrt{A^2 + B^2} \sin \left(2\pi \frac{t}{T} - \theta \right),$$

et l'intensité du mouvement vibratoire est $A^2 + B^2 = I^2$.

455. Calcul de l'intensité lumineuse en un point quelconque. — C'est cette intensité qu'il importe de chercher dans la question qui nous occupe; nous allons donc étudier la variation de

$$I^2 = \left(\int dx \cos 2\pi \frac{\delta}{\lambda} \right)^2 + \left(\int dx \sin 2\pi \frac{\delta}{\lambda} \right)^2$$

et calculer cette quantité avec une approximation suffisante.

On a

$$\delta^2 = (x - p)^2 + (y - q)^2 = p^2 + q^2 - 2px + x^2 + \frac{x^6}{9a^4} + 2q\,\frac{x^3}{3a^2};$$

x étant toujours très-petit, on peut négliger x^6, et si l'on pose

$$p^2 + q^2 = c^2,$$

il vient

$$\delta^2 = c^2 - 2px + x^2 + \frac{2qx^3}{3a^2} = c^2\left(1 - \frac{2px - x^2 - \dfrac{2qx^3}{3a^2}}{c^2}\right);$$

en extrayant la racine carrée d'après la formule du binôme, on trouve

$$\delta = c\left[1 - \frac{1}{2}\,\frac{2px - x^2 - \dfrac{2qx^3}{3a^2}}{c^2} - \frac{1}{8}\left(\frac{2px - x^2 - \dfrac{2qx^3}{3a^2}}{c^2}\right)^2 - \cdots\right],$$

et en supprimant les termes qui contiennent x à une puissance supérieure à la troisième,

$$\delta = c\left(1 - \frac{px}{c^2} + \frac{x^2}{2c^2} + \frac{qx^3}{3a^2c^2} - \frac{p^2x^2}{2c^4} + \frac{px^3}{2c^4} - \frac{p^3x^3}{2c^6}\right),$$

ou encore

$$\delta = c - \frac{px}{c} + \frac{c^2 - p^2}{2c^3}x^2 + \left[\frac{p(c^2 - p^2)}{2c^5} + \frac{q}{3a^2c}\right]x^3.$$

On peut simplifier cette valeur. En effet, $\frac{p}{q}$ est la tangente de l'angle que fait avec l'axe des y le rayon vecteur allant de l'origine au point où l'on cherche l'intensité de la lumière, et cet angle est toujours très-petit; on peut donc négliger les puissances de $\frac{p^2}{q^2}$ supérieures à la première et c se réduit alors à

$$\sqrt{p^2 + q^2} = q + \frac{p^2}{2q};$$

en portant cette valeur dans l'expression de δ, elle se réduit à

$$\delta = q + \frac{p^2}{2q} - \frac{px}{q} + \frac{x^2}{2q} + \frac{px^3}{2q^3} + \frac{x^3}{3a^2}.$$

On peut faire disparaître le terme en x^2 en choisissant une nouvelle variable x' telle que

$$x = x' - \frac{a^2}{2q};$$

il vient alors

$$\delta = q + \frac{p^2}{2q} - \frac{p x'}{q} + \frac{p}{q}\frac{a^2}{2q} + \frac{1}{2q}\left(x'^2 - \frac{2a^2 x'}{2q} + \frac{a^4}{4q^2}\right) + \left(x' - \frac{a^2}{2q}\right)^3\left(\frac{p}{2q^3} + \frac{1}{3a^2}\right),$$

et, en négligeant les termes qui contiennent le facteur $\frac{1}{q^2}$,

$$\delta = q + \frac{p^2}{2q} - \frac{p}{q}x' + \frac{x'^3}{3a^2} = f + \frac{1}{3a^2}\left(x'^3 - 3a^2\frac{p}{q}x'\right),$$

f désignant l'ensemble des termes indépendants de x'.

Telle est la valeur qu'on doit mettre pour δ dans les intégrales; du reste $dx = dx'$. On a ainsi pour expression de l'une d'elles

$$\int dx' \sin 2\pi \left\{\frac{t}{T} - \frac{1}{\lambda}\left[f + \frac{1}{3a^2}\left(x'^3 - 3a^2\frac{p}{q}x'\right)\right]\right\}.$$

Mais en changeant l'origine du temps, de sorte que

$$\frac{t}{T} - \frac{f}{\lambda} = \frac{t}{T},$$

l'expression se simplifie un peu et l'on a pour valeur de l'intensité lumineuse au point M

$$I^2 = \left[\int dx' \cos\frac{2\pi}{3a^2\lambda}\left(x'^3 - 3a^2\frac{p}{q}x'\right)\right]^2$$
$$+ \left[\int dx' \sin\frac{2\pi}{3a^2\lambda}\left(x'^3 - 3a^2\frac{p}{q}x'\right)\right]^2.$$

Supposons a et λ connus : les valeurs de ces intégrales, qui sont définies, bien que nous n'ayons pas encore fixé leurs limites, dépendent seulement de $\frac{p}{q}$, tangente de l'angle des rayons efficaces avec la direction suivant laquelle on cherche l'intensité de l'éclairement. On peut donc calculer une table des valeurs de i dans les diverses directions et étudier ses maxima et ses minima.

Pour effectuer ce calcul, on pose

$$\frac{2\pi x'^3}{3a^2\lambda} = \frac{\pi}{2}u^3,$$

d'où l'on déduit

$$x' = w \sqrt[3]{\frac{3a^2\lambda}{4}},$$

$$dx' = dw \sqrt[3]{\frac{3a^2\lambda}{4}}.$$

Substituant ces valeurs dans le premier terme de I^2, on a

$$\sqrt[3]{\frac{3a^2\lambda}{4}} . \int dw \cos \frac{2\pi}{3a^2\lambda} \left(w^3 \frac{3a^2\lambda}{4} - 3a^2 \frac{p}{q} w \sqrt[3]{\frac{3a^2\lambda}{4}} \right),$$

ou

$$\sqrt[3]{\frac{3a^2\lambda}{4}} \int dw \cos \left(\frac{\pi}{2} w^3 - \frac{2\pi p}{\lambda q} w \sqrt[3]{\frac{3a^2\lambda}{4}} \right).$$

Si l'on pose

$$\frac{4p}{\lambda q} \sqrt[3]{\frac{3a^2\lambda}{4}} = m,$$

les deux termes de I^2 deviennent

$$\sqrt[3]{\frac{3a^2\lambda}{4}} \int dw \cos \frac{\pi}{2} (w^3 - mw),$$

$$\sqrt[3]{\frac{3a^2\lambda}{4}} \int dw \sin \frac{\pi}{2} (w^3 - mw).$$

Ces intégrales, analogues à des fonctions d'ordre supérieur de la variable, jouissent de la propriété suivante : si k est une valeur très-grande de w, on a $\int_0^k$ très-grand devant $\int_k^\infty$. En effet, supposons qu'une valeur considérable de w rende, pour une valeur constante de m, l'expression $w^3 - mw$ égale à $4n - 1$, nombre assez grand en valeur absolue : le cosinus de $\frac{\pi}{2}(4n - 1)$ est nul. Si alors on fait croître w jusqu'à ce que $w^3 - mw$ prenne la valeur $4n + 1$, le cosinus reste positif dans tout cet intervalle. Si au contraire w croît de sorte que $w^3 - mw$ varie de $4n + 1$ à $4n + 3$, les éléments de l'intégrale seront tous négatifs. Pour de grandes valeurs de n, un très-petit accroissement de w suffira pour produire ces variations, et plus n sera grand plus seront petits les accroissements. La somme d'éléments tous positifs. résultant de la variation de w depuis sa valeur initiale jusqu'à $w + \Delta_1 w$, est égale à $\Delta_1 w$ multiplié par une valeur moyenne de l'élément. Soit $M_1 \Delta_1 w$ cette somme, résultant d'une variation qui fait passer de $(4n - 1) \frac{\pi}{2}$ à $(4n + 1) \frac{\pi}{2}$ l'expression qui est sous le cosinus: soit de même $M_2 \Delta_2 w$ la somme résultant de la variation qui fait passer la même expression de $(4n + 1) \frac{\pi}{2}$ à $(4n + 3) \frac{\pi}{2}$. Ces quantités $\Delta_1 w$, $\Delta_2 w$ vont en décroissant à mesure que w croît: car si l'on pose

$$\Delta (w^3 - mw) = u$$

ou

$$(3w^2 - m) \Delta_1 w = u.$$

on voit que $\Delta_1 w$ est d'autant plus petit que w est plus grand. Ainsi chacune de ces périodes où le signe du cosinus reste constant donne des termes alternativement positifs et négatifs et qui décroissent indéfiniment; on peut donc tout négliger à partir d'un certain terme, comme nous l'avons indiqué.

Si maintenant on remarque que w est très-grand par rapport à λ, on voit que dans l'étendue de la courbe w aura de très-grandes valeurs, et, pour limites des intégrales, on pourra prendre $- \infty$ et $+ \infty$.

Comme il s'agit de comparer les intensités lumineuses en divers points tels que M, on peut supprimer le facteur constant $\sqrt[3]{\frac{3a^2 \lambda}{4}}$ et considérer seulement l'expression

$$\left[\int_{-\infty}^{+\infty} dw \cos \frac{\pi}{2} (w^3 - mw) \right]^2 + \left[\int_{-\infty}^{+\infty} dw \sin \frac{\pi}{2} (w^3 - mw) \right]^2.$$

L'intégrale du sinus de $- \infty$ à $+ \infty$ est nulle; celle du cosinus est égale à

$$A = 2 \int_0^{\infty} dw \cos \frac{\pi}{2} (w^3 - mw).$$

et comme les maxima et les minima du carré coïncident avec ceux de la quantité même, il suffira de chercher pour quelles valeurs de m cette quantité est maximum ou minimum. A est en effet une

fonction de m: on la calculera pour des valeurs positives et négatives de m variant par dixième à partir de zéro, et, à l'inspection de
la table, on verra dans quels intervalles sont compris les maxima et
les minima. On aura, en général, pour deux intervalles tels que

$$m_1, \quad m_1 + 1, \quad m_1 + 2,$$

des valeurs de A telles que

$$F(m_1) < F(m_1 + 1) > F(m_1 + 2).$$

Mais on peut dans ces intervalles représenter la fonction par une
formule parabolique $a + bm + cm^2$ et calculer exactement la valeur
de m qui correspond au maximum. Or, on sait que

$$m = \frac{4}{\lambda} \sqrt[3]{\frac{3a^3\lambda}{4}} \cdot \frac{p}{q};$$

aux valeurs de m qui donnent les maxima et les minima correspondent donc des valeurs de $\frac{p}{q}$ qui leur sont proportionnelles. On peut
donc déterminer sinon les valeurs absolues de $\frac{p}{q}$, du moins leurs rapports, c'est-à-dire les rapports des tangentes des angles que font les
directions des rayons efficaces avec les directions des maxima et des
minima d'éclairement. Ces rapports sont indépendants des dimensions des gouttes d'eau.

456. Résultats. — M. Airy a effectué une série de calculs de
ce genre: il a trouvé que, si m est négatif et d'abord très-grand en
valeur absolue, l'intégrale varie sans maxima ni minima et croît rapidement quand m tend vers zéro; mais le maximum n'arrive pas
pour $m = 0$, il correspond à une certaine valeur positive de m. Au
delà de ce premier maximum, on a, pour des valeurs positives et
croissantes de m, une série de minima et de maxima dont la valeur
absolue est moindre que celle du premier maximum.

De là résultent les conséquences suivantes : 1° la déviation du
premier arc-en-ciel ne correspond pas à $m = 0$, c'est-à-dire à la
déviation des rayons efficaces, mais elle est un peu plus petite;
2° pour des valeurs négatives de m, c'est-à-dire lorsque la déviation

est plus grande que celle des rayons efficaces, l'intensité lumineuse diminue rapidement: par conséquent, l'éclairement à l'extérieur de l'arc est très-faible à une petite distance; 3° pour des valeurs positives de m, c'est-à-dire pour les déviations moindres que celles des rayons efficaces, il y a une série de maxima et de minima de lumière: le premier maximum produit le premier arc-en-ciel, et les autres les arcs surnuméraires qu'on observe dans son intérieur.

457. Variation des dimensions angulaires de l'arc avec le diamètre des gouttes d'eau. — Ainsi la théorie de Descartes nous induit en erreur et sur la position de l'arc-en-ciel et sur les variations d'éclairement dans son voisinage. L'arc-en-ciel qui correspond au premier maximum est toujours un peu intérieur à celui qu'indiquerait cette théorie. Il s'en rapproche si les gouttes de pluie sont grandes, il s'en éloigne si elles sont petites, et les distances des autres maxima et minima suivent les mêmes variations. En effet, on a

$$\frac{p}{q} = \frac{m\lambda}{4} \sqrt[3]{\frac{4}{3a^2\lambda}},$$

formule qui montre comment une même valeur de m peut donner pour $\frac{p}{q}$ des valeurs plus petites lorsque a^2 augmente; or, il est aisé de voir que a varie proportionnellement au rayon de la goutte. Considérons, en effet, deux gouttes d'eau de rayons différents r et r': les sections méridiennes des ondes émergentes seront des courbes semblables dans lesquelles le rapport de similitude sera le rapport des rayons: par conséquent, si l'on désigne par a et a' les valeurs du paramètre pour les deux courbes, par x et y, x' et y' les coordonnées de deux points homologues de ces courbes, rapportées respectivement à leur point d'intersection avec la direction du rayon efficace pris pour origine, les équations des deux courbes seront

$$y = -\frac{x^3}{3a^2}, \qquad y' = -\frac{x'^3}{3a'^2},$$

et on aura

$$\frac{x}{x'} = \frac{y}{y'} = \frac{r}{r'}.$$

On en déduit

$$\frac{r}{r'} = \frac{a}{a'}.$$

Or, $\frac{p}{q}$ varie en raison inverse de $a^{\frac{2}{3}}$; il varie donc aussi en raison inverse de $r^{\frac{2}{3}}$. Donc, si le rayon devient plus petit, $\frac{p}{q}$ devient plus grand; les arcs surnuméraires sont donc d'autant plus écartés les uns des autres que le diamètre des gouttes est plus petit, et, de plus, l'écart entre le premier arc-en-ciel et la position que lui assigne la théorie de Descartes augmente lorsque le diamètre des gouttes diminue.

En déterminant l'exacte position d'un maximum donné, on pourrait déduire le rayon des gouttes de pluie; mais l'effet produit par le diamètre du soleil ôte à ce procédé toute précision.

458. Généralité de la théorie de M. Airy. — La théorie de M. Airy se prête aussi bien à l'explication des phénomènes que présentent les rayons qui sortent des gouttes d'eau après deux réfractions et un nombre quelconque de réflexions. Si on l'applique au cas de deux réflexions, on trouve que le second arc-en-ciel correspond à une déviation un peu plus grande que celle des rayons efficaces de la théorie de Descartes, et que l'écart augmente lorsque le diamètre des gouttes diminue; de plus, qu'à l'intérieur de cet arc l'intensité lumineuse diminue rapidement, et qu'à l'extérieur il se produit une série alternative de maxima et de minima de lumière qui donnent lieu à des arcs surnuméraires d'autant plus écartés les uns des autres que les gouttes d'eau qui les produisent ont un plus petit diamètre.

La théorie de M. Airy a été vérifiée par les expériences de M. Miller. On produisait dans une chambre obscure un jet d'eau que l'on éclairait par un faisceau étroit de rayons solaires; on observait avec un théodolite un arc surnuméraire d'ordre déterminé dont on relevait les dimensions angulaires, on mesurait les tangentes des angles qui correspondent aux autres arcs, et, comme ces rapports des tangentes sont théoriquement déterminés et qu'ils sont indépendants du diamètre des gouttes d'eau, il a été facile de comparer avec l'expérience les prévisions de la théorie et d'en démontrer l'exactitude. Les vérifications faites sur des arcs naturels ont conduit aux mêmes résultats.

459. Arc-en-ciel blanc. — L'arc-en-ciel blanc est un phénomène peu commun qui s'observe sur des brouillards épais se résolvant en pluie à gouttelettes très-fines. Il se manifeste sous la forme d'un arc de cercle qui présente la couleur rouge en dehors et dont le demi-diamètre apparent est plus petit que celui de l'arc-en-ciel ordinaire; il varie entre 38° et 41°,5, limite à laquelle il se confond avec le premier arc-en-ciel. Bouguer a observé dans les Cordillères que la valeur de ce demi-diamètre était descendue à 33°,5, mais aucune observation postérieure n'a donné un angle aussi faible.

L'explication la plus plausible de l'arc-en-ciel blanc consiste à l'attribuer à l'action de la lumière sur des gouttelettes d'eau d'un diamètre suffisamment petit. Si l'on applique, en effet, la théorie de Descartes complétée par M. Airy, on remarque que la direction du maximum de lumière est d'autant plus éloignée de la direction des rayons efficaces que le diamètre des gouttes d'eau est plus petit. Si l'on suppose les gouttelettes très-fines, l'arc tend à se rapprocher du centre, et, d'après les calculs de M. Raillard, le demi-diamètre angulaire peut être compris entre 41°,5, valeur correspondant au premier arc-en-ciel ordinaire, et 35°, ce qui est conforme aux résultats de l'observation.

Il est rare que les couleurs soient séparées dans l'arc-en-ciel blanc, et cela tient à diverses circonstances. D'abord, comme dans l'arc ordinaire, à cause des dimensions angulaires du soleil, le phénomène observé n'est que la superposition de tous les effets que produiraient les divers points isolés de l'astre : de là un mélange de couleurs qui produit l'aspect blanchâtre de l'arc bordé seulement d'une teinte rouge. De plus, si les gouttelettes d'eau sont très-petites, la quantité de lumière réfléchie dans leur intérieur doit être très-faible, et, l'arc étant peu intense, on n'en distinguera pas la coloration. A cette dernière explication on peut objecter que les gouttelettes étant très-petites réfléchissent, il est vrai, peu de lu-

mière ; mais comme, sous le même volume, il y en a un plus grand
nombre, l'effet total produit doit être le même que si les gouttelettes avaient les dimensions ordinaires. Toute difficulté disparaît si
l'on remarque que les gouttelettes sont de diamètres très-différents :
chaque système de gouttes d'un diamètre déterminé donne lieu à
un arc particulier, et le phénomène que l'on observe, étant produit
par la superposition de tous ces arcs colorés, doit présenter une
teinte blanche uniforme, sauf sur les bords de la zone, où la coloration doit être très-faible.

Bien que cette explication de l'arc-en-ciel blanc paraisse satisfaisante. il n'est pas sans intérêt d'indiquer une théorie qui avait été
proposée par Bravais. Supposons dans l'atmosphère des vésicules
aqueuses dont l'enveloppe, sans augmenter de diamètre intérieur,
s'accroîtrait extérieurement par suite de la condensation de la vapeur. et qui auraient par conséquent une couche liquide d'une épaisseur comparable au rayon de la cavité intérieure. Considérons les
rayons qui arrivent sur la vésicule : une partie de ces rayons, après
avoir été réfléchis à l'intérieur de la couche liquide, seront renvoyés
vers l'observateur: ils seront évidemment compris entre deux surfaces coniques, l'une formée par les rayons tangents extérieurement
à la goutte, et l'autre formée par les rayons qui, après s'être réfractés. sont tangents à la sphère intérieure. Si donc la couche liquide
est suffisamment épaisse, elle pourra laisser passer les rayons efficaces qui engendrent l'arc-en-ciel ordinaire. Mais, pour une épaisseur moindre, il ne sortira de la goutte que les rayons compris entre
les deux surfaces coniques dont nous venons de parler et qui lais-
seront voir une large bande éclairée qui est l'arc-en-ciel blanc.

III. PHÉNOMÈNES PRODUITS PAR L'ACTION DE LA LUMIÈRE
SUR DES CRISTAUX DE GLACE EN SUSPENSION DANS L'ATMOSPHÈRE.

**460. Phénomènes divers produits par des cristaux de
glace.** — Les phénomènes qui prennent naissance lorsque des
cristaux de glace se trouvent disséminés dans l'atmosphère ne sont
jamais isolés: il s'en produit le plus souvent plusieurs qui apparaissent simultanément, parce qu'ils dépendent de la même cause.

On donne le nom de *halos* à des cercles colorés qui se montrent autour du soleil et quelquefois de la lune: le plus fréquent a un demi-diamètre angulaire de 22 degrés. L'ordre des couleurs est l'inverse de celui que présentent les couronnes : le rouge est à l'intérieur et le violet à l'extérieur. Ce phénomène, très-fréquent dans les régions septentrionales, n'est pas rare dans nos climats: on en note plusieurs par semaine dans les observatoires météorologiques.

Un autre cercle, dont le demi-diamètre est de 46 degrés, entoure le premier et présente les couleurs dans le même ordre: c'est le halo de 46 degrés.

Le phénomène le plus fréquent après celui-là consiste en un cercle blanc passant par le soleil et parallèle à l'horizon. On le nomme *cercle parhélique*.

Sur ce cercle se trouvent plusieurs images blanches ou colorées: aux points où ce cercle rencontre le halo intérieur sont deux images du soleil colorées en rouge en dedans. Ces images sont assez nettes quand le soleil est à l'horizon: quand il est plus élevé, on les observe un peu au delà de l'intersection. On les nomme *parhélies*.

Plus rarement on observe deux images analogues aux précédentes, situées aussi sur le cercle parhélique, mais à l'intersection du halo de 46 degrés.

Plus rarement encore, et toujours sur le cercle parhélique, on observe d'autres images du soleil, c'est-à-dire des points où se manifeste un accroissement brusque de lumière. Ces points n'ont pas de position fixe. On les rencontre entre 90 et 140 degrés à partir du soleil. On leur donne le nom de *paranthélies*. L'*anthélie* est une image blanche que l'on voit sur le cercle parhélique à l'opposé du soleil.

En dehors du cercle parhélique se trouvent quelquefois des courbes moins simples que les halos et le cercle parhélique. Du parhélie appartenant au halo de 22 degrés partent deux arcs obliques que l'on nomme *arcs de Löwitz*.

D'autres fois, à la partie supérieure et à la partie inférieure de chaque halo, on voit des *arcs tangents* qui, pour le halo de 22 degrés, se prolongent quelquefois et finissent par donner une sorte de halo elliptique; le halo de 46 degrés présente aussi des arcs tangents, mais ces arcs ne se prolongent jamais.

Enfin, sur les côtés, on voit quelquefois des arcs tangents supralatéraux ou infralatéraux.

Tous ces phénomènes peuvent être étudiés théoriquement.

Il en est d'autres moins connus : ce sont des lueurs secondaires qui paraissent être les images des phénomènes ci-dessus décrits qui se reproduisent autour de certains centres tels que les parhélies, lesquels agissent comme des sources pouvant donner lieu à des phénomènes analogues à ceux que produit le soleil, mais bien moins intenses; ce sont des halos extraordinaires, des arcs circumzénithaux situés au-dessus du soleil et qui semblent embrasser le zénith; des halos inclinés sur l'horizon, des courbes passant par l'anthélie, enfin des images du soleil hors du cercle parhélique, quelquefois au-dessus, quelquefois au-dessous, le plus souvent disposées en série sur une ligne verticale.

Ces phénomènes ne peuvent s'expliquer par l'action de vésicules ou de gouttelettes d'eau sur la lumière, comme les couronnes et l'arc-en-ciel. De plus, ce sont des phénomènes produits le plus souvent par réfraction, car la plupart sont diversement colorés; ils doivent tenir à des particules réfringentes peu fréquentes, puisqu'ils n'ont qu'un éclat assez faible quand on les observe dans nos climats. Ils se manifestent plus souvent en hiver qu'en été, lorsque le temps est sec et qu'apparaissent des traces de cirrus, ces nuages les plus élevés que l'on observe souvent dans les régions boréales. Au pôle nord ces phénomènes brillent tous les jours d'un éclat extraordinaire: en Finlande et à Moscou on leur trouve une complication et une intensité inconnues dans nos pays.

C'est à l'eau congelée ou à l'existence d'aiguilles de glace dans l'atmosphère que Mariotte a eu recours pour expliquer quelques-uns de ces phénomènes, et l'on a attribué les autres à la même cause; mais on n'a pas évité toujours l'arbitraire et l'on a admis des angles réfringents très-compliqués qui expliquent tout. Galle et Bravais ont soumis ces théories à une discussion sérieuse, de manière à ne plus laisser de doutes sur la valeur de l'explication de toutes ces apparences.

461. Forme des cristaux de glace. — D'abord, quelle est la forme des aiguilles de glace? La glace est un corps biréfringent à un axe, mais la différence des deux indices est très-faible; car Brewster a démontré qu'il faut une épaisseur assez considérable de la lame de glace pour faire apercevoir les anneaux colorés dans la lumière polarisée. L'observation directe montre que les cristaux de glace sont rhomboédriques. Si l'on place, en effet, de la neige sous un microscope, on trouve qu'elle présente des formes dérivées du système rhomboédrique. Pendant les voyages dans les régions polaires, ou même dans nos climats lorsque la neige tombe en parcelles clair-semées dans l'atmosphère, on a souvent l'occasion d'observer la neige sous forme de flocons réguliers ou de cristaux groupés suivant des lois très-régulières et appartenant au système du prisme hexagonal régulier. Les formes cristallines de la neige se retrouvent aussi dans la glace compacte; on l'observe souvent dans les stalactites de glace. M. Martins[1] a constaté au Spitzberg l'existence de pavages analogues aux pavages basaltiques. Scoresby, qui a fait sur ce sujet des observations très-complètes, a reconnu qu'une forme cristalline se rencontre plus souvent que toutes les autres, c'est celle du prisme hexagonal, qui se présente sous deux aspects : ou très-allongé, c'est-à-dire en aiguilles qui se produisent surtout par les temps vaporeux et très-froids; ou très-aplati, c'est-à-dire en tables. Les formes aciculaires et tabulaires sont donc prédominantes.

De la forme de ces cristaux de glace il résulte que l'on aura à considérer trois espèces d'angles réfringents :

Angle de 60 degrés formé par deux faces non adjacentes;

Angle de 120 degrés formé par deux faces adjacentes;

Angle de 90 degrés formé par les pans avec la base du prisme.

De ces trois angles il en est deux dont la considération joue un rôle important dans l'explication des phénomènes. L'angle de 120 degrés ne peut donner de réfraction, car un prisme ayant cet angle produit la réflexion totale. Les angles de 60 et de 90 degrés donneront lieu à une réfraction et à une réflexion. On peut encore avoir des angles rentrants par suite du groupement de deux cristaux.

Nous avons parlé de prismes hexagonaux dont les angles sont

[1] *Voyages en Scandinavie*, Géographie physique, t. I, p. 155.

de 120 degrés; ces angles n'ont pas été mesurés, mais les figures données par Scoresby, comparées avec les observations faites à l'aide de la pince à tourmalines, ne permettent pas de doute à cet égard. Ces cristaux ont l'apparence de lames hexagonales; aux sommets de l'hexagone viennent se joindre des lames hexagonales très-allongées dont l'extrémité est terminée par trois branches. Ces figures ont tout à fait le caractère de symétrie du système hexagonal, et des observations multipliées de ce genre équivalent bien à des mesures d'angles.

Nous supposerons d'abord ces prismes de glace distribués dans l'espace d'une façon tout à fait arbitraire, et nous pourrons ainsi expliquer certains phénomènes. Après avoir déduit de cette disposition indéterminée toutes les conséquences possibles, nous supposerons aux prismes des directions particulières qu'ils prennent de préférence à d'autres, et nous essayerons d'expliquer d'autres phénomènes.

462. Explication des halos. — Le halo de 22 degrés a été expliqué par Mariotte. Si l'on suppose qu'il existe des prismes de glace distribués dans l'espace d'une manière quelconque, il se trouvera toujours des prismes dont les arêtes seront disposées perpendiculairement aux plans que l'on peut mener par l'œil de l'observateur et par le soleil. Or le minimum de déviation pour un rayon qui tombe sur un prisme de glace dont l'angle est de 60 degrés est précisément égal à 22 degrés. On conçoit donc que, dans toutes les directions faisant cet angle avec la ligne qui joint l'œil au soleil, on aperçoive un maximum de lumière. D'ailleurs, l'angle du minimum de déviation étant moindre pour les rayons rouges que pour les rayons des autres couleurs, il est clair que le halo devra être rouge en dedans.

Le halo de 46 degrés a été expliqué par Cavendish; il l'attribue à la réfraction de la lumière à travers les faces inclinées les unes sur les autres de 90 degrés; la déviation minimum calculée est de 46 degrés. On explique le phénomène comme dans le cas précédent : les couleurs sont distribuées de la même manière; mais l'angle réfringent étant plus considérable que pour le halo de 22 degrés, l'écartement des rayons réfractés est plus grand; il en résulte que le halo

de 46 degrés est moins lumineux, car la lumière est disséminée
sur un anneau de rayon double et de largeur double.

La lumière des halos est réfractée sans réflexion; car on reconnaît, en observant la polarisation des rayons qui en arrivent, que
la lumière de ces halos est polarisée perpendiculairement au plan
d'incidence ou au plan qui passe par l'œil de l'observateur, le soleil
et le point du halo considéré, tandis que, dans l'arc-en-ciel, la lumière est polarisée dans le plan d'incidence. Comme vérification on
a cherché à déterminer l'indice de réfraction de la glace, connaissant
l'angle réfringent et les dimensions du halo de 46 degrés; le nombre
calculé s'est trouvé conforme à l'expérience.

Brewster a reproduit un phénomène analogue à celui qui nous
occupe en faisant passer la lumière à travers un grand nombre de
petits cristaux. Il employait une solution d'alun comprise entre deux
verres et produisant une multitude de cristaux octaédriques; la lumière en les traversant donnait un cercle brillant, mais elle n'en
donnait qu'un, car il n'y avait qu'un angle réfringent.

463. **Cercle parhélique.** — Les halos de 22 et de 46 degrés
sont les seuls phénomènes que l'on puisse expliquer en supposant
dans l'atmosphère des prismes de glace d'une direction absolument
quelconque. Pour rendre compte des autres phénomènes dont nous
avons parlé, il faut supposer des prismes présentant une situation
prédominante: or la forme générale est ou aciculaire ou tabulaire:
ces prismes, sous l'influence de leur poids, tendront à s'orienter d'une
certaine manière : les prismes allongés se disposeront verticalement,
les prismes aplatis se dirigeront de façon que leur base soit verticale.

La réflexion de la lumière sur les prismes de glace placés dans
tous les sens, mais ayant leurs surfaces réfléchissantes verticales,
donne lieu au cercle parhélique. Si ces petits plans verticaux sont
très-nombreux, ils produisent sur l'œil la sensation d'un cercle entier. La réflexion sur les bases verticales des prismes tabulaires donne
lieu au même phénomène. Cette explication du cercle parhélique
est due à Young. Souvent l'illumination éblouissante de l'atmosphère dans le voisinage du soleil empêche ce cercle d'être vu jusqu'au
point de rencontre avec le disque de l'astre.

464. Parhélies. — Les parhélies ont été expliqués par Mariotte. Ils sont liés à l'existence des prismes aciculaires verticaux : s'il existe un grand nombre de ces prismes, ils produisent les parhélies pour les minima des déviations. Concevons une série de prismes verticaux dont les angles réfringents soient de 60 degrés. Si le soleil est à l'horizon, les rayons solaires tombent dans une section principale; la déviation minima des rayons qui traversent les prismes est de 22 degrés, de sorte qu'alors les parhélies sont non-seulement sur le cercle parhélique, mais aussi sur le halo de 22 degrés. Lorsque le soleil s'élève au-dessus de l'horizon, le minimum de déviation croît jusqu'à une certaine limite; on comprend donc pourquoi les parhélies ne sont pas sur le halo quand le soleil est au-dessus de l'horizon et comment cette coïncidence s'établit quand le soleil est sur le point de se coucher ou peu après son lever. Comme les diverses couleurs du spectre ont un minimum de déviation particulier, il en résulte que les couleurs s'échelonnent : le rouge est le plus près du soleil; plus loin les couleurs se superposent et l'on a une queue blanche qui s'étale parallèlement à l'horizon sur une longueur de 10 à 20 degrés. Les parhélies sont plus brillants que les halos, car les prismes verticaux sont plus nombreux que ceux qui ont toutes les directions possibles.

Si l'on conçoit que les prismes, dans leur chute, exécutent de part et d'autre de la verticale des oscillations dont l'amplitude soit du reste très-petite, il résultera de ce balancement de l'axe des arcs obliques observés par Löwitz, dont ils portent le nom, et expliqués par Galle et Bravais.

Le parhélie de 46 degrés est très-rare; les observations à ce sujet font défaut et l'on n'en connaît pas exactement la place. M. Bravais les regarde comme produits à 44 degrés par les parhélies de 22 degrés qui agiraient comme le soleil.

465. Paranthélie. — L'explication du paranthélie et de l'anthélie est un peu plus délicate que celle des parhélies. Ce sont des points du cercle parhélique qui présentent une grande intensité. Cherchons les modifications qu'il faut faire éprouver à un rayon pour qu'il soit renvoyé dans une direction faisant avec la première un angle constant : il est aisé de voir qu'il suffit de deux réflexions sur deux lames faisant également entre elles un angle constant.

Supposons, en effet, un rayon incident SI (fig. 274) qui tombe sur le miroir DB, est renvoyé suivant II' sur le miroir DC, et se réfléchit suivant I'R : la déviation du rayon est indépendante de l'angle

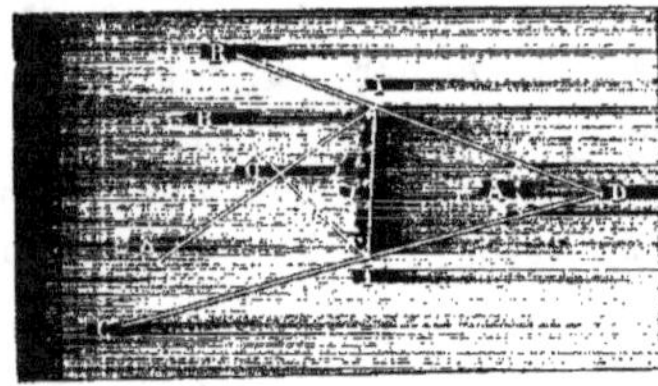

Fig. 274.   Fig. 275.

d'incidence. En effet, soient i, i' les angles d'incidence. Par la première réflexion le rayon a tourné de $2(90° - i)$, par la seconde il a tourné de $2(90° - i')$: la rotation totale est donc de

$$360° - (i + i');$$

mais dans le triangle DII' on a

$$90° - i + 90° - i' = 180° - A;$$

d'où

$$i + i' = A.$$

La déviation est donc $360° - A$, et par conséquent elle est la même pour tous les rayons. Par suite, s'il existe des conditions telles que les rayons puissent éprouver deux réflexions, il en résultera une déviation constante. Or des prismes de glace, groupés de manière à présenter deux faces en contact, donnent lieu à des angles rentrants de 120 degrés. Les rayons incidents qui viennent se réfléchir sur les deux faces formant cet angle éprouveront une rotation de $360 - 120 = 240$ degrés. Il résulte de là que, si l'on mène par l'œil de l'observateur une droite passant par le centre du soleil et une autre faisant avec la première un angle de 240 degrés, cette seconde droite coupera la sphère en un point où l'on apercevra une image du soleil. On aura ainsi deux images placées sur le cercle parhélique à 120 degrés du soleil.

La réflexion sur les faces intérieures du prisme hexagonal peut donner lieu au même phénomène. Considérons un rayon SS (fig. 275) qui pénètre par l'une des faces du prisme et vient se réfléchir à l'intérieur en I, sur une autre face, en faisant avec la normale un angle ρ; le rayon réfléchi rencontrera la face adjacente suivant II' en faisant un angle ρ' avec la normale à cette seconde face. Or, dans le triangle IAI', on a

$$90° - \rho + 90° - \rho' = 180° - 120°,$$

d'où

$$\rho + \rho' = 120°.$$

Or l'angle d'incidence limite est d'environ 49 degrés; il résulte de là que l'une des deux réflexions à l'intérieur du prisme sera totale. Si le rayon émerge après avoir subi deux réflexions, il concourra à la production du paranthélie; si le nombre des réflexions qu'il subit est impair, il ne sera pour rien dans l'apparition de ce phénomène.

Considérons le cas où le prisme aurait pour section droite un triangle équilatéral : un rayon de lumière tel que SI (fig. 276) se réfracte en I, et après deux réflexions en R et R' émerge en I' suivant la droite I'S'; la déviation, après ces deux réflexions et ces deux réfractions, s'obtient de la manière suivante : soient i et r les angles d'incidence et de réfraction en I, ρ et ρ' les angles d'incidence en R et R', enfin i' et r' les angles d'incidence et de réfraction en I'. La rotation en I est $i - r$; en R elle est de $180° - 2\rho$; en R' elle est de $180° - 2\rho'$: enfin en I' il y a une dernière rotation de $i' - r'$. La rotation totale est donc

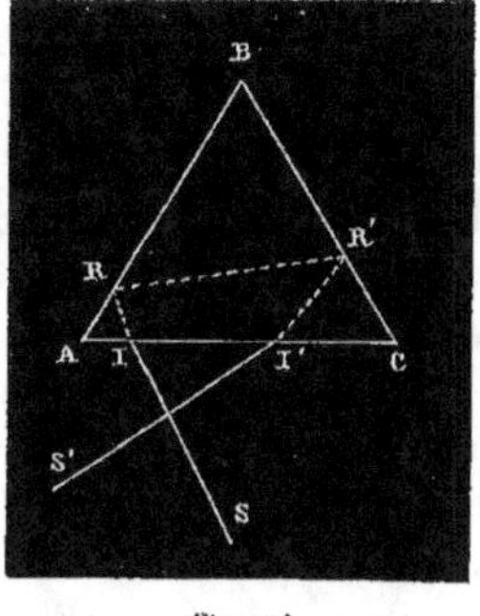

Fig. 276.

$$i - r + 180° - 2\rho + 180° - 2\rho' + i' - r' = 180° + i + i',$$

car

$$r + \rho = 60°. \qquad \rho + \rho' = 60°, \qquad r' + \rho' = 60°.$$

et la déviation est

$$360° - 180° - (i + i') = 180° - (i + i').$$

Cette déviation est susceptible d'un minimum situé dans une direction qui fait un angle de 98 degrés avec celle des rayons solaires, ce qui est bien la distance angulaire du premier paranthélie du soleil.

466. **Anthélie.** — L'anthélie est une tache lumineuse blanche, n'offrant pas un disque nettement terminé. Son diamètre excède souvent le diamètre apparent du soleil. Pour expliquer ce phénomène, on suppose que les prismes hexagonaux lamellaires se disposent de manière à avoir leur axe cristallographique horizontal, et de plus l'une des trois diagonales verticale. Considérons les rayons qui, après avoir traversé l'une des quatre faces verticales du cristal, se réfléchissent deux fois dans l'intérieur des quatre angles dièdres de 90 degrés formés par ces faces et ressortent par la face d'entrée. Il est facile de s'assurer que ces rayons donnent naissance à l'anthélie. Supposons, en effet, que le soleil se lève et que les rayons incidents soient horizontaux; faisons une section dans le prisme par un plan horizontal qui sera le plan de la figure. Soit SIRR'I'S' (fig. 277) la route du rayon deux fois réfléchi : d'après ce que nous

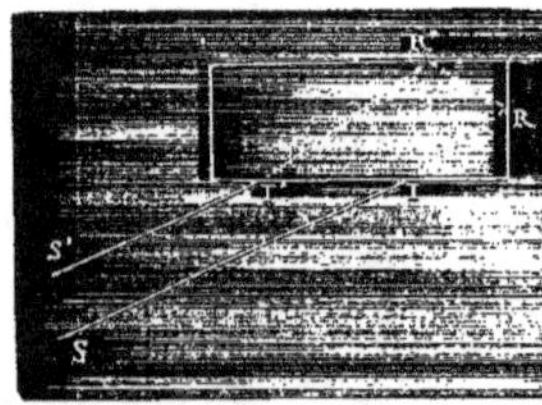

Fig. 277.

avons vu plus haut, la somme des angles IRR', RR'I' = 180 degrés; donc les deux directions IR, I'R' sont parallèles; il en est de même de SI et S'I'. Des deux réflexions, la seconde ne peut jamais être totale en R'; sans quoi, IR étant parallèle à I'R', le rayon ne serait pas entré dans la lame, car s'il arrivait suivant RI il se réfléchirait totalement en I. Mais la première réflexion en R peut être totale, et elle le sera si l'angle d'incidence en R est au moins égal à 49 degrés. Dans ce cas le phénomène présentera un plus vif éclat. Lorsque le soleil a une certaine hauteur au-dessus de l'horizon, les résultats que l'on obtient sont à peu près les mêmes.

51.

Sur les dessins des cristaux de glace observés par Scoresby on remarque des systèmes de stries parallèles, inclinés l'un sur l'autre de 120 ou de 60 degrés. Ces systèmes donnent naissance à des courbes obliques qui passent par l'anthélie : c'est un phénomène d'astérisme dont l'explication est due à Bravais.

467. Arcs tangents. — Les arcs tangents ont été expliqués par Young. Si, parmi les prismes dont les angles réfringents sont de 60 degrés. il en est un grand nombre à axes horizontaux, ils donneront une infinité de parhélies dont l'un sera le parhélie de 22 degrés, et qui se prolongeront sous forme de deux arcs tangents au halo et pouvant se réunir en constituant une courbe unique dont la forme déterminée par le calcul est une ellipse; mais la portion inférieure et la portion supérieure sont plus visibles que la partie moyenne. C'est Venturi qui a fait voir que le halo elliptique était formé par la réunion des deux arcs tangents.

Lorsque ces prismes à axes horizontaux prédominent dans l'atmosphère, les pans de ces prismes ayant de petites dimensions laissent donc passer peu de lumière; aussi l'intensité des arcs tangents qu'elle produit est-elle très-faible relativement à celle du cercle parhélique.

Les arcs tangents au halo de 46 degrés s'observent plus souvent et ont plus d'éclat : ils sont dus à la réfraction de la lumière par les angles réfringents de 90 degrés que présentent les prismes verticaux non pointés, très-fréquents dans l'atmosphère. Chaque système de prismes dont l'arête est parallèle à une direction particulière dans le plan horizontal donne lieu à un point, et la série de ces points forme l'arc tangent au halo. Cette explication, donnée par Galle, a été complétée par les calculs plus développés de Bravais.

Les arcs tangents latéraux sont dus à des prismes tabulaires à axe horizontal.

468. Phénomènes secondaires. — Les phénomènes suivants ont été rarement observés et mal mesurés : ce sont le plus souvent des cercles dont le soleil n'est pas le centre, des parhélies et paranthélies qui ne satisfont pas aux conditions précédentes : on

les regarde comme des phénomènes secondaires produits par les
précédents.

Si l'on considère un point quelconque appartenant à un parhélie, à
un halo, à un arc tangent, etc., comme une source lumineuse située
dans la partie du nuage générateur la plus voisine du soleil, ce
point lumineux pourra à son tour donner naissance à des parhélies,
halos, etc., dans le trajet des rayons à travers la seconde moitié du
nuage, celle qui avoisine l'observateur. On aura ainsi des parhélies
secondaires, etc., que l'on sera quelquefois porté à confondre avec
les phénomènes primitifs d'une autre série.

469. Arcs zénithaux. — Halos extraordinaires. — Il est
d'autres phénomènes, tels que certains arcs du zénith, que l'on ne
peut expliquer qu'en admettant d'autres angles réfringents sur les
pointements des prismes.

On observe aussi quelquefois des halos extraordinaires dont
l'angle n'est ni de 22 ni de 46 degrés : ils sont dus à d'autres angles
réfringents que l'on pourrait déduire de là et comparer aux angles
que comporte le système cristallin de la glace.

470. Colonnes lumineuses. — Faux soleils. — Des lueurs
blanches, verticales, semblables à des colonnes lumineuses, se montrent quelquefois à l'époque du lever ou du coucher du soleil ou de
la lune : parfois même ces lumières accompagnent les astres dans
leur route sur la sphère céleste. Bravais attribue ces phénomènes à
la réflexion des rayons lumineux sur les bases inférieures de prismes
peu écartés de la position verticale. Si même il arrive que ces prismes
soient immobiles, ils forment un miroir parallèle à la surface terrestre. Il en résultera une image blanche du soleil, circulaire et
aussi élevée au-dessus de l'horizon que l'astre est abaissé au-dessous. On aura ainsi un faux soleil qui descendra vers l'horizon à
mesure que le soleil s'éloignera du lieu de son lever. C'est ce phénomène qu'aperçut le Hollandais Barentz dans le célèbre hivernage
qu'il fit à la Nouvelle-Zemble.

On aperçoit quelquefois des faux soleils en contact avec les bords
du vrai soleil, peu après le lever ou peu avant le coucher. Il arrive

aussi que les colonnes blanches se disposent en croix, ce qui semble prouver que les phénomènes sont dus à la réflexion de la lumière dans des cristaux.

471. Expériences de Bravais sur la reproduction artificielle de ces phénomènes. — Bravais a essayé de reproduire artificiellement quelques-uns de ces phénomènes, par exemple les parhélies.

Ils sont produits par des prismes verticaux de 60 degrés dans une position telle que les rayons solaires soient dans la direction du minimum de déviation. Comme on ne peut placer une infinité de cristaux dans toutes les positions possibles, Bravais fixe un prisme de 60 degrés sur un axe vertical et lui imprime, à l'aide d'un mécanisme d'horlogerie, un mouvement de rotation assez rapide pour qu'il fasse une centaine de tours par seconde. En plaçant ce prisme devant une source de lumière, une bougie, placée à 7 ou 8 mètres de distance et à la même hauteur que le prisme, dans une salle obscure, on produit, en un instant unique pour l'œil de l'observateur, la série variée des positions des prismes verticaux de glace, de sorte qu'on devra apercevoir à travers le prisme tournant des phénomènes analogues à ceux qu'offre, vu de loin, un nuage composé de prismes de glace verticaux. On peut aussi réaliser ces expériences avec un prisme de verre ou d'eau et se servir de la lumière solaire, à la condition d'en affaiblir convenablement l'éclat. On constate ainsi que, dans la direction qui correspond au minimum de déviation, on a une image d'une intensité bien plus vive que dans toute autre direction et qui représente le parhélie.

Pour observer le paranthélie, Bravais dispose sur le même axe mobile deux lames réfléchissantes inclinées l'une sur l'autre de 60 degrés; il les fait tourner très-rapidement pour obtenir l'effet d'un grand nombre de systèmes réfléchissants semblables, orientés d'une manière quelconque. On observe ainsi une image de la source lumineuse dans une direction qui fait un angle de 120 degrés avec la ligne qui va de l'œil de l'observateur à la source. Dans toute autre direction il y a cependant aussi de la lumière réfléchie après une seule réflexion.

Pour reproduire le phénomène de l'anthélie, il suffit de faire pénétrer un rayon lumineux dans un milieu réfringent limité par des faces faisant entre elles des angles de 90 degrés. A cet effet, on remplace le prisme tournant par une lame rectangulaire de verre à arêtes verticales, et, pour éviter la multiplicité des images, on noircit trois des faces latérales et on laisse à découvert seulement la quatrième II' (fig. 277). C'est par cette face que les rayons lumineux entrent, et ils sortent après s'être réfléchis sur les faces R et R' en suivant la route SIRR'I'S'. On augmente encore la netteté du phénomène en dépolissant la face opposée à R, qui ne doit pas être rencontrée par les rayons lumineux. On dispose l'arête d'intersection des deux faces R, R', sur lesquelles s'effectuent les deux réflexions internes, suivant l'axe de rotation de l'appareil; et, pour que la tête de l'observateur qui reçoit les rayons I'S' n'intercepte pas les rayons SI, on place la bougie de l'autre côté de la lame et on reçoit la lumière qui en émane sur un petit miroir vertical placé à 2 centimètres de la lame et qui la renvoie sur l'appareil suivant SI. En amenant le plan vertical du miroir à être perpendiculaire au plan vertical passant par l'axe de rotation de la lame et par le centre de la flamme de la bougie, l'observateur, placé immédiatement au-dessous du miroir, voit se former dans la direction de l'axe de rotation une image non colorée de la source lumineuse, et cette image sera parfaitement fixe pendant le mouvement de la lame, si l'arête de l'angle dièdre RR' est rigoureusement parallèle à l'axe de rotation de la lame.

On peut imiter aussi les arcs obliques de l'anthélie. A cet effet, on remplace la lame précédente ou le prisme tournant par une lame de verre disposée verticalement et par conséquent parallèle à l'axe de rotation de l'appareil. On produit à sa surface un système de stries parallèles en passant, dans une direction convenable, le doigt légèrement graissé : il convient que les stries soient inclinées de 35 degrés environ sur le plan de l'horizon; il est indifférent, du reste, que l'une des faces de la lame ou toutes les deux portent des stries, pourvu que dans ce dernier cas les deux systèmes soient parallèles. Lorsqu'on fait tourner la lame en face d'une source de lumière et qu'on regarde cette source à travers la lame.

on voit des stries lumineuses diverger de la source. Si la source lumineuse est dans le plan horizontal qui passe par le centre de la lame, la croix est formée par deux arcs de grand cercle qui se coupent suivant des angles latéraux de 110 degrés; l'angle supérieur ou de raccordement est donc de 70 degrés, double de l'inclinaison des stries. Si la bougie a une élévation de 20 degrés au-dessus de l'horizon, les arcs obliques se rapprochent de la verticale. Cette expérience explique les croix de Saint-André que l'on a vues quelquefois passer par le centre du soleil. Le même phénomène peut se produire sur l'anthélie. Pour cela, il suffit de tracer des stries sur la face d'entrée des rayons qui pénètrent dans la lame quadrangulaire de verre qui nous a servi pour reproduire le phénomène de l'anthélie. Alors l'image anthélique de la bougie est traversée par des arcs lumineux en sautoir, absolument pareils à ceux de l'expérience précédente : seulement la clarté de cette image est très-amoindrie par la formation des deux arcs obliques.

Tous les phénomènes qui dépendent de prismes à axes verticaux peuvent se reproduire avec la plus grande facilité. Si l'on veut, par exemple, imiter l'arc tangent circumzénithal qui est à 46 degrés du soleil, il suffira de fermer la base supérieure du prisme à eau par une lame de verre à faces parallèles, en excluant avec soin toute bulle d'air, puis de diriger sur la bsae supérieure du prisme un rayon solaire plongeant incliné de 15 à 20 degrés sur l'horizon. Ce rayon, pénétrant par la base supérieure du prisme, sortira, après deux réfractions, par les faces latérales, en se rapprochant de la verticale, et si l'on place l'œil près de la base inférieure du prisme et que l'on regarde vers le haut, à travers la face latérale, on apercevra sur le plafond de la salle un bel arc-en-ciel présentant le rouge en dehors et le bleu à l'intérieur. Le phénomène aura le maximum de netteté si l'on a noirci deux des faces verticales du prisme tournant pour éviter la superposition imparfaite des arcs produits par les trois faces qui se présentent successivement, pendant la rotation du prisme, devant l'œil de l'observateur. A défaut de lumière solaire, on pourra se servir commodément d'une bougie que l'on disposera dans le voisinage du prisme tournant, mais un peu au-dessous : en plaçant l'œil au-dessus du prisme, on recevra

la lumière qui, pénétrant par la face latérale du prisme, sort par
la base supérieure, et l'on observera les mêmes phénomènes.

**172. Observation simultanée de ces phénomènes et
de particules glacées dans l'atmosphère.— Circonstances
de leur production.** — Nous avons rendu compte des phénomènes qui précèdent en admettant la présence de particules glacées
dans l'atmosphère. A cet égard, les relations de voyage dans les
régions boréales fournissent de nombreux témoignages. Suivant
F. Martens de Hambourg[1], l'un des premiers voyageurs qui aient
fait des observations au Spitzberg, « les frimas tombent de la même
manière que la rosée, la nuit, dans nos climats. On les voit plus
distinctement quand le soleil darde ses rayons vers un endroit
ombragé. Toutes ces parcelles brillent comme des diamants et paraissent comme ces atomes que l'on remarque lorsque le soleil
luit. »

Ellis à la baie d'Hudson, Parry à Port-Bowen, Brandes, Kaemtz
sur le Faulhorn, ont vu des halos et en même temps des aiguilles
de glace flottant dans l'atmosphère et brillant au soleil.

Les nuages sur lesquels se forment les halos sont toujours des
cirrus plus ou moins légers, quelquefois des vapeurs neigeuses qui
communiquent à l'atmosphère un éclat particulier que l'œil a peine
à supporter. Situés dans de hautes régions où règne un froid éternel,
ces cirrus peuvent se montrer en toute saison, même sous l'équateur.
Mais c'est seulement en hiver, par des temps froids et calmes, que
les nuages générateurs du halo peuvent quelquefois s'abaisser jusqu'à
terre et se laisser voir à une petite distance.

Lorsque les couches élevées de l'atmosphère sont saturées d'humidité, au-dessous de zéro, le moindre abaissement de température
détermine la précipitation de la vapeur d'eau à l'état cristallin.

Dans le cas général, cette précipitation a lieu d'une manière confuse; les particules cristallines se groupent irrégulièrement. Les
nuages ainsi constitués sont blancs et doués de pouvoirs réflecteurs
considérables; ils absorbent la plupart des rayons qui les traversent. Au commencement on voit apparaître une vapeur laiteuse,

---

[1] *Relation des voyages au Nord*, t. II, p. 57.

un voile uniforme sur le ciel, d'un éclat éblouissant. Dans un état
plus avancé, ces nuages se disposent en longs filaments, en cirrus.

Mais si la condensation se fait d'une manière lente et régulière,
il se produira de préférence telle ou telle forme de cristaux. Si,
par suite de l'agitation de l'air et de l'égalité de leurs dimensions
dans tous les sens, les cristaux n'ont aucune orientation, ils donnent
lieu aux halos de 22 et de 46 degrés.

S'il se forme des cristaux à axes allongés qui tombent lentement
dans une atmosphère calme, l'une des pointes dirigée vers le sol,
on voit alors le parhélie de 22 degrés, son parhélie secondaire, l'arc
tangent horizontal du halo de 46 degrés, le paranthélie de 120 degrés et le cercle parhélique.

S'il y a en abondance des cristaux lamellaires hexagones tombant dans l'air suivant le plan de leurs bases, on verra un halo de
22 degrés dont la partie supérieure et la partie inférieure sont plus
lumineuses que les parties latérales, et on apercevra en même temps
les arcs tangents horizontaux de ce halo, les arcs tangents latéraux
du halo de 46 degrés et le cercle parhélique.

Enfin les cristaux lamellaires ont quelquefois une structure telle
que la chute se fait suivant une des trois diagonales. Dans ce cas se
produisent les arcs tangents extraordinaires du halo de 22 degrés,
le parhélie de 46 degrés, l'anthélie, etc.

Le cas des balancements, l'accroissement pendant la chute, un
commencement de fusion établissent des passages entre les apparences diverses que nous venons de signaler.

Il ne paraît pas que ces phénomènes dépendent d'une force directrice autre que la pesanteur; si les axes des cristaux étaient dirigés
soit par la force magnétique, soit par l'action des rayons solaires,
le parallélisme qui en résulterait se traduirait aussitôt par des modifications d'un certain ordre dans les phénomènes optiques dus à
ces cristaux; or, on ne découvre rien de semblable.

473. Formes diverses que peut prendre un halo. — Il
n'est pas possible de représenter par une seule figure la série complète des formes que peut prendre un halo complexe, par la
raison que ces formes varient avec la hauteur du soleil au-dessus de

l'horizon : mais en choisissant quatre termes de passage on reproduit à peu près la série des phénomènes.

1° Supposons le soleil à une hauteur de 1 degré (fig. 278). Le halo le plus complexe possible se compose alors du halo de 22 de-

Fig. 278.

Fig. 279.

grés, de celui de 46 degrés, de l'arc tangent supérieur au halo de 22 degrés, de la lueur verticale et quelquefois de deux faux soleils.

2° Si la hauteur du soleil est de 18 à 20 degrés (fig. 279), on peut voir le halo de 22 degrés avec son arc tangent supérieur, celui de 46 degrés avec son arc tangent supérieur et ses arcs latéraux, le cercle parhélique avec les parhélies de 22 degrés, les paranthélies de 120 degrés, l'anthélie et une double croix qui passe alors par l'anthélie, enfin une lueur verticale.

3° Lorsque la hauteur du soleil est de 45 degrés (fig. 280), on peut observer le halo de 22 degrés avec son halo circonscrit, le halo de 46 degrés avec ses arcs tangents latéraux, le cercle parhé-

Fig. 280.

Fig. 281.

lique avec les parhélies extérieurs au halo circonscrit, les paranthélies de 120 degrés, l'anthélie et la croix à quatre branches de l'anthélie.

4° Enfin, si la hauteur du soleil est de 65 degrés (fig. 281), on peut voir le halo de 22 degrés, le cercle parhélique avec les paranthélies de 120 degrés et une partie du halo de 46 degrés, ordinairement réduit à sa partie inférieure avec son arc tangent inférieur.

Un halo quelconque se manifestant, il suffira de jeter les yeux sur ces figures pour se rendre compte des diverses courbes ou taches lumineuses qui l'accompagnent. et, si quelque partie du météore échappait à cette comparaison, elle rentrerait dans la classe des phénomènes plus rares dont nous avons parlé.

BIBLIOGRAPHIE.

RÉFRACTIONS ATMOSPHÉRIQUES ET TERRESTRES.

1617. SCHEINER. *Refractiones cælestes sive solis elliptici phænomena illustratum, etc.*, Ingolstadt, 1617.

1642. GASSENDI. *De apparente magnitudine solis humilis ac sublimis quatuor epistolæ*, Parisiis, 1642.

1666. CASSINI. Observations sur la table des réfractions et des parallaxes du soleil, *Mém. de l'Acad. des sc.*, 1666, t. I, 105.

1666. RICHER. Observations sur la distance véritable des tropiques et sur les réfractions et les parallaxes, *Mém. de l'Acad. des sc.*, 1666, I, 111.

1697. BILBERY. Refractio solis inoccidui in septentrionalibus oris, jussu serenissimi ac potentissimi principis Caroli II. circa solstitium æstivum 1695, aliquot observationibus astronomicis detecta, *Phil. Trans.* f. 1697, 731.

1699. LOWTHORP, An experiment on the refraction of the air. *Phil. Trans.* f. 1699. 339.

1700. CASSINI. Réflexions sur les observations des réfractions faites en Bothnie, *Mém. de l'Acad. des sc.*, 1700, 39.

1700. CASSINI fils, Expérience de la réfraction de l'air faite par l'ordre de la Société royale d'Angleterre, *Mém. de l'Acad. des sc.*, 1700. 78.

1702. HALLEY, On the allowances to be made in astronomical observations for the refraction of the air, etc., *Phil. Trans.* f. 1702.

1706. CASSINI, Réflexions sur les observations envoyées à M. le comte de Pontchartrain par le P. Laval sur les réfractions astronomiques, *Mém. de l'Acad. des sc.*, 1706. 78.

1714.   Cassini. Des réfractions astronomiques. *Mém. de l'Acad. des sc.*,
           1714. 33.

1739.   Bouguer, Observations sur les réfractions astronomiques observées
           dans la zone torride (premier mémoire). *Mém. de l'Acad. des sc.*,
           1739. 407.

1749.   Bouguer. Second mémoire sur les réfractions astronomiques obser-
           vées dans la zone torride, avec diverses remarques sur la ma-
           nière d'en construire les tables, *Mém. de l'Acad. des sc.*, 1749.
           75. 77, 84 et 102.

1752.   De la Caille, Observations sur les réfractions astronomiques, avec
           la table pour corriger les hauteurs observées au cap de Bonne-
           Espérance. *Mém. de l'Acad. des sc.*, 1752, 412.

1755.   De la Caille, Recherches sur les réfractions astronomiques et sur la
           hauteur du pôle à Paris, avec une nouvelle table de réfractions.
           Mém. de l'Acad. des sc., 1755. 547.

1762.   Samuel Dunn. An account to assign the cause why the sun and
           moon appear to the naked eye larger than they are near the ho-
           rizon. *Phil. Trans.* f. 1762. 462.

1772.   Lambert, *Bahn des Lichts durch die Luft und verschiedene Mittel*,
           Berlin. 1772.

1781.   Mayer. *De refractionibus astronomicis*. Altorfi. 1781.

1797.   Huddart, Observations on horizontal refractions which affect the
           appearance of terrestrial objects and the dip or depression of the
           sea. *Phil. Trans.* f. 1797. 29.

1798.   Latham. On a singular instance of atmospherical refraction, *Phil.
           Trans.* f. 1798, 357.

1799.   Kramp. *Analyse des réfractions astronomiques et terrestres*, Strasbourg.
           1799.

1799.   Monge. Sur le phénomène d'optique connu sous le nom de mirage,
           Description de l'Égypte, 1.

1799.   Vince, Observations on an unusual horizontal refraction of the air,
           with remarks on the variations to which the lower parts of the
           atmosphere are sometimes subject. *Phil. Trans.* f. 1799. 13.

1800.   W. H. Wollaston, On double images caused by atmospherical re-
           fraction. *Phil. Trans.* f. 1800, 239.

1800.   Gilbert. Beobachtungen des General Roy's, Dalby's und mehrerer
           Astronomen über die Grösse der irdischen Strahlenbrechung und
           die Vertiefung des Seehorizonts. *Gilb. Ann.*, III, 281.

1800.   Büsch. Beobachtungen über die horizontale Strahlenbrechung und
           die wunderbaren Erscheinungen welche sie bewirkt. *Gilb. Ann.*,
           III. 290.

1800.   Gilbert. Beobachtungen besonderer Strahlenbrechungen von Bosco-
           wich. Monge und Ellicot. *Gilb. Ann.*, III. 302.

1800. GRUBER, Theorie der mit Spieglung verbundnen Senkung und Hebung der Objecte am Horizont. *Gilb. Ann.*, III, 439.

1800. HEIM, Eine merkwürdige Erscheinung durch ungewöhnliche Strahlenbrechung, *Gilb. Ann.*, V, 370.

1801. GORSSE, Lettre à M. Monge sur un phénomène d'optique appelé mirage, *Ann. de chimie*, (1), XXXIX, 211.

1802. WREDE, Bemerkungen über ein an den Ringmauern von Berlin beobachtetes optisches Phänomen, *Gilb. Ann.*, XI, 421.

1803. GIOVENE, Wunderbare Phänomene nach Art der Fata Morgana. *Gilb. Ann.*, XII, 1.

1803. BRANDES, Ueber Sternschnuppen und terrestrische Strahlenbrechung. *Gilb. Ann.*, XIV, 250.

1803. GILBERT, Einige Bemerkungen zu Dalton's Versuchen über die Ausdehnung der expansibeln Flüssigkeiten durch Wärme und zu den Folgerungen die Dalton aus ihnen zieht, *Gilb. Ann.*, XIV. 266.

1803. WOLLASTON, Observations on the quantity of horizontal refraction, with a method of measuring the dip at sea, *Phil. Trans.* f. 1803, 1.

1805. BRANDES, Beobachtungen über die Strahlenbrechung angestellt zu Eckwarden an der Jahde, *Gilb. Ann.*, XVII, 129, et XVIII, 432.

1805. CASTBERG, Ueber die Fata Morgana und ähnliche Phänomene, *Gilb. Ann.*, XVII, 183.

1805. LAPLACE, Réfractions astronomiques, *Mécanique céleste*, IV, xx.

1805. BRANDES, Fortgesetzte Beobachtungen über die irdische Strahlenbrechung, *Gilb. Ann.*, XX, 346.

1806. KRIESS, Ueber Luft-Spiegelung, *Gilb. Ann.*, XXIII, 365.

1806. BRANDES, Einige kritische Bemerkungen zu den in den Annalen befindlichen Aufsätzen über die irdische Strahlenbrechung und Nachricht von der Vollendung seiner Refractions-Beobachtungen, *Gilb. Ann.*, XXIII, 380.

1807. YOUNG, Remarks on looming or horizontal refraction, *Nicholson's Journ.*, VI, 55.

1807. BIOT, Sur l'influence de l'humidité et de la chaleur dans les réfractions atmosphériques, *Mém. de l'Instit.*, VIII, 2ᵉ part., 39.

1807. DELAMBRE, Rapport sur les nouvelles recherches relatives à l'influence de l'humidité sur les réfractions astronomiques, *Gilb. Ann.*, XXVII, 449.

1808. DE HUMBOLDT, Essai sur les réfractions astronomiques dans la zone torride, correspondant à des angles plus petits que 10 degrés et considérés comme effets du décroissement du calorique, *Journ. de Phys.*, LXVI, 413, et *Gilb. Ann.*, XXXI, 337 (1809).

1808. GILBERT, Erscheinung einer Klippe in der Luft durch zurückgeworfene Strahlen. *Gilb. Ann.*, XXX. 100.

1808.   Bessel, Ueber die Wirkung der Strahlenbrechung bei Micrometer-Beobachtungen, *Mon. Corresp. von Zach*, XVII.

1810.   Biot, *Sur les réfractions extraordinaires qui s'observent près de l'horizon*, Paris, 1810, et *Mém. de l'Instit.*, X, 1.

1810.   Brandes, Darstellung seiner Untersuchungen über die irdische Strahlenbrechung und über die sogenannte Luft-Spiegelung, *Gilb. Ann.*, XXXIV, 133.

1810.   Maskelyne, Observations on atmospherical refraction as it affects astronomical observations, *Phil. Trans.* f. 1810, 190.

1812.   Benzenberg, Ueber den Einfluss der Dalton'schen Theorie auf die Lehre von der astronomischen Strahlenbrechung, *Gilb. Ann.*, XLII. 188.

1812.   Vince, On a very remarkable effect of refraction observed at Ramsgate. *Trans. of the roy. Soc. of Edinb.*, VI, 245.

1814.   Groombridge, Some further observations on atmospherical refraction. *Phil. Trans.* f. 1814, 337.

1814.   Dangos, Beobachtungen über die irdische Strahlenbrechung angestellt auf der Insel Malta, *Mém. des Sav. étrang.*, I. 463. et *Gilb. Ann.*, XLVII. 442.

1815.   Lee, On the dispersive power of the atmosphere and its effect on astronomical observations, *Phil. Trans.* f. 1815, 375.

1816.   Bessel, Schreiben an Bode über Refractionstafeln, *Bode astr. Jahrb.* f. 1816.

1818.   Erdmann, Beobachtungen über die irdische Strahlenbrechung und über die sogenannte Luft-Spiegelung in den Steppen des Seratowschen und des Astrachanschen Gouvernements, *Gilb. Ann.*, LVIII, 1.

1820.   Jurine, Note sur un phénomène de mirage latéral. *Journ. de Phys.*, XC, 217.

1821.   Scoresby, Description of some remarkable atmospheric reflections and refractions, *Trans. of the Roy. Soc. of Edinb.* IX, 299.

1822.   Ivory, On calculating astronomical refraction, *Phil. Mag.*, LIX (1822), LXIII (1824), LXV (1825), et LXVIII (1826).

1823.   Plana, Recherches analytiques sur la densité des couches de l'atmosphère et la théorie des réfractions astronomiques, *Mem. di Torino*, (1), XXVII (1823).

1823.   Ivory, On the astronomical refraction, *Phil. Trans.* f. 1823, 409.

1823.   Bessel, Ueber den Einfluss der Dichtigkeit der Luft auf den Gang der Uhren, *Astr. Nachr.*, II (1823).

1823.   Bessel, Ueber Refraction, *Astr. Nachr.*, II, 381.

1824.   Young, A finite and exact expression for the refraction of an atmosphere nearly ressembling that of the earth. *Phil. Trans.* f. 1824, 159.

1824.   Bessel, Ueber den Einfluss der Strahlenbrechung auf Micrometer-Beobachtungen, *Astron. Nachr.*, III, n° 69.

1824.   Forster, On the variation of reflective refraction and dispersive power of the atmosphere, *Phil. Mag.*, XXVI.

1825.   Bessel, Rechnungsbeispiel zu dem Aufsatze über den Einfluss der Strahlenbrechung auf Micrometer-Beobachtungen in n° 60 der Astr. Nachr., *Astr. Nachr.*, IV, n° 74.

1826.   Parry et Foster, Observations to determine the amount of atmospherical refraction at Port Bowen in the years 1824-1825, *Phil. Trans.* f. 1826, 206.

1826.   Bessel, Ueber die astronomische Strahlenbrechung, *Bode astr. Jahrb.* f. 1826, p. 216.

1827.   Foster, Correction to the reductions of Lieutenant Foster's observations on atmospherical refraction at Port Bowen, etc., *Phil. Trans.* f. 1827, 122.

1831.   Scoresby, Description of some remarkable effects of inequal refraction observed at Bridlington quay in the summer of 1826. *Trans. of the Roy. Soc. of Edinb.*, XI, 8.

1836.   Biot, Mémoire sur les réfractions astronomiques, *Comptes rendus*, III, 237 et 504.

1837.   Barfuss, Beitrag zur Theorie astronomischer Strahlenbrechung. *Astr. Nachr.*, XV, n° 343.

1838.   Biot, Remarques sur quelques points d'une discussion élevée, dans la 7ᵉ réunion de l'Association britannique pour l'avancement des sciences, sur le calcul des réfractions astronomiques, *Comptes rendus*, VI, 71.

1838.   Biot, Sur la vraie constitution physique de l'atmosphère terrestre, *Comptes rendus*, VI, 343, 390 et 479.

1838.   Fuss, Ueber eine Gleichung Biot's für die Refractionsdifferenz bei gegenseitigen Zenithdistanz - Beobachtungen, *Bull. scient. de l'Acad. de Saint-Pétersb.*, IV (1838).

1838.   Ivory, On the theory of astronomical refractions, *Phil. Trans.* f. 1838, 169, et 1839, 265.

1838.   Biot, Sur la mesure théorique et expérimentale de la réfraction astronomique, *Comptes rendus*, VII, 543 et 848.

1839.   Ritter, Recherches analytiques sur le problème des réfractions astronomiques, *Comptes rendus*, VIII, 1022.

1839.   Liouville, Rapport sur ce mémoire, *Comptes rendus*, IX, 650.

1839.   Fuss, Note sur les causes et l'effet de l'inégale réfraction dans la mesure simultanée des hauteurs terrestres, *Bull. scient. de l'Acad. de Saint-Pétersbourg*, V, 73.

1839.   Biot, Sur les réfractions astronomiques, *Additions à la Connaissance des temps pour 1839*.

1840.   Biot. Sur la mesure des réfractions terrestres. *Comptes rendus*, X, 8.

1842.   Bessel. Mémoire sur la réfraction astronomique, *Comptes rendus*, XV, 181.

1842.   Arago, Remarques à l'occasion de ce mémoire, *Comptes rendus*, XV, 235.

1850.   Robert Lefèvre, Mémoire sur le calcul des réfractions atmosphériques d'après les observations des hauteurs de la lune. *Comptes rendus*, XXXI, 555.

1853.   Welsh. An account of meteorological observations made in four balloon ascents. *Phil. Trans.* f. 1853, 311.

1854.   Biot. Sur les réfractions astronomiques, *Comptes rendus*, XXXIX, 933.

1855.   Plana. Mémoire sur la connexion entre la hauteur de l'atmosphère et la loi de décroissement de sa température, *Mem. di Torino*, (2), XV, 1.

1855.   Biot. Sur les réfractions astronomiques. *Comptes rendus*, XL, 83. 145, 386, 498 et 597.

1855.   Montigny, Essai sur des effets de réfraction et de dispersion produits par l'air atmosphérique, *Mém. de l'Acad. de Bruxelles*, XXVI (1855).

1856.   Bregmann, *Théorie de la réfraction astronomique*, Paris, 1856.

1856.   Lindhagen, *Om terrestra Refractions-theorie*, Stockholm, 1856.

1857.   Liagre, Problème des crépuscules, *Mém. de l'Acad. de Brux.*, XXX (1857).

1860.   Kummer. Ueber atmosphärische Strahlenbrechung. *Monatsberichte der königl. preuss. Akad. der Wissenschaft. zu Berlin*, 1860, 405, et *Ann. de chim. et de phys.*, (3), LXI, 496.

1861.   Babinet. Note sur la réfraction terrestre, *Comptes rendus*, LIII, 394 et 417.

1861.   Babinet, Note sur la réfraction astronomique, *Comptes rendus*, LIII, 529.

COLORATION ET VISIBILITÉ DE L'ATMOSPHÈRE. — POLARISATION ATMOSPHÉRIQUE.

1792.   Saussure, Description d'un cyanomètre, *Ann. de chim.* (1), X, 152.

1817.   Arago, Remarques critiques sur le colorigrade de M. Biot, etc., *Ann. de chim. et de phys.*, (2), IV, 95.

1817.   Arago, Nouveau cyanomètre fondé sur les propriétés de la lumière polarisée, *Ann. de chim. et de phys.*, (2), IV, 99.

1823.   Delezenne. Note sur la polarisation de la lumière réfléchie par l'air serein. *Mém. de la Soc. des sciences de Lille*, (1), III, 34.

1834.   Delezenne, Polarisation de la lumière lunaire réfléchie par l'air serein, *Mém. de la Soc. des sciences de Lille*, (1). XI, 319.

1839.   Forbes. Phénomène optique de la vapeur d'eau. *Comptes rendus*,
         VIII. 175.

1840.   Babinet, Nouveau point neutre dans l'atmosphère, *Comptes rendus*,
         XI. 618.

1840.   Forbes. On the colours of steam under certain circumstances (Re-
         searches on heat, ser. III). *Trans. of the roy. Soc. of Edinb.*, XIV.
         371.

1840.   Forbes, The colours of the atmosphere (Researches on heat. ser. III).
         Trans. of the roy. Soc. of Edinb., XIV, 375.

1842.   Forbes. On the transparency of the atmosphere and the law of ex-
         tinction of the solar rays in passing through it. *Phil. Trans.*
         f. 1842, 225.

1842.   Babinet, Observations sur la variation de hauteur des deux points
         neutres de l'atmosphère pendant l'éclipse de soleil du 8 juillet
         1842, *Comptes rendus*, XV, 43.

1845.   Babinet, Sur la polarisation de la lumière atmosphérique. *Comptes
         rendus*, XX, 801.

1845.   Brewster, Sur la polarisation de la lumière atmosphérique. *Comptes
         rendus*, XX, 803.

1845.   Arago, Remarques à l'occasion d'un opuscule de M. Peltier sur la
         cyanométrie et la polarisation atmosphérique, *Comptes rendus*,
         XXI, 332.

1846.   Babinet, Note sur l'observation du point neutre de M. Brewster faite
         le 23 juillet 1846. *Comptes rendus*, XXIII, 195 et 233.

1849.   Soleil. Note sur l'horloge polaire de M. Wheatstone. *Comptes ren-
         dus*, XXVIII, 513.

1849.   Arago, Remarques à l'occasion de cette communication. *Comptes
         rendus*, XXVIII, 605.

1849.   Clausius, Ueber die Natur derjenigen Bestandtheile der Erdatmos-
         phäre durch welche die Lichtreflexion in derselben bewirkt wird.
         Pogg. Ann., LXXVI, 161.

1849.   Clausius. Ueber die blaue Farbe des Himmels und die Morgen- und
         Abendröthe, *Pogg. Ann.*, LXXVI, 188.

1850.   Brewster, Observations sur les points neutres de l'atmosphère dé-
         couverts par M. Arago et par M. Babinet, *Comptes rendus*, XXX,
         533.

1850.   Clausius, Die Lichterscheinungen der Atmosphäre, *Grünert's Beitr.
         zur meteorol. Optik*, 4e partie.

1851.   Clausius, Bemerkungen über die Erklärung der Morgen- und Abend-
         röthe. *Pogg. Ann.*, LXXXIV, 449.

1853.   Clausius. Ueber das Vorhandensein von Dampfbläschen in der At-
         mosphäre und ihren Einfluss auf die Lichtreflexion und die Farben
         derselben. *Pogg. Ann.*, LXXXVIII, 543.

1867.   Lommel. Theorie der Abendröthe und verwandten Erscheinungen, *Pogg. Ann.*, CXXXI. 105, et *Ann. de chim. et de phys.*, (4), XIII. 463.

ARC-EN-CIEL.

1307.   Theodorich, *De radialibus impressionibus*. — Explication de l'arc-en-ciel reproduite dans Venturi. *Commentarii sopra la storia dell' ottica*, Bologna, 1814.

1611.   De Dominis, *De radiis risus et lucis in perspectivis et iride tractatus*, Venet., 1611.

1637.   Descartes, *Discours de la méthode pour bien conduire sa raison et chercher la vérité dans les sciences, plus la dioptrique, les météores et la géométrie*, Leyde, 1637.

1666.   Mariotte, Observations sur les couleurs de l'arc-en-ciel. *Mém. de l'Acad. des sciences*, I, 189.

1677.   Bartholin, Observation sur la vraie cause de l'arc-en-ciel. *Coll. Acad.*, VI. 433.

1698.   Halley. Account of an extraordinary iris or rainbow seen at Chester. *Phil. Trans.* f. 1698, 193.

1699.   Sturm, *Admiranda iridis*, Norinberg. 1699.

1700.   Halley. To determine the colours and diameter of the rainbow from the given ratio of refraction, and the contrary, *Phil. Trans.* f. 1700, 714.

1704.   Newton, *Optics*, London. 1708.

1723.   Langwith, Concerning the appearances of several arches of colours contiguous to the inner edge of the common rainbow, observed at Pitworth in Sussex. *Phil. Trans.* f. 1723, 241.

1723.   Pamberton. On the above mentioned appearance in the rainbow, with some others reflections on the same subject. *Phil. Trans.* f. 1723, 245.

1760.   Boscovich, Lettre de M. de Mairan sur l'arc-en-ciel. *Mém. des Sav. étr.*, III, 321.

1804.   Young. Experiments and calculations relative to physical optics (Application to the supernumerary rainbows), *Phil. Trans.* f. 1804, 8.

1807.   Cordier. Observation d'un arc-en-ciel lunaire. *Journ. de Phys.*, LXV. 308.

1814.   Venturi, *Commentaria sopra la storia dell' ottica*. Bologna. 1814 (Théorie de l'arc-en-ciel, I, 149).

1816.   Brandes. Venturi's Theoria des farbigen Bogens, welcher sich oft an der innern Seite des Regenbogens zeigt: dargestellt mit einigen Anmerkungen, *Gilb. Ann.*, LII. 385 et 405.

1819. Brandes, Einige Bemerkungen zur Theorie des Regenbogens, *Gilb. Ann.*, LXII, 113.

1819. Brandes, Nachricht von zwei sich durchscheinenden Regenbogen, beobachtet in dem Jahre 1799 von dem Prof. Playfair in Edinburgh, *Gilb. Ann.*, LXII, 124.

1836. Potter, Mathematical calculations on the problem of the rainbow, *Trans. of the Soc. of Cambr.*, VI, 141.

1836. Airy, Intensity of light in the neighbourhood of a caustic, *Trans. of the Soc. of Cambr.*, VI, 379.

1836. Arago, Instruction pour le voyage de *la Bonite, Annuaire pour 1836*, 252.

1836. Wartmann, Arc-en-ciel par un temps serein, *Bull. de l'Acad. de Bruxelles*, III (2ᵉ p.), 68.

1837. Babinet, Mémoires d'optique météorologique, *Comptes rendus*, IV, 638.

1840. Quet, Sur les arcs-en-ciel supplémentaires, *Comptes rendus*, XI, 245.

1840. Quet, Sur un cas remarquable d'arcs-en-ciel secondaires, *Comptes rendus*, XI, 618.

1840. Forester, Sur un arc-en-ciel lunaire, *Comptes rendus*, XI, 712.

1841. De Tessan, Sur un deuxième arc-en-ciel engendré par la lumière d'un nuage, *Comptes rendus*, XII, 916.

1842. Miller, On spurious rainbows, *Trans. of the Soc. of Cambr.*, VII, 277, et *L'Inst.*, IX, 388.

1844. Galle, Messungen des Regenbogens, *Pogg. Ann.*, LXIII, 342.

1845. Zantedeschi, Distribution insolite des couleurs dans un arc-en-ciel observé à Vienne (Autriche) le 21 juillet 1845, *Comptes rendus*, XXI, 324.

1845. Bravais, Sur l'arc-en-ciel blanc, *Comptes rendus*, XXI, 756, *Ann. de chim. et de phys.*, (3), XXI, 348, et *Journ. de l'Éc. polytechn.*, XVIII, 97.

1846. Wartmann, Arc-en-ciel très-extraordinaire observé le 25 avril 1846 pendant l'éclipse partielle de soleil, *Bull. de l'Acad. de Bruxelles*, XXII (2ᵉ p.), 105.

1847. Renou, Arc-en-ciel vu sur le sol, *Comptes rendus*, XXIV, 980.

1848. Bravais, Notice sur l'arc-en-ciel, *Annuaire météorologique pour 1848*, 311.

1848. Brockling, On supernumerary rainbows, *Sillim. Journ.*, (2), IV, 429.

1849. Faye, Arc-en-ciel blanc produit pendant la nuit sur le brouillard par une lampe à gaz, *Comptes rendus*, XXVIII, 264.

1849. Grünert, Theorie des Regenbogens, *Beiträge zur meteorologischen Optik*, I, 1.

1850. Cabro, Sur un arc-en-ciel lunaire non coloré observé à Meaux le
23 septembre 1850, *Comptes rendus*, XXXI, 497.

1850. Raillard, Sur les arcs surnuméraires de l'arc-en-ciel coloré et sur
l'arc-en-ciel blanc, *Comptes rendus*, XXXI, 809.

1854. Potter, On the interference of light near a caustic and the phænomena of the rainbow, *Phil. Mag.*, (4), IX, 321.

1857. Raillard, Explication nouvelle et complète de l'arc-en-ciel, *Comptes
rendus*, XLIV, 1142, et *Cosmos*, X, 605.

1863. Billet, Mémoire sur les dix-sept premiers arcs-en-ciel de l'eau.
Comptes rendus, LVI, 999.

1864. Babinet, Rapport sur un mémoire de M. Billet relatif aux arcs-en-ciel
de l'eau, *Comptes rendus*, LVIII, 1046.

1865. Raillard, Mémoire sur la théorie de l'arc-en-ciel, *Comptes rendus*,
LX, 1287.

1868. Billet, Mémoire sur les dix-neuf premiers arcs-en-ciel de l'eau. *Ann.
scient. de l'Éc. norm. sup.*, V, 67.

COURONNES, HALOS, CERCLES PARHÉLIQUES, PARHÉLIES, PARANTHÉLIES,
ANTHÉLIES, ETC.

1629. Scheiner, Observation d'un halo, le 20 mars 1629, à Rome. (Descartes, *Météores*, 407, édition de 1688, et *Gassendi opera*, Lugd..
1658, II, 104.)

1630. Gassendi, *Parhelia, sive soles quatuor spurii qui circa verum apparue-
runt*, Parisiis, 1630.

1661. Hevelius, *Mercurius in sole visus*, 1661, 172.

1666. Lebossu, Observation d'un halo le 9 avril 1666, *Journal des Savants*,
1666, 228.

1667. Sandwich, Halos about the moon, *Phil. Trans.* f. 1667, 390.

1667. Huyghens, *Relation d'une observation faite dans la bibliothèque du roi
à Paris, le 12 mai 1664, d'un halo ou couronne à l'entour du
soleil, avec un discours sur la cause de ces météores et celle des
parhélies*, Paris, 1667.

1669. Brown, Extract of a letter written from Vienna concerning two parhelia or mock suns lately seen in Hungary, *Phil. Trans.* f. 1669,
953.

1670. Huyghens, An account of a halo seen in Paris : also on the cause of
these meteors and of parhelias or mock suns, *Phil. Trans.* f. 1670,
1065.

1671. Cassini, Observation de deux parhélies, *Hist. de l'Acad. des sciences*,
I, 150.

1673. Salomon Braun, Observations sur un arc-en-ciel lunaire, *Coll. Acad.*,
VI, 265.

1674.   Hevelius, Observations sur un phénomène du soleil avant son cou-
         cher. *Coll. Acad.*, VI, 104.

1675.   Wagner. *Kurzer Bericht von der Erscheinungen der Pareliorum oder
         Nebensonnen*, Zurich, 1675.

1675.   Lanus, Optical assertions concerning the rainbow, *Phil. Trans.*
         f. 1675, 386.

1676.   Schults. Halo autour du soleil, *Coll. Acad.*, VI, 270.

1682.   Hevelius. Parhélie observé à Dantzick. *Coll. Acad.*, VI, 441.

1683.   Cassini. Histoire de quelques parhélies vues en divers endroits. *Mém.
         de l'Acad. des sciences*, X, 646.

1683.   Cassini et Grillon, Histoire de quelques parhélies vus à Paris et à
         Provins aux mois d'avril et de mai 1683. *Mém. de l'Acad. des
         sciences*, X, 454.

1684.   Menzelius, Sur plusieurs iris blanches. *Coll. Acad.*, VI, 285.

1684.   Menzelius, Sur une iris solaire jaune suivie d'une iris lunaire blanche.
         Coll. Acad., VI. 286.

1684.   Kirchmaier. De iride lunari, *Ephemer. naturæ curios.*, 1684, 44.

1684.   Menzelius. Observations sur un arc-en-ciel rouge. *Coll. Acad.*, VI,
         286.

1686.   Moeren. Observation d'un arc-en-ciel et d'une couronne. *Coll. Acad.*,
         VI, 299.

1686.   Menzelius. Observations sur un halo, *Coll. Acad.*, VI, 301.

1686.   De Chazelles. Observation de faux soleils, *Mém. de l'Acad. des
         sciences*, X, 235.

1690.   Sturm. De helio et seleno-cometis Altorfi observatis, *Acta erudit.*,
         1690, 65.

1690.   Gray, On some parhelia seen at Canterbury, *Phil. Trans.* f. 1690. 126.

1692.   Cassini, Observation de la figure de la neige, *Mém. de l'Acad. des
         sciences*, X. 37.

1692.   De la Hire, Observation d'un parhélie vu à l'Observatoire royal le
         19 mars 1692, *Mém. de l'Acad. des sciences*, X, 59.

1692.   Cassini, Observation d'un nouveau phénomène faite à l'Observatoire
         royal, *Mém. de l'Acad. des sciences*, X, 90.

1693.   Cassini, Description de l'apparence de trois soleils vus en même
         temps sur l'horizon, *Mém. de l'Acad. des sciences*, X, 234.

1693.   Cassini, Observation de deux parasélènes et d'un arc-en-ciel dans le
         crépuscule, *Mém. de l'Acad. des sciences*, X, 400.

1693.   Cassini, Observations sur des parhélies vus en janvier 1693. *Hist.
         de l'Acad. des sciences*, II, 167.

1694.   De Vallemont, Observation d'un arc-en-ciel lunaire. *Coll. Acad.*,
         VI. 253.

1696.   Zahn. *Specula physico-mathematico-historica notabilium ac mirabilium*,
         I. 410. Norinberg, 1696.

1698.   De la Hire, Observations de deux parhélies vus en avril 1698. *Mém. de l'Acad. des sciences*, II, 208.

1699.   De Chazelles et Feuillée. Observations sur des parhélies observés à Marseille le 13 mai 1699. *Mém. de l'Acad. des sciences*, 1699, 82.

1700.   Gray. An unusual parhelia and halo, *Phil. Trans.* f. 1700, 535.

1702.   E. Halley. Account of several unusual parhelion, or mock suns, and several circular arches, seen in the air, *Phil. Trans.* f. 1702, 1127.

1703.   Huyghens. Dissertatio de coronis et parheliis. *Opuscula postuma*, Lugd. Batav., 1703.

1704.   Newton, *Optics*, London, 1704; *Sur les couronnes*, livre II, part. IV.

1705.   F. Martens, *Relation des voyages au Nord*, II, 57, Londres, 1705.

1707.   Derham, A pyramidal appearance in the heavens, observed near Upminster in Essex. *Phil. Trans.* f. 1707, 2411.

1711.   Thoresby, An account of a lunar rainbow seen in Derbyshire. *Phil. Trans.* f. 1711, 320.

1714.   Schmieder, Observatio de duplici phænomeno lunari nuper die 14 maji observato. *Acta erud.*, 1714, 427.

1716.   Halley, On the late surprizing appearance of the lights seen in the air, with an attempt to explain the phænomena. *Phil. Trans.* f. 1716, 1127.

1721.   Halley, Observation of a parhelion oct. 26, 1721, *Phil. Trans.* f. 1721, 211.

1721.   Maraldi, Observations de deux météores, *Mém. de l'Acad. des sciences*, 1721, 331.

1721.   Whiston, An account of two mock suns, and an arch of a rainbow inverted with a halo, and its brightest arc, seen at London in Rutland, *Phil. Trans.* f. 1721, 212.

1722.   De Malézieu, Observation de parhélies. *Hist. de l'Acad. des sciences*, 1722, 13.

1722.   Dobbs, An account of a parhelion seen in Ireland. *Phil. Trans.* f. 1722, 89.

1726.   Verdries, Parelii duo cum parte halonis iridem universam repræsentantis Gissæ observati, *Acta erud.*, 1726, 223.

1727.   Whiston, Four mock suns or parhelia seen at Kensington. March 1. 1726, *Phil. Trans.* f. 1727, 257.

1728.   Smith, *A complete system of opticks*, Cambridge, 1728, II, 574.

1731.   De Revillas, Observation d'un halo lunaire, le 15 avril 1731. *Commercium litterario-physicum*, 1, 308.

1732.   Muschenbroek, Ephemerides meteorologicæ, barometricæ, thermometricæ, epidemicæ, magneticæ, Ultrajectinæ. *Phil. Trans.* f. 1732, 357; *Observations de halos*, 370.

1734. Frish, Iris circa solem observata (11 apr. 1729), *Miscellanea Bero-linensia*, IV, 64.

1735. De Rivellas, A halo observed at Rome, aug. 11, 1732, *Phil. Trans.* f. 1735, 118.

1735. Dufay. Observations sur les parhélies, *Mém. de l'Acad. des sciences*, 1735, 87.

1735. Muschenbroek, Observations de halos, *Mém de l'Acad. des sciences*, 1735, 88.

1735. Grandjean de Fouchy, Observation d'un parasélène, *Mém. de l'Acad. des sciences*, 1735, 585.

1737. Neve, Observations of two parhelia or mocksuns, seen dec. 30, 1735, *Phil. Trans.* f. 1737, 52.

1737. Weidler, An observation of two parhelia or mock suns, seen at Wittemberg, on dec. 31, 1735, jan. 11, 1736, *Phil. Trans.* f. 1737, 54.

1737. Folkes, An observation of three mock suns, seen in London sept. 17, 1736, *Phil. Trans.* f. 1737, 59.

1739. Weidler, Observatio anthelii Vitembergæ spectati, *Phil. Trans.* f. 1739, 221.

1740. Mariotte, Traité des couleurs, *OEuvres*, II, 272, La Haye, 1740.

1741. Middleton et Wales, An examination of sea-water frozen and melted again, etc., *Phil. Trans.* f. 1740, 201.

1742. Miles et Tennison, A representation of the parhelia seen in Kent. Dec. 19, 1741, *Phil. Trans.* f. 1742, 46.

1742. Gostling. Letter concerning the mock suns seen dec. 19, 1741, *Phil. Trans.* f. 1742, 61.

1743. De la Croix, Observations sur un parhéli observé à Reims, *Hist. de l'Acad. des sc.*, 1743, 33.

1743. Celsius, Observations sur un arc-en-ciel extraordinaire vu en Dalécarlie, *Mém. de l'Acad. des sc.*, 1743, 35.

1747. Berthier, Observations sur un arc-en-ciel d'une espèce singulière vu sur les bords de la Loire, *Mém. de l'Acad. des sciences*, 1747, 52.

1748. Grishow, Observation of an extraordinary luna's circle and of two paraselenes made at Paris 20 oct. 1747, *Phil. Trans.* f. 1748, 524.

1749. Ellis, *Voyage à la baie d'Hudson en 1746 et 1747*, Paris, 1749.

1749. Bouguer, Sur les couronnes, etc., *Figure de la terre*, Paris, 1749, p. XLIII.

1753. Muschenbroek, Observations sur un parhélie du soleil vu à Leyde, *Mém. de l'Acad. des sc.*, 1753, 75.

1754. Boscowich, Observations sur un très-beau halo vu auprès du soleil, *Mém. de l'Acad. des sc.*, 1754, 32.

1755. Nollet. Observations sur un parhélie du soleil, *Mém. de l'Acad. des sciences*, 1755, 37.

1756-57. Braun, Observationes meteorologicæ in diversis Siberiæ locis ab anno 1734 ad annum 1741 factæ, *Novi Comm. Acad. Petr.*, VI, 425; *Observations de halos*, 436, 438, etc.

1757. Le Gentil, Observation de deux arcs-en-ciel singuliers vus à Paris. le 27 juin et le 18 novembre 1756, *Mém. de l'Acad. des sc.*, 1757, 39.

1757. Edwards, Of an evening or rather nocturnal solar iris, *Phil. Trans.* f. 1757, 293.

1760. Wilcke, Rön och tankar om Snöfigurens skiljaktighet, *Schwed. Vetensk. Akad. Handl.*, XXIII, 1 et 89.

1760-61. Æpinus, Halonum extraordinariarum Petropoli visarum descriptio. *Novi Comm. Acad. Petrop.*, VIII, 392.

1761. Barker, An account of a remarkable halo, *Phil. Trans.* f. 1761, 3.

1762. Muschenbroek, *Introductio ad philosophiam naturalem*, II, n° 2402. (Posth.)

1763. Mallet, Om Solringar och wädersolar, etc., *Schwed. Vetensk. Acad. Handl.*, XXV, 44.

1763. Beckerstedt, Observation du halo de 46 degrés, *Schwed. Vetensk. Acad. Handl.*, XXV, 47.

1764. Braun. Observationes meteorologicæ anni 1760 factæ Petroburgi. *Novi Comm. Acad. Petr.*, X, 369. (Observations de halos.)

1765. Braun, Observationes meteorologicæ anni 1742, Tiumeni, Turinii. Werchoturiæ et Solikamii in itinere potissimum a Gmelino institutæ, *Novi Comm. Acad. Petr.*, XI, 320. (Observations de halos.)

1770. Wales, Journal of a voyage made to Churchill River, on the North-west coast of Hudson's Bay, etc., in the years 1768 and 1769. *Observations de parhélies*, 130.

1770. Du Séjour, Observations sur un arc-en-ciel causé par la lune, différent de l'arc-en-ciel produit par le soleil, *Mém. de l'Acad. des sc.*, 1770, 22.

1772. Priestley, *History and present state of discoveries relating to vision, light and colours*, London, 1772.

1778. De Saint-Amans, Lettre sur un iris singulier, *Journ. de phys.*, XI, 377.

1786. Hamilton, An account of parhelia seen at Cockstown, *Trans. Irish Acad.* f. 1786, 124.

1787. Baxter, Description of a set of halos and parhelia, seen in the year 1771 in North America, *Phil. Trans.* f. 1787, 44.

1787. Brandes, Article *Hof* dans *Gehler's Physikalischer Wörterbuch*, Leipzig, 1787-1795.

1789. Rozier, Sur les arcs-en-ciel lunaires, *Journ. de phys.*, XXXIV, 60.

824 BIBLIOGRAPHIE.

1790. Hey. An account of some luminous arches, *Phil. Trans.* f. 1790, 32.
1790. Wollaston, Extract of a letter from the Rev. F.-J.-H. Wollaston to the Rev. Fr. Wollaston containing the observation of a luminous arch, *Phil. Trans.* f. 1790, 43.
1790. Hutchinson, Of a luminous arch, *Phil. Trans.* f. 1790, 45.
1790. Franklin. On a luminous arch, *Phil. Trans.* f. 1790, 46.
1790. Pigott. Of some luminous arches, *Phil. Trans.* f. 1790, 47.
1794. Lowitz. Description d'un météore remarquable observé à Saint-Pétersbourg, *Nova Acta Acad. Petrop.*, VIII, 384.
1798. Léonard de Vinci, Essais sur l'histoire naturelle et la chimie, *Ann. de chim.*, (1), XXIV, 150.
1798. Flaugergues, Halo vu à Viviers, *Mém. de l'Inst.*, I, 107.
1798. Aveline. Halo vu à Caumont, le 19 août 1798, *Décade philosoph.*, an VI. 4° trim., 500.
1799. Jordan, *An account of the irides and coronæ which appear arround and contiguous to the Bodies of the sun, moon and other luminous objects*, London, 1799.
1800. Hall. Ein merkwürdiger Hof um den Mond, *Gilb. Ann.*, III, 357.
1801. Wilse. Eine seltene Lufterscheinung, *Gilb. Ann.*, III, 360.
1802. Brandes, Ueber Nebensonnen und Ringe um Sonne und Mond, *Gilb. Ann.*, XI, 414.
1802. Seyffer. Ein Mondregenbogen, *Gilb. Ann.*, XI, 480.
1802. Young. *A course of lectures on natural philosophy and the mechanical arts*, London, 1802.
1803. Englefield. An account of two halos, with parhelia, *Nicholson's Journ.*, VI, 54.
1804. Young, Experiments and calculations relative to physical optics, *Phil. Trans.* f. 1804, 1.
1805. Jordan. Erklärung der Höfe, oder der farbigen Kreise welche dicht um die Sonne, den Mond und andere leuchtende Gegenstände erscheinen, *Gilb. Ann.*, XVIII, 27.
1805. Hällström. Von den Lichtbogen an heiterm Himmel, *Gilb. Ann.*, XVIII. 74.
1805. Wrede, Beobachtung zweier merkwürdigen optischen Erscheinungen in den Dünsten der Atmosphäre, *Gilb. Ann.*, XVIII, 80.
1805. Copeland. Ein Paar ältere Beobachtungen von Nebensonnen, *Gilb. Ann.*, XVIII, 99.
1805. Colbius. Eine der vollständigsten Erscheinungen von Nebenmonden, *Gilb. Ann.*, XVIII, 103.
1805. Brandes, Kritische Bemerkungen über Höfe, Ringe, Nebensonnen, Fata Morgana, etc., *Gilb. Ann.*, XIX, 363.
1806. Muncke. Eine Erscheinung beim Erhitzen durch Dämpfe, und ein

farbiger Bogen in innern Regenbogen. *Gilb. Ann.*, XXIII. 465.

1808. GILBERT. Ein farbiger Nebelbogen. *Gilb. Ann.*, XXX, 102.

1809. VIETH. Eine Nebensonne beobachtet am 4 Februar 1809. *Gilb. Ann.*, XXXI. 103.

1810. MUNCKE, Ein Hof um den Mond. *Gilb. Ann.*, XLII. 403.

1814. GILBERT, Bemerkungen über Le Gentil's Beobachtungen an der auf- und untergehenden Sonne, und über Vince's Beobachtungen dreyer Bilder. *Gilb. Ann.*, XLVII. 406.

1814. VENTURI. *Commentarii sopra la storia e la teoria dell' ottica*, Bologna. 1814.

1815. WEBER. Nebensonnen beobachtet in Dillingen. *Gilb. Ann.*, L, 217.

1819. BRANDES, Ueber die Nebensonnen : Fragen an Physiker in Schweden. *Gilb. Ann.*, LXII. 128.

1820. SCORESBY, *Account of the artic regions*, London. 1820, I, 463.

1821. PARRY, *Journal of a voyage for the discovery of a North-West passage*, 1819, may-nov. 1820. London, 1821, p. 164.

1822. CLARK. Upon the regular crystallisation of water and upon the form of its primary crystals. *Trans. of the Soc. of Cambr.*, I, 213.

1823. BREWSTER, Methode of forming three haloes artificially round the sun; Theory of haloes. parhelia. *Edinb. Phil. Journ.*, VIII, 394.

1823. MERIAN. Höfe um den Mond, und während einer Mondfinsterniss beobachtete Nebenmonde d. 29 März 1820. *Gilb. Ann.*, LXXV. 108.

1824. VON HOF. Observation d'arcs tangents, le 12 mai 1824. *Mon. Corresp. von Zach*, X. 533.

1825. FRAUENHOFER. Ueber die Höfe, Nebensonnen und verwandte Phaenomene. *Schum. Astron. Abhandl.*, 3ᵉ partie. 33 (1825), et *Bibl. univ. de Genève*, XXXII. 28 et 107.

1826. PIERCE. Explanation of a diagram of luminous circles about the sun seen at Milbury, Mass., august 4. 1825. *Sillim. Journ.*, (1), X. 369.

1826. MERIWETHER, History and description of some remarkable atmospheric appearances as they were observed on the 19ᵗʰ of august 1825. *Sillim. Journ.*, (1), XI. 325.

1826. MEIGS, Observation of an uncommon halo. *Sillim. Journ.*, (1). XI, 333.

1826. SCHULT. Om Bisole med farvede Ringe. *Nyt Magaz. f. Naturvid.*, VII, 154.

1826. LEA. On the North-West passage. *Sillim. Journ.*, (1), X, 368.

1826. HANSTEEN, Observation du halo de 46 degrés. *Nyt Magaz. f. Naturvid.*, VII, 156.

1826. SEGELKE, Observation du halo de 46 degrés. *Nyt Magaz. f. Naturvid.*, VII, 157.

1826. Ramm, Observation du halo de 46 degrés, *Nyt Magaz. f. Natur-vid.*, VII, 170.

1826. Parry, *Journal of a third voyage for the discovery of a North-West passage*, 1824, may-oct. 1825, London, 1826, 67.

1826-27. Scoresby, A description of some appearances of remarkable rainbows, *Edinb. New. Phil. Journ.*, II, 235.

1827. Haidinger, On the regular composition of crystals, *Edinb. Journ. of sc.*, VI, 278.

1827. Burney, Observations de halos, parhélies, etc., *Phil. Mag.*, (2), II, 79 (1827); VIII, 154 (1830); X, 159 (1831).

1828. Parry, Narrative of an attempt to reach the North pole in boats fitted for the purpose, etc. in the year 1827, London, 1828, 97.

1828. Meyer, Lichtphänomene an Sonne und Mond, *Kastner's Archiv.*, XIII, 241.

1828. Erman, Reise um die Erde, *Hist. Bericht*, I, 544.

1829. Stokes, On some optical phænomena, *Phil. Mag.*, (2), VI, 416.

1829. Moser, Ueber einige optische Phænomene und Erklärung der Höfe und Ringe um leuchtende Körper, *Pogg. Ann.*, XVI, 67.

1830. Strelke, Hoene et Liévin, Nebensonnen in Danzig, *Pogg. Ann.*, XVIII, 618.

1831. Kæmtz, *Lehrbuch der Meteorologie*, III, 118, Halle, 1831-1836. (Sur les couronnes.)

1831. Jackson, On the congelation of the Neva, *Journal of the Roy. geogr. Soc.*, I et V, 19.

1831. White, Parhelia, etc., lately seen at Bedford, *Phil. Mag.*, (2), IX, 232.

1832. Dove, Versuche über Gitterfarben in Beziehung auf kleinere Höfe, *Pogg. Ann.*, XXVI, 311.

1832. Necker, Observations on some remarkable optical Phænomena seen in Schwitzerland; and on an optical Phænomena which occurs on viewing a figure of a crystal or geometrical solid, *Phil. Mag.*, (3), I, 329.

1834. Brewster, Account of a rhombohedral Crystallisation of ice, *Phil. Mag.*, (3), IV, 245.

1835. Delezenne, Sur les couronnes, *Mém. de la Soc. des sciences de Lille*, (1), XII.

1835. Virlet, Note sur un halo et un arc-en-ciel lunaire, *Comptes rendus*, I, 292.

1837. Peytier, Diamètre des halos, *Comptes rendus*, IV, 26.

1837. Babinet, Mémoires d'optique météorologique, *Comptes rendus*, IV, 638.

1837. Babinet, Sur le phénomène des couronnes solaires et lunaires, *Comptes rendus*, IV, 758.

1838. Arago, Parhélies du 13 mars 1838, *Comptes rendus*, VI, 373 et 501.

1838. Delezenne, Sur les couronnes, *Mém. de la Soc. des sciences de Lille*, (1), XIV.

1838. Delezenne, Note sur le phénomène d'optique météorologique du 13 mars 1838, *Mém. de la Soc. des sciences de Lille*, (1), XIV, 5.

1839. Quetelet, Halos et parhélies, *Bull. de l'Acad. de Bruxelles*, VI, 1re partie, 491 et 498.

1839. Lambert, Sechs Nebensonnen und vier Lichtringe beobachtet zu Wetzlar am 24 jan. 1838, *Pogg. Ann.*, XLVI, 660, et *L'Instit.*, VIII, 72.

1839. Delezenne, Halo lunaire observé le 4 octobre 1838, *Mém. de la Soc. des sciences de Lille*, (1), XV, 66.

1840. Galle, Ueber Höfe und Nebensonnen, *Pogg. Ann.*, XLIX, 1, 241 et 632.

1841. Quetelet, Observation d'un halo le 18 décembre 1840, *L'Instit.*, IX, 108.

1841. Colla, Observation d'un halo le 15 mai 1841, *L'Instit.*, IX, 349.

1842. Heiden, Mond und Sonnenringe, beobachtet zu Lemberg, *Pogg. Ann.*, LVI, 633.

1843. Galle, Ueber die in Bd. LVI, S. 633, d. *Pogg. Ann.* beschriebenen auf den Mond bezüglichen Kreise und Bogen, *Pogg. Ann.*, LVIII, 111.

1843. Langberg, Atmosphärisch-optische Erscheinung, *Pogg. Ann.*, LX, 154.

1844. G.-F. Schumacher, *Die Kristallisation des Eises*, Leipzig, 1844.

1844. Lowe, On paraselenæ seen at high fieldhouse, Lenton, Nottinghamshire, *Phil. Mag.*, (3), XXV, 390.

1844. De Tessan, *Voyage de la Vénus* (partie physique), V, 318.

1845. Chetwode, Observation d'un halo le 21 mai 1845, *Proceed. of the Irish Acad.*, III, 103.

1845. Bravais, Sur les parhélies qui sont situés à la même hauteur que le soleil, *Comptes rendus*, XXI, 754.

1846. Quetelet, Observation de halos, *Bull. de l'Acad. de Bruxelles*, XIII, 1re partie, 318.

1846. Wartmann, Sur deux météores extraordinaires, *Arch. des sc. phys.*, II, 164.

1846. Bravais, Observation d'un halo elliptique complet, le 22 avril 1846, *Comptes rendus*, XXII, 740.

1847. Galle, Beobachtung der weissen Nebensonnen auf den durch die Sonne gehenden Horizontalkreisen, *Pogg. Ann.*, LXXII, 347.

1847. Bravais, Sur les phénomènes optiques auxquels donnent lieu les nuages à particules glacées. *Comptes rendus*, XXIV, 962.

1847.   Bravais, Sur les halos et les phénomènes optiques qui les accompagnent, *Journ. de l'Éc. polytech.*, XVIII, 1.

1847.   Dove, Beschreibung eines Stephanoskop, *Pogg. Ann.*, LXXI, 115.

1848.   Martins, Voyages, en Scandinavie et au Spitzberg, de la corvette la Recherche, Paris, 1848, *Géogr. Phys.*, I, 155.

1849.   Bravais, Description d'un halo lunaire accompagné de parasélènes et d'un arc circumzénithal, *Comptes rendus*, XXVIII, 605.

1850.   Wallmark, Ueber die Ursache der farbigen Lichtringe die man bei gewissen Krankheiten des Auges um die Flammen erblickt. *Pogg. Ann.*, LXXXII, 139.

1850.   Renou, Sur quelques halos vus à Vendôme en février, mars et avril 1850. *Comptes rendus*, XXX, 529.

1851-53.   Beer, Ueber den Hof um Kerzenflammen, *Pogg. Ann.*, LXXXIV, 518, et LXXXVIII, 595.

1852.   Bernatz, *Scenes in Ethiopia drawn and described*, London, 1852.

1852.   Verdet, Sur l'explication du phénomène des couronnes, *Ann. de chim. et de phys.*, (3), XXXIV, 129.

1853.   Navez. Halo avec parhélie remarqué le 3 mai 1853, *Bull. de l'Acad. de Bruxelles*, XX, 2ᵉ partie, 3.

1855.   Meyer, Ueber den die Flamme eines Lichts umgebenden Hof. *Pogg. Ann.*, XCVI, 235.

1856.   Colle, Halos lunaires, *Bull. de l'Acad. de Bruxelles*, 1ʳᵉ partie. 306 et 308.

1859.   Osann, Ueber die farbigen Ringe welche entstehen wenn eine mit Lykopodium bestreute Glastafel gegen eine Lichtflamme gehalten wird, *Verhandl. der Würzb. Gesellsch.*, IX, 161.

III.

INSTRUMENTS D'OPTIQUE.

474. Définitions. — Nous définirons les instruments d'optique des combinaisons de surfaces réfléchissantes et de surfaces réfringentes, dont le but est de substituer à l'objet lumineux une image réelle ou virtuelle plus avantageuse à considérer. Tantôt, comme dans la chambre claire, on se propose de donner à l'image une situation commode pour la dessiner, tantôt, comme dans la lanterne magique et la chambre obscure, on cherche à amplifier ou à réduire l'image ; enfin, dans les instruments d'optique les plus importants, comme les lunettes et les télescopes, l'image est virtuelle et toujours amplifiée.

Cette définition exclut de la catégorie des instruments d'optique les appareils tels que le kaléidoscope et le phénakisticope, fondés sur la réflexion seule et sur les propriétés de la rétine ; l'héliostat et le porte-lumière, qui ne sont encore que des surfaces réfléchissantes ; le collimateur, les goniomètres, qui, tout en ayant un emploi fréquent en optique, ne sont pas compris dans les instruments d'optique proprement dits.

On peut distinguer, dans les instruments d'optique, deux systèmes :

1° Le système objectif, qui donne une image réelle de l'objet ; cette image est contemplée par l'œil ou reçue sur un écran et sert, par exemple, à produire des impressions photographiques ;

2° Le système oculaire, donnant de l'objet une image virtuelle qu'il est plus avantageux à l'œil de contempler que l'objet même ; il peut d'ailleurs être dirigé sur l'objet ou sur une image réelle, c'est-à-dire avoir un objectif ou en être dépourvu.

De là trois espèces d'instruments :

1° Les instruments à objectif ;

2° Les instruments à oculaire ;

3° Ceux qui ont à la fois système objectif et système oculaire.

Toute étude des instruments d'optique doit donc être nécessairement précédée par une étude complète des systèmes objectifs et oculaires; nous suivrons la marche universellement adoptée, en commençant par l'étude des miroirs et des lentilles et passant ensuite à l'étude de leurs combinaisons.

475. Systèmes objectifs. — Les appareils producteurs d'images réelles ou systèmes objectifs sont de deux sortes : les systèmes réflecteurs et les systèmes réfringents; en d'autres termes, les *miroirs* et les *lentilles*. Chacun d'eux a ses avantages propres et mérite un examen attentif; on peut d'ailleurs les comprendre dans un même système d'étude, comme nous le montrerons plus loin ; mais il convient de considérer d'abord chacun en particulier.

1° MIROIRS.

476. Miroirs concaves. — Nous rappellerons d'abord la relation qui existe entre les distances de l'objet et de son image au sommet d'un miroir sphérique concave et le rayon de ce miroir. La convention que nous ferons sur les signes sera transportée du reste à tous les autres miroirs : toutes les longueurs seront comptées à partir du point où la surface est rencontrée par son axe, point que l'on appelle sommet; elles seront prises positivement du côté d'où vient la lumière, et négativement en sens contraire; le rayon du miroir aura lui-même un signe conforme à cette convention. Cependant, lorsqu'on introduit dans les formules la distance focale, il peut arriver qu'on la considère comme une quantité numérique; il y a donc lieu de distinguer deux sortes de formules, mais on pourra toujours les ramener sans difficulté à un seul type, à l'aide des conventions sur les signes.

477. Théorie élémentaire des miroirs concaves. — Soient A (fig. 282) le sommet du miroir MM', C le centre, P le foyer lumineux, P' son foyer conjugué; en posant

$$AP = p, \qquad AP' = p', \qquad AC = R,$$

on a

$$(1) \qquad \frac{1}{p'} + \frac{1}{p} = \frac{2}{R} = \frac{1}{P},$$

formule où les quantités sont censées positives dans le sens indiqué précédemment. Il suffit de la discuter pour connaître le cas de réalité

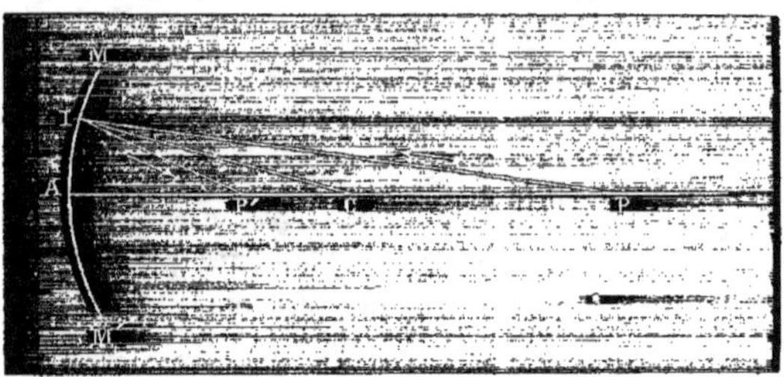

Fig. 282.

ou de virtualité des images. Si en effet p est supposé plus grand que R, on a $\frac{1}{p} < \frac{1}{R}$, et il en résulte $\frac{1}{p'} > \frac{1}{R}$, ou $p' < $ R. D'ailleurs, p' doit être plus grand que $\frac{R}{2}$ pour que la somme $\frac{1}{p} + \frac{1}{p'}$ puisse être égale à $\frac{2}{R}$. On voit par là que, si p décroît jusqu'à R, le foyer se déplace depuis le foyer principal jusqu'au centre du miroir. Si maintenant on suppose $p < $ R, il faudra que l'on ait $p' > $ R. p décroissant jusqu'à $\frac{R}{2}$, p' croît jusqu'à l'infini. Enfin, pour $p < \frac{R}{2}$, p' est négatif, on a un foyer virtuel qui, situé à l'infini lorsque p diffère très-peu de $\frac{R}{2}$, se rapproche du miroir quand p diminue et se trouve sur le miroir même si $p = 0$.

Reste à considérer le cas où p est négatif. Ce que nous appelons en effet le point lumineux est le point de croisement de l'axe du miroir avec les rayons lumineux : on peut donc concevoir que ce point soit situé derrière le miroir. La formule

$$\frac{1}{p'} = \frac{2}{R} - \frac{1}{p}$$

indique en ce cas que p' est positif et plus petit que $\frac{R}{2}$. Le foyer conjugué du point lumineux virtuel est donc réel et compris entre le sommet et le foyer principal.

La formule que nous venons de discuter est obtenue en ne tenant pas compte de quantités petites qui ne sont négligeables que dans le voisinage de l'axe ; elle n'est donc qu'une première approximation, et il est nécessaire d'examiner les phénomènes de plus près.

Cherchons d'abord comment sont distribués les points de rencontre des rayons réfléchis avec l'axe. Pour les rayons centraux, la formule (1) donne la valeur exacte

$$\frac{1}{p'_0} = \frac{2}{R} - \frac{1}{p} = \frac{2p - R}{Rp}, \qquad p'_0 = \frac{pR}{2p - R};$$

mais elle ne convient pas aux rayons réfléchis à quelque distance de l'axe, en I par exemple. Dans le triangle PIP', IC est la bissectrice de l'angle I, $CP = p - R$, $CP' = R - p'$, et l'on a

$$\frac{p - R}{PI} = \frac{R - p'}{P'I}.$$

Substituons, dans cette équation, à PI et P'I leurs valeurs en fonction de l'angle $ACI = C$,

$$PI = \sqrt{R^2 + (p - R)^2 + 2R(p - R)\cos C},$$
$$P'I = \sqrt{R^2 + (R - p')^2 - 2R(R - p')\cos C},$$

il vient, en élevant au carré,

$$[R^2 + (p - R)^2 + 2R(p - R)\cos C](R - p')^2$$
$$= [R^2 + (R - p')^2 - 2R(R - p')\cos C](p - R)^2.$$

Simplifiant et supprimant le facteur $(p - p')R$ qui donne une solution $p = p'$ étrangère à la question, on a

$$R(p + p') - 2R^2 - 2(p - R)(R - p')\cos C = 0,$$

d'où

$$p' = \frac{R(2R - p) + 2R(p - R)\cos C}{R + 2(p - R)\cos C}.$$

Telle est la distance au sommet du point où l'axe est coupé par les rayons réfléchis en I, et sur tout le cercle que découpe sur le miroir un cône concentrique d'ouverture 2C. Si nous supposons qu'il

s'agisse des rayons marginaux. C sera la demi-ouverture angulaire
du miroir et p' la distance du sommet au foyer de ces rayons.

478. Aberration longitudinale. — Si l'on désigne par p'_0
la distance focale conjuguée des rayons centraux, p' étant celle des
rayons marginaux, la différence $p' - p'_0$ mesurera en quelque sorte
l'écart qui existe entre le miroir tel qu'il est et le miroir hypothétique considéré d'abord. On appelle cette différence une aberration,
et comme elle est comptée dans le sens des longueurs focales, on
l'appelle *aberration longitudinale;* p' et p'_0 ayant des signes et des grandeurs variables, nous conviendrons d'appeler aberration longitudinale la différence $p' - p'_0$ prise avec son signe, et nous la représen-
terons par

$$\lambda = p' - p'_0.$$

Si la différence $p' - p'_0$ est positive, cette longueur sera portée à
partir du foyer des rayons centraux, du côté des valeurs positives;
si elle est négative, on la portera en sens contraire; il ne reste plus
aucune ambiguïté en ayant égard à ces conventions.

Cela posé on a, en remplaçant p'_0 par sa valeur $\dfrac{pR}{2p - R}$

$$p' - p'_0 = - \frac{2R(p - R)^2(1 - \cos C)}{(2p - R)[R + 2(p - R)\cos C]},$$

expression dont le numérateur est toujours positif: la longueur
$p' - p'_0$ est donc toujours négative, à moins que le dénominateur ne
soit négatif.

Considérons d'abord le cas où le point lumineux et le foyer sont
réels.

Soit $p > R$: le dénominateur est positif et, par suite, on a
$p' - p'_0 < 0$; ainsi, tant que le point lumineux est au delà du centre
du miroir, il faudra porter du côté du miroir la longueur $p' - p'_0$. Si p
est compris entre R et $\dfrac{R}{2}$, le facteur $2p - R$ est positif et le signe de
l'aberration est déterminé par celui du facteur $R + 2(p - R)\cos C$.
Elle est négative comme dans le cas précédent, si l'on a

$$R + 2(p - R)\cos C > 0, \qquad p > R\left(1 - \frac{1}{2\cos C}\right),$$

et, comme on a $\cos C < 1$, $1 - \dfrac{1}{2\cos C} < \dfrac{1}{2}$, la condition précédente revient donc à

$$p > R\varphi.$$

φ étant moindre que $\dfrac{1}{2}$, condition qui est remplie tant que p est compris entre R et $\dfrac{R}{2}$.

L'aberration est donc toujours négative quand le point lumineux et le foyer sont réels.

Considérons maintenant le cas de $p < \dfrac{R}{2}$. Le facteur $2p - R$ est négatif: l'autre peut encore être positif pour des valeurs suffisamment grandes de p, et alors l'aberration est positive. Le foyer des rayons centraux est virtuel et plus éloigné du miroir que le foyer des rayons marginaux. Mais p continuant à diminuer, on arrive à avoir $p < R\varphi$ et $\varphi < \dfrac{1}{2}$; alors, les deux facteurs du dénominateur étant négatifs, l'aberration redevient négative; le foyer des rayons centraux est alors le plus voisin du miroir. Il est clair d'ailleurs que, lorsque $p = R\left(1 - \dfrac{1}{2\cos C}\right)$, l'aberration est infinie.

Enfin, si p est négatif, mettons en évidence son signe en posant $p = -\varpi$. Le facteur $-2\varpi - R$ est négatif: $R - 2(\varpi + R)\cos C$, l'autre facteur, devient aussi négatif pour une valeur suffisamment grande de ϖ et conserve ce signe; donc, si le point lumineux est virtuel, l'aberration longitudinale de sphéricité commence par être positive, puis, lorsque l'on a

$$R - 2(\varpi + R)\cos C < 0,$$

elle devient négative. Elle est encore infinie pour

$$R = 2(\varpi + R)\cos C \qquad \text{ou} \qquad \varpi = R\left(\dfrac{1}{2\cos C} - 1\right).$$

La considération de l'aberration longitudinale ne suffit pas pour définir l'effet des réflexions sur un miroir. Les rayons, en effet, s'écartent de l'axe après l'avoir coupé, et cette diffusion influe aussi bien que la concentration des rayons sur l'illumination d'un écran.

Dans un plan passant par l'axe, il y a concentration de la lumière
dans le voisinage d'une courbe à laquelle sont tangents les rayons
réfléchis; mais la considération de cette courbe, appelée *caustique*,
n'a pas d'utilité dans l'étude des instruments d'optique; nous nous
bornerons à étudier la distribution de la lumière sur un écran situé
dans une position particulière, après avoir défini ce qu'on appelle
aberration latérale.

479. Aberration latérale. — Parmi les foyers compris entre
celui des rayons centraux et celui des rayons marginaux, celui où
la lumière est la plus intense, parce que les rayons y sont plus rapprochés, est celui des rayons centraux: c'est à lui qu'on s'arrêtera en
cherchant avec un écran le foyer conjugué d'une source lumineuse.
L'écran étant en ce point P′ (fig. 283), les rayons réfléchis loin de

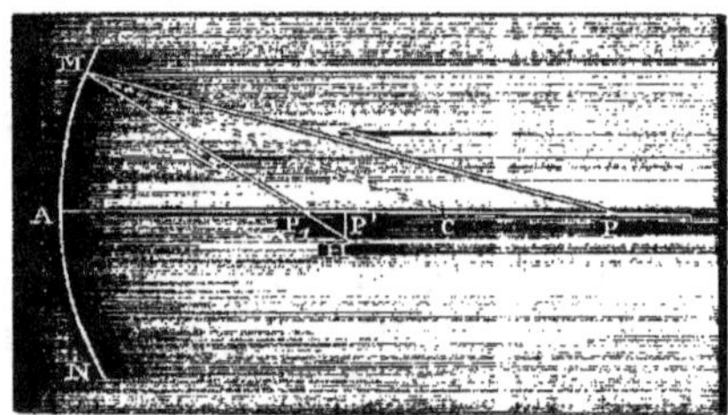

Fig. 283.

l'axe viendront rencontrer son plan en une série de points situés
dans un cercle dont le rayon sera P′H si le miroir est supposé limité
en M. C'est le rayon de ce cercle qu'on appelle *aberration latérale*.

Son expression s'obtient sans difficulté quand on connaît l'aberration longitudinale λ au signe près. On a en effet, en la désignant par μ,

$$\mu = \lambda \, \tan\, P'P_1H = \lambda \, \tan\,(C+I),$$

car $P'P_1H = MP_1A = MCA + CMP_1$; l'angle $MCA = C$, demi-ouverture
angulaire du miroir, et $CMP_1 = I$, angle d'incidence des rayons marginaux; I est une fonction de C et de p qu'on déterminerait par le
calcul du cercle d'aberration latérale.

480. Aberrations principales. — Bornons-nous au seul cas
important pour les instruments d'optique, celui où les rayons incidents sont parallèles à l'axe du miroir, ainsi que cela est représenté

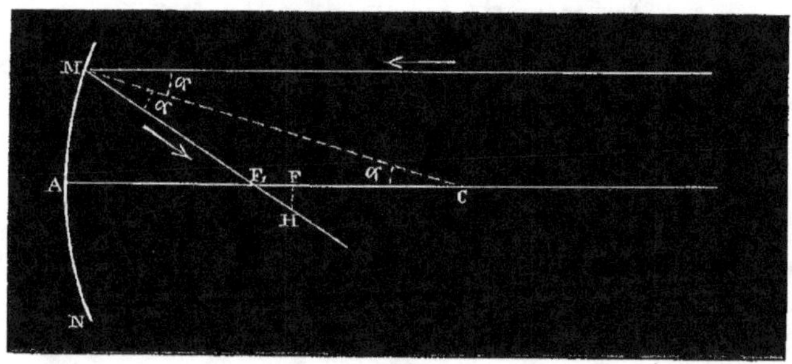

Fig. 284.

sur la figure 284. Les aberrations F_1F et FH reçoivent alors le
nom d'*aberrations principales*. Si l'on fait $p = \infty$ dans l'expression
de $p' - p'_a$, il vient

$$F_1F = \lambda = - \frac{R(1 - \cos C)}{2 \cos C};$$

on a de même. pour μ.

$$FH = \mu = - \frac{R(1 - \cos C)}{2 \cos C} \tang 2C.$$

Ici en effet $I = C$. Le signe de μ n'a aucune signification, puisque
μ est le rayon d'un cercle.

Si l'ouverture angulaire du miroir n'est pas très-grande, ce qui
est le cas ordinaire de la pratique, on peut exprimer d'une manière
très-simple et assez précise les quantités λ et μ en fonction de l'ordonnée extrême du miroir.

Soit en effet y l'ordonnée du point M. on a

$$\sin C = \frac{y}{R}, \qquad \cos C = \frac{\sqrt{R^2 - y^2}}{R},$$

$$\sin 2C = \frac{2y\sqrt{R^2 - y^2}}{R^2}, \qquad \cos 2C = \frac{R^2 - 2y^2}{R^2}; \qquad \tang 2C = \frac{2y\sqrt{R^2 - y^2}}{R^2 - 2y^2}.$$

De là les expressions de λ et μ.

$$\lambda = -\frac{R\left(1 - \frac{\sqrt{R^2 - y^2}}{R}\right)}{2\sqrt{\frac{R^2 - y^2}{R}}} = -\frac{R(R - \sqrt{R^2 - y^2})}{2\sqrt{R^2 - y^2}},$$

$$\mu = -\frac{Ry(R - \sqrt{R^2 - y^2})}{R^2 - 2y^2}.$$

Ces valeurs conviennent, quel que soit $\frac{y}{R}$; mais si ce rapport est assez petit pour qu'on puisse négliger $\frac{y^4}{R^4}$, elles se simplifient beaucoup. La précision que l'on obtient est d'ailleurs très-grande dans les cas ordinaires ; ainsi, pour un miroir de 1 mètre de rayon et de 10 centimètres de largeur, on a $y = \frac{1^m}{20} = 0^m,05$; l'approximation sera poussée jusqu'à la quatrième puissance de $\frac{1^m}{20}$, c'est-à-dire $\frac{1}{160}$ de millimètre.

Développons les radicaux jusqu'à ce degré :

$$\sqrt{R^2 - y^2} = R\left(1 - \frac{y^2}{R^2}\right)^{\frac{1}{2}} = R\left(1 - \frac{y^2}{2R^2}\right) = R - \frac{y^2}{2R}.$$

Substituant, il vient, au même degré d'approximation,

$$\lambda = -\frac{R\frac{y^2}{2R}}{2\left(R - \frac{y^2}{2R}\right)} = \frac{-y^2}{4\left(R - \frac{y^2}{2R}\right)} = \frac{-y^2}{4R}\left(1 + \frac{y^2}{2R^2}\right) = -\frac{y^2}{4R},$$

$$\mu = -\frac{y^2}{4R} \cdot \frac{2y}{R} = \frac{-y^3}{2R^2}.$$

Ainsi, l'aberration longitudinale est proportionnelle au carré de l'ordonnée des bords du miroir ou à la surface du miroir, et en raison inverse de son rayon. L'aberration latérale est proportionnelle au cube de l'ordonnée ou de la largeur du miroir, et en raison inverse du carré du rayon.

481. Effet physique de l'aberration. — On décrit souvent les effets de l'aberration d'une manière très-incomplète: on laisse

croire que sur un écran placé au foyer principal des rayons centraux
le cercle d'aberration latérale principale sera à peu près uniformément éclairé ; or, il n'en est rien ; il serait inconcevable, dans
l'hypothèse de ces images élargies par l'aberration, que les miroirs
des télescopes pussent donner des images distinctes des objets éloignés, lorsque ces miroirs ont 1 mètre de rayon et 10 centimètres de
largeur, chaque point donnant lieu dans ce cas à un cercle lumineux
de $\frac{1}{15}$ de millimètre de rayon. Une telle image grossie n'aurait plus
rien de distinct. En réalité, il y a très-peu de lumière sur les bords
du cercle d'aberration ; l'illumination décroît très-rapidement à
partir du centre, et l'image sensible d'un point se réduit presque au
centre même si la lumière incidente est peu intense.

Pour le reconnaître, considérons un faisceau de rayons incidents
parallèles compris entre deux cylindres infiniment voisins dont les
rayons sont y et $y + dy$; ces rayons tombent sur une zone infiniment
étroite du miroir et sont réfléchis tous de manière à éclairer une
couronne comprise entre deux cercles d'aberration dont μ et $\mu + d\mu$
sont les rayons. La quantité de lumière incidente est proportionnelle
à $2\pi y\,dy$; elle est renvoyée sur une surface égale à $2\pi\mu\,d\mu$. Donc la
densité de la lumière à une distance latérale μ de l'axe vis-à-vis du
foyer des rayons centraux est

$$\frac{2\pi y\,dy}{2\pi\mu\,d\mu} = \frac{y}{\mu}\frac{dy}{d\mu}.$$

Or on a

$$\frac{y}{\mu} = \frac{2R^2}{y^2}, \qquad \frac{dy}{d\mu} = \frac{2R^2}{3y^2}, \qquad \frac{y}{\mu}\frac{dy}{d\mu} = \frac{4R^4}{3y^4}.$$

Substituant pour y sa valeur $y = \sqrt[3]{2\mu R^2}$, on a

$$\frac{y}{\mu}\frac{dy}{d\mu} = \frac{4R^4}{3\sqrt[3]{(2\mu R^2)^4}} = \frac{4R^4}{3\cdot 4^{\frac{2}{3}}\mu^{\frac{4}{3}}R^{\frac{8}{3}}} = \frac{R^{\frac{4}{3}}\sqrt[3]{4}}{3\mu^{\frac{4}{3}}}.$$

L'intensité de la lumière sur le cercle d'aberration va donc en
décroissant en raison inverse de la puissance $\frac{4}{3}$ de la distance μ :
elle décroît donc fort vite du centre à la circonférence. D'après cette

expression, l'intensité de la lumière au centre est **infinie**; cette inexactitude provient de ce qu'on a négligé les quantités qui empêcheraient l'expression de devenir infinie. Une objection plus grave à ce calcul serait qu'on a ajouté tous les rayons sans tenir compte des lois de l'interférence; il ne faut donc le regarder que comme fournissant un simple renseignement sur la manière dont décroît la lumière. Nous indiquerons plus loin comment on ferait le calcul rigoureux. Mais, d'autre part, il faut avoir égard à la remarque suivante : que la théorie de l'émission suffit pour rendre compte de la production des images, de la formation des ombres, des effets des miroirs quand ils ont des dimensions sensibles; en conséquence, le calcul qui précède a son importance : il suffit pour expliquer la netteté des images que produisent les objets éloignés dans les miroirs des télescopes. Chaque point donne en effet pour image, non point un cercle uniformément éclairé, mais un cercle où la lumière a une intensité maximum au centre et décroît rapidement à partir de ce point.

482. Miroirs convexes. — La théorie des miroirs sphériques convexes se déduit des formules obtenues pour les miroirs concaves en changeant le signe de R. Lorsque p est négatif, le foyer est virtuel : il est réel lorsque p est positif. On a trouvé

$$\frac{1}{p'_0} + \frac{1}{p} = \frac{2}{R},$$

$$p' - p'_0 = \frac{-2R(p-R)^2(1-\cos C}{(2p-R)[R+2(p-R)\cos C]}.$$

Si l'on met en évidence le signe de R, on a

$$\frac{1}{p'_0} = -\frac{2}{R} - \frac{1}{p},$$

et l'on voit que, si p décroît de l'infini à zéro en étant positif, on a toujours $p'_0 < 0$, ce qui indique un foyer virtuel; en valeur absolue p'_0 décroît de $\frac{R}{2}$ à zéro; ainsi, lorsque p a une valeur finie, le foyer est compris entre le foyer principal et le sommet du miroir. Lorsque p est négatif, c'est-à-dire lorsque les rayons tombent sur le miroir en convergeant, on peut avoir un foyer réel. Discutons cette hypothèse. Faisons varier p en valeur absolue depuis zéro jusqu'à $\frac{R}{2}$: p'_0 est positif et croît de zéro à ∞; le foyer est donc réel; mais si p dépasse $\frac{R}{2}$, c'est-à-dire si la lumière virtuelle a son origine au delà du foyer principal, le foyer conjugué est virtuel aussi, et entre les distances des foyers conjugués au sommet il y a les mêmes relations que dans le cas des foyers réels et d'un miroir concave. Il suffit, pour le démontrer, de changer tous les signes de la formule qui convient à celui-ci : elle ne change pas et convient au miroir convexe.

L'aberration longitudinale est égale à

$$p' - p'_0 = \frac{2R(R+p)^2(1-\cos C)}{(2p+R)[2(p+R)\cos C - R]}.$$

Son signe dépend encore uniquement de celui du dénominateur; elle est positive tant que l'on a

$$2(p+R)\cos C > R$$

ou

$$p > \frac{R(1-2\cos C)}{2\cos C},$$

ce qui indique une limite au-dessous de laquelle les valeurs positives de p donnent une aberration négative. En considérant des valeurs négatives de p, on voit facilement que, si p en valeur absolue est moindre que $\frac{R}{2}$, l'aberration est positive : qu'elle est négative, si p dépasse $\frac{R}{2}$.

Les valeurs des aberrations principales sont d'ailleurs les mêmes, au signe près, que pour les miroirs concaves,

$$\lambda = \frac{R(1-\cos C)}{2\cos C}, \qquad \mu = \frac{R(1-\cos C)}{2\cos C}\,\text{tang}\,2C.$$

On ferait du reste les mêmes calculs que précédemment pour trouver la répartition de la lumière sur le cercle d'aberration latérale.

Nous avons étudié les aberrations longitudinale et latérale des miroirs sphériques pour un point lumineux situé sur l'axe. Si l'on veut considérer un point lumineux peu distant de cet axe, il suffit de répéter sur l'axe secondaire les constructions que nous avons faites sur l'axe principal.

483. Miroirs aplanétiques. — Considérons maintenant les miroirs aplanétiques, c'est-à-dire les miroirs qui réfléchissent vers

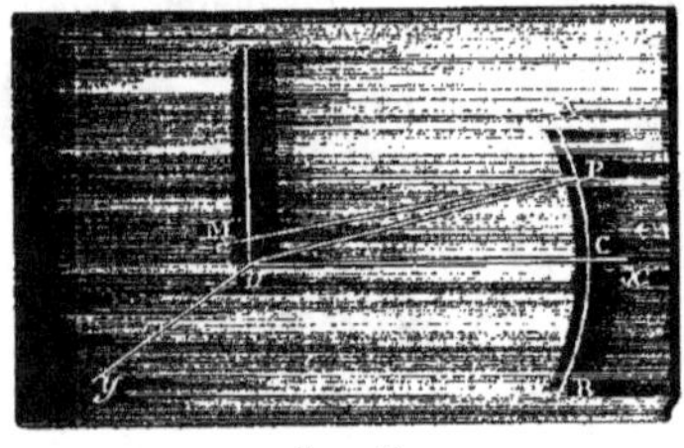

Fig. 285.

un point unique la lumière qui tombe sur leur surface. La surface intérieure d'un ellipsoïde de révolution à l'un des foyers duquel on aurait placé un point lumineux, celle d'une des nappes de l'hyperboloïde de révolution à deux nappes, le point lumineux étant au foyer de l'autre nappe, sont des systèmes aplanétiques. De même, si l'on suppose un système de rayons incidents parallèles, un paraboloïde de révolution dont l'axe est parallèle aux rayons les renverra tous vers un même point.

Dans tous les cas, la théorie géométrique de l'optique indique pour image du point lumineux un point mathématique. Tel n'est pas cependant l'effet de ces miroirs : à un point mathématique ils substituent un système d'anneaux colorés plus ou moins étalés et résultant de ce que tout miroir est nécessairement limité.

Pour nous rendre compte de ce fait, considérons d'abord une onde sphérique limitée AB (fig. 285), et cherchons la lumière qu'elle envoie dans le plan zy mené par le centre O perpendiculairement à l'axe Ox.

Sur la calotte sphérique ACB nous n'avons que des mouvements vibratoires concordants. Nous la supposerons assez petite pour avoir le droit de considérer les vitesses envoyées au point O comme sensiblement parallèles, c'est-à-dire comme s'ajoutant algébriquement, et, afin de n'avoir pas à tenir compte de l'influence mal connue de l'inclinaison des rayons lumineux sur la surface de l'onde, nous ne nous occuperons, dans le plan mené par le point O, que des points tels que M très-voisins de celui-ci.

Le point M recevrait d'un élément unique $d^2\sigma$ de la surface de l'onde, situé en P par exemple, une vitesse proportionnelle à la surface $d^2\sigma$, car il est bien évident que, si nous considérons deux éléments infiniment voisins de la même surface, comme ils ont la même position relativement au point M, ils lui enverront chacun des vitesses égales, et par conséquent leur ensemble enverra une vitesse double de la vitesse envoyée par un seul. Cette vitesse dépend en outre de l'angle que fait la direction MP avec la surface de l'onde; dans les conditions actuelles, cet angle est sensiblement de 90 degrés; enfin elle dépend de la distance $MP = \delta$, et tout porte à croire qu'elle est en raison inverse de la simple distance. Mais nous ne tiendrons pas plus compte de cette influence que de la précédente, en nous astreignant à la condition de ne considérer que des points très-voisins de l'onde sphérique concave. Cette influence est très-sensible sur la phase du mouvement vibratoire communiqué au point M, mais elle ne l'est pas sur son intensité.

Ainsi, en désignant par h le rapport constant de la vitesse de vibration communiquée au point M à la surface $d^2\sigma$ qui l'envoie, on a pour expression de cette vitesse

$$h\,d^2\sigma.$$

Le mouvement vibratoire dont $d^2\sigma$ est animé peut se représenter par le sinus d'un multiple du temps; il en doit donc être de même au point M, seulement le mouvement qui anime le point M à l'époque t est le même que celui qui existait à l'époque $t - \dfrac{\delta}{V}$ sur la surface de l'onde. Si donc les variations du mouvement vibratoire se représentent sur celle-ci par $\sin 2\pi \dfrac{t}{T}$, elles se représenteront pour le point M par une expression qui se déduira de la précédente en remplaçant t par $t - \dfrac{\delta}{V}$. On a donc pour cette vitesse

$$h\,d^2\sigma \sin 2\pi \left(\frac{t}{T} - \frac{\delta}{\lambda} \right).$$

Nous supposons la vitesse rectiligne sur la surface de l'onde et par conséquent au point M; néanmoins nos résultats seront généraux, car, si la lumière n'était pas polarisée, on pourrait toujours décomposer la vitesse suivant deux axes rectilignes, et alors nos raisonnements porteraient sur une de ces projections.

La vitesse envoyée au point M à une époque quelconque par toute la surface de l'onde sera donc

$$h \iint \sin 2\pi \left(\frac{t}{T} - \frac{\delta}{\lambda} \right) d^2\sigma.$$

Pour intégrer, il faut remplacer δ et $d^2\sigma$ par leurs valeurs en fonction des coordonnées η, ζ de M, et x, y, z de $d^2\sigma$; or on a, en appelant f le rayon de l'onde,

$$\delta = \sqrt{x^2 + (y - \eta)^2 + (z - \zeta)^2} = \sqrt{f^2 - 2y\eta - 2z\zeta + \eta^2 + \zeta^2},$$
$$d^2\sigma = dy\, dz.$$

Mais nous simplifierons l'expression de δ en supposant les termes $y\eta$, $x\zeta$ très-petits par rapport à f^2, et les termes η^2, ζ^2 négligeables devant cette même quantité; malgré cette restriction, nous aurons traité le problème d'une manière générale, puisque nous trouverons que dans cette hypothèse la lumière est insensible à une distance extrêmement petite du foyer; dès lors il serait inutile de chercher ce qui se passe en des points situés au delà des limites pour lesquelles on peut négliger η^2 et ζ^2. Prenons donc pour δ

$$\delta = f - \frac{y\eta + z\zeta}{f}.$$

L'expression à intégrer est ainsi

$$h \iint \sin 2\pi \left(\frac{t}{T} - \frac{f}{\lambda} + \frac{x\zeta + y\eta}{f\lambda} \right) dy\, dz.$$

Une des intégrations sera toujours possible, soit par rapport à y, soit par rapport à z; mais la seconde intégration ne sera pas possible en termes finis, parce que nous supposons l'onde limitée par un cercle; néanmoins cette expression a été étudiée avec tant de soin et de détail par M. Knochenhauer, que la distribution de la lumière autour du foyer est aussi connue que si l'expression précédente pouvait se résoudre en termes finis. Nous ne la discuterons pas et nous renverrons aux leçons sur la diffraction, où ce calcul se trouve sous une forme peu différente de celle qu'il conviendrait de lui donner ici.

Le résultat du calcul est le suivant : l'intensité de la lumière est maximum au foyer; elle décroît lentement d'abord, puis plus rapidement, et atteint un minimum très-peu différent de zéro; en s'éloignant toujours du foyer elle croît, atteint un second maximum beaucoup plus faible qne le premier, puis une série de minima et de maxima qui vont en décroissant. En prenant pour abscisses les distances des points au foyer et pour ordonnées les intensités lumineuses à ces distances, on a une courbe analogue à celle qui est représentée fig. 286, et qui montre à l'œil les variations de l'intensité lumineuse. Ainsi, dans un miroir aplanétique, loin d'avoir un point mathématique

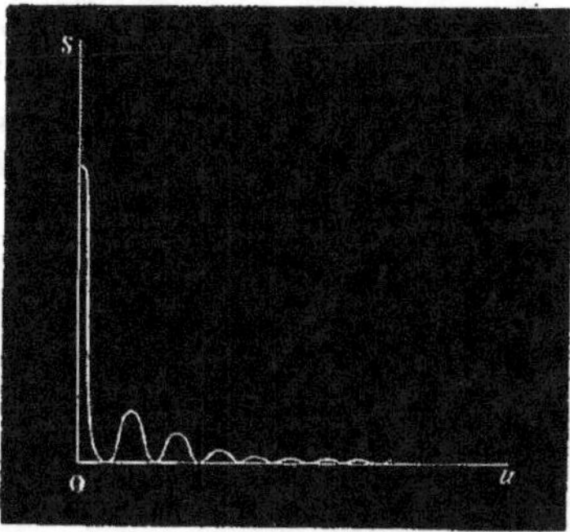
Fig. 286.

lumineux au foyer, on a une tache centrale brillante, d'un éclat assez uniforme; elle est environnée d'un anneau assez obscur, celui-ci d'un anneau brillant, et ainsi de suite. Les anneaux obscurs ne sont jamais complétement noirs. Les diamètres de ces anneaux ne suivent pas une loi simple, ils approchent des termes consécutifs de la série des nombres impairs. En représentant par 1 la quantité de lumière comprise dans la tache brillante centrale jusqu'au premier minimum, les quantités de lumière comprises entre deux minima consécutifs sont :

<pre>
Jusqu'au 1ᵉʳ minimum................... 1,0000
Du 1ᵉʳ au 2ᵉ minimum................... 0,0893
Du 2ᵉ au 3ᵉ minimum 0,0335
Du 3ᵉ au 4ᵉ minimum................... 0,0073
Du 4ᵉ au 5ᵉ minimum 0,0011
</pre>

Les autres quantités sont trop petites pour qu'il y ait intérêt à en tenir compte. Si l'on fait la somme des quantités de lumière conte-

nues dans les anneaux brillants limités comme on vient de le faire,
et qu'on la compare à la quantité de lumière renfermée dans la
tache centrale, on voit que celle-ci contient les $\frac{4}{5}$ de la lumière émise
par la calotte sphérique.

La disposition de ces anneaux dépend de la longueur d'onde ;
nous aurons donc une apparence d'anneaux colorés, phénomène
rappelant les aberrations de réfrangibilité. Cette aberration particulière résulte nécessairement du mode de propagation de la lumière ; mais il est possible de la réduire singulièrement ou de diminuer de beaucoup le diamètre des anneaux. Ce diamètre varie en
effet en raison inverse de l'ouverture angulaire du miroir, c'est-à-
dire du rapport $\frac{y}{f}$ de la largeur du miroir à sa distance focale : par
suite, en augmentant la valeur de $\frac{y}{f}$, on réduira les diamètres des
anneaux. On peut arriver facilement à des dispositions telles qu'ils
ne soient visibles qu'à la loupe ou au microscope.

484. Réflexion sur les miroirs non aplanétiques. —
Que se passe-t-il si le miroir n'est pas aplanétique ? Dans ce cas la
solution mathématique du problème est beaucoup plus difficile et
n'a même pas été donnée jusqu'ici ; mais on peut sans elle rendre un
compte exact des phénomènes, ainsi que nous allons le montrer.

Nous n'étudierons qu'un cas particulier, celui d'un miroir sphérique NN' (fig. 287), recevant des rayons parallèles à l'axe. Soit F

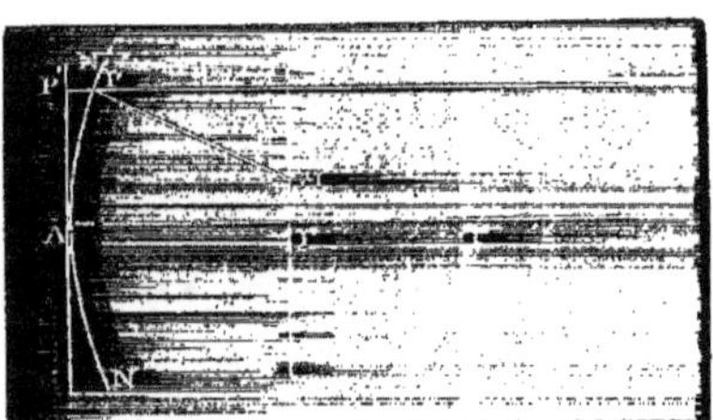

Fig. 287.

le foyer des rayons centraux ; cherchons comment se distribue la
lumière dans le plan mené par le point F perpendiculairement à

l'axe AF. Prenons le point A pour origine et AF pour direction des x positifs.

Le mouvement vibratoire au sommet A du miroir étant représenté par $\sin 2\pi \frac{t}{T}$, cherchons à représenter le mouvement vibratoire incident au point P. Ce mouvement aurait aussi pour expression $\sin 2\pi \frac{t}{T}$ si le rayon SP arrivait jusqu'au plan tangent en P'; il est donc représenté en P par

$$\sin 2\pi \frac{t+\frac{x}{\lambda}}{T} \qquad \text{ou} \qquad \sin 2\pi \left(\frac{t}{T} + \frac{x}{\lambda} \right),$$

d'après la règle qui nous fait passer du mouvement vibratoire d'un point d'un rayon lumineux à celui d'un point d'un même rayon situé plus près de la source. Ce mouvement incident en P enverra au point M des vitesses proportionnelles à la surface $d^2\sigma$ de l'élément P et à une fonction h de la distance MP et de l'inclinaison de cette droite sur la surface de l'onde; mais, comme précédemment, nous supposerons h constant pour tout le miroir. Posant $MP = \delta$, il suffira de remplacer t par $t - \frac{\delta}{V}$ dans l'expression du mouvement du point P pour en déduire celui du point M; nous aurons donc pour expression de la vitesse envoyée au point M, parallèlement à un axe déterminé,

$$h\,d^2\sigma \sin 2\pi \left(\frac{t}{T} + \frac{x-\delta}{\lambda} \right),$$

et, comme précédemment, remarquons qu'il n'est pas nécessaire de supposer le mouvement vibratoire rectiligne en M; s'il ne l'est pas, on le décompose suivant deux axes perpendiculaires et la vitesse en M résulte de deux vitesses rectangulaires

$$h\,d^2\sigma \sin 2\pi \left(\frac{t}{T} + \frac{x-\delta}{\lambda} \right), \qquad k\,d^2\sigma \sin 2\pi \left(\frac{t}{T} + \frac{x-\delta}{\lambda} \right).$$

Notre calcul nous conduira donc à des résultats généraux, lors même qu'il n'aura été fait que dans l'hypothèse d'un mouvement vibratoire rectiligne.

Il nous reste à trouver l'intégrale qui représente l'action du miroir tout entier

$$h \iint d^2\sigma \sin 2\pi \left(\frac{t}{T} + \frac{x-\delta}{\lambda}\right).$$

Or, en appelant ξ. η. ζ les coordonnées du point M: x. y. z celles du point P. on a

$$\delta = \sqrt{(\xi - x)^2 + (\eta - y)^2 + (\zeta - z)^2}$$
$$= \sqrt{\xi^2 - 2\xi x + x^2 + \eta^2 + \zeta^2 + y^2 + z^2 - 2\eta y - 2\zeta z}.$$

ou. à cause de l'équation de la sphère dont le miroir fait partie. et qui est

$$x^2 - 4\xi x + y^2 + z^2 = 0,$$

il vient

$$\delta = \sqrt{\xi^2 + 2\xi x + \eta^2 + \zeta^2 - 2\eta y - 2\zeta z} = \sqrt{(\xi + x)^2 - x^2 - 2\eta y - 2\zeta z}.$$

Dans cette dernière expression, nous n'avons pas tenu compte de η^2 et ζ^2; nous supposons le point M assez près du foyer pour que ces quantités soient négligeables et que ηy et ζz soient très-petites par rapport à ξ^2: on aura donc avec la même approximation

$$\delta = \xi + x - \frac{x^2 + 2\eta y + 2\zeta z}{2(\xi + x)}.$$

D'ailleurs

$$d^2\sigma = dy\, dz:$$

donc l'intégrale à calculer est

$$h \iint dy\, dz \sin 2\pi \left(\frac{t}{T} - \frac{\xi}{\lambda} + \frac{x^2 + 2\eta y + 2\zeta z}{2(\xi + x)\lambda}\right),$$

où il reste encore à remplacer x par sa valeur tirée de l'équation de la sphère. Or, tant que l'ouverture angulaire du miroir n'est pas très-grande. on peut se contenter de la valeur approchée $x = \frac{y^2 + z^2}{4\xi}$, qui s'obtient en négligeant x^2. On fera donc cette substitution dans l'expression à intégrer après avoir développé $\frac{1}{\xi + x}$ en série, et on ne conservera dans cette expression que les termes de l'ordre $\frac{y^2 + z^2}{\xi^2}$.

Il est nécessaire de pousser l'approximation jusque-là pour avoir une différence entre les miroirs aplanétiques et ceux qui ne le sont pas. On obtient de la sorte une expression dont l'intégration dépend de la suivante :

$$\int ds \cos \left(ms^4 + ns \right),$$

qui n'est pas connue et qui n'a pas été étudiée : de sorte que la théorie précédente n'a pas été développée jusqu'au bout, mais il n'est pas nécessaire d'aller au delà pour le but que nous nous proposons, car l'observation permet d'expliquer les phénomènes d'une manière complète.

485. Effets produits par les miroirs aplanétiques dans des plans parallèles au plan focal principal. — Supposons que l'on observe avec une loupe oculaire l'image produite dans le plan focal principal par un miroir aplanétique : nous avons décrit les apparences qui s'y manifestent. Que l'on éloigne un peu la loupe de l'œil afin de voir la distribution de la lumière dans un plan situé un peu plus près du miroir, on voit la tache centrale blanche se percer dans son centre d'un trou de plus en plus obscur ; si l'on avance davantage la loupe, le trou obscur devient un anneau obscur avec une tache blanche qui apparaît au centre et dont l'éclat est différent de celui de la tache précédente, et elle se perce à son tour d'un trou obscur : si l'on avance encore la loupe, on remarque en même temps que, à mesure que l'on s'écarte du plan focal, les intensités lumineuses de ces divers anneaux deviennent de plus en plus comparables. On a les mêmes apparences si l'on rapproche la loupe de l'œil de façon à voir ce qui se passe dans des plans plus éloignés du miroir que le plan focal.

Par conséquent, à mesure qu'on s'éloigne du foyer d'un miroir aplanétique, on diminue l'accumulation de la lumière au centre et on rend sa distribution de plus en plus uniforme sur un grand espace.

Nous pourrons expliquer ces faits d'une manière très-satisfaisante comme il suit. D'abord la forme circulaire de la tache et des anneaux résulte de la symétrie qui existe par rapport à l'axe du miroir.

Si le miroir est aplanétique, toutes les vibrations envoyées au foyer principal sont rigoureusement concordantes, mais elles offrent des différences de phases sensibles lorsqu'on s'écarte un peu du foyer sur l'axe du miroir : si nous prenons, par exemple, un point plus voisin du miroir, les différents rayons qui y arrivent n'ont pas parcouru des chemins égaux; au lieu d'apporter des vibrations concordantes, ils déterminent des mouvements qui se détruisent en partie, et cette destruction peut devenir assez complète pour donner naissance à une tache à peu près noire. Il en sera ainsi lorsque, les différences de marche du rayon qui parcourt le chemin le plus long et du rayon qui parcourt le chemin le plus court étant λ, on pourra diviser tous les rayons en deux groupes ayant une différence de marche moyenne égale à $\frac{\lambda}{2}$. En s'avançant encore, les différences de marche augmentent et on trouve un point pour lequel les rayons peuvent se diviser en trois groupes analogues à ceux qu'on vient de définir: deux de ces groupes se détruisent et le troisième subsiste : on comprend donc qu'à l'obscurité presque complète de la tache noire succède un maximum de lumière, et ainsi de suite.

486. Effets produits par les miroirs non aplanétiques. — Nous pouvons maintenant nous rendre facilement compte de l'effet d'un miroir non aplanétique. Supposons que ce miroir soit une surface sphérique concave MN (fig. 288) présentant en F le

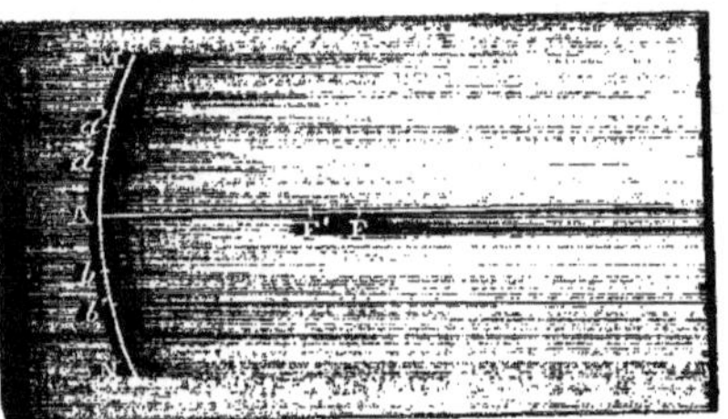

Fig. 288.

foyer des rayons centraux et en F' celui des rayons marginaux. Décomposons le miroir à partir du sommet A en zones assez petites pour que les rayons incidents qui rencontrent chacune d'elles ap-

portent à leur foyer des vibrations très-sensiblement concordantes.
La première zone *ab* produira en F une tache centrale blanche et
large à cause de la petitesse de la zone que nous considérons; l'effet
des autres zones sera d'altérer la netteté de cette apparence. La zone
suivante *a'b'* donnera à son foyer, c'est-à-dire en un point un peu
plus rapproché du miroir que le foyer des rayons centraux, l'apparence que donne un miroir aplanétique à son foyer principal; seulement le phénomène sera modifié par l'effet des autres zones, et l'apparence que nous venons de rappeler dominera, mais sans régner
seule. L'influence perturbatrice sera d'autant plus grande qu'on
s'approchera davantage des bords du miroir, parce que l'effet que
produit une zone à son foyer est de plus en plus comparable aux
effets des autres zones sur le même point. Il résulte de là que
l'effet de toutes les zones prises ensemble sera une tendance à la répartition uniforme de la lumière; que dans le plan focal des rayons
centraux l'intensité lumineuse n'est pas infinie au centre, et ne décroît pas à partir de là d'une manière uniforme, ni suivant la loi
simple que nous avions trouvée; l'accumulation au centre sera d'autant plus grande que le miroir sera plus voisin d'être aplanétique.
On observera enfin un éclairement confus des diverses zones dans
les plans qu'on peut mener perpendiculairement à l'axe du miroir
entre les points F et F'.

　　487. **Valeur pratique des miroirs.** — La conclusion à tirer
de ce qui précède, c'est que les miroirs aplanétiques sont plus avantageux que ne l'indique l'optique géométrique, puisque la répartition
de la lumière est d'autant plus voisine de l'uniformité que le miroir
est plus éloigné d'être aplanétique. Mais en même temps la théorie
des ondes signale une imperfection que l'optique géométrique ne
faisait pas soupçonner : c'est qu'au lieu de donner pour image d'un
point un point mathématique, les miroirs aplanétiques donnent une
tache blanche de dimensions finies, entourée d'un système d'anneaux
dont les deux premiers sont visibles avec des sources un peu écla-
tantes, comme celle que donne par exemple le soleil en se réfléchissant sur un globule de mercure.
　　A raison même des dimensions finies de ces taches, la netteté des

images n'est point uniquement subordonnée à la perfection du travail des surfaces réfléchissantes. Ainsi, un miroir aplanétique étant donné, il n'est nullement certain qu'il donnera d'un objet une image tellement nette, qu'il suffise de la grossir pour apercevoir des détails de plus en plus petits. L'expérience montre que si l'on forme au foyer d'un pareil miroir l'image d'une nébuleuse, et qu'on la grossisse de plus en plus pour l'observer, on arrive à une limite au delà de laquelle on n'aperçoit plus de nouveaux détails: ce n'est pas que l'intensité de la lumière fasse défaut, mais l'image est elle-même un peu confuse : on comprend, en effet, que les taches blanches, qui sont les images des différents points de l'objet, empiètent les unes sur les autres et masquent les fins détails. On peut dès lors se demander quelle est la limite inférieure de la distance de deux points lumineux pour que leurs images soient distinctes.

488. Limite de la visibilité des détails dans les miroirs aplanétiques. — Considérons un point lumineux P (fig. 289) pris sur l'axe du miroir aplanétique, à une très-grande distance de

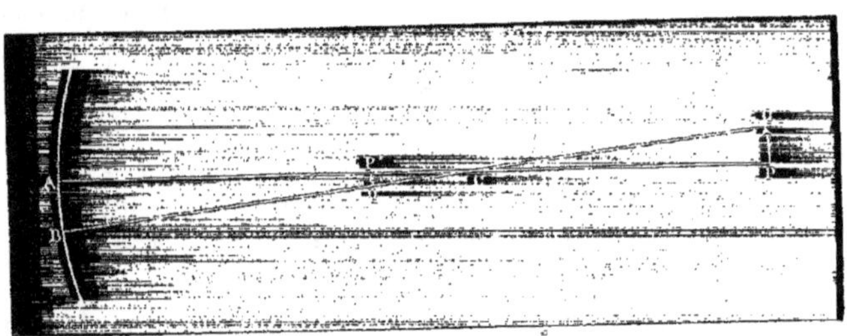

Fig. 289.

ce miroir; son image P' sera au milieu de CA, rayon de courbure du miroir à son sommet. Un autre point lumineux Q, pris sur la perpendiculaire menée à l'axe par le point P, et très-voisin de P, viendra de même former son image en Q', et pour que les deux images ne se superposent pas dans une certaine étendue, il faut que la distance P'Q' soit dans un certain rapport avec les dimensions de la tache centrale. Ce rapport est une fonction de l'intensité de la lumière incidente, fonction impossible à déterminer; nous la

désignerons par m et nous supposerons cette quantité constante dans
l'étendue visible de l'objet. Il faut donc qu'on ait, en appelant d le
diamètre de la tache centrale,

$$P'Q' = md.$$

On en déduit. en divisant par $P'C$ ou f,

$$\frac{P'Q'}{P'C} = \frac{md}{f} = \text{tang } PCQ = \Delta.$$

Δ est la tangente du diamètre apparent sous lequel on voit les deux
points P, Q: c'est le diamètre apparent du plus petit objet dont
l'image ait des limites que l'on puisse distinguer en plaçant l'œil au
centre du miroir. Le diamètre d de la tache centrale varie en raison
inverse de $\frac{y}{f}$; si donc on pose $d = n\frac{f}{y}$, l'expression de Δ devient

$$\Delta = \frac{mn}{y}.$$

Ainsi le diamètre Δ varie en raison inverse du rayon du cercle
qui limite le miroir; on pourra donc, en augmentant beaucoup
ce rayon, atténuer considérablement les effets de l'aberration de
diffraction. Mais on sera arrêté dans la pratique par une double
raison. En effet, les miroirs qu'on emploie sont des miroirs paraboliques. et on ne peut pas leur donner une surface indéfiniment
croissante, parce que les rayons réfléchis doivent arriver au foyer
avec des directions telles qu'ils ne se détruisent pas, ce qui exige
déjà que les angles des rayons réfléchis entre eux ne soient pas trop
grands ou que l'ouverture angulaire du miroir n'excède pas certaines
dimensions. D'autre part, les images sont observées avec un microscope : il faut donc que les rayons ne fassent pas entre eux des angles
trop grands. On n'a pas dépassé dans les miroirs de ce genre une
ouverture angulaire de 20 degrés. C'est donc en augmentant à la
fois la distance focale et les dimensions du miroir qu'on diminuera
autant que possible les effets de l'aberration de diffraction. Encore
sera-t-on arrêté dans l'épuration de l'image par les inégalités de réfraction qui se produisent dans les régions inférieures de l'atmos-

phère, où une couche d'air d'une certaine épaisseur n'est jamais parfaitement homogène.

489. Construction des miroirs paraboliques. — Il résulte de tout ce qui précède que la construction d'un miroir exactement parabolique est très-importante; nous entrerons donc à cet égard dans quelques détails.

Autant que possible on donnera au miroir de grandes dimensions transversales, et on ne sera limité dans cette tendance que par la difficulté d'avoir une masse réfléchissante d'une homogénéité suffisante.

Lorsqu'il s'agira de lui donner exactement la forme parabolique, on aura affaire à un problème d'une tout autre nature, qui n'exige qu'un travail mécanique excessivement faible, mais d'une perfection extraordinaire. La différence entre un miroir parabolique et un miroir sphérique ayant même rayon de courbure au sommet est en effet extrêmement petite, et le calcul suivant donnera une idée exacte du peu de matière qu'il faut enlever à un miroir sphérique pour le rendre parabolique.

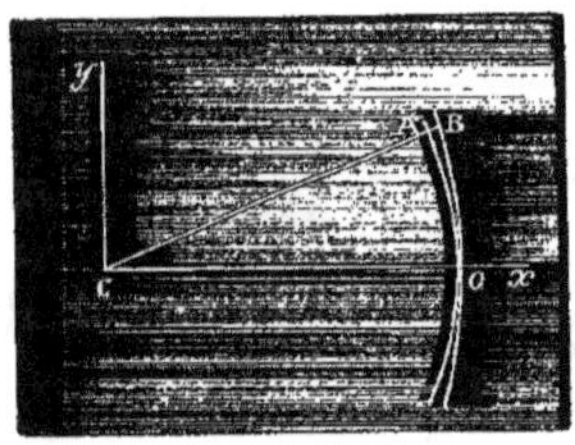

Fig. 290.

Considérons la section AO (fig. 290) faite par un plan quelconque passant par l'axe du miroir sphérique, et traçons dans ce plan la parabole BO, qui a même centre de courbure C au sommet O. En prenant pour origine des coordonnées le centre du cercle, son équation est

$$x^2 + y^2 = 4f^2,$$

et celle de la parabole

$$y^2 = 4f(2f - x).$$

Supposons que les deux miroirs aient même ouverture angulaire; le rayon extrême CA, qui est normal au miroir sphérique, sera aussi sensiblement normal au miroir parabolique, de sorte que AB représente l'épaisseur de la couche de matière qu'il serait nécessaire d'enlever normalement au miroir sphérique sur son pourtour pour le rendre parabolique; cette épaisseur $\sqrt{x^2+y^2}-2f$ est la limite supérieure du travail matériel à effectuer; or on a $x=\dfrac{y^2}{4f}-2f$ et l'expression précédente devient, après substitution,

$$\sqrt{y^2+\left(\frac{y^2}{4f}-2f\right)^2}-2f = \sqrt{4f^2+\frac{y^4}{16f^2}}-2f$$

$$= 2f\left(1+\frac{y^4}{64f^4}\right)^{\frac{1}{2}}-2f$$

$$= 2f\left(1+\frac{y^4}{128f^4}-\frac{y^8}{32768f^8}+\cdots\right)-2f.$$

En nous contentant de l'approximation fournie par les trois premiers termes du développement, la valeur de l'épaisseur maxima à enlever devient

$$2f\left(\frac{y^4}{128f^4}-\frac{y^8}{32768f^8}\right).$$

Prenons pour exemple le plus grand miroir parabolique qui ait été réalisé : nous exagérons même ses dimensions: ce miroir, le dernier construit par lord Ross, a, d'après l'auteur lui-même, une distance focale f de 54 pieds anglais, et y mesure 3 pieds anglais. c'est-à-dire environ $0^m,91$. Nous prendrons $y=1$ mètre et $f=18$ mètres. En effectuant les calculs, on trouve pour l'épaisseur cherchée $\frac{1}{8924}$ de millimètre, c'est-à-dire environ $\frac{1}{9000}$ de millimètre.

On comprend maintenant que pour amener un miroir sphérique à la forme parabolique il suffira d'employer des actions mécaniques analogues à celles dont on se sert en optique pour amener les surfaces réfléchissantes au dernier degré de poli.

Notre but n'est point de décrire toutes les pratiques mises en œuvre par les opticiens dans leurs ateliers; de telles descriptions sont insuffisantes, et il faut, pour réussir dans ce travail, posséder les tours de main bien connus de ceux qui s'en sont occupés longtemps; nous donnerons donc seulement le principe des opérations.

Le procédé général pour construire une surface sphérique consiste à user une surface sur une autre, en interposant une poussière à grain fin avec une petite quantité d'eau pour faciliter le mouve-

ment: pour que l'usure se produise plus vite, l'une des surfaces est
faite d'une matière moins dure que l'autre: les deux surfaces arrivent ainsi à s'appliquer exactement l'une sur l'autre, quelles que soient
leurs positions relatives. Lorsque l'on en est là, on est sûr qu'elles
sont sphériques, car il n'y a que deux surfaces sphériques qui satis-
fassent à cette condition.

C'est par le frottement contre un bassin creux ou une matrice
convexe qu'on arrive à réaliser des miroirs sphériques. On obtient
la surface sphérique concave ou convexe du bassin et de la matrice,
en les usant l'un sur l'autre: généralement ils sont en bronze. Il en
faut de dimensions très-variées afin de pouvoir fournir des miroirs
sphériques de tous les rayons. Le métal des miroirs est un peu moins
dur que le bronze: l'alliage qui le constitue répond à peu près à la
formule $Cu^4 Sn$. c'est-à-dire qu'il contient environ 66 de cuivre pour
33 d'étain: il est d'un blanc d'acier et prend un beau poli, mais il
est très-cassant: pour atténuer autant que possible cet inconvénient, on doit prendre un soin extrême d'assurer l'homogénéité du
métal dans sa fusion et sa coulée.

On obtient les miroirs plans par le frottement de trois surfaces à
peu près planes l'une contre l'autre : lorsqu'elles s'appliquent exactement l'une sur l'autre, quelles que soient leurs positions relatives,
il y a une probabilité extrêmement grande qu'elles sont planes; il y
a, pour ainsi dire, l'infini à parier contre 1 qu'il en est ainsi.

La poussière que l'on interpose entre les surfaces frottantes est
de l'émeri à grain de plus en plus fin. On sait que dans l'industrie
les poudres d'émeri de différents grains s'obtiennent en délayant
dans l'eau l'émeri tel qu'on le recueille dans la nature, en Asie Mi-
neure par exemple, puis séparant les parties déposées au bout de
1, 2, 3, . .10, 20, 30 minutes: on obtient ainsi des poudres à
grains de plus en plus fins. On termine le polissage au rouge d'Angleterre ou colcothar, obtenu par calcination du sulfate de fer. Le
frottement s'opère du reste aussi uniformément que possible: il doit
s'effectuer, pour les miroirs sphériques, de la circonférence au centre,
et on le dirige soit avec la main, soit à l'aide d'appareils spéciaux
agissant plus régulièrement et sur des masses plus considérables.
Au reste, ces machines ne font pas autre chose que donner à la pièce

mobile ces mouvements de rotation acccompagnés de glissements que lui donnerait la main d'un bon ouvrier, et les machines inventées par lord Ross pour tailler un paraboloïde ne sont pas d'une autre nature.

C'est en 1777 que Mudge, opticien anglais, construisit les premiers miroirs paraboliques. En creusant un peu un miroir sphérique vers son centre, on y diminue le rayon de courbure, et, par conséquent, on rapproche le foyer F_0 des rayons centraux du foyer F des rayons marginaux : on comprend donc qu'en diminuant convenablement le rayon de courbure depuis les bords jusqu'au centre on puisse amener tous les rayons réfléchis sur les diverses zones du miroir à passer par le même foyer : c'est ce qu'a fait Mudge en dirigeant le travail mécanique du polissage de manière à enlever un peu plus de matière au centre que sur les bords. Il est parvenu ainsi à diminuer considérablement l'aberration de sphéricité. Comme la quantité de matière est extrêmement faible, on emploie comme poussière interposée le rouge d'Angleterre; quant à la surface frottante, il convient qu'elle soit un peu flexible pour obéir dans une certaine mesure à la pression de la main : la poix, durcie par l'addition de quelques matières minérales, a été signalée depuis longtemps par Newton comme très-propre à faire un polissoir pour cet usage.

C'est ainsi que, dans ces derniers temps, lord Ross, M. Lassell et d'autres astronomes sont parvenus à construire des miroirs présentant une très-faible aberration de sphéricité. Ils reconnaissaient que la forme parabolique était atteinte, par la beauté des images que formait le miroir : ils reconnaissaient qu'ils l'avaient dépassée quand, après avoir travaillé le miroir pendant un certain temps, les images formées ne présentaient pas une netteté plus grande que quand le miroir était sphérique : c'est donc par une sorte de hasard qu'ils arrivaient à arrêter l'opération juste au moment où la forme parabolique était atteinte : cette méthode empirique présentait en outre un grave inconvénient, celui de nécessiter un grand nombre d'essais, pour chacun desquels il fallait monter le miroir dans l'appareil, qui permettait de le diriger vers les objets célestes.

490. Procédé de Foucault. — On doit à Foucault d'avoir donné aux opticiens un procédé sûr, à l'aide duquel on peut, en travaillant inégalement les diverses régions du miroir, savoir à un moment quelconque de combien l'on s'écarte de la forme que l'on veut obtenir et dans quel sens. Cette méthode a été indiquée par Foucault à l'occasion d'une application d'un procédé d'argenture découvert par M. Steinheil, de Munich, et qui consiste à réduire un sel d'argent par une matière organique: la couche d'argent ainsi déposée est d'une minceur extrême; elle présente rigoureusement partout la même épaisseur et offre une homogénéité parfaite: si c'est sur une lame de verre qu'on l'a déposée, il suffit de la nettoyer ensuite avec une éponge pour lui donner l'éclat métallique le plus parfait. Il est évident que la faculté d'appliquer cette mince couche d'argent sur une surface quelconque rend inutile l'usage du métal des miroirs, qui est assez lourd et surtout très-cassant, ce qui rend son travail et sa manœuvre très-difficiles; d'ailleurs l'éclat de l'argent est bien plus vif que celui du métal des miroirs: enfin les miroirs argentés ont un avantage encore plus grand que tous les précédents : dans les grandes villes comme Paris, Londres, Manchester, etc., où l'on brûle une quantité considérable de gaz d'éclairage, la surface des miroirs se ternit sous l'influence des vapeurs atmosphériques: pour leur rendre leur éclat primitif, il faut les polir à nouveau, et, comme on enlève dans cette opération des épaisseurs qui sont de l'ordre de celles que l'on a détachées pour passer de la sphère au paraboloïde, tout le travail est à recommencer; aussi les astronomes entourent-ils des précautions les plus minutieuses le miroir d'un télescope dont ils veulent pouvoir se servir pendant quelques années. Si, au contraire, on a affaire à un miroir argenté, il s'altérera, il est vrai, aussi vite; il se sulfurera même plus vite en s'oxydant moins; mais, pour lui rendre son premier éclat, il suffira d'enlever les impuretés à l'aide d'un linge un peu rude appuyé avec une force suffisante, et d'argenter de nouveau sa surface: on aura une nouvelle surface partout équidistante de la première. et qui sera, par conséquent, encore un paraboloïde de révolution; d'ailleurs cette seconde surface est à une distance pour ainsi dire infiniment petite de la première.

On comprend donc tout l'intérêt qui s'attache à la construction des miroirs argentés. La substance choisie comme la plus commode à travailler a été le verre. On prendra un disque en verre de telles dimensions qu'on voudra ; on choisira un verre de bonne qualité, que l'on trouvera facilement, car il n'est pas nécessaire qu'il soit homogène à l'intérieur : il convient qu'il soit particulièrement riche en chaux, afin qu'il soit très-peu hygrométrique. Le crown, le verre à glace des anciennes fabriques sont très-convenables ; le verre à glace qu'on fabrique aujourd'hui est trop riche en potasse et en soude.

C'est à M. Steinheil qu'on doit les premiers miroirs argentés, et il en a vu immédiatement toute la portée. Foucault a retrouvé de son côté le procédé de M. Steinheil, en a fait une étude bien plus complète, et le premier il a donné à l'opticien un procédé sûr pour se diriger dans le travail difficile d'un miroir parabolique.

491. Manière de vérifier si la surface du miroir est de révolution. — On commence par amener le miroir de verre à l'état de miroir poli et sphérique. A cet état il réfléchit assez la lumière pour donner, dans une chambre obscure, une image nette d'une flamme un peu visible. Pour faire voir comment on pourra vérifier si la surface du verre est sphérique, supposons cette condition satisfaite et par conséquent le miroir AB (fig. 291) sans aber-

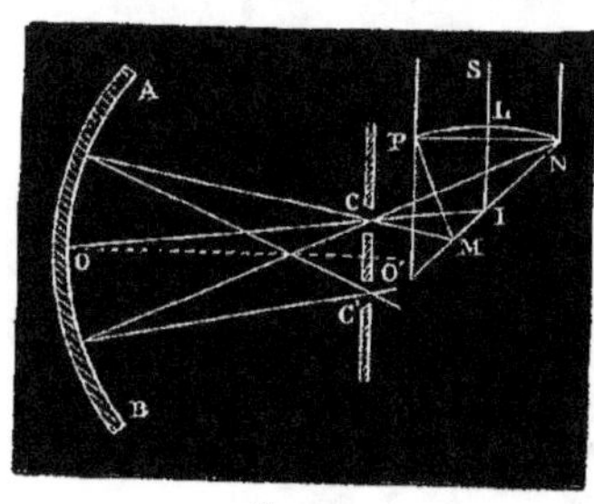

Fig. 291.

ration pour un point lumineux placé à son centre ; il jouit encore de la même propriété, à très-peu près, pour un point C, situé à une très-petite distance du centre, dans un plan perpendiculaire à l'axe ; il s'ensuit que tous les rayons partis du point C viendront former en un point C′, symétrique du premier par rapport à l'axe OO′, une image sans aberration, qui jouira des propriétés des images produites au foyer des miroirs aplanétiques, c'est-à-dire qu'elle sera formée d'une tache centrale bordée d'un système d'anneaux. On réalise le point lumineux en recevant sur un diaphragme très-mince, percé d'un petit trou, la flamme d'une bougie ou d'un bec de gaz, ou mieux encore un faisceau lumineux SI, rendu convergent par une lentille L, plan convexe, à court foyer, et renvoyé sur le trou C par un prisme à réflexion totale MNP. Pour examiner l'image C' formée dans le plan focal, il est nécessaire d'armer l'œil d'une loupe, et alors on voit l'apparence que nous venons de rappeler; cette image doit être symétrique par rapport à toutes les directions: la parfaite symétrie ne sera point altérée si l'on avance ou si l'on recule un peu la loupe pour voir en avant ou en arrière du plan focal les apparences que nous avons décrites précédemment. S'il y a une déformation dans le système des anneaux, on en conclut que le miroir n'est pas symétrique par rapport à l'axe, et on recommence à nouveau le travail du verre. On peut, de l'apparence des déformations, conclure de quels côtés se trouvent le plus grand et le plus petit diamètre et corriger la forme de la surface.

492. Vérification de la sphéricité du miroir. — Supposons que par des investigations de ce genre on ait reconnu que le miroir est de révolution : il faut naturellement vérifier la sphéricité par des moyens plus délicats. On prend un petit réseau à mailles

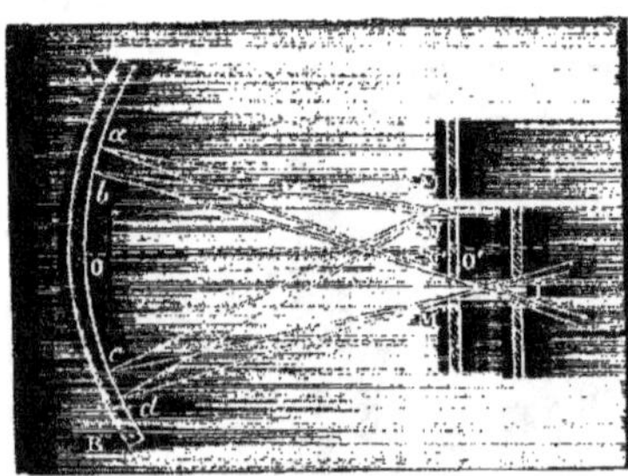

Fig. 492.

rectangulaires, formé de fils très-fins de platine ou d'une autre substance, et préparé avec le soin qu'on apporte à la construction des micromètres destinés aux observations astronomiques; on le place dans la petite ouverture du diaphragme, et très-près du centre, dans

le plan focal mené par le centre même : l'image de ce réseau,
formée de traits obscurs sur un fond noir, ne sera parfaitement
identique à l'objet que si le miroir est rigoureusement sphérique.
On étudiera donc cette image avec un appareil grossissant, et l'on
vérifiera si elle est identique à l'objet. On augmente singulièrement
la délicatesse du procédé en examinant l'image au moyen du microscope au devant duquel on a placé un diaphragme percé d'un trou
très-étroit. L'effet de ce diaphragme I (fig. 292) est de donner à
l'observateur des images des différentes mailles du réseau, réfléchies
chacune par des portions différentes du miroir; par exemple,
l'image N′ du point N est formée par le petit cône N′ab de rayons
qui se sont réfléchis sur la portion centrale ab du miroir; le point M′.
au contraire. proviendra du cône M′cd de rayons réfléchis sur la
portion marginale cd; ainsi chaque point de l'image est formée de
faisceaux très-étroits, réfléchis en des points différents de la surface
du miroir, et si l'une quelconque de ces régions n'est pas parfaitement
sphérique. comme son effet n'est pas masqué par celui des autres,
la déformation sera aussitôt évidente.

Supposons que dans une certaine région la surface du miroir soit
parfaitement sphérique AB (fig. 293) et qu'elle ait pour rayon la
distance qui sépare le plan du réseau du sommet du miroir : elle

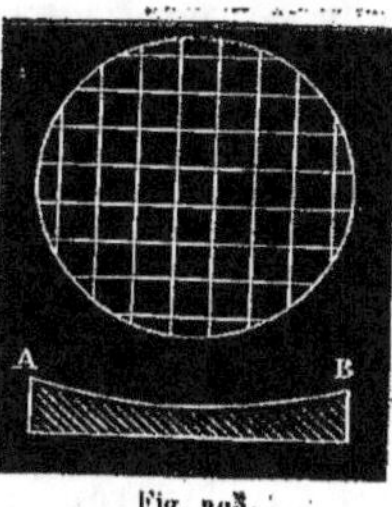

Fig. 293.

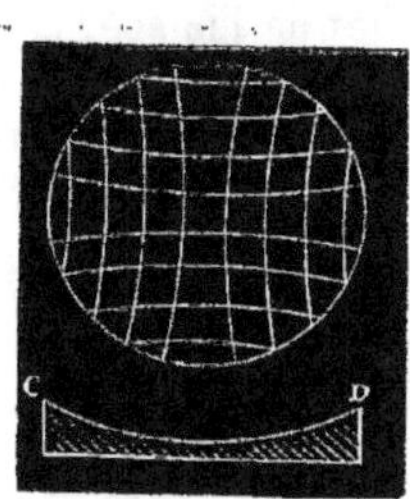

Fig. 294.

donnera une image identique à l'objet lui-même, c'est-à-dire des
mailles égales entre elles et égales à celles du réseau. Supposons au
contraire que dans une certaine région le rayon de courbure soit
un peu moindre que celui que nous venons de supposer comme en
CD (fig. 294) : les rayons lumineux réfléchis dans cette région vien-

dront former une image de l'objet un peu en avant du centre. et les
mailles carrées seront un peu plus petites que dans le réseau. Elles
seront au contraire agrandies si la réflexion a lieu dans une région
où le rayon de courbure soit plus grand que celui que nous supposons : tel est le cas de **EF** (fig. 295). Enfin, lorsque les trois hypothèses précédentes sont réalisées, et que la section du miroir pré-

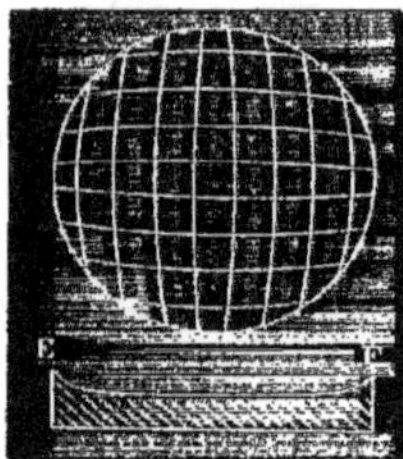
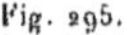
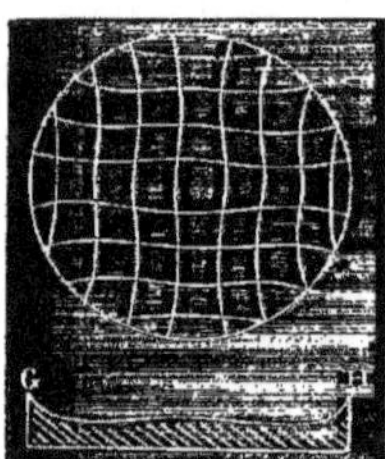

Fig. 295.   Fig. 296.

sente l'aspect **GH** (fig. 296), on a dans l'image des mailles égales à
celles du réseau, des mailles plus grandes et d'autres plus petites:
et comme il y a continuité, on a pour image des fils du réseau une
série de lignes courbes se rapprochant pour donner les mailles les
plus petites de l'image, et s'écartant pour en représenter les mailles
les plus grandes. De l'examen de cette image, on conclut si le miroir est voisin de la forme sphérique ou s'il s'en écarte beaucoup :
dans ce dernier cas, on le reporte sur sa matrice; dans le premier
cas, voici comment on recherche les corrections qu'il faut lui faire
subir.

**493. Moyen de corriger l'imparfaite sphéricité du mi-
roir.** — Le procédé repose toujours sur la propriété qu'a un
miroir sphérique d'être aplanétique pour un point lumineux placé
dans le plan focal du centre. très-près de ce point. On réalise le point
lumineux. comme nous l'avons indiqué plus haut. en renversant vers
le diaphragme un faisceau lumineux dont la divergence est juste assez
grande pour illuminer toute la surface du miroir : la totalité des rayons
réfléchis vient former en **M'N'** (fig. 292) une image du point **MN**

composée d'une tache centrale et d'anneaux très-étroits. Si en M'N'
on place un diaphragme opaque très-petit, de manière à couvrir la
portion centrale de cette image, en plaçant l'œil très-près derrière
ce diaphragme et regardant le miroir, on ne recevra aucun rayon
réfléchi directement par celui-ci; on le verra cependant éclairé d'une
manière très-faible, à cause du pouvoir diffusif très-petit dont jouit
toujours le poli spéculaire le plus parfait; mais cet éclairement du
miroir sphérique sera uniforme. Si le miroir n'est pas exactement
sphérique, il y aura des aberrations sensibles et des rayons réfléchis
directement par le miroir qui arriveront à l'œil placé très-près du
bord de l'écran; la surface du miroir paraîtra donc inégalement
éclairée. De ces inégalités on peut conclure en quels points et dans
quel sens le miroir s'écarte de la forme sphérique.

En effet, établissons un diaphragme DO' qui couvre le centre O'
(fig. 297) du miroir AB, et plaçons l'œil très-près du bord inférieur
de cet écran. Supposons qu'aux points P et P' la surface du miroir
fasse saillie sur la surface sphérique; les normales en ces points
viendront couper l'axe entre le centre et le miroir, et les rayons ré-

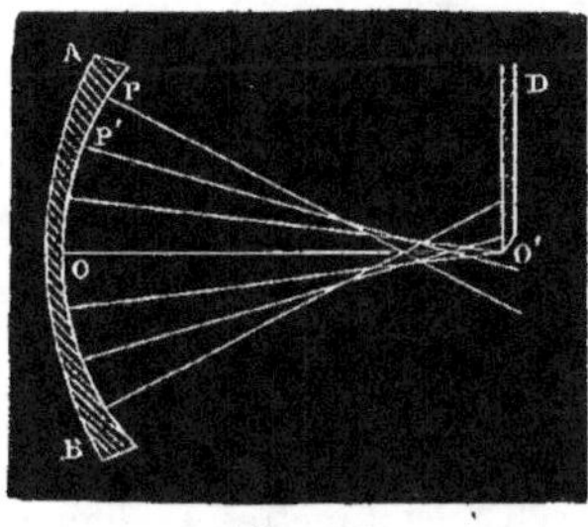
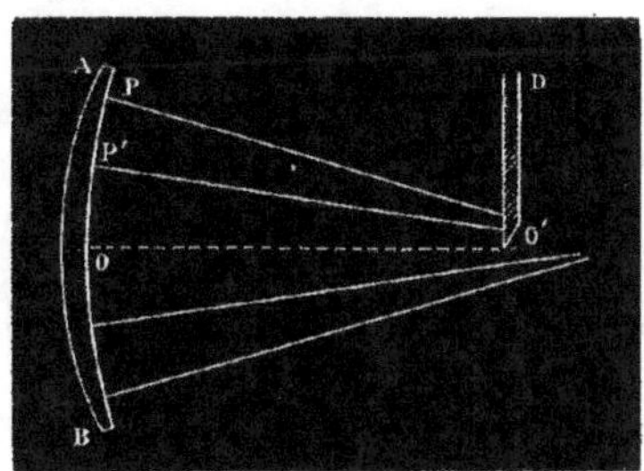

fléchis passant au-dessous de l'écran seront reçus par l'œil : la région PP' semblera illuminée. Si au contraire la surface du miroir AB
(fig. 298) est en arrière de la surface sphérique, les rayons réfléchis
en P et P' viendront rencontrer le diaphragme avant de rencontrer
l'axe, la région PP' paraîtra obscure. Par conséquent, si le miroir
n'est pas sphérique, au lieu d'une apparence lumineuse uniforme,
il présentera des parties obscures indiquant les creux et des parties

brillantes correspondant à des saillies de la surface. L'œil verra donc
en quelque sorte le relief de la surface que l'on construirait de la
manière suivante : qu'on prenne une surface plane d'étendue égale
à la surface du miroir, et qu'aux divers points de cette surface on
élève des ordonnées égales aux distances des différents points du
miroir aux points correspondants d'un miroir rigoureusement sphé-

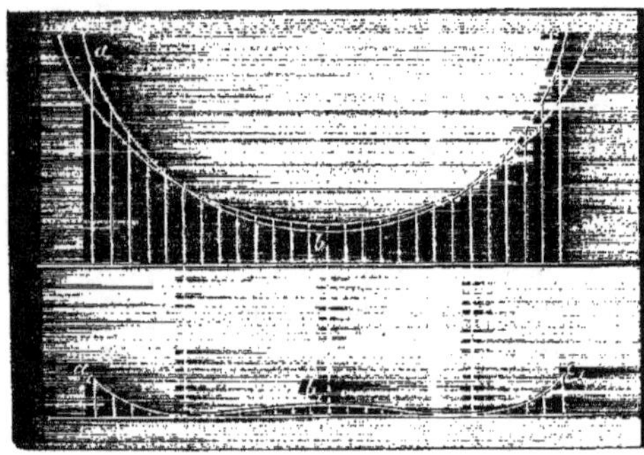

Fig. 299.

rique : si, par exemple, le miroir offre une section de la forme abc
(fig. 299), les extrémités des ordonnées formeront une courbe $a_1 b_1 c_1$
renflée vers le milieu. On juge ainsi du genre de corrections à faire
subir au miroir et. dans le cas actuel, nous voyons que pour atteindre
la forme sphérique il faut faire rentrer les bords.

De là l'idée neuve et hardie des retouches locales appliquée au
travail du verre. Pour la réaliser, Foucault fixait le miroir sur un support et, avec un polissoir en verre de 5 à 6 centimètres de diamètre
et du rouge d'Angleterre, il travaillait à la main les régions qui avaient
paru brillantes : l'apparence lumineuse s'en conserve aisément dans
l'esprit, et d'ailleurs on peut tracer des traits au crayon rouge sur
tous ces points pour se guider sûrement. L'opération étant prolongée
quelque temps, on soumet de nouveau le miroir à la même épreuve,
et on voit si l'on a atteint la limite qu'on s'était proposée, si on l'a
dépassée ou si l'on est resté en deçà.

La supériorité de ce procédé, qui constate et mesure presque l'erreur, et n'oblige pas à monter le miroir dans un télescope pour viser un objet céleste, est maintenant bien évidente.

494. Passage de la forme sphérique à la forme parabolique. — La forme sphérique étant obtenue (c'est un point de départ nécessaire), on la transforme d'abord en celle d'un ellipsoïde de révolution à foyers peu distants. Le même procédé que nous avons déjà décrit sert encore à reconnaître quand on a atteint rigoureusement cette forme : le point lumineux qui envoie sur le miroir le faisceau divergent est à l'un des foyers de l'ellipsoïde, et c'est en un point plus éloigné, second foyer de la surface, qu'on place le petit écran derrière lequel on met l'œil pour voir si la surface du miroir est bien uniformément éclairée. S'il n'en est pas ainsi, on note les saillies et les creux, et pour les faire disparaître on emploie des retouches locales. On recommence ensuite la même opération en écartant davantage les foyers : dans les grands ateliers dont dispose l'industrie, on peut leur donner une distance de 15 à 20 mètres. Arrivé là, l'opérateur a presque atteint la forme parabolique ; plus les foyers sont éloignés, moins on trouverait d'aberration en visant un objet céleste.

Pour donner au miroir ainsi préparé la forme parabolique, on place à une distance d'environ 20 mètres un collimateur qui envoie sur le miroir un faisceau de rayons parallèles entre eux et à l'axe : ils doivent former au foyer une image sans aberration ; c'est maintenant cette image que l'on couvre d'un petit diaphragme, et, en plaçant l'œil à côté, on voit illuminée avec plus d'éclat la portion de surface qui fait saillie sur le paraboloïde. Lorsque, par des retouches locales, on a obtenu un éclairement uniforme, on peut essayer le miroir en visant un objet céleste, ou une mire terrestre sur laquelle on a tracé des traits rapprochés, noirs sur fond blanc ou inversement, et qui est à une grande distance. Cette opération donne la limite de puissance du miroir, c'est-à-dire le minimum du diamètre apparent de la distance de deux points dont les images sont distinctes.

On a reconnu qu'en diminuant l'ouverture angulaire d'un miroir au moyen d'un diaphragme placé au devant ce minimum devient

plus grand, c'est-à-dire que la netteté des images diminue; il devait
en être ainsi dans un miroir aplanétique, car nous avons vu que
par cette diminution on augmente les aberrations de diffraction.
Cependant on ne peut pas espérer d'arriver à une netteté indéfinie
en augmentant indéfiniment la largeur du miroir sans changer son
ouverture angulaire; on est arrêté dans cette voie par la nature de
la surface, qui n'est jamais mathématiquement polie.

Dans un miroir ordinaire, la netteté de l'image augmente lorsqu'on supprime une certaine zone de ce miroir; il est donc bien
différent d'un miroir aplanétique.

On pourrait, en prenant le miroir tel que le donne l'opticien,
c'est-à-dire un miroir sphérique vérifié au sphéromètre, commencer
tout d'abord par la dernière opération, recourir immédiatement au
collimateur et employer la méthode des retouches locales jusqu'à ce
qu'on obtienne une image sans aberration; mais il faudrait enlever
une trop grande épaisseur de verre, et il en résulterait des tâtonnements beaucoup plus longs que ne l'est toute la série des opérations
que nous avons décrites et qui n'exigent, à chaque fois, que l'abla-
tion d'une très-petite quantité de matière.

2° LENTILLES.

**495. Réfraction de la lumière à travers un milieu li-
mité par une surface sphérique.** — Pour les lentilles comme

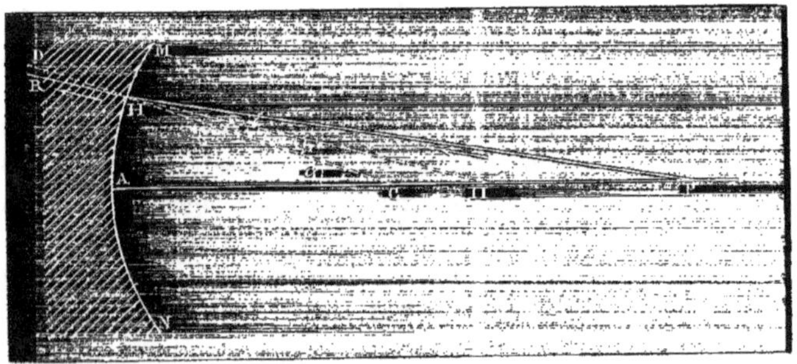

Fig. 3oo.

pour les miroirs. nous rappellerons d'abord les formules approchées

55

obtenues en négligeant les aberrations. Nous conserverons toujours les conventions de signe suivantes : supposons que la lumière, passant du milieu le moins réfringent dans le milieu le plus réfringent, rencontre une surface concave, toutes les distances comptées à partir du sommet A (fig. 3oo) vers le côté d'où vient la lumière sont positives; le rayon de la surface concave est positif; dans le cas d'un point lumineux virtuel, les distances comptées de son côté sont négatives; enfin, si la surface est convexe au lieu d'être concave, on regarde son rayon comme négatif.

Avec ces conventions, on a, pour tous les cas où la surface de séparation des deux milieux est sphérique, la formule

$$\frac{n}{p'} - \frac{1}{p} = \frac{n-1}{R},$$

où p représente la distance du point lumineux P au sommet A de la surface sphérique MN, p' la distance au même point de l'intersection Π de l'axe et des rayons réfractés tels que RHΠ, n l'indice de réfraction, R le rayon de la surface. La figure montre que le foyer est virtuel lorsque p' est positif; c'est en effet le prolongement du rayon réfracté qui vient couper l'axe en Π. A cause du défaut de symétrie de la formule, on ne peut conserver aux points P, Π le nom de foyers conjugués en attachant à ces mots le même sens que dans la théorie des miroirs; mais on peut leur attribuer la signification suivante. Concevons dans le milieu le plus réfringent un système de rayons tels, que prolongés ils passent en Π : ces rayons réfractés iront passer par le point P d'après le principe du retour des rayons : de cette manière, Π et P peuvent être dits foyers conjugués; effectivement, pour appliquer à ce cas la formule précédente, il faudra changer R en $- R$, n en $\frac{1}{n}$, p en $- p'$ et p' en $- p$, et alors la formule restera la même. Mais il faut se garder de croire que cette dénomination signifie qu'en plaçant le point lumineux en Π le prolongement des rayons réfractés passera en P; il n'en est rien.

Il est intéressant de rechercher dans quel cas les rayons réfractés provenant de rayons incidents parallèles à l'axe sont convergents.

Si l'on fait $p = -\infty$, on a

$$p' = \frac{nR}{n-1} = f.$$

Telle est la distance au sommet A du point de concours des rayons.

Si f est positif, ce foyer principal est virtuel et en conséquence les rayons réfractés sont divergents. Or f est positif lorsque R et $n-1$ sont de même signe; lorsque ces quantités sont positives, on est dans le cas où nous nous plaçons généralement, c'est-à-dire dans le cas de rayons arrivant du milieu le moins réfringent sur une surface concave : lorsque ces quantités sont négatives, il s'agit de rayons passant du milieu le plus réfringent dans le milieu le moins réfringent, la surface de séparation étant convexe vers le premier.

Si au contraire f est négatif, le foyer principal est réel, et les rayons réfractés sont convergents : c'est ce qui arrive dans les deux cas où l'on a

$$R < o \text{ avec } n - 1 > o \qquad \text{et} \qquad R > o \text{ avec } n - 1 < o$$

Dans le premier cas, les rayons passent du milieu le moins réfringent dans le milieu le plus réfringent, et la surface de séparation est convexe vers le premier. Dans le second cas, les rayons lumineux partent du milieu le plus réfringent et tombent sur une surface concave.

Ces considérations sont utiles dans la théorie de l'œil, qui n'est pas à proprement parler une lentille, mais plutôt un système de surfaces séparant des milieux dont la réfringence n'est pas tout à fait la même.

496. Réfraction à travers un milieu limité par deux surfaces sphériques. — Supposons maintenant que le second milieu soit limité, du côté où nous l'avons supposé indéfini, par une seconde surface M'N' (fig. 301), sphérique comme la première, de même axe AX et assez rapprochée pour que l'on puisse négliger l'épaisseur de la lentille que l'on réalise entre ces deux surfaces. Appelons ϖ la distance focale des rayons centraux, en supposant un instant le second milieu indéfini de l'autre côté de la première

surface MN; nous avons vu que, si les rayons émanent du point P,
on a

$$\frac{n}{\varpi} - \frac{1}{p} = \frac{n-1}{R},$$

où le signe de ϖ résulte de ceux de p et de R. Considérons maintenant les rayons comme émanant du point H de l'axe déterminé par

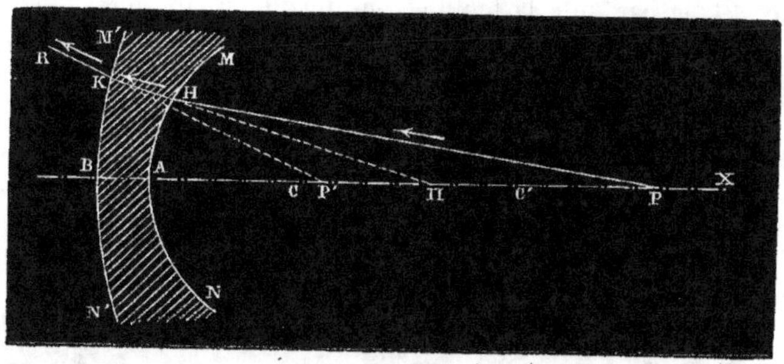

Fig. 301.

la distance ϖ, et tombant sur la seconde surface : soit p' la distance
de A au point P' où les rayons centraux réfractés rencontrent l'axe, et
soit R' le rayon de la seconde surface. On aura, d'après la formule
précédente.

$$\frac{1}{np'} - \frac{1}{\varpi} = \left(\frac{1}{n} - 1 \right) \frac{1}{R'},$$

équation qui, combinée avec la première, donne entre p et p' la relation suivante :

$$\frac{1}{p'} - \frac{1}{p} = \frac{n-1}{R} - \frac{n-1}{R'} = (n-1)\left(\frac{1}{R} - \frac{1}{R'} \right) = \frac{1}{f}.$$

Telle est la formule des lentilles, formule générale si l'on se rap-
pelle les conventions faites sur les signes.

497. Lentilles convergentes et divergentes. — Cette formule va nous permettre de distinguer immédiatement les lentilles
en deux classes : lentilles convergentes, qui pour $p = \infty$ donnent
$f < 0$, et lentilles divergentes, qui dans le même cas donnent $f > 0$.

On suppose ici $n > 1$; mais si l'on avait $n < 1$, les lentilles convergentes dans l'hypothèse de $n > 1$ deviendraient divergentes, et *vice versa*; ainsi une lentille d'eau sera convergente dans l'air, et une lentille d'air limitée par les mêmes surfaces sera divergente dans l'eau.

Mais revenons au cas le plus habituel, $n > 1$; pour que f soit négatif, et par suite la lentille convergente, il faut que l'on ait

$$\frac{1}{R} - \frac{1}{R'} < 0.$$

condition qui donne. pour $R > 0$, les limites suivantes pour R' : $R > R' > 0$, et qui, dans le cas de $R < 0$, fournit encore les sui-

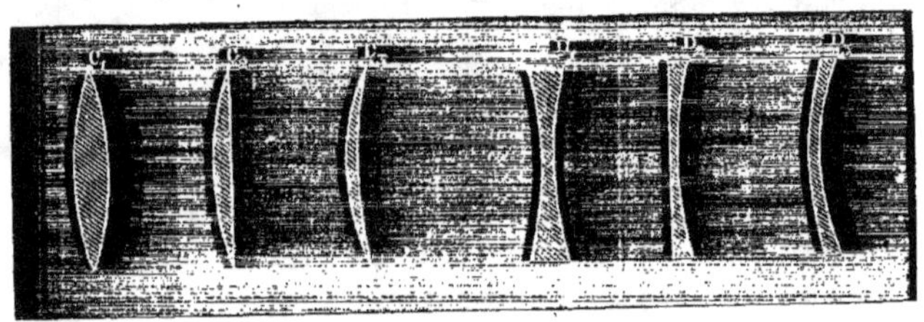

Fig. 302.

vantes : $R' > 0$, et $R' < 0$ avec la restriction $R' > R$ en valeur absolue; on obtient ainsi (fig. 302) les lentilles concave-convexe à centre épais C_3, plan-convexe C_2 et biconvexe C_1.

L'examen des cas divers fournis par la condition

$$\frac{1}{R} - \frac{1}{R'} > 0$$

ferait tout aussi facilement trouver les différentes sortes de lentilles divergentes, savoir : les lentilles concave-convexe à centre mince D_3, plan-concave D_2 et biconcave D_1.

498. Foyers conjugués des lentilles. — Lorsque l'on considère une quelconque de ces lentilles, le point lumineux et son foyer réel ou virtuel peuvent encore être compris sous le nom de foyers conjugués : mais, afin de ne point s'égarer sur le sens de cette expression, il faut remarquer avec soin le défaut de symétrie en p et p' de la formule

$$\frac{1}{p'} - \frac{1}{p} = \frac{1}{f}.$$

Si l'on y change p en p', il faut, pour qu'elle ne change pas, remplacer encore p' par $-p$. Donc, si un faisceau conique tombant sur une lentille produit son foyer d'un certain côté et à une certaine distance de celle-ci, c'est de l'autre côté, et à la même distance, qu'on devra placer un second faisceau lumineux pour avoir un foyer situé par rapport à la lentille dans une position symétrique de celle du sommet du premier faisceau. Par exemple, dans le cas d'une lentille biconvexe AB (fig. 303), dire que les points P, P' sont des

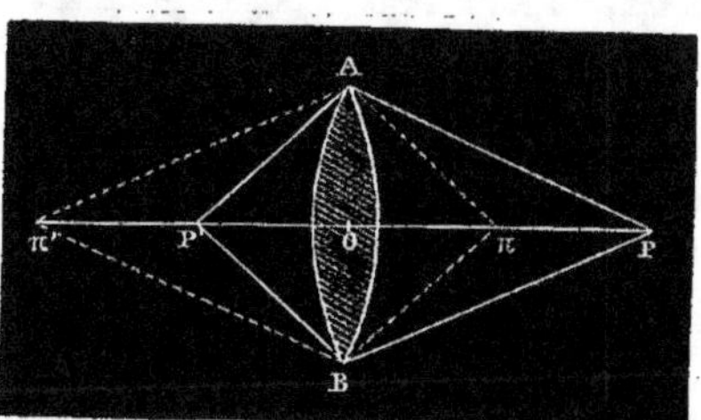

Fig. 303.

foyers conjugués signifie qu'en plaçant le point lumineux en P on a un foyer en P'; et qu'il faudrait mettre le point lumineux en π, symétrique de P', si l'on voulait avoir un foyer en π', point symétrique de P. Dans la lentille biconcave, on aurait une autre disposition des foyers, mais avec les mêmes relations entre eux, en ayant égard aux signes.

499. Aberration d'une surface réfringente. — Cherchons maintenant avec plus de rigueur en quels points viennent rencontrer l'axe d'une surface réfringente les différents rayons émanés d'une source P (fig. 304) située sur cet axe, et réfractés en divers points de la surface. Pour la symétrie des raisonnements et des figures, nous supposerons qu'il s'agit d'une surface concave vers le milieu le moins réfringent, et que le point P est situé dans ce mi-

lieu. Appelons α l'angle de l'axe avec la normale au point d'incidence H; ρ et ρ' les distances de ce point à la source lumineuse P

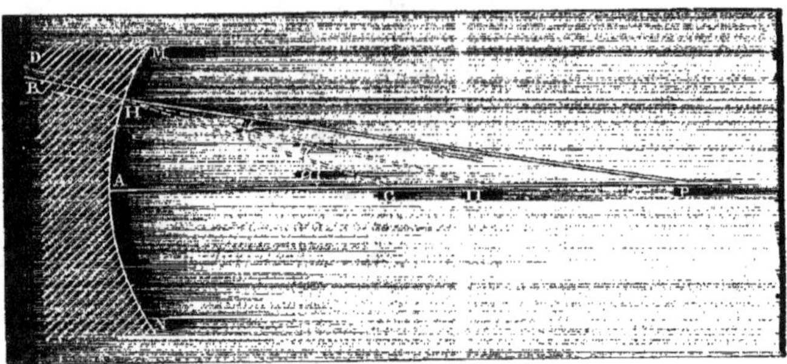

Fig. 3o4.

et à son foyer Π. La considération des triangles CHP, CHΠ fournit
les relations

$$\frac{\sin i}{\sin \alpha} = \frac{p - R}{\rho}, \qquad \frac{\sin r}{\sin \alpha} = \frac{p' - R}{\rho'},$$

relations qui transforment la suivante,

$$\sin i = n \sin r,$$

en celle-ci :

$$\frac{p - R}{\rho} = n \frac{p' - R}{\rho'}.$$

On a d'ailleurs sans difficulté les valeurs de ρ et ρ' en fonction
de R. p. p' et de l'ordonnée y du point d'incidence H,

$$\rho^2 = R^2 + (p - R)^2 + 2R(p - R)\cos\alpha,$$
$$\rho'^2 = R^2 + (p' - R)^2 + 2R(p' - R)\cos\alpha,$$

ou. en remarquant que la projection $R\cos\alpha$ de HC sur l'axe est
égale à $\sqrt{R^2 - y^2}$.

$$\rho^2 = R^2 + (p - R)^2 + 2(p - R)\sqrt{R^2 - y^2},$$
$$\rho'^2 = R^2 + (p' - R)^2 + 2(p' - R)\sqrt{R^2 - y^2},$$

et, après substitution, on arrive à la relation définitive entièrement rigoureuse,

$$\frac{p-\mathrm{R}}{\sqrt{2\mathrm{R}^2+p^2-2p\mathrm{R}+2\,(p-\mathrm{R})\sqrt{\mathrm{R}^2-y^2}}}=n\,\frac{p'-\mathrm{R}}{\sqrt{2\mathrm{R}^2+p'^2-2p'\mathrm{R}+2\,(p'-\mathrm{R})\sqrt{\mathrm{R}^2-y^2}}}$$

Cette équation pourra se résoudre; elle est du deuxième degré en p^2 et p'^2. Mais il n'y a pas d'intérêt à la considérer d'une manière générale: le seul cas utile est celui où l'ouverture angulaire est petite.

500. Cas d'une surface réfringente de petite ouverture angulaire. — Supposons y assez petit relativement à R pour qu'on puisse négliger $\frac{y^4}{\mathrm{R}^4}$. On aura $\sqrt{\mathrm{R}^2-y^2}=\mathrm{R}-\frac{y^2}{2\mathrm{R}}$, et l'équation se simplifiera beaucoup :

$$\frac{p-\mathrm{R}}{\sqrt{p^2+y^2\left(1-\frac{p}{\mathrm{R}}\right)}}=n\,\frac{p'-\mathrm{R}}{\sqrt{p'^2+y^2\left(1-\frac{p'}{\mathrm{R}}\right)}}\cdot$$

On peut encore la simplifier en remarquant que $\frac{y^4}{p^4}$ est de l'ordre de $\frac{y^4}{\mathrm{R}^4}$ et par conséquent négligeable: alors, en extrayant la racine carrée par approximation, on a

$$\frac{p-\mathrm{R}}{p+\frac{y^2}{2p}\left(1-\frac{p}{\mathrm{R}}\right)}=n\,\frac{p'-\mathrm{R}}{p'+\frac{y^2}{2p'}\left(1-\frac{p'}{\mathrm{R}}\right)},$$

et en effectuant les divisions au même degré d'approximation,

$$\frac{p-\mathrm{R}}{p}\left[1-\frac{y^2}{2p}\left(\frac{1}{p}-\frac{1}{\mathrm{R}}\right)\right]=n\,\frac{p'-\mathrm{R}}{p'}\left[1-\frac{y^2}{2p'}\left(\frac{1}{p'}-\frac{1}{\mathrm{R}}\right)\right]\cdot$$

Divisons par R et réunissons les termes qui ne contiennent ni R ni y^2 :

$$(1)\qquad \frac{n}{p'}-\frac{1}{p}=\frac{n-1}{\mathrm{R}}+\frac{y^2}{2}\left[\frac{n(p'-\mathrm{R})}{p'^2\mathrm{R}}\left(\frac{1}{p'}-\frac{1}{\mathrm{R}}\right)-\frac{(p-\mathrm{R})}{p^2\mathrm{R}}\left(\frac{1}{p}-\frac{1}{\mathrm{R}}\right)\right]\cdot$$

L'expression comprise entre crochets peut s'écrire

$$\frac{n}{p'}\left(\frac{1}{p'}-\frac{1}{\mathrm{R}}\right)^2-\frac{1}{p}\left(\frac{1}{p}-\frac{1}{\mathrm{R}}\right)^2,$$

et on peut la simplifier par la considération suivante : $\frac{n}{p'}$ et $\frac{1}{p'}$ ne diffèrent des valeurs $\frac{n}{p'_0}$ et $\frac{1}{p'_0}$ relatives aux rayons centraux que de quantités de l'ordre de y^2, d'après la formule même, puisqu'on néglige y^4 :
on peut donc mettre ces dernières quantités à la place des premières : l'équation qui les fournit est, comme on sait,

$$\frac{n}{p'_0} - \frac{1}{p} = \frac{n-1}{R} .$$

Après cette substitution, l'équation (1) devient

$$(2) \qquad \frac{n}{p'} - \frac{1}{p} = \frac{n-1}{R} + \frac{n-1}{2n^2} \left(\frac{1}{R} - \frac{n+1}{p} \right) \left(\frac{1}{p} - \frac{1}{R} \right)^2 y^2.$$

qui représente la loi de la réfraction opérée sur une surface sphérique concave, d'ouverture angulaire très-petite,

501. Aberration longitudinale. — On voit, en appliquant
cette formule aux rayons marginaux et la comparant à la précédente qui convient aux rayons centraux, que l'aberration longitudinale dépend du terme en y^2. Pour trouver comment elle varie,
désignons-la par $\Delta p'$ et traitons cette quantité comme un infiniment
petit : partant de la valeur $\frac{n}{p'}$ qui correspond aux rayons centraux,
on a

$$\Delta \frac{n}{p'} = - n \frac{\Delta p'}{p'^2} .$$

Pour p'^2 on mettra une expression indépendante de y^2 ; l'aberra-
tion longitudinale $\Delta p'$ varie donc proportionnellement à $\Delta \frac{n}{p'}$, qui n'est
autre chose que le terme en y^2 de l'équation (2) ; de plus, elle est.
toutes choses égales d'ailleurs, de signe contraire à ce terme ; ainsi,
suivant que le coefficient de y^2 est positif ou négatif, le foyer des
rayons marginaux est plus près ou plus loin de la surface réfringente que le foyer des rayons centraux. La discussion des différents
cas qui peuvent se présenter n'offre d'ailleurs ni difficultés ni grand
intérêt.

502. Cas où l'aberration longitudinale est nulle. — Mais il est intéressant, au point de vue théorique, d'examiner dans quels cas l'aberration longitudinale est nulle. Elle sera nulle, aux quantités du second ordre près, lorsque le coefficient de y sera nul. c'est-à-dire lorsqu'une des deux conditions suivantes sera satisfaite :

$$\frac{1}{p} - \frac{1}{R} = 0, \qquad \frac{1}{R} - \frac{n+1}{p} = 0.$$

Elles donnent pour p des valeurs pour lesquelles il est aisé de voir que l'aberration est nulle, non pas seulement aux quantités du second ordre près, mais absolument nulle. En effet, ces valeurs de p sont

$$p = R \qquad \text{et} \qquad p = R\,(n+1).$$

Dans le premier cas, le point lumineux est au centre de la surface réfringente : les rayons sont normaux à cette surface : l'aberration est donc nulle. Dans le deuxième cas, la formule qui convient aux rayons centraux donne pour p' la valeur tirée de l'équation

$$\frac{n}{p'} = \frac{1}{R\,(n+1)} + \frac{n-1}{R},$$

ou

$$p' = \frac{n+1}{n}\, R.$$

Cette valeur, qui détermine le foyer R des rayons centraux, convient aussi aux rayons marginaux; car joignons un point I, pris sur les bords de la surface, aux points II, P, C; des relations

$$p - R = nR,$$
$$R = n\,(p' - R),$$

il résulte

$$\frac{p-R}{R} = \frac{R}{p'-R} = n,$$

c'est-à-dire que dans les triangles CHII, CHP les côtés qui comprennent l'angle C sont proportionnels :

$$\frac{CP}{CH} = \frac{CH}{CII} = n.$$

Les deux triangles sont donc semblables et le rapport de similitude est n : ainsi, en désignant PH, ΠH par ρ et ρ', on a

$$\rho = n\rho'.$$

Cela posé, cherchons le rapport des sinus des angles PHC, ΠHC, que nous désignerons par i et x : il est facile de voir que l'on a

$$\sin i = \frac{p - \mathrm{R}}{\mathrm{R}} \cdot \frac{y}{\rho} \qquad \text{et} \qquad \sin x = \frac{p - \mathrm{R}}{\mathrm{R}} \cdot \frac{y}{\rho'};$$

donc

$$\frac{\sin i}{\sin x} = \frac{p - \mathrm{R}}{p' - \mathrm{R}} \frac{\rho'}{\rho} = n^2 \frac{1}{n} = n.$$

i étant l'angle d'incidence, x est l'angle de réfraction; les rayons réfractés par les bords de la surface viennent donc passer exactement au foyer des rayons centraux; l'aberration est, ainsi que nous l'avions dit, rigoureusement nulle.

L'aberration latérale s'obtient en multipliant l'aberration longitudinale par la tangente de l'angle de l'axe avec le rayon marginal réfracté, ou, plus simplement et d'une manière approchée, en multipliant l'aberration longitudinale par $\frac{y}{p'_0}$.

Les deux cas où l'aberration longitudinale est nulle, la surface réfringente étant sphérique, sont des cas particuliers où se trouve remplie la condition à laquelle une surface doit satisfaire pour être aplanétique.

503. Conditions auxquelles doit satisfaire une surface réfringente pour être aplanétique. — *1° Cas où le point lumineux et son foyer sont l'un réel, l'autre virtuel.* — Considérons, en effet, une surface de révolution réfringente à foyer virtuel, le point lumineux étant réel et situé en P (fig. 305) : et cherchons quelle doit être la courbe méridienne pour que cette surface soit aplanétique. Soit un rayon PI $= \rho$ tombant du point P sur la surface, et soit PI′ un rayon infiniment voisin. Du point P comme centre, avec PI′ pour rayon, décrivons l'arc de cercle I′k : en appelant i l'angle d'incidence du rayon PI, on a

$$\sin i = \frac{IK}{II'}\cdot$$

Mais $IK = -\,d\rho$, et, en désignant l'arc AI par s. II' égale ds: donc

$$\sin i = -\,\frac{d\rho}{ds}\cdot$$

Comme, par hypothèse, les rayons réfractés rencontrent l'axe au

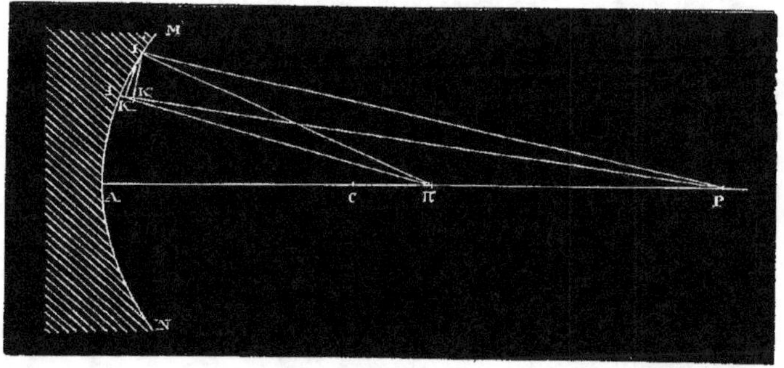

Fig. 3o5.

même point π, on aurait de même, en considérant le triangle $II'K'$,

$$\sin r = -\,\frac{d\rho'}{ds}\cdot$$

Donc, suivant la loi de Descartes,

$$\frac{d\rho}{ds} = n\,\frac{d\rho'}{ds};$$

d'où, en intégrant,

$$\rho - n\rho' = c.$$

Ainsi, deux points étant donnés, dont l'un doit être un point lumineux réel et l'autre un foyer virtuel, la surface sera aplanétique si sa courbe méridienne est une des courbes en nombre infini représentées par l'équation précédente.

La même condition subsiste si l'on prend un point lumineux virtuel et son foyer réel.

Dans le cas où il s'agirait d'un miroir réfléchissant, on arriverait à l'équation

$$\rho - \rho' = c.$$

Des hyperboloïdes de révolution en nombre infini satisfont à cette condition.

504. 2° *Cas où le point lumineux et son foyer sont tous deux réels ou virtuels.* — **Proposons-nous maintenant de rechercher la condi-**

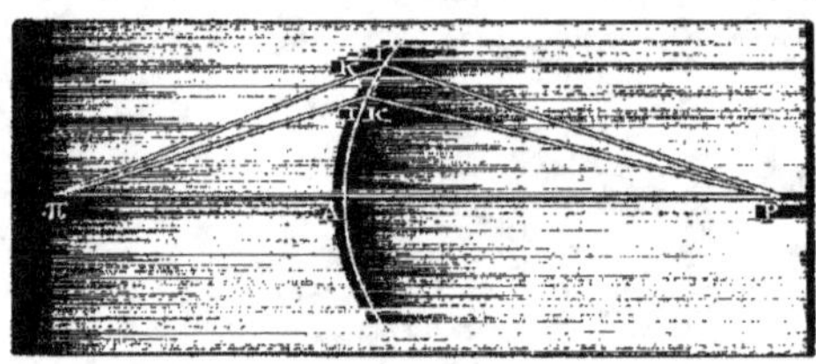

Fig. 306.

tion à laquelle doit être assujettie une surface réfringente aplanétique lorsque le point lumineux et son foyer sont tous deux réels ou tous deux virtuels : c'est le cas représenté par la figure 306.

En considérant deux rayons infiniment voisins PI, PI', qui se propagent dans le milieu réfringent suivant Iπ, I'π, on trouve, par des calculs qui sont identiques aux précédents à un signe près, l'équation

$$\rho + n\rho' = c.$$

Dans le cas des miroirs, on trouverait pour équation de la section méridienne

$$\rho + \rho' = c.$$

équation d'une ellipse dont le cercle est un cas particulier.

505. 3° *Surface aplanétique pour des rayons incidents parallèles.* — Enfin, lorsque les rayons incidents (fig. 307) sont parallèles à l'axe AX, on doit compter les distances ρ à partir d'un plan BC perpendiculaire à leur direction. Appelons u la distance d'un point I de la surface réfringente à ce plan et supposons $n > 1$, ce qui est le

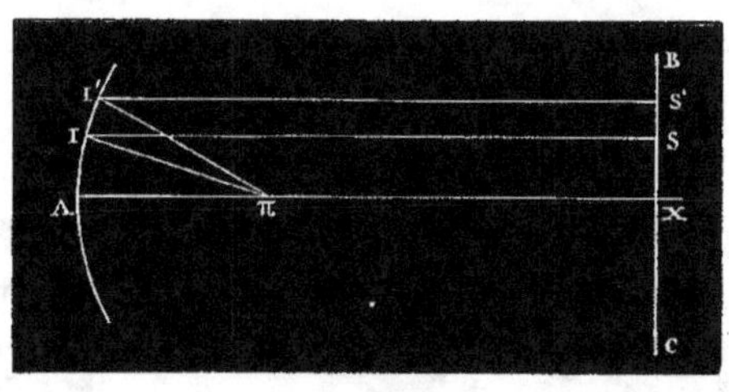

Fig. 807.

cas ordinaire. Un rayon S'I', infiniment voisin de SI, se réfractera de manière que sa direction rencontre l'axe au même point π que le premier. On aura d'ailleurs, en désignant par du la variation de u qui correspond à un déplacement ds du point d'incidence, l'équation

$$\sin i = -\frac{du}{ds}.$$

On a de même

$$\sin r = -\frac{d\rho'}{ds},$$

et on en conclut

$$u - n\rho' = ca,$$

équation des courbes méridiennes des surfaces aplanétiques pour un point lumineux situé à l'infini. Comme l'origine des distances u est arbitraire, on peut faire la constante c égale à zéro et l'on a

$$u = n\rho'.$$

Or, les courbes telles, que le rapport des distances d'un quelconque de leurs points à un foyer et à une droite soit constant, sont des ellipses; une surface elliptique concave peut donc faire converger vers un foyer unique et virtuel les rayons parallèles à son axe.

Il est facile de voir qu'à chaque valeur de n correspondent des ellipses d'une excentricité déterminée. Cherchons en effet la condition pour que l'ellipse dont l'équation est

$$\frac{x^2}{a^2} + \frac{y^2}{f^2} = 1$$

soit comprise parmi celles que représente l'équation $u = n\rho'$. On a

$$\rho' = a - \frac{cx}{a},$$

et en appelant d la distance à l'axe Oy (fig. 308) de la droite DD'

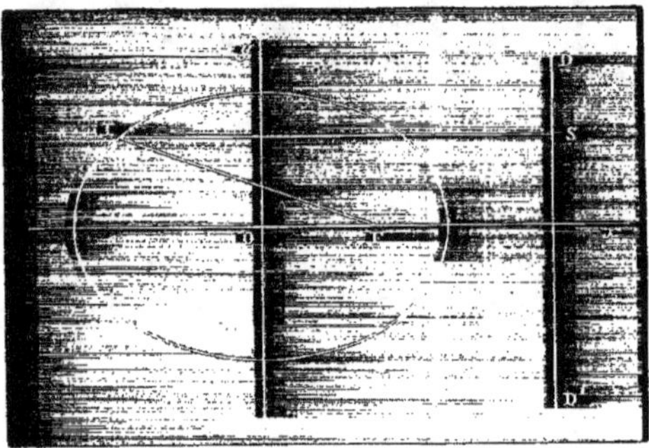

Fig. 308.

dont il a été question, et qui n'est autre que la directrice.

$$u = d - x.$$

Il faut donc que, pour tous les points de l'ellipse tels que I, on ait

$$d - x = n\left(a - \frac{c}{a}x\right).$$

Cette équation ne peut avoir lieu dans ces conditions que si l'on a

$$n\frac{c}{a} = 1,$$

d'où

$$d = na.$$

Par conséquent, n étant donné ainsi que le foyer F, il y a encore une infinité d'ellipses ayant toutes même excentricité et déterminant au-

tant de surfaces réfringentes aplanétiques pour un point lumineux
situé à l'infini. Lorsque la surface tourne sa concavité vers ce point,
ce qui est le cas de la figure précédente, comme l'indique le signe
de a, le foyer virtuel est celui des foyers de l'ellipse qui est le plus
éloigné de la surface.

Si l'on voulait recevoir les rayons lumineux sur la convexité de
la surface, on aurait alors un foyer réel, et l'on voit facilement que
ce point coïnciderait avec le foyer de l'ellipse le plus éloigné de la
surface. Dans tout ceci on suppose, comme il a été dit plus haut,
l'indice de réfraction a plus grand que l'unité.

Ces observations fournissent quelques indications utiles pour la
construction des lentilles. Si en effet on reçoit des rayons tels que SI
(fig. 309), parallèles à l'axe, sur la face convexe d'un ellipsoïde de

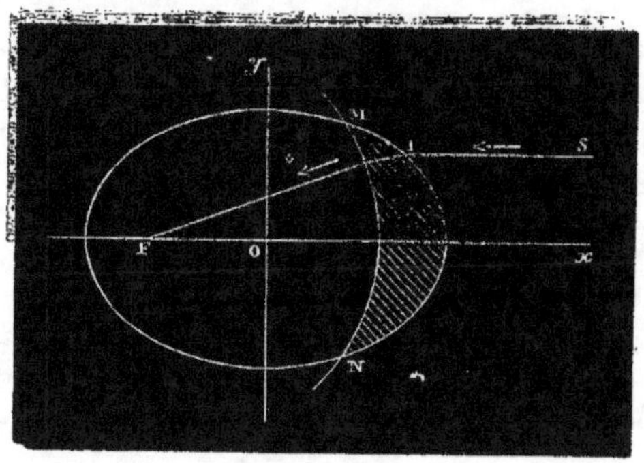

Fig. 309.

révolution convenablement choisi, tous ces rayons convergeront vers
le foyer F le plus éloigné; et si, pour deuxième surface de la lentille,
on prend une surface sphérique MN ayant pour centre ce foyer
même, les rayons convergeront tous en ce point.

Ainsi, en augmentant convenablement la courbure du côté convexe d'une lentille convexe-concave à surfaces sphériques, et tournant ce côté rendu elliptique vers les rayons lumineux, on réalisera
un système parfaitement aplanétique; on pourra toujours arriver à
ce résultat par la méthode des retouches locales. Dans ce cas on
a, comme on le voit, un foyer réel. Mais si c'est la surface concave

de la lentille qu'on rend elliptique et qu'on tourne vers la source
lumineuse, la face convexe restant sphérique, on a un foyer unique,
mais virtuel : les rayons semblent, à leur sortie, émaner de ce point
comme d'un centre.

Ces remarques, si on les met en pratique avec l'aide des retouches
locales, pourront conduire un jour à des résultats d'une grande
importance.

506. **Influence de l'épaisseur des lentilles.** — Abordons
maintenant la théorie complète des lentilles. Et d'abord cherchons
l'influence de l'épaisseur, en faisant usage des formules approchées
qu'on emploie d'ordinaire. Afin de n'avoir que des quantités positives, considérons un ménisque divergent qui reçoit sur sa face con-

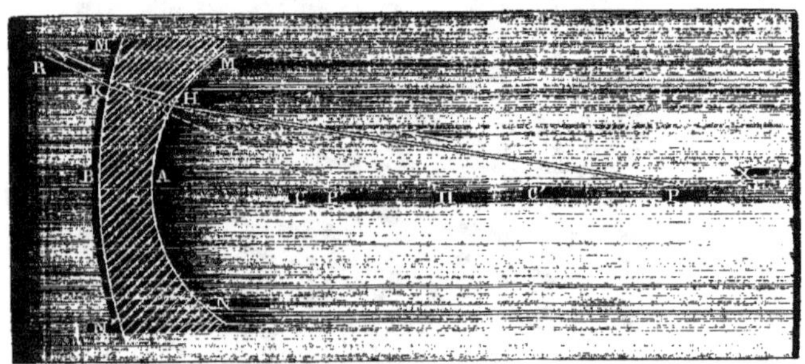

Fig. 310.

cave les rayons émanés d'un point P (fig. 310) situé sur l'axe à
une distance p du point A. Ces rayons, réfractés par la première
surface, concourent en un foyer virtuel Π, dont la distance ϖ au
point A est donnée par l'équation

$$(1) \qquad \frac{n}{\varpi} - \frac{1}{p} = \frac{n-1}{R}.$$

Considérons maintenant Π comme un point lumineux réel pour
la seconde surface : il en est situé à une distance $\varpi' = \varpi + h$, en
désignant par h l'épaisseur de la lentille. Soit p' la distance à la
même surface du foyer virtuel P', où concourent finalement les

rayons, on a

$$\frac{1}{p'} - \frac{n}{\varpi'} = - \frac{n-1}{R'}.$$

Pour arriver à la relation qui lie p, p' et h, il faut éliminer ϖ entre les deux équations précédentes, après avoir remplacé ϖ' par $\varpi + h$. Mais comme h est petit, on peut substituer à $\frac{n}{\varpi'}$

$$\frac{n}{\varpi'} = \frac{n}{\varpi + h} = \frac{n}{\varpi\left(1 + \dfrac{h}{\varpi}\right)} = \frac{n}{\varpi}\left(1 - \frac{h}{\varpi}\right) = \frac{n}{\varpi} - \frac{nh}{\varpi^2}.$$

On a ainsi

$$(2) \qquad \frac{1}{p'} - \frac{n}{\varpi} = - \frac{n-1}{R} - \frac{nh}{\varpi^2}.$$

En additionnant membre à membre les équations (1) et (2), il vient

$$\frac{1}{p'} - \frac{1}{p} = \left(n - 1\right)\left(\frac{1}{R} - \frac{1}{R'}\right) - \frac{nh}{\varpi^2}.$$

Enfin, en remplaçant ϖ par sa valeur

$$\frac{n}{\dfrac{1}{p} + \dfrac{n-1}{R}},$$

on a

$$\frac{1}{p'} - \frac{1}{p} = \left(n - 1\right)\left(\frac{1}{R} - \frac{1}{R'}\right) - \frac{h}{n}\left(\frac{1}{p} + \frac{n-1}{R}\right)^2.$$

Il faudrait y remplacer encore p' par $p' - h$ pour que les distances fussent comptées toutes à partir de A. Cette formule montre que l'influence de l'épaisseur n'est pas la même, quelle que soit la face tournée vers la source lumineuse, résultat que n'indiquait en aucune façon la théorie ordinaire, où l'on néglige entièrement l'épaisseur des lentilles. Lorsque les rayons incidents sont parallèles, cette formule se simplifie; car si $p = \infty$, on a

$$\frac{1}{p'} = \left(n - 1\right)\left(\frac{1}{R} - \frac{1}{R'}\right) - \frac{h}{n}\left(\frac{n-1}{R}\right)^2.$$

Enfin, si R est infini en même temps que p, l'influence de l'épaisseur est nulle. Ce résultat est évident *a priori*, car, dans une lentille plan-concave qui reçoit le faisceau lumineux par la face plane, les rayons incidents pénètrent normalement dans la lentille et ne sont réfractés qu'à la seconde surface.

507. Aberration d'une lentille. — Le calcul de l'influence de l'épaisseur des lentilles sur la position des foyers est beaucoup plus long lorsqu'on tient compte de l'aberration de sphéricité. Nous

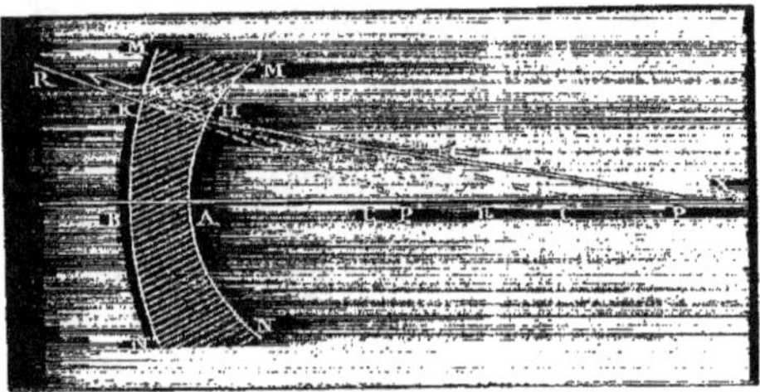

Fig. 311.

avons déjà vu qu'en appelant p la distance du point lumineux P (fig. 311) au sommet A d'une surface sphérique concave, et ϖ la distance au même point du foyer π où concourent les rayons réfractés à une distance y de l'axe, on a la formule

$$\frac{n}{\varpi} - \frac{1}{p} = \frac{n-1}{R} + \frac{n-1}{2n^2}\left(\frac{1}{R} - \frac{n+1}{p}\right)\left(\frac{1}{p} - \frac{1}{R}\right)^2 y^2.$$

Considérons le point π, situé à une distance $\pi' = \varpi + h$ de la seconde surface, comme un point lumineux réel. et cherchons la distance à cette même surface du foyer P' conjugué de π: désignons cette distance par p' et posons P'K $= \rho$ et πH $= \rho'$. En imaginant que la lumière vienne de l'extérieur. suivant KP', et se réfracte en k suivant kC'. les calculs deviennent tout à fait symétriques de ceux qu'on a faits précédemment; ainsi on a

$$\sin C'KP' = \sin i = \frac{R - p'}{\rho}\sin C', \qquad \sin C'k\pi = \sin r = \frac{R' - \pi'}{\rho'}\sin C':$$

par suite. d'après la loi de Descartes,

$$\frac{R' - p'}{\rho} = n\frac{R' - \pi'}{\rho'}.$$

Cette équation, écrite sous la forme

$$\frac{\varpi' - R'}{\rho'} = \frac{1}{n}\frac{p' - R'}{\rho},$$

devient tout à fait analogue à la suivante :

$$\frac{p - R}{\rho} = n\,\frac{\varpi - R}{\rho'},$$

qui nous a servi de point de départ dans notre premier calcul ; il nous suffira donc, pour arriver à la relation qui lie ϖ et p', de remplacer, dans celle qui existe entre p et ϖ, les lettres p, ϖ, R, n, par ϖ', p', R', $\frac{1}{n}$; on a ainsi

$$\frac{1}{np'} - \frac{1}{\varpi'} = \frac{\frac{1}{n}-1}{R'} + \frac{\frac{1}{n}-1}{\dfrac{2}{n^2}}\left(\frac{1}{R'} - \frac{\frac{1}{n}+1}{\varpi'}\right)\left(\frac{1}{\varpi'} - \frac{1}{R'}\right)^2 y'^2.$$

Dans cette équation, on peut mettre y^2 au lieu de y'^2, car la différence de ces quantités est négligeable dans le cas où nous nous plaçons, puisqu'il s'agit de rayons marginaux peu inclinés sur l'axe : d'ailleurs l'ordonnée extrême des deux surfaces est la même dans les lentilles de verre, et $y'^2 - y^2$ est alors tout à fait insignifiant. Il faut en outre, dans cette équation, remplacer ϖ' par $\varpi + h$; seulement, dans le terme en y^2, nous ferons simplement $\varpi' = \varpi$, car h est de l'ordre de la différence des sinus verses des angles que fait l'axe avec les rayons marginaux : h est donc de l'ordre de y^2, et conséquemment négligeable dans le multiplicateur de y^2. Ainsi, après avoir chassé les dénominateurs et mis l'équation sous la forme

$$\frac{1}{p} - \frac{n}{\varpi'} = -\frac{n-1}{R'} - \frac{n^2(n-1)}{2}\left(\frac{1}{R'} - \frac{n+1}{n\varpi'}\right)\left(\frac{1}{\varpi'} - \frac{1}{R'}\right)^2 y^2,$$

on remplacera, dans le premier membre, $\dfrac{n}{\varpi'}$ par la valeur trouvée plus haut

$$\frac{n}{\varpi'} = \frac{n}{\varpi} - \frac{nh}{\varpi^2} = \frac{n}{\varpi} - \frac{h}{n}\left(\frac{1}{p} + \frac{n-1}{R}\right)^2,$$

et on aura

$$\frac{1}{p} - \frac{n}{\varpi} + \frac{h}{n}\left(\frac{1}{p} + \frac{n-1}{R}\right)^2 = -\frac{n-1}{R'} - \frac{n^2(n-1)}{2}\left(\frac{1}{R'} - \frac{n+1}{n\varpi}\right)\left(\frac{1}{\varpi} - \frac{1}{R'}\right)^2 y^2.$$

Maintenant, il ne reste plus qu'à éliminer ϖ entre cette équation et l'équation analogue déjà établie pour la première surface. Ajoutons-les membre à membre et nous aurons

$$\frac{1}{p'} - \frac{1}{p} = (n-1)\left(\frac{1}{R} - \frac{1}{R'}\right) - \frac{h}{n}\left(\frac{1}{p} + \frac{n-1}{R}\right)^2 + \gamma y^2.$$

Le multiplicateur de y^2 a pour valeur

$$\frac{n-1}{2n^2}\left(\frac{1}{R} - \frac{n+1}{p}\right)\left(\frac{1}{p} - \frac{1}{R}\right)^2 - \frac{n^2(n-1)}{2}\left(\frac{1}{R'} - \frac{n+1}{n\varpi}\right)\left(\frac{1}{\varpi} - \frac{1}{R'}\right)^2$$

$$\frac{n-1}{2n^2}\left[\left(\frac{1}{R} - \frac{n+1}{p}\right)\left(\frac{1}{p} - \frac{1}{R}\right)^2 - n^3\left(\frac{1}{R'} - \frac{n+1}{n\varpi}\right)\left(\frac{1}{\varpi} - \frac{1}{R'}\right)^2\right].$$

Comme on le voit, il contient encore ϖ; mais on tirera de l'équation

$$\frac{n}{\varpi} - \frac{1}{p} = \frac{n-1}{R}$$

une valeur suffisamment approchée de ϖ pour la substituer dans l'expression précédente; en ayant aussi égard à la relation

$$\frac{1}{p'_0} = \frac{1}{p} + (n-1)\left(\frac{1}{R} - \frac{1}{R'}\right),$$

dont le degré d'exactitude est le même, les facteurs qui contiennent ϖ pourront s'écrire

$$\frac{1}{R} - \frac{n+1}{n\varpi} = \frac{1}{R} - \frac{n+1}{n^2}\left(\frac{1}{p} + \frac{n-1}{R}\right) = \frac{1}{n^2}\left(\frac{n^2}{R'} - \frac{n^2-1}{R} - \frac{n+1}{p} + \frac{1}{R'} - \frac{1}{R'}\right)$$

$$= \frac{1}{n^2}\left\{\frac{1}{R'} - (n+1)\left[\frac{1}{p} + (n-1)\left(\frac{1}{R} - \frac{1}{R'}\right)\right]\right\}$$

$$= \frac{1}{n^2}\left(\frac{1}{R'} - \frac{n+1}{p'_0}\right),$$

$$\left(\frac{1}{\varpi} - \frac{1}{R'}\right)^2 = \frac{1}{n^2}\left(\frac{1}{p} + \frac{n-1}{R} - \frac{n}{R'} + \frac{1}{R'} - \frac{1}{R'}\right)^2 = \frac{1}{n^2}\left(\frac{1}{p'_0} - \frac{1}{R'}\right)^2.$$

En conséquence, la valeur de γ devient

$$\gamma = \frac{n-1}{2n^2}\left[\left(\frac{1}{R} - \frac{n+1}{p}\right)\left(\frac{1}{p} - \frac{1}{R}\right)^2 - \left(\frac{1}{R} - \frac{n+1}{p'_0}\right)\left(\frac{1}{p'_0} - \frac{1}{R'}\right)^2\right],$$

et la relation définitive qui lie p' et p est

$$\frac{1}{p'} - \frac{1}{p} = (n-1)\left(\frac{1}{R} - \frac{1}{R'}\right) - \frac{h}{n}\left(\frac{1}{p} + \frac{n-1}{R}\right)^2$$

$$+ \frac{n-1}{2n^2}y^2\left[\left(\frac{1}{R} - \frac{n+1}{p}\right)\left(\frac{1}{p} - \frac{1}{R}\right)^2 - \left(\frac{1}{R'} - \frac{n+1}{p'_0}\right)\left(\frac{1}{p'_0} - \frac{1}{R'}\right)^2\right].$$

Il est bon de remarquer qu'elle n'est pas symétrique en p et p'; elle ne l'est pas non plus par rapport à R et R': ainsi la position des foyers dépend de la face tournée vers la lumière.

508. Cas où les rayons incidents sont parallèles. — Considérons le cas particulier où $p = \infty$. Posons alors $p' = f$, distance focale des rayons qui rencontrent la lentille à une distance y de l'axe. Appelons f_0 la distance focale des rayons centraux. Il vient

$$\frac{1}{f} = (n-1)\left(\frac{1}{R}-\frac{1}{R'}\right) - \frac{h}{n}\left(\frac{n-1}{R}\right)^2 + \frac{n-1}{2n^2}y^2\left[\frac{1}{R^3}-\left(\frac{1}{R'}-\frac{n+1}{f_0}\right)\left(\frac{1}{f_0}-\frac{1}{R'}\right)^2\right].$$

Cette expression n'est pas symétrique en R et R'; l'aberration longitudinale dépend donc de la surface de la lentille que l'on tourne vers les rayons lumineux. On voit en outre que le premier terme du second membre est égal à $\frac{1}{f_0}$, que le second est un terme correctif qui fait estimer avec plus de rigueur la distance focale et le pouvoir grossissant; et qu'enfin le troisième caractérise la perfection plus ou moins grande avec laquelle la lentille réunit les rayons centraux et marginaux. Ainsi, en désignant par $\Delta\frac{1}{f_0}$ les variations de $\frac{1}{f_0}$ lorsque l'on donne à h ou y un accroissement, on a

$$\frac{1}{f} = \frac{1}{f_0} + \Delta_h\frac{1}{f_0} + \Delta_y\frac{1}{f_0}.$$

C'est du dernier terme que nous déduirons la valeur de l'aberration longitudinale $\Delta_y f_0$; quant à l'aberration latérale, nous savons qu'elle offre peu d'intérêt, vu la distribution non homogène de la lumière sur le cercle d'aberration. Il est au reste facile d'en déduire la valeur de celle de l'aberration longitudinale, en multipliant celle-ci par la tangente de l'angle que font les rayons marginaux avec l'axe, tangente qui est égale très-approximativement à $\frac{y}{f_0}$. Mais revenons à l'aberration longitudinale principale.

Comme on a d'une manière générale $\Delta f = -f^2\Delta\frac{1}{f}$, la valeur de $\Delta_y f_0$ est évidemment

$$\Delta_y f_0 = f_0^2\,\Delta_y\frac{1}{f} = -f_0^2\frac{n-1}{2n^2}y^2\left[\frac{1}{R^3}-\left(\frac{1}{R'}-\frac{n+1}{f_0}\right)\left(\frac{1}{f_0}-\frac{1}{R'}\right)^2\right].$$

Telle est l'expression de l'aberration longitudinale principale. Nous allons chercher si, dans les lentilles en verre, on peut la rendre nulle, ou, sinon, quelle est sa valeur minimum. Pour cette recherche, il est commode de poser

$$\frac{1}{R} = \delta \, \frac{1}{R} = \delta' \, \frac{1}{f_0} = F = (n-1)\left(\frac{1}{R} - \frac{1}{R'}\right) = (n-1)(\delta - \delta'):$$

on a alors

$$\Delta_y f_0 = -\frac{n-1}{2n^2} \frac{y'^2}{F^2} \Big\{ \delta^3 - [\delta' - (n+1)F](F - \delta')^2 \Big\}.$$

Pour que cette expression soit nulle il faut, lorsqu'on tient compte de y, que le dernier facteur soit nul; on a donc, dans cette hypothèse.

$$\delta^3 - [\delta' - (n^2 - 1)(\delta - \delta')]\,[(n-1)(\delta - \delta') - \delta']^2 = 0,$$

ou, en développant les calculs,

$$\delta^3 - \delta'^3 + (n^2 - 1)(\delta - \delta')[(n-1)(\delta - \delta') - \delta']^2$$
$$- \delta'[(n-1)^2(\delta - \delta')^2 - 2(n-1)(\delta - \delta')\delta'] = 0.$$

La solution $\delta = \delta'$ correspond à une lentille dont les deux surfaces ont des rayons égaux de même signe; mais une telle lentille n'est autre chose qu'un verre de montre et ne peut être employée dans les instruments d'optique; ainsi cette solution ne convient pas à la question Supprimant le facteur $\delta - \delta'$, il vient

$$\delta^2 + \delta\delta' + \delta'^2 + (n^2 - 1)[(n-1)(\delta - \delta') - \delta']^2$$
$$- \delta'[(n-1)^2(\delta - \delta') - 2(n-1)\delta'] = 0,$$

ou

$$\delta^2\left[1 + (n+1)(n-1)^3\right] - \delta\delta'\left[2(n+1)(n-1)^3 + (n+1)^2(2n+3) - 1\right]$$
$$+ \delta'^2\left[1 + (n-1)(n^2 + 1)(n+1)\right] = 0.$$

Les verres dont on fait les lentilles ont des indices de réfraction peu différents de $\frac{3}{2}$; faisons donc $n = \frac{3}{2}$ dans l'équation précédente. En posant $\frac{\delta}{\delta'} = x$, on a, toutes réductions faites,

$$7x^2 \quad 6x + 27 = 0,$$

équation qui n'a que des racines imaginaires. Ainsi, on ne peut donner à la lentille aucune forme pour laquelle l'aberration longitudinale soit nulle.

Mais on peut la réduire à un minimum. Cherchons parmi toutes les lentilles la distance focale $\frac{1}{F}$ qui donne la plus petite aberration. Il suffit d'égaler à zéro la dérivée de l'aberration prise par rapport à la variable δ par exemple; l'équation $F = (n-1)(\delta - \delta')$ définira la dérivée $\frac{d\delta'}{d\delta} = 1$. et par suite δ sera la seule variable indépendante. En effectuant ce calcul on a

$$3\delta^2 - (F - \delta')^2 + 2\left[\delta' - (n+1)F\right]^2 (F - \delta') = 0,$$

et, en mettant pour F sa valeur,

$$3\delta^2 - \left[(n-1)(\delta - \delta') - \delta'\right]^2$$
$$+ 2\left[\delta' - (n^2 - 1)(\delta - \delta')\right]\left[(n-1)(\delta - \delta') - \delta'\right] = 0.$$
$$3(\delta^2 - \delta'^2) - \left[(n-1)^2 + 2(n^2 - 1)(n-1)\right](\delta - \delta')^2$$
$$+ \left[4(n-1) + 2(n^2 - 1)\right](\delta - \delta')\delta' = 0.$$

La solution $\delta = \delta'$ correspond à un cas illusoire, et, en ôtant le facteur $\delta - \delta'$. on a une équation du premier degré qui donne sans ambiguïté la relation qui doit lier δ et δ' pour que l'aberration soit un minimum,

$$3(\delta + \delta') - (2n + 3)(n - 1)^2 (\delta - \delta') + 2(n + 3)(n - 1)\delta' = 0.$$

équation qui se réduit à

$$\delta + 6\delta' = 0.$$

d'où

$$\frac{1}{R} + \frac{6}{R'} = 0.$$

et par suite

$$R' = -6R.$$

Ainsi, pour obtenir la plus petite aberration. il faut donner à la deuxième surface de la lentille un rayon de signe contraire au premier et sextuple de celui-ci. Elle peut donc être biconvexe ou biconcave: la face la plus courbe est tournée vers les rayons incidents.

Il est intéressant de connaître la valeur de ce minimum d'aberration; or, en introduisant l'hypothèse $R' = - 6R$ dans l'expression de $\frac{1}{f}$ ou F. on a

$$f = -\frac{2}{7} R.$$

La distance focale de la lentille est donc égale aux $\frac{2}{7}$ du plus grand des deux rayons; pour obtenir la valeur de l'aberration, on remplacera δ et δ' par

$$\delta = -\frac{13}{7} F. \qquad \delta' = -\frac{2}{7} F.$$

et l'on aura

$$-\frac{1}{9} F y^2 \left[\left(\frac{13}{7} \right)^3 + \left(\frac{2}{7} + \frac{\delta}{2} \right) \left(\frac{9}{7} \right)^2 \right] = -\frac{15}{14} \frac{y^2}{f}.$$

Ainsi l'aberration, dans le cas où elle est minima, égale les $\frac{15}{14}$ du rapport de y^2 à la distance focale; elle est de signe contraire à celui de f. et par conséquent positive dans une lentille conver-

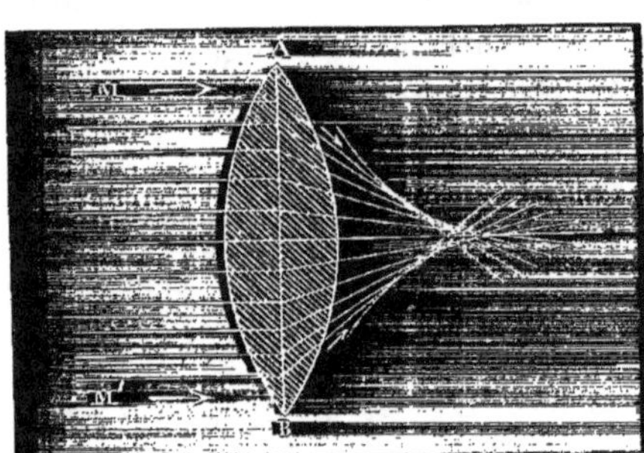

Fig. 312.

gente AB (fig. 312). c'est-à-dire qu'alors le foyer des rayons marginaux est plus près de la lentille que celui des rayons centraux. C'est le cas de la figure.

Les formes des lentilles le plus ordinairement employées produisent une aberration plus grande : cherchons-en la valeur dans le cas de la lentille plan-convexe et de la lentille à courbures égales ou lentille équiconvexe.

Si la première tourne sa face plane vers la lumière, on a

$$R = \infty, \qquad \delta = 0, \qquad \delta' = -2F,$$

et l'aberration est

$$-\frac{1}{9}\frac{y^2}{f}\left(\frac{27}{2}\right) = -\frac{3}{2}\cdot\frac{y^2}{f}.$$

Elle est presque une fois et demie supérieure à l'aberration minima.

Si au contraire on tourne la face convexe vers la lumière, on a $\delta = 2F$, $\delta' = 0$, et l'aberration égale $-\frac{1}{9}\frac{y^2}{f}\left(8 + \frac{5}{2}\right) = -\frac{7}{6}\frac{y^2}{f}$ qui surpasse l'aberration minima, mais de moins de $\frac{1}{10}$. De là l'usage fréquent des lentilles plan-convexes, qui, présentant la face courbe vers la lumière, équivalent presque dans la pratique à des lentilles où l'aberration serait réduite à sa plus petite valeur.

La lentille équiconvexe est celle que l'on considère le plus fréquemment dans les traités d'optique, et c'est d'après l'aberration qu'elle produit que nous jugerons de l'importance de cette imperfection dans les lentilles, au point de vue de la pratique. On a ici

$$\delta = -\delta' \qquad \text{et} \qquad \delta' = -F.$$

La valeur de l'aberration longitudinale principale est

$$-\frac{1}{9}\cdot\frac{y^2}{f}\left(1 + \frac{7}{2}4\right) = -\frac{15}{9}\frac{y^2}{f}.$$

Comparons cette valeur à l'aberration minima, qui est $\frac{15}{14}\frac{y^2}{f}$; nous voyons que dans la lentille équiconvexe elle est une fois et demie plus grande.

509. **Importance relative de l'aberration de sphéricité et de l'aberration de réfrangibilité.** — Pour traiter complétement le problème de l'aberration de sphéricité dans les lentilles, il serait nécessaire de considérer les rayons inclinés sur l'axe d'une manière quelconque : mais, à cause de l'extrême longueur des calculs,

il est bon de chercher quelle est l'importance de l'aberration de ces rayons obliques, et de voir si l'on ne peut se contenter de ce qui a été dit sur les rayons parallèles à l'axe.

Il existe, en effet, dans les lentilles une aberration de réfrangibilité que l'on corrige avec beaucoup de peine, et si, après qu'on l'a rendue aussi petite que possible, elle conserve encore une valeur comparable à l'aberration de sphéricité des rayons parallèles, il n'y aura pas grand intérêt à étudier celle-ci pour les rayons obliques. Or l'aberration de réfrangibilité est égale à la variation produite dans la distance focale f, lorsque l'indice de réfraction n varie; elle est donc égale à

$$\Delta_n f = - f^2 \, \Delta_n \frac{1}{f}.$$

La valeur de $\frac{1}{f}$ se compose de $(n-1)(\delta - \delta')$, plus des termes qui sont fonctions de n et proportionnels à l'épaisseur h de la lentille, ou à $\frac{y^2}{f}$; on aura donc, pour $\Delta_n \frac{1}{f}$, le terme $\Delta n (\delta - \delta')$, puis des termes où Δn est multiplié par h ou par $\frac{y^2}{f}$ et qui sont très-petits par rapport au précédent. Ainsi, pour première approximation, l'on a

$$\Delta_n f = - f^2 \, \Delta n (\delta - \delta') = - f^2 \, \Delta n \frac{1}{(n-1)f} = - \frac{f \, \Delta n}{n-1}.$$

$\frac{\Delta n}{n-1}$ s'appelle le pouvoir dispersif; en le représentant par d, l'aberration de réfrangibilité est représentée par $- fd$, produit de la distance focale par le pouvoir dispersif.

Les rapports des aberrations de sphéricité, dans la lentille d'aberration minima et dans la lentille équiconvexe, à cette aberration de réfrangibilité, sont

$$\frac{15}{14} \frac{y^2}{f^2 d}, \qquad \frac{15}{9} \frac{y^2}{f^2 d}.$$

Or il est assez ordinaire que l'on ait $\frac{y}{f} = \frac{1}{30}$; c'est la valeur que Frauenhofer adoptait pour ses objectifs. D'autre part, le pouvoir dispersif du crown est 0,03; celui du flint 0,05. En substituant ces nombres dans les rapports précédents, ils deviennent :

Dans la lentille d'aberration minima en flint.. $\frac{1}{42}$

Dans la lentille d'aberration minima en crown.. $\frac{1}{35}$

Dans la lentille équiconvexe en flint........ $\frac{1}{27}$

Dans la lentille équiconvexe en crown........ $\frac{1}{16}$

de l'aberration de réfrangibilité.

On ne peut donc songer à corriger l'aberration de sphéricité sans avoir préalablement achromatisé la lentille aussi exactement que possible.

Comme dernier exemple, nous citerons un grand objectif de Frauenhofer, de 2 mètres de distance focale, et dans lequel $\frac{y}{f} = \frac{1}{30}$. L'aberration de sphéricité n'était que de $0^m,0037$, c'est-à-dire de moins de 4 millimètres, quand la lentille d'aberration minima en aurait produit une de $0^m,0022$, c'est-à-dire plus grande que 2 millimètres. Ces quantités sont très-petites, comparées à l'aberration de réfrangibilité qui, dans une lentille en flint, était égale à $0^m,10$, et. dans une autre lentille en crown, à $0^m,06$.

Ainsi notre étude de l'aberration de sphéricité ne peut s'appliquer à la pratique qu'après une étude complète de l'achromatisme.

On substitue généralement les axes secondaires aux directions des rayons sans déviation; on commet ainsi une erreur qu'il importe de connaître et d'éviter; c'est également à tort que l'on suppose les images comprises entre les cônes ayant pour sommet le centre optique. Nous avons donc à reprendre à nouveau toute la théorie des lentilles, en cherchant le degré d'approximation de nos calculs pour la recherche des foyers.

510. Règles empiriques suivies dans la construction des objectifs — Avant d'exposer la théorie complète des lentilles, nous donnerons, comme conclusion de ce qui précède, au sujet des aberrations de sphéricité et de réfrangibilité, une règle suivie dans les ateliers de Cauchois. et que suivent encore beaucoup d'opticiens sans trop en connaître les raisons. Elle est relative à la construction d'une lentille achromatique. Une lentille achromatique se compose d'une partie en crown et d'une partie en flint, substances dont les indices moyens diffèrent peu de $\frac{3}{2}$; elle produit donc sur les rayons moyens du spectre l'effet d'une lentille unique limitée par les surfaces non communes des deux précédentes. On taille ces surfaces de manière à rendre l'aberration de sphéricité minima; ainsi le rayon de la surface en flint sera six fois plus grand que celui de la surface en crown; quant à ce dernier, il est donné par la formule élémentaire en fonction de la distance focale. Ainsi on a

$$\frac{1}{f} = (n - 1)\left(\frac{1}{R} + \frac{1}{R'}\right),$$

$$R' = 6R.$$

Cela fait, on cherche, par les règles élémentaires de l'achromatisme, quel doit être le rayon commun des surfaces de crown et de flint en contact: on monte les deux lentilles ensemble et on reconnaît : 1° que le système est imparfaitement achromatique: 2° que la distance focale diffère un peu de la distance calculée: 3° que l'aberration de sphéricité n'est pas minima: mais les trois conditions qu'on s'était imposées ne sont cependant pas loin d'être réalisées. On monte la lentille sur une lunette et on vise une mire très-éloignée : des barres noires. comme des caractères d'imprimerie. font une mire convenable à une distance suffisante: on peut aussi viser le ciel : par la coloration des images, on juge du degré d'achromatisme obtenu. et on rend cet achromatisme aussi parfait que possible en travaillant les surfaces de contact des deux verres: puis il faut restituer à la distance focale la valeur qui convient en retouchant une des surfaces extérieures. et comme ce travail a détruit l'achromatisme. on le rétablit en revenant encore aux surfaces de contact. Chaque opération détruit partiellement l'effet de la précédente, mais. en continuant à corriger la distance focale et l'achromatisme. on parvient à réunir les deux conditions à la fois. Il reste une troisième surface à laquelle on n'a pas touché : c'est elle qui servira à corriger l'aberration de sphéricité: pour cela, on examine un objet éloigné en couvrant successivement le centre puis les bords de la lentille, à l'aide de diaphragmes convenables: et dans les deux cas il faut que les images aient la même netteté sans qu'on soit obligé d'enfoncer plus ou moins l'oculaire; jusqu'à

ce qu'on y soit arrivé, on modifie la courbure de la troisième surface en se guidant par la formule d'aberration minima. Ce dernier
travail détruit en partie l'effet des précédents, mais il suffit de les
reprendre dans le même ordre, et, en n'enlevant que des quantités
de matière extrêmement petites, on modifie assez les courbures pour
réaliser toutes les conditions qu'on s'était imposées. C'est d'après ces
règles que sont faits la plupart des objectifs des bonnes lunettes; ils
sont excellents, mais ce ne sont pas les plus parfaits que la théorie
nous permette d'imaginer.

3° THÉORIE DE GAUSS.

511. Imperfections de la théorie précédente. — Nous
avons signalé l'inexactitude des résultats auxquels conduit la théorie
élémentaire de l'aberration de réfrangibilité, appliquée aux lentilles:
cette inexactitude provient de plusieurs causes : on a substitué des
axes secondaires aux rayons sans déviation; on a négligé l'épaisseur
de la lentille; enfin on a déterminé les foyers par des constructions
planes. sans s'inquiéter des aberrations des rayons non situés dans
les plans considérés. On voit donc que pour mettre quelque rigueur
dans les calculs il faut renoncer aux constructions géométriques
simples, et considérer à l'aide de la géométrie à trois dimensions
les rayons réfractés dans des plans divers; c'est à ce point de vue
que nous allons traiter de la réfraction. On doit à Gauss d'avoir introduit dans cette question la géométrie à trois dimensions, d'une
façon très-élégante, et nous le suivrons dans ses calculs.

Ajoutons que l'aberration de sphéricité a été étudiée par Euler,
non sans de longs calculs, et que la théorie élémentaire de l'achromatisme est due à Dollond et à quelques autres opticiens anglais.

512. Réfraction par une surface sphérique. — En premier lieu, considérons la réfraction, par une surface sphérique, d'un
rayon situé d'une manière quelconque par rapport à l'axe, mais très-
peu incliné sur lui.

Soit l'axe Ox (fig. 313) parallèle à l'axe de la surface, c'est-à-
dire à la ligne qui joint le centre de la calotte sphérique considérée

à son pôle ou sommet: appelons A et C les abscisses du sommet A
et du centre C. Nous compterons les abscisses positivement dans le
sens de la propagation de la lumière : cette convention, contraire à

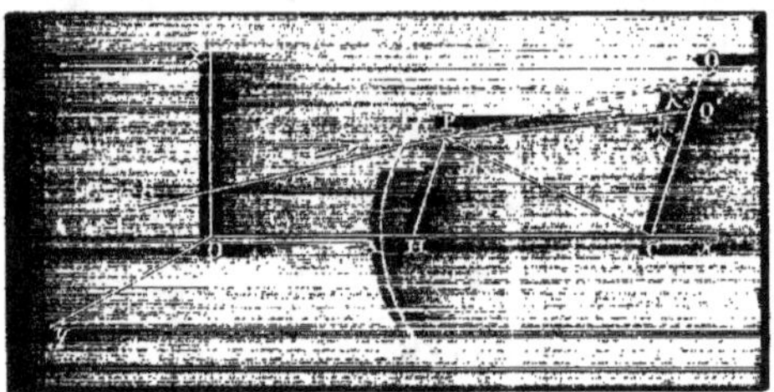

Fig. 348.

celle que nous avons faite quelquefois, a pour but de faire croître les
abscisses à mesure que le rayon s'avance vers les diverses surfaces
dont il sera question par la suite. Un rayon quelconque SP, qui rencontre la surface considérée, a pour équations

$$y = mx + p.$$
$$z = m'x + p'.$$

Il est commode de les écrire sous une autre forme, en remplaçant
x par $x - A$ et mettant en dénominateur dans son coefficient l'indice de réfraction n du milieu qui précède la surface; on aura ainsi
pour équations du rayon incident

$$y = \frac{\beta}{n}(x - A) + b.$$
$$z = \frac{\gamma}{n}(x - A) + c.$$

b et c sont les coordonnées du point où ce rayon rencontre le plan
tangent mené par le sommet A. Nous supposons, comme il a été
dit, le rayon SP très-peu incliné sur l'axe des x, et par conséquent
β et γ sont des quantités très-petites, de l'ordre des angles d'incidence et de réfraction; dans nos calculs, l'approximation sera poussée
aux valeurs de l'ordre du cube de ces quantités.

En désignant par n' l'indice de réfraction du milieu qui suit la

surface, les équations du rayon réfracté peuvent se mettre sous la
forme

$$y = \frac{\beta'}{n'}(x - A) + b',$$

$$z = \frac{\gamma'}{n'}(x - A) + c',$$

dans lesquelles β', γ', b', c' ont des relations déterminées avec β, γ, b,
c. Pour trouver ces relations, considérons le point P où le rayon
incident se réfracte; joignons-le au centre C et soit θ l'angle de PC
avec l'axe. L'abscisse de P est

$$OA + AH = A + R(1 - \cos\theta);$$

cette valeur, substituée dans les équations des deux rayons, détermine des valeurs identiques pour y ainsi que pour z. On a donc

$$\frac{\beta}{n} R(1 - \cos\theta) + b = \frac{\beta'}{n'} R(1 - \cos\theta) + b',$$

$$\frac{\gamma}{n} R(1 - \cos\theta) + c = \frac{\gamma'}{n'} R(1 - \cos\theta) + c'.$$

$1 - \cos\theta$ est un sinus verse, quantité infiniment petite du second
ordre : les premiers termes sont donc du troisième ordre et on les
néglige: ainsi

$$b = b', \qquad c = c'.$$

Il reste à déterminer β' et γ'.

Considérons les points Q, Q', où le rayon incident et le rayon
réfracté rencontrent le plan perpendiculaire à l'axe mené par le
centre C: les points C, Q', Q sont sur une droite intersection de ce
plan avec le plan normal d'incidence : nous désignerons par λ, λ'
les angles de cette droite avec PQ et PQ', et par i, r les angles d'incidence et de réfraction. En considérant les triangles PQC et PQ'C,
on a

$$\frac{\sin i}{\sin\lambda} = \frac{CQ}{R}, \qquad \frac{\sin r}{\sin\lambda'} = \frac{CQ'}{R};$$

donc

$$\frac{CQ'}{CQ} = \frac{\sin r}{\sin i}\frac{\sin\lambda}{\sin\lambda'} = \frac{n}{n'}\frac{\sin\lambda}{\sin\lambda'}.$$

Mais le rapport $\dfrac{CQ'}{CQ}$ est celui des projections de CQ' et CQ sur les axes des y et des z, projections qui sont les y et les z des points Q' et Q, dont l'abscisse est $x = C$. Les équations du rayon incident et du rayon réfracté deviennent donc

$$\frac{\beta}{n} R + b' = \left(\frac{\beta}{n} R + b\right) \cdot \frac{n}{n'} \cdot \frac{\sin\lambda}{\sin\overline{\lambda}},$$

$$\frac{\gamma}{n} R + c' = \left(\frac{\gamma}{n} R + c\right) \cdot \frac{n}{n'} \cdot \frac{\sin\lambda}{\sin\overline{\lambda}}.$$

On peut simplifier ces relations en remarquant que le rapport $\frac{\sin\lambda}{\sin\overline{\lambda}}$ de sinus d'angles infiniment voisins de 90 degrés ne diffère de l'unité que de quantités infiniment petites du second ordre, et comme b' et c' sont égaux à b et c, aux quantités infiniment petites du troisième ordre près, on a avec la même approximation

$$\beta' = \beta + \frac{n' - n}{\lambda - C} b,$$

$$\gamma' = \gamma + \frac{n' - n}{\lambda - C} c.$$

Ces quantités doivent demeurer infiniment petites du premier ordre; il faut donc que $\frac{b}{\lambda - C}$, $\frac{c}{\lambda - C}$ soient du premier ordre.

513. Réfraction par un nombre quelconque de surfaces sphériques. — Passons au cas où le rayon lumineux, toujours peu incliné sur l'axe, rencontre une série de m surfaces sphériques ayant toutes le même axe. Soient A_0, A_1, A_2, ..., A_m les abscisses des sommets; C_0, C_1, C_2, ..., C_m celles des centres de courbure; n_0, n_1, n_2, ..., n_m les indices de réfraction des milieux qui précèdent les surfaces caractérisées par les indices 0, 1, 2, ..., m; et soit enfin n_{m+1} l'indice de réfraction du milieu qui suit la $m^{ième}$ surface.

Le rayon incident a pour équation

$$y = \frac{\beta_0}{n_0}(x - A_0) + b_0,$$

$$z = \frac{\gamma_0}{n_0}(x - A_0) + c_0.$$

Pour caractériser le rayon réfracté une fois, on a d'après ce qui précède

$$y = \frac{\beta_1}{n_1}(x - A_0) + b_0, \qquad \beta_1 = \beta_0 + \frac{n_1 - n_0}{A_0 - C_0} b_0,$$

$$z = \frac{\gamma_1}{n_1}(x - A_0) + c_0, \qquad \gamma_1 = \gamma_0 + \frac{n_1 - n_0}{A_0 - C_0} c_0,$$

et, pour simplifier les notations, nous poserons

$$\frac{n_1 - n_0}{A_0 - C_0} = u_0,$$

en augmentant tous les indices d'un nombre égal d'unités pour avoir $u_1, u_2, \ldots, u_m$: les valeurs de β_1, γ_1 prennent ainsi la forme

$$\beta_1 = \beta_0 + u_0 b_0, \qquad \gamma_1 = \gamma_0 + u_0 b_0.$$

Pour passer du rayon réfracté une fois au rayon réfracté deux fois, il faut donner aux dernières équations la forme qu'avaient celles du rayon incident, afin que les calculs soient symétriques; le rayon réfracté une fois contiendra donc dans ses équations la coordonnée A_1 du deuxième sommet, et par exemple l'une d'elles sera

$$y = \frac{\beta_1}{n_1}(x - A_1) + b_1.$$

b_1 est une nouvelle quantité qu'on détermine en identifiant cette nouvelle forme d'équation avec la première,

$$b_0 - \frac{\beta_1}{n_1} A_0 = b_1 - \frac{\beta}{n_1} A_1,$$

d'où

$$b_1 = b_0 + \frac{A_1 - A_0}{n_1} \beta_1 = b_0 + t_1 \beta_1,$$

en posant, pour simplifier l'écriture,

$$\frac{A_1 - A_0}{n_1} = t_1.$$

Les fonctions $t_2, t_3, \ldots$ s'obtiennent en augmentant convenablement les indices. En résumé, le rayon réfracté une fois a ses équations de la forme de celles du rayon incident, et, de même que l'une est déterminée en fonction de

$$b_0 = b_0. \qquad \beta_1 = \beta_0 + u_0 b_0,$$

de même nous déterminerons l'équation correspondante du rayon réfracté deux fois, en fonction de

$$b_1 = b_0 + t_1 \beta_1, \qquad \beta_2 = \beta_1 + u_1 b_1.$$

Le troisième rayon réfracté dépend pareillement de b_2 et β_3; le quatrième de b_3 et β_4: enfin le $m + 1^{\text{ième}}$, qui est le rayon émergent, dépend de b_m et β_{m+1} dont les valeurs sont

$$b_m = b_{m-1} + t_m \beta_m, \qquad \beta_{m+1} = \beta_m + u_m b_m.$$

Nous ne considérons qu'une des équations de chaque rayon, on passerait à l'autre en changeant y, b, β en z, c, γ.

Toutes les relations précédentes sont linéaires; ainsi les constantes qui entrent dans les équations des divers rayons sont des fonctions linéaires de b_0 et β_0; elles ont de plus avec les constantes initiales b_0, β_0 des relations remarquables qui permettent de considérer les coefficients de b_0, β_0 comme les numérateurs et les dénominateurs des réduites d'une fraction continue. Considérons, en effet, la suite des termes :

Premier rayon.

$$b_0 = b_0,$$
$$\beta_1 = \beta_0 + u_0 b_0.$$

Deuxième rayon,

$$b_1 = b_0 + t_1 (\beta_0 + u_0 b_0) = b_0 (1 + u_0 t_1) + \beta_0 t_1,$$
$$\beta_2 = \beta_0 + u_0 b_0 + u_1 (1 + u_0 t_1) b_0 + u_1 t_1 \beta_0$$
$$= b_0 [u_0 + u_1 (1 + u_0 t_1)] + \beta_0 (1 + u_1 t_1).$$

Troisième rayon,

$$b_2 = b_0 \{1 + u_0 t_1 + t_2 [u_0 + u_1 (1 + u_0 t_1)]\} + \beta_0 [t_1 + t_2 (1 + u_1 t_1)],$$
$$\beta_3 = \dots \dots \dots \dots \dots \dots \dots \dots \dots \dots \dots$$

Les coefficients de b_0 et de β_0 suivent la loi qui lie les numérateurs et les dénominateurs des termes des réduites d'une fraction continue : chacun d'eux est égal à l'antéprécédent, augmenté du produit du précédent par une quantité nouvelle; par exemple, dans b_2, on voit que le coefficient de b_0 est égal à celui de b_0 dans l'expression de b_1 plus le produit d'une quantité nouvelle t_2 par le coefficient de b_0 dans l'expression de β_2; la même relation existe entre les coefficients de β_0. Si donc l'on calcule les réduites de la fraction continue

$$u_0 + \cfrac{1}{t_1 + \cfrac{1}{u_1 + \cfrac{1}{t_2 + \cdots}}},$$

leurs numérateurs sont les coefficients de b_0 dans les expressions des constantes b_1, β_2, b_2, β_3, etc.; leurs dénominateurs sont les coefficients de β_0 dans les mêmes expressions. On remarquera que pour déterminer le $m + 1^{\text{ième}}$ rayon réfracté, c'est-à-dire le rayon émergent, il faudra calculer la $2m - 1^{\text{ième}}$ et la $2m^{\text{ième}}$ réduites; en conséquence, si nous les désignons par $\frac{g}{h}$ et $\frac{k}{l}$, la différence $gl - hk$ sera égale à $+ 1$, et cela d'après cette propriété qu'ont deux réduites consécutives $\frac{A''}{B^{(n)}}$, $\frac{A^{n+1}}{B^{n+1}}$ de donner une expression $A^{(n)} B^{(n+1)} - B^{(n)} A^{(n+1)}$ qui égale $+ 1$ si $n + 1$ est pair, et $- 1$ si $n + 1$ est impair. Ainsi le rayon émergent est déterminé par les équations

$$y = \frac{\beta_{m+1}}{u_{m+1}} (x - A_m) + b_m.$$

$$z = \frac{\gamma_{m+1}}{n_{m+1}} (x - A_m) + c_m.$$

dont les coefficients sont donnés par

$$b_m = g b_0 + h \beta_0,$$
$$\beta_{m+1} = k b_0 + l \beta_0.$$

et

$$c_m = g c_0 + h \gamma_0,$$
$$\gamma_{m+1} = k c_0 + l \gamma_0.$$

avec la relation

$$gl - hk = 1.$$

Pour abréger l'écriture, nous marquerons d'un seul accent les coefficients qui entrent dans les équations du rayon émergent: ainsi posons

$$b_m = b', \qquad c_m = c'. \qquad \beta_{m+1} = \beta', \qquad \gamma_{m+1} = \gamma'.$$

il vient alors

$$b' = g b_0 + h \beta_0.$$
$$\beta' = k b_0 + l \beta_0,$$

d'où l'on déduit. en multipliant la première par l puis par k. l'autre par h puis par g. et retranchant,

$$b_0 = l b' - h \beta'.$$
$$\beta_0 = g \beta' - k b'.$$

Nous avons ainsi déterminé complétement le rayon émergent. Avant de le comparer au rayon incident, nous ferons encore cette remarque sur toutes les réduites, et en particulier sur $g, h. k, l$, c'est que ces quantités sont des fonctions de $u_0, t_1. u_1, t_2, u_2. t_3, \ldots$, qui ne changent pas si l'on renverse l'ordre de celles-ci, si par exemple on change u_0 en t_3, t_1 en u_2, u_1 en t_2, et réciproquement.

514. Théorie générale des foyers et des images. — Revenons maintenant au rayon incident. Prenons sur lui ou sur son prolongement au delà de la première surface un point arbitraire dont les coordonnées sont $\xi. \eta, \zeta$: ces valeurs satisfont, par conséquent, aux équations du rayon incident. et l'on a

$$\eta = \frac{\beta_0}{n_0}(\xi - A_0) + b_0, \qquad \zeta = \frac{\gamma_0}{n_0}(\xi - A_0) + c_0.$$

A cause de leur symétrie, considérons seulement la première de ces équations et remplaçons-y β_0 et b_0 par leurs valeurs en fonction de b', β' : il viendra

$$\eta = \frac{g\beta' - k b'}{n_0}(\xi - A_0) + l b' - h \beta',$$

ou

$$n_0 \eta - g\beta'(\xi - A_0) + n_0 h\beta = b'[n_0 l - k(\xi - A_0)],$$

ce qui donne une nouvelle expression de b',

$$b' = \frac{n_0 \eta + \beta'[n_0 h - g(\xi - A_0)]}{n_0 l - k(\xi - A_0)}.$$

Cette expression, substituée dans les équations du rayon émergent, y introduit ainsi les coordonnées d'un point du rayon incident : on pourra donc chercher si à ce point ne correspond pas quelque autre point remarquable. Effectuons cette substitution : l'une des équations du rayon émergent prendra la forme suivante,

$$y = \frac{\beta'}{n'}(x - A') + \frac{n_0 \eta + \beta'[n_0 h - g(\xi - A_0)]}{n_0 l - k(\xi - A_0)}$$

$$= \frac{\beta'}{n'}\left\{x - A' + \frac{n'[n_0 h - g(\xi - A_0)]}{n_0 l - k(\xi - A_0)}\right\} + \frac{n_0 \eta}{n_0 l - k(\xi - A_0)}.$$

On a de même pour la seconde équation

$$z = \frac{\gamma'}{n'}\left\{x - A' + \frac{n'[n_0 h - g(\xi - A_0)]}{n_0 l - k(\xi - A_0)}\right\} + \frac{n_0 \zeta}{n_0 l - k(\xi - A_0)}.$$

De là cette conséquence : ces équations sont satisfaites si on annule la parenthèse pour déterminer x, et qu'on égale y et z aux termes qui restent; le point dont les coordonnées s'obtiennent de cette manière est situé sur le rayon émergent, et, en appelant ξ', η', ζ' ses coordonnées, on a

$$\xi' = A' - \frac{n'[n_0 h - g(\xi - A_0)]}{n_0 l - k(\xi - A_0)},$$

$$\eta' = \frac{n_0 \eta}{n_0 l - k(\xi - A_0)},$$

$$\zeta' = \frac{n_0 \zeta}{n_0 l - k(\xi - A_0)}.$$

Comme on le voit, ces trois coordonnées sont fonctions de g, h, k, l; c'est-à-dire des positions et de la nature des milieux réfringents; puis de ξ, η, ζ, qui déterminent un point du rayon incident. Mais elles sont entièrement indépendantes de b_0, c_0, qui déterminent le point d'incidence sur la première surface. Donc tout rayon passant au point (ξ, η, ζ), et rencontrant les surfaces réfringentes dans le

voisinage de l'axe, vient passer au point (ξ', η', ζ'). Pour arriver à
ce résultat, on néglige les quantités de l'ordre du $\sin^3$ de l'angle du
rayon incident avec l'axe. Il est donc démontré d'une manière très-
générale, au degré d'approximation qu'on vient d'indiquer, que les
rayons passant en un point situé ou non sur l'axe, et qu'on peut
appeler foyer, vont passer à un deuxième foyer, après réfraction sur
un système de surfaces sphériques ayant même axe. Le premier foyer
est réel si l'on a $\xi - A_0 < 0$, et virtuel dans le cas de $\xi - A_0 > 0$;
le deuxième est réel pour $\xi' - A'_0 > 0$ et virtuel pour $\xi' - A'_0 < 0$.

Considérons les situations relatives de ces deux foyers : la comparaison de leurs abscisses n'offre rien de remarquable, mais on a pour
les autres coordonnées

$$\frac{\eta'}{\eta} = \frac{\zeta'}{\zeta} = \frac{n_0}{n_0 l - k(\xi - A_0)},$$

relations qui indiquent que les projections du point lumineux et de
son foyer sur le plan yz sont situées sur une ligne droite passant
par l'origine, que par conséquent le point lumineux et son foyer
sont dans un même plan avec l'axe des x. Comme, d'autre part, ξ' ne
dépend que de la valeur de ξ, les points lumineux situés dans un
plan perpendiculaire à l'axe ont leurs images dans un même plan
aussi perpendiculaire à l'axe. Et de toutes ces remarques il résulte
avec évidence que l'image d'un objet plan est plane et semblable à
cet objet.

Le rapport des dimensions linéaires de l'image et de l'objet
s'appelle *grossissement*; comme on le voit, sa valeur est ici

$$\frac{\eta'}{\eta} = \frac{\xi'}{\xi} = \frac{n_0}{n_0 l - k(\xi - A_0)}.$$

Si cette expression est positive, ξ', η', ζ' ont les mêmes signes
que ξ, η, ζ, et par suite l'image est droite; si l'expression est négative, l'image est renversée.

On peut donner à cette expression du grossissement une autre
forme, en ayant égard à l'identité $gl - kh = 1$, car on a

$$\xi' \quad A' = n' \frac{n_0 h - g(\xi - A_0)}{n_0 l - k(\xi - A_0)},$$

d'où

$$\frac{\xi'-A'}{n'} = -h\,\frac{n_o}{n_o l - k(\xi - A_o)} + \frac{g(\xi - A_o)}{n_o l - k(\xi - A_o)},$$

et en ajoutant g de part et d'autre, après avoir tout multiplié par k.

$$g + k\,\frac{\xi'-A'}{n'} = g + \frac{gk(\xi - A_o)}{n_o l - k(\xi - A_o)} - \frac{kh\,n_o}{n_o l - k(\xi - A_o)}$$

$$= \frac{(gl - kh)\,n_o}{n_o l - k(\xi - A_o)} = \frac{n_o}{n_o l - k(\xi - A_o)}.$$

Le grossissement peut donc s'exprimer par

$$g + k\,\frac{\xi'-A'}{n'}.$$

Les formules précédentes sont parfaitement exactes, aux termes près de l'ordre de l'aberration de sphéricité. Mais les constantes g, h, k. l, qui y entrent. les rendent peu propres à la discussion des circonstances intéressantes au point de vue pratique : il importe donc de les transformer, et ceci nous conduira à une théorie de la formation des images incomparablement plus exacte que la théorie ordinaire, sans cesser pour cela d'être aussi simple.

515. Plans et points principaux. — D'abord, pour le cas d'une surface réfringente unique, nous avons vu que si l'une des projections du rayon incident est représentée par

$$y = \frac{\beta}{n}(x - A) + b.$$

la projection correspondante du rayon réfracté a pour équation

$$y = \frac{\beta'}{n'}(x - A) + b,$$

où β' est déterminé par l'équation $\beta' = \beta + \frac{n' - n}{A - C}b$; $A - C$ est égal et de signe contraire au rayon de courbure de la surface, si elle tourne sa convexité vers les rayons lumineux ; il est de même signe que ce rayon, si la surface tourne sa concavité vers les rayons lumineux. Or, en examinant ces équations, on peut dire qu'à ce degré d'approximation le rayon incident et le rayon réfracté coupent en

un même point le plan mené perpendiculairement à l'axe par le
sommet de la surface réfringente : ceci nous donne un point du
rayon réfracté, et il suffira d'en chercher un second pour le déterminer complétement.

Si l'on possédait un plan doué de la même propriété, lorsque le
rayon traverse un grand nombre de surfaces réfringentes, on conçoit
qu'il serait d'une grande utilité pour la construction du rayon réfracté: cherchons donc s'il n'existerait pas un pareil plan.

L'une des équations du rayon incident sur la première surface est,
comme on l'a vu,

$$y = \frac{\beta_0}{n_0}(x - A_0) + b_0;$$

l'équation correspondante du rayon émergent est, d'autre part,

$$y = \frac{kb_0 + l\beta_0}{n'}(x - A') + gb_0 + h\beta_0.$$

Si, au lieu d'égaler les valeurs de y correspondant à une même
abscisse x, il nous est plus commode de le faire pour des abscisses
distinctes, il est clair que le résultat sera le même, car nous aurons
deux plans rencontrés à la même distance de l'axe, l'un par le rayon
incident, l'autre par le rayon émergent: de l'un des points connu,
on passera à l'autre en menant une parallèle à l'axe. Soient donc E,
E' deux valeurs spéciales de x, telles qu'on ait

$$\frac{\beta_0}{n_0}(E - A_0) + b_0 = \frac{kb_0 + l\beta_0}{n^c}(E' - A') + gb_0 + h\beta_0.$$

Pour que les plans correspondant aux abscisses E, E' jouent le rôle
du plan dont on a parlé dans le cas d'une surface unique, il faut
que l'équation précédente ait lieu pour tous les rayons incidents:
elle doit donc être satisfaite quels que soient b_0 et β_0, ce qui exige
que les coefficients de ces quantités soient nuls : en les égalant à
zéro, nous aurons deux équations du premier degré qui détermineront E et E'. On ne peut, comme dans le cas d'une seule surface,
avoir un plan unique, car les équations qui en donneraient l'abscisse
sont en général incompatibles. On a donc

$$1 = \frac{k}{n'}(E' - A') + g,$$

d'où

$$E' = A' + (1 - g)\frac{n'}{k};$$

et semblablement

$$\frac{E - A_o}{n_o} = \frac{l}{n'}(E' - A') + h = (1 - g)\frac{l}{k} + h,$$

d'où

$$E = A_o - (1 - l)\frac{n_o}{k}.$$

Les deux plans ainsi déterminés ont été appelés par Gauss les *plans principaux*. Les plans principaux sont donc des plans perpendiculaires à l'axe du système réfringent, et rencontrés à la même distance de l'axe, le premier par le rayon incident, le second par le rayon émergent.

Les points où ils coupent l'axe ont été appelés les *points principaux*.

Les plans principaux étant au nombre de deux, on convient que le *premier* soit celui qui est déterminé par A_o, n_o, l, k, c'est-à-dire celui dont on considère l'intersection par le rayon incident; l'autre est appelé le *second*, quelle que soit d'ailleurs sa situation par rapport au premier et à la source lumineuse. Le point de rencontre du premier plan par le rayon incident est défini par les données mêmes; par ce point, on mène une parallèle à l'axe jusqu'à la rencontre du second plan, et l'on connaît ainsi un point du rayon émergent.

516. **Plans focaux.** — Connaissant un point du rayon émergent, il suffira d'un deuxième point pour le déterminer entièrement. Pour cela, nous considérerons le rayon incident comme appartenant à un faisceau de rayons parallèles, et nous en déterminerons le foyer de convergence. Or, en vertu des propriétés du plan mené perpendiculairement à l'axe par le foyer des rayons parallèles à l'axe, il suffit de trouver ce foyer; incidemment, nous chercherons aussi le point d'où les rayons incidents doivent émaner pour émerger parallèlement à l'axe; ces deux points, que nous désignerons par F' et F, détermineront les plans focaux du système.

Appelons F l'abscisse du point F où se croisent les rayons incidents donnant à l'émergence des rayons parallèles. Pour déterminer F, il faut exprimer que les rayons émergent parallèlement à l'axe : par conséquent, dans l'équation

$$y = \frac{kb_0 + l\beta_0}{n'}(x - A') + gb_0 + h\beta_0,$$

qui est une de celles du rayon émergent, il faut que l'on ait

$$\frac{kb_0 + l\beta_0}{n'} = 0.$$

d'où

$$\beta_0 = -\frac{k}{l}b_0,$$

et on a une condition analogue au moyen de la seconde équation du rayon émergent : mais, à cause de la symétrie, il est inutile de l'écrire. La valeur de β_0, substituée dans l'équation de la projection du rayon incident sur le plan xy, lui donne la forme

$$y = -\frac{kb_0}{n_0 l}(x - A_0) + b_0.$$

Nous pouvons dès lors trouver aisément le point F, qui est le point où ce rayon incident coupe l'axe : faisons $y = 0$ dans cette équation, elle devient

$$0 = -\frac{k}{n_0 l}(F - A_0) + 1,$$

d'où

$$F = A_0 + \frac{n_0 l}{k}.$$

On remarquera la simplicité de la relation qui existe entre F et E,

$$F - E = \frac{n_0}{k}.$$

Cherchons maintenant F′, abscisse du point où l'axe est coupé par les rayons émergents provenant des rayons incidents parallèles à l'axe. On fera $\beta_0 = 0$, et l'une des équations du rayon émergent considéré sera

$$y = \frac{kb_0}{n'}(x - A') + gb_0.$$

Pour avoir le point de rencontre avec l'axe, faisons-y $y = 0$; il vient

$$0 = \frac{k}{n'}(F' - A') + g.$$

d'où

$$F' = A' - \frac{g}{k} n'.$$

On remarquera la relation très-simple qui existe entre F' et E'.

$$F' - E' = - \frac{n'}{k}.$$

Les abscisses des points principaux sont E et E'; celles des plans focaux sont F et F' : on distingue le premier plan focal et le deuxième comme on a distingué le premier plan principal et le deuxième, c'est-à-dire par des propriétés physiques et non par la situation dans l'espace. Ajoutons cette remarque bien évidente, qu'en vertu du principe du retour inverse des rayons, si la lumière vient de l'autre côté, le premier plan focal devient le second. et *vice versa*.

517. **Construction géométrique du rayon émergent.** —

La considération des plans focaux et principaux conduit à une construction très-simple du rayon émergent correspondant à un rayon incident donné. Traçons l'axe du système, ainsi que les quatre plans dans les positions indiquées par les formules: dans la figure, ils sont dans l'ordre qui convient à une lentille convergente. Sup-

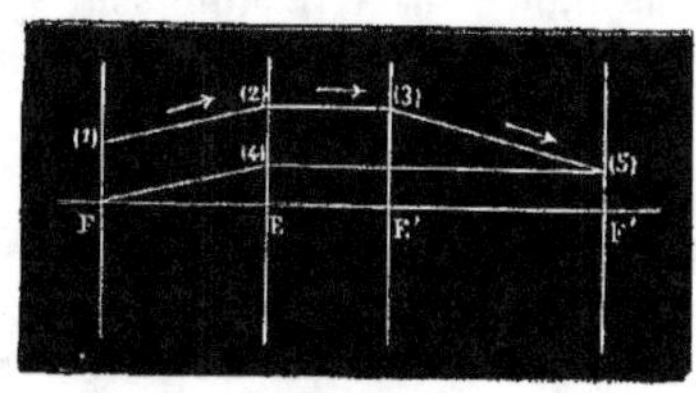

Fig. 314.

posons (fig. 314) le rayon incident (1) (2) situé dans un plan passant par l'axe; cette hypothèse n'a pour but que de faciliter le tracé de la figure, et ne restreint nullement la généralité de la

construction. Ce rayon incident vient rencontrer le premier plan
principal au point (2), et, comme nous l'avons dit, la parallèle à
l'axe menée par ce point (2) détermine en (3), sur le second plan
principal, un premier point du rayon émergent. Pour l'autre, nous
l'aurons en menant par le foyer F une parallèle au rayon incident,
et, par le point où elle coupe le premier plan principal, une parallèle
à l'axe jusqu'à la rencontre du deuxième plan focal. C'est en un
point de ce plan focal que convergent tous les rayons provenant de
rayons incidents parallèles à celui que nous considérons. Nous avons
démontré en effet que l'abscisse du foyer n'est fonction que de celle
du point lumineux, et ceci étant vrai, si loin que soit le point lumineux des surfaces réfringentes, est vrai lorsque les rayons incidents
sont parallèles; leur foyer est donc sur le deuxième plan focal, et
le rayon proposé, qui en fait partie, va passer à ce foyer. Maintenant, parmi tous ces rayons parallèles, considérons celui qui passe
en F : en vertu des propriétés de ce point, il émergera parallèlement
à l'axe : donc le point (5), où il traverse le deuxième plan focal, est
le foyer cherché; ainsi (3) (5) est le rayon émergent.

C'est un grand avantage de cette méthode de faire ainsi abstraction de toutes les surfaces intermédiaires et de permettre la construction des rayons émergents à l'aide des seuls plans focaux et
principaux.

Il est utile d'ajouter que ces propriétés conviennent à la réflexion :
on considère dans ce cas la surface réfléchissante comme séparant
deux milieux où les indices de réfraction sont n_p et $-n_p$, de sorte
que l'indice relatif est -1 : par ces substitutions toutes les formules
s'appliquent à ce cas.

518. Propriété remarquable des plans principaux. —
— La considération des plans principaux permet encore de mettre
en évidence des propriétés remarquables d'un système de surfaces
réfringentes, en introduisant les abscisses de ces plans dans les
équations des rayons lumineux.

Soit $\dfrac{\beta_0}{n_2}$ le coefficient d'inclinaison de la projection du rayon incident sur le plan des xy, et soit B l'ordonnée du point où ce rayon

coupe le premier plan principal. L'une des équations qui déterminent le rayon incident est

$$y = \frac{\beta_{\rm o}}{n_{\rm o}}(x - {\rm F}) + {\rm B},$$

et l'équation analogue pour le rayon émergent est

$$y = \frac{kb_{\rm o} + l\beta_{\rm o}}{n'}(x - {\rm E}') + {\rm B}.$$

Mais il y entre $b_{\rm o}$, quantité qu'il faut faire disparaître : c'est l'ordonnée du point où le rayon incident coupe le plan perpendiculaire à l'axe au sommet de la première surface réfringente ; sa valeur est

$$b_{\rm o} = \frac{\beta_{\rm o}}{n_{\rm o}}({\rm A}_{\rm o} - {\rm E}) + {\rm B} = {\rm B} + \beta_{\rm o}\frac{(1 - l)}{k};$$

en substituant, on trouve

$$kb_{\rm o} + l\beta_{\rm o} = k{\rm B} + \beta_{\rm o}(1 - l) + l\beta_{\rm o} = k{\rm B} + \beta_{\rm o},$$

et l'équation du rayon émergent est

$$y = \frac{\beta_{\rm o} + k{\rm B}}{n'}(x - {\rm E}') + {\rm B}.$$

Sous cette forme, elle est plus simple et va nous permettre de comparer l'effet du système réfringent à celui d'une surface unique.

Supposons en effet que, supprimant les surfaces et les milieux considérés, à l'exception du premier et du dernier, on considère une surface unique qui les sépare ; soient E, C les abscisses de son sommet et de son centre de courbure ; on sait que les projections sur un plan d'un rayon incident et du rayon réfracté correspondant peuvent être représentées dans ce cas par

$$y = \frac{\beta_{\rm o}}{n_{\rm o}}(x - {\rm E}) + {\rm B}$$

et

$$y = \frac{\beta'}{n'}(x - {\rm C}) + {\rm B},$$

avec la condition

$$\beta' = \beta_{\rm o} + \frac{n' - n_{\rm o}}{{\rm E} - {\rm C}}\,{\rm B}.$$

Or, que faut-il pour que le rayon réfracté par cette surface unique
soit parallèle au rayon émergent du système de surfaces réfringentes
considéré plus haut? Il suffit évidemment que l'on ait

$$\beta' = \beta_0 + k\mathrm{B}.$$

ou, ce qui revient au même,

$$\frac{n' - n_0}{k} = \mathrm{E} - \mathrm{C}.$$

c'est-à-dire qu'il suffit de choisir convenablement le rayon de courbure $\mathrm{E} - \mathrm{C}$ de la surface unique.

Si donc on suppose au premier point principal E le sommet d'une
surface réfringente séparant le premier et le dernier des milieux, et
ayant son rayon $\dfrac{n' - n_0}{k}$ dirigé du côté d'où vient la lumière ou du
côté opposé, suivant que cette expression est positive ou négative,
l'effet de cette surface sera le même que celui du système de milieux et de surfaces considéré d'abord, mais quant à la déviation des
rayons seulement : ainsi, un rayon incident donnera dans les deux
cas un rayon réfracté dans la même direction, mais, pour avoir dans
leur vraie situation les rayons émergents du système de plusieurs
surfaces, il faut déplacer les rayons émergents de la surface unique
parallèlement à eux-mêmes, jusqu'à ce que chacun d'eux rencontre
le deuxième plan principal en un point situé comme le point où il
rencontrerait le premier plan principal.

Ainsi, pour faire usage du rayon émergent de la surface unique,
on lui mènera une parallèle par le point (3) de la figure précédente :
cette parallèle sera précisément (3) (5). La considération de cette
surface est utile dans la théorie de l'œil, mais elle ne convient pas à
une série de lentilles situées dans l'air, car on aurait $n' - n_0 = 0$,
ce qui ne convient à aucune surface.

519. **Cas où les deux milieux extrêmes sont identiques.**
— Au lieu de substituer une surface unique au système réfringent
que nous étudions, il est souvent plus utile de considérer une lentille unique, infiniment mince et située dans la position du premier
plan principal : et l'on arrive à des résultats simples, dans le cas où

le premier milieu est le même que le dernier; soit donc $n' = n_0$. Une des projections d'un rayon incident étant représentée par

$$y = \frac{\beta_0}{n_0}(x - E) + B,$$

nous savons que la projection sur le même plan du rayon réfracté par le système des milieux réfringents est représentée par

$$y = \frac{\beta_0 + kB}{n_0}(x - E') + B.$$

Or, à la place de ce dernier rayon, considérons un rayon qui lui soit parallèle et se projette suivant la droite

$$y = \frac{\beta_0 + kB}{n_0}(x - E) + B.$$

Celui-ci est lié, comme on le voit facilement, avec le rayon incident par la même relation qui existe entre le rayon réfracté par une lentille d'épaisseur négligeable et le rayon incident d'où il provient: en effet, les abscisses x, x' des points où ils coupent l'axe sont déterminées par

$$x - E = -\frac{Bn_0}{\beta_0}, \qquad x' - E = -\frac{Bn_0}{\beta_0 + kB};$$

seulement, avant de chercher si ces quantités entrent effectivement dans une relation telle que

$$\frac{1}{p'} - \frac{1}{p} = \frac{1}{f},$$

il faut avoir égard aux conventions de signe; or, p est la distance du point lumineux à la lentille, distance comptée positivement du côté d'où vient la lumière; donc $p = E - x$, et l'on a de même $p' = E - x'$. Peut-on égaler l'expression

$$\frac{1}{E - x'} - \frac{1}{E - x}$$

à l'inverse d'une constante? Si on le peut, il est clair que la constante sera la distance focale d'une lentille qui produirait sur les rayons incidents les mêmes changements de direction que tout notre système réfringent primitif. Or, il est facile de voir que

$$\frac{1}{E_1 x'} - \frac{1}{E_1 - x} = \frac{\beta_0 + kB}{Bn_0} - \frac{\beta_0}{Bn_0} = \frac{1}{\dfrac{n_0}{k}}.$$

Donc, la lentille infiniment mince que l'on devra placer en E pour obtenir les changements de direction des rayons devra avoir $\frac{n_0}{k}$ pour distance focale. Pour revenir aux conventions de Gauss sur les signes, cette distance focale doit s'écrire $-\frac{n_0}{k}$, et alors la lentille est convergente lorsque cette quantité $-\frac{n_0}{k}$ est positive ; elle est divergente si cette quantité est négative. La considération de cette lentille nous servira dans le cas où $n' = n_0$, qui est celui où nous nous plaçons, exactement comme la surface réfringente nous servait dans un cas plus général ; nous mènerons donc par les points d'incidence sur le premier plan principal des parallèles à l'axe, jusqu'à la rencontre du deuxième plan principal ; puis, par les points de rencontre, nous mènerons des parallèles aux rayons déviés par la lentille unique ; nous aurons ainsi une construction facile des rayons déviés par un système de milieux et de surfaces. Ceci revient, comme on le voit, à effectuer d'abord la déviation des rayons, puis à opérer une translation de ceux-ci d'une quantité égale à la distance des deux plans principaux.

520. Simplification de la construction du rayon émergent. — La construction géométrique peut être simplifiée d'une manière remarquable dans le cas où les milieux extrêmes sont identiques. En effet, nous venons de voir que par le point que l'on connaît déjà du rayon émergent, c'est-à-dire le point (3), il faut mener une droite dont la projection sur le plan xy ait pour coefficient d'inclinaison $\frac{\beta_0 + kB}{n_0}$. Or, que l'on joigne le point (1) (fig. 315) au premier point principal E : la droite ainsi déterminée a pour coefficient d'inclinaison de sa projection sur le plan xy le rapport de l'ordonnée de (1) à la distance EF ; c'est donc

$$\frac{\dfrac{\beta_0}{n_0}(F - E) + B}{F - E}.$$

Mais, à cause de la relation $F - E = \frac{n_0}{k}$, l'expression précédente se réduit à $\frac{\beta_0 + kB}{n_0}$; donc la droite (1) E est parallèle au rayon émergent. Ainsi, dans le cas où le dernier milieu est identique au premier, on tracera la droite (1) E, et par le point (3) on lui mènera une parallèle.

Cette construction nous montre que tout rayon incident qui passe au premier point principal correspond à un rayon émergent qui

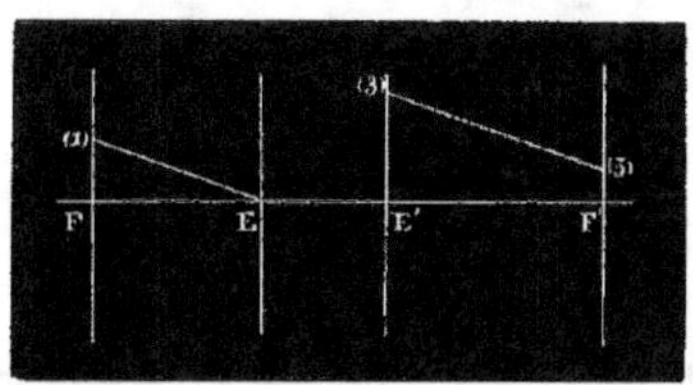

Fig. 315.

passe au deuxième point principal et qui est parallèle au rayon incident : on retrouve ici les rayons sans déviation de la théorie ordinaire des lentilles. Nous arrivons donc à cette proposition : Dans un système de milieux réfringents dont le premier et le dernier sont identiques, il existe deux points tels que tout rayon incident passant au premier correspond à un rayon émergent qui lui est parallèle et qui passe au deuxième point. Dans le cas où l'on n'a qu'une lentille, le rayon réfracté dans l'intérieur passe par le centre optique.

521. Relation entre l'objet et l'image. — Les relations établies précédemment font connaître les distances des plans focaux aux plans principaux; on a

$$E - F = -\frac{n_0}{k}, \qquad F' - E' = -\frac{n'}{k}.$$

Ces distances s'appellent *distances focales du système*. La première distance focale est l'excès de l'abscisse du premier plan principal sur celle du premier plan focal; la deuxième est l'excès de l'abscisse du deuxième plan focal sur celle du deuxième plan principal. Les distances focales sont égales si $n_0 = n'$.

L'introduction des distances focales dans les formules les rapproche singulièrement des formules de la théorie élémentaire.

Nous commencerons par nous servir de ces distances focales pour simplifier l'expression du grossissement du système et la relation des positions de l'objet et de l'image.

On a vu que si ξ, n, ζ désignent les coordonnées d'un point où passe le rayon incident, le rayon émergent passe en un point dont les coordonnées ξ', n', ζ' sont données par les relations

$$\xi' = A' - \frac{n'\,[n_o h - g\,(\xi - A_o)]}{n_o l - k\,(\xi - A_o)},$$

$$n' = \frac{n_o n}{n_o l - k\,(\xi - A_o)},$$

$$\zeta' = \frac{n_o \zeta}{n_o l - k\,(\xi - A_o)}.$$

En remplaçant A_o et A', coordonnées des sommets des surfaces extrêmes, par leurs valeurs en fonction de celles des plans principaux, savoir :

$$A_o = E + \left(1 - l\right)\frac{n_o}{k}, \qquad A' = E' - \left(1 - g\right)\frac{n'}{k},$$

ces coordonnées prennent la forme

$$\xi' = E' - \frac{(1-g)\,n'}{k} - n'\,\frac{n_o h - g\left[\xi - E - (1-l)\dfrac{n_o}{k}\right]}{n_o l - k\left[\xi - E - (1-l)\dfrac{n_o}{k}\right]}$$

$$= E' - \left(1 - g\right)\frac{n'}{k} - n'\,\frac{\dfrac{n_o}{k}\,(hk - gl + g) - g\,(\xi - E)}{n_o + k\,(E - \xi)}$$

$$= E' + \frac{-\,(1-g)\dfrac{n'}{k}\,[n_o + k\,(E - \xi)] - n'\left[(g-1)\dfrac{n_o}{k} - g\,(\xi - E)\right]}{n_o + k\,(E - \xi)}$$

$$= E' - \frac{n'\,(E - \xi)}{n_o + k\,(E - \xi)},$$

$$n' = \frac{n_o n}{n_o + k\,(E - \xi)},$$

$$\zeta' = \frac{n_o \zeta}{n_o + k\,(E - \xi)}.$$

Ces formules, d'une simplicité remarquable, permettent d'obtenir

sous une forme commode la relation qui lie ξ', E', ξ et E. On a
en effet la valeur de $\xi'-\mathrm{E}'$, et par suite de l'inverse

$$\frac{1}{\xi'-\mathrm{E}'} = -\frac{n_0+k(\mathrm{E}-\xi)}{n'(\mathrm{E}-\xi)} = -\frac{n_0}{n'(\mathrm{E}-\xi)} - \frac{k}{n'},$$

et, en multipliant tout par n',

$$\frac{n'}{\xi'-\mathrm{E}'} + \frac{n_0}{\xi-\mathrm{E}} = -k.$$

Telle est la relation qui lie les distances de l'image et de l'objet
aux plans principaux. Dans le cas où $n'=n_0$, elle devient

$$\frac{1}{\xi'-\mathrm{E}'} + \frac{1}{\xi-\mathrm{E}} = -\frac{k}{n_0},$$

qui est tout aussi simple et incomparablement plus exacte que la
formule donnée par la théorie élémentaire

$$\frac{1}{p} + \frac{1}{p'} = \frac{1}{f},$$

dont elle a du reste la forme. On voit que, si les plans principaux
coïncidaient, l'effet du système serait celui d'une lentille infiniment
mince dont $\dfrac{-n_0}{k}$ serait la distance focale ; or, on peut imaginer qu'ils
coïncident, puis transporter les rayons émergents, parallèlement,
d'une quantité égale à la distance des deux plans principaux, et l'on
aura ainsi les rayons émergents dans leur vraie position. C'est une
nouvelle démonstration de la construction que nous avons donnée de ces rayons par la considération d'une lentille infiniment
mince.

Il existe des valeurs de ξ', η', ζ' en fonction des abscisses F, F',
des plans focaux et de la distance focale $\dfrac{n_0}{k}$; rien n'est plus facile que
de les déduire des valeurs précédentes, en se reportant aux re-
lations

$$\mathrm{E} = \mathrm{F} - \frac{n_0}{k}, \qquad \mathrm{E}' = \mathrm{F}' + \frac{n'}{k}.$$

Il vient alors

$$\xi' = F' + \frac{n'}{k} - n' \frac{F - \frac{n_0}{k} - \xi}{n_0 + k\left(F - \frac{n_0}{k} - \xi\right)}$$

$$= F' + \frac{\frac{n'}{k} n_0}{n_0 + k\left(F - \frac{n_0}{k} - \xi\right)} = F' + \frac{n' n}{k^2 (F - \xi)},$$

$$n' = \frac{n_0 \eta}{k (F - \xi)},$$

$$\zeta' = \frac{n_0 \zeta}{k (F - \xi)}.$$

Considérons le cas où $n' = n_0$ et posons $-\frac{n_0}{k} = \varphi$, φ étant la distance focale de la lentille infiniment mince dont il vient d'être question. Nous avons vu qu'on a déjà la relation extrêmement simple

$$\frac{1}{\xi' - F'} + \frac{1}{\xi - F} = \frac{1}{\varphi};$$

on a de plus, d'après les valeurs de ξ', n', ζ' que nous venons de trouver,

$$(\xi' - F')(F - \xi) = \varphi^2,$$

et par suite

$$\frac{n'}{n} = \frac{\zeta'}{\zeta} = \frac{\varphi}{F - \xi}.$$

Ce rapport est une expression très-remarquable du grossissement : c'est le quotient de la distance focale par la distance du premier foyer au point lumineux. On peut la comparer à l'expression $\frac{f}{p - f}$, qui est une valeur bien moins exacte du grossissement dans la théorie élémentaire, et qui a la même forme que la précédente. Suivant que $\frac{n'}{n}$ est positif ou négatif, l'image est droite ou renversée.

Enfin, on a

$$\frac{-\varphi}{F - \xi} = -\frac{\xi' - F'}{\varphi},$$

dont la discussion permettra de trouver les relations de grandeur et de position qu'on recherche ordinairement dans la théorie élémentaire, avec une approximation indéterminée.

522. Cas où des rayons incidents parallèles émergent parallèlement. — Nous avons, dans ce qui précède, ramené la théorie d'un système quelconque de lentilles au degré de simplicité de la théorie des lentilles infiniment minces que l'on considère habituellement dans les cours élémentaires. Toutefois, les calculs sur lesquels sont fondées les déductions applicables aux instruments d'optique souffrent une exception d'autant plus importante à signaler, qu'elle est réalisée dans tous les instruments dressés pour un œil infiniment presbyte. En effet, les abscisses des points principaux et des foyers deviennent infinies lorsque la fonction algébrique k, entrant au dénominateur, est nulle; par conséquent nos conclusions ne sont plus applicables, et ce cas doit être étudié spécialement. D'abord, quand se présente-t-il?

Considérons le rayon incident dont une projection est représentée par

$$y = \frac{\beta_o}{n_o}(x - A_o) + b_o$$

et le rayon réfracté correspondant, dont la projection a pour équation

$$y = \frac{kb_o + l\beta_o}{n'}(x - A') + gb_o + h\beta_o.$$

Dans l'hypothèse $k = o$, le coefficient de x est indépendant de b_o; il reste le même pour tous les points où β_o est le même. Comme ces remarques s'appliquent à l'autre projection des rayons considérés, on voit que dans ce cas les rayons arrivant parallèlement à une droite déterminée donnent des rayons émergents parallèles à une autre droite. Ce sont les systèmes ainsi combinés qui échappent à nos conclusions, et pour en indiquer un exemple il suffira de citer la lunette astronomique ajustée pour un œil infiniment presbyte; l'image des objets infiniment éloignés vient se faire au foyer principal de la première lentille, et l'observateur met l'oculaire à une distance telle que les rayons provenant de cette image sortent parallèlement à une direction donnée pour converger sur la rétine.

Mais cette exception est loin de constituer une lacune regrettable dans notre théorie des lentilles, car elle correspond précisément à des phénomènes d'une telle simplicité qu'il est inutile de recourir à la considération des plans principaux. Considérons en effet une des projections du rayon incident

$$y = \frac{\beta_o}{n_o}(x - A_o) + b_o$$

et celle du rayon émergent

$$y = \frac{l\beta_o}{n'}(x - A') + g b_o + h \beta_o,$$

dans lesquelles A_o, A' sont les abscisses des sommets des surfaces extrêmes. Nous pouvons donner à cette dernière équation la forme suivante :

$$y = \frac{l\beta_o}{n'}(x - A'') + g b_o,$$

et pour cela il suffit de poser

$$\frac{l\beta_o}{n'} A'' = \frac{l\beta_o}{n'} A' - h\beta_o,$$

ou bien

$$A'' = A' - \frac{h}{l} n',$$

ou encore, à cause de la relation $gl - kh = 1$,

$$A'' = A' - gh n',$$

ce qui définit la situation du point A''. Cela posé, nous pouvons déterminer le grossissement et construire les rayons réfractés.

D'abord, ξ, η, ζ étant les coordonnées d'un point où passent des rayons incidents, tous les rayons émergents vont passer en un point ξ', η', ζ', et ceci d'après une démonstration indépendante de k; les valeurs ξ', η', ζ' sont dans le cas actuel, où $k = 0$,

$$\xi' = A' - n' \frac{n_o h - g(\xi - A_o)}{n_o l}, \qquad \eta' = \frac{\eta}{l} = g\eta, \qquad \zeta' = g\zeta.$$

Elles font voir évidemment que le grossissement $\dfrac{\eta'}{\eta} = \dfrac{\zeta'}{\zeta} = g$ est indépendant de ξ. Donc, dans un système de lentilles telles que des rayons parallèles émergent encore parallèlement, le *grossissement linéaire* est indépendant de la distance de l'objet au système réfringent.

523. Point oculaire. — Remarquons que si $\xi = A_0$, c'est-à-dire si le point dont on cherche l'image est situé dans le plan tangent au sommet de la première surface, on a

$$\xi' = A' - g h n' = A''.$$

Ainsi, le point A'' (fig. 316) est l'image d'un point situé au sommet de la première lentille: c'est ce point qu'on prend pour centre de l'anneau oculaire, et on l'appelle le *point oculaire*. Il va nous servir à la construction des rayons réfractés et à la détermination du grossissement angulaire.

En effet, supposons le point oculaire déterminé. L'image d'un petit objet situé dans le plan perpendiculaire à l'axe au point A_0

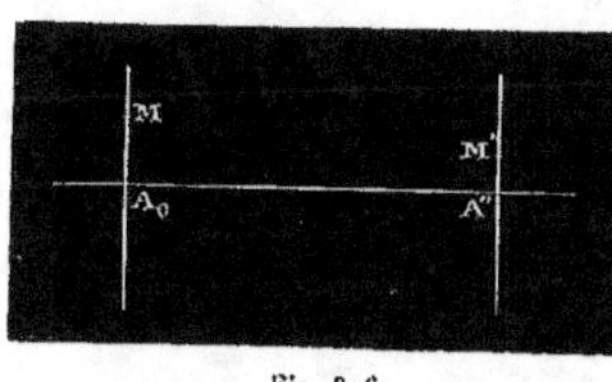

Fig. 316.

est une surface plane passant par le point oculaire; mais comme on peut regarder tous les rayons incidents comme assujettis à couper le plan A_0 à une petite distance de l'axe, il est certain que tous les rayons émergents passeront par un point de l'anneau oculaire, et il suffira de déterminer ce point.

Soit donc un rayon incident rencontrant le plan A_0 en un point M, dont η, ζ sont les coordonnées; soit A'' le point oculaire; le rayon émergent passera en un point M'', dont les coordonnées η'', ζ'' sont déterminées par les équations

$$\eta'' = g\eta, \qquad \zeta'' = g\zeta;$$

ce dernier point M'' est donc connu. La direction du rayon émergent est tout aussi facile à calculer, car $\dfrac{\beta_0}{n_0}$, $\dfrac{\gamma_0}{n_0}$ définissant celle du rayon incident, on sait que celle du rayon émergent est définie par $\dfrac{l\beta_0}{n'}$, $\dfrac{l\gamma_0}{n'}$, ou bien $\dfrac{1}{g}\dfrac{\beta_0}{n'}$, $\dfrac{1}{g}\dfrac{\gamma_0}{n'}$: ce rayon est donc complétement déterminé.

Ainsi, lorsqu'un faisceau de rayons incidents parallèles à une droite donnée tombe sur un système réfringent, on prend pour plan des xy le plan déterminé par l'axe du système et la direction du faisceau: $\dfrac{\beta_0}{n_0}$ est la tangente de l'angle de ces rayons avec l'axe, et, en supposant que ces rayons viennent du bord extrême d'un objet dont l'autre bord est sur l'axe, c'est la tangente du diamètre apparent de cet objet: les rayons émergents sont parallèles à une autre direction qui fait avec l'axe un angle dont la tangente est $\dfrac{l\beta_0}{n'}$, et ils vont former sur la rétine l'image du bord extrême de l'objet, l'autre étant sur le prolongement de l'axe. Le grossissement angulaire est donc $l\dfrac{n_0}{n}$. Dans le cas où $n'=n_0$, qui se présente seul dans les instruments usités, le diamètre apparent de l'image est $\dfrac{l\beta_0}{n_0}$, et par suite l est le grossissement angulaire.

524. Grossissement d'une lunette astronomique. —

On a vu que g est le grossissement linéaire; or $l=\dfrac{1}{g}$, donc le grossissement angulaire est l'inverse du grossissement linéaire. De

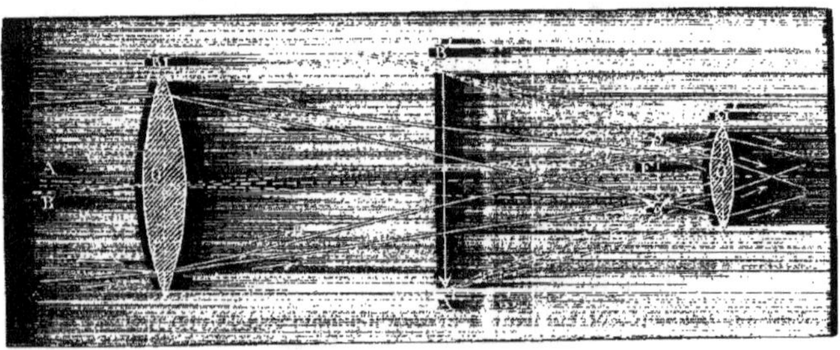

Fig. 317.

là le procédé connu pour mesurer l: on cherche le rapport des dimensions de l'anneau oculaire à celles de l'objet. En général, l est ce qu'on appelle le grossissement de l'appareil.

Il est facile de reconnaître que le grossissement linéaire dans la lunette astronomique est indépendant de la position de l'objet lumineux. Soient en effet M, M' (fig. 317) deux lentilles infiniment minces dont F. f sont les distances focales, et qui sont situées à la distance $OO' = F + f$.

Soient p la distance de l'objet lumineux à la première lentille. et p' la distance OF de l'image $\alpha\beta$; on a

$$\frac{1}{p'} + \frac{1}{p} = \frac{1}{F} \cdot$$

Le grossissement linéaire est

$$\frac{p'}{p} = \frac{F}{p - F} \cdot$$

La distance FO' de l'image à la deuxième lentille est

$$F + f - p';$$

on a donc, en désignant par p'' la distance à cette lentille de l'image A'B'.

$$\frac{1}{p''} + \frac{1}{F + f - p'} = \frac{1}{f},$$

et le grossissement linéaire par cette deuxième lentille est

$$\frac{p''}{F + f - p'} = \frac{f}{F - p'} \cdot$$

Donc le grossissement total de la lunette est

$$\frac{F}{p - F} \cdot \frac{f}{F - p'} = \frac{F}{p - F} \cdot \frac{f}{F - \dfrac{pF}{p - F}} = \frac{Ff}{F(p - F) - pF} = -\frac{f}{F} \cdot$$

Cette expression ne contient pas p; donc le grossissement est indépendant de la distance de l'objet à la lunette.

Le signe — signifie que, si la première image est réelle, la deuxième est virtuelle.

525. **Cas d'une lentille unique.** — Revenons maintenant à nos formules générales et appliquons-les au cas d'une lentille unique,

afin d'en tirer des formules simples qui seront utiles dans l'étude
des instruments d'optique. Nous supposerons le premier et le dernier milieu identiques; ce n'est guère que dans la théorie de l'œil
qu'il y a lieu de faire usage des formules dans toute leur généralité.

Dans le cas d'une seule lentille, la fraction continue qu'il faut
considérer a la forme très-simple

$$u_0 + \cfrac{1}{t_1 + \cfrac{1}{u_1}} \cdot$$

Les quantités g, h, k, l, qui définissent les plans principaux et
les plans focaux, sont les numérateurs et les dénominateurs des
deux réduites de cette fraction, et sont égales à

$$g = 1 + u_0 t_1, \quad h = t_1, \quad k = u_0 + u_1 + u_0 u_1 t_1, \quad l = 1 + u_1 t_1,$$

et dans ces expressions u_0, u_1, t_1 ont le sens que voici :

On a en général $u_0 = \dfrac{n_1 - n_0}{A_0 - C_0}$; nous désignerons par n l'indice de
réfraction du verre, et comme les milieux extrêmes sont l'air, on a
$n_0 = 1$; A_0 et C_0 sont les abscisses du sommet et du centre de courbure de la première surface; nous poserons $A_0 - C_0 = - R$, en
comptant R comme positif dans le sens des abscisses croissantes. On
a, d'après ces conventions,

$$u_0 = - \frac{n - 1}{R} \cdot$$

La valeur de t_1 est $\dfrac{A_1 - A_0}{n}$; désignons par e l'épaisseur $A_1 - A_0$. qui
est toujours positive, il viendra

$$t_1 = \frac{e}{n} \cdot$$

Soit R' le rayon de la deuxième surface; l'expression générale

$$u_1 = \frac{n - n_1}{A_1 - C_1}$$

se réduira ici à

$$u_1 = \frac{n - 1}{R'} \cdot$$

Substituons ces valeurs de u_0, u_1, t_1 dans les expressions de g, h, k, l : nous aurons

$$g = 1 - \frac{e}{n}\cdot\frac{1}{\dfrac{R}{n-1}} = 1 - \frac{\dfrac{e}{n}}{\dfrac{R}{n-1}},$$

$$h = \frac{e}{n},$$

$$k = -\frac{n-1}{R} + \frac{n-1}{R'} - \frac{n-1}{R}\cdot\frac{n-1}{R'}\cdot\frac{e}{n},$$

$$l = 1 + \frac{n-1}{R'}\cdot\frac{e}{n}.$$

Maintenant il est facile de trouver les plans principaux, les foyers et la distance focale. D'abord, la distance focale $\varphi = -\dfrac{1}{k}$ a une valeur unique, puisque $u_0 = n'$; cette valeur est

$$\varphi = -\frac{1}{k} = \frac{-1}{-\dfrac{n-1}{R} + \dfrac{n-1}{R'} - \dfrac{n-1}{R}\cdot\dfrac{n-1}{R'}\cdot\dfrac{e}{n}} = -\frac{\dfrac{R}{n-1}\cdot\dfrac{R'}{n-1}}{\dfrac{R}{n-1} - \dfrac{R'}{n-1} - \dfrac{e}{n}}.$$

Les points principaux sont déterminés par

$$E = A_0 - \frac{1-l}{k} = A_0 - \frac{\dfrac{e}{n}}{\dfrac{R'}{n-1}}\cdot\varphi = A_0 + \frac{\dfrac{R}{n-1}\cdot\dfrac{e}{n}}{\dfrac{R}{n-1} - \dfrac{R'}{n-1} - \dfrac{e}{n}},$$

$$E' = A' + \frac{1-g}{k} = A' + \frac{\dfrac{R'}{n-1}\cdot\dfrac{e}{n}}{\dfrac{R}{n-1} - \dfrac{R'}{n-1} - \dfrac{e}{n}}.$$

On aurait sans difficulté les foyers par les formules

$$F = E - \varphi. \qquad F' = E' + \varphi.$$

On peut donc, par les constructions indiquées, trouver l'effet d'une lentille avec beaucoup de précision ; les formules dont on fera usage sont d'ailleurs aussi simples que celles qui sont relatives à une lentille infiniment mince.

Supposer une lentille infiniment mince, c'est supposer que les deux plans principaux se confondent en un seul; on s'écarte ainsi de la réalité d'une quantité que l'on peut apprécier, en quelque sorte, par la différence $E' - E$. Or

$$E' - E = e - \frac{e}{n} \cdot \frac{\dfrac{R}{n-1} - \dfrac{R'}{n-1}}{\dfrac{R}{n-1} - \dfrac{R'}{n-1} - \dfrac{e}{n}}.$$

En effectuant la division, on a approximativement

$$E' - E = c - \frac{e}{n} - \frac{e^2}{n^2} \cdot \frac{1}{\dfrac{R}{n-1} - \dfrac{R'}{n-1} - \dfrac{e}{n}}.$$

Dans le cas d'une lentille biconcave ou biconvexe, la somme $\dfrac{R}{n-1} - \dfrac{R'}{n-1}$ est très-grande par rapport à $\dfrac{e}{n}$; le dernier terme est donc négligeable, et l'on a sensiblement $E' - E = e\,\dfrac{n-1}{n}$. *A fortiori* la même conclusion subsiste si l'un des rayons est infini. Mais, dans le cas d'un ménisque, il faut que les rayons soient assez différents pour qu'on puisse négliger le dernier terme.

Cherchons la position du centre optique. Les équations des projections d'un rayon incident et du rayon réfracté dans le verre, sur le plan des xy, sont, comme on l'a vu,

$$y = \beta(x - A) + b.$$
$$y = \frac{1}{n}\left(\beta - \frac{n-1}{R}\,b\right)(x - A) + b.$$

Supposons que le rayon incident passe au point principal $x = E$, $y = 0$: on a alors

$$0 = \beta(E - A) + b.$$

Tirant de là b, pour le substituer dans l'équation du rayon réfracté, il vient

$$y = \frac{1}{n}\left[\beta + \frac{n-1}{R}\,\beta(E - A)\right](x - A) - \beta(E - A).$$

L'abscisse du point où il coupe l'axe des x est indépendante de β: elle ne dépend pas davantage de γ; donc tous les rayons qui passent au point principal se réfractent suivant des directions qui se coupent toutes en un même point et émergent sans déviation. Ce point est le *centre optique*; il ne jouit d'ailleurs d'aucune propriété utile dans une théorie exacte: dans la théorie élémentaire, on prend ce point comme point principal et comme centre optique tout à la fois, car ces divers éléments se confondent.

526. Cas d'un système de lentilles. — Lorsqu'un système de lentilles constitue un instrument d'optique, au lieu de considérer les surfaces réfringentes en elles-mêmes, comme dans la théorie générale, on préfère définir chaque lentille par sa distance focale et ses points principaux.

Soient φ_0, φ_1, φ_2, ..., les distances focales d'une série de lentilles constituant un instrument d'optique; soient E_0, I_0 les abscisses des points principaux de la première; E_1, I_1 les abscisses de ceux de la seconde lentille, et ainsi de suite. Le rayon incident a pour équation de l'une de ses projections

$$y = \beta_0(x - E_0) + B_0,$$

B_0 désignant l'ordonnée du point où ce rayon rencontre le premier plan principal; on peut calculer cette quantité par les méthodes précédemment indiquées.

La projection correspondante du rayon à sa sortie de la lentille est, d'après les formules générales que nous avons établies,

$$y = (\beta_0 + kB_0)(x - I_0) + B_0,$$

ou, en introduisant la distance focale de la lentille,

$$y = \left(\beta_0 - \frac{1}{\varphi_0} B_0\right)(x - I_0) + B_0 = \beta_1(x - I_0) + B_0.$$

Ainsi cette équation, relative au rayon réfracté par la première lentille, est définie par les quantités

$$B_0 = B_0, \qquad \beta_1 = \beta_0 - \frac{1}{\varphi_0} B_0.$$

et de plus elle représente une des projections du rayon incident sur la deuxième lentille: elle conduira donc à l'équation relative au rayon réfracté par la deuxième lentille si on lui donne la forme

$$y = \beta_1 (x - E_1) + B_1.$$

C'est ce que l'on peut toujours faire en posant

$$B_1 = \beta_1 (E_1 - l_0) + B_0:$$

et alors la projection du rayon réfracté par la deuxième lentille a pour équation

$$y = \beta_2 (x - l_1) + B_1.$$

Comme on le voit, elle est définie par les quantités B_1 et β_2, dont les valeurs sont

$$B_1 = B_0 + \beta_1 (E_1 - l_0), \qquad \beta_2 = \beta_1 - \frac{1}{\varphi_1} B_1.$$

De même le rayon émergent de la troisième lentille est caractérisé par les quantités B_2 et β_3, qui ont des valeurs de la même forme que les précédentes,

$$B_2 = B_1 + \beta_2 (E_2 - l_1), \qquad \beta_3 = \beta_2 - \frac{1}{\varphi_2} B_2,$$

et ainsi de suite. Donc, entre les constantes qui définissent les rayons réfractés par la suite des lentilles du système, existent des relations de même forme que celles qui ont servi à définir les rayons réfractés par une suite de surfaces séparant des milieux différents. On posera, d'après cela,

$$u_n = - \frac{1}{\varphi_n}, \qquad t_n = E_n - l_{n-1},$$

et, en considérant la fraction continue

$$u_0 + \cfrac{1}{t_1 + \cfrac{1}{u_1 + \cfrac{1}{t_2 + \cdots}}},$$

on aura des réduites dont les numérateurs et les dénominateurs jouiront des mêmes propriétés, dans le système formé de lentilles, que ceux des réduites étudiées précédemment, dans un système formé de milieux différents séparés par des surfaces sphériques. Soient donc G, H, K, L les quantités analogues à celles que nous avons désignées alors par g, h, k, l; la même série de calculs démontrera que le rayon émergent du système de lentilles se projette suivant une droite ayant pour équation

$$y = \beta' (x - I') + B',$$

dans laquelle I' est l'abscisse du deuxième plan principal de la dernière lentille, et B', β' sont donnés par les relations

$$B' = G B_0 + H \beta_0, \qquad \beta' = K B_0 + L \beta_0.$$

On a toujours

$$GL - HK = 1.$$

Ainsi, l'identité de ces calculs et de ceux que nous avons effectués prouve que dans tout système de lentilles il existe deux points principaux dont les abscisses sont des fonctions des distances focales et des positions des points principaux de chaque lentille; la connaissance de ces points et des foyers caractérisera le système. On établirait, comme on l'a fait dans les calculs déjà cités, que les abscisses de ces quatre points sont : pour le premier point principal,

$$x = E_0 - \frac{I - L}{K};$$

pour le deuxième point principal,

$$x = I' + \frac{I - G}{K};$$

pour le premier foyer,

$$x = E_0 + \frac{L}{K};$$

pour le deuxième foyer,

$$x = I' - \frac{G}{K},$$

et $-\frac{1}{K}$ serait la distance focale d'une lentille infiniment mince, produisant sur les rayons les mêmes déviations que le système considéré.

527. Cas particulier de deux lentilles. — Un cas particulier mérite d'être considéré plus en détail: c'est celui d'un système de
deux lentilles. Nous désignerons, pour simplifier, les distances focales
φ_0, φ_1 de ces lentilles par φ et φ'. Les valeurs de G, H, K. L sont
pour ce cas

$$G = 1 - \frac{1}{\varphi}(E' - 1),$$

$$H = E' - 1.$$

$$K = -\frac{1}{\varphi} - \frac{1}{\varphi'} - \frac{1}{\varphi\varphi'}(E' - 1) = -\frac{\varphi + \varphi' - E - 1}{\varphi\varphi'},$$

$$L = 1 - \frac{1}{\varphi'}(E' - 1):$$

d'où l'on conclut que la distance focale est

$$-\frac{1}{K} = \frac{\varphi\varphi'}{\varphi + \varphi' - E' - 1},$$

l'abscisse du premier point principal

$$E - \frac{1 - L}{K} = E + \frac{\varphi(E' - 1)}{\varphi + \varphi' - E' - 1},$$

celle du second

$$I' + \frac{1 - G}{K} = I' - \frac{\varphi'(E' - 1)}{\varphi + \varphi' - (E' - 1)}.$$

Ces expressions sont, comme on le voit, composées avec E, I', φ, φ',
E' — 1, comme les expressions correspondantes, relatives au cas d'une
lentille unique, le sont avec A_0. A', $\frac{R}{n-1}$, $-\frac{R}{n-1}$, $\frac{e}{n}$.

On peut enfin chercher, dans ce système de deux lentilles, la
distance des deux points principaux: son expression est

$$I' - E - \frac{(\varphi + \varphi')(E - 1)}{\varphi + \varphi' - (E' - 1)},$$

ou, en effectuant la division approximativement, par la raison que
E' — 1 est très-petit par rapport à $\varphi + \varphi'$,

$$I' - E + 1 - E' - \frac{(E' - 1)^2}{\varphi + \varphi' - (E' - 1)}.$$

Cette expression se réduit, en négligeant le dernier terme, à

I — E + l' — E'. Donc la distance des deux points principaux d'un système de deux lentilles est égale, à très-peu près, à la somme des distances des deux points principaux de chaque lentille.

528. Détermination expérimentale des constantes d'un système optique. — Nous avons fait dépendre les propriétés d'un système optique quelconque des quatre expressions algébriques que nous avons appelées g, h, k, l ou G, H, K, L, suivant que le système est défini par les indices et les surfaces réfringentes ou par les points principaux et les distances focales des lentilles qui le composent. Ces quatre quantités se réduisent en réalité à trois seulement, car on a toujours $gl - hk = 1$ et GL — HK $= 1$. Donc tout système optique est connu, et l'on peut calculer son action sur des rayons quelconques, lorsqu'on a déterminé trois des constantes que nous avons définies; c'est maintenant de cette détermination que nous avons à nous occuper.

Les positions et les grandeurs relatives d'un objet et de son image dépendent de ces constantes; il est donc évident qu'il suffira de les déterminer dans trois expériences différentes, pour obtenir trois relations qui suffiront pour faire connaître les constantes que l'on cherche. On arrivera d'ailleurs, de cette façon, à des équations du premier degré très-faciles à résoudre.

Ainsi, soient F, F' les abscisses des deux foyers, et f la distance focale du système : nous supposerons que les milieux extrêmes sont les mêmes. Soient ξ, ξ' les abscisses de l'objet et de son image; on a entre ces quantités la relation

$$(F - \xi)(\xi' - F') = f^2.$$

Or, prenons sur l'axe un point fixe à partir duquel on comptera les distances; soit D son abscisse, et posons

$$D - \xi = a, \qquad \xi' - D = b, \qquad D - F = p, \qquad F' - D = q.$$

La relation qui précède devient, après substitution,

$$(a - p)(b - q) = f^2.$$

Cette équation signifie qu'entre les distances d'un point quelconque de l'axe à l'objet, à son image et aux foyers, on a la même relation qu'entre les distances comptées de l'origine. Dès lors une deuxième expérience donnera une équation de même forme,

$$(a' - p)(b' - q) = f^2,$$

et une troisième expérience donnera

$$(a'' - p)(b'' - q) = f^2.$$

Dans ce système de trois équations, a, a', a'', b, b', b'' sont des quantités que l'on mesure; p, q, f s'obtiennent en résolvant les équations. Pour avoir p et q, on élimine le terme du deuxième degré pq en écrivant

$$(a - p)(b - q) = (a' - p)(b' - q),$$
$$(a - p)(b - q) = (a'' - p)(b'' - q);$$

on a de la sorte p et q au moyen de deux équations linéaires et sans aucune ambiguïté. Après quoi, l'une quelconque des trois équations précédentes détermine f^2, et par conséquent f, au signe près; mais le signe est donné par la situation même de l'image dans les expériences. Ainsi, lorsque l'objet lumineux est très-éloigné, une image droite prouve que f est négatif; une image renversée correspond, au contraire, à une lentille convergente, et par suite f est positif.

Une fois p, q et f connus, on a par là même F, F', puis f, c'est-à-dire trois fonctions connues de g, k, l; on peut donc déterminer ces trois constantes.

Il est commode, pour la symétrie des équations, de prendre trois cas où les images de l'objet soient réelles; mais cela n'est pas indispensable, et, pour rendre les équations très-différentes les unes des autres, on peut parfaitement se servir d'images virtuelles. Pour cela, il suffit d'avoir un système optique tel qu'un microscope parfaitement connu, et de le placer sur l'axe de la lunette en une position telle que l'image virtuelle en question produise une image réelle sur les fils du réticule. Dans tous les cas, la condition à remplir est d'avoir trois équations assez différentes pour que l'incertitude des mesures n'influe pas sensiblement sur les résultats.

Connaissant f en grandeur et en signe, on a aussitôt k par l'équation

$$f = -\frac{1}{k}.$$

Quant à g, l, on les tire des équations

$$F = A_0 + n_0 \frac{l}{k},$$

$$F' = A' - n' \frac{q}{k},$$

dans lesquelles on connaît F, F' par les calculs précédents, k par l'équation ci-dessus, et enfin A_0, A' par des mesures faciles à effectuer, puisque ces quantités sont les abscisses des sommets de la première et de la dernière surface. D'ailleurs n_0 et n' sont égaux à 1.

C'est ainsi qu'on détermine les coefficients d'où dépendent tous les effets d'un instrument d'optique.

Parmi les dispositions que l'on peut donner aux trois expériences, il en est une qui est très-commode. On reçoit les rayons parallèles à l'axe sur le système donné, et ils convergent au deuxième foyer : puis on retourne le système pour les faire converger au premier foyer : on a ainsi F' et F. Une troisième expérience donne f : on se place dans des conditions aussi différentes que possible des précédentes, et pour cela il suffit de rapprocher l'objet lumineux du système optique, autant qu'on le peut sans cesser d'avoir une image réelle de l'autre côté. Dans une expérience ainsi faite, on mesure a, b, et l'équation

$$(a - p)(b - q) = f^2$$

donne f sans difficulté.

529. Théorie des micromètres astronomiques. — Cette étude générale des instruments d'optique n'a pas une utilité qui soit dans tous les cas très-apparente. Mais elle est indispensable pour la solution générale d'un problème qui se présente souvent en astronomie, et dont Bessel et quelques autres astronomes n'avaient donné que des solutions particulières. C'est à Gauss que l'on en doit la solution générale.

Dans les instruments astronomiques destinés à des observations micrométriques. par exemple à la mesure du diamètre apparent des planètes ou de la distance des étoiles doubles, l'observateur déplace deux fils tendus au foyer d'un oculaire positif jusqu'à ce qu'ils soient tangents aux bords de l'astre ou situés devant les étoiles: la distance des deux fils est connue avec une très-grande précision, et c'est de là qu'on déduit le diamètre apparent de l'objet ou la distance angulaire des étoiles. Il suffit. dit-on généralement, de joindre le centre optique de l'objectif aux extrémités de l'image réelle de l'objet, et dans ce triangle l'angle au sommet est celui sous lequel on verrait l'objet du centre de l'objectif. Mais cette construction est inexacte, et nous avons démontré qu'il faut, par le premier point principal. mener des parallèles aux rayons lumineux qui partent des bords de l'objet: des parallèles à ces mêmes lignes, menées par le deuxième point principal, vont toucher les bords de l'image. dont on connaît la grandeur et la position: on peut, par conséquent, déterminer l'angle au sommet de ce triangle avec une grande précision.

On voit que l'incertitude de la première construction porte sur la hauteur du triangle dont l'image de l'objet est la base: avant que l'on connût la théorie de Gauss, on plaçait le sommet de ce triangle soit au centre optique, soit au sommet extérieur de la lentille : l'erreur résultant de cette inexactitude est faible sans doute. mais très-sensible, et. pour en donner une idée, nous prendrons un exemple, en faisant abstraction des conditions d'achromatisme qui compliquent la recherche du deuxième point principal.

Soit un objectif non achromatique, limité par des surfaces sphériques convexes dont les rayons sont l'un et l'autre de 2 mètres: soit $n = 1,5$ son indice de réfraction. La position du deuxième point principal se déduit de la théorie des lentilles par la formule

$$E' = A' + \frac{\dfrac{\rho}{n}}{\dfrac{R}{n-1}} \varphi = A' + \frac{n-1}{n} \cdot \frac{\rho \varphi}{R}.$$

La distance focale φ est sensiblement égale à R, et nous pouvons négliger l'erreur en posant $\frac{\varphi}{R} = 1$: alors on a

$$E' = A' - \frac{n-1}{n} \rho.$$

Telle est la distance du point cherché au sommet extérieur de la lentille, car R est négatif. Cette distance $-\dfrac{n-1}{n}e$ égale $-\dfrac{1}{3}e$; le deuxième point principal est donc situé au $\dfrac{1}{3}$ de l'épaisseur de la lentille. Si donc on a pris la distance du foyer à la surface extérieure pour hauteur du triangle, on a fait sur cette hauteur une erreur de $\dfrac{1}{3}e$: si l'on a pris le centre optique pour sommet, l'erreur est de $\dfrac{1}{6}e$. L'erreur relative dépend donc du rapport de l'épaisseur à la distance focale. Supposant l'épaisseur égale à 1 centimètre. on trouve une erreur de $\dfrac{1}{600}$ ou de $\dfrac{1}{1200}$ suivant qu'on admet l'une ou l'autre de ces déterminations hypothétiques. Une telle erreur est faible: cependant, sur une distance angulaire de 1800 secondes, qui est environ celle des bords extrêmes du soleil, elle est de 3 secondes ou de 1 seconde $\dfrac{1}{2}$, et par conséquent excède de beaucoup les limites des erreurs des mesures micrométriques. Il est donc illusoire de perfectionner le micromètre si on n'a pas aussi égard à la lentille: le perfectionnement apporté par Gauss à la théorie des lentilles a donc une importance de premier ordre.

On peut en dire autant à l'égard des héliomètres; dans ces lunettes, l'objectif a été scié en deux et on déplace les deux parties dans un plan perpendiculaire à l'axe, jusqu'à ce que les deux images que l'on obtient du même objet soient tangentes. La tangente du double du diamètre apparent est égale au rapport de la distance des deuxièmes points principaux des deux moitiés à la distance focale de Gauss. En appliquant à ce cas la théorie des lentilles infiniment minces, et se servant du centre optique, on commettrait des erreurs de l'ordre de celles que nous venons de signaler.

530. Conditions de l'achromatisme des objectifs. — La théorie générale des lentilles donne des notions précises sur l'achromatisme des objectifs.

Proposons-nous de construire un objectif parfaitement achromatique. c'est-à-dire tel, que pour toute position de l'objet il n'y ait entre les images formées par les rayons de réfrangibilités différentes que des distances négligeables. Il faut pour cela que G, H, K, L soient indépendants des indices, ou bien aient les mêmes valeurs pour les indices des rayons que l'on veut réunir. Il est commode de considérer parmi ces quatre quantités les suivantes, G, H, K, fonctions de l'épaisseur de l'objectif et de la substance qui le compose. Or, il est évident que pour obtenir un achromatisme parfait il faut que ces fonctions restent constantes lorsque l'indice n éprouve un accroissement Δn : il faut donc que l'on ait

$$\Delta G = 0, \qquad \Delta H = 0. \qquad \Delta K = 0,$$

ΔG. ΔH, ΔK désignant les variations des quantités G. H, K. En se bornant au premier terme de leur développement en fonction de Δn, on traite ces variations comme des différentielles du même ordre. Pour reconnaître ce que signifient physiquement ces conditions, rappelons qu'en désignant par φ et φ' les distances focales de deux lentilles, et par ε la distance E' — I du premier point principal de la deuxième au deuxième point principal de la première, on a

$$G = 1 - \frac{\varepsilon}{\varphi}, \qquad H = \varepsilon, \qquad K = - \frac{1}{\varphi'} - \frac{1}{\varphi} + \frac{\varepsilon}{\varphi\varphi'}.$$

$\varepsilon, \varphi, \varphi'$ sont des fonctions de l'indice de réfraction; on peut donc les affecter du signe Δ, et l'on écrit en conséquence

$$\Delta G = - \frac{\Delta\varepsilon}{\varphi} + \frac{\varepsilon\Delta\varphi}{\varphi^2} = 0,$$
$$\Delta H = \Delta\varepsilon = 0.$$

Il en résulte
$$\Delta\varphi = 0.$$

équation absurde, car elle signifie que la distance focale d'une lentille unique est indépendante de l'indice de réfraction. Il est donc impossible d'obtenir un objectif achromatique pour toute distance de l'image.

Mais si l'on détermine une position de l'objet pour laquelle on veut une image achromatique, le problème est possible. Il suffit que l'abscisse ξ' de l'image ne varie pas avec n, c'est-à-dire que l'on ait

$$\Delta\xi' = 0.$$

et que de plus les dimensions transversales de l'image soient avec celles de l'objet dans un rapport indépendant de n, ce qui s'exprime par l'équation

$$\Delta \frac{\eta'}{\eta} = 0.$$

On n'a donc que deux conditions à remplir, au lieu de trois qu'aurait exigées l'achromatisme absolu. De plus, la distance focale doit avoir une valeur assignée, ce qui fait une troisième équation à satisfaire; des quatre rayons de courbure des lentilles, un reste donc indéterminé: on en profite pour rendre l'aberration de sphéricité minima.

D'après cela, on voit que l'égalité des rayons des surfaces en contact est une condition superflue, et, si on se l'impose, on se prive de la faculté de rendre l'aberration de sphéricité minima. Quant aux conditions exprimées par $\Delta \xi' = 0$, $\Delta \frac{\eta'}{\eta} = 0$, la théorie permet de les considérer comme d'égale importance.

Enfin l'épaisseur des lentilles n'est point arbitraire: on la réduit autant que possible. mais il faut avoir égard aux conditions de solidité et de permanence de l'instrument; il convient donc de rapprocher les lentilles qui s'achromatisent jusqu'à ce que la présence d'anneaux colorés indique qu'elles sont très-voisines : il faut éviter de les déformer en les pressant l'une contre l'autre; leur distance est dans tous les cas négligeable. La pratique fait connaître l'épaisseur qui convient à chaque diamètre : ainsi une lentille de verre de 12 centimètres de diamètre a 8 à 10 millimètres d'épaisseur centrale.

Le problème de l'achromatisme a autant de solutions particulières que l'instrument a d'objets spéciaux : des conditions différentes existent donc pour une lunette astronomique, pour un microscope, pour un objectif de chambre obscure photographique. Le premier de ces instruments n'achromatise que les rayons parallèles: le second convient pour les rayons émanés de points très-voisins du premier foyer: le troisième enfin n'est achromatique que pour les objets situés à une distance déterminée, et, s'il convient à des vues lointaines, il remplit d'autres conditions que l'objectif destiné à reproduire des images d'objets voisins, des portraits, par exemple. En outre, dans

tous les objectifs servant en photographie, l'achromatisme doit porter
sur les rayons violets et ultra-violets, et non sur ceux qui sont dé-
pourvus d'action chimique: cette remarque, d'ailleurs, a été faite
depuis longtemps.

**531. Conditions d'achromatisme de l'objectif d'une lu-
nette astronomique.** — Comme exemple des calculs à faire dans
chaque cas, indiquons les conditions d'achromatisme de l'objectif
d'une lunette astronomique. Il faut que les images d'objets très-
éloignés produites par les deux espèces de rayons que l'on veut
achromatiser se fassent à égale distance de la lentille et aient une
même largeur. La première condition signifie que la distance focale f
doit être indépendante de n: ainsi $\Delta f = 0$; or $f = -\frac{1}{K}$, donc $\Delta K = 0$.
La seconde condition, savoir : que le grossissement doit être le même
pour les deux couleurs, sera évidemment satisfaite si les seconds
points principaux coïncident, car par ce point unique on ne pourra
tracer qu'un seul angle ayant ses côtés parallèles aux rayons incidents extrêmes. Or l'abscisse du deuxième point principal du système
de deux lentilles est $l' + \frac{1-G}{K}$. On aura donc

$$0 = \Delta l' - \frac{\Delta G}{K} - \frac{(1-G)\,\Delta K}{K^2},$$

ou bien

$$K\Delta l' - \Delta G = 0.$$

Cette condition, que l'on développera, jointe aux deux autres

$$\Delta K = 0,$$

$$K = -\frac{1}{f},$$

détermine trois des rayons de courbure. Le quatrième étant arbitraire, on en profitera pour rendre minima l'aberration de sphéricité.

Nous n'avons étudié l'aberration de sphéricité que dans le cas
d'une seule lentille, mais il est facile d'en déterminer la valeur dans
un système de deux lentilles: car il suffit de prendre le foyer des

rayons marginaux de la première comme un objet placé devant le deuxième, et d'en chercher l'image en considérant les rayons réfractés par les bords de cette deuxième lentille. La distance du point que l'on obtient ainsi au foyer des rayons centraux déterminé de la même manière est l'aberration cherchée. En écrivant qu'elle se réduit à un minimum, on aura la quatrième équation du problème précédent.

Nous ne développerons pas ces calculs, car il n'existe sans doute pas un seul objectif construit d'après ces principes. Les calculs de Gauss ont été jusqu'ici peu connus, et, d'autre part, les opticiens se sont laissé guider par des méthodes analogues à celles de Cauchois; ceux qui n'ont pas introduit l'égalité des rayons des surfaces en contact ne sont arrivés à de bons résultats que par empirisme.

On peut d'ailleurs obtenir une grande variété d'objectifs ayant tous la même distance focale en construisant des systèmes achromatiques où les lentilles convergentes sont en crown et les lentilles divergentes en flint: en effet, dans un tel objectif, il reste deux rayons indéterminés; si l'on a dix ou douze lentilles de flint et de crown, on peut donc les combiner pour annuler l'aberration de sphéricité autant qu'il est possible. C'est ainsi que Frauenhofer obtenait des formes d'objectifs qu'il conservait aussi longtemps que l'indice de son verre restait le même, et qu'il modifiait par la pratique, dans le cas où il avait un verre nouveau.

Biot a étudié, dans son *Astronomie physique,* une lunette de Frauenhofer, afin de comparer les courbures des lentilles à celles que la théorie avait indiquées; il a trouvé entre elles des différences notables. quoique l'instrument donnât d'aussi bonnes images que celles qu'on pourrait attendre d'un objectif calculé très-exactement.

Il faut reconnaître d'ailleurs que, pour un objectif de lunette. la théorie exacte de l'achromatisme n'a pas toute l'importance qu'on pourrait supposer, car l'épaisseur des lentilles est petite par rapport à leur distance focale; *a fortiori* en est-il de même de ε, distance du second point principal de la première lentille au premier point de la deuxième. Cela posé, il est facile de prouver que les conditions exactes d'achromatisme ne peuvent que très-peu différer de celles que donne la théorie élémentaire.

En effet, nous avons d'abord

$$\Delta K = 0,$$

et

$$K = -\frac{1}{\varphi} - \frac{1}{\varphi'} + \frac{\varepsilon}{\varphi\varphi'};$$

l'équation $\Delta K = 0$ revient donc à la suivante,

$$\frac{\Delta\varphi}{\varphi^2} + \frac{\Delta\varphi'}{\varphi'^2} + \frac{\Delta\varepsilon}{\varphi\varphi'} - \varepsilon \left(\frac{\Delta\varphi}{\varphi^2\varphi'} + \frac{\Delta\varphi'}{\varphi\varphi'^2} \right) = 0.$$

ε étant très-petit devant φ et φ', et $\Delta\varepsilon$ étant aussi très-petit devant $\Delta\varphi$ et $\Delta\varphi'$, cette équation se réduit sensiblement à

$$\frac{\Delta\varphi}{\varphi^2} + \frac{\Delta\varphi'}{\varphi'^2} = 0.$$

c'est-à-dire à la condition qu'indique la théorie élémentaire où l'on suppose l'épaisseur infiniment petite.

Nous avons d'autre part

$$G\Delta I' - \Delta G = 0;$$

or

$$G = 1 - \frac{\varepsilon}{\varphi},$$

c'est-à-dire sensiblement l'unité; l'équation se réduit donc à

$$\Delta I' = \Delta G.$$

Or on a

$$I' = A' + \frac{\dfrac{e'}{n'}}{\dfrac{R'}{n'-1}}\, \varphi';$$

la variation de φ' sera donc multipliée par $\frac{e'}{R'}$, quantité très-petite : donc $\Delta I'$ est sensiblement nul. Il en est de même de ΔG, qui est proportionnel à $\frac{\Delta\varepsilon}{\varphi} + \frac{\varepsilon\Delta\varphi}{\varphi^2}$. Ainsi la deuxième condition indiquée par la théorie exacte est presque satisfaite d'elle-même, quand on a soin de prendre des lentilles très-minces. Nous avons vu que la première se réduit sensiblement à celle que fournit la théorie élémentaire : il n'est donc pas étonnant que les constructeurs les plus intelligents se soient contentés de cette théorie très-simple, sauf à recourir pour plus de perfection à un empirisme bien dirigé.

Si, pour les objectifs de lunette, on n'a pas fait de recherches exactes pour guider la pratique, *a fortiori* en est-il de même pour les objectifs des chambres photographiques et des microscopes, qui exigent des calculs plus difficiles. Il faudrait calculer, pour la photographie, des objectifs pour les objets voisins et d'autres pour les objets éloignés. On s'est borné jusqu'ici à une expérience qui consiste à combiner des lentilles en crown et en flint choisies dans une collection nombreuse, jusqu'à ce qu'on ait de bons résultats : c'est ainsi qu'a procédé Baldus pour ses objectifs de chambre obscure.

Pour le microscope, la théorie élémentaire est complétement insuffisante, car l'épaisseur des lentilles est de l'ordre de leur distance focale: de là la nécessité d'une théorie facile à imaginer d'après ce qui précède, mais qui n'a jamais été ni développée, ni par conséquent appliquée.

532. Points nodaux de Listing. — A cette étude générale il faut ajouter l'exposition d'un perfectionnement apporté à la théorie de Gauss par M. Listing, physiologiste allemand. Ce perfectionnement, qu'il est nécessaire de connaître pour l'étude de l'œil, est relatif au cas où les milieux extrêmes du système réfringent sont différents.

On sait, en effet, que dans ce cas les rayons émergents ne sont pas parallèles aux rayons incidents, comme dans les constructions très-simples qui se rapportent à des milieux extrêmes identiques. C'est afin de rendre générale cette simplicité de constructions que M. Listing a été amené à considérer deux points qu'il a appelés *nodaux*. Ce sont des points tels que tout rayon passant au premier donne à l'émergence un rayon qui passe par le deuxième et est parallèle au rayon incident; ils rendent donc exactement dans le cas général le même service que les points principaux dans un cas particulier.

Cherchons donc si de tels points existent. Soient D, D' leurs abscisses. L'équation d'une des projections d'un rayon incident passant par le premier de ces points est

$$y = \frac{\beta_{\text{o}}}{n_{\text{o}}}(x - \text{D}),$$

et l'équation correspondante du rayon émergent

$$y = \frac{kb_{\text{o}} + l\beta_{\text{o}}}{n'}(x - \text{A}') + gb_{\text{o}} + h\beta_{\text{o}},$$

dans laquelle n' est l'indice du dernier milieu, A' l'abscisse du sommet de la dernière surface, et b_{o} l'ordonnée du point où le rayon incident rencontre le plan tangent au sommet de la première surface. Ainsi b_{o} est donné par

$$b_{\text{o}} = \frac{\beta_{\text{o}}}{n_{\text{o}}}(\text{A} - \text{D}).$$

Substituant, on a

$$y = \frac{k\frac{\beta_{\text{o}}}{n_{\text{o}}}(\text{A} - \text{D}) + l\beta_{\text{o}}}{n'}(x - \text{A}') + g\frac{\beta_{\text{o}}}{n_{\text{o}}}(\text{A} - \text{D}) + h\beta_{\text{o}}.$$

Il faut, s'il existe des points nodaux, que cette projection soit parallèle à celle du rayon incident, c'est-à-dire que le coefficient de $x - \text{A}'$ soit égal au coefficient de $x - \text{D}$, ou que l'on ait

$$\frac{\beta_{\text{o}}}{n_{\text{o}}} = \frac{k\beta_{\text{o}}(\text{A} - \text{D}) + l\beta_{\text{o}}n_{\text{o}}}{n_{\text{o}}n'},$$

ou bien, en divisant tout par $\frac{\beta_{\text{o}}}{n_{\text{o}}}$ et multipliant par $\frac{n'}{k}$,

$$\frac{n'}{k} = \frac{n_{\text{o}}l}{k} + \text{A} - \text{D}$$

ou

$$\text{D} = \text{A} + \frac{n_{\text{o}}l - n'}{k}.$$

Il existe donc un point tel que les rayons incidents qui y passent émergent parallèlement à la direction primitive. Le deuxième point nodal est évidemment l'image du premier, et on obtient son abscisse en faisant $y = 0$ dans l'équation relative au rayon émergent.

$$0 = \frac{\beta_{\text{o}}}{n_{\text{o}}}(x - \text{A}') - \frac{g\beta_{\text{o}}}{n_{\text{o}}}\frac{n_{\text{o}}l - n'}{k} + h\beta_{\text{o}},$$

ou, en réduisant les derniers termes au même dénominateur et remarquant que $gl - hk = 1$,

$$0 = \frac{\beta_0}{n_0}(x - A') - \frac{\beta_0}{n_0}\frac{n_0 - gn'}{k},$$

d'où

$$x = D' = A' + \frac{n_0 - gn'}{k}.$$

Il est facile de relier la position des points nodaux à celle des points principaux et à la distance focale. On a en effet

$$F' = A' - gn',$$

$$D' - F' = -\frac{n_0}{k} = -f.$$

Donc l'abscisse du deuxième point nodal est égale à celle du deuxième point principal, diminuée de la distance du premier foyer au premier plan principal, c'est-à-dire de la première distance focale. avec son signe.

On a encore

$$D' - D = A' - A + \frac{n_0(1 - l) + n'(1 - g)}{k} = E' - E.$$

Donc, une fois le deuxième point nodal trouvé, on a le premier en portant en arrière une longueur égale à la distance des deux plans principaux.

533. **Travaux de Biot sur les instruments d'optique.**
— Biot a développé, dans son *Traité d'Astronomie physique*, une théorie complète des instruments d'optique. Cette théorie est au fond identique à celle de Gauss, en ce sens que les mêmes relations lient dans l'une et dans l'autre les images et les objets; mais Biot n'y arrive que par d'interminables calculs et ne traite jamais la question avec cette généralité qui distingue les calculs du géomètre allemand.

Il trouve que les effets d'un instrument d'optique peuvent être connus lorsque l'on possède trois éléments dont ils dépendent tous: il fait un choix de ces trois quantités, qui est assez convenable dans la pratique. mais peu avantageux sous d'autres rapports.

1° La distance focale principale comptée à partir de la dernière surface réfringente. Pour rendre ceci plus clair, il faut dire que l'instrument est censé ne servir qu'au seul objet pour lequel on l'a construit, et que les milieux extrêmes sont l'air : la distance focale considérée par Biot est

$$f = \mathrm{F}', \quad \mathrm{A}' = -\frac{y}{h}.$$

2° Le second élément est la distance du point oculaire à la dernière surface réfringente : le point oculaire est considéré dans tous les cas : c'est l'image du sommet de la première surface réfringente. Nous avons vu qu'en faisant $\xi = \mathrm{A}_0$ et $n_0 = n' = 1$ on a

$$\xi' = \mathrm{A}' - \frac{h}{l}.$$

Le second élément que détermine Biot est donc

$$\xi' - \mathrm{A}' = -\frac{h}{l}.$$

3° En dernier lieu, il considère ce qu'il appelle le grossissement angulaire de l'appareil. Soit un rayon passant au sommet de la première surface : sa projection a pour équation

$$y = \beta_0 (x - \mathrm{A}_0).$$

La projection correspondante du rayon émergent est

$$y = l\beta_0 (x - \mathrm{A}') + h\beta_0.$$

La tangente de l'angle que fait l'axe avec le rayon émergent est donc égale au produit de l par la tangente de l'angle qu'il fait avec le rayon incident ; si alors on regarde la première tangente comme mesurant le diamètre apparent de l'image et la deuxième celui de l'objet, on peut dire que l est le grossissement. Biot admet comme évident qu'il en est ainsi dans tous les cas, bien que la propriété du point oculaire n'existe que pour des rayons incidents parallèles, et qui sortent encore parallèles entre eux suivant une direction différente ; l'axe de l'œil se déplace vers cette nouvelle direction. Mais dans le cas où l'œil ne voit pas par des rayons parallèles, le grossissement angulaire n'est pas égal à l. Cette quantité peut néanmoins définir l'instrument, et Biot en fait usage en prenant pour la troisième quantité caractéristique le rapport de grandeur de l'anneau oculaire et de la première surface de l'objectif.

534. Distance de la vision distincte dans les instruments d'optique. — Pour compléter la théorie des instruments d'optique, il reste peu de chose à ajouter à ce qui précède. Nous avons donné des détails suffisants sur les objectifs, sur la composition des lunettes et des télescopes, et on appliquera sans peine ces principes généraux à chaque cas particulier; nous n'étudierons qu'un petit nombre de points non compris dans les développements antérieurs et souvent traités d'une manière inexacte.

La distance de la vision distincte est une chose très-mal définie, et il reste même quelque incertitude sur sa valeur. Ce n'est pas une donnée constante pour un même observateur, car les conditions dans

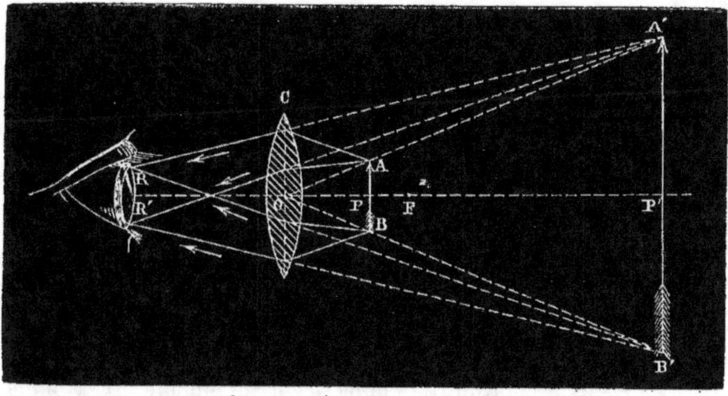

Fig. 318.

lesquelles se place l'œil varient avec l'instrument dans lequel il regarde. Mais existe-t-il un état vers lequel tende l'œil?

Pour répondre à cette question, nous remarquerons d'abord que tout instrument d'optique se termine par une loupe : tout revient donc à établir la théorie de la loupe dans ses rapports avec l'accommodation de l'œil. Considérons pour cela l'œil comme une lentille sans épaisseur, d'une distance focale de 15 millimètres, et plaçons à une distance d de cette lentille la lentille infiniment mince C (fig. 318), de distance focale f, qui doit fonctionner comme loupe. Pour qu'un objet AB soit nettement aperçu, il est nécessaire et suffisant que l'image virtuelle A'B' qu'en donne la loupe se forme à une distance du centre optique de l'œil égale à la distance de la vue distincte. Cette distance, que nous laissons ainsi indéterminée, sera désignée par Δ. La formule des lentilles, appliquée à cette situation de la loupe, de l'objet et de son image. est par conséquent

$$\frac{1}{\Delta-d} - \frac{1}{p} = -\frac{1}{f}.$$

Par suite, le grossissement, qui est le rapport des diamètres de l'image et de l'objet supposés vus à la même distance de l'œil. aura pour expression

$$\frac{\Delta-d}{p} = 1 + \frac{\Delta-d}{f}.$$

Or, si l'œil regardant dans la loupe cherche à s'accommoder pour voir les plus petits détails, on pourrait croire qu'il rend le grossissement le plus grand possible, et par suite s'accommode pour la distance Δ la plus grande possible; un œil normal obtiendrait donc un grossissement infini.

Or. il n'en est pas ainsi : ce qui importe pour la visibilité des détails n'est pas le rapport des diamètres que nous avons appelé grossissement, c'est surtout le diamètre apparent d'un objet linéaire d'une grandeur déterminée; ainsi, c'est le diamètre apparent du millimètre que l'on contemple à travers la loupe qui en caractérise la puissance. Or. quel est ce diamètre?

Soit 1 la dimension de l'objet: celle de l'image est, comme nous l'avons dit, $1 + \frac{\Delta-d}{f}$: par suite. se trouvant située à la distance Δ de l'œil, elle a un diamètre apparent égal à

$$\frac{1}{\Delta} + \frac{1}{f} - \frac{d}{\Delta f} = \frac{1}{\Delta}\left(1 - \frac{d}{f}\right) + \frac{1}{f}.$$

Ceci nous montre que, d et f restant constants, la puissance de la loupe ou le diamètre apparent d'un objet déterminé s'accroît d'autant plus que l'œil peut s'accommoder à une moindre distance de vision distincte; le myope a donc un avantage sensible sur l'observateur doué d'un œil normal, dans l'usage de la loupe. Cependant cet avantage deviendrait insensible si f était assez petit.

On voit donc que l'œil s'efforce de voir le plus près possible quand il s'arme d'une loupe, afin d'obtenir un plus grand diamètre apparent; aussi l'usage prolongé de cet instrument produit ou augmente infailliblement la myopie, en habituant l'œil à la distance minima de sa vue distincte.

L'usage de la loupe à long foyer ou à faible grossissement, comme les verres de besicles, la loupe de graveur ou d'horloger, engendre au contraire la presbytie en ôtant à l'œil la faculté de s'accommoder aux petites distances; elle supplée d'abord à cette accommodation, puis devient indispensable.

Il est à croire que dans tous les instruments d'optique l'œil se comporte à peu près comme pour la loupe; ainsi le grossissement idéal des lunettes astronomiques, calculé pour un œil infiniment presbyte, est un minimum qui ne se réalise presque jamais dans la pratique, mais qu'il est bon de conserver comme une constante de l'instrument.

De ces remarques il résulte que ce qu'on peut appeler puissance d'une loupe est la quantité $\frac{1}{\Delta}\left(1 - \frac{d}{f}\right) + \frac{1}{f}$, qui diffère entièrement du grossissement $1 + \frac{\Delta - d}{f}$; ce grossissement est inadmissible, puisqu'il croîtrait avec la distance de la vision distincte et serait infini pour $\Delta = \infty$; la loupe serait alors inutile, car on ne verrait pas plus de détails sur l'image que sur l'objet même. Les mêmes observations s'appliquent au microscope composé : le grossissement mesuré à la chambre claire est un mauvais moyen de caractériser la puissance de l'instrument, parce que d'abord, la distance Δ pouvant recevoir des valeurs assez différentes, il en résulte pour le grossissement une variation du simple au quadruple, sans que la puissance du microscope ait varié; d'autre part, suivant qu'on éloigne plus ou moins le papier sur lequel se projette l'image dans la mesure avec la chambre claire, cette image a tel grossissement qu'on veut : aussi a-t-on été obligé de convenir que le papier serait placé à 25 ou 30 centimètres de l'œil. Il serait donc infiniment plus avantageux d'adopter le diamètre apparent d'une fraction de millimètre pour mesure de la puissance de l'instrument; il suffirait pour l'obtenir de diviser le grossissement calculé par la distance Δ de la vision distincte. Dans la mesure par la chambre claire, on diviserait le grossissement par la distance du papier à l'œil de l'observateur. On éviterait ainsi toute ambiguïté. Le diamètre apparent ne varie que très-peu d'un observateur à un autre, et par conséquent tel micrographe ne reprocherait pas aux constructeurs de microscopes de leur attribuer des grossissements quatre ou cinq fois trop forts, ainsi qu'il est arrivé dans ces derniers temps.

Ces remarques ne s'appliquent pas aux instruments servant aux observations astronomiques, parce que là le grossissement est le seul moyen de mesurer la puissance ajoutée à la simple vision.

535. Perte apparente de la faculté d'accommodation dans l'usage des instruments d'optique. — Il est utile de donner l'explication d'un fait qui frappe tous les observateurs qui font usage de la loupe ou du microscope : c'est la très-faible variation que l'on peut apporter à la distance de l'objet au verre de l'instrument; dans le microscope surtout, cette variation est presque inappréciable. De là cette conséquence paradoxale que la faculté d'accommodation de l'œil aux distances a disparu; et en effet on a formulé cet énoncé. Mais il est facile de voir que cette faculté de l'œil subsiste entièrement, et qu'elle est toute mise en jeu par le très-petit déplacement qu'on peut donner à l'objet.

Dans une loupe, en effet, l'objet doit donner une image située entre les limites de la vision distincte, c'est-à-dire depuis l'infini jusqu'à environ 15 centimètres dans le cas d'un œil normal; or, l'image est à l'infini quand l'objet est au foyer principal de la loupe. et, lorsqu'on fait avancer l'objet de ce foyer vers la loupe, l'image s'approche très-rapidement jusqu'à une faible distance de l'œil. distance qui n'est bientôt plus que 15 centimètres environ: ainsi les limites du déplacement de l'objet sont d'une part le foyer de la lentille, de l'autre un point voisin de la lentille elle-même: pour peu que la distance focale soit faible. on voit combien ces limites

sont resserrées; le calcul est facile à faire pour une distance focale
de 1 centimètre par exemple, et, dans ce petit déplacement de
l'image, la faculté d'accommodation est mise en jeu tout entière,
tandis que dans la nature elle s'exerce pour des déplacements de
l'objet beaucoup plus considérables.

Dans un microscope composé, l'effet est à peu près le même;
l'image réelle $\alpha\beta$ (fig. 319) d'un objet AB, qui est produite par un

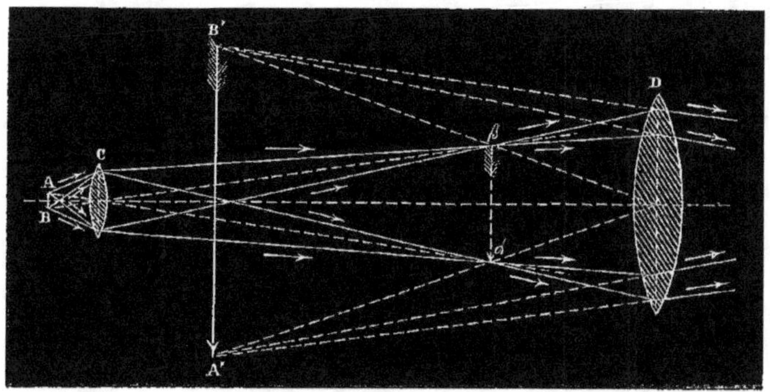

Fig. 319.

objectif C à très-court foyer, doit tomber entre le foyer principal
d'une loupe D et un point voisin de cette loupe, en vertu de ce qui
précède. Or, quel est le déplacement à donner à l'objet pour que son
image se déplace de cette très-petite quantité? Il est évidemment
beaucoup plus petit encore : il suffit souvent d'un déplacement de
$\frac{1}{1000}$ de millimètre pour ôter toute possibilité d'apercevoir l'image;
la faculté d'accommodation de l'œil ne cesse pas pour cela de subsister tout entière.

Les calculs pratiques que l'on pourrait faire à ce sujet n'offrent
aucune difficulté.

536. **Des loupes composées.** — On sait que le pouvoir
grossissant d'une loupe croît lorsque la distance focale, et par suite
le rayon de courbure, diminuent; mais, d'autre part, les aberrations
de sphéricité, dont l'expression contient des termes en $\frac{1}{R^3}$, aug-

mentent rapidement et ôtent toute netteté aux images. Il est donc
nécessaire de trouver des moyens d'y remédier.

L'un des plus ingénieux consiste à employer une lentille sphérique évidée suivant une zone autour de la partie centrale, jusqu'à
une assez grande profondeur (fig. 320): alors il ne passe que les

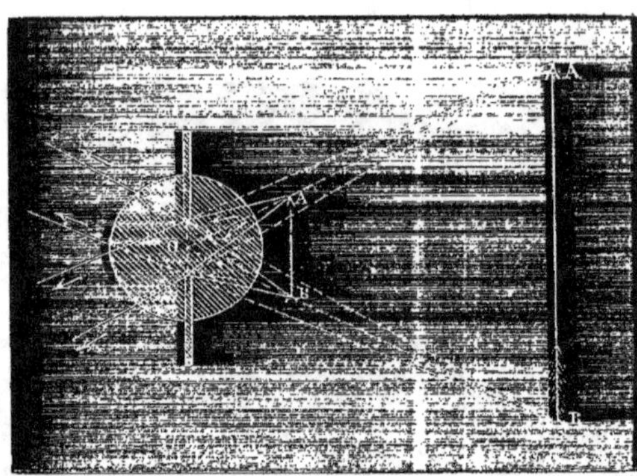

rayons reçus sous une incidence à peu près normale et l'aberration
est très-petite, bien que le champ et le pouvoir grossissant soient
considérables. Cette loupe est due à Wollaston : on la construit aujourd'hui en accolant deux lentilles hémisphériques aux deux faces
d'un diaphragme métallique percé d'un trou en son centre.

Le même problème est résolu dans les loupes composées. En réunissant convenablement deux lentilles d'égale distance focale, on
obtient le même grossissement qu'avec une lentille unique dont la
distance focale serait la moitié de la précédente; et avec ce système
de deux lentilles, l'aberration est double de celle que donnerait
l'une d'elles, tandis que la lentille unique qu'on substituerait à ce
système produirait une aberration octuple. Il y a donc avantage à
former des systèmes de deux et même de trois lentilles; c'est ce qu'on
appelle des doublets et des triplets. Lorsque ces instruments sont
construits avec soin, ils sont formés de lentilles plan-convexes tournant leur face plane vers les rayons lumineux. Nous avons vu en effet

que l'aberration produite par les lentilles de cette forme est voisine du minimum ; seulement la face de la lentille tournée vers les rayons lumineux n'est point ici celle que nous avons trouvée dans le cas

où p est très-grand, car c'est actuellement p' qui est grand, tandis que p est petit. Il en résulte que les conséquences diffèrent ; et, dans les objectifs de microscopes, c'est la face plane tournée vers l'objet qui donne lieu à l'aberration minima. Cette remarque s'applique aux objectifs achromatiques, car, au point de vue des aberrations de sphéricité, leur système équivaut à une lentille plan-convexe unique : on les forme d'une lentille plan-concave en flint et d'une lentille biconvexe en crown (fig. 321).

537. Des objectifs de microscopes. — Les objectifs de microscopes présentent dans leur composition des particularités très-remarquables dont l'explication n'a été donnée que depuis peu d'années. D'abord, sans autre raison que de diminuer l'aberration, on les forma de deux ou trois systèmes d'objectifs achromatiques superposés ; nous venons de voir en effet que les aberrations s'ajoutent simplement, tandis qu'un objectif unique produisant le même effet aurait une aberration proportionnelle au cube de sa courbure. Mais on remarqua de plus qu'il y a avantage à employer toute la surface des objectifs : si on les munit de diaphragmes, il arrive, par un phénomène de diffraction, que les mêmes détails ne peuvent plus être distingués : c'est aussi ce qui a lieu quand on masque une partie du miroir, dans les télescopes de Foucault. Les constructeurs furent donc conduits à augmenter et à utiliser toute la surface des objectifs, et ils le firent avec un succès étonnant. On ne comprend pas en effet comment, en recevant des rayons inclinés sur la normale d'un angle qui va jusqu'à 70 degrés, on peut avoir des images nettes ; dans ces conditions, les meilleurs objectifs astronomiques ne donneraient que des images extrêmement confuses. Les meilleurs constructeurs, Nachet, Hartnack, obtiennent d'excellents résultats en recevant sur un objectif un cône de rayons lumineux émané d'un point unique et de 140 degrés d'ouverture : ceci dépasse entièrement les limites que l'on admet dans la théorie ordinaire des lentilles.

L'explication de ce fait remarquable fut donné par le botaniste anglais Lister, et servit de point de départ aux nombreux perfectionnements apportés à la construction des microscopes depuis une trentaine d'années. Le raisonnement de Lister repose sur ce fait constaté par l'expérience, qu'une lentille plan-convexe M (fig. 322)

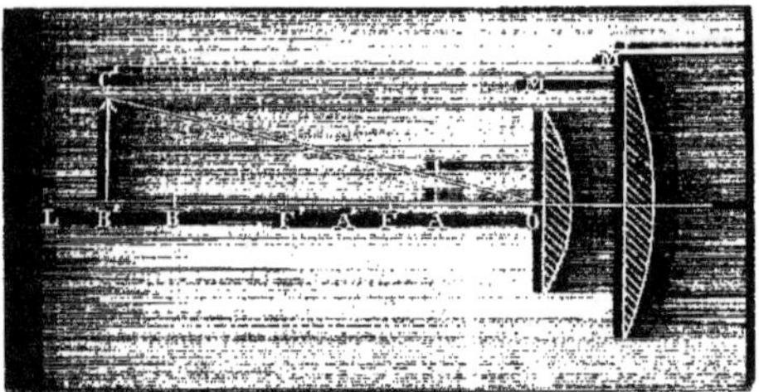

Fig. 322.

est aplanétique pour deux points lumineux placés sur son axe, l'un A en deçà, l'autre B au delà du foyer principal F : il suffit en effet d'étudier les images réelles ou virtuelles de cette lentille, en n'employant que le centre ou que les bords, pour reconnaître que les images conservent leur netteté lorsque l'objet lumineux occupe une de ces deux positions; on se sert de loupes pour contempler ces images. De plus, l'expérience et le calcul démontrent que si le point lumineux est situé entre les deux points A et B que nous venons d'indiquer, l'aberration est positive, et s'il est d'un côté ou de l'autre, elle est négative.

Cela posé, plaçons l'objet au deuxième point A d'aberration minima : si l'image virtuelle formée se trouve occuper en B'C' le premier point d'aberration minima d'une seconde lentille M', il est évident que l'on aura derrière ce système une image réelle presque dépourvue d'aberration. Qu'arrivera-t-il maintenant si on dérange l'objet? Placé un peu plus loin de la lentille, il produira une image virtuelle où l'aberration sera positive, c'est-à-dire que l'image formée par les rayons marginaux sera située à une distance positive de l'image des rayons centraux, en partant du côté L d'où vient la lumière: mais la seconde lentille agira en sens contraire pour produire une aberration négative; on conçoit donc qu'il y ait compensation: il en serait de même pour un déplacement de l'objet dans l'autre sens. Ainsi, en établissant des rapports convenables entre les aberrations des deux lentilles, on peut obtenir un système à peu près dépourvu d'aberration pour des positions assez différentes de l'objet. On voit que la perfection d'un objectif double dépend essentiellement de la distance des deux lentilles. Dans le cas où il y a trois, quatre lentilles, les phénomènes sont analogues, et l'on comprend aisément qu'un empirisme intelligent puisse conduire aux résultats que nous avons signalés et qui paraissaient inexplicables.

BIBLIOGRAPHIE.

1583.   J.-B. Porta, *De refractione optices parte libri novem*, Neapoli, 1583.

1604.   Kepler, *Ad Vitellionem paralipomena quibus astronomiæ pars optica traditur*, Francoforti, 1604.

1611.   Kepler, *Dioptrice, sive demonstratio eorum quæ visui et visibilibus propter conspicilla non ita pridem inventa accidunt, etc.*, Augusta Vindelicorum, 1611. (Première théorie des lunettes astronomiques.)

1619.   Scheiner. *Oculus, hoc est fundamentum opticum, etc.*, OEnipontii. 1619.

1645.   Rheita, *Oculus Enoch et Eliæ, sive Radius sidereo-mysticus, etc.*, Anvers. 1645. (Lunette terrestre à quatre verres.)

1663.   J. Gregory, *Optica promota, seu abdita radiorum reflexorum et refractorum mysteria geometrice enucleata*, London, 1663. (Invention du télescope.)

1665.   Campani, An account of improvement of optic glasses, *Phil. Trans.* f. 1665. 2.

1665.   Auzout, Opinion respecting the apertures of object glasses, and their relative proportions, with the several lengths of telescopes. *Phil. Trans.* f. 1665, 55.

1665.   Auzout. Remarks on M. Hook's new instrument for grinding optic glasses, with M. Hook's Reply, *Phil. Trans.* f. 1665, 56 et 63.

1665.   Auzout, A further account touching Seignior Campani's book and performances about optic glasses, *Phil. Trans.* f. 1665, 69.

1665.   Campani, Seignior Campani's Answer, and M. Auzout's animadversiones upon it, *Phil. Trans.* f. 1665, 74.

1665.   Hevelius et Huyghens. On the optic glasses, and other improvements on telescopes, *Phil. Trans.* f. 1665, 98.

1665.   De Son. Progress in working parabolic glasses, *Phil. Trans.* f. 1665, 119.

1665.   Campani. Trials made in Italy of new optic glasses, *Phil. Trans.* f. 1665, 131.

1666.   Campani et Divini. Contest on optic glasses, *Phil. Trans.* f. 1666, 209.

1666.   Auzout. Lettre sur les nouvelles expériences de M. Campani sur les lunettes. *Mém. de l'Acad. des sc.*, 1666, VII, 5.

1666.   Hook, Réponse à M. Auzout au sujet des grandes lunettes de M. Campani, *Mém. de l'Acad. des sc.*, 1666, VII, 71.

1666.   Hook, Lettre adressée à M. Oldembourg au sujet des verres des grandes lunettes, *Mém. de l'Acad. des sc.*, 1666, VII, 92.

1666.   De la Hire. Observations sur les couleurs qu'on voit sur les objets en les regardant avec des lunettes d'approche, *Mém. de l'Acad. des sc.*, 1666, IX, 390.

1666.   Borelli, Avis sur les grandes lunettes, *Mém. de l'Acad. des sc.*, 1666, X, 393.

1668.   Smethwick, Grinding optic and burning glasses of non spherical figures, *Phil. Trans.* f. 1668, 631.

1668.   Mancini, A new and universal method for working convex spherical glasses on a plane, *Phil. Trans.* f. 1668, 837.

1668.   Divini, Description of a new microscope, *Phil. Trans.* f. 1668, 842.

1669.   Wren, The generation of an hyperbolical cylindroid, and a hint of its application for grinding hyperbolical glasses, *Phil. Trans.* f. 1669, 961.

1669.   Wren. A description of engine of grinding hyperbolical optic glasses. *Phil. Trans.* f. 1669, 1059.

1669.   Newton. *Lectiones opticæ*, Londres, 1669-1671.

1672.   Newton. An account of a new catadioptrical telescope, *Phil. Trans.* f. 1672. 4004 et 4009.

1672.   Huyghens. Lettre touchant la lunette catoptrique de M. Newton. *Journal des Savants*, février 1672, et *Phil. Trans.* f. 1672, 4008.

1672.   Newton, More suggestions about his new telescope, and a table of apertures and charges for the several lenghts of that instrument, *Phil. Trans.* f. 1672. 4032.

1672.   Newton. Answer to some objections made to the new reflecting telescope. *Phil. Trans.* f. 1672, 4034.

1672.   Newton. Considerations on part of a letter of M. de Berée, concerning the catadioptrical telescope pretended to be improved and rafined by M. Cassegrain. *Phil. Trans.* f. 1672. 4056.

1673.   Newton. Answer to a letter from Paris, further explaining this theory of light and colours, and particularly that of whiteness; with his continued hopes of perfecting telescopes by reflections rather than refractions, *Phil. Trans.* f. 1673, 6087.

1676. BORELLI. An intimation given in the *Journal des Savants*, of a sure and easy way to make all sorts of large telescopical glasses, etc., *Phil. Trans.* f. 1676, 691.

1678. HUYGHENS, Lettre touchant une nouvelle manière de microscope, *Journal des Savants*, août 1678.

1678. BUTTERFIELD, The making of microscopes, *Phil. Trans.* f. 1678, 1026.

1695. D. GREGORY, *Catoptricæ et dioptricæ sphericæ elementa*, Oxoniæ, 1695.

1699. DE LA HIRE, Méthode pour construire les verres des lunettes d'approche en les travaillant, *Mém. de l'Acad. des sc.*, 1699, 139.

1700. TSCHIRNHAUS, Observations sur un verre de lunette convexe des deux côtés et de 32 pieds de foyer, *Mém. de l'Acad. des sc.*, 1700; *Hist.*, 131.

1704. HUYGHENS, *Dioptrica, opera posthuma*, Lugduni, 1704.

1708. LEEUWENHOEK, *Arcana naturæ ope microscopiorum detecta*, Leyde, 1708.

1710. CASSINI, De la nécessité qu'il y a de bien centrer les verres objectifs de lunettes, *Mém. de l'Acad. des sc.*, 1710, 223.

1715. DE LA HIRE, Méthode pour se servir des grands verres de lunettes sans tuyau pendant la nuit, *Mém. de l'Acad. des sc.*, 1715, 4.

1717. DE LA HIRE, Recherches sur les dates de l'invention du micromètre, des horloges à pendule et des lunettes d'approche, *Mém. de l'Acad. des sc.*, 1717, 78.

1728. LE MAIRE, Observations sur un télescope de réflexion, *Machines et inventions approuvées par l'Acad. des sc.*, VI, 61.

1736. DE PARCIEUX, Observations sur une machine pour tailler les verres objectifs de lentilles, *Mém. de l'Acad. des sc.* 1736; *Hist.*, 120.

1736. BARKER, A catoptric microscope, *Phil. Trans.* f. 1736, 259.

1738. SMITH, *A complete system of optics*, Cambridge, II, 76.

1740. SMITH, A new method of improving and perfecting catadioptrical telescopes by forming the speculums of glass instead of metal, *Phil. Trans.* f. 1740, 326.

1740. BAKER, Account of Leeuwenhœk's microscopes, *Phil. Trans.* f. 1740, 503.

1740. JENKINS, The figure of a machine for grinding lenses spherically, *Phil. Trans.* f. 1740, 555.

1742. NEWTON, A reflecting instrument, *Phil. Trans.* f. 1742, 155.

1747. DE COURTIVRON, Recherches de catoptrique sur la comparaison de l'effet des miroirs plans et des miroirs sphériques à des distances quelconques, *Mém. de l'Acad. des sc.*, 1747; *Hist.*, 449.

1753. DOLLOND, Concerning an improvement of refracting telescopes, *Phil. Trans.* f. 1753, 103.

1753. SHORT, Letter relating a theorem of Leonard Euler for correcting the aberrations of the object glasses of refracting telescopes, 9 avril 1752, *Phil. Trans.* f. 1753, 287.

1753. DOLLOND, Letter to James Short concerning a mistake in M. Euler's theorem for correcting the aberrations in the object glasses of refracting telescopes, 11 mars 1752, *Phil. Trans.* f. 1753, 289.

1753. EULER, Letter to M. James Short, 19 juin 1752, *Phil. Trans.* f. 1753, 292.

1756. CLAIRAUT, Mémoire sur les moyens de perfectionner les lunettes d'approche par l'usage d'objectifs composés de plusieurs matières différemment réfringentes, *Mém. de l'Acad. des sc.*, 1756, 380; *Hist.*, 112 (1ᵉʳ mémoire); 1757, 524, *Hist.*, 152 (2ᵉ mémoire); 1762, 578, *Hist.*, 160 (3ᵉ mémoire).

1757. EULER, Règles générales pour la construction des télescopes et des microscopes, de quelque nombre de verres qu'ils soient composés, *Hist. de l'Acad. de Berlin*, 1757, 283.

1757. EULER, Recherches sur les lunettes à trois verres qui représentent les objets renversés, *Hist. de l'Acad. de Berlin*, 1757, 323.

1758. DOLLOND, An account of some experiments concerning the different refrangibility of light, with a letter from James Short, *Phil. Trans.* f. 1758, 733.

1760. KLINGENSTEIN. On the aberration of light refracted at spherical surfaces and lenses, *Phil. Trans.* f. 1760, 944.

1760. DE REDERN, Considérations sur l'influence que l'illustre Newton attribue à la diverse réfrangibilité de la lumière sur les lunettes à réfraction, *Hist. de l'Acad. de Berlin*, 1760. 3.

1761. MASKELYNE. Theorem on the aberration of the rays of light refracted through lens on account of the imperfection of the spherical figure, *Phil. Trans.* f. 1761, 17.

1761. DE REDERN, Considérations dioptriques, etc., *Hist. de l'Acad. de Berlin*, 1761, 3.

1761. EULER. Recherches sur la confusion causée par l'ouverture des verres, *Hist. de l'Acad. de Berlin*, 1761, 107.

1761. EULER, Recherches sur les moyens de diminuer ou de réduire même à rien la confusion causée par l'ouverture des verres. *Hist. de l'Acad. de Berlin*, 1761, 147.

1761. EULER, Nouvelle manière de perfectionner les verres objectifs des lunettes, *Hist. de l'Acad. de Berlin*, 1761, 181.

1761. EULER, Détermination du champ apparent que découvrent tant les télescopes que les microscopes, *Hist. de l'Acad. de Berlin*, 1761, 191.

1761. EULER. Règles générales pour la construction des télescopes et des microscopes. *Hist. de l'Acad. de Berlin*, 1761, 201.

1761. EULER, Sur la perfection des lunettes astronomiques qui représentent les objets renversés, *Hist. de l'Acad. de Berlin*, 1761, 212.

1761. J. A. EULER. Sur les lentilles objectives faites d'eau et de verre, etc.. *Hist. de l'Acad. de Berlin*, 1761, 231.

1762. EULER, Recherches sur la construction des nouvelles lunettes à cinq ou six verres et leur perfectionnabilité, *Miscell. Taurin.*, III, 92.

1762. EULER, Considérations sur les difficultés qu'on rencontre dans l'exécution des verres objectifs délivrés de toute confusion, *Hist. de l'Acad. de Berlin*, 1762, 117.

1762. EULER, Recherches sur les télescopes à réflexion et les moyens de les perfectionner, *Hist. de l'Acad. de Berlin*, 1762. 143.

1762. EULER, Recherches sur une autre construction des télescopes à réflexion, *Hist. de l'Acad. de Berlin*, 1762. 185.

1762. EULER, Sur la confusion que cause dans les instruments d'optique la diverse réfrangibilité des rayons, *Hist. de l'Acad. de Berlin*, 1762, 195.

1762. EULER, Considérations sur les nouvelles lunettes d'Angleterre de M. Dollond et sur le principe qui en est le fondement, *Hist. de l'Acad. de Berlin*, 1762, 226.

1762. EULER, Sur les avantages des verres objectifs composés de deux verres simples, *Hist. de l'Acad. de Berlin*, 1762, 249.

1764. EULER, Recherches sur les microscopes à trois verres et les moyens de les perfectionner, *Hist. de l'Acad. de Berlin*, 1764, 105.

1764. EULER, Des lunettes à trois verres qui représentent les objets debout, *Hist. de l'Acad. de Berlin*, 1764, 200.

1764. D'ALEMBERT, Observations sur les lunettes achromatiques, *Mém. de l'Acad. des sc.*, 1764, 75, *Hist.*, 175 (1er mémoire); 1765, 53, *Hist.*, 179 (2e mémoire); 1767, 43, *Hist.*, 153 (3e mémoire).

1765. LA GRANGE, Formules de dioptrique nécessaires pour l'intelligence du mémoire d'Euler sur la construction des nouvelles lunettes. *Miscell. Taurin.*, III, 152.

1765. DOLLOND, Of an improvement made in his new telescopes with a letter of M. Short, *Phil. Trans.* f. 1765, 54.

1765. EULER, Précis d'une théorie générale de la dioptrique, *Mém. de l'Acad. des sc. de Paris*, 1765, 555.

1766. EULER, Construction des objectifs composés de deux différentes sortes de verre qui ne produisent aucune confusion ni par leur ouverture ni par la différente réfrangibilité des rayons, avec la manière la plus avantageuse d'en faire des lunettes, *Hist. de l'Acad. de Berlin*, 1766, 119.

1766. EULER, Construction des objectifs composés propres à détruire toute confusion dans les lunettes, *Hist. de l'Acad. de Berlin*, 1766. 171.

1767. Duc de Chaulnes, Mémoire sur quelques expériences relatives à la dioptrique et sur les moyens de connaître les courbures des surfaces internes des lentilles achromatiques, *Mém. de l'Acad. des sc.*, 1767; *Hist.*, 423.

1767. Euler, Méthode pour porter les verres objectifs des lunettes à un plus haut degré de perfection, *Hist. de l'Acad. de Berlin*, 1767, 131.

1768. D'Arquier, Remarques sur la variation du foyer des télescopes. *Mém. des Sav. étrang.*, V, 367.

1769. Short, A method of working the object glasses of refracting telescopes truly spherical, *Phil. Trans.* f. 1769, 507.

1769. Navarre, Observations sur un télescope grégorien destiné aux observations astronomiques. *Mém. de l'Acad. des sc.*, 1769, *Hist.*, 130.

1770. Jeaurat, Observations sur les lunettes achromatiques. *Mém. de l'Acad. des sc.*, 1770, 461; *Hist.*, 103.

1770. Euler, *Dioptrica*, Berlin, 1770-1771.

1772. Priestley, *History and present state of discoveries relating to vision, light and colours*, London, 1772.

1774. Antheaulme, Observations sur la manière de travailler et de polir les verres objectifs des lunettes d'approche, *Mém. des Sav. étrang.*, VI, 465.

1774. Fuss, *Instruction détaillée pour porter les lunettes au plus haut degré de leur perfection, calculée sous la direction de M. Euler*, Saint-Pétersbourg, 1774.

1777. Mudge, Directions for making the best composition for the metals of reflecting telescopes, with a description of the process of grinding, polishing and giving the great speculum the true parabolic curve, *Phil. Trans.* f. 1777, 296.

1778. La Grange, Sur la théorie des lunettes, *Nouv. Mém. de Berlin*, 1778, 162.

1782. Herschel, A paper to obviate some doubts concerning the great magnifying powers used, *Phil. Trans.* f. 1782, 173.

1783. Ramsden, A description of a new construction of eye glasses for such telescopes, as may be applied to mathematical instruments. *Phil. Trans.* f. 1783, 94.

1795. Herschel, Description of a forty-feet reflecting telescope, *Phil. Trans.* f. 1795, 347.

1800. Bischoff, *Praktische Abhandlung der Dioptrik*, Stuttgardt, 1800.

1803. La Grange, Sur une loi générale de l'optique, *Nouv. Mém. de Berlin*, 1803, 1.

1805. Herschel, Experiments for ascertaining how far telescope will enable us to determine very small angles and to distinguish the real from the specious diameters of celestial and terrestrial objects, etc., *Phil. Trans.* f. 1805, 31.

1813. BREWSTER, *Treatise on new philosophical instruments*, Édimbourg. 1813.

1813. WOLLASTON, Description of a single-lens micrometer, *Phil. Trans.* f. 1813, 119.

1814. FRAUENHOFER, Bestimmung des Brechung und des Farbenzerstreuungs-Vermögens verschiedener Glasarten, in Bezug auf die Vervollkommnung achromatischer Fernröhren, *Denkschr. Münch. Acad.*, V, 1814-1815.

1821. AMICI, Sur les microscopes catadioptriques, *Ann. de chim. et de phys.*, (2), XVII, 412.

1821. J. HERSCHEL, On the aberration of compound lenses and object glasses, *Phil. Trans.* f. 1821, 222.

1822. WOLLASTON, On the concentric adjustement of a triple object-glass, *Phil. Trans.* f. 1822, 32.

1824. FRAUENHOFER, Ueber neues Mikrometer, neues Kreismikrometer, neues Netzmikrometer, *Astr. Nachr.*, II.

1826. FRAUENHOFER, Ueber die grossen Refractoren in Dorpat und Berlin, *Astr. Nachr.*, IV, 1826; VII, 1829; VIII, 1831, et XIII, 1836.

1829. WOLLASTON, A description of a microscopic doublet, *Phil. Trans.* f. 1829, 9.

1830. MÖBIUS. Kurze Darstellung der Haupt-Eigenschaften eines Systems von Linsengläsern, *Crelle's Journ.*, V, 113.

1831. CAUCHOIX, Sur la fabrication des grandes lunettes, *Ann. de l'ind. franç. et étr.*, XI, et *Astr. Nachr.*, IX, 351 (1834), et XIII, 273 (1836).

1833. J. HERSCHEL, On the fluid lens telescope constructed for the Roy. Soc. on Barlow's principles, *Phil. Trans.* f. 1833, 1.

1835. STEINHEIL, Neue Construction grosser Achromaten, *Münchn. gelehrt. Anzeig.*, II, 1835.

1838-43. GAUSS. Dioptrische Untersuchungen. Göttingen. *Abhand. d. kön. Ges. d. Wiss. zu Göttingen*, I.

1840. OXMANTOWN, An account of experiments on the reflecting telescope. *Phil. Trans.* f. 1840, 503.

1840. BIOT, Sur les lunettes achromatiques à oculaires multiples, *Ann. de chim. et de phys.*, (3), III, 385.

1841. BESSEL, Réfraction de la lumière dans les lentilles, *Astr. Nachr.*, XVIII, 97.

1841. BIOT, Sur quelques points relatifs à l'astronomie et aux instruments d'optique, *Comptes rendus*, XII, 269.

1841. BIOT, Sur un mémoire de M. Gauss relatif à l'optique analytique, *Comptes rendus*, XII, 407.

1842. STEINHEIL, Teleskopspiegel, galvanoplastisch copirt und galvan. vergoldet und über Ruolz' Methode zu vergolden, *Münchn. Gelehrt. Anzeig.*, XV, 1842.

1842.   Steinheil. Neue Anwendung des Teleskopspiegels bei astronomischen
        Messinstrumenten, *Münchn. Gelehrt. Anzeig.*, XV, 1842.

1844.   Rosse. *The monster telescope erected by the Earl of Rosse, with an
        account of the manufacture of the specula and full descriptions of
        machinery*, Parsonstown. 1844.

1844.   Encke. *De formulis dioptricis, ein Program*, Berlin, 1844.

1844.   Moser. Ueber das Auge, *Dove's Rep. der Physik*, V, 239.

1844.   Biot. Applications diverses d'une nouvelle théorie des instruments
        d'optique, *Comptes rendus*, XIX, 495.

1844.   Biot. *Traité élémentaire d'Astronomie physique*, Paris, 1844-47.

1845.   Listing, *Beitrag zur physiologischen Optik*, Göttingue, 1845.

1846.   Steinheil. Sein und Seidel's kleines galiläisches Fernrohr mit Ob-
        jectiv aus Crown und Ocular aus Flintglas. *Schumacher's Jahr-
        buch*, 1846.

1851.   Listing. Dioptrik des Auges, *R. Wagner's Handwörterbuch der Phy-
        siologie*, IV, 451.

1855.   Secretan, *Détermination de la distance focale des systèmes convergents*,
        Paris. 1855.

1857.   Foucault, Télescopes en verre argenté, *Comptes rendus*, XLIV, 339.

1858.   Steinheil., Bericht über seine Verbesserungen der Objective. *Münchn.
        Gelehrt. Anzeig.*, XLVI, 1858.

1858.   Foucault. Télescopes en verre argenté, miroirs à surface ellipsoïde
        et paraboloïde de révolution. *Comptes rendus*, XLVII. 205.

1858.   Steinheil., Ueber ein Teleskop welches durch Silberspiegel auf Glas
        wirkt, *Münchn. Gelehrt. Anzeig.*, XLVI, 1858.

1858.   Foucault, Description des procédés employés pour reconnaître la
        configuration des surfaces optiques, *Comptes rendus*, XLVII, 958.

1858.   Lubincoff, Recherches sur la grandeur apparente des objets. *Comptes
        rendus*, XLVII. 24. et *Ann. de chim. et de phys.*, (3). LIV, 13.

1859.   Foucault, Essai d'un nouveau télescope parabolique en verre argenté,
        Comptes rendus, XLIX, 85.

1859.   Foucault. Mémoire sur la construction des télescopes en verre ar-
        genté, *Ann. de l'Observ. de Paris*, V, 197.

1860.   Steinheil. Fernrohr mit Objectiv nach Gauss' Construction aus seiner
        Werkstatt. *Sitzungsberichte d. Münchn. Akad.*, I, 1860.

1862.   Foucault, Sur un nouveau télescope de l'Observatoire impérial,
        Comptes rendus, LIV. 1.

1866.   Listing. Ueber einige merkwürdige Punkte in Linsen und Linsen-
        systemen. *Pogg. Ann.*, CXXIX. 466.

1867.   A. Martin. Interprétation géométrique et continuation de la théorie
        des lentilles de Gauss, *Ann. de chim. et de phys.*, (4). X. 385.

IV.

POLARISATION ROTATOIRE MAGNÉTIQUE.

538. Découverte du phénomène. — La découverte des
phénomènes de polarisation rotatoire magnétique date de la fin de
l'année 1845.

Faraday s'était toujours préoccupé de rechercher une relation
entre le rayonnement calorifique ou lumineux et l'électricité; après
avoir longtemps essayé si le passage d'un courant à travers un corps
n'en modifie pas le pouvoir réfringent, il eut l'idée de faire agir le
courant sur un milieu traversé par la lumière polarisée. Un corps
transparent et monoréfringent étant placé sur la ligne des pôles d'un
électro-aimant (fig. 323) en fer à cheval, un peu au-dessus de la

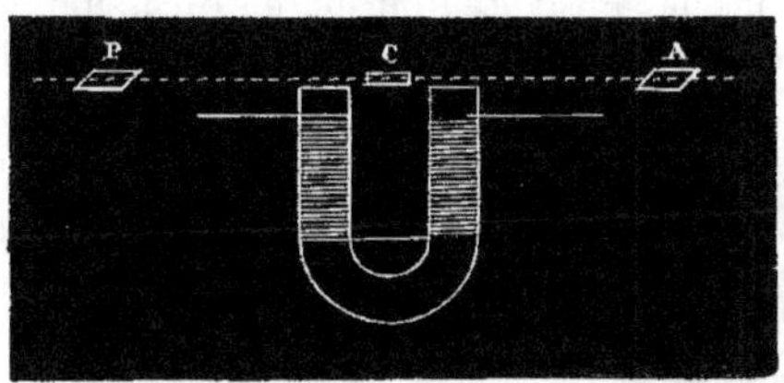

Fig. 323.

surface polaire, il le fit traverser par un faisceau lumineux polarisé
parallèle à la ligne des pôles, et il reçut le faisceau sur un analyseur biréfringent placé en A. Par une rotation convenable de l'analyseur il éteignit l'une des images, et, l'électro-aimant ayant été mis
en activité, il la vit reparaître. Le plan de polarisation de la lumière était donc dévié. Cette déviation était en général très-faible,
mais avec certaines substances elle était assez notable pour être
mesurée.

C'est à Londres, dans les caves de l'Institution Royale, et à l'aide
d'une lampe de médiocre intensité, que Faraday étudia ces phénomènes. Cette lumière jaunâtre non homogène était éteinte par l'analyseur, puis, au moment où l'on faisait passer le courant dans

l'électro-aimant, l'image éteinte reparaissait colorée et très-peu intense, l'autre restait brillante et à peine colorée.

En faisant tourner la section principale de l'analyseur, on voyait les images changer de couleur et d'intensité et arriver à la teinte violacée limitée avec beaucoup de précision par le rouge et le bleu, et connue sous le nom de *teinte sensible.*

Il était donc **démontré que, si un corps transparent est traversé par un rayon polarisé parallèle à la ligne des pôles d'un aimant, le plan de polarisation tourne d'un certain angle.**

539. Sens de la rotation. — Si l'on renverse le sens du courant, et par suite les pôles de l'aimant, la rotation change de sens, en gardant la même valeur absolue. On peut préciser dans chaque cas le sens de cette rotation par les considérations suivantes :

Regardons la substance transparente comme aimantée, c'est-à-dire admettons, d'après la théorie d'Ampère, qu'il s'y développe

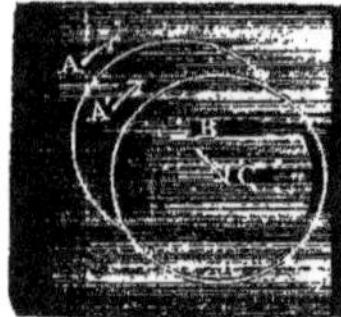

Fig. 324.

une série de courants circulaires dirigés comme le seraient ceux d'un solénoïde équivalent à l'aimant. Pour un observateur qui reçoit le rayon lumineux, le plan de polarisation paraît tourner dans le sens où circule l'électricité positive dans les courants du solénoïde. Représentons le sens de ce mouvement par des flèches A, A' (fig. 324), et supposons que le mouvement lumineux vienne d'arrière en avant suivant BC; l'observateur qui le recevra observera une rotation du plan de polarisation de gauche à droite.

De là cette conséquence que, si l'observateur, sans toucher à l'électro-aimant, va regarder dans le polariseur et fait réciproquement fonctionner comme polariseur l'analyseur de l'expérience précédente, la rotation paraîtra avoir changé de sens : il suffit, pour le comprendre, de regarder la face postérieure de la figure : le courant semble tourner de droite à gauche.

La rotation du plan de polarisation s'effectue donc dans des sens opposés sur deux rayons qui traversent la substance en sens contraires.

540. Moyen d'amplifier la rotation. — De la non-inver-
sion de la rotation pour les rayons lumineux de direction opposée
résulte la possibilité d'accroître la rotation du plan de polarisation.
Concevons en effet un fragment de la substance ABCD (fig. 325),

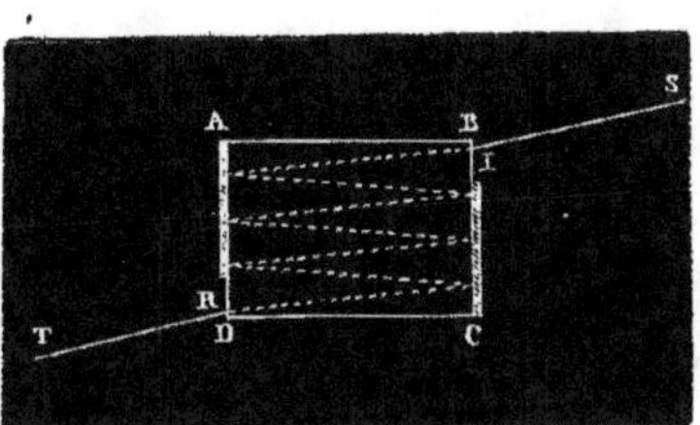

Fig. 325.

étamé au mercure sur deux faces opposées AD, BC, à la réserve de
deux régions situées aux extrémités d'une diagonale. Le faisceau
polarisé arrive suivant une direction SI un peu inclinée sur la normale aux bases étamées, pénètre par une des régions libres et sort
par l'autre suivant RT, après un certain nombre de réflexions sur
les deux faces.

L'observateur qui recevrait le rayon avant sa première réflexion
constaterait une déviation du plan de polarisation d'un certain côté,
à droite par exemple, ce qui signifie que si les vibrations des molécules s'effectuaient suivant une
droite verticale AB (fig. 326) dans le rayon incident, elles s'effectueraient suivant une droite A'B'
inclinée d'un certain angle α vers la droite. après
avoir traversé une fois la substance. Le rayon réfléchi une fois aura son plan de polarisation dévié
encore de α vers la gauche de celui qui le reçoit; pour le premier observateur. la déviation totale du plan de polarisation sera 2α vers la droite:
les vibrations s'effectueront suivant A"B"; après
deux réflexions, elle sera 3α; enfin, s'il y a six réflexions, comme la figure l'indique, la déviation sera 7α, c'est-à-
dire sept fois plus grande que le premier procédé ne la donnait. On
pourra ainsi observer le pouvoir rotatoire dans des substances où il

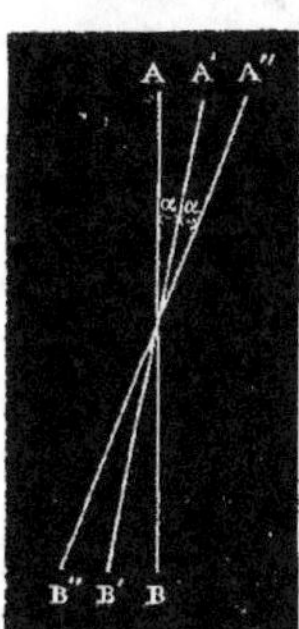

Fig. 326.

aurait été inappréciable; mais cet artifice, excellent pour l'investigation, ne convient pas dans des recherches précises, car la réflexion, même sous l'incidence normale, altère la nature de la lumière.

541. Perfectionnements divers. — Aussitôt que les expériences de Faraday furent connues en France, divers physiciens essayèrent de les répéter. Pouillet, au Conservatoire des arts et métiers, et M. Edmond Becquerel, au Muséum d'histoire naturelle, y réussirent, grâce à la puissance des électro-aimants qui étaient à leur disposition. Ce dernier physicien introduisit même un perfectionnement à l'appareil. Dans l'électro-aimant employé par Faraday, le corps transparent n'était pas placé dans la position la plus favorable pour recevoir l'action des pôles, puisqu'il était au-dessus du plan des surfaces polaires. Cet inconvénient disparaît si l'on surmonte ces surfaces de deux armatures en fer doux aa'. bb' (fig. 327), traversées d'un trou cylindrique par lequel passe le rayon lumineux:

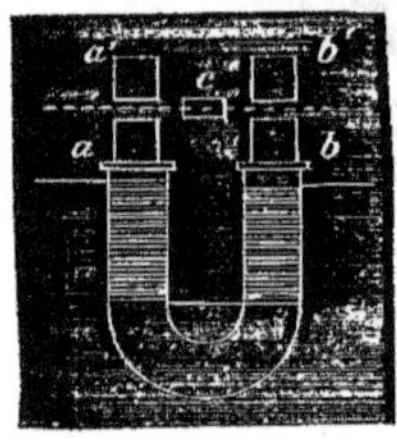

Fig. 327.

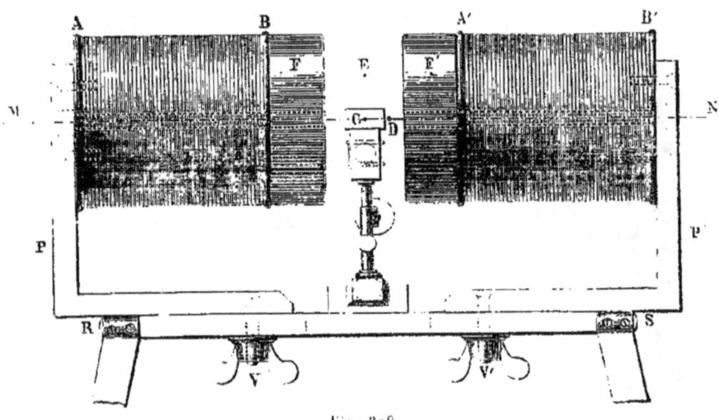

Fig. 328.

sur son trajet on dispose la substance transparente c et l'effet obtenu est plus intense.

Quelques mois après, M. Ruhmkorff remarqua que la forme de

fer à cheval est indifférente, que la seule chose importante est la continuité de la matière ferrugineuse entre les hélices et le voisinage des pôles. Les actions des deux pôles, étant contraires, produisent sur un corps placé entre eux des effets concordants, et l'on a par suite des phénomènes plus intenses qu'au moyen d'un pôle unique: de plus, les réactions de deux pôles voisins accroissent l'intensité de l'aimantation. En conséquence, M. Ruhmkorff rapprocha les pôles A', B (fig. 328) de deux électro-aimants puissants, dont les axes en fer doux sont creusés pour le passage du rayon lumineux: de plus, il anéantit les deux autres pôles A, B', en les réunissant par une barre de fer doux recourbée deux fois suivant PRSP', et percée de trous vis-à-vis de ceux des bobines; on voit qu'il est alors très-facile de placer la substance transparente en C sur le trajet du rayon lumineux MN, précisément là où se développe la plus grande quantité de magnétisme libre; il en résulte une plus grande intensité des phénomènes.

Pour l'accroître encore, M. Ruhmkorff dispose en avant des pôles, en F et F', deux pièces de fer doux, de dimensions moindres que les surfaces polaires précédentes, et qui font l'effet de deux pointes où le magnétisme tend à se concentrer avec une remarquable intensité.

Enfin, dans le but de faire varier la distance des pôles, la barre horizontale est rendue indépendante des pièces latérales, qui glissent dessus et s'y fixent à l'aide d'écrous V, V'. Un obstacle empêche les pôles de se précipiter l'un contre l'autre dans le cas où l'une des vis serait mal fixée, et prévient ainsi la rupture des lames transparentes et de tout ce qu'on met entre les pôles.

Il faut avoir soin de maintenir très-propres les surfaces de contact, car la transmission du magnétisme est toute différente lorsqu'il y a continuité métallique et lorsqu'il existe une couche de rouille; c'est le côté faible de l'appareil de M. Ruhmkorff. Si l'on rapproche exactement les surfaces, il est le plus avantageux de tous.

542. Action des aimants et des courants. — L'identité des forces électriques et magnétiques rendait présumable la production des phénomènes rotatoires au moyen des aimants ou des courants. On constate en effet que des aimants très-puissants agissent sur la lumière polarisée; il faut des appareils très-sensibles pour manifester cette action, et cela se comprend, car la rotation n'est pas considérable avec des électro-aimants ordinaires, et l'électro-aimant le plus médiocre est rendu facilement supérieur à l'aimant le plus puissant. Quant aux hélices traversées par des courants, mais dénuées d'axes en fer doux, elles sont aussi assez peu énergiques; mais leur emploi mérite d'être signalé comme un procédé important dans beaucoup de questions. On sait ce que c'est qu'un courant qui agit dans un fil déterminé : on peut mesurer son intensité, calculer son action sur une aiguille, en un mot la force employée est bien définie. Il en est tout autrement d'un électro-aimant : les pôles magnétiques y sont distribués suivant une loi compliquée qui dépend de l'intensité du courant. Lorsqu'on emploie l'hélice sans fer doux, une bobine longue, couverte de 5o à 6o kilogrammes de gros fil, n'excède pas les dimensions convenables. Dans l'axe on dispose la substance transparente et on observe que le plan de polarisation est dévié dans le sens où l'électricité positive circule dans la bobine. C'est qu'au fond la disposition est la même qu'entre les électro-aimants de M. Ruhmkorff: une aiguille s'y comporte en effet de la même manière. Faraday a observé que la grandeur de la rotation croît à peu près proportionnellement à l'intensité du courant employé, mais il mit peu d'exactitude dans ces mesures.

543. Substances avec lesquelles on produit la rotation.
— Toutes les substances solides ou liquides essayées par Faraday lui présentèrent le pouvoir rotatoire magnétique. mais avec une intensité qui variait d'un corps à l'autre d'une manière inattendue. Ainsi le borosilicate de plomb, qui est un verre pesant jaunâtre jouissant d'une dispersion remarquable, est éminemment propre à l'observation du phénomène: la rotation y est six à sept fois plus grande que dans l'eau: dans ce liquide elle l'est plus que dans l'alcool et l'éther. Faraday n'a pu rattacher ces faits ni aux propriétés magnétiques ou diamagnétiques, ni à aucun caractère des substances.

M. de la Rive fit remarquer que les substances dont le pouvoir rotatoire magnétique est le plus grand sont fortement réfringentes.

Cette remarque résultait des observations de Faraday sur le verre pesant et de M. Bertin sur le bichlorure d'étain et le sulfure de carbone; elle est vraie en général, mais il n'y a point parallélisme des pouvoirs dans les deux séries de corps où on les a mesurés.

M. Edm. Becquerel observa que certaines dissolutions de sulfate de fer ont un faible pouvoir rotatoire magnétique, tandis qu'on voit des dissolutions de nickel avoir une action considérable. Cela semblait exclure tout rapprochement entre cette action et les propriétés magnétiques. Il vit aussi ce fait très-remarquable, que c'est seulement suivant l'axe que les phénomènes sont sensibles dans les cristaux à un axe. On n'a rien ajouté à cette observation. Le quartz, le spath peuvent servir à la vérifier; mais le spath offre des phénomènes peu intenses et qui disparaissent par suite de la moindre erreur sur la direction de l'axe.

L'action de l'aimant ne semble pas modifier la biréfringence dans les cristaux qui jouissent de cette propriété.

544. Loi empirique de M. Bertin. — En 1848, M. Bertin publia un mémoire contenant un grand nombre de mesures de rotations produites par diverses substances. Ces mesures, faites avec l'appareil de M. Ruhmkorff que possède l'École Normale, lui parurent propres à donner la loi élémentaire du phénomène; mais le point de vue restreint sous lequel il envisagea l'action d'un électro-aimant ne lui permit d'arriver qu'à une loi empirique: il croyait les surfaces terminales de l'électro-aimant de M. Ruhmkorff assimilables aux pôles d'un aimant, ce qui est inexact, car ces surfaces ont des dimensions sensibles et leur action n'est pas réductible à celle d'un point.

M. Bertin ôta une des branches de l'appareil de M. Ruhmkorff, et plaçant les corps transparents, verre, sulfure de carbone, etc., à diverses distances de la surface qu'il assimilait à un pôle, il mesura les rotations correspondantes et trouva que *les rotations décroissent en progression géométrique si les distances croissent en progression arithmétique.*

Si telle était la loi du phénomène, on pourrait calculer l'action des deux branches dans l'appareil complet. Soient en effet A, B (fig. 329) les surfaces polaires : décomposons la substance transparente en tranches d'épaisseur infiniment petite dl: appelons l la distance de la tranche considérée mn au point milieu O de la sub

Fig. 399.

stance, x la distance de ce milieu à la surface A, et a la distance AB des deux surfaces. La rotation produite sous l'action de A par la tranche dl peut être représentée par

$$C\,dl\,e^{-m(x-l)};$$

car $x-l$ est la distance de dl à A; m est la raison de la progression, raison que donne l'expérience faite avec une seule branche de l'appareil; C est une constante dépendant de la nature de la substance et du magnétisme libre sur une branche.

La rotation produite par la même tranche dl sous l'action de B est de même

$$C\,dl\,e^{-m(a-x+l)},$$

a étant la distance des deux surfaces polaires.

Si donc $2L$ est la longueur de la substance transparente, l'action totale est

$$\int_{-L}^{+L} C\,dl\left[e^{-m(x-l)}+e^{-m(a-x+l)}\right].$$

L'accord de cette formule avec l'expérience est satisfaisant.

Mais il est impossible de regarder chaque surface polaire comme un point unique, car l'espace qui les sépare est souvent moins long qu'elles ne sont larges; la loi précédente n'est donc qu'un résultat empirique, ce n'est pas une loi élémentaire. Les phénomènes qui se représentent par une progression géométrique décroissante sont assimilables à la propagation de la chaleur dans une barre, c'est-à-dire sont tels que l'action en un point résulte des actions développées sur les points voisins et peut être regardée comme pro-

duite par eux. Or, ici rien de pareil n'a lieu : si l'on met entre les
surfaces polaires une série de substances transparentes, l'action
produite par chacune d'elles est indépendante de celle des autres,
et la même, quel que soit l'ordre dans lequel on dispose ces substances. Ces phénomènes ne résultent donc pas d'une transmission
graduelle, et l'on est par cela seul conduit à douter de la formule
de M. Bertin.

545. Action magnétique. — Ces doutes sont fortifiés par
cette autre remarque, que les phénomènes très-divers produits par
un électro-aimant et un courant fermé sont proportionnels entre

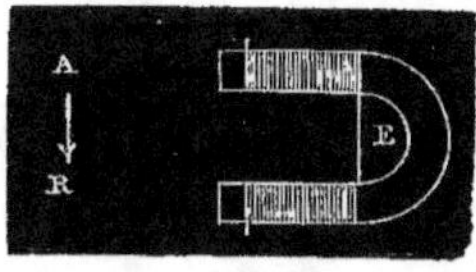

Fig. 330.

eux et ne dépendent que d'une constante
unique qui ne tient qu'aux conditions de
l'expérience.

Soit en effet (fig. 330) un électro-aimant E, agissant sur le pôle austral A
d'une aiguille aimantée dont les dimen-
sions sont assez petites relativement à celles de l'électro-aimant et à
la distance qui l'en sépare pour qu'on puisse réduire l'action de ce
dernier à celle de deux pôles, ce qui est possible.

L'action sur A est déterminée en grandeur et en direction, c'est-
à-dire que, si l'on met en A une sphère de fer doux, les fluides
magnétiques s'y sépareront parallèlement à la direction AR de cette
résultante, et les quantités de fluides séparés seront proportionnelles à la grandeur de cette ligne; elles seront telles que leur
attraction réciproque fasse équilibre à l'action qui tend à les séparer,
c'est-à-dire à AR. Ainsi l'action magnétique de l'électro-aimant sur
un point dépend uniquement de l'action exercée sur une molécule
aimantée située en ce point.

Si en A se trouve un élément de courant, l'action de l'électro-
aimant sera une force perpendiculaire au plan de l'élément et de la
ligne AR; elle sera proportionnelle à AR et au sinus de l'angle de
AR avec l'élément de courant ; si donc la résultante AR de l'action
sur un pôle est connue, on connaît par cela même l'action sur un
élément de courant dirigé comme on voudra.

Enfin, si en A se trouve un élément de conducteur dont on fasse varier la distance à l'électro-aimant, il en résulte une action inductrice que MM. Neumann et Weber ont appris à évaluer par la seule connaissance de AR.

Ainsi, lorsqu'on a déterminé la grandeur et la direction de la résultante des actions de l'électro-aimant sur une molécule de magnétisme libre, on en conclut son action sur un corps quelconque, sur un élément de courant, et enfin son action inductrice sur un conducteur.

Étant donné un phénomène produit en A par l'électro-aimant, toute modification de cet électro-aimant qui n'altère pas AR ne sera pas constatée par l'observation. Donc les phénomènes observés dépendent en chaque point uniquement de la résultante des actions de l'électro-aimant sur une molécule magnétique située en ce point. Pour abréger, nous appellerons cette résultante *action magnétique en un point donné*.

546. Relation entre l'action magnétique et l'action optique. — D'après cela, on peut *à priori* prévoir que l'action optique d'un électro-aimant ne peut dépendre que de son action magnétique, qu'elle est une fonction de cette action et qu'elle varie de la même manière avec la distance.

Cherchons à vérifier cette hypothèse. Pour cela il faudra :

1° Mesurer l'action optique ;

2° Mesurer l'action magnétique ;

3° S'arranger pour que celle-ci puisse être regardée comme constante en grandeur et en direction dans toute l'étendue de la substance transparente.

Cette dernière condition est importante, car si l'on place la substance de telle sorte que dans sa masse l'action magnétique varie en grandeur et en direction, il est probable que les actions optiques des couches de la substance perpendiculaires au rayon lumineux sont différentes ; on n'observe donc que le résultat d'un ensemble d'actions inégales et on ne peut point chercher de loi. C'est ainsi qu'on avait remarqué que l'action optique diminue à mesure que le milieu du fragment transparent est approché du milieu de la base de l'aimant ; cela n'est point étonnant si l'on considère les variations

de l'action magnétique aux différents points; en représentant gros-
sièrement cette action par les répulsions AR, AR′, AR″ (fig. 331)

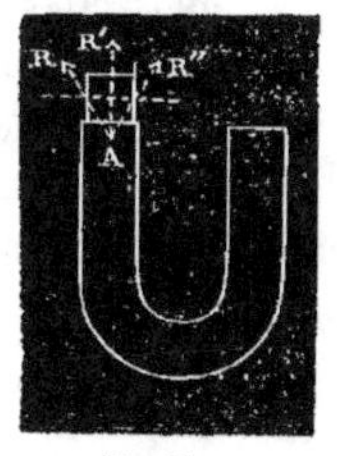

d'un pôle unique A, la symétrie des forces indique que l'action parallèlement au rayon est
nulle. En réalité, les choses sont beaucoup plus
compliquées, et si on laisse ainsi l'action optique
variable on ne pourra rien conclure.

C'est ce qui est arrivé à M. Matthiessen : ce
physicien, cherchant si la rotation est proportionnelle à l'épaisseur de la substance, écartait ou
rapprochait les électro-aimants comme si c'était

Fig. 331.

chose indifférente, et il conclut que la rotation ne croît pas aussi
vite que l'épaisseur. Dans son travail il est difficile de distinguer le
vrai du faux, et le mieux est de n'en point tenir compte dans une
discussion sérieuse.

Il est nécessaire que les diverses tranches de la substance exercent
des actions égales sur le rayon lumineux; on peut constater que
cette condition est remplie en se servant d'un fragment du corps de
dimensions moindres que celles qu'on emploiera, et le transportant
en divers points de la région où l'action magnétique est constante :
si la rotation mesurée reste la même, on en conclura que l'action
optique ne change pas lorsque l'action magnétique est elle-même
invariable : le phénomène sera simple et élémentaire, et c'est alors
seulement qu'il y aura lieu de chercher une loi liant l'action optique
à l'action magnétique.

547. Champ magnétique d'égale intensité. — Pour rendre
l'action magnétique constante dans une région assez étendue, Faraday usa d'un artifice qui consiste à surmonter les deux branches
de son électro-aimant de deux cubes en fer doux CC′ (fig. 332), ter-
minés par deux plaques carrées qu'on peut rapprocher plus ou moins.
Le magnétisme accumulé sur ces grosses pièces est distribué assez
uniformément, et il est facile de voir qu'entre elles l'action magnétique varie peu en intensité et en direction. Considérons, en effet,
un point M de cette région; l'action magnétique en ce point diffère
peu de la résultante des actions des deux forces placées en regard.

Pour un point voisin M′ situé sur la même ligne perpendiculaire à
deux faces des cubes, les actions des molécules de la face A, plus

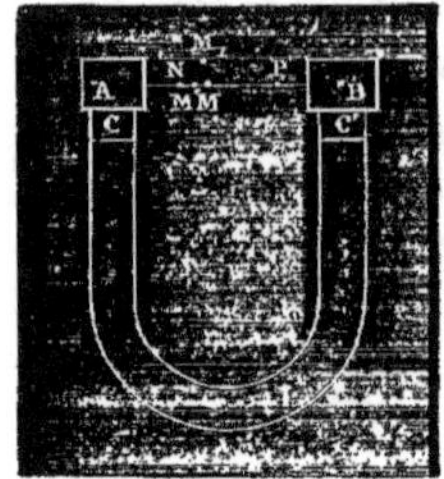

Fig. 332.

voisine. sont plus grandes, mais elles font
des angles plus grands avec la direction de
la résultante que les molécules de la face B.
de sorte qu'il s'établit une compensation
très-approchée; de même les composantes
dues à l'autre face sont plus petites mais
moins obliques sur la résultante.

Ainsi, un déplacement de M en M′ fait
varier deux causes qui agissent en sens inverses, et on conçoit que dans une certaine
région NP l'action magnétique ne change pas sensiblement de valeur.
Il en est de même si l'on s'élève en M_1 : l'action des points plus voisins
de M_1 que de M augmente en même temps que l'angle qu'elle fait
avec la résultante : la compensation peut donc s'établir dans un espace fini. On a ainsi une région où l'action magnétique est constante
en grandeur et en direction.

Faraday attachait une grande importance à cette constance dans
l'étude des phénomènes diamagnétiques, surtout lorsqu'il était question de l'influence des plans de clivage des cristaux sur ces phénomènes. C'est qu'en effet cette condition est nécessaire : dans une
masse sphérique homogène. placée sur la ligne des pôles. la distribution du magnétisme est symétrique par rapport au diamètre
parallèle à cette ligne; dans une sphère cristalline. on conçoit qu'il
en soit autrement : la distribution du magnétisme dépend du diamètre que l'on met suivant la ligne des pôles; et pour être sûr que
dans la comparaison de ces diamètres on n'attribue pas à la structure un effet qui peut être dû à des changements de distance des
divers points de la masse aux pôles. il faut que l'action magnétique
sur un point reste constante quand on déplace un peu la sphère.

Pour constater l'égale intensité de l'action dans une région déterminée, Faraday employa les deux procédés suivants : 1° Sur une
feuille de papier ou de bois disposée dans cette région, il projetait de
la limaille de fer : si elle se disposait en lignes droites parallèles,
comme la direction de ces lignes est parallèle à l'action magnétique.

il était assuré de la constance de cette action quant à la direction.
2° Pour reconnaître la constance en intensité, il promenait dans la
région une spirale plate de fil de fer S (fig. 333), en rapport avec un

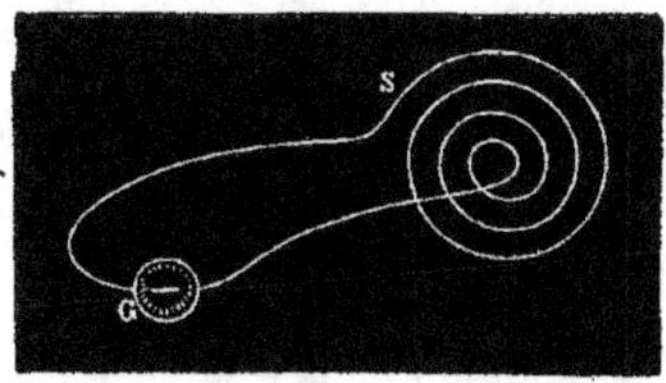

Fig. 333.

galvanomètre G : ce système ayant une certaine position *déterminée*, si
on le déplace parallèlement à lui-même entre les plaques, l'action
inductrice est nulle lorsque l'action magnétique est constante. En
effet, plaçons le point du conducteur fermé perpendiculairement aux
actions magnétiques : les actions électro-magnétiques sont toutes
dans le plan même du courant, et l'on n'a pas de composante perpendiculaire à ce plan; donc un déplacement quelconque perpendiculaire au plan du courant ne peut donner aucun courant induit.

On mettra donc le plan de la spirale parallèle aux plaques, on
la déplacera parallèlement à l'axe de la région qu'elles limitent : s'il
n'y a pas de courant induit, la constance d'intensité est certaine.

Voyons l'application de ces dispositions à l'appareil de M. Ruhmkorff.

Il a suffi de remplacer les petites armatures des électro-aimants
par des armatures F, F' (fig. 328) de 15 centimètres de diamètre
mises en regard.

Pour reconnaître la constance de l'action magnétique dans l'intervalle, on y dispose une substance transparente et l'on tourne
l'analyseur jusqu'à ce qu'on ait la teinte de passage. On déplace
alors la substance, et on peut parcourir ainsi 30 à 40 millimètres
sans que la teinte varie; il suit de là que les armatures étaient assez
grandes pour que les diverses tranches du fragment eussent une action optique constante.

On peut encore procéder autrement : supposons que l'on ait un
moyen de mesurer l'action magnétique, et qu'aux divers points du

champ on la trouve la même, sauf des différences de l'ordre des
quantités négligeables; il est clair que ces opérations auront le
double résultat de faire connaître la valeur de l'action magnétique
et d'en vérifier la constance. C'est ce procédé que l'on a suivi.

548. Mesure de l'action magnétique. — Pour mesurer
l'action magnétique, on pouvait songer à se servir d'une aiguille
d'acier fortement trempé, aimantée assez énergiquement. Le carré du
nombre de ses oscillations, dans un temps donné, mesurerait l'action
magnétique, à la condition toutefois que le magnétisme de l'aiguille
fût invariable, et par suite qu'elle ne fût soumise qu'à des actions
faibles: or l'énergie des électro-aimants de M. Ruhmkorff modifierait
profondément l'état d'une telle aiguille, surtout si elle avait de petites
dimensions longitudinales et lors même qu'elle serait très-fortement
trempée. Il faut donc rejeter ce procédé. Il semble que l'on puisse
avantageusement substituer à l'acier un fer parfaitement doux; en
admettant que le magnétisme qui y est induit soit proportionnel à
l'action qui le développe, on voit que l'action de l'électro-aimant sur
le barreau est proportionnelle au carré de l'action magnétique; il
suffirait donc de mesurer la première par les oscillations. Mais la
loi de proportionnalité cesse lorsque la force inductrice est intense.

Si l'on emploie, au lieu de fer doux, de la stéarine, du phosphore, du plomb, du bismuth, ou toute autre substance diamagnétique, on pourra obtenir de meilleurs résultats, car le pouvoir
diamagnétique est proportionnel à l'action de l'électro-aimant entre
des limites étendues. Mais. en comptant les oscillations. on n'arrive
à aucune précision parce qu'elles sont très-lentes.

On pourrait encore disposer entre les branches de l'électro-aimant un petit solénoïde suspendu par deux fils conducteurs, comme
le fait M. Weber: ce solénoïde est parcouru par un courant invariable dont la direction est telle que l'électro-aimant tende à renverser
ses pôles : la grandeur de la force qui le dévie de sa position d'équilibre est proportionnelle à la tangente de l'angle qu'il fait avec cette
position. Ce procédé est très-exact, mais le faible espace où l'on
devrait disposer le solénoïde en rendrait l'emploi incommode. Voici
une méthode plus simple.

549. Méthode fondée sur les courants d'induction. —
Elle est fondée sur le développement d'un courant d'induction par
la rotation, autour d'un axe perpendiculaire à la direction de l'action magnétique, d'un petit conducteur plan disposé dans le champ
magnétique.

La rotation d'un conducteur fermé développe, en effet, un courant induit, et la translation de ce même conducteur n'en produit
pas. Pour le faire voir, supposons un courant fermé plan (fig. 334),

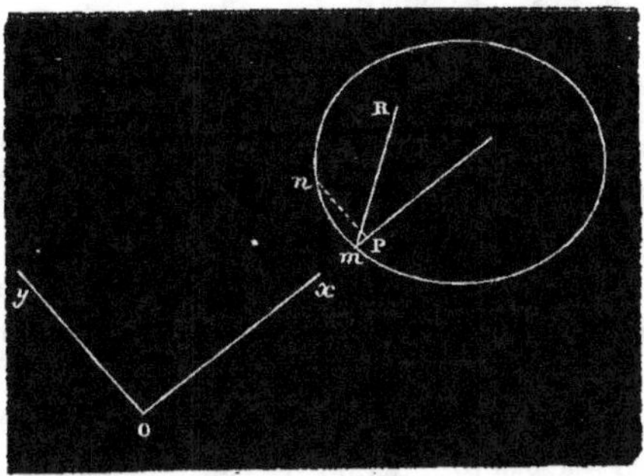

Fig. 334.

et représentons par mR l'action magnétique constante dans toute
l'étendue du champ. Sur un élément de courant mn l'action de
l'électro-aimant sera représentée par

$$R \sin \omega \, ds.$$

ω étant l'angle de ds avec R, et ds étant l'élément de courant. Cette
force est perpendiculaire au plan qui contient mn et l'action magnétique.

Traçons dans le plan du courant, et par un point O quelconque,
deux axes rectangulaires, l'un Ox parallèle, l'autre Oy perpendiculaire à la projection de l'action magnétique sur ce plan. D'après la
règle des courants sinueux, on pourra remplacer mn par ses deux
projections nP, Pm sur ces deux axes, et la résultante $R \sin \omega \, ds$ par
les actions de l'électro-aimant sur ces deux projections nP, Pm.

Soient θ l'inclinaison de R sur le plan du courant et α, β les angles de *mn* avec les axes. L'action de l'électro-aimant sur P*n* est

$$\text{R} \sin \theta \cos \alpha \, ds,$$

sur *m*P elle est

$$\text{R} \cos \beta \, ds.$$

Sur les projections des éléments suivants, les forces sont respectivement parallèles aux précédentes; donc les résultantes sont égales aux sommes des forces. et l'action de l'électro-aimant sur le circuit est la résultante des deux forces

$$\text{R} \sin \theta \int \cos \alpha \, ds, \qquad \text{R} \int \cos \beta \, ds,$$

qui sont nulles. L'électro-aimant ne peut donc produire aucun mouvement de translation du courant fermé; son action se réduit à un couple.

De là on conclut, d'après la loi de Lenz, que toute translation du circuit ne donne aucune induction. et que toute rotation produit un courant induit.

Si donc on observe, en déplaçant le circuit parallèlement à lui-même, qu'il n'y a pas production de courant induit, on est sûr que l'action magnétique est constante dans toute l'étendue du champ parcouru.

550. Relation entre l'action magnétique et le courant induit dû à la rotation du courant fermé. — En communiquant au courant plan une rotation d'une grandeur déterminée, on peut trouver la valeur de l'action magnétique. M. Neumann a donné, en effet, une représentation géométrique de l'action inductrice du pôle d'un solénoïde sur un courant fermé qu'on déplace d'une manière quelconque. On construit les cônes ayant pour sommet le pôle A (fig. 335) ou la molécule magnétique inductrice, et pour bases le

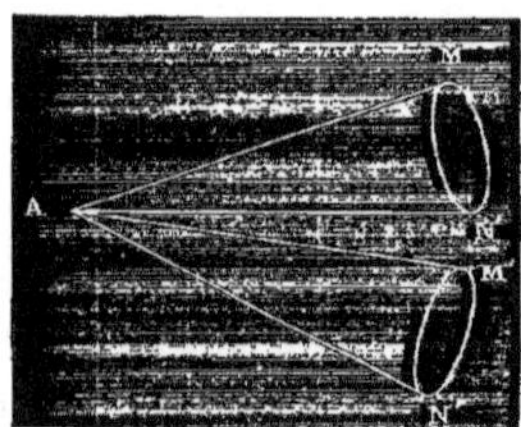

Fig. 335.

conducteur fermé dans les deux positions MN, M′N′. Le courant induit dans le passage de la première à la seconde est proportionnel à la différence des surfaces interceptées par ces cônes sur la sphère dont le rayon est égal à l'unité et qui a le sommet pour centre; si l'on considère ces surfaces comme mesurant les *ouvertures angulaires* des cônes, on dira que le courant induit est proportionnel à la variation de l'ouverture angulaire du cône initial.

Cette conclusion ressort des formules de M. Neumann : il a fait voir que la force électro-motrice développée par un déplacement infiniment petit du courant est proportionnelle à la variation infiniment petite de l'ouverture du cône; si donc $V\,dt$ représente cette variation dans le temps dt, la force électro-motrice sera

$$KV\,dt.$$

K est une constante dont la détermination est très-importante: elle dépend de la quantité de magnétisme de la molécule A.

Si L est la résistance du conducteur, la quantité d'électricité qui circule dans le courant induit est

$$\frac{KV\,dt}{L},$$

et si l'expérience dure un certain temps, la quantité totale d'électricité qui circule dans le fil, pendant que l'ouverture angulaire subit une variation finie, est

$$\int \frac{KV\,dt}{L} = \frac{K}{L} \int V\,dt = \frac{K}{L}\left(u_1 - u_0\right).$$

C'est là ce que nous appelons, pour abréger, le *courant induit*, quan-

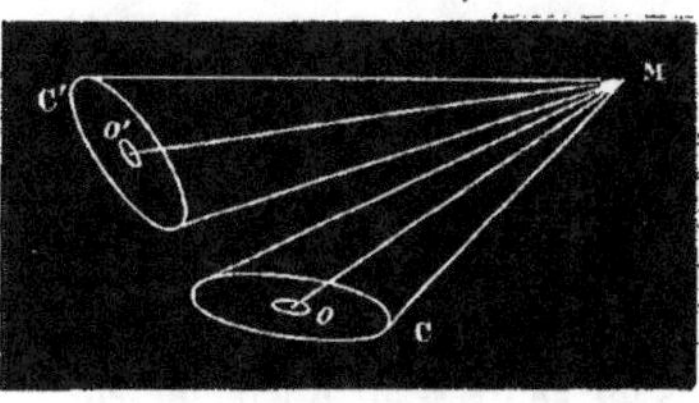

Fig. 336.

tité bien différente de l'intensité $\dfrac{KV}{L}$, qui varie d'un instant à l'autre: u_0 et u_1 sont les valeurs initiale et finale de l'ouverture angulaire.

Ces considérations sur le courant induit nous permettent d'en déterminer la valeur dans un déplacement quelconque, et de la comparer à l'action magnétique supposée constante en grandeur et en direction.

Supposons le conducteur plan et soumis à l'action d'un centre magnétique unique M (fig. 336); dans l'aire plane qu'il délimite, considérons un élément de surface $d^2\omega$ situé à la distance $OM = r$ du pôle M: soit θ l'angle du rayon MO avec la normale à l'élément.

La projection de $d^2\omega$ sur une surface sphérique ayant M pour centre et r pour rayon est $d^2\omega\cos\theta$; l'aire interceptée, sur la sphère dont le rayon est l'unité, par le cône circonscrit à l'élément $d^2\omega$, c'est-à-dire son ouverture angulaire, est $\dfrac{d^2\omega\cos\theta}{r^2}$, et celle du conducteur $\int\dfrac{d^2\omega\cos\theta}{r^2}$. Soit μ un nombre proportionnel à la quantité de magnétisme libre en M,

$$\mu\int\frac{d^2\omega\cos\theta}{r^2}$$

est une quantité dont la variation est proportionnelle au courant induit développé dans le circuit plan par un déplacement quelconque, puisque, d'après la loi de M. Neumann, le courant induit est proportionnel à μ et à la variation de l'ouverture angulaire. Le courant induit est donc proportionnel à

$$\mu\left(\int\frac{d^2\omega\cos\theta}{r^2} - \int\frac{d^2\omega\cos\theta'}{r'^2}\right).$$

Si le conducteur qui se déplace est soumis à l'action d'un grand nombre de centres magnétiques voisins, le courant induit est proportionnel à

$$\sum\mu\left(\int\frac{d^2\omega\cos\theta}{r^2} - \int\frac{d^2\omega\cos\theta'}{r'^2}\right).$$

Or on peut renverser l'ordre des sommations, c'est-à-dire calculer l'action de tous les centres sur un même élément $d^2\omega$ dans ses deux positions, et étendre la sommation de la différence à tous les éléments; la quantité précédente est donc égale à

$$\int d^2\omega\left(\sum\frac{\mu\cos\theta}{r^2} - \sum\frac{\mu\cos\theta'}{r'^2}\right).$$

Or, si l'on suppose au point O une molécule de fluide magnétique égale à l'unité, l'action de la molécule M sur elle est $\frac{\mu}{r^2}$; $\frac{\mu}{r^2}\cos\theta$ est la projection de cette force sur la normale à $d^2\omega$; $\sum \frac{\mu\cos\theta}{r^2}$ est la somme des composantes, suivant la même normale, des actions de tous les centres magnétiques sur cette molécule O; c'est donc la projection sur cette normale de l'action magnétique au point O, car l'action magnétique en un point donné n'est autre chose que la résultante des actions des centres magnétiques sur une molécule égale à l'unité située en ce point.

Si donc on désigne par R cette résultante, et par α l'angle qu'elle fait avec la normale au courant plan, on a

$$\sum \frac{\mu\cos\theta}{r^2} = R\cos\alpha.$$

On a de même, dans la seconde position du courant,

$$\sum \frac{\mu\cos\theta'}{r'^2} = R'\cos\alpha.$$

La quantité proportionnelle au courant induit est ainsi représentée par

$$\int d^2\omega \left(R\cos\alpha - R'\cos\alpha' \right).$$

Si l'action magnétique est, comme on le suppose, constante en grandeur et en direction, on a $R = R'$, et α, α' ont la même valeur pour tous les éléments $d^2\omega$; par conséquent, si l'on désigne l'aire totale du conducteur $\int d^2\omega$ par σ,

$$\sigma R \left(\cos\alpha - \cos\alpha' \right)$$

est une quantité proportionnelle au courant induit; en la multipliant par $\frac{K}{L}$, on a la quantité totale d'électricité qui a traversé la section du fil induit pendant toute la durée du déplacement.

Si l'on suppose $\alpha = 0$, $\alpha' = 90$ degrés, le courant induit est représenté par σR: il est donc proportionnel à l'action magnétique.

On peut encore supposer $\alpha = 0$ et $\alpha' = 180$ degrés, et l'on a pour le courant induit $2\sigma R$.

On mettra donc le plan du courant fermé d'abord perpendiculairement à l'action magnétique, puis on le fera tourner de 90 degrés ou de 180 degrés autour d'un axe perpendiculaire à la direction de l'action magnétique; on mesurera le courant induit, qui sera proportionnel à l'action magnétique dans une région où elle est constante en grandeur et en direction.

Il faut nécessairement se borner à faire usage d'un petit anneau quand on veut s'assurer de la constance de cette action; seulement les mesures sont alors fort délicates. Mais dans les expériences ordinaires on remplace cet anneau par une petite bobine C (fig. 337)

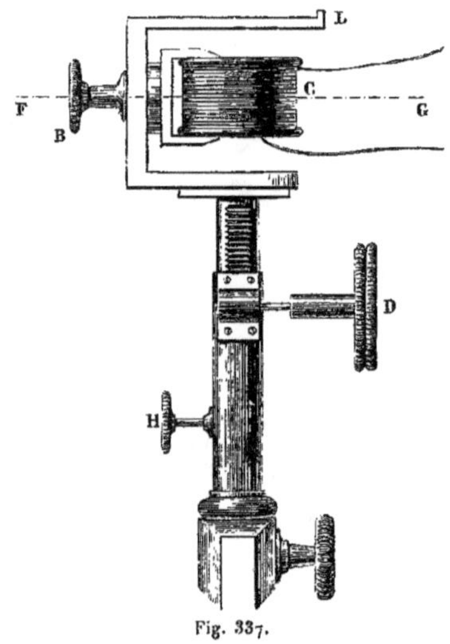

Fig. 337.

sur laquelle est enroulé un fil de cuivre recouvert de soie, de manière à constituer un système de courants circulaires. Cette bobine est montée sur un support en laiton que l'on dispose entre les deux branches de l'électro-aimant, et on l'amène à une hauteur convenable à l'aide d'une crémaillère engrenant avec le pignon solidaire du bouton D et de la vis de pression H. En agissant sur le bouton B,

on fait tourner la bobine autour d'un de ses diamètres FG entre
deux obstacles fixes, limitant une rotation de 90 degrés; il eût été
plus avantageux de la faire tourner de 180 degrés, mais c'eût été
aussi plus incommode. On mesure le courant induit développé, et
l'on obtient en même temps l'action magnétique.

551. Mesure du courant induit. — Reste à savoir comment
on peut mesurer le courant induit; or on va voir que c'est justement
la quantité de ce courant qui se déduit le plus facilement de l'observation; il serait bien plus difficile de connaître l'intensité de ce
courant à un instant donné.

Supposons que, pendant la durée très-courte de la rotation, le
circuit soit en rapport avec un galvanomètre assez éloigné pour être
en dehors de l'action de l'électro-aimant; le barreau aimanté, d'abord
en équilibre. reçoit du courant induit une impulsion qui varie à
chaque instant: elle est proportionnelle à l'intensité i du courant à
l'instant considéré. et à une fonction φ des dimensions du barreau,
du cadre et de leur position relative; cette fonction peut d'ailleurs
être calculée géométriquement.

La vitesse de l'impulsion que reçoit l'aiguille pendant le temps dt
est proportionnelle à la force $i\varphi$ et au temps dt; on peut donc la
représenter par $ki\varphi dt$, k étant un facteur dépendant du mode de
suspension de l'aiguille. La vitesse communiquée au barreau pendant la rotation est donc

$$\int ki\varphi dt,$$

expression dans laquelle φ et i varient avec le temps. Cependant, si la
durée de la rotation est très-courte relativement à celle d'une oscillation de l'aiguille, le déplacement de celle-ci peut être regardé comme
négligeable. c'est-à-dire que l'on peut considérer φ comme une constante; la vitesse de l'aiguille est donc proportionnelle à $\int i\,dt$, qui n'est
autre chose que la quantité d'électricité qui a traversé la section du
conducteur pendant sa rotation; on aura donc une mesure de cette
quantité en évaluant la vitesse de l'aiguille. Or cela est facile, car,
dès que le courant induit a cessé, l'aiguille a reçu dans un temps

très-court une vitesse finie : elle s'écarte et se trouve sollicitée en sens contraire par le magnétisme terrestre : la force efficace est proportionnelle au sinus de la déviation : les oscillations de l'aiguille sont donc soumises aux mêmes lois que celles d'un pendule qui s'écarte d'un angle fini de sa position d'équilibre, et sa vitesse est proportionnelle au sinus du demi-angle d'écart, lorsque l'aiguille passe à la position d'équilibre.

Ceci toutefois n'est exact que si les résistances au mouvement sont très-peu considérables : si, par exemple, il n'y a que la résistance de l'air, la vitesse se mesure par le sinus du demi-angle d'écart, ou, ce qui revient ici au même, par l'écart initial lui-même.

Telle est la quantité qui mesure ce que nous avons appelé le courant induit, et ce que l'on a souvent pris pour valeur de l'intensité de ce courant, par une interprétation inexacte des faits.

Les galvanomètres dans lesquels l'aiguille ne rencontre que la résistance de l'air pour réduire sa vitesse à zéro sont fort incommodes, parce que l'amplitude des oscillations décroît fort lentement; les expériences en deviennent fastidieuses, et il arrive très-souvent que le soleil n'est pas assez longtemps découvert pour éclairer d'une

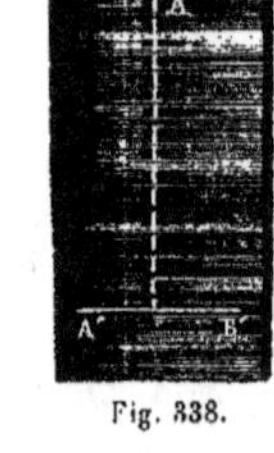

manière suffisamment prolongée les appareils d'optique qui donnent le rayon polarisé. Il est donc utile d'amortir les oscillations de l'aiguille, en conservant une mesure exacte de sa vitesse.

On peut employer pour cela le procédé de Gauss : après l'observation du premier écart, on laisse revenir l'aiguille AB (fig. 338) à sa position d'équilibre et on place alors loin d'elle un fort barreau A'B' disposé perpendiculairement à sa direction, de manière à contrarier son mouvement. On choisit à propos les instants où l'on doit retourner ce barreau, et, sans qu'il

Fig. 338.

soit besoin d'y mettre de la précision, on arrive bien vite à amener l'aiguille au repos.

552. Emploi du galvanomètre de Weber. — L'amplitude du premier écart du barreau est proportionnelle au courant induit. — Il vaut mieux disposer l'aiguille du galvanomètre au centre d'un cadre elliptique de cuivre rouge où se développent des courants induits de grande intensité, qui tendent à détruire le mouvement actuel de l'aiguille. Telle est la disposition du galvanomètre de Weber, où le temps nécessaire aux observations suffit pour que l'aiguille revienne d'elle-même au repos. Mais comme on développe ainsi une énorme résistance au mouvement de l'aiguille, le sinus de la demi-déviation ne peut plus être pris sans examen préalable pour mesure de la vitesse initiale.

Nous avons donc à chercher les lois du mouvement d'une aiguille sous l'action du magnétisme terrestre et des courants induits qu'elle développe dans le voisinage. On supposera que l'aiguille s'écarte peu de sa position d'équilibre, ce qui permet de négliger la résistance de l'air.

Soient x_0 et x les angles que fait à l'instant initial et à l'époque t l'aiguille aimantée avec une direction fixe arbitraire passant par l'axe de suspension. L'action du magnétisme terrestre est proportionnelle à $\sin(x - x_0)$ ou plus simplement à $x - x_0$, dans notre hypothèse de petits déplacements. L'action du courant induit est proportionnelle à son intensité, laquelle dépend de la vitesse de l'aiguille et de sa situation relativement au cadre; mais si l'écart $x - x_0$ est petit, on peut négliger cette dernière cause et regarder le courant induit comme proportionnel à la vitesse $\dfrac{dx}{dt}$.

Il est maintenant facile d'écrire l'équation différentielle du mouvement, en exprimant qu'il y a équilibre entre les forces agissantes et celles qui produiraient le mouvement si l'aiguille était libre, prises en signe contraire. Or chaque point de l'aiguille possède sur l'arc de cercle qu'il décrit une vitesse $\dfrac{r\,dx}{dt}$, r étant sa distance à l'axe de suspension; en un temps infiniment petit cette vitesse augmente de $r\dfrac{d^2x}{dt^2}\,dt$, et la force qui produirait cet accroissement est $mr\dfrac{d^2x}{dt^2}$. La somme des moments de ces forces par rapport à l'axe pris pour tous les points, et en signe contraire, est

$$-\sum mr^2 \frac{d^2x}{dt^2} \qquad \text{ou} \qquad -M\frac{d^2x}{dt^2},$$

M étant le moment d'inertie de l'aiguille par rapport à l'axe de suspension; le moment de l'action magnétique terrestre est $-\mathrm{T}\,(x - x_{\text{o}})$, T se rapportant seulement à la composante horizontale de l'action terrestre.

Enfin, k désignant une constante qui dépend des lois de l'induction. $-k\dfrac{dx}{dt}$ est l'action du courant induit. On a donc

$$\frac{d^2x}{dt^2} + \frac{k}{\mathrm{M}}\frac{dx}{dt} + \frac{\mathrm{T}}{\mathrm{M}}\,(x - x_{\text{o}}) = 0.$$

qu'on écrira, pour simplifier,

$$\frac{d^2x}{dt^2} + 2h\frac{dx}{dt} + a^2\,(x - x_{\text{o}}) = 0.$$

On intègre cette équation différentielle en posant

$$x = \mathrm{A}e^{\alpha t}.$$

et en substituant il vient

$$\alpha^2 + 2h\alpha + a^2 = 0.$$

d'où

$$\alpha = -h \pm \sqrt{h^2 - a^2}.$$

Si α est réel, il en résulte

$$x - x_0 = \mathrm{A}e^{\alpha' t} + \mathrm{B}e^{\alpha'' t},$$

équation dans laquelle α' et α'' sont des racines négatives : alors l'écart actuel, étant la somme de deux expressions décroissant en progression géométrique, se réduirait lentement à zéro, et l'aiguille ne passerait point au delà.

Mais si l'on remarque que k, expression de la résistance apportée par le courant induit, quand $\dfrac{dx}{dt} = 1$, est inférieure à T, il s'ensuit que h est plus petit que a et que les racines de l'équation précédente sont imaginaires. On a en conséquence

$$x - x_0 = \mathrm{A}e^{t\,(-h + \sqrt{a^2 - h^2}\sqrt{-1})} + \mathrm{B}e^{t\,(-h - \sqrt{a^2 - h^2}\sqrt{-1})}$$
$$= e^{ht}\,[\mathrm{A}\,(\cos t\sqrt{a^2 - h^2} + \sqrt{-1}\,\sin t\sqrt{a^2 - h^2})$$
$$+ \mathrm{B}\,(\cos t\sqrt{a^2 - h^2} - \sqrt{-1}\,\sin t\sqrt{a^2 - h^2})],$$

expression réelle si l'on prend pour A et B des valeurs imaginaires : on a donc

$$x - x_0 = e^{-ht}\left(\mathrm{M}\cos t\sqrt{a^2 - h^2} + \mathrm{N}\sin t\sqrt{a^2 - h^2}\right)$$

où les deux termes de la parenthèse peuvent être réunis comme il suit :

$$x - x_0 = \mathrm{H}e^{-ht}\sin(t + \theta)\sqrt{a^2 - h^2}.$$

Ici l'on a $h < a$; cette expression nous apprend que le mouvement s'exécute par des oscillations isochrones d'amplitude indéfiniment décroissante. En effet, l'écart $x - x_0$ est nul à l'époque où l'impulsion a cessé d'être communiquée, ce qui correspond à $t = -\theta$. Mais nous pouvons compter le temps à partir de cet instant : alors l'écart sera nul pour $t = 0$ dans l'expression

$$x - x_0 = \mathrm{H}e^{-ht}\sin t\sqrt{a^2 - h^2}.$$

Ainsi $x - x_0$ est nul pour $t = 0$. Il l'est encore pour t égal à

$$\frac{\pi}{\sqrt{a^2 - h^2}}, \qquad \frac{2\pi}{\sqrt{a^2 - h^2}}, \qquad \frac{3\pi}{\sqrt{a^2 - h^2}} \ldots$$

L'aiguille repasse par la position d'équilibre au temps $\dfrac{2\pi}{\sqrt{a^2 - h^2}}$, qui est la durée constante d'une oscillation.

Pour avoir l'amplitude, on n'a qu'à chercher les valeurs de t qui rendent la vitesse nulle. Pour cela on pose

$$\frac{dx}{dt} = 0 = -h\sin t\sqrt{a^2 - h^2} + \sqrt{a^2 - h^2}\cos t\sqrt{a^2 - h^2},$$

d'où

$$\tan t\sqrt{a^2 - h^2} = \frac{\sqrt{a^2 - h^2}}{h},$$

équation qui a une infinité de racines. Soit t_1 la plus petite racine positive, les suivantes sont

$$t_1 + \frac{\pi}{\sqrt{a^2 - h^2}}, \qquad t_1 + \frac{2\pi}{\sqrt{a^2 - h^2}}, \ldots$$

Les divers écarts ont donc lieu à des intervalles de temps égaux, et

la durée qu'on mesure par l'observation peut être celle qui sépare
les écarts maxima, ou celle qui sépare deux passages de l'aiguille
par la position d'équilibre.

L'amplitude du premier écart est, d'après les valeurs précédentes
du temps,

$$x_1 - x_0 = \mathrm{H}e^{-ht_1} \sin t_1 \sqrt{a^2 - h^2}.$$

La valeur du sinus se déduit de la valeur connue de la tangente, et
l'on a

$$x_1 - x_0 = \mathrm{H}e^{-ht_1} \frac{\sqrt{a^2 - h^2}}{a}.$$

L'écart de l'autre côté est

$$x_2 - x_0 = - \mathrm{H}e^{-h\left(t_1 + \frac{\pi}{\sqrt{a^2 - h^2}}\right)} \frac{\sqrt{a^2 - h^2}}{a};$$

le suivant est

$$x_3 - x_0 = \mathrm{H}e^{-h\left(t_1 + \frac{3\pi}{\sqrt{a^2 - h^2}}\right)} \frac{\sqrt{a^2 - h^2}}{a},$$

et ainsi de suite. Les valeurs obtenues de ces écarts sont, comme on
voit, les termes d'une progression géométrique décroissante.

Si donc l'expérience apprend que telle est en effet la loi du décroissement d'amplitude, et que de plus les oscillations sont isochrones, on pourra regarder l'équation différentielle comme s'appliquant
à la question, ou, ce qui revient au même, la vitesse initiale assez
petite pour qu'on puisse négliger ce qui l'a été dans le calcul précédent. Or c'est ce qui a été vérifié. En conséquence, les écarts successifs sont représentés par les formules qui précèdent. Le premier
écart est

$$x_1 - x_0 = \mathrm{H}e^{-ht_1} \frac{\sqrt{a^2 - h^2}}{a}.$$

Cherchons la vitesse initiale. C'est la valeur de $\dfrac{dx}{dt}$ pour $t = 0$. On obtient ainsi

$$\left(\frac{dx}{dt}\right)_0 = \mathrm{H}\sqrt{a^2 - h^2}.$$

En divisant l'écart par cette quantité, il vient

$$\frac{x_1 - x_0}{\left(\dfrac{dx}{dt}\right)_0} = \frac{e^{-ht_1}}{a}.$$

On trouve ainsi que l'amplitude du premier écart est proportionnelle à la vitesse initiale, et par suite au courant induit; il suffit
donc d'observer cette amplitude pour mesurer le courant induit.

On remarquera que le facteur $\dfrac{e^{-ht_1}}{a}$ est indépendant de l'intensité
du courant.

L'influence du cadre de cuivre rouge n'empêche donc pas de
prendre pour mesure du courant induit et de l'action magnétique
l'amplitude du premier écart du barreau, c'est-à-dire le déplacement initial de l'image dans la lunette.

Sans doute elle diminue l'amplitude de la déviation, mais elle
éteint si rapidement les oscillations du barreau mobile que les observations deviennent d'une facilité surprenante, surtout si l'on fait
usage d'un barreau aimanté creux, dont le moment magnétique est
presque le même que celui d'un barreau massif, mais dont le moment d'inertie peut être beaucoup moindre.

553. Manière de faire les expériences. — Il est facile maintenant de comprendre la marche à suivre pour faire chaque expérience. On place les grandes armatures aux extrémités des bobines
écartées à la distance convenable; on fait passer un courant dans la
bobine: on dispose le système tournant dans l'intervalle qui les sépare, et l'on fait cinq ou six observations du courant induit. Le
mouvement est donné rapidement avec la main à la petite bobine:
on arrive facilement à produire une rotation rapide et régulière, ce
qu'on reconnaît au mouvement de l'image des divisions de la règle:
si, dans le déplacement de cette image, on voit des retards puis des
accélérations, il faut recommencer. On passe ensuite à l'observation
optique en amenant la substance transparente à la place même
qu'occupait la bobine, et on mesure la rotation au bout de quelques
instants, lorsque l'action magnétique, qui ne se produit pas instantanément, a atteint toute sa valeur; puis on répète l'observation

du courant induit : la différence entre ces dernières mesures et les premières n'est pas de plus de $\frac{1}{100}$ si la pile est bien montée : alors la moyenne des actions magnétiques, avant et après l'observation optique, est égale à l'action magnétique existant pendant qu'on mesurait l'action optique. Si la différence est trop grande, on doit tout recommencer en remontant la pile à neuf.

554. Remarques sur l'observation optique. — 1° *Faible amplitude du phénomène.* — L'observation optique mérite quelques détails. D'abord le phénomène à observer est d'une faible amplitude; une longueur de 4o à 5o millimètres de sulfure de carbone donne, lorsque la pile est puissante, une rotation de 12 à 15 degrés, et l'on ne dépasse guère ce chiffre. Avec l'eau, le verre, on a des nombres bien plus petits. De plus, si l'on fait varier la puissance de l'appareil entre des limites un peu étendues, il faut nécessairement mesurer des rotations faibles; on est donc obligé d'y apporter de la précision.

Pour cela, on commence par supprimer la détermination de l'azimut primitif du plan de polarisation; on la remplace, comme l'a indiqué pour la première fois M. Bertin, par la mesure de l'azimut de la teinte de passage ou de l'extinction, faite sous l'action du courant dirigé dans un certain sens, et la mesure de l'azimut de la même teinte après avoir changé le sens du courant. La différence des deux observations égale le double de la rotation du plan de polarisation; on a ainsi doublé l'amplitude du phénomène en diminuant les chances d'erreur. Il convient, avant d'intervertir le sens du courant, de fermer le circuit par un circuit auxiliaire; on évite ainsi les perturbations qui accompagnent toujours l'ouverture et la fermeture d'un circuit hydro-électrique.

L'observation de la teinte de passage donne des résultats très-précis. Sa production dans deux azimuts opposés permet de mesurer des rotations de 3 à 4 degrés à $\frac{1}{50}$ près. Il suffit pour cela de remplacer la lumière des nuées ou d'une lampe par la lumière solaire réfléchie par un héliostat : cette lumière intense fait apprécier les variations de teintes produites par de très-petits déplacements du plan de polarisation: la lumière des nuées ne donne au contraire qu'une intensité très-faible à l'image extraordinaire, et l'on apprécie très-mal ses variations de couleurs.

Si les rotations étaient très-considérables, la teinte de passage aurait une intensité comparable à celle de la lumière incidente, l'œil serait ébloui et il serait nécessaire d'opérer autrement. Mais dans les expériences qui nous occupent, il n'y a pas d'inconvénient à augmenter la lumière, et si, en opérant sur de longues colonnes de liquide, l'œil était ébloui, il serait facile d'interposer un verre ou de revenir à une source lumineuse moins intense.

Quoi qu'il en soit, l'usage de la lumière solaire et de la teinte de passage donne une détermination des azimuts précise à 2 ou 3 minutes près. On détermine la teinte de passage en tournant l'analyseur de façon à faire varier les teintes du rouge au violet, puis revenant en sens inverse. On répète cinq ou six fois cette opération, et l'on n'a jamais de différences de plus de 5 minutes pour les azimuts. Leur moyenne est donc, à 2 ou 3 minutes près, l'azimut de la teinte de passage. Comme on observe pour chaque rotation deux azimuts de teinte de passage, l'approximation est de 5 à 6 minutes, ce qui, pour 5 degrés, fait $\frac{1}{60}$ et $\frac{1}{120}$ pour 10 degrés.

555. *2° Usage de la lumière homogène.* — Lorsqu'on veut employer la lumière homogène, on en obtient une qui l'est sensiblement et dont l'œil supporte bien l'éclat, en faisant passer la lumière solaire à travers une dissolution de sulfate de cuivre dans le carbonate d'ammoniaque en excès : cette liqueur bleu céleste, sous une épaisseur de 1 décimètre environ, donne un spectre où l'on ne distingue que la raie G et les régions voisines. A l'œil on voit le reste du spectre très-faible.

Pour observer l'azimut de polarisation, on suit la règle de Biot; on détermine les positions de l'analyseur pour lesquelles commence et finit l'extinction du rayon quand on tourne dans un sens, puis quand on ramène l'analyseur en sens contraire. On a le soin de ne comparer entre elles que les disparitions, ou les apparitions, sans mêler ces mesures les unes avec les autres. Du reste, l'œil ne jouit pas d'une égale sensibilité pour saisir ces deux phénomènes. L'appréciation des disparitions est celle qui se fait le mieux. Ici on a moins de précision que dans l'observation de la teinte de passage: mais comme la rotation des rayons bleus est notablement plus grande que celle des rayons jaunes, il y a une sorte de compensation.

556. *3° Précision de l'instrument.* — Il est important que l'appareil optique soit assez parfait pour qu'on puisse répondre d'une rotation de 5 minutes: il faut qu'il mesure 1 minute, et même moins, avec précision, et pour cela il suffit de le construire avec soin. Au lieu d'une alidade transversale glissant sur le limbe, disposition qui met le vernier dans un plan différent, on emploie un cercle entier mobile dans un cercle fixe divisé en degrés et tiers de degré: le cercle mobile porte deux verniers situés aux extrémités d'un même diamètre, et qui, étant dans le plan du limbe, sont d'une lecture facile; ils donnent la minute. Au besoin une loupe sert à observer la coïncidence des traits. On peut ainsi répondre de 2 ou 3 minutes dans le résultat d'une observation.

557. *4° Extinction de l'image.* — Il importe de bien apprécier le point où il y a extinction de l'image extraordinaire. Les rayons incidents sont polarisés par un prisme de Nicol, et tombent sur un autre prisme de Nicol servant d'analyseur. Si l'on regarde derrière l'analyseur, après avoir placé les sections principales des deux prismes à peu près à angle droit, on voit une lumière très-affaiblie provenant de l'image du soleil réfléchie par l'héliostat: il faut chercher à voir nettement cette image et l'on emploie pour cela un verre concave si l'on est myope: sans cela on ne perçoit qu'une impression vague peu propre à donner des résultats précis. Cette image semble fort éloignée et l'on ne peut, en faisant tourner l'analyseur, constater qu'avec peine ses variations d'intensité. Il vaut bien mieux viser, au lieu de cette image petite et éloignée, une surface large et plus rapprochée : on ferme l'appareil de M. Ruhmkorff par des diaphragmes étroits, et l'on vise le dernier avec une lunette de faible portée; on voit alors un large disque lumineux sur un fond illuminé par une faible lumière diffuse, qui provient de réflexions sur les diverses parties de l'appareil. Quand l'électro-aimant n'agit pas, on voit l'image extraordinaire s'éteindre en prenant l'éclat de cette lu-

mière diffuse : on juge très-exactement de la coïncidence, et cette
extinction est plus sensible que dans les appareils de Biot. Vient-on
à faire passer le courant, l'image reparaît colorée et l'on apprécie
très-facilement la teinte sensible. Cette surface large, que l'on vise
très-commodément, remplace avec avantage l'image éloignée et trop
brillante du soleil.

558. *5° Précautions relatives à la substance transparente.* — Il faut
éliminer toute circonstance qui pourrait dépolariser la lumière,
c'est-à-dire diviser le rayon polarisé en deux rayons polarisés à
angle droit et présentant une différence de marche; c'est-à-dire qu'il
faut éviter toute double réfraction accidentelle de la substance.

Il n'est pas facile de trouver des verres qui ne soient pas trempés
plus ou moins, mais, quand ils sont peu biréfringents, on peut les
employer dans la portion qui est dépourvue de biréfringence, c'est-
à-dire suivant l'axe de double réfraction. Dans son voisinage, on
voit. avec l'appareil de Norremberg, un espace noir par lequel on
fait passer le rayon polarisé. On détermine cette région, suivant
M. E. Becquerel, qui a signalé cette précaution, au moyen de deux
prismes de Nicol croisés à angle droit; dans la position de l'extinction, on interpose le corps transparent: l'image extraordinaire reparaît; on le déplace alors jusqu'à ce qu'elle ait de nouveau disparu :
la région traversée par le rayon polarisé est monoréfringente.

Le verre pesant, très-dilatable par la chaleur, prend facilement
une double réfraction sensible longue à se dissiper; pour éviter les
variations de température, il convient de le disposer longtemps à
l'avance dans le laboratoire à côté de l'appareil et de ne le manier
qu'avec des pinces de bois.

On place les liquides dans un tube de cristal entouré d'une gaîne
de laiton taraudée à ses deux extrémités, et garni de plaques de
verre dépourvues de toute biréfringence et également pressées sur
tout leur contour. On obtient une pression uniforme en posant la
plaque sur l'extrémité du tube parfaitement dressée, la recouvrant
d'une rondelle de cuir et d'une virole de laiton qu'on visse sur le
tube jusqu'à ce qu'il soit bien fermé.

Il importe que les surfaces soient très-propres, les liquides limpides et purs; des poudres fines en suspension produisent des réflexions qui dépolarisent partiellement la lumière et font apparaître dans le champ de la lunette une foule d'étincelles brillantes qui gênent les observations. Enfin, il faut éclairer également en tous ses points l'image que l'on vise.

Il suffira d'expérimenter sur des liquides et des solides ayant des pouvoirs rotatoires magnétiques assez grands, de valeur différente, comme le verre pesant, le flint, le sulfure de carbone, etc. L'étude de tous ces corps conduit exactement aux mêmes résultats.

559. Résultats des expériences. — Il résulte de l'ensemble des observations *qu'il y a proportionnalité entre l'action magnétique et la rotation du plan de polarisation.*

Cette proportionnalité s'observe quand on fait varier l'action magnétique en rapprochant ou en éloignant les bobines, ou bien en augmentant ou diminuant l'intensité du courant de la pile.

Cette loi comprend toutes celles que l'on pourrait formuler sur les variations des actions magnétique et optique; ainsi, si l'on fait varier dans un certain rapport l'intensité de tous les centres magnétiques, la rotation dans une tranche transparente varie dans le même rapport. Et si l'on pouvait faire varier les distances de cette tranche à chaque centre dans le même rapport, chose qu'on ne peut réaliser sans déformer le système magnétique, les rotations varieraient en raison inverse du carré des distances à l'un des centres et proportionnellement à la quantité de magnétisme qui s'y trouve accumulée.

Tout cela est compris dans la loi de proportionnalité. On pourrait chercher à la vérifier en soumettant à une même action magnétique des tranches d'inégale épaisseur d'une même substance. Si chaque tranche agit également sur la lumière, les rotations seront dans le rapport des épaisseurs. On peut, par exemple, se servir d'un parallélipipède rectangle dont les arêtes sont inégales. Mais l'opération est difficile à réaliser, par suite de l'échauffement du verre qui absorbe les rayons peu réfrangibles et prend la structure d'un cristal à un axe dont l'axe serait la ligne d'échauffement; il arrive alors qu'au moment où l'on veut opérer sur la seconde face, c'est-à-dire dans une direction perpendiculaire à la première, on trouve le verre temporairement biréfringent : il faut attendre longtemps pour que cette propriété se dissipe, et pendant ce temps l'action magnétique aura beaucoup varié.

Il vaut mieux expérimenter avec divers fragments sciés dans un même morceau de verre et d'épaisseurs inégales, et déterminer le rapport de la rotation à l'action magnétique pour chacun d'eux. Si ces rapports sont proportionnels aux épaisseurs, la précision des expériences est justifiée, et c'est ce que prouvent les nombres obtenus. On voit, du reste, que l'on peut opérer sur chaque échantillon à des époques différentes.

560. Explication de la loi de M. Bertin. — Les expériences de M. Bertin avaient conduit à une loi simple, en contradiction avec la loi de proportionnalité à laquelle nous sommes arrivés. Nous avons expliqué pourquoi la loi de M. Bertin doit être rejetée. nous allons rendre compte de la simplicité de cette loi : ou bien elle n'est qu'un accident extraordinaire, ou bien elle a quelque fondement; on va voir qu'elle n'est qu'un accident dépendant de l'appareil employé.

M. Bertin a trouvé que, lorsque la substance transparente est soumise à l'action d'une seule bobine garnie d'une petite armature voisine du corps transparent, si les distances du centre de la substance à la surface polaire croissent en progression arithmétique, les rotations du plan de polarisation décroissent en progression géométrique. Et lorsqu'il y a deux bobines, la rotation est la somme des termes de deux progressions géométriques, l'une croissante, l'autre décroissante.

Or, s'il arrivait que, avec la loi suivie pour l'accroissement des distances, c'est-à-dire avec des distances en progression arithmétique, les actions magnétiques fussent décroissantes en progression géométrique, la loi de M. Bertin serait un pur accident. Et de plus, cela doit être si la loi que nous avons donnée est exacte.

C'est ce qui a lieu en effet. Si l'on place à diverses distances, 2, 3, 4, 5.... centimètres de la surface qui termine la petite armature de l'électro-aimant, la bobine servant à mesurer l'action magnétique, elle donnera la valeur moyenne de cette action dans les régions voisines. En opérant ainsi avec l'appareil qui avait servi à M. Bertin et qui appartient au cabinet de physique de l'École Normale, on a obtenu une série de nombres décroissant lentement, à peu près en progression géométrique, le rapport de chacun d'eux au précédent différant peu de 0,79. Après un intervalle de deux mois, pendant lequel l'électro-aimant avait été souvent mis en usage et démonté, la raison de la progression fut trouvée égale à 0,78. On a cru pouvoir en conclure que six ou sept ans auparavant, c'est-à-dire en 1847 et 1848, époque des expériences de M. Bertin, l'électro-aimant était dans le même état ; les actions magnétiques décroissaient donc comme les termes d'une progression géométrique ayant 0,79 pour raison. Or les actions optiques observées par M. Bertin forment une progression géométrique dont la raison est 0,78.

Ainsi la simplicité de cette loi ne laisse aucune raison d'y attacher de l'importance ; elle ne fait que vérifier, dans un cas particulier, la loi de proportionnalité que nous avons établie.

561. Cas où le rayon lumineux est oblique à la direction de l'action magnétique. — L'appareil de M. Ruhmkorff ne permet d'observer la rotation du plan de polarisation que dans les cas où le rayon est à peu près parallèle ou perpendiculaire à la ligne des pôles. Nous avons étudié le premier cas ; dans le second,

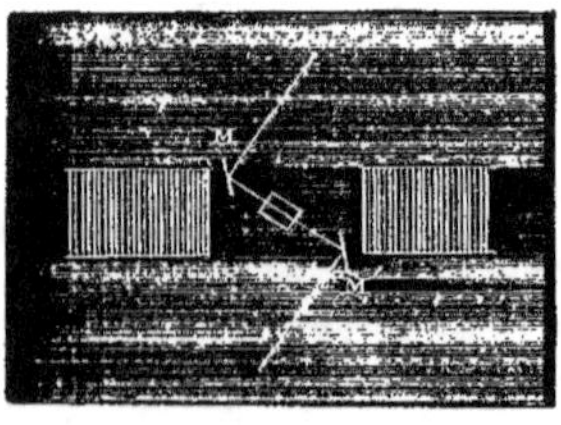

la rotation est nulle comme l'a reconnu Faraday.

Pour étudier le phénomène lorsque l'angle des deux directions a une valeur intermédiaire, il est nécessaire de disposer un appareil particulier. On pourrait présumer qu'il suffit d'incliner le corps sur la direction de l'action magnétique et de le faire tra-

Fig. 339.

verser par un rayon lumineux réfléchi sur des miroirs plans parallèles M, M′ (fig. 339), dont l'un reçoit les rayons incidents et l'autre les rayons transmis ; mais un appareil modifié pour arriver à ce résultat est difficile à régler ; les miroirs métalliques sont altérables, et les résultats peu dignes de confiance.

63.

Il faut revenir au premier dispositif des expériences de Faraday. Un électro-aimant en fer à cheval, dont les branches verticales sont représentées en projection suivant A, B (fig. 340), est monté sur un pied à vis calantes V, V', V", V'''; il peut tourner autour d'un axe vertical situé à égale distance de A et de B, et l'alidade C permet d'apprécier les déplacements angulaires sur le limbe gradué ED. La substance sur laquelle on expérimente est placée au-dessus du plan qui limite les branches de l'électro-aimant, mais il faut modifier l'appareil de telle sorte que la substance soit dans un champ magnétique d'égale intensité. Pour cela, chaque branche est surmontée d'une armature en fer doux, creusée d'une rainure assez large dans laquelle une tige se meut à frottement dur. Les deux tiges s'avancent

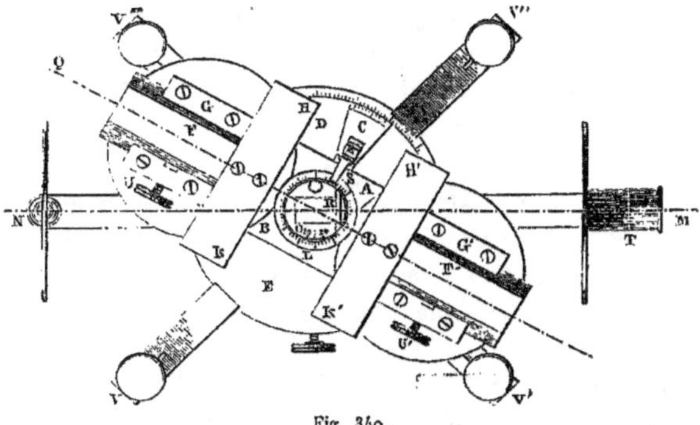

Fig. 340.

l'une vers l'autre, et portent chacune une plaque de fer doux HK, de $0^m,16$ de long, de $0^m,04$ de large et de $0^m,005$ seulement d'épaisseur. Après avoir reconnu la constance de l'action magnétique dans toute l'étendue du rectangle compris entre les bases supérieures HK, H'K', ainsi qu'un peu au-dessus et un peu au-dessous, on dispose la substance transparente sur un support qui est placé entre les branches au niveau des bases supérieures des plaques et qui porte un limbe gradué L, sur lequel repose une seconde plaque O mobile autour d'un axe vertical, et munie d'un vernier. C'est sur cette seconde plaque que l'on place la substance transparente. On peut ainsi faire varier l'angle du rayon polarisé et de la ligne d'action magnétique. Il a paru commode de laisser le rayon fixe et dirigé suivant MN; il faut donc, pour opérer sous des incidences variables, faire tourner l'électro-aimant, en laissant la substance fixe ou, si elle participe au mouvement du support, en la ramenant à sa position initiale par une rotation contraire de son support. De cette manière, lorsque α est la rotation de l'électro-aimant, α est aussi l'angle des deux directions de l'action magnétique et du rayon.

Supposons l'appareil exactement réglé, il suffira de faire coïncider les deux directions, puis de les écarter d'un angle α, en observant chaque fois la rotation.

Mais l'appareil n'est jamais parfaitement réglé; il faut, après un écart α à droite, produire le même écart à gauche, et prendre la moyenne des rotations observées comme représentant la rotation pour l'angle α; on la compare à celle qu'on suppose correspondre au zéro, laquelle résulte de moyennes d'observations fréquentes, à cause des variations de la pile.

562. **Loi du cosinus.** — Quel que soit l'angle d'écart des deux directions, le phénomène n'est qu'une rotation du plan de polarisation; les teintes se succèdent dans l'ordre habituel lorsqu'on opère avec la lumière blanche, et toujours on peut éteindre l'image reparue, dans le cas de la lumière homogène.

On a constaté que *la rotation du plan de polarisation est proportionnelle au cosinus de l'angle compris entre la direction du rayon de lumière et celle de l'action magnétique.*

Elle est donc maximum quand les deux directions coïncident, et varie peu dans le voisinage: la différence des rotations ne redevient distincte que quand α est de 1 ou 2 degrés; ainsi, le parallélisme des deux directions, qu'il est impossible de réaliser rigoureusement, n'a pas été établi dans les premières expériences avec les deux bobines de M. Ruhmkorff; jamais on n'a disposé la cuve à sulfure de carbone autrement qu'en établissant, à 1 ou 2 degrés près, le parallélisme entre ses faces et les surfaces des armatures; la loi elle-même fait voir que cette approximation est suffisante [1].

____

1. Lorsque l'on compare la rotation qui correspond au zéro à celle qui a lieu pour

563. Relation entre le pouvoir rotatoire magnétique, dans les substances uniréfringentes, et la nature de ces substances. — Les recherches précédentes font connaître le phénomène dans un corps uniréfringent quelconque. Il importe de comparer les pouvoirs rotatoires des diverses substances aux autres propriétés qui les caractérisent, bien qu'il n'y ait pas lieu d'espérer quelque relation simple; on a du moins ainsi l'avantage d'avoir des idées nouvelles sur les substances qui jouissent de ces propriétés.

564. Mélange de deux fluides. — Biot s'est attaché à démontrer qu'en mélangeant deux fluides, l'un actif, l'autre inactif, le mélange a un pouvoir rotatoire proportionnel au nombre des molécules actives situées sur le trajet du rayon, c'est-à-dire a le même pouvoir que les fluides placés à la suite l'un de l'autre. La même chose a lieu quand les deux fluides sont actifs : l'unité de longueur du mélange de volumes V, V' de deux liquides actifs produit la même rotation que deux longueurs des fluides séparés, la première égale à $\dfrac{V}{V+V'}$, la seconde à $\dfrac{V'}{V+V'}$.

Il est naturel de se demander si une loi analogue n'a pas lieu pour la rotation magnétique; en opérant sur des sels en dissolution, on pourra arriver à résoudre cette question et en même temps à s'éclairer sur la nature de la dissolution.

565. Sels transparents incolores. — Considérons d'abord les sels transparents incolores, par exemple les chlorures des métaux alcalins: on peut y joindre ceux de zinc et d'étain, qui ont même un pouvoir rotatoire considérable.

---

l'angle α, l'expérience ne donne en réalité que les rotations pour les angles o° et $\dfrac{\alpha + \alpha'}{2}$.

Puis, comme l'angle o° n'est pas en réalité rigoureusement nul, mais égal, par exemple, à $+\varepsilon$, il s'ensuit qu'on a comparé les rotations R pour ε, et $\dfrac{R' + R''}{2}$ pour $\dfrac{\alpha - \varepsilon + \alpha + \varepsilon}{2}$ ou α. Comme R diffère peu de la vraie valeur qui correspond au zéro, tant que α n'est pas plus grand que 15 ou 20 degrés, il n'y a pas de différence entre les nombres lus dans l'expérience à droite et l'expérience à gauche; l'influence de l'irrégularité des pièces de l'appareil est nulle. Mais si $\alpha = 45$ degrés, la différence est sensible et peut être supérieure aux erreurs habituelles d'observation.

Si l'on compare à l'eau distillée une série de dissolutions d'un même sel, on trouve que les pouvoirs rotatoires peuvent se calculer *a priori*, en admettant que la rotation produite par une dissolution soit la somme des deux rotations produites par les molécules d'eau et par les molécules de sel, la même par conséquent que si les substances étaient séparées.

Il faut comparer les pouvoirs rotatoires à celui de l'eau distillée: mais comme les rotations sont faibles entre les grandes plaques, il convient de leur substituer les petites armatures qui accroissent considérablement les actions magnétique et optique. Cela est sans inconvénient, car, lorsque deux substances transparentes quelconques de même épaisseur ont été placées successivement dans la même position entre les armatures de l'électro-aimant, les diverses couches correspondantes de ces deux substances ont été impressionnées par des actions magnétiques égales. Elles ont donc exercé des actions proportionnelles à l'action spécifique des deux substances, et il est facile de conclure de là que les intégrales de ces actions optiques élémentaires, c'est-à-dire les rotations observées, sont dans le même rapport que si l'action magnétique eût été constante dans tout l'espace compris entre les armatures. On obtiendra donc le rapport des pouvoirs rotatoires à l'un d'eux que l'on choisira comme unité.

Il faut tenir compte de la rotation produite par les plaques de verre qui forment le tube. Cette action, insensible dans le cas des grandes armatures, est ici très-énergique, car les plaques sont très-voisines des petites armatures. On fait aisément la correction, en déterminant avant toute expérience le rapport des rotations produites par la cuve vide et la cuve pleine d'eau distillée dans la situation qu'elle doit constamment occuper dans les expériences. Il est d'ailleurs commode d'avoir des cuves d'égales dimensions pour opérer alternativement sur divers liquides.

On constate ainsi sans ambiguïté que *le pouvoir rotatoire d'une dissolution saline est la somme des pouvoirs rotatoires de l'eau et du sel ;* la rotation se calcule comme pour le mélange des liquides actifs de Biot.

Un fait très-digne d'attention, c'est que dans la loi précédente il faut considérer les dissolutions comme formées d'eau et d'un sel anhydre dissous, lors même que le sel cristallise avec plusieurs équivalents d'eau. C'est ce que démontre l'étude des dissolutions de chlorure de calcium. La forme cristalline se détruit donc par la dissolution, et le sel dissous est le sel anhydre, contrairement à l'opinion des chimistes. C'est ainsi du moins qu'on a dû considérer les sels observés.

566. Sels colorés, sels magnétiques. — Il est une classe de dissolutions qui mérite une attention spéciale : ce sont les dissolutions des sels magnétiques. Certains d'entre eux, comme le protochlorure de fer, ont un pouvoir rotatoire magnétique plus petit que l'eau distillée; les sels de nickel, au contraire, ont un pouvoir rotatoire plus grand. Dans l'étude de ces substances colorées, M. Edmond Becquerel, entraîné par des idées inexactes sur le diamagnétisme, n'a pas remarqué, en déterminant la rotation à l'aide de la teinte de passage, que cette teinte n'a pas de signification absolue et ne répond pas aux mêmes rayons lorsque la lumière qui sort de la colonne liquide est blanche et lorsqu'elle est colorée, par exemple lorsqu'elle a perdu ses rayons jaunes, comme cela arrive pour les sels de nickel. On peut corriger cette influence des rayons colorés dans les dissolutions de nickel, d'urane, de chrome, etc., en se servant de deux cuves bien identiques, l'une remplie d'eau distillée, l'autre contenant la dissolution. On met la première entre les deux bobines, et en dehors, avant le prisme de Nicol, on dispose la seconde de telle sorte que le faisceau qui sort de l'eau a la même composition que celui qui, dans le second cas, sort de l'autre cuve quand les deux cuves ont été changées de place. Les résultats obtenus par les teintes de passage sont alors comparables.

Le pouvoir rotatoire magnétique de la dissolution de protochlorure de fer est d'autant plus petit qu'elle est plus concentrée, et, lorsqu'elle l'est jusqu'à cristalliser, il est nul. Le sel agit donc contrairement à l'eau distillée. On le prouve, au reste, en observant le pouvoir d'une dissolution de composition connue, qu'on étend d'eau plus ou moins; on peut en conclure la part de l'eau distillée et la part du sel. En supposant le protochlorure de fer à 4 équivalents d'eau, les nombres observés ne concordent pas du tout avec les nombres calculés; avec le sel anhydre, les phénomènes ont lieu exactement comme si la rotation était la somme de deux parties, l'une due à l'eau, l'autre de sens contraire, proportionnelle à la quantité du sel anhydre. Les faits observés avec le sulfate de fer s'interprètent de même.

On ne peut. dans les expériences exécutées sur ces corps qui attirent l'oxygène de l'air, compter sur la même précision que s'il s'agissait du chlorure de calcium, mais elles sont toutefois suffisantes pour établir que :

1° Il est très-probable que, dans les dissolutions salines, le sel est anhydre ;

2° Il y a certains sels dont la dissolution, placée dans l'axe des bobines, produit une rotation contraire à celle de l'eau. du verre pesant et du sulfure de carbone.

Il n'est pas inutile d'insister sur ces conséquences importantes.

567. État des sels dans les dissolutions. — Les chimistes regardent généralement les sels dissous comme possédant, au sein de l'eau qui leur sert de dissolvant, les équivalents d'eau qu'ils ont lorsqu'ils cristallisent. Ainsi, une dissolution de sulfate de chaux contiendrait du sulfate à 2 équivalents d'eau $CaOSO^3,2HO$; celle de sulfate de fer contiendrait le sel $FeOSO^3,7HO$. Ils se fondent sur ce que la calcination détruit la couleur de ce dernier sel : d'après cela, le sel anhydre, s'il était dissous, donnerait un liquide incolore, tandis que la solution est réellement verte comme le sel cristallisé.

Mais nous remarquerons d'abord que la teinte blanche produite par la calcination n'est pas du tout la couleur du sel lui-même : les réflexions totales et les diffusions produites par les parcelles de la matière calcinée, qui est toujours très-divisée après cette opération, cachent la vraie couleur du sel, laquelle est très-faible. Ce sel anhydre peut d'ailleurs être coloré, car les oxydes naturels anhydres ont des couleurs variées. On sait, du reste, que des substances colorées réduites en fragments suffisamment petits donnent des poudres presque blanches.

Ensuite nous citerons des faits à l'appui de l'opinion énoncée dans la première conclusion. M. Wüllner a mesuré la force élastique des vapeurs émises par les dissolutions salines, et trouvé qu'elle se formule simplement quand on évalue les quantités de sel anhydre, tandis qu'en regardant le sel comme hydraté il en est autrement.

M. Rüdorf a étudié empiriquement la variation du point de congélation de l'eau avec divers poids de sel dissous : il a été conduit aux mêmes conclusions.

On voit par là que la physique a le moyen de résoudre cette question de chimie : Qu'y a-t-il dans une dissolution saline? Le pouvoir rotatoire magnétique de cette dissolution peut l'indiquer. L'étude des solutions de sulfate de protoxyde de fer démontre en effet que le pouvoir rotatoire magnétique est proportionnel à la quantité de sel anhydre contenue dans la dissolution.

568. Pouvoir rotatoire magnétique négatif des dissolutions salines. — Soient Δ la densité d'une dissolution, ε le poids de sel dissous dans un poids $1 - \varepsilon$ d'eau; l'unité de volume de la dissolution contiendra un poids de sel égal à $\varepsilon\Delta$ et un poids d'eau égal à $(1 - \varepsilon)\Delta$. Si donc on suppose que le sel et l'eau agissent sans s'influencer mutuellement, et que l'on opère sur une colonne liquide de longueur égale à 1, et enfin que l'on désigne par ρ le pouvoir rotatoire magnétique du sel, celui de l'eau étant 1, on pourra conclure de la théorie que ρ égale la somme des pouvoirs rotatoires de l'eau et du sel.

$$\rho = (1 - \varepsilon)\,\Delta + r.$$

Le pouvoir rotatoire r du sel est dû au poids $\varepsilon\Delta$ répandu dans l'unité de volume; le pouvoir rotatoire moléculaire du sel est donc $\dfrac{r}{\varepsilon\Delta}$. C'est ce quotient qu'on trouve en effet constant dans les dissolutions inégalement concentrées d'un même sel.

Dans le cas où ρ est plus petit que $(1 - \varepsilon)\,\Delta$, c'est que la substance exerce sur la lumière polarisée une action contraire à celle de la plupart des corps transparents; il convient d'appeler son action *pouvoir rotatoire négatif*.

Deux catégories de sels se présentaient dans les substances précédemment indiquées comme devant donner lieu à la recherche de ce pouvoir rotatoire négatif : les nitrates et les sels de fer.

Le nitrate d'ammoniaque en dissolution a. comme les autres nitrates, un pouvoir rotatoire très-faible, plus petit que celui de l'eau mais plus grand que $(1 - \varepsilon)\Delta$, et par conséquent positif. Cette substance agit donc comme l'alcool ou l'éther qu'on mêlerait à l'eau.

Il en est autrement des sels de fer. Les expériences faites sur le sulfate de protoxyde de fer et le protochlorure de fer en solutions concentrées ont montré que ces sels ont un pouvoir rotatoire négatif proportionnel à la quantité de sel dissoute, le sel étant considéré comme anhydre dans la solution.

C'est surtout au moyen de ces deux sels qu'on a reconnu la nécessité de considérer le sel anhydre pour trouver un pouvoir rotatoire moléculaire constant à ce sel.

Quelque concentrée que soit la dissolution de sulfate de protoxyde de fer, on ne peut aller jusqu'à renverser le sens habituel de la rotation: on réduit toutefois la rotation à zéro au moyen de la solution de protochlorure aussi concentrée que possible. Mais avec les sels de peroxyde de fer, par exemple avec le perchlorure dissous dans l'eau, l'alcool, l'éther ou enfin l'esprit de bois, dont 45 parties dissolvent 55 de sel. on forme des dissolutions fortement colorées qui font tourner le plan de polarisation très-fortement dans le sens négatif. Cette dernière dissolution est le milieu connu qui agit le plus énergiquement sur le plan de polarisation; sa rotation est triple de celle que produit le sulfure de carbone, double de celle que produit le verre pesant.

Mais il n'a pas été possible d'appliquer les calculs indiqués précédemment au sesquichlorure de fer dissous dans les liquides cités plus haut. parce qu'il y a, au moment de la dissolution, dégagement de chaleur et production de gaz, phénomènes qui indiquent une action chimique assez vive et la production de composés nouveaux.

569. Essai de classification des substances. — Un examen sommaire des faits nous porterait à classer les corps en deux catégories : les corps diamagnétiques. à pouvoir rotatoire positif; les corps magnétiques, à pouvoir rotatoire négatif; et à dire que l'énergie rotatoire est d'autant plus grande que le corps est plus fortement magnétique ou diamagnétique.

Mais il y a bien des exceptions relatives aux corps diamagnétiques, et, pour les autres, la généralisation est prématurée.

Il convient de rapporter les propriétés magnétiques et optiques à la nature du métal, et les exemples suivants nous montreront la diversité des cas qui se rencontrent.

La liaison supposée plus haut entre le diamagnétisme et le pouvoir rotatoire positif semble subsister quand on étudie les cyanures doubles de fer et de potassium. Le prussiate jaune est en effet *diamagnétique* et son pouvoir rotatoire est *positif;* le prussiate rouge et ses dérivés sont *magnétiques* et agissent *négativement.* Ce dernier composé est même excellent pour manifester le pouvoir rotatoire négatif, parce qu'il ne s'altère pas, comme le perchlorure de fer cristallisé, et qu'on peut plus facilement se le procurer et le conserver.

Il en est tout autrement lorsqu'on passe au *nickel* et au *cobalt.* Les sels de ces métaux *magnétiques* ont un pouvoir rotatoire *positif,* assez grand dans ceux de nickel et comparable à celui des sels de zinc et d'étain, faible pour ceux de cobalt et difficile à déterminer à cause du pouvoir colorant dont ils jouissent. D'après ces faits contraires à la loi énoncée d'abord, on peut croire que si le prussiate jaune est positif ce n'est point parce qu'il est diamagnétique, mais parce que rien n'y décèle le fer, ni physiquement ni chimiquement, tant qu'on ne détruit pas l'existence du composé.

Le manganèse établit une transition entre le fer et le nickel, car les sels de protoxyde sont *magnétiques* et ont un pouvoir rotatoire *positif,* tandis que, parmi les sels de sesquioxyde, un manganocyanure analogue au prussiate rouge a montré comme lui un pouvoir rotatoire *négatif.* Mais ce fait, qui est la règle générale pour le fer, est ici l'exception.

On peut donc ranger les métaux magnétiques en trois groupes : 1° fer; 2° nickel et cobalt; 3° manganèse. Le premier type offre un pouvoir rotatoire *négatif,* à moins que la présence du fer ne soit déguisée dans le composé; le pouvoir rotatoire est au contraire *positif* dans le deuxième groupe, et enfin dans le troisième les deux cas se présentent.

Quant aux autres métaux magnétiques, on peut les ranger dans un de ces trois groupes.

Le *chrome* se range avec le fer. En effet l'acide chromique, le bichromate de potasse, qui sont magnétiques; le chromate neutre de potasse, qui est diamagnétique, ont tous offert un pouvoir rotatoire *négatif*, assez fort pour les deux premiers corps et faible pour le dernier. Les sels de protoxyde et de sesquioxyde n'ont pu être étudiés.

Le *titane*, rangé par Faraday parmi les corps magnétiques, l'est en effet, ainsi que son oxyde. Il est utile de remarquer ici qu'il est impossible d'établir par expérience si un métal pur est magnétique, car il peut renfermer un millionième de fer métallique échappant à l'analyse, et capable de faire paraître le métal magnétique. Dans les oxydes, les sels, il faudrait, pour produire le même effet, une proportion de sel de fer facile à reconnaître. C'est en opérant sur ces composés qu'on élimine cette cause d'erreur. En tenant compte de cette observation, il n'y a pas de doute que le titane ne soit plus magnétique que le chrome. Le bichlorure de titane, sel liquide, incolore et volatil, se prête très-bien aux expériences en hiver et dans un local froid. On l'observe dans un tube fermé par des glaces; il a un pouvoir rotatoire *négatif* à peu près égal en valeur absolue à celui de l'eau. Et si, par le procédé de M. Quet, plaçant un index de ce liquide dans un tube de verre, on détermine le sens de l'action des électro-aimants, on trouve que ce bichlorure est diamagnétique.

Le *cérium* et le *lanthane* sont indubitablement magnétiques : le chlorure de cérium donne dans l'eau une dissolution rose qui jouit d'un *pouvoir rotatoire négatif.* C'est probablement aussi le cas des sels de lanthane, car ils ont présenté un pouvoir inférieur à celui de l'eau distillée.

Le *molybdène*, l'acide molybdique ont une action magnétique; les molybdates étudiés sont diamagnétiques et leur pouvoir rotatoire est positif.

Ainsi, les trois types déjà signalés peuvent comprendre ces derniers métaux sans que rien puisse faire présumer auquel de ces types un métal donné appartiendra.

On voit, en résumé : 1° que toutes les substances *diamagnétiques* où il n'entre que des métaux diamagnétiques [1] ont un pouvoir rota-

[1] L'oxygène est magnétique, mais ne paraît pas modifier le pouvoir rotatoire d'un métal : l'oxyde a un pouvoir de même sens que celui du métal.

toire *positif*; 2° que les substances diamagnétiques ou magnétiques où il entre quelque métal magnétique se groupent en trois classes :

Celle du fer. A côté du fer, on mettra le titane, le cérium, le lanthane et probablement le chrome. Le pouvoir rotatoire est négatif.

Celle du nickel. Avec le nickel, il faudra placer le cobalt, le molybdène. Le pouvoir rotatoire de ces corps est positif.

Celle du manganèse, type intermédiaire, dans lequel certains composés ont un pouvoir positif, d'autres un pouvoir négatif.

570. Hypothèses diverses. —— On a cherché une relation entre la grandeur du pouvoir rotatoire magnétique et l'indice de réfraction de la substance, relation qui semblait probable, vu la simplicité des lois des phénomènes rotatoires. On peut croire en effet, à cause de cette simplicité, que l'action magnétique s'exerce sur l'éther de la masse, soit directement, soit par l'intermédiaire des dernières molécules. Or, on sait que la densité de l'éther se mesure par la racine carrée de l'indice de réfraction, et le grand pouvoir rotatoire du bichlorure d'étain, du sulfure de carbone, coïncide précisément avec un pouvoir réfringent considérable.

Mais cette remarque de M. de la Rive ne peut être prise pour une loi absolue, car le nitrate d'ammoniaque a un indice de réfraction considérable et un faible pouvoir rotatoire; des dissolutions de chlorure de calcium, de carbonate de potasse, de sel ammoniac ont pour indice de réfraction $1,37$ et des pouvoirs rotatoires différents ($1,23$, $1,08$, $1,37$). Ainsi, bien que le plus souvent de grands indices de réfraction correspondent à des pouvoirs rotatoires considérables, l'ordre des corps est différent dans les deux séries.

On peut en dire autant de l'intensité de l'action magnétique de la substance. Le sesquichlorure de fer a une action magnétique et un pouvoir rotatoire positif très-énergiques; mais, d'autre part, le bichlorure de titane, qui est magnétique aussi, est en même temps négatif, ce qui montre bien l'absence de toute relation absolue entre ces propriétés.

Ainsi, le pouvoir rotatoire dépend d'un ensemble complexe de propriétés dont l'analyse n'est pas trouvée. L'indice de réfraction, l'action magnétique sont des éléments importants, mais ce ne sont pas les seuls à considérer, et l'on ne peut jusqu'ici que signaler des tendances, sans pouvoir formuler de loi générale.

571. Influence de la nature de la lumière sur la grandeur de la rotation du plan de polarisation produite sous l'influence du magnétisme. — Jusqu'ici, nous avons étudié les phénomènes de polarisation rotatoire magnétique au moyen de la lumière blanche ou bien d'une lumière homogène; mais les recherches précédentes sont loin d'épuiser la question. Il importe notamment de connaître l'influence de la nature de la lumière employée, c'est-à-dire la loi qui peut lier la longueur d'onde à la grandeur de la rotation.

Quelques expériences ont été faites en 1851 sur ce sujet par M. Wiedemann, à l'aide d'un procédé employé déjà par M. Broch, et qui n'est autre chose que celui qu'avaient indiqué avant lui MM. Fizeau et Foucault.

572. Application de la méthode de MM. Fizeau et Foucault. — Un faisceau lumineux tombe d'une fente étroite sur un polariseur, traverse la substance transparente, puis rencontre un prisme dont l'arête est parallèle à la fente et qui est dans la position du minimum de déviation. En mettant l'œil derrière le prisme, on voit un spectre ordinaire, avec les raies de Frauenhofer, et, si la substance transparente est inactive, l'addition d'un analyseur devant l'œil ne fait que réduire l'intensité de la lumière dans la proportion de 1 à $\cos^2\alpha$ pour le rayon ordinaire ou de 1 à $\sin^2\alpha$ pour le rayon extraordinaire. α étant l'angle du plan de polarisation primitif avec la section principale de l'analyseur.

Mais si la substance est active, l'intensité de la lumière est réduite dans des proportions inégales pour les diverses régions du spectre; si le polariseur et l'analyseur sont des prismes de Nicol et la section principale de l'analyseur parallèle au plan de polarisation d'un des rayons qui constituent le spectre, l'intensité de ce rayon sera réduite à zéro et l'on verra dans cette région une ligne noire. Les régions voisines auront aussi une intensité très-faible. Cette bande noire se déplacera lorsqu'on tournera l'analyseur. Si la rotation est considérable, il se peut que plusieurs couleurs aient leur plan de polarisation parallèle à la section principale de l'analyseur. On verra donc 2, 3,... bandes noires.

Lorsque, par une rotation de l'analyseur, on amènera le milieu de la bande noire en coïncidence avec l'une quelconque des raies de Frauenhofer, l'angle dont on aura tourné l'analyseur mesurera la rotation pour les rayons de la couleur correspondante.

Les résultats fournis par cette méthode sont supérieurs à ceux qu'on obtiendrait avec une lumière monochromatique dont on chercherait la longueur d'onde, car cette lumière obtenue par des milieux absorbants aurait toujours un spectre étendu, et la longueur d'onde serait mal définie.

573. Remarque sur l'étendue des bandes noires. — L'application de la méthode de MM. Fizeau et Foucault offre de grandes difficultés. D'abord, les pouvoirs rotatoires magnétiques ne sont jamais considérables, et il en résulte que la grandeur des rotations varie peu d'une extrémité du spectre à l'autre. Ainsi, elle peut être de 7 degrés à une extrémité et de 18 degrés à l'autre. Lors donc que l'on amènera la section principale de l'analyseur parallèlement au plan de polarisation qui a été dévié de 10 degrés, on aura là, il est vrai, une ligne noire, mais les extrémités du spectre elles-mêmes, et *a fortiori* les parties voisines de la ligne noire, seront très-sombres. L'intensité, en effet, sera représentée à une extrémité par $\sin^2(10° - 7°)$, et à l'autre par $\sin^2(18° - 10°)$, quantités très-petites. Le spectre entier sera donc si faible qu'on aura peine à voir les raies et la situation exacte de la ligne noire.

M. Wiedemann obviait à cette difficulté par l'artifice suivant : entre le premier prisme de Nicol et la substance, on met un tube contenant une dissolution sucrée, ou plus simplement une plaque de quartz perpendiculaire dont la rotation s'ajoutera à celle de la substance soumise à l'action magnétique. Supposons que la rotation soit de 18 degrés pour les rayons rouges, de 25 degrés pour les rayons jaunes, de 50 degrés pour les rayons violets, et cela sous l'action de la plaque de quartz seule. La substance qui produirait les rotations 7, 10, 18 degrés ajoutera son effet au précédent, et

les plans de polarisation des couleurs considérées seront déviés de
25. 35, 68 degrés. Les différences de ces déviations sont assez considérables pour que, le rayon correspondant à 35 degrés étant
éteint, les autres restent très-visibles. Les phénomènes sont encore
bien appréciables lorsqu'on dispose la rotation magnétique pour
qu'elle se retranche de la rotation du quartz, car les différences
11, 15, 32 degrés diffèrent elles-mêmes suffisamment.

Lorsqu'on fait usage de cet artifice, il faut avoir soin de placer
la dissolution active ou la plaque de quartz assez loin de l'électro-
aimant pour que l'influence de ce dernier soit négligeable.

On doit aussi ne pas exagérer l'amincissement des bandes obscures, car lorsqu'elles sont étroites elles ne se déplacent plus que
par de grandes rotations de l'analyseur. Dans l'observation directe,
une rotation de 11 degrés suffisait pour faire parcourir à la bande
noire toute l'étendue du spectre ; après l'addition du quartz, le même
espace n'était parcouru que par une rotation de $68 - 25 = 43$ degrés.
c'est-à-dire quatre fois plus grande. La méthode perd donc sa sensibilité en devenant praticable, et par suite chaque observateur doit
chercher les lames compensatrices qui lui semblent amener les
déterminations dans les meilleures conditions possibles. Des rotations de 18 degrés pour les rayons rouges. 25 degrés pour les
rayons jaunes et 50 degrés pour les rayons violets, ont paru les
nombres les plus convenables. On arrive à peu près à ces résultats
en se servant d'une lame de quartz de 1 millimètre d'épaisseur.
Une telle lame est très-commode parce qu'elle se place derrière le
polariseur en y occupant peu de place, et qu'elle se trouve soustraite à l'action magnétique pour peu qu'on éloigne le polariseur.
Mais il faut que l'axe de la lame soit bien parallèle aux rayons, et
c'est une condition assez difficile à réaliser.

**574. Remarque sur l'action des plaques qui ferment
le tube.** — Il se présente en outre deux difficultés qui exigent
certaines modifications dans la disposition de l'appareil et un agran-
dissement notable dans ses dimensions.

Rappelons d'abord que les seules expériences qui nous intéressent
sont relatives aux liquides. Ce sont les seuls corps que nous puissions

obtenir purs et transparents. Les solides sont presque tous opaques, et le petit nombre de ceux qui ont de la transparence sont des verres plus ou moins trempés et de composition mal définie : nous devons donc les laisser de côté.

Les liquides sont enfermés dans une petite cuve fermée par des plaques dont le pouvoir rotatoire sera ici très-influent. La correction, facile à faire dans les expériences sur la lumière blanche, à l'aide de la teinte de passage, est ici très-délicate, puisqu'il faudrait faire des corrections pour toutes les couleurs, et pour cela déterminer la dispersion très-petite des plans de polarisation dans ces plaques : chaque résultat serait compliqué d'une double erreur; il faut donc rendre nulle l'action des plaques.

Pour cela, on remplace les électro-aimants par des hélices, dans l'axe desquelles un long tube est disposé pour contenir le liquide ; les extrémités du tube dépassent celles du manchon formé par les hélices, et les plaques cessent d'avoir aucune influence. Si, en effet, on compare l'action de cet appareil à l'effet des électro-aimants de M. Ruhmkorff, on trouve qu'une colonne d'eau de 60 centimètres n'y produit pas une rotation plus grande qu'une colonne de 60 millimètres dans l'appareil de M. Ruhmkorff; l'action des plaques, qui donnait des rotations de 20 minutes à 1 degré, ne produira plus que des rotations de 2 à 6 minutes, en les supposant placées dans l'intérieur de l'hélice; et si on les met en dehors, leur action sera tout à fait négligeable. On constate en effet qu'elles ne produisent pas plus de rotation quand le courant passe que lorsqu'il ne passe pas.

575. Remarque sur les variations de température. — Enfin, il y a dans ces observations une dernière cause d'erreur, c'est l'échauffement que le faisceau lumineux ne peut manquer de produire par son action prolongée sur le liquide; l'appareil s'échauffe aussi considérablement par le passage du courant. Comme les mesures pour chaque raie prennent beaucoup de temps, vu les moyennes que nécessitent les variations de la pile, ces variations de température ont le temps de devenir sensibles et de modifier légèrement les propriétés optiques des substances; cependant il ne faut pas en exagérer l'influence, car des variations de 50 à 60 degrés ne feraient

que les modifier assez faiblement. Mais, d'autre part, les variations
de température produisent dans les liquides des courants qui donnent
lieu à des réfractions irrégulières et rendent les observations impos-
sibles, à moins qu'on ne puisse attendre assez longtemps pour que
l'équilibre de température soit établi. On évite ces inconvénients en
séparant le tube à liquides des parois de l'hélice par un manchon
rempli d'eau. Des variations de 3 à 4 degrés sont tout à fait négligeables.

**576. Disposition qui permet d'observer toujours les
raies du spectre.** — Il est une disposition qui permet d'observer
toujours facilement les raies du spectre avec lesquelles la bande
noire doit être amenée en coïncidence : elle consiste à déplacer la
fente et à la placer après les tubes contenant les liquides, au foyer
d'un collimateur qui enverra sur le prisme des rayons parallèles.
Le collimateur, le prisme et la lunette forment alors un spectroscope,
et pour donner au phénomène plus d'intensité il est avantageux de
recevoir sur une lentille cylindrique les rayons polarisés que l'on
fait tomber sur la fente du collimateur.

**577. Manière d'amener en coïncidence les raies et
les bandes noires.** — Pour obtenir de bons résultats par la méthode de MM. Fizeau et Foucault, on ne peut se contenter de juger
à l'œil de la coïncidence d'une bande noire avec une raie du
spectre. Le peu d'éclat de celui-ci empêche qu'on distingue la raie
dès qu'elle commence à être couverte par la région sombre qui
avoisine la ligne noire. M. Wiedemann met d'abord le réticule d'un
oculaire positif en coïncidence avec la raie, puis amène le milieu de
la bande sous le fil du réticule. Ce procédé vaut mieux que celui de
M. Arndtsen, qui faisait coïncider le fil avec les bords de la bande
obscure, bords toujours mal définis.

D'ailleurs, pour les raies D, E, F, situées dans la partie la plus
brillante du spectre, la méthode de M. Wiedemann laisse peu à
désirer: les nombres trouvés diffèrent au plus de 5 à 10 minutes.
Mais avant la raie C et après la raie G, le spectre est si peu lumineux que tout s'éteint sous la bande noire.

Et même pour les raies C et G, il existe une cause d'erreur facile
à concevoir: ces raies sont situées en des points où l'intensité lumineuse décroît rapidement (fig. 341), et lorsque la ligne noire coïncidera avec une de ces raies, l'obscurité se prolongera inégalement
de chaque côté: il suit de là que le milieu de la région obscure n'est

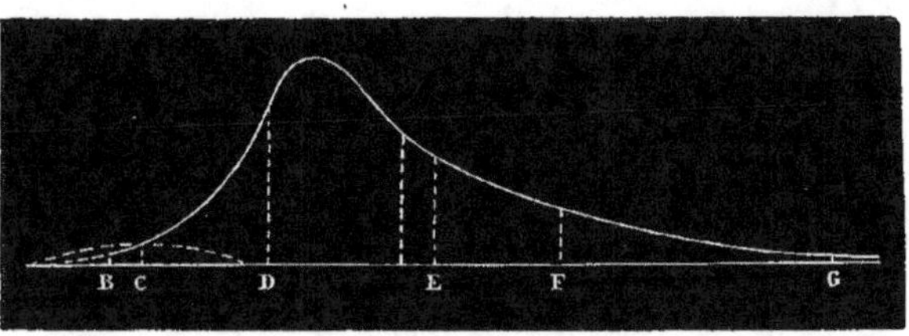

Fig. 341.

pas du tout la ligne noire; de plus, une seule des limites de la région obscure sera assez tranchée pour être observée, et cela ne suffit
nullement pour déterminer le point qu'il faut amener sur la raie.

Le moyen le plus satisfaisant pour obvier à cette difficulté consiste à armer l'œil d'un verre de couleur rouge pour C, bleu ou
violet pour G; on affaiblit ainsi beaucoup le jaune et le vert, ce qui
diminue l'effet du contraste: et de plus on a l'avantage d'avoir le
maximum d'intensité lumineuse tout près de la raie qu'on observe.
On est donc dans les meilleures conditions pour opérer.

Toutefois, on n'observe pas au delà de C et de G; on n'a donc que
cinq déterminations à effectuer; la longueur d'onde varie dans cet intervalle entre des limites qui sont entre elles environ comme $\frac{3}{2}$ est à 1.

578. Résultats des observations. — La loi qu'on devait
s'attendre à trouver est naturellement celle qu'on croyait exister
pour certains liquides actifs par eux-mêmes : c'est la loi de la raison
inverse du carré des longueurs d'onde.

Une expérience de M. E. Becquerel semblait confirmer cette idée.
Ce physicien avait placé un verre pesant entre les branches de l'appareil de M. Ruhmkorff, et en avant une dissolution de sucre capable
de rétablir la teinte de passage par une rotation égale et contraire
à celle que produisait le verre. Si les lois de la rotation sont les

mêmes pour le verre et le sucre, tout phénomène rotatoire doit disparaître, et c'est ce qu'il crut reconnaître.

Mais, pour apprécier la valeur de cette observation, supposons que la rotation produite par le sucre soit de 12 degrés pour le rouge, de 16 degrés pour la teinte de passage, de 28 degrés pour le violet: qu'on superpose à ces rotations celles qui sont produites par le verre pesant, savoir: — 10 degrés pour le rouge. — 16 degrés pour le passage du rouge au violet, et — 36 degrés pour le violet. Il restera des rotations du plan de polarisation : 12 — 10 = + 2 degrés pour les rayons rouges, zéro pour les rayons jaunes moyens, 28 — 36 = — 8 degrés pour le violet.

Ainsi, sur un espace qui n'aura pas plus de 10 degrés d'étendue, se trouveraient les plans de polarisation de toutes les couleurs: d'autre part, si l'on songe qu'une plaque de quartz de $\frac{1}{4}$ de millimètre qui donne des rotations de même ordre ne présente aucune coloration quand on opère avec la lumière d'une lampe ou des nuées, on comprendra que dans le cas actuel toute coloration soit insensible : il en serait de même pour une plus grande différence dans les rotations : on ne verrait que des minima sans variations de teintes.

Mais en opérant avec la lumière solaire il reste une coloration très-sensible aux environs de l'extinction; elle prouve que tous les rayons ne s'annulent pas en même temps. Ainsi, tout ce qu'on peut dire, c'est que la loi supposée n'est pas exacte et que les rotations sont d'autant plus grandes que la longueur d'onde est plus petite, sans prétendre donner de loi précise.

M. Wiedemann a tiré les mêmes conclusions d'observations sur le sulfure de carbone, mais la précision de ses mesures n'atteignait pas plus de $\frac{3}{4}$ dé degré et même 2 degrés. Il déterminait à $\frac{1}{5}$ de degré près les variations que l'hélice produit dans le pouvoir rotatoire des essences de térébenthine et de citron. Ici l'addition du quartz ou d'une dissolution quelconque était inutile, et on mesurait directement les azimuts; les résultats obtenus montrent que la variation du pouvoir rotatoire est pour chaque couleur proportionnelle au pouvoir propre de l'essence relatif à cette couleur.

On a reconnu, au moyen d'expériences assez nombreuses, que

la marche du phénomène est la même dans le quartz et dans la plupart des liquides organiques. La loi de la raison inverse du carré des longueurs d'onde n'est qu'une première approximation de la loi réelle: les rotations varient plus rapidement qu'elle ne l'indique. Ainsi, comparons les rotations à celle qui correspond à la raie E, rotation que nous prendrons pour unité, et soient pour une substance quelconque

$$C, \quad D, \quad 1, \quad F, \quad G,$$

les rotations calculées; on trouvera par expérience

$$C', \quad D', \quad 1, \quad F', \quad G',$$

et constamment

$$C' < C, \quad D' < D, \quad F' > F, \quad G' > G.$$

La différence entre une rotation quelconque et la rotation prise pour unité est plus grande que la loi ne l'indique; elle est du reste supérieure aux erreurs d'observation.

C'est sous cette forme qu'il convient de présenter les résultats des expériences. On choisit la rotation correspondante à la raie E pour unité, parce que cette raie occupe à peu près le milieu du spectre; il est donc facile de bien déterminer la différence des azimuts suivant lesquels il y a coïncidence de la bande noire avec la raie E, pour deux directions opposées du courant, c'est-à-dire le double de la rotation. On passe ensuite à D, puis on revient à E; on compare la valeur trouvée pour D à la moyenne des valeurs trouvées pour E, et ainsi de suite.

Mais on ne pourra se contenter de cette seule série d'observations, à cause des erreurs de pointé de la lunette. Le fil du réticule cache les raies étroites et ne vise pas mieux les raies trop larges, de sorte qu'il faut réitérer plusieurs fois les observations dans un sens, puis en sens contraire. D'après cela, la détermination complète des rotations correspondant aux cinq raies C, D, E, F, G ne demande pas moins de 200 à 300 lectures d'azimuts.

Il faut avoir soin d'éviter l'échauffement et de réduire à peu de chose les variations de la pile, en se servant de couples de Bunsen récemment préparés.

Avec ces précautions, on trouve que *toutes les substances donnent une loi de variations de rotation plus rapide que la loi de l'inverse du carré des longueurs d'onde.* De plus, elles se divisent en deux catégories : celles dont l'indice de réfraction ou, ce qui revient au même, *le pouvoir dispersif est faible : elles s'écartent peu de la loi énoncée;* telles sont l'eau et les dissolutions de chlorure de calcium, de chlorure de zinc et de protochlorure d'étain : les écarts sont irréguliers, difficiles à esmer avec rigueur, car ils dépassent de fort peu les erreurs d'expérience.

Quant aux substances très-réfringentes ou très-dispersives, comme les essences d'anis, de cannelle, de cassia, de sassafras, le bichlorure d'étain, la créosote, le sulfure de carbone, etc., elles offrent avec la loi des différences considérables, qu'il est impossible d'expliquer par des erreurs d'expérience, car elles en sont des multiples assez grands. La loi exacte de la dispersion des plans de polarisation spéciale à une substance donnée est toujours telle que *le produit de la rotation par le carré de la longueur d'onde aille en croissant de l'extrémité la moins réfrangible à l'extrémité la plus réfrangible du spectre.* Ainsi, les pouvoirs rotatoires magnétiques du sulfure de carbone et de la créosote, rapportés à la même intensité du courant, ont présenté les valeurs suivantes pour les principales raies du spectre :

	C	D	E	F	G
Sulfure de carbone.	5.373	6,973	9.082	11,206	15,475
Créosote.	3.869	5,117	6,748	8,370	11,626

Les produits de ces nombres par les carrés des longueurs d'ondulation exprimées en cent-millièmes de millimètre ont pour valeurs :

	C	D	E	F	G
Sulfure de carbone.	23,150	24,175	25,208	26,283	28,494
Créosote.	16,669	17,740	18,670	19,632	21,407

Les différences avec la loi de l'inverse du carré des longueurs d'onde sont donc très-grandes pour les liquides dont le pouvoir dispersif est considérable: mais *la variation des rotations pour diverses*

substances ne suit pas l'ordre des pouvoirs dispersifs, comme on peut le
voir par la comparaison des expériences faites sur le sulfure de carbone et la créosote. Si l'on prend, en effet, le rapport de chacun
des produits indiqués ci-dessus à leur valeur moyenne, on obtient
les deux séries suivantes :

	C	D	E	F	G
Sulfure de carbone.	0,909	0,949	0,987	1,032	1,119
Créosote.	0.886	0,942	0,992	1,043	1,137

La variation relative est donc plus grande dans le cas de la créosote, et cependant l'indice de réfraction varie bien plus de la raie C
à la raie G, dans le cas du sulfure de carbone, que dans celui de la
créosote.

Ces résultats présentent une grande importance au point de vue
de la discussion des théories proposées pour l'explication de ces
phénomènes[1].

BIBLIOGRAPHIE.

1846.   FARADAY. Sur de nouvelles relations entre l'électricité, la lumière et
le magnétisme, lettre à M. Dumas, *L'Inst.*, n° 629, et *Comptes
rendus*, XXII, 113 (19 janvier 1846).

1846.   POUILLET. Note sur les expériences de M. Faraday, *L'Inst.*, n° 630,
et *Comptes rendus*, XXII, 135.

1846.   DESPRETZ, Projet d'expériences destinées à vérifier si le magnétisme
exerce une action sur la lumière, *Comptes rendus*, XXII, 148.

1846.   E. BECQUEREL, Note sur l'action du magnétisme sur tous les corps,
Comptes rendus, XXII, 952, et *Ann. de chim. et de phys.*, (3),
XVII, 437.

1846.   RUHMKORFF. Appareil pour répéter les expériences de M. Faraday
concernant l'influence du magnétisme sur la lumière, *Comptes
rendus*, XXIII, 417, et *Ann. de chim. et de phys.*, (3), XVIII,
318.

1846.   BIOT. Rapport sur un appareil construit par M. Ruhmkorff pour faciliter l'exhibition des phénomènes optiques produits par les corps
transparents lorsqu'ils sont placés entre les pôles contraires
d'un aimant d'une grande puissance. *Comptes rendus*, XXIII,
538.

[1] Voir t. I, p. 243.

1846.   Faraday, On the magnetization of light and the illumination of magnetic lines of forces. *Experimental Researches on electricity*, 19ᵗʰ series; *Phil. Trans.* f. 1846, 1; *Pogg. Ann.*, LXVIII. 105. (1846). et LXX, 283 (1847); *Phil. Mag.*, (3), XXIX. 53.

1846.   Wartmann, Sur les moyens de rendre sensibles par des phénomènes calorifiques les modifications moléculaires que produit dans les corps l'action des aimants. *Comptes rendus*, XXII. 745; *Pogg. Ann.*, LXXI, 573. et *Arch. des sc. phys. et natur.*, 1, 417.

1846.   Airy, On the equations applying to light under the action of magnetism, *Phil. Mag.*, (3), XXVIII, 469.

1846.   Böttger, Ueber Faraday's neueste Entdeckung die Polarisationsebéne eines Lichtstrahls durch einen kräftigen Elektromagneten abzulenken. *Pogg. Ann.*, LXVII. 290.

1846.   Böttger, Ueber die durch einen kräftigen Elektromagnet bewirkte, im polarisirten Lichte sich kundgebende Molekularveränderung flüssiger und fester Körper, *Pogg. Ann.*, LXVII. 350.

1846.   Brocu, Bestimmung der rotirenden Molekularkraft des Bergkristalls durch eine neue, auf alle chromatischen Phänomene anwendbare Beobachtungsmethode. *Dove's Repert. der Physik*, VII. 113.

1847.   Matthiessen, Description expérimentale du pouvoir rotatoire par influence magnétique d'un grand nombre de composés transparents. *Comptes rendus*, XXIV, 969.

1847.   Matthiessen. Étude des effets rotateurs produits par les pôles d'un électro-aimant sur les solides transparents. *Comptes rendus*, XXV, 20.

1847.   Matthiessen. Liste des composés vitrifiés qui produisent une rotation du plan de polarisation plus grande que le verre pesant de Faraday, *Comptes rendus*, XXV. 173, et *Pogg. Ann.*, LXIII. 65. 71 et 77.

1848.   Bertin. Mémoire sur la polarisation circulaire magnétique; loi des variations de son intensité avec l'épaisseur de la substance soumise à l'action du magnétisme et sa distance aux pôles de l'électroaimant, *Comptes rendus*, XXVI. 216. *Ann. de chim. et de phys.*, (3). XXIII, 5.

1848.   Mac Cullagh, An essay towards a dynamical theory of cristalline reflexion and refraction. *Trans. Ir. Acad.*, XXI. 17.

1848.   Matteucci. Note sur l'influence du magnétisme sur le pouvoir rotatoire de quelques corps. *Ann. de chim. et de phys.*, (3). XXIV. 354.

1849.   Bertin. Note sur les phénomènes de polarisation magnétique observés dans les verres trempés et dans les parallélipipèdes de Fresnel. *Comptes rendus*, XXVIII, 500.

1849.   De la Provostaye et P. Desains. Rotation du plan de polarisation de la chaleur produite par le magnétisme, *Ann. de chim. et de phys.*, (3), XXVII, 232.

1849.   MATTEUCCI, Note sur la rotation de la lumière polarisée sous l'influence du magnétisme et sur les phénomènes diamagnétiques en général, *Ann. de chim. et de phys.*, (3), XXVIII, 493.

1850.   E. BECQUEREL, Comparaison de la rotation circulaire magnétique avec les attractions ou répulsions produites par les mêmes substances, *Ann. de chim. et de phys.*, (3), XXVIII, 334.

1851.   WERTHEIM, Mémoire sur la polarisation chromatique produite par une compression, *Comptes rendus*, XXXII, 289.

1851.   WIEDEMANN, Ueber die Drehung der Polarisationsebene des Lichtes durch den galvanischen Strom, *Pogg. Ann.*, LXXXII, 215.

1853.   EDLUND, Ueber die Einwirkung des Magnetismus auf einen gradlinien polarisirten Lichtstrahl bei dessen Gang durch comprimirtes Glas, *Ann. der Chem. und Pharm.*, LXXXVII, 338.

1854.   VERDET. Recherches sur les propriétés optiques développées dans les corps transparents par l'action du magnétisme, première partie. *Comptes rendus*, XXXVIII, 613, et *Ann. de chim. et de phys.*, (3), XLI, 370; deuxième partie, *Comptes rendus*, XXXIX, 548, et *Ann. de chim. et de phys.*, (3), XLIII, 37 (1855); troisième partie, *Comptes rendus*, XLIII, 529 (1856), XLIV, 1209, XLV, 33 (1857), et *Ann. de chim. et de phys.*, (3), LII, 129 (1858); quatrième partie, *Comptes rendus*, LVI, 630, LVII, 670, et *Ann. de chim. et de phys.*, (3), LXIX, 415 (1863).

1858.   NEUMANN, *Explicare tentatur quomodo fiat ut lucis planum polarisationis per vires electricas vel magneticas declinetur*, Halis Saxonum, 1858.

1863.   NEUMANN, *Die magnetische Drehung der Polarisationsebene des Lichtes*, Halle, 1863.

1864.   D. GERNEZ, Recherches sur le pouvoir rotatoire des liquides actifs et de leurs vapeurs, *Ann. scient. de l'École Normale*, (1), I, 1.

1868.   DE LA RIVE, Recherches sur la polarisation rotatoire magnétique, *Arch. des sc. phys. et nat.*, (2), XXXII, 193, et *Ann. de chim. et de phys.*, (4), XV, 57.

1870.   DE LA RIVE, Recherches sur la polarisation rotatoire magnétique des liquides, *Arch. des sc. phys. et nat.*, (2), XXXVIII, 209, et *Ann. de chim. et de phys.*, (4), XXII, 5.

PROGRAMME

D'UN COURS DE PHYSIQUE TERRESTRE ET DE MÉTÉOROLOGIE.

INTRODUCTION.

I.

ÉTUDE DE LA CONFIGURATION EXTÉRIEURE DU GLOBE.
(GÉOGRAPHIE PHYSIQUE.)

1. De la terre considérée comme corps astronomique. — Forme.
— Densité moyenne. — Définition des coordonnées géographiques,
latitude. longitude, altitude.

2. Distribution relative des continents et des mers. — Principaux traits de la configuration des continents (parallélisme des côtes
de l'Atlantique, divergence des côtes du Grand Océan, direction
des péninsules vers le sud, etc.). — Étendue superficielle des continents. — Développement de leurs côtes.

3. Des montagnes. — Chaînons, chaînes et systèmes. — Ligne
de faîte. — Hauteur culminante et hauteur moyenne. — Vallées
transversales et longitudinales. — Description sommaire des principaux systèmes géographiques.

4. Grandes dépressions de la surface des continents (mer Morte,
mer Caspienne). — Principaux plateaux. — Vastes plaines à peu
près au niveau de la mer. — Déserts.

5. Rapports entre la superficie des parties basses et la superficie
des parties hautes des continents. — Estimation de la hauteur
moyenne des continents au-dessus du niveau de la mer.

6. Description générale des mers. — Profondeur moyenne inconnue : limite assignée par Laplace. — Océans. — Mers intérieures. — Différences de niveau entre les deux Océans, entre l'Océan et la Méditerranée. — Composition chimique.

7. Fleuves et rivières. — Bassins. — Thalweg. — Ligne de partage des eaux. — Exemples remarquables où cette ligne de partage n'existe pas : Orénoque et rivière des Amazones, Arno et Chiana, fleuves de l'Inde au delà du Gange. — Origine commune des principaux fleuves de l'Europe occidentale. — Longueur des principaux fleuves; étendue de leurs bassins; estimation du volume moyen de leurs eaux.

8. Atmosphère. — Composition chimique. — Hauteur probable.

II.

ÉTUDE DE LA STRUCTURE INTÉRIEURE DU GLOBE.
(GÉOLOGIE.)

PRINCIPAUX ÉLÉMENTS MINÉRALOGIQUES DE L'ÉCORCE TERRESTRE.

9. Feldspaths, amphiboles, pyroxènes, micas, quartz, etc.; calcaire, dolomie, gypse, etc.

DES ROCHES.

10. Définition. — Analyse mécanique. — Principaux genres de structure. — Distinction des roches d'origine ignée, des roches d'origine aqueuse et des roches métamorphiques.

11. Roches granitoïdes, porphyriques, trachytiques, amphiboliques, pyroxéniques, micacées. — Laves.

12. Roches schisteuses. — Roches calcaires et dolomitiques. — Gypse. — Sel gemme. — Minerais de fer. — Combustibles minéraux.

13. Roches arénacées. — Argiles et marnes.

DES TERRAINS OU FORMATIONS.

14. Terrains d'origine ignée ou de cristallisation; terrains d'origine aqueuse ou de sédiment.

15. Base fondamentale de la classification des terrains; relations de continuité et de superposition des masses minérales. — Caractères accessoires fournis par la composition minéralogique et par les fossiles.

16. Stratification. — Couches horizontales et couches inclinées. — Preuve de l'horizontalité primitive de ces dernières couches — Direction des couches stratifiées.

17. Stratification concordante et stratification discordante. — Succession de périodes de repos et de périodes de trouble dans l'histoire géologique du globe. — Usage des caractères fournis par la stratification pour l'établissement des principales divisions de la série des terrains.

18. Position des roches arénacées à la limite des principales formations. — Conséquences qu'on en peut déduire à l'appui des considérations précédentes. — Marnes et argiles aux limites des subdivisions.

19. Liaison des directions de stratification et des directions des chaînes de montagnes. — Théorie des soulèvements. — Preuves de l'apparition brusque des montagnes soulevées.

20. Parallélisme des soulèvements contemporains. — Réduction de toutes les montagnes aujourd'hui étudiées à un petit nombre de directions principales.

21. Terrains de cristallisation. — Distribution en France et en Angleterre.

22. Terrains de transition et soulèvements qui en marquent les limites.

23. Terrains secondaires et soulèvements.

24. Terrains tertiaires et soulèvements.

25. Terrains modernes. — Diluvium. — Blocs erratiques. — Alluvions anciennes. — Alluvions modernes.

26. Époque de l'intercalation des roches de cristallisation dans les terrains de sédiment.

27. Application des notions précédentes à la description géologique de la France et de l'Angleterre. — France : distribution des terrains jurassiques et situation relative des autres terrains. — Continuation de ces relations générales dans les contrées voisines de la

France. — Angleterre : grande bande jurassique de Lyme. — Région, à l'embouchure de la Tweed, paraissant une continuation de la bande jurassique française; terrains primitifs et de transition au nord et à l'ouest, terrains secondaires et tertiaires au sud et à l'est de cette bande.

28. Rapports entre la constitution géologique et la configuration topographique du sol. — Exemples fournis par les terrains de cristallisation, les terrains jurassiques et les terrains crétacés en France.

DU SOL AGRICOLE.

29. Imperfection de nos connaissances à ce sujet. — Importance, même au point de vue géologique, de l'étude du sol agricole. — Permanence remarquable du sol agricole depuis les temps historiques.

30. Distinction du sol et du sous-sol. — Éléments fondamentaux de la terre végétale. — Produits de la décomposition des roches anciennes: alluvions anciennes et modernes, poussières, débris, végétaux.

31. Étude spéciale de la décomposition des roches. — Période de désagrégation mécanique et période d'altération chimique. — Observations de M. Fournet sur les granites et les basaltes. — Causes principales.

PREMIÈRE PARTIE.

PHÉNOMÈNES PRODUITS DANS LA CROÛTE SOLIDE DU GLOBE.

AFFAISSEMENTS ET ÉLÉVATIONS DU SOL.

32. Baie de Baïa. — Côtes de la Baltique. — Côtes norvégiennes. — Côtes du Groënland. — Hypothèse d'un affaissement du fond d'une partie de l'Océan Pacifique (Darwin).

DES TREMBLEMENTS DE TERRE.

33. Étude spéciale du tremblement de terre de Calabre en 1783.

— Circonstances remarquables des principaux tremblements de terre. — Tremblements sous-marins. — Régions à tremblements de terre.

PHÉNOMÈNES VOLCANIQUES.

34. Distribution des volcans à la surface du globe. — Cratères de soulèvement. — Cônes d'éruption. — Marche générale des éruptions. — Principales éruptions depuis les temps historiques.

35. Éruptions de nature particulière. — Éruption du Stromboli. — Solfatares. — Salses. — Lagoni. — Geysers.

36. Théorie des volcans; hypothèse du feu central.

CHALEUR PROPRE DU GLOBE.

37. Accroissement de la température du sol avec la profondeur. — Peu d'influence de la chaleur centrale sur la température de la surface. — Sources thermales.

DEUXIÈME PARTIE.

—

PHÉNOMÈNES PRODUITS DANS LES EAUX.

—

DES MARÉES.

38. Description et cause du phénomène. — Établissement. — Variations de l'établissement avec les circonstances locales : lignes cotidales. — Marées dans un canal étroit. — Barre. mascaret. — Absence de marées dans les mers intérieures.

COURANTS MARINS.

39. Distribution générale d'après M. Duperrey. — Théories de Rennell et de M. Babinet.

40. Effets destructeurs des courants et des marées sur les côtes abruptes. — Effets sur les côtes à pentes douces : formation du cordon littoral. — Estuaires.

TEMPÉRATURES DE LA MER.

41. Différence de la température de la mer à la surface et de celle de l'air. — Variation de la température avec la profondeur et avec la latitude. — Influence des saisons. — Formation des glaces polaires. — Température des lacs.

DES EAUX COURANTES.

42. Vitesse des fleuves et des rivières; valeurs différentes de cette vitesse au fond et à la surface, au milieu et sur les bords. — Influence de la pente, de la masse des eaux, de la largeur du canal. — Accroissement de vitesse résultant du mélange de deux rivières.

43. Action destructive des eaux courantes. — Effets d'une action violente et de peu de durée. — Effets d'une action faible et prolongée.

44. Action reproductive des eaux courantes. — Théorie de la formation des deltas. — Deltas du Rhône, du Pô, du Nil, du Gange. du Mississipi.

45. Modification des phénomènes précédents en Hollande. par suite des travaux d'art et par suite d'un abaissement continu du sol.

DES EAUX SOUTERRAINES.

46. Infiltrations des eaux pluviales. — Réservoirs des eaux. — Des puits. — Exemples de plusieurs réservoirs superposés.

47. Différence des eaux courantes et des eaux stagnantes souterraines. — Influences diverses sur la végétation. — Exemples de véritables canaux souterrains.

48. Des sources. — Raison de leur fréquence dans les pays très-accidentés.

49. Théorie des puits artésiens. — Circonstances géologiques favorables.

50. Sources minérales diverses. — Sources bitumineuses.

TROISIÈME PARTIE.

PHÉNOMÈNES PRODUITS DANS L'ATMOSPHÈRE.
(MÉTÉOROLOGIE.)

PRÉLIMINAIRES.

51. Considérations générales sur les problèmes météorologiques et sur les observations qui peuvent conduire à les résoudre. — Nécessité d'observations très-nombreuses et faites en un très-grand nombre de lieux différents. — Instruments enregistrant eux-mêmes leurs indications : méthode électro-magnétique; méthode photographique. — Utilité des associations météorologiques par les observations simultanées. — Utilité des constructions graphiques. — Interpolation.

DE LA PRESSION ATMOSPHÉRIQUE.

52. Théorie du baromètre. — Construction et usage du baromètre de Fortin, du baromètre de Gay-Lussac et Bunten, du baromètre fixe de M. Regnault. — Correction des observations barométriques. — Baromètres enregistreurs. — Sympiézomètres.

53. Variations diurnes du baromètre. — Régularité de cette variation à l'équateur. — Méthode de calcul pour découvrir les variations diurnes au milieu des variations irrégulières du baromètre. — Diminution d'amplitude de l'équateur au pôle.

54. Marées atmosphériques. — Leur influence n'est pas la cause de la variation diurne.

55. Variations annuelles.

56. Comparaison de la pression atmosphérique en différents lieux. — Nécessité de tenir compte de la variation d'intensité de la pesanteur pour effectuer cette comparaison.

57. Influence de la latitude. — Principaux résultats des recherches de Schouw.

58. Influence de l'altitude. — Mesure des hauteurs par le baromètre. — Comparaison de la théorie et de l'expérience (Ramond).

59. Variations non périodiques de la pression atmosphérique. — Influence des vents : rose barométrique des vents pour l'Europe. — Rose barométrique pour l'hémisphère austral.

60. Extension des variations non périodiques sur de grandes étendues de pays. — Vagues barométriques.

61. Amplitude des variations non périodiques en différents lieux. — Lignes isobarométriques. — Accroissement d'amplitude de l'équateur au pôle et des côtes vers l'intérieur des continents.

DES VENTS.

62. Procédés d'observation : girouettes, appareils pour l'observation des vents supérieurs. — Anémomètre de Combes. — Anémomètre d'Osler.

63. Vents alizés de la zone intertropicale. — Zone équatoriale des vents variables. — Déplacement annuel des zones où soufflent les alizés. — Théorie de Hadley et de Basil Hall. — Courant supérieur de sens contraire aux alizés (Léopold de Buch).

64. Moussons de la mer des Indes. — Explication par les principes de la théorie des alizés. — Influence que les grandes chaînes de montagnes de l'Asie centrale exercent sur le phénomène.

65. Vents variables des régions tempérées. — Détermination de la direction moyenne du vent. — Construction graphique, formules.

66. Analyse des directions moyennes du vent en Europe. — Région des vents de sud-ouest. — Région des vents du nord et du nord-ouest.

67. Théorie. — Causes principales : courant polaire et courant équatorial donnant naissance à une alternance de vents de nord-est et de sud-ouest. — Cause accessoire : rapports du Sahara et de la chaîne des Alpes produisant les vents septentrionaux de la région méditerranéenne.

68. Vents locaux. — Vents de terre et brises de mer. — Brises de jour et de nuit. — Travaux de M. Fournet.

69. Objections opposées par M. Saigey aux théories précédentes
et esquisse d'une nouvelle théorie des vents.

70. Loi de la rotation des vents de Dove. — Démonstration par
l'observation directe et par l'étude des observations barométriques.
— Théorie. — Rétrogradations ou rotations irrégulières : il est très-
rare que le vent parcoure d'un mouvement rétrograde la circonférence entière de la rose des vents.

71. Effets remarquables de l'intensité des vents : ouragans des
Antilles. — Effets de température et de sécheresse : simoun, har-
mattan, chamsin, sirocco.

72. Mode de propagation des vents. — Vents d'impulsion et
vents d'aspiration. — Rafales. — Propagation de quelques ouragans
remarquables. — Tornados : recherches de M. Espy.

73. Action des vents sur la surface du sol. — Transport des
poussières : influence sur la végétation. — Colline de sable à la limite des déserts. — Dunes au bord de la mer. — Loi de leur progression.

74. Phénomènes divers dus au transport des matières légères.
— Pluies de sable, de cendres volcaniques, de poussières végétales;
brouillards secs du nord de l'Europe.

DES TEMPÉRATURES.

75. Théorie du thermomètre. — Construction. — Précautions
à prendre pour déterminer la température de l'air. — Thermomètres enregistreurs. — Thermomètres à maxima et à minima.

76. Lois théoriques des variations diurnes et des variations annuelles de la température. abstraction faite de l'influence qu'exercent
les vents, les météores aqueux et l'hétérogénéité de la surface de la
terre.

DES TEMPÉRATURES DIURNES.

77. Heures du maximum et du minimum variables avec les lieux
et avec les saisons. — Amplitude de la variation diurne : influence
des saisons, de l'état du ciel, du voisinage de la mer. — Détermination de la température moyenne, d'après un petit nombre d'observations : insuffisance de la plupart des méthodes généralement
usitées.

65.

78. Variations diurnes de la température des couches supérieures de l'air.

79. Variations diurnes de la température du sol.

DES TEMPÉRATURES ANNUELLES.

80. Détermination de la moyenne annuelle. — Ses variations d'une année à l'autre. — Température moyenne d'un lieu.

81. Lignes isothermes. — Principaux traits de leur configuration. — Pôles du froid. — Explication de la supériorité des températures de l'Europe sur celles de l'Asie et de l'Amérique. — Supériorité des températures de l'hémisphère boréal sur celles de l'hémisphère austral : explication.

82. Insuffisance de la considération des lignes isothermes. — Lignes isothères et isochimènes. — Lignes d'égale chaleur mensuelle. — Conséquence de la forme de ces lignes dans les deux hémisphères : la température moyenne de la terre entière a une variation annuelle.

83. Amplitude des variations annuelles en divers lieux. — Climats marins. — Climats continentaux. — Climat de l'Amérique du Nord, analogue aux climats marins en été, aux climats continentaux en hiver.

84. Influence de l'altitude sur la température moyenne et sur les variations annuelles. — Décroissement des températures dans l'atmosphère.

85. Variations non périodiques de la température. — Immense étendue sur laquelle elles se produisent ordinairement. — Opposition fréquente entre l'état thermométrique de l'Europe et l'état thermométrique contemporain de l'Asie et de l'Amérique. — Conséquences relatives à la prédominance des causes météorologiques générales sur les causes locales.

86. Températures du sol à sa superficie. — Importance de l'étude de ces températures au point de vue agricole.

87. Températures du sol à diverses profondeurs. — Variation annuelle. — Expériences de M. Quetelet.

MESURE DE LA CHALEUR SOLAIRE, DE LA CHALEUR STELLAIRE
ET DU RAYONNEMENT TERRESTRE.

88. Appareil pyrhéliométrique de Pouillet. — Principaux résultats obtenus par ce physicien. — Méthode approximative pour déterminer l'effet de la chaleur solaire. — Remarques sur l'importance agricole de cet élément météorologique.

89. Appareil actinométrique de Pouillet, — Détermination de la température de l'espace. — Autres déterminations de cette température par M. Saigey. — Influence de la présence d'une atmosphère sur les températures terrestres.

PHÉNOMÈNES DIVERS DÉPENDANT DE LA MARCHE DES TEMPÉRATURES.

90. Phénomènes de la rosée. — Principales lois du rayonnement des corps. — Application à la rosée : théorie de Wells. — Démonstration expérimentale du rayonnement nocturne. — Modification de la théorie par Melloni. — Transformation de la rosée en pluie dans les forêts équatoriales.

91. Gelée blanche. — Lune rousse. — Congélation artificielle de l'eau.

92. Congélation des eaux tranquilles. — Procédé d'observation. — Congélation de l'humidité du sol. — Congélation des eaux courantes : glace du fond des rivières.

93. Influence du froid sur les végétaux. — Critique de l'opinion qui attribue les effets des gelées à l'accroissement de volume qu'éprouve l'eau en passant à l'état de glace.

94. De l'évaporation. — Atmidomètres de M. de Gasparin et de M. Babinet. — Comparaison de l'évaporation à l'air libre avec l'évaporation donnée par la formule de Dalton. — Évaporation de la terre. — Importance de l'évaporation pour l'établissement des climats agricoles.

DE L'HUMIDITÉ ATMOSPHÉRIQUE.

95. Principales propriétés des vapeurs et particulièrement de la vapeur d'eau. — Mélange des vapeurs et des gaz. — Densité de la vapeur d'eau. — Densité de l'air humide.

96. Hygromètre de Saussure. — Graduation. — Construction

des tables. — Hygromètre de Daniell et de M. Regnault. — Psychro-
mètre d'August : imperfections. — Hygromètre chimique.

97. Variations diurnes de l'état hygrométrique de l'air. — Deux
éléments à considérer dans toutes les recherches hygrométriques :
la quantité absolue de vapeur d'eau contenue dans l'air et le degré
d'humidité. — Relation de la variation diurne de l'état hygrométrique avec la variation diurne de la pression atmosphérique.

98. Variation annuelle de l'état hygrométrique de l'air. — Relation avec les variations annuelles de la pression atmosphérique. —
Différence des climats marins et des climats continentaux.

99. Variations non périodiques. — Relation avec la direction
des vents et la loi de leur rotation.

DES NUAGES ET DE LA PLUIE.

100. Principales espèces de nuages. — Détermination de leur
hauteur et de leur vitesse. — Estimation approximative de la portion du ciel recouverte par les nuages : introduction de cet élément
dans les observations météorologiques.

101. Constitution des nuages. — Vapeur vésiculaire. — Hypothèses diverses sur la cause de la suspension des nuages.

102. De la pluie. — Observations udométriques. — Appareils
faisant connaître la direction de la pluie en même temps que la quantité d'eau tombée.

103. Cause de la formation des nuages et de la pluie. — Théorie
du mélange des vents. — Développement de cette théorie par
Dove. — Conséquences relatives à la marche du baromètre avant et
pendant la pluie.

104. Théorie de M. Babinet. — Théorie de M. Saigey.

105. Complication extrême des lois de la distribution des pluies.
— Influence des causes locales. — Exemple de pluies très-abon-
dantes.

106. Considérations théoriques et résultat des recherches de
M. de Gasparin. — Recherches de M. Fournet sur les zones sans
pluie.

107. Combinaison des effets des pluies et de ceux de l'évaporation.

108. Brouillards et brumes.

109. Neige. — Grésil. — Verglas. — Limite des neiges éternelles à diverses latitudes.

110. Rapport entre la chute des pluies et l'accroissement des fleuves. — Exemples fournis par les inondations du Rhône. — Appréciation de l'influence généralement attribuée au déboisement des montagnes.

DES GLACIERS.

111. Distinction des névés et des glaciers proprement dits. — Structure et couleur de la glace des glaciers. — Température.

112. Conservation du volume des glaciers. — Mouvement des glaciers. — Explication.

113. Des moraines et de leur formation. — Des pluies de glace.

DE L'ÉLECTRICITÉ ATMOSPHÉRIQUE.

114. Théorie de l'électricité par influence. — Pouvoir des pointes. — Principales sources d'électricité.

115. Moyens d'observation : appareils de Read, de Volta ; appareils enregistreurs. — Électricité ordinairement positive. — Variations diurnes et variations annuelles. — Variations non périodiques. — Électricité des couches supérieures de l'atmosphère : expériences de Saussure, de Gay-Lussac, de M. Becquerel.

116. Théories diverses proposées pour expliquer l'origine de l'électricité atmosphérique.

117. Électricité négative du sol.

118. Électricité des nuages. — Expériences de Dalibard, de Franklin, de Romas. — Idées de Peltier sur la formation des nuages positifs et négatifs, et sur la répartition de la vapeur d'eau dans l'atmosphère.

119. Théorie de la foudre. — Éclairs. — Bruit du tonnerre.

120. Effets divers de la foudre. — Choc en retour.

121. Théorie et construction du paratonnerre.

122. Distribution des orages.

123. De la grêle. — Théorie de Volta. — Autres explications. — Paragrêle.

124. Des trombes. — Théorie de Peltier.

QUATRIÈME PARTIE.

APPLICATION DES NOTIONS PRÉCÉDENTES A LA CLIMATOLOGIE DE LA FRANCE.

125. Difficultés d'une division de la France en régions climatoriales, dans l'état actuel de la science. — Examen de la division proposée par M. Charles Martins.

126. Manifestation des phénomènes climatologiques dans la distribution des végétaux naturels ou cultivés.— Conditions calorifiques du développement des végétaux établies par M. Alphonse de Candolle. — Conditions accessoires : abondance et distribution des pluies, intensité des vents, etc.

127. Discussion des influences de diverses natures qui s'ajoutent aux influences climatériques pour déterminer les limites géographiques des principaux végétaux agricoles.

128. Régions agricoles d'Arthur Young : région des oliviers, de la vigne et du maïs, de la vigne sans maïs, des céréales, des pâturages, des forêts. — Caractères météorologiques de ces diverses régions conclus de la végétation des plantes qui les caractérisent. — Détermination exacte de leurs limites en France; indication des cultures accessoires propres à ces diverses régions.

129. De la variation séculaire des climats et en particulier du climat de la France. — Discussion des moyens indirects par lesquels on peut arriver à résoudre cette question.

130. Recherches d'Arago sur les anciens hivers remarquables par leur intensité. — Principaux arguments présentés par M. Fustes en faveur de l'hypothèse de la variation des climats. — Discussion de ces arguments d'après MM. de Gasparin et Dureau de la Malle.

131. Discussion de l'influence vulgairement attribuée à la lune sur la végétation.

132. Prétendue influence de la lune sur les changements de temps. — Remarques d'Olbers, d'Arago à ce sujet. — Recherches

de Schübler et de M. de Gasparin sur la distribution des pluies dans les diverses phases de la lune.

133. Pronostics météorologiques fournis par les animaux et les végétaux. — Pronostics tirés de l'état du ciel.

134. Appréciation des pronostics tirés de l'observation du baromètre.

135. Tentatives faites pour déterminer à l'avance le caractère des saisons.

CINQUIÈME PARTIE.

OPTIQUE MÉTÉOROLOGIQUE.

136. Couleurs de l'atmosphère. — Aurore. — Crépuscule.
137. Réfractions atmosphériques. — Mirage.
138. Arc-en-ciel. — Halos. — Cercle parhélique. — Parhélies.
139. Anthélies. — Couronnes.
140. Polarisation atmosphérique.
141. Scintillation des étoiles.
142. Couleur et phosphorescence de la mer.

SIXIÈME PARTIE.

MAGNÉTISME TERRESTRE.

143. Principe de la théorie du magnétisme. — Nature de l'action que la terre exerce sur une aiguille aimantée.

144. Mesure de la déclinaison. — Boussoles. — Magnétomètre à un fil.

145. Mesure de l'inclinaison.

146. Mesure de l'intensité. — Boussoles. — Magnétomètre à deux fils.

1032   PHYSIQUE TERRESTRE ET MÉTÉOROLOGIE.

147. Distribution du magnétisme terrestre. — Lignes isodynamiques.

148. Lignes d'égale déclinaison et d'égale inclinaison.

149. Méridiens et parallèles magnétiques.

150. Pôles magnétiques. — Points d'intensité maxima.

151. Équateur magnétique. — Ligne d'intensité maxima. — Ligne sans inclinaison.

152. Variations diurnes et annuelles des trois éléments du magnétisme.

153. Variations séculaires. — Principaux résultats des recherches de M. Duperrey.

154. Aurores polaires. — Description. — Action sur l'aiguille aimantée.

APPENDICE.

PHÉNOMÈNES D'ORIGINE DOUTEUSE.

155. Pluies de pierres. — Aérolithes.

156. Bolides. — Étoiles filantes.

157. Courants électriques à l'intérieur du globe terrestre. — Conditions d'existence de ces courants. — Impossibilité d'expliquer les phénomènes du magnétisme terrestre par des courants thermo-électriques ou électro-chimiques.

TABLE DES MATIÈRES.

LEÇONS

SUR LA PROPAGATION DE LA CHALEUR PAR CONDUCTIBILITÉ.

	Pages.
Définition	1
Problème général de la transmission de la chaleur par contact	2
Principes de la théorie de Fourier	2
Distribution de la température dans un corps solide homogène terminé par deux faces planes indéfinies	3
Coefficient de conductibilité intérieure	8
Propagation de la chaleur à l'intérieur d'un corps quelconque	9
Coefficient de conductibilité extérieure	10
Distribution des températures dans une plaque indéfinie dont les deux faces sont mises en contact avec deux milieux	11
Évaluation des coefficients de conductibilité	11
Méthode de Dulong	12
Méthode de Péclet	13
Résultat de ces expériences	16
Étude des corps médiocrement conducteurs	17
Thermomètre de Fourier	22
Distribution de la température dans une barre de petites dimensions transversales	22
Expériences de Despretz	25
Objections aux expériences de Despretz	28
Expériences de Langberg	29
Expériences de MM. Wiedemann et Franz	30
Proportionnalité des conductibilités calorifique et électrique	32
Passage de la chaleur d'un corps dans un autre, par contact	34
Variation du coefficient de conductibilité avec la température	35
Cas particuliers de la distribution des températures dans une barre homogène	35
Expériences d'Ingen-Housz	38
Expériences de M. Forbes	39
Distribution de la température dans une plaque indéfinie à un instant quelconque	40
Importance des observations sur l'état variable	47
Expériences de M. Neumann	48
Expériences de M. Angström	49
Conductibilité des liquides	52
Expérience de Murray	53
Expériences de Despretz	54

Pages.

Conductibilité des gaz. — Expériences diverses............................ 57
Expériences de M. Magnus.. 58
Conductibilité des cristaux. — Expériences de H. de Senarmont............. 61
Bibliographie 65

LEÇONS

SUR L'ÉLECTRICITÉ.

I. ÉLECTRO-MAGNÉTISME.

Action des courants sur les aimants. — Expériences d'OErsted. — Loi d'Ampère... 73
Position de la question 74
Actions réciproques exercées par les aimants sur les courants................ 75
L'action du pôle d'un aimant sur un élément de courant n'est pas dirigée suivant la
    droite qui joint le pôle à l'élément de courant............................ 76
Principes fondamentaux :
    1° Égalité de l'attraction et de la répulsion........................... 78
    2° Nullité d'action d'un barreau non aimanté.......................... 78
    3° Principe des courants sinueux................................... 79
    4° Les actions se réduisent à deux forces appliquées sur l'élément ou sur son pro-
        longement.. 79
    5° Les forces dont il s'agit sont perpendiculaires à l'élément de courant...... 81
Conséquences.. 81
Recherche de l'intensité de l'action élémentaire. — Expériences de Biot et Savart... 83
Autre série d'expériences où l'action de la terre est simplement diminuée et non dé-
    truite.. 85
Expériences de vérification sur des lames et des tuyaux..................... 86
Expérience où l'on a comparé l'action d'un tuyau à celle d'un fil.............. 87
Comparaison d'un fil brisé avec un fil droit.............................. 87
Conclusions à déduire de ces expériences. 87
Théorème fondamental relatif à l'action d'un courant fermé :
    1° L'action d'un pôle sur un courant fermé se réduit à une force unique qui passe
        par le pôle.. 89
    2° L'action d'un pôle sur un courant fermé se réduit à l'action d'un pôle sur deux
        surfaces magnétiques... 91
Conséquences : application du théorème des forces vives.................... 98
Action sur les courants non fermés. — Rotation.......................... 99
Discussion contenue dans la lettre d'Ampère à Gherardi.................... 99
Propriétés d'un courant rectiligne indéfini.............................. 102
Bibliographie.. 103

II. MESURE DE L'INTENSITÉ DES COURANTS.

I. COURANTS PERMANENTS.

Principe général du galvanomètre à une aiguille : il n'y a pas proportionnalité entre
    la déviation et l'intensité.. 109

Instruments où, par suite de la construction, une fonction simple de la déviation représente l'intensité du courant. 111
Boussole des sinus. Avantage principal : aucune hypothèse sur l'exactitude de la construction n'est nécessaire. 111
Discussion sur le maximum de sensibilité relative et absolue. 112
Boussole des tangentes. 112
Maximum de sensibilité relative et absolue. 113
Inconvénient de la boussole des tangentes sous sa forme ordinaire. 113
Méthode de vérification et de graduation de M. Poggendorff. 114
Boussole de Weber : ses deux formes distinctes. 114
Moyen de tenir compte de la torsion et des variations diurnes du magnétisme terrestre. 116
Boussole de M. Gaugain. — Démonstration expérimentale du principe par M. Gaugain. 117
Démonstration théorique par Bravais. 118
Galvanomètre de torsion. 123
Instruments à graduation empirique. — Galvanomètres à une ou à deux aiguilles. 123
Graduation. — Procédé de Nobili. 123
Procédé de M. Poggendorff. 124
Procédé de M. Petrina. 125
Étude spéciale du galvanomètre à deux aiguilles. — Position d'équilibre du système sous l'action du magnétisme terrestre. 126
Actions perturbatrices des parties magnétiques de l'appareil. 128
Effets de la combinaison des deux causes précédentes. 129
Procédés de correction :
   1° Procédé de Péclet. 133
   2° Procédé de Kleiner. 133
   3° Procédé de Nobili. 133
   4° Procédé de M. Du Bois-Reymond. 134

II. COURANTS INSTANTANÉS.

Principe général : le galvanomètre mesure la quantité totale d'électricité qui traverse une section du fil. 134
Énumération des causes perturbatrices. — Proportionnalité de ces diverses actions à la vitesse. 135
Calcul fondé sur l'hypothèse de la proportionnalité des actions perturbatrices à la vitesse. 137
Bibliographie. 140

III. ÉLECTRO-DYNAMIQUE.

Action réciproque de deux éléments de courant. — Formule fondamentale. 144
Détermination des fonctions $f(r)$ et $F(r)$ 145
Action d'un courant circulaire sur un courant rectangulaire mobile autour d'un de ses côtés, cet axe de rotation passant par le centre du cercle auquel il est perpendiculaire, ainsi que le plan du courant rectangulaire. 145
Action d'un courant fermé sur un élément de courant. 150
Simplification des résultats du calcul lorsque le courant fermé est infiniment petit. . 155

Pages.

Calcul de l'action d'un solénoïde sur un élément de courant................... 156
Valeur des fonctions $f(r)$ et $F(r)$. — Expression de l'action élémentaire électro-
  dynamique.. 158
Méthode d'Ampère... 159
Méthode de M. Lamé.. 161
Vérifications numériques de la formule :
  1° Expériences d'Ampère : oscillation d'un courant demi-circulaire sous l'in-
    fluence d'un courant en forme de secteur circulaire.................... 163
  2° Expériences de Wilhelm Weber................................ 170
    A. Expériences destinées à démontrer que l'action électro-dynamique varie
      proportionnellement au produit des intensités des courants. — Description
      de l'électro-dynamomètre................................... 171
    B. Expériences destinées à une vérification générale de la loi d'Ampère...... 174
Action d'un courant rectiligne indéfini sur un élément de courant :
  1° Cas où l'élément de courant est parallèle au courant indéfini............. 175
  2° Cas où l'élément de courant est perpendiculaire au courant indéfini........ 176
  3° Cas où l'élément de courant a une direction quelconque dans le plan du cou-
    rant indéfini.. 177
  4° Cas où l'élément de courant n'est pas dans le plan du courant indéfini...... 178

IV. THÉORIE ÉLECTRO-DYNAMIQUE DU MAGNÉTISME.

Théorème sur l'action mutuelle de deux courants fermés.................... 186
Importance de ce théorème...................................... 189
Théorie des solénoïdes :
  1° Action d'un solénoïde fini sur un élément de courant. — Elle est la même en
    direction et en intensité que celle des deux pôles d'un aimant............ 190
  2° Action d'un solénoïde indéfini sur un courant fermé. — Elle se réduit à une
    force qui passe par l'extrémité du solénoïde......................... 195
  3° Action d'un solénoïde indéfini sur un système de circuits fermés formant un
    autre solénoïde indéfini.................................... 197
  4° Action mutuelle de deux solénoïdes limités........................ 198
Théorie électro-dynamique du magnétisme ou théorie d'Ampère............... 200
Bibliographie de l'électro-dynamique et de la théorie électro-dynamique du magnétisme.. 201

V. AIMANTATION PAR L'ÉLECTRICITÉ.

1° AIMANTATION PAR LES COURANTS.

Découverte d'Arago. — Expériences d'Ampère......................... 204
Explication de l'aimantation dans la théorie d'Ampère..................... 206
Loi de la proportionnalité de l'aimantation et de l'intensité du courant. — Expé-
  riences de MM. Lenz et Jacobi................................. 207
Le magnétisme développé dans le fer doux est proportionnel à l'intensité du cou-
  rant.. 209
Le magnétisme développé est indépendant de la nature et de la section du fil..... 209
Le magnétisme développé est sensiblement indépendant du diamètre des spires et
  proportionnel à leur nombre.................................. 210

Pages.

L'attraction mutuelle de deux électro-aimants est proportionnelle au carré de l'intensité. 211

Application de la loi de la proportionnalité : balance électro-magnétique de MM. Lenz et Jacobi. 211

Expériences de M. Müller restreignant la loi de proportionnalité à n'être qu'une loi empirique. 213

Expériences contradictoires de MM. Buff et Zamminer. — Nouvelles expériences de M. Müller. 215

Importance théorique de l'existence d'un maximum d'aimantation. 217

Expériences de M. W. Weber confirmant l'existence d'un maximum d'aimantation. 217

Aimantation de l'acier. — Indication des travaux de M. Abria. — Remarque sur l'aimantation due à un courant instantané. 218

Variations temporaires dans l'aimantation de l'acier. — Inversion apparente des pôles. — Explication. 219

Explication de l'effet produit par une série de courants alternatifs. 219

Expériences de M. Wiedemann sur le renversement du magnétisme dans les barreaux d'acier. 220

2° AIMANTATION PAR LES DÉCHARGES ÉLECTRIQUES.

Découverte d'Arago. — Expériences de Savary. 222

Influence de l'intensité et de la durée de la décharge. 223

Influence des diverses parties du circuit. 225

Influence du diamètre des aiguilles. 225

Action des décharges transmises par des conducteurs disposés en hélice. 225

Explication des anomalies observées. 226

Aimantation du fer doux. — Expériences de M. Marianini. — Rhéélectromètre. . . . 227

BIBLIOGRAPHIE. 229

VI. MACHINES ÉLECTRO-MAGNÉTIQUES.

Principe général des machines électro-magnétiques. 235

Espérances illusoires des premiers auteurs de ces machines fondées sur l'ignorance des lois de l'induction et sur une fausse idée du dégagement de l'électricité dans les actions chimiques. 237

Théorie des machines électro-magnétiques d'après Jacobi. 238

Expression du travail. — Maximum. 240

Effet économique de la machine. 241

Conclusion : tout dépend du rapport des deux constantes $\frac{\alpha}{\beta}$. — Il n'y a rien à espérer de cette circonstance. 242

BIBLIOGRAPHIE. 243

VII. THÉORIE MATHÉMATIQUE DE LA PILE.

Principes de la théorie de Ohm. 247

Propagation de l'électricité dans les conducteurs linéaires. 248

Intensité du courant dans un circuit formé de deux fils. 251

Intensité du courant dans un circuit formé de trois fils. 254

Pages.

Courants dérivés.. 255
Vérification expérimentale des formules précédentes par Ohm................ 256
Application de la théorie de Ohm à la recherche de la distribution de l'électricité
  libre dans un circuit ouvert ou fermé.................................. 258
Vérification expérimentale par M. Kohlrausch.............................. 259
Électromètre de Dellmann... 260
Condensateur.. 263
Comparaison des tensions aux forces électro-motrices...................... 265
Recherches théoriques de Ohm sur la distribution des tensions dans les conducteurs... 267
Vérifications expérimentales de M. Kohlrausch :
  1° Variation des tensions en progression arithmétique................... 270
  2° Influence des variations de diamètre................................ 271
  3° Influence de la nature des fils..................................... 271
  4° Extension de ces lois au cas des conducteurs liquides................ 271
  5° Tension électrique en divers points de la section d'un conducteur.... 272
  6° Tension en un point quelconque du circuit........................... 272
Application des principes de Ohm à divers cas de dérivation par MM. Kirchhoff et
  Poggendorff... 275
Méthode de M. Kirchhoff... 275
Méthode de M. Poggendorff.. 277
Propagation de l'électricité dans un conducteur à deux dimensions......... 279
Expression du flux d'électricité qui passe d'un point à un autre à travers un élément
  plan... 280
Direction de l'élément pour laquelle le flux est maximum. — Valeur du flux maxi-
  mum.. 282
Expression du flux qui traverse un élément quelconque en fonction du flux maxi-
  mum.. 283
Définition de la direction et de l'intensité du courant................... 284
Représentation analytique du courant électrique. — Surfaces d'égale tension...... 285
Équation de l'équilibre dynamique de l'électricité....................... 286
Méthode de M. Kirchhoff pour l'étude de l'électricité dans un conducteur à deux di-
  mensions... 287
Application au cas d'une plaque indéfinie................................ 290
Cas d'une plaque d'étendue finie.. 291
Influence des surfaces par lesquelles l'électricité arrive sur la plaque......... 293
Vérifications expérimentales de M. Kirchhoff :
  1° Forme des courbes d'égale tension................................... 296
  2° Distribution des tensions... 296
  3° Intensité du courant électrique aux divers points de la plaque....... 298
Expériences de M. G. Quincke.. 300
Détermination de la résistance d'un conducteur. — Méthode de M. Kirchhoff..... 303
Recherches de M. Smaasen. — Théorème sur l'influence réciproque de plusieurs
  électrodes.. 306
Distribution de l'électricité dans un corps à trois dimensions............ 308
Détermination de la résistance d'un espace conducteur indéfini........... 311
Application à la terre... 316
Insuffisance de la plupart des expériences. — Critique des expériences de Mattcucci. 316

Pages.

Propagation de l'électricité dans un système de conducteurs non linéaires. — Possibilité de substituer idéalement à tout système de ce genre un système équivalent de conducteurs linéaires. ... 317
Application au cas de deux conducteurs réunis par deux fils de section très-petite. .. 320
Tentative faite pour rattacher les principes de Ohm à la théorie de l'électricité statique. ... 324
Propriétés de la fonction potentielle. ... 326
L'électricité libre n'existe qu'à la surface des corps. ... 328
Démonstration des lois de Ohm fondée sur les principes de l'électricité statique. ... 329
Du mouvement de l'électricité dans les conducteurs. ... 332
Recherche de la force électro-motrice en un point du conducteur. ... 333
Densité de l'électricité libre en un point donné. ... 335
Existence de l'électricité libre à l'intérieur des conducteurs. ... 339
Cas où le conducteur est un fil cylindrique très-fin dont l'axe est rectiligne. ... 339
Extension au cas d'un fil curviligne. ... 344
Loi des variations de la quantité d'électricité et de l'intensité du courant en chaque point dans deux cas limites. — Résultats. ... 345
Application de la théorie de la pile à la recherche des lois de la chaleur dégagée par les courants électriques. ... 348
Loi de Joule. ... 350
BIBLIOGRAPHIE. ... 351

VIII. INDUCTION.

Courant inducteur, courant induit. ... 355
Production des courants d'induction envisagée comme conséquence de la théorie mécanique de la chaleur. ... 355
Expérience d'Ampère et De la Rive. ... 357
Diverses classes de courants induits. ... 358

COURANTS INDUITS VOLTA-ÉLECTRIQUES.

1° COURANTS DUS À UNE VARIATION D'INTENSITÉ.

Loi de Faraday. ... 359
Loi élémentaire. — Formules de M. Weber et de M. Neumann. ... 360
Identité des courants induits et des courants produits par les actions chimiques. ... 362
Quantité du courant induit. ... 364
Détermination de l'intensité et de la durée des courants induits à l'aide du galvanomètre et de l'électro-dynamomètre. ... 365
Autres procédés employés pour déterminer l'intensité des courants induits. ... 368
Comparaison du courant direct et du courant inverse. — Identité des quantités d'électricité des deux courants. ... 370
Différence des intensités des deux courants. ... 371

2° COURANTS DUS À UN CHANGEMENT DE POSITION.

Loi de Lenz. ... 372
Théorie de M. Neumann. ... 373
Vérification de la loi de Lenz. ... 376

3° EXTRA-COURANTS.

Pages.

Induction du courant sur lui-même ou extra-courant...................... 377
Expériences de Faraday.. 377
Expériences de M. Edlund sur l'extra-courant........................... 380
Expression de l'action de l'extra-courant sur le galvanomètre. — Mesure de cette
    action.. 382
Résultats.. 383
Comparaison des intensités des deux extra-courants direct et inverse. — Expériences
    de M. Rijke.. 384

4° COURANTS INDUITS DE DIVERS ORDRES.

Courants induits de divers ordres...................................... 388
Courants induits de second ordre....................................... 388
Action galvanométrique des courants induits de second ordre............ 389
Actions chimiques des courants de second ordre......................... 390
Succession des courants induits de divers ordres....................... 390
Influence des diaphragmes.. 392

COURANTS MAGNÉTO-ÉLECTRIQUES.

Production de courants magnéto-électriques.............................. 394
Rôle d'un axe de fer doux dans une bobine d'induction.................. 395

COURANTS TELLURIQUES.

Expériences de Faraday... 397
Cerceau de Delezenne... 398

INDUCTION PAR LES DÉCHARGES ÉLECTRIQUES.

Expériences diverses... 400
Action magnétique des courants induits par les décharges électriques... 401
Expériences de Matteucci sur la décharge induite....................... 403
Expériences de M. Knochenhauer.. 404
Expériences de M. Riess... 404
Expériences de Verdet. — Existence de deux courants dans la décharge induite.... 406
Expériences de M. Buff... 411
Explication des expériences de Matteucci et de M. Riess................ 412
Décharge induite de second ordre....................................... 412
Extra-courants produits par les décharges électriques.................. 413

MAGNÉTISME DE ROTATION.

Définition du phénomène, sa découverte................................. 415
Expérience d'Arago.. 415
Théorie du magnétisme en mouvement.................................... 418
Théorie de Faraday.. 419
Expériences diverses.. 419
Expériences de Faraday.. 421
Distribution des courants dans un disque en mouvement................. 423
Expériences de Matteucci.. 426

Pages.

Remarques de M. Jochmann.................................... 427
Influence du temps... 428
Expérience de Plücker... 430
Expérience de Foucault.. 431

APPAREILS D'INDUCTION.

Machine de Ruhmkorff... 431
Perfectionnements divers...................................... 433
Condensateur de M. Fizeau.................................... 434
Interrupteur de Foucault...................................... 434
Disposition de M. Grove pour la production des effets lumineux intenses......... 436
Constitution de l'étincelle d'induction........................ 437
Étincelle d'induction dans les gaz raréfiés................... 437
Action des aimants sur les courants transmis dans les gaz raréfiés............. 439
Expériences de Plücker.. 441
BIBLIOGRAPHIE.. 445

IX. VITESSE DE PROPAGATION DE L'ÉLECTRICITÉ.

Deux significations possibles de l'expression : vitesse de l'électricité............ 459
1° Période des mesures grossières. — Expériences de Watson................. 460
2° Période des mesures directes. — Expériences de M. Wheatstone............ 460
Résultats généraux : 1° Durée sensible de la décharge. — 2° Elle commence à la fois
   aux deux extrémités et se propage vers le milieu........................ 461
Expériences de M. Fizeau...................................... 463
Procédé de M. Siemens.. 464
3° Mesures indirectes. — Durée de la propagation de l'électricité rendue sensible
   par le télégraphe de Bain.................................. 464
Principe de la détermination télégraphique des longitudes et de la vitesse de l'élec-
   tricité... 465
Expériences de M. Walker..................................... 466
Expériences de M. Gould...................................... 466
Expériences de Faraday sur les fils plongés dans l'eau ou ensevelis en terre........ 470
Transmission du courant dans un fil souterrain............... 472
Expériences de M. Wheatstone................................ 474
Conséquences relatives à la difficulté de la question et à l'insuffisance des expériences
   antérieures.. 476
BIBLIOGRAPHIE.. 476

LEÇONS
SUR LE MAGNÉTISME TERRESTRE.

I. DÉTERMINATION DES ÉLÉMENTS DU MAGNÉTISME TERRESTRE.

Instruments de mesure.. 481
Boussoles de déclinaison....................................... 481

Pages.

Usage de la boussole de Gambey.. 483
Boussole des variations... 486
Boussole d'inclinaison.. 487
Correction des observations... 488
Intensité magnétique.. 490
Procédé d'Arago... 491
Procédé de Poisson.. 491

RECHERCHES DE GAUSS ET DE WEBER.

Déclinaison... 495
Intensité... 496
Inclinaison... 497

II. MESURE DE LA DÉCLINAISON ABSOLUE.

Description des appareils.. 499
Mesures préliminaires... 504
Manière de régler l'instrument.. 505
Erreur de collimation... 507
Angle azimutal des deux mires... 509
Rapport du moment magnétique de l'aiguille au moment du couple de torsion
    du fil.. 509
Détermination du plan d'équilibre des torsions................................ 512
Correction relative à l'angle du miroir avec l'axe magnétique de l'aiguille.... 512
Calcul définitif des observations... 515

III. MESURE DE L'INTENSITÉ DU MAGNÉTISME TERRESTRE.

Identité fondamentale de la méthode de Gauss et de la méthode de Poisson...... 519
L'action de la terre sur l'aiguille aimantée se réduit à un couple qui dépend à la fois
    de l'intensité magnétique terrestre, du moment magnétique et de la direction
    de l'axe magnétique de l'aiguille... 523
Axe magnétique, moment magnétique d'un barreau aimanté........................ 525
L'action de la composante verticale équivaut à un déplacement du centre de gravité. 527
Expression de la valeur absolue du couple terrestre........................... 529
Détermination des données de l'expérience..................................... 530
Détermination du moment d'inertie k... 531
Procédé de Goldschmidt pour rendre horizontal l'axe magnétique du barreau..... 532
Mesure exacte de la durée d'une oscillation................................... 534
Réduction à la durée des oscillations infiniment petites...................... 537
Détermination du rapport $\dfrac{M}{T}$. — Équation des vitesses virtuelles d'une aiguille
    auxiliaire soumise à l'action de la terre, de l'aiguille principale fixe et de la torsion. 540
Corrections diverses :
    1° Les barreaux ne sont pas symétriquement aimantés....................... 550
    2° L'axe magnétique du barreau ne coïncide pas avec l'axe de figure....... 552
Position à donner au barreau auxiliaire....................................... 553
Résumé des opérations... 555

VARIATIONS DE L'INTENSITÉ.

Pages.

Principe du magnétomètre bifilaire. 556

Formule $M = \dfrac{Pfg}{H} \sin \omega.$ — Couple statique. 556

Positions diverses que l'on peut assigner au magnétomètre bifilaire. 558
Description du magnétomètre bifilaire. 562
Application du magnétomètre bifilaire à la mesure des variations de l'intensité horizontale. — Manière de régler l'instrument. 565
Marche des observations. — Moyen d'en déduire les variations d'intensité. 568

IV. MESURE DE L'INCLINAISON.

Inconvénient de la méthode ordinaire. 572
Méthode de Gauss. 572
Appareil simplifié donnant les rapports des inclinaisons en différents lieux. 573

V. THÉORIE DU MAGNÉTISME TERRESTRE.

Ancienne théorie du magnétisme terrestre fondée sur l'hypothèse d'un aimant dont l'axe est un diamètre terrestre. 578
Calculs de Biot. — Détermination de l'angle de la résultante magnétique avec l'axe magnétique du globe. 578
Détermination de la constante h. 582
Conséquences du calcul de h. 583
Calcul de l'intensité en supposant h très-petit. 585
Hypothèse d'Hansteen. 586
Idée générale de la théorie de Gauss et de son objet. 586
Définition de l'unité de fluide magnétique. 587
Définition du potentiel. 587

Formule $V_1 - V_0 = \displaystyle\int_{s_0}^{s_1} \varphi \cos\theta\, ds$ et ses conséquences. 588

Surfaces de niveau $V = V_0$ et leurs propriétés. 589

Formule $V - V_0 = \displaystyle\int \omega \cos\tau\, ds.$ — Conséquences. 590

Vérification des conséquences précédentes. 590
Parallèles magnétiques $V = V_0$; leurs propriétés. 593
Considérations sur la possibilité de l'existence de deux pôles magnétiques de même nom à la surface de la terre. 593
Inexactitude d'une méthode fréquemment employée pour déterminer les pôles magnétiques. 596
Relations entre les trois éléments magnétiques d'un lieu. 597
Comparaison avec l'expérience. 602
Valeur du moment magnétique de la terre. 602
Distribution fictive du magnétisme libre à la surface de la terre équivalente au magnétisme intérieur. 603
Vérifications ultérieures. 603

1044 TABLE DES MATIÈRES.

Pages.

Variations des éléments du magnétisme terrestre. — Variations régulières, diurnes
et annuelles... 604
Hypothèses sur la cause des variations diurnes du magnétisme terrestre.......... 609
Perturbations magnétiques accidentelles..................................... 610
Bibliographie.. 611

LEÇONS SUR L'OPTIQUE.

I. VITESSE DE PROPAGATION DE LA LUMIÈRE.

Divers procédés de détermination................................. 653

1° DÉTERMINATION DE LA VITESSE DE LA LUMIÈRE PAR DES OBSERVATIONS ASTRONOMIQUES ET TERRESTRES.

Premier système d'expériences proposé par Galilée......................... 653
Idées de Descartes conduisant à une propagation instantanée................. 654
Découverte de Rœmer. — Irrégularité des éclipses des satellites de Jupiter...... 654
Doutes de Cassini.. 657
Imperfections de la méthode de Rœmer. — Remarques et calculs de Delambre.... 658

MÉTHODE DE M. FIZEAU.

Expériences de M. Fizeau en 1849.................................... 658
Difficultés de cette méthode... 660
Ajustement des appareils.. 660

MÉTHODE DE FOUCAULT.

Première idée d'application de la méthode du miroir tournant à la lumière par
M. Wheatstone en 1837... 663
Système d'expériences proposé par Arago en 1839........................ 664
Multiplication des miroirs tournants.................................... 665
Introduction de miroirs fixes dans l'appareil, indiquée par Bessel............. 665
Perfectionnement considérable introduit dans la méthode par Foucault en 1850.. 665
Description de l'appareil.. 667
Relation entre le déplacement de l'image et l'angle de rotation du miroir........ 670
Disposition du miroir tournant.. 671
Mesure de la vitesse de rotation du miroir............................... 671
Rapport des vitesses de la lumière dans l'air et dans l'eau.................. 673
La méthode de Foucault peut se prêter à des mesures exactes................ 674

2° DÉTERMINATION DE LA VITESSE DE LA LUMIÈRE PAR L'ABERRATION.

Phénomène de l'aberration, découvert par Bradley......................... 676
Recherches de Molyneux et Bradley à l'aide du secteur zénithal de Molyneux.... 677
Variation en déclinaison proportionnelle au sinus de la latitude astronomique;
époques des maxima et des minima de déclinaison..................... 678
Explication et lois de l'aberration....................................... 678
Déterminations diverses de la constante de l'aberration.................... 683

Pages.
Degré d'exactitude de la valeur de la vitesse de la lumière déduite de l'aberration . 684
Difficulté relative à l'aberration dans le système des ondes. 684
Expérience négative d'Arago, démontrant que la vitesse de la terre est sans in-
    fluence sur l'indice de réfraction de la lumière venue des étoiles. 685
Hypothèse de Fresnel sur la quantité d'éther que la terre entraîne dans son mouve-
    ment. 686
Comment on doit, en conséquence, modifier la valeur de la vitesse de l'éther. —
    Formule de Fresnel démontrée par M. Eisenlohr. 687
Explication de l'aberration dans un milieu différent du vide ou de l'air. 688
Influence générale du mouvement de la terre sur les phénomènes d'optique. 689
Réflexion :
    1° Cas où la surface réfléchissante est parallèle à la direction du mouvement de
        la terre. 690
    2° Cas où la surface réfléchissante est entraînée par la terre dans une direction
        parallèle à celle des rayons incidents. 692
    3° Réflexion sur un miroir quelconque. 695
Réfraction :
    1° Cas où le mouvement de la terre est parallèle à la direction des rayons inci-
        dents. 696
    2° Cas où le mouvement de la terre est perpendiculaire à la direction des rayons. 699
Démonstration expérimentale directe du principe de Fresnel par M. Fizeau. 703
Appareil d'Arago pour étudier l'influence des couches d'air d'inégale densité. 704
Appareil de M. Fizeau. 705
Résultat des expériences de M. Fizeau. 708

3° VITESSE DE PROPAGATION DES RAYONS DE DIVERSES COULEURS.

Ancienne idée de Newton, reprise plus tard par Melvil et Courtivron, et enfin par
    Arago. 708
Méthode d'Arago fondée sur l'observation des étoiles changeantes. 709
Coloration produite par le mouvement des milieux pondérables. 710
Idée de M. Doppler sur l'explication des couleurs complémentaires de certaines
    étoiles doubles. 711
Vérification directe des idées de M. Doppler dans le cas du son par MM. Scott
    Russell et Buys-Ballot. 712
Expérience de M. Fizeau. 713
BIBLIOGRAPHIE. 713

II. MÉTÉOROLOGIE OPTIQUE.

Division du sujet. 716

I. PROPAGATION ET PROPRIÉTÉS DES RAYONS LUMINEUX QUI SE PROPAGENT DANS L'ATMOSPHÈRE.

1° RÉFRACTIONS ASTRONOMIQUES.

Réfraction des rayons lumineux par l'atmosphère. 716
Réfraction astronomique. 717
Équation de la trajectoire du rayon lumineux. 719

Pages.

Recherche de la valeur de la réfraction... 720
Restriction du problème au cas de hauteurs au-dessus de l'horizon supérieures à
    10 degrés... 723
Formule de Simpson.. 725
Formule de Bradley.. 726
Formule de Laplace.. 726
Formule de Bessel... 729

2° RÉFRACTIONS ATMOSPHÉRIQUES.

Phénomène du mirage. — Théorie de Monge... 732
Conditions du phénomène.. 735
Mirage latéral et mirage supérieur.. 735
Objections faites à la théorie de Monge.. 736
Théorie de Bravais... 737

3° RÉFRACTION À LA SURFACE DES PLANÈTES.

Équations différentielles de la trajectoire d'un rayon lumineux..................... 740
Application à une atmosphère formée de couches concentriques avec la planète.... 741
Discussion de l'équation de la trajectoire.. 743
Restrictions à introduire dans l'application aux planètes du système solaire. — Con-
    séquences.. 745
Cas de la planète Jupiter.. 749

4° COLORATION ET VISIBILITÉ DE L'ATMOSPHÈRE.

Couleur bleue du ciel... 750
Théories de Léonard de Vinci et de Mariotte....................................... 751
Théorie de Fabri et de Newton.. 752
Observations de Forbes... 753
Théorie de M. Clausius... 753
Réfutation des objections faites à cette théorie..................................... 755

5° POLARISATION ATMOSPHÉRIQUE.

Découverte d'Arago. — Direction du plan de polarisation............................ 755
Horloge polaire de M. Wheatstone... 756
Position des points neutres.. 756
Explication de la polarisation atmosphérique....................................... 757

II. PHÉNOMÈNES PRODUITS PAR L'ACTION DE LA LUMIÈRE SUR DE NOMBREUSES VÉSICULES
    DE VAPEUR D'EAU ET SUR DES GOUTTELETTES D'EAU EN SUSPENSION DANS L'ATMO-
    SPHÈRE.

1° COURONNES.

Description du phénomène.. 758

2° ARC-EN-CIEL.

Description du phénomène.. 759
Principe de la théorie de Descartes.. 760
Rayons efficaces... 761
Direction des rayons efficaces... 764

Pages.

Explication des couleurs. 765

Des arcs visibles. 767

Premier arc. 768

Deuxième arc. 771

Arcs d'ordres supérieurs. 773

Éclairement des diverses régions du nuage. 774

Arcs surnuméraires. — Théorie d'Young. 775

Théorie de M. Airy. — Surface de l'onde à l'émergence de la goutte. 778

La recherche de l'action de l'onde émergente se ramène à celle de l'action d'une sec-
    tion méridienne. 780

Action de la section méridienne de la surface de l'onde sur un point situé dans son
    plan. 781

Calcul de l'intensité lumineuse en un point quelconque. 783

Résultats. 788

Variation des dimensions angulaires de l'arc avec le diamètre des gouttes d'eau. . . 789

Généralité de la théorie de M. Airy. 790

Arc-en-ciel blanc. 791

III. PHÉNOMÈNES PRODUITS PAR L'ACTION DE LA LUMIÈRE SUR DES CRISTAUX DE GLACE EN SUSPENSION DANS L'ATMOSPHÈRE.

Phénomènes divers produits par des cristaux de glace. 792

Forme des cristaux de glace. 795

Explication des halos. 796

Cercle parhélique. 797

Parhélies. 798

Paranthélie. 798

Anthélie. 801

Arcs tangents. 802

Phénomènes secondaires. 802

Arcs zénithaux, halos extraordinaires. 803

Colonnes lumineuses. — Faux soleils. 803

Expériences de Bravais sur la reproduction artificielle de ces phénomènes. 804

Observation simultanée de ces phénomènes et de particules glacées dans l'atmo-
    sphère. — Circonstances de leur production. 807

Formes diverses que peut prendre un halo. 808

BIBLIOGRAPHIE. 810

III. INSTRUMENTS D'OPTIQUE.

Définitions. 829

Systèmes objectifs. 830

1° MIROIRS.

Miroirs concaves. 830

Théorie élémentaire des miroirs concaves. 830

Aberration longitudinale. 833

Aberration latérale. 835

Aberrations principales. 836

Pages.

Effet physique de l'aberration. 837
Miroirs convexes. 839
Miroirs aplanétiques. 841
Réflexion sur les miroirs non aplanétiques. 845
Effets produits par les miroirs aplanétiques dans des plans parallèles au plan focal
    principal. 848
Effets produits par les miroirs non aplanétiques. 849
Valeur pratique des miroirs. 850
Limite de la visibilité des détails dans les miroirs aplanétiques. 851
Construction des miroirs paraboliques. 853
Procédé de Foucault. 857
Manière de vérifier si la surface du miroir est de révolution. 858
Vérification de la sphéricité du miroir. 859
Moyen de corriger l'imparfaite sphéricité du miroir. 861
Passage de la forme sphérique à la forme parabolique. 864

2° LENTILLES.

Réfraction de la lumière à travers un milieu limité par une surface sphérique. . . . 865
Réfraction à travers un milieu limité par deux surfaces sphériques. 867
Lentilles convergentes et divergentes. 868
Foyers conjugués des lentilles. 869
Aberration d'une surface réfringente. 870
Cas d'une surface réfringente de petite ouverture angulaire. 872
Aberration longitudinale. 873
Cas où l'aberration longitudinale est nulle. 874
Conditions auxquelles doit satisfaire une surface réfringente pour être aplanétique :
    1° Cas où le point lumineux et son foyer sont l'un réel, l'autre virtuel. 875
    2° Cas où le point lumineux et son foyer sont tous deux réels ou virtuels. 877
    3° Surface aplanétique pour des rayons incidents parallèles. 877
Influence de l'épaisseur des lentilles. 881
Aberration d'une lentille. 883
Cas où les rayons incidents sont parallèles. 886
Importance relative de l'aberration de sphéricité et de l'aberration de réfrangibilité. 890
Règles empiriques suivies dans la construction des objectifs. 892

3° THÉORIE DE GAUSS.

Imperfections de la théorie précédente. 894
Réfraction par une surface sphérique. 894
Réfraction par un nombre quelconque de surfaces sphériques. 897
Théorie générale des foyers et des images. 901
Plans et points principaux. 904
Plans focaux. 906
Construction géométrique du rayon émergent. 908
Propriété remarquable des plans principaux. 909
Cas où les deux milieux extrêmes sont identiques. 911
Simplification de la construction du rayon émergent. 913
Relation entre l'objet et l'image. 914
Cas où des rayons incidents parallèles émergent parallèlement. 918

Pages.

Point oculaire.. 920
Grossissement d'une lunette astronomique........................ 921
Cas d'une lentille unique....................................... 922
Cas d'un système de lentilles.................................. 926
Cas particulier de deux lentilles.............................. 929
Détermination expérimentale des constantes d'un système optique.............. 930
Théorie des micromètres astronomiques.......................... 932
Conditions de l'achromatisme des objectifs...................... 934
Conditions d'achromatisme de l'objectif d'une lunette astronomique............ 937
Points nodaux de Listing....................................... 940
Travaux de Biot sur les instruments d'optique.................. 942
Distance de la vision distincte dans les instruments d'optique............... 944
Perte apparente de la faculté d'accommodation dans l'usage des instruments d'op-
　　tique... 947
Des loupes composées... 948
Des objectifs de microscopes................................... 950
Bibliographie.. 952

IV. POLARISATION ROTATOIRE MAGNÉTIQUE.

Découverte du phénomène.. 960
Sens de la rotation.. 961
Moyen d'amplifier la rotation.................................. 962
Perfectionnements divers....................................... 963
Action des aimants et des courants............................. 964
Substances avec lesquelles on produit la rotation.............. 965
Loi empirique de M. Bertin..................................... 966
Action magnétique.. 968
Relation entre l'action magnétique et l'action optique......... 969
Champ magnétique d'égale intensité............................. 970
Mesure de l'action magnétique.................................. 973
Méthode fondée sur les courants d'induction.................... 974
Relation entre l'action magnétique et le courant induit dû à la rotation du courant
　　fermé.. 975
Mesure du courant induit....................................... 980
Emploi du galvanomètre de Weber. — L'amplitude du premier écart du barreau
　　est proportionnelle au courant induit..................... 981
Manière de faire les expériences............................... 986
Remarques sur l'observation optique :
　　1° Faible amplitude du phénomène........................... 987
　　2° Usage de la lumière homogène............................ 988
　　3° Précision de l'instrument............................... 989
　　4° Extinction de l'image................................... 989
　　5° Précautions relatives à la substance transparente....... 990
Résultats des expériences...................................... 991
Explication de la loi de M. Bertin............................. 992
Cas où le rayon lumineux est oblique à la direction de l'action magnétique........ 993

1050   **TABLE DES MATIÈRES.**

                                                Pages.

Loi du cosinus. 995

Relation entre le pouvoir rotatoire magnétique dans les substances uniréfringentes
et la nature de ces substances. 996

Mélange de deux fluides. 996

Sels transparents incolores. 996

Sels colorés, sels magnétiques. 998

État des sels dans les dissolutions. 999

Pouvoir rotatoire magnétique des dissolutions salines. 1000

Essai de classification des substances. 1001

Hypothèses diverses. 1004

Influence de la nature de la lumière sur la grandeur de la rotation du plan de polarisation produite sous l'influence du magnétisme. 1005

Application de la méthode de MM. Fizeau et Foucault. 1005

Remarque sur l'étendue des bandes noires. 1006

Remarque sur l'action des plaques qui ferment le tube. 1007

Remarque sur les variations de température. 1008

Disposition qui permet d'observer toutes les raies du spectre. 1009

Manière d'amener en coïncidence les raies et les bandes noires. 1009

Résultats des observations. 1010

Bibliographie. 1014

PROGRAMME

D'UN COURS DE PHYSIQUE TERRESTRE ET DE MÉTÉOROLOGIE.

Introduction.— Étude de la configuration extérieure du globe (géographie physique). 1017
           Étude de la structure intérieure du globe (géologie). 1018

Première partie. — Phénomènes produits dans la croûte solide du globe. 1020

Deuxième partie. — Phénomènes produits dans les eaux. 1021

Troisième partie. — Phénomènes produits dans l'atmosphère (météorologie). . . . 1023

Quatrième partie.— Application des notions précédentes à la climatologie de la
France. 1030

Cinquième partie. — Optique météorologique. 1031

Sixième partie. — Magnétisme terrestre. 1031

Appendice. — Phénomènes d'origine douteuse. 1032

FIN DE LA TABLE.